袁正綱 著

management

管理 101

一本入門但實用的管理工具書

東華書局

國家圖書館出版品預行編目資料

管理 101 / 袁正綱著. -- 1 版. -- 臺北市：臺灣東華，民 104.01

572 面；19x26 公分.

ISBN 978-957-483-804-2（平裝）

1. 管理科學

494　　　　　　　　　　　　　　　104000104

管理 101

著　　者　　袁正綱
發 行 人　　卓劉慶弟
出 版 者　　臺灣東華書局股份有限公司
　　　　　　臺北市重慶南路一段一四七號三樓
　　　　　　電話：(02) 2311-4027
　　　　　　傳真：(02) 2311-6615
　　　　　　郵撥：00064813
　　　　　　網址：www.tunghua.com.tw
直營門市 1　臺北市重慶南路一段七十七號一樓
　　　　　　電話：(02) 2371-9311
直營門市 2　臺北市重慶南路一段一四七號一樓
　　　　　　電話：(02) 2382-1762
出版日期　　2015 年 1 月 1 版

版權所有・翻印必究

作者序

國防大學中正理工學院兵器系統碩士 (1987)，國立台灣科技大學工業管理學程博士 (1996)，軍旅生涯 24 年後，於 2000 年轉任現職龍華科技大學企管系任教迄今。

軍旅生涯中，曾歷練指揮、規劃與管制、研發、訓練與教育（國防大學管理等管理相關職務，另 1997~1998 年間奉派美國智庫 CSIS「戰略暨國際研究中心」(Center for Strategic and International Study) 擔任政軍研究員時，更實際接觸國際關係與戰略相關事務。雖為軍旅職務；但相關的歷練，已超越學理並契合實務需求、甚至能掌握國際最新的發展趨勢等。

軍轉學界後，除仍持續推動「國防事務」相關研究，並延續國內有關國防科技整建與策略規劃等之努力外，另也執行多項產學合作實務計畫類型如「經營策略規劃」、「教育訓練」及「作業流程改善輔導」等。於各研究案中訓練大學生專題及研究生碩士論文研究時，經常感覺學生們的閱讀廣度與深度皆不足，對管理領域的基本認識不夠，國內坊間相關教科書能提供的輔助也「不夠貼近」實務需求，故於 2006 年起，開始著述管理學程所需的教科書如：

1. 袁正綱 (2006)。**科學研究與論文報告撰寫**。滄海書局，2006年初版，ISBN 986-7287-66-5。

2. 袁正綱 (2007)。**SPSS 基礎統計分析**。滄海書局，2007年初版，ISBN 978-986-6889-43-1。

3. 袁正綱 (2011)。**論文架構與撰寫要點**。天空數位圖書，2011年初版，ISBN 978-986-6328-77-0。

一本入門但實用的管理工具書

於 2014 年初,承東華書局之邀約,撰述命名為〈管理 101〉之本書,希望能在大量坊間管理相關書籍的「知識海」中,激起一點從實務經驗反映回基礎理論知識的漣漪。

構思本書架構時,作者希望能從「索引」的角度,完整、詳實的介紹學生應該瞭解的各種與管理相關的概念、理論模型、專有名詞及縮寫詞等(故名之為〈管理101〉)。使用本書的學生,應善用本書所提供的「專有名詞與縮寫詞索引」,對相關議題能快速的檢索、閱讀與瞭解。另在相關管理議題的撰述上,作者除盡量蒐集、彙整近期文獻與網路資訊外,另也融入作者個人的實務經驗,使學生能體會理論與實務之間的融合或差異,故作者稱此書為一本「入門」但「實用」的管理教科書,也是一本實用的工具書,值得讀者收藏。

本書架構說明

本書區分綜論與領域兩篇共 14 章,方便教師能於一學期中運用。綜論篇說明能橫跨各管理領域的相關議題,區分 1~6 章分別說明如下:

- 第 1 章「管理學發展簡史」:說明促使管理學發展的歷史關鍵事件、近代管理大師的主要論述與貢獻及管理專有名詞的意涵等。
- 第 2 章「管理名詞釋義」:說明「管理」與類似名詞的差異、管理領域運用的意涵及管理領域專有名詞的意涵等。
- 第 3 章「管理學派」:說明管理學派的歷史發展、管理學派的分類與代表性論述及各學派的主張與運用限制等。
- 第 4 章「領導與管理類型」:說明管理與領導的類型區分、管理如何發展成領導及領導理論與模型等。
- 第 5 章「管理功能」:說明各項管理功能的內涵、現代管理功能的實務運作系統及管理功能之間的互動關係等。
- 第 6 章「管理技能」:說明實務上管理職務的區分、各種管理技能描述模型的運用及各項管理與領導技能的意涵等。

領域篇原先規劃納入「產、銷、人、發、財」等管理專業領域,但作者無法放棄近代對企業經營有相當關切的重要議題如「公司治理」及「企業倫理與責任」,領域篇以作者有把握論述的領域,區分 7~14 章等領域篇章如下:

- 第 7 章「公司治理」:說明公司的組成與利害關係人、公司治理實務及公司治理

制度下董事會與經理人角色等。
- 第 8 章「企業倫理與責任」：說明倫理、道德、價值觀與法律對企業經營的意義、企業倫理運用領域、企業社會責任的意涵與運用及企業倫理決策等。
- 第 9 章「營運管理」：說明生產、服務與營運管理名詞演化的意義、豐田生產系統的內涵及精實生產的演化與內涵等。
- 第 10 章「品質管理」：說明由大師對品質的想法來看品質管理的演進、品質大師思想的重點與貢獻、品質管理視覺工具的運用及品質管理系統等。
- 第 11 章「行銷與運籌管理」：說明傳統 4P 與其他運用領域的行銷組合、各種行銷類型的意義與內涵、運籌管理與生產、行銷管理的關係及各種運籌知識領域的意義與內涵等。
- 第 12 章「人力資源管理」：說明傳統人力資源管理的主要程序內涵、策略性人力資源管理的意義及才能管理與接班管理等。
- 第 13 章「知識管理」：說明知識的定義、內涵與運用、知識管理程序模型各模組的應用及知識管理與研發創新的關聯性等。
- 第 14 章「策略管理」：說明策略規劃與管理對組織領導與發展的關係、策略與遠景、任務、目標、政策之間的關係及企業組織策略層級的劃分與意義等。

致謝

本書之順利完成撰述，首先要感恩李春鶯老師的仔細逐句校對與提供修改意見。因作者筆觸較為艱澀，李老師的校稿，使本書內容的撰述淺顯易懂，希能使國內學生較為容易的閱讀本書。

另東華書局編輯團隊於甚短時間內的邀稿、推動、校稿與編排，是本書得以順利出版的主要推動力量，於此一併申謝。

最後，雖盡可能的於架構編排與內容撰述上能符合國內大專學生的需求，但難免掛一漏萬的錯誤與缺失，竭誠希望前輩先進、同儕與讀者於閱覽本書時如發現錯誤或缺失，均請不吝回饋指正與賜教，使作者得以持續精進、成長，於此先行致謝。

謹誌

2014 年 11 月於桃園龍華科技大學
賜教處：bxy@mail.lhu.edu.tw

篇章目錄

綜論篇

第 1 章　管理學發展簡史　1
- 1.1　發展背景　2
- 1.2　早期文獻　3
- 1.3　19 世紀的發展　5
- 1.4　20 世紀的發展　7
- 1.5　近代發展　16

第 2 章　管理名詞釋義　39
- 2.1　管理與行政　40
- 2.2　管理與治理　42
- 2.3　管理與領導　43
- 2.4　「藉…管理」實務　46

第 3 章　管理學派　69
- 3.1　管理學派的分類　70
- 3.2　古典管理學派　70
- 3.3　新古典管理學派　81
- 3.4　現代管理學派　88
- 3.5　其他學派　94

第 4 章　領導與管理類型　107
- 4.1　管理與領導類型　108
- 4.2　如何發展管理成領導　121
- 4.3　領導模型與理論　123

第 5 章　管理功能　141
- 5.1　預測　142
- 5.2　規劃　150
- 5.3　組織　154
- 5.4　指揮　163
- 5.5　協調　165
- 5.6　管控　166

第 6 章　管理技能　181
- 6.1　管理職務類型　182
- 6.2　卡茲三類型管理技能模型　183
- 6.3　明茲伯格管理角色模型　184
- 6.4　管理領導輪模型　186
- 6.5　管理技能金字塔模型　187
- 6.6　其他管理技能　192

領域篇

第 7 章　公司治理　197
- 7.1　公司的組成與運作　198
- 7.2　公司治理理論　201
- 7.3　公司治理實務　207
- 7.4　董事會與經理人角色　219

第 8 章　企業倫理與責任　235
- 8.1　企業倫理　236
- 8.2　企業倫理理論基礎　238
- 8.3　企業倫理運用領域　249
- 8.4　企業社會責任　259
- 8.5　企業與政府　262
- 8.6　企業倫理決策　265

第 9 章　營運管理　277
- 9.1　營運管理的發展歷史　278
- 9.2　營運管理議題　287
- 9.3　減少浪費的經營思惟　296

第 10 章　品質管理　323
- 10.1　大師的品質想法　324
- 10.2　品質管理視覺工具　339
- 10.3　品質管理系統　356

第 11 章　行銷與運籌管理　373
- 11.1　行銷管理　374
- 11.2　運籌管理　398

第 12 章　人力資源管理　419
- 12.1　人資管理概論　420
- 12.2　人資管理功能　429
- 12.3　才能管理　444
- 12.4　接班管理　446

第 13 章　知識管理　451
- 13.1　知識管理概論　452
- 13.2　知識管理模型　455
- 13.3　設定知識管理目標　456
- 13.4　知識的辨識　457
- 13.5　知識的獲得　461
- 13.6　知識的發展　464
- 13.7　知識的傳播　468
- 13.8　知識的運用　471
- 13.9　知識的保存　473
- 13.10　知識的衡量　476

第 14 章　策略管理　483
- 14.1　策略管理基本概念與模型　484
- 14.2　環境分析　487
- 14.3　策略規劃　502
- 14.4　策略施行　526
- 14.5　評估與管控　532

註解　537

專有名詞與縮寫詞索引　545

01 綜論篇—
管理學發展簡史

學習重點提示：

1. 促使管理學發展的歷史關鍵事件
2. 近代管理大師的主要論述與貢獻
3. 管理專有名詞的意涵

　　管理的發展歷史，應該自人類開始有群聚生活形態即已開始；但管理相關理論的形成與發展，一般則以有文獻可供查詢為準。即便如此，東、西方的發展各自有其軌跡。本章以管理概念及理論發展歷史中的關鍵事件、文獻或人物，區分發展背景，及以時間縱軸區分的世代階段，分別簡述管理學的發展歷程。

1.1 發展背景

西方管理概念與理論的發展歷史,可追溯到 17 世紀中葉,歐洲發生「**工業革命**」(Industrial Revolution) 時期。工業革命啟動前,人類的經濟活動,幾乎都是個人或家庭式的手工生產模式。生產**資源** (resource) 擁有者及勞務付出者,其實都是同一人或其家庭成員。只有能自我激勵的人或家庭成員,才能以其產品的卓越**工藝** (Craftsmanship) 獲得收益。

工業革命在英國發起、進而擴及到歐洲及美國。蒸汽動力及機械工具等技術的發明與快速進步,對人類經濟活動帶來革命性的影響。生產系統由手工藝轉為機械式**批量生產** (Batch Production);通訊、交通運輸等的逐漸便利,也直接促成市場需求的擴大。僅此生產技術進步與需求擴大的影響,就使得個人或家庭生產模式已不能滿足市場的需求。

因此,生產資源擁有者需要其他技術或銷售人員的加入,形成**組織** (organization) 的運作形式,才能滿足市場對產品的需求。此時,生產資源擁有者與提供專業生產、行銷技能勞務人員(即 employees 員工)之間的協同、整合,就開始突顯其重要性,組織內人員的管理要求,至此因運而生。

對生產產品或提供服務的組織而言,當生產技術越來越複雜、組織規模越來越大時,組織擁有者通常無法直接管理員工日常的工作與行為,必須聘請有專業知能的**管理者** (managers) 來協助組織的管理與正常運作。

管理者是承接組織擁有者所賦予的**使命** (missions) 與**任務** (tasks),負責**協調** (coordinate)、**整合** (integrate) 各專業技能員工的產出,而達成組織擁有者所設定的**目標** (objectives)。

隨著科技的快速進步、擴散與**全球化** (globalization) 時代的來臨,為因應不同市場與顧客的需求變化,組織為達成獲利與顧客滿意等目標,都使得組織內專業分工的要求提高。組織專業分工程度愈細緻,溝通、協調與整合也愈趨於複雜。因此,業界與學界也開始重視管理專業知識的制度化,因而促成管理學理論與實務的發展。

從以上管理學發展背景的描述,有關生產模式、組織構成、管理內涵及外部環境變動的影響等,都促成業界與學界對管理理論與實務發展的需求。

1.2 早期文獻

由於定義或領域的不同,要追溯管理學理論的最早文獻是有困難的;但早期的重要文獻著述,對現代管理理論的形成有重要的影響。

1.2.1 孫子兵法

一般認為西元前 6 世紀左右,中國「兵聖」孫武所著的兵書:〈孫子兵法〉(The Art of War),是世上最早有關軍事戰略規劃的著作,到近代仍為商業策略規劃依循、參考的巨著 註解1。〈孫子兵法〉是世界上最早的兵書之一。在中國被奉為兵家經典,後世的兵書大多受到它的影響,對中國的軍事學發展影響非常深遠。它也被翻譯成多種語言,在世界軍事史上佔有重要的地位。

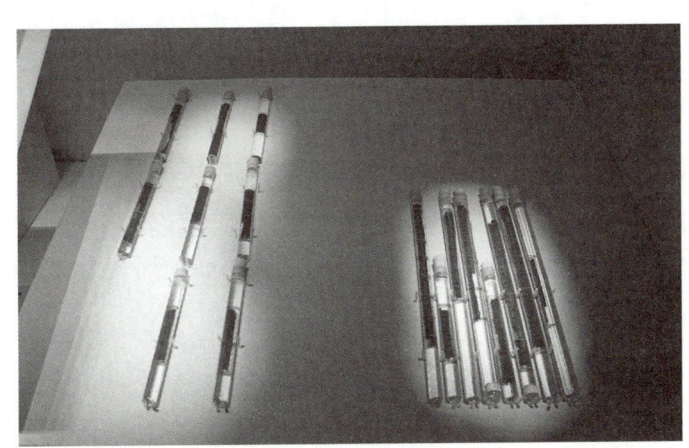

🔵 圖 1.1〈孫子兵法〉竹簡
1972 年山東臨沂銀雀山出土,現藏於山東博物館。

原圖作者:AlexHe34,圖片取自公有領域 http://zh.wikipedia.org/wiki/File:Inscribed_bamboo-slips_of_Art_of_War.jpg

〈孫子兵法〉全書 13 篇,主要論述軍事學的主要問題,對當時的戰爭經驗,提出了一些革命性的軍事命題,並揭示了一些具有普遍意義的軍事規律。孫子兵法的思想特色反應在:

- 太極:「形兵之極,至於無形。」
- 慎戰:「兵者,國之大事,死生之地,存亡之道,不可不察也。」
- 全爭:「必以全爭於天下,故兵不頓而利可全」,「勝兵先勝而後戰,敗兵先戰而後求勝。」
- 先勝:「昔之善戰者,先為不可勝,以待敵之可勝。」

1.2.2 政事論

在中世紀早期,一直到義大利文藝復興時期,東西方有許多有關「王者明鏡」(mirrors for princes) 的著作,旨在勸諫新君王如何治理國家。如印度的政治家、哲學家,婆羅門考底利耶 (Chanakya 或 Kautilya) 約於西元前 300 年左右所著的**〈政事論〉**(Arthashastra),為古印度重要的政治文獻。

〈政事論〉亦譯作〈利論〉或〈治國安邦述〉。梵語意義為「君王利益手冊」,成書年代約在西元前 4 世紀末到前 3 世紀初。年代和作者目前尚有爭議。全書共 15 卷,其中包含有豐富的政治、經濟、法律和軍事、外交思想。

〈政事論〉系統化的論述君王如何統治邦國的種種問題。君王必須有良好的教養,勤於政事,關心臣民的福利。〈政事論〉主張中央集權統治,君王掌握國家的最高權力。國家負責建立新村落、控制商業、干預經濟和社會生活的各方面。〈政事論〉還涉及在邦國政治中具有相當地位的一些公侯,為了實施對全國的統治,〈政事論〉提出建立密探網,實行密探統治。

〈政事論〉中包含大量的民法與刑法內容,對研究土地所有制、財產關係的性質有參考價值。有關奴隸、雇工問題的記載反映了古印度奴隸制度的特點。不同種姓在財產繼承、婚姻關係和刑事處罰方面的不同待遇,說明了等級森嚴的種姓制度情況。

〈政事論〉3~14 卷,是關於戰爭和外交問題的論述。〈政事論〉分析了當時國家關係的基本狀況,提出處理國與國之間關係的基本法則,以及致強爭霸的種種方略。戰爭是擴張勢力的基本方式,建立強大軍隊,靈活機動地作戰,奪取敵人的土地和城市,是其軍事思想的主要內容。

1.2.3 君王論

義大利文藝復興時期馬基維利(Niccolò Machiavelli)的政治論著**〈君王論〉**(The Prince, in Italian: Il Principe) 等,對後世政治、經濟及管理等層面的影響都很大,所謂**「馬基維利主義」**(Machiavellianism) 正由此書衍生出來。

馬基維利做為一名政治理論家,對政治學發展的主要貢獻,在於他將政治與道德和宗教等分離,拒絕用道德來解釋政治的變革,強調政治的本質是權力;同時不再用宗教神學的觀念來束縛政治,而是強調從人性本身來理解政治,故有許多學者認為,馬基維利可說是現代「政治科學」的真正開創者。

〈君王論〉一書在政治思想史上的主要貢獻是徹底分割了現實主義與理想主義。

雖然馬基維利也強調道德的重要性，但君王應該做的是將善良與邪惡作為一種奪取權力的手段，而不是目標本身。聰明的君王應能妥善平衡善良與邪惡。

實用主義 (Pragmatism) 是馬基維利在整本著作中所遵循的主要原則，君王應該將其作為奪取和維持權力的方針指引。不同於柏拉圖和亞里士多德，「理想的社會」並不是馬基維利的目標。事實上，馬基維利強調應該在必要時使用殘忍的權力或獎賞，以維持統治的現狀。馬基維利所假設的人性本惡，也反映出他認為必須使用殘忍權力才能達成實際目標的主張。君王不該對於其臣民抱有完全的信賴和信任。

雖然許多後人將馬基維利的理論曲解為「**馬基維利主義**」(Machiave-llianism，亦即「**權術**」)，但這只是一個曲解，這一詞在當時其實是被用於描述 16 世紀出現的一些政治著作。由於這種曲解，馬基維利主義一詞因此也經常被用以描述為達目的可以不擇手段、甚至是極端的政治立場，這也讓我們忽略了馬基維利著作中其他較為溫和的理論。

1.3　19 世紀的發展

蘇格蘭哲學家、經濟學家亞當史密斯 (Adam Smith) 於 1776 年所著的〈**國富論**〉(The Wealth of Nations) [註解 2] 為第一本闡述歐洲產業和商業發展歷史的著作。這本著作發展出現代的經濟學，也提供了現代自由貿易、資本主義和自由意志主義的理論基礎。

亞當史密斯〈國富論〉對管理學的主要貢獻，在描述組織如何能藉著「**分工**」(division of labor) 來提高生產效率。亞當史密斯於〈國富論〉中，將效率提高的原因歸納為下列三點：

1. **熟練程度的增加**：當工人單純的重複同一道工序時，對這道工序的熟練程度會大幅增加，表現為產量和質量的提高。
2. **避免工序轉換耗損的時間**：如果沒有分工，由一道工序轉為另一道工序時會損失時間，而分工避免了這中間的損失。
3. **發明能提高產量的機具**：由於對工序的瞭解和熟練度的增加，更有效率的機械和工具被發明出來，從而提高了產量。

現代產業鏈的分工更為細緻和專業化，從原料到成品的生產更有效率。亞當史密斯之後，John Stuart Mill 對工業生產的**資源分配** (resource allocation)、**定價** (pricing) 等議題，奠立了理論發展背景。同時期間，Eli Whitney、James Watt 及 Matthew

Boulton 等人,也陸續發展出標準化 (Standardization)、品質管制 (Quality Control)、成本會計 (Cost Accounting)、零件互換性 (Interchangeability of Parts) 及工作規劃 (Work Planning) 等有關生產管理的觀念。

英國哲學家和經濟學家密爾 (John Stuart Mill),為現代經驗主義(Empiri-cism)、功利主義 (Utilitarianism) 學派的重要代表性人物之一。密爾於 1848 年出版的〈政治經濟學原理〉(The Principles of Political Economy: with some of their applications to social philosophy) 被奉為經濟理論的聖經,政治經濟學必讀的教科書。

密爾的主要思想與貢獻為:

1. **自由主義 (Liberalism)**:密爾認為不涉及他人利害的行為,他人都無權干涉,亦即密爾提出的傷害原則在自由問題的適用:「人類之所以有理、有權的,可以個別地或者集體的,對其中任何分子的行動進行干涉,唯一的目的只是為了自我防衛。」
2. **反對政府干涉**:密爾提出下列三個理由,反對政府干涉的情況:
   (1) 個人操辦比政府操辦在效率上更勝一籌。
   (2) 一些事情雖然表面上由個人操辦未必比得上政府官員操辦的效果好,但是仍適合由個人而非政府操辦。
   (3) 不必要的增加政府的權力,會帶來潛在的禍患。
   在政府的權力限制方面,密爾主張不宜過度將一般活動轉入政府,以避免權力過於集中於政府。
3. **最大幸福原理 (The Greatest Happiness Principle)**:密爾繼承邊沁 (Jeremy Bentham) 的功利主義思想,指出倫理學領域的終極解決完全可訴諸功利主義原則,綜合前人理論,密爾歸納總結了功利主義的「最大幸福原理」。密爾認為,幸福就是指快樂和免除痛苦;不幸,是指痛苦和喪失快樂。對於任何事物如果值得追求,要麼是因為內在於事物之中的快樂,要麼是它們是增進快樂避免痛苦的手段。

關於生產要素,密爾繼承前人的觀點,把它們歸納為土地、勞動和資本(有形資產),但他比前人更詳盡地論述了各種要素(主要是勞動和資本)的存在方式、性質和條件。

惠特尼 (Eli Whitney) 是 18 世紀末至 19 世紀初活躍於美國的一位發明家、機械工程師和機械製造商。他發明了軋棉機及銑床,並提出可互換零件的概念,對工業發展有重要貢獻。他最為人所知的成就是於 1793 年發明了軋棉機,將生產效率提高了約 50 倍,從而使得美國南方山地短纖維棉花成為一種有利可圖的作物。

零件可互換 (Interchangeable Parts) 實例:1798 年美國正籠罩在可能要與法國

開戰的陰影下，惠特尼接受美國政府的委託，在 1800 年前為美軍供應步槍。他按照槍枝零件的尺寸設計出一套專門器械和流程，讓一般工人分工生產不同的零件。用這種工藝流程生產出來的零件尺寸及公差均一，任何零件皆能適用於任意一把同型號步槍，只要將它們組裝起來便可成為一支完整的步槍。

1798 年剛接到訂單時，惠特尼並沒有製作槍枝的經驗，而訂單投產的前期也未提及互換性的概念。該委託開始 10 個月後，時任美國財政部長的沃爾科特 (Oliver Wolcott, Jr.) 送他一份「外國槍械生產小冊」(foreign pamphlet on arms manufacturing techniques)，之後不久惠特尼就開始談論零件的「互換性」問題。因此也有人認為可互換零件的概念並非惠特尼首創，但他是首位公開展示零件互換性概念與技術創新這一點，卻是確鑿無疑。

瓦特 (James Watt)，英國皇家學會及愛丁堡皇家學會院士，是蘇格蘭著名發明家和機械工程師。他改良了蒸氣機，奠定了工業革命的重要基礎，是工業革命時的重要人物。他發展出「**馬力**」(horse power, hp) 的概念以及以他名字命名功率的國際標準單位：**瓦特** (Watt)。

瓦特在原有的低壓蒸氣機基礎上發明了新式高壓蒸氣機，並廣泛地應用在幾乎所有機器的動力。高壓蒸氣機的發明，為精密加工的革新創造機會，改變了人類的工作生產方式，並揭開了工業革命的序幕。

1.4　20 世紀的發展

19 世紀末至 20 世紀初，管理學進入所謂「科學化」的時代，管理學者試圖以科學的角度，來發展與詮釋他們的管理理論。其中的典範包括如唐(Henry Robinson Towne) 於 1890s 年代提出的「**管理科學**」(Science of Management) 概念；泰勒 (Frederick Winslow Taylor) 於 1911 年所提出的「**科學管理原則**」(The Principles of Scientific Management)；1917 年，吉爾伯斯夫婦 (Frank & Lillian Gilbreth) 提出「**應用動作研究**」(Applied Motion Study)；1910s 年代甘特 (Henry Laurence Gantt) 提出的「**甘特圖**」(Gantt Chart) 等。

亨利唐是在其著作〈扮演經濟學家的工程師〉(The Engineer as Economist) 強調「管理為工程師應扮演的重要社會性角色」的第一位工程師，除此之外，亨利唐也在其著作〈利益分享〉(Gain-Sharing) 中，強調管理者應將獲利分享給工人，並藉此激勵工人的效率。

雖然在談到「管理科學」或「科學管理」時，一般會以泰勒所提的「科學管理原則」為準，但泰勒的想法受到亨利唐的影響，應該是可以確認的。

泰勒以其「時間研究」(Time Study) 及對提升工業效率 (industrial efficiency) 等之研究，被後世尊稱為「**科學管理之父**」。

泰勒的管理思惟為「藉著工作分析可發現一『**最佳工作方法**』(One Best Way)」，其時間研究與法蘭克吉爾伯斯 (Frank Gilbreth) 的「**動作研究**」(Motion Study) 合為「**時間與動作研究**」(Time & Motion Study)，開創現代工業工程的研究基礎。

「時間研究」為泰勒創始，其目的是在設計最佳的工作方法，而對作業每項動作所需時間進行的測定和研究，並訓練工人用規定的速度工作。時間研究的對象通常是負責該工作的熟手或有經驗的人，其所測得的工作平均時間（須多次測量並計算其平均值），則被用來制訂工作標準與標準工時。

時間研究是制訂工作標準或標準工時中使用甚多的一種方法，但也有其局限性如：

1. 適用於工作週期短、重複性強、動作比較規律的工作，對於思考性質的工作就不太適用。
2. 計時者使用碼表（錄影或其他精密計時裝置等）也需要訓練，務求其標準、一致性。沒有使用經驗的人測出的時間誤差可能很大，可能會制訂出不正確的時間標準。
3. 時間研究中所包含的一些主觀判斷因素（如熟手標準？工作程序標準？）通常會遭到被觀測者（工人）的消極抵制（沒人喜歡被觀測或當半熟手或生手同儕的「壞人」！）。

除時間研究外，泰勒對管理學最重要的貢獻，是提出四個「**科學管理原則**」(Principles of Scientific Management) 如：

1. **動作科學化原則**：以科學研究所發展的工作方法取代傳統慣用 (rule-of-thumb) 方法。
2. **科學化遴選工人原則**：以科學方法選擇、訓練與發展員工。
3. **合作原則**：管理者對每名員工的工作應提供詳細的指示與監督。
4. **責任劃分原則**：管理者負責規劃工作，員工則負責執行。

吉爾伯斯夫婦在與泰勒同一時期、獨立提出「**動作研究**」(Motion Study) 方法。吉爾伯斯動作研究與泰勒的時間研究，成為改善工作效率的兩個基石。

第 1 章　管理學發展簡史

吉爾伯斯夫婦的動作研究，是把作業動作分解成最小的分析單位，然後藉著定性分析，找出最合理的動作，使作業達到高效能、省力和標準化的方法。

吉爾伯斯夫婦對作業動作的分解研究發現，一般所用的動作分類，對於細緻的動作分析而言過於粗略。因此，他們把手的動作分為 17 種基本動作，如尋找、選擇、抓取、移動、定位、裝備、使用、拆卸、檢驗、預對、放手、運空、延遲（不可避免）、故意延遲（可避免）、休息、規劃、夾持等，吉爾伯斯夫婦把這些基本動作定義為「**動素**」(Therbligs，除了 th 及增加的 s，是 Gilbreth 的倒寫)，而動素不可再分，這是一個比較精確分析作業動作的方法。

在動作研究外，吉爾伯斯夫婦另衍生出「**差別計件工資制度**」(Piecerate differential system)[註解3] 及「**動作經濟原則**」(Principles of Motion Economy) 等，對工業工程研究領域中的績效衡量及人因工程（美國稱 Human Factors Engineering；歐洲稱 Ergonomics；日本則稱「人體工學」）的發展有甚為顯著的影響與貢獻，因此，法蘭克吉爾伯斯被後人尊稱為「**動作研究之父**」。

吉爾伯斯夫婦為了記錄各種生產程式和流程模式，制訂了生產程式圖和流程圖。這兩種圖至今都還被廣泛應用。吉爾伯斯夫婦除了從事動作研究外，還制訂了人事工作中的卡片制度，這是現在工作績效評價制度的先驅。他們主張管理和動作分析的原則，可有效應用在自我管理這尚未開發的領域。他們還把動作研究擴展到疲勞研究領域，並從建築業擴大運用到一般製造業。他們開創了疲勞這一領域的研究，該研究對工人健康和生產率的影響一直持續到現在。

莉蓮吉爾伯斯 (Lillian Gilbreth) 在管理心理學方面，另有獨立的貢獻。莉蓮在配合其夫法蘭克的研究過程中，發現不能單純的從工作專業化、方法標準化或操作程式化來提高效率，還應該注意研究工人的心理。她認為：「在應用科學管理原理時必須著眼於工人，瞭解他們的個性和需要。」從動作研究出發，莉蓮最終深入到對個體心理的研究，最後她得出結論：「一個人的思想是其效率的控制因素，藉著教育，可以使個人充分發揮能力。」所以，「良好的人際關係和工人訓練對科學管理至關重要」。

甘特 (Henry Gantt) 為美國機械工程師和管理學家。在 1910 年代發展出**甘特圖 (Gantt Chart)**，並以此聞名於世。甘特圖應用於，美國胡佛水壩和州際高速公路系統等大型計畫中，到現在仍是專案管理的重要工具。

甘特是泰勒創立和推廣科學管理制度的密切合作者，也是科學管理運動的先驅者之一。甘特對管理領域的貢獻，主要在「**生產管理**」(Production Management) 領

域，除了眾所周知的甘特圖外，他還提出了「任務獎金制度」(The Task And Bonus System)，此外，甘特非常重視工業中人的因素，因此他也是人際關係理論的先驅者之一。

甘特圖 (The Gantt chart)：一種規劃、管制並記錄進度的圖示法，迄今仍為 PPM「計畫與專案管理」(Program and Project Management) 的重要管理工具。即便近代發展許多進度管制圖如 PERT「計畫評核術」(Program Evaluation and Review Technique)、網路圖 (Network Diagram) 等，甘特圖仍為一般業者廣泛使用著。

WBS 工作分解結構 週次	1	2	3	4	5	6	7	8	…	10	20	30
WP1 工作 1								60% 完成				
1.1 活動 A							80% 完成					
1.2 活動 B		SS 開始至開始順序		100% 完成			FF 結束至結束順序					
1.3 活動 C				FS 結束至開始順序			50% 完成					
↓												
WP2 工作 2								50% 完成				
2.1 活動 D							30% 完成(進度落後)					
2.2 活動 E							0% 完成(進度落後)					
2.3 活動 F												
↓						審查時點						

◆ 圖 1.2 專案管理 WBS「工作分解結構」甘特圖

任務獎金制度 (The Task And Bonus System)：甘特主張管理者與員工的獎金應與如何改善效率的績效連結。甘特則與泰勒不同，著眼於工人工作的集體性，所提出的任務加獎金制具有集體激勵性質。甘特認為，泰勒的辦法促進了管理者與工人之間的合作，但無法促進工人與工人之間的合作，而是使工人獨立的運作。甘特所設計的這種獎金制度，對於工人來說形成了基本工資的保證，對於管理者來說，則矯正了他們的管理方式。

過去，管理者與工人處於對立狀態，而甘特的辦法首次把管理者培訓工人的職責和利益結合起來。工人完成定額後給管理者獎金，使管理者由原來的監工變成了工人的老師和幫助者，把關心生產轉變成關心工人。這一點使甘特的想法成為人類行為早期研究的一個標誌。按照甘特的說法，管理者獎金的目的就是「使能力差的工人達到標準，並使管理者把精力放在最需要的地方和人身上」。

經營的社會責任 (The social responsibility of business)：甘特相信企業的經營有其運作的社會責任。在科學管理發展中，甘特引人注目的另一點，是他對人的關注。在這一方面，他與泰勒有相似之處、卻又有重大的區別。其共同點在於他們都重視工業生產中的和諧問題；其不同點在於泰勒重視管理者，而甘特則重視工人。

甘特強調，工業教育要形成一種「工業習慣」，這種習慣的內容就是勤勞與合作。甘特認為，建立工業習慣能使雇主與工人同時受益，雇主的利潤提高，工人的工資增加，而且還對工人的福祉有益，能提高工人的工作興趣。形成工業習慣的前提是士氣，員工士氣是管理部門和工人之間建立互信和合作氣氛的基礎。

在管理方式上，甘特強調，任何企業取得成功的首要條件是採取一種被領導者願意接受的領導方式。金錢激勵只是許多影響人們動機中的一個，不是全部！管理者除了要重視經濟因素外，還要關注其他相關因素如人性因素、員工士氣、人際關係等。有些管理學家認為，甘特的這些思想，是早期關於人類行為認識的里程碑，也是人際關係理論的先驅者。

除了科學管理趨勢外，管理學也在教育、心理、應用、統計等領域開枝散葉。在管理教育領域，杜肯 (John Christie Duncan) 於 1911 年出版了第一本大專用管理教科書〈工業管理原則〉(Principles of Industry Management)；美國哈佛商學院 (The Harvard Business School) 於 1921 年開設第一個 MBA「企管碩士」(Master of Business Administration) 學位學程。Yoichi Ueno（上野陽一，1883~1957）將「**泰勒理論**」(Taylorism) 引進日本，成為日本第一個「日式管理」顧問，被後人尊稱為「日本管理科學之父」。其子 Ichiro Ueno（上野一郎）繼承父業，開創了日本的「**品質保證**」(Quality Assurance, QA) 觀念。

在歐洲，管理理論的著述也蓬勃發展著。法國礦學工程師暨管理學理論學家費堯 (Henri Fayol) 提出管理學的不同分支及其交互影響關係。費堯是古典管理理論的創立者，他對管理學的貢獻，是首次對一般管理理論作了全面性的描述，他主張管理有六個主要功能及 14 項管理原則，該理論被後人稱為「**費堯主義**」(Fayolism)。

費堯將管理的內涵加以區分，對後來管理學的分類有重大影響。費堯歸納出**六種管理功能 (6 Management Functions)** 如：

1. 預測 (Forecasting)
2. 規劃 (Planning)
3. 組織 (Organizing)
4. 指揮 (Commanding)

5. 協調 (Coordinating)
6. 管控 (Controlling)

除六種管理功能外，費堯也對一般管理提出 14 項管理原則 (14 Principles of Management) 如：

1. 分工 (Division of work)：工作應分配給個人或團體，以確保特定任務的努力與專注。費堯認為工作的專業化能最有效的利用組織人力資源。
2. 權威 (Authority)：管理者必須能下達指令，權威賦予管理者這個權力，但仍應注意運用權威時，責任也相對而生。
3. 紀律 (Discipline)：員工必須服從與尊重組織治理的規則。好的紀律則來自於有效的領導。
4. 統一指揮 (Unity of command)：每個員工只能接受來自一位直接上級的命令。
5. 統一指導 (Unity of direction)：每個擁有同樣目標的組織活動應該被一位管理者用一個計畫來指導。
6. 個體利益從屬於一般利益 (Subordination of individual interests to the general interest)：任何一個或一組員工的利益都不應該超越組織整體的利益。
7. 報酬 (Remuneration)：工人必須按照他們的服務被付給公平的薪水。
8. 集權 (Centralization)：集權指的是下級參與決策制定的程度。決策制訂是集權（於管理者）或分權（於下級）合適比例的問題。目標是對每種情境找到最佳化的集權程度。
9. 等級鏈 (Scalar chain)：從高階管理到最底層員工的權威線代表了等級鏈，溝通應當遵循這條等級鏈。但如依循這條等級鏈導致時間的延遲，跨等級鏈的溝通是允許的，如果參與方都同意且直接主管被告知。
10. 秩序 (Order)：這項原則關切著人、機具與物料等系統化安排，所有員工在組織內都應該有其特定的位置（與職責）。
11. 公平 (Equity)：管理者應該寬容和公正的對待下級。
12. 人員工作的穩定 (Stability of tenure of personnel)：人員流動率高是缺乏效率的。管理者應該提供有秩序的人員（晉階）規劃，並保證替代人員可以補缺空位。
13. 主動 (Initiative)：員工如被允許發起和執行（自己的）計畫，會激發員工高水準的努力。
14. 團隊精神（法文 Esprit de corps）：提倡與促進團隊精神，會在團隊中創造和諧和團結。

20 世紀初期 Ordway Tead, Walter Scott 及 J. Mooney 等，將心理學 (Psychology) 原則運用到管理上；其他的學者如 Elton Mayo, Mary Parker Follett, Chester Barnardm, Max Weber, Rensis Likert 及 Chris Argyris 等，則從社會學 (Sociological) 的角度描述著管理。

H. Dodge, Ronald Fisher, 及 Thornton C. Fry 等統計學家，將統計技術引進管理學相關研究上，對管理學的量化研究也有顯著貢獻。

杜拉克 (Peter Drucker)，奧地利裔美國作家、管理顧問及大學教授。他專注於管理學範疇的文章寫作，「知識工作者」(Knowledge Worker) 一詞經由杜拉克的倡導而廣為人知。他催生了管理學門，也預測「知識經濟」 (Knowledge Economy) 時代的到來，他被後世譽為「現代管理學之父」。

杜拉克在 1946 年出版了第一本有關管理應用的教科書：〈企業的概念〉 (The Concept of Corporation)；杜拉克在當時通用汽車總裁史龍 (Alfred Sloan) 的贊助下，針對企業組織的運作執行一系列的研究，隨後，杜拉克陸續出版了 39 本書，多數著重在企業的管理上。杜拉克對管理學的發展有很多重要論述，其中「**效率是把事情做好，而效果則是做對的事情。**」(Efficiency is doing things right; effectiveness is doing the right things) 這句管理名言，就出自於杜拉克。

由於杜拉克在管理學論述上的成就，被世人尊稱為「現代管理學之父」，並且被保守派財經刊物推舉為「當代最不朽的管理思想大師」。但也有人批評杜拉克的看法缺乏現代學術論文的統計驗證要求。

杜拉克在其著作中提到甚多具有創意性的觀點如：

- **對各種總體經濟學理論持懷疑態度**：杜拉克認為，沒有任何一個經濟學派的理論，能夠有效解釋現代經濟結構中的主要層面。
- **「知識工作者」(Knowledge Worker) 的名詞與概念**：在其 1959 年出版的〈明日地標〉(The Landmarks of Tomorrow) 一書中首次提及，從此之後，以知識為基礎的工作與員工，在全世界的職場上愈形重要，也促使所謂「**知識經濟**」(Knowledge Economy) 時代的來臨。
- **預測「藍領」階層的消失**：藍領工人 (the "Blue Collar" worker) 指的是那些學歷不高、只能從事中低階工作、支領中低階工資的工人。杜拉克的這點預測，對美國汽車工業的衰敗至少還算能印證。
- **分權與簡化 (Decentralization and Simplification)**：根據杜拉克的說法，一般公司傾向生產過多的商品、雇用多餘的員工和錯誤的投資等，相對而言，**外包**

(Outsourcing) 則是較佳的方案。
- **政府的病態 (The Sickness of Government)**：杜拉克提出一個非意識形態的主張，亦即政府無法、也沒有意願提供人民需要或想要的創新服務，儘管他相信這並不是民主體制中必然發生的情況。
- **對「計畫性遺棄」(Planned Abandonment) 的需求**：企業和政府有一種人類的自然傾向，即無視於明顯不再適用的事實，而對昨日的成功始終念念不忘。
- **對社群意識的需求 (The need for community)**：杜拉克早期提倡「經濟人的末日」，主張個人對社群的需求可以在一被創造出來的「植物群落」(Plant Community) 中滿足。稍後他承認植物群落的概念從來也沒有實現，並在1980年代暗示 NPO「非營利組織」(Non-profit Organization) 的志願者可能是社群的關鍵。杜拉克想用 NPO「非營利組織」代替政府的社會救助福利單位，然而沒有獲利績效可評估，也無政府公家機構內部監督的 NPO「非營利組織」，比企業更容易用一些行銷管理的說辭來掩飾沒達成任務的失敗，有些 NPO「非營利組織」則只是富人用來逃稅、移轉財產用的掩護機構。
- **MBO「目標管理」(Management by Objective)**：是杜拉克最廣為人知的管理概念，目標管理是賦予或分配員工一個明確目標，而主管不需經常介入員工的工作，讓員工工作時有較多的自主性，之後再以達成目標與否做考核。目標管理的概念在杜拉克1954年出版的〈管理實務〉(The Practice of Management) 一書中被首次提及。
- **服務顧客是公司的主要責任**：獲利並不是公司的主要目標，但卻是公司持續存在及永續經營的必要條件！

既然杜拉克被尊稱為「現代管理學之父」！我們也可從他所說過的名言中，一窺他對管理與管理衍生概念的看法。

杜拉克的最佳名言：

- 「若無效率、寧可不做！」(There is nothing so useless as doing efficiently that which should not be done at all.)
- 「預測未來的最好方法是創造它。」(The best way to predict the future is to create it.)
- 「做對的事；而不是可接受的事。」(Start with what is right rather than what is acceptable.)
- 「成功的人會把事情做好，但較專注做對的事。」(The successful person places more attention on doing the right thing rather than doing things right.)

杜拉克關於「事業（經營）」(Business) 的名言：

- 「事業，就是用別人的錢！」(Business, that's easily defined - it's other people's money.)
- 「創業家始終專注於改變所帶來的機會。」(The entrepreneur always searches for change, responds to it, and exploits it as an opportunity.)
- 「事業經營的目的就是在創造顧客。」(The purpose of a business is to create a customer.)

杜拉克關於「管理」(Management) 的名言：

- 「大部分的管理，是讓人更難做事！」(Most of what we call management consists of making it difficult for people to get their work done.)
- 「管理者的責任，在應用並發揮知識的效用。」(A manager is responsible for the application and performance of knowledge.)
- 「時間，是最珍貴的資源；沒管理好時間，其他的也不需要管理了。」Time is the scarcest resource and unless it is managed nothing else can be managed.
- 「目標管理的確有效、只要你知道目標在那；但通常你不知道！」(Management by objective works - if you know the objectives. 90 % of the time you don't.)

杜拉克關於「領導」(Leadership) 的名言：

- 「有效的領導並非演說精彩或被別人喜歡；領導是由結果而非特質所定義。」(Effective leadership is not about making speeches or being liked; Leadership is defined by results not attributes.)
- 「管理是把事情做好；領導則是做對的事情。」(Management is doing things right; Leadership is doing the right things.)
- 「組織每個階層的關鍵技能，是做好的決策！」(Making good decisions is a crucial skill at every level.)

杜拉克關於「知識」(Knowledge) 的名言：

- 「知識有力量，它控制著機會的開拓與進步。」(Today knowledge has power. It controls access to opportunity and advancement.)
- 「知識，必須持續改善、挑戰與增加，要不它就消逝了。」(Knowledge has to be improved, challenged, and increased constantly, or it vanishes.)

二次世界大戰期間，布萊克特 (Patrick Blackett) 等將應用數學內涵運用於「**作業**

研究」(Operations Research, OR) 的發展上，作業研究原本用於軍事用途，企圖以科學的角度，解決複雜的決策問題，後來，作業研究也被用來解決複雜管理問題如運籌、生產等，故作業研究有時也被稱為「管理科學」(Management Science)，使有別於泰勒之「**科學管理**」(Scientific Management)。

到了 20 世紀末期，管理學可大致區分為六大領域如：

1. 人力資源管理 (Human Resource Management, HRM)
2. 生產或作業管理 (Production or Operation Management)
3. 策略管理 (Strategic Management)
4. 行銷管理 (Marketing Management)
5. 財務管理 (Financial Management)
6. 資訊管理 (Information Management)

針對上述管理領域的劃分，也有人直接以「**產銷人發財**」（生產、行銷、人力資源、研發、財務）的「五管」區分之。

1.5 近代發展

21 世紀後，管理學開始由概念原創性、實用性、衝擊性、研究嚴謹性、論述影響力等評估準據，評量現代管理學大師們論述的影響力。如由 Suntop Media 及 Bloomsbury Publishing 從 2001 年開始，每兩年針對國際上管理學者（及企業界人士）進行「前 50 大管理大師」(Thinkers 50) [註解 4] 的評選。以下即以 2001~2013 年，各年度前三名內的管理學者及其論述要點，分別簡述如下：

2001/2003 第一名：彼得杜拉克 (Peter Drucker)

如前節所述，杜拉克於管理學領域的貢獻頗多，包含：

- 經營的分權與簡單化 (Decentralization and Simplification)
- 非營利組織的重要 (The importance of the Non-profit Sector)
- 尊重員工 (Respect workers)
- 首創「知識工作者」(Knowledge Worker) 名稱
- 首創「外包」(Outsourcing) 概念
- 提倡 MBO「目標管理」(Management by Objectives) 觀念

杜拉克對管理學最重要的貢獻之一，為 MBO「目標管理」概念的提倡。MBO

「目標管理」強調組織整體目標的展開至每個單位或個人，使每個單位或個人的貢獻，都能有助於組織整體目標的達成。因此，MBO「目標管理」的實施要點在目標的正確設定，目標展開時上下階層的充分溝通與協調，及目標達成與否和績效評估的結合等。

MBO「目標管理」看似合理可行，但批評者批判它忽略了人性上的弱點（人通常不會想要過多的責任或壓力而降低標準），因此，將導致目標展開時，上下階層溝通協調的耗時費力，進一步可能衍生組織整體目標的降低或內部凝聚力的下降等缺點。近代實務運作的結果，也顯示出MBO「目標管理」可能較不適合大型組織或企業的趨勢。

2005 第一名：麥可波特 (Michael Eugene Porter)

波特（Michael E. Porter），美國著名策略管理大師，波特對企業、區域、甚至國家「**競爭策略**」(competitive strategy) 的研究，使其聞名於世。

波特提出許多重要競爭策略模型與概念，主要貢獻包括**基本競爭策略** (Generic Competitive Strategies)、企業 VCA「**價值鏈分析**」(Value Chain Analysis)、產業「**五力分析**」(Five Forces Model)、國家競爭力分析「**鑽石模型**」(The Diamond Model) 等。

波特在「策略管理」(Strategy Management) 領域中，有甚多獨創見解與著述，因此，為世人公認的策略管理大師，其重要論述包括如：

- **基本競爭策略 (Generic Competition Strategies)**：波特認為一般企業採行的競爭策略，不外乎降低成本的「**成本領導**」(Cost Leadership)、產品設計的「**差異化**」(Differentiation) 及特定市場的「**聚焦**」(Focus) 策略等。

成本領導策略，通常是企業為增加市場競爭力，對產品製造程序的成本降低或產品市場價格的降低等，目的在「滲透市場」以擴張市佔率。其企業內部作為通常即為「品質管理」的專注與推動；而非所謂的「削價競爭」。

隨著競爭對手也專注在成本領導的品質管理後，低成本不再能為企業帶來競爭力。因此，波特認為企業應轉移重點到產品研發設計或創新的「**差異化策略**」，以獲得市場上顧客的獨特性認知。此時，已有對市場分群的概念！

最後，隨著競爭對手各自有其差異化的吸引顧客策略，市場上自然開始分群。波特認為此時企業的競爭策略（圖 1.3），應再轉向到特定顧客群體行銷管理的「**聚焦策略**」上（圖 1.3）。

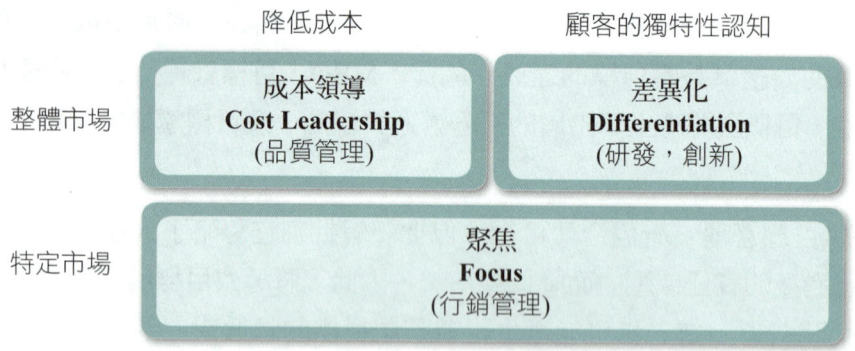

◯ 圖 1.3　波特基本競爭策略

有人將聚焦策略再區分為「聚焦成本領導」與「聚焦差異化」等兩個策略；但重點都在聚焦特定市場，其企業內部作為也有差異。故本書作者認為，波特的基本競爭策略，應僅區分為「成本領導」、「差異化」及「聚焦」等三個策略較為合意。

- **五力分析** (5 Forces Analysis Model)：為一分析**產業內競爭對手**，供應鏈上游**供應商**、**買方議價能力**，**取代者**或**新進者**的潛在威脅等五種左右力量的**產業分析** (Industry Analysis) 模型。

波特的「五力分析」模型中最主要的影響力量，來自於產業的內部同行競爭，同時也考量供應鏈上下游，及產業外部的潛在威脅等（圖 1.4）。「五力分析」模型

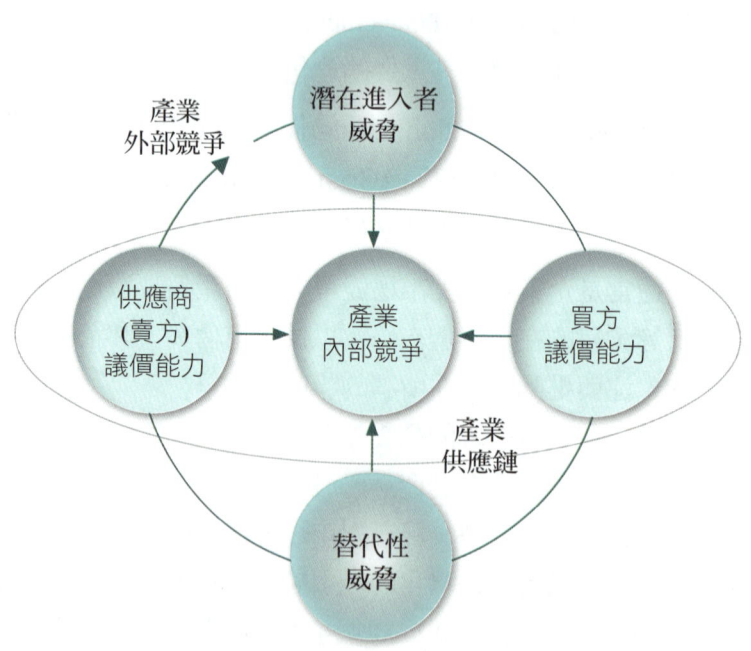

◯ 圖 1.4　波特產業分析「五力分析」模型

分析層面雖完備；但有未納入企業對自己評估分析的嚴重缺陷！誠如孫子兵法中所謂「知彼知己，百戰不殆；不知彼而知己，一勝一負；不知彼，不知己，每戰必敗。」「不知己而知彼」在現實環境中是無法理解且應該不存在的！因此，一般在運用上，不如同時考量企業內部及產業環境影響的 SWOT 分析。

- 企業 VCA「價值鏈分析」(Corporate Value Chain Analysis)：從企業主要活動及支持性活動中，辨識能產生價值的活動組合分析方式（圖 1.5）。

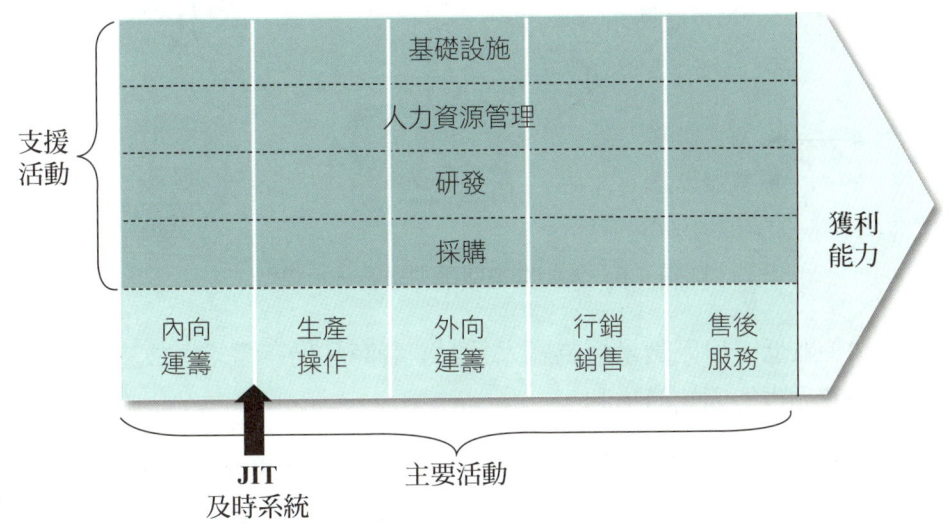

圖 1.5 波特的企業 VCA「價值鏈分析」模型

著名的日式 JIT「及時系統」(Just-in-Time System)，在生產管理上的操作性定義為「在生產的當時，生產所需的所有資源同時到位」註解 5，根據上述定義，JIT「及時系統」實際上可視為是企業價值鏈分析中「內向運籌」(Inbound Logistics)「生產作業」(Operations) 等兩項主要活動之間的「介面」管理概念。

- 國家競爭力分析鑽石模型 (The Diamond Model)：除了企業 VCA「價值鏈分析」，產業競爭「五力分析」模型外，波特對國家於國際間的競爭力分析，也提出「鑽石模型」分析模型（圖 1.6）。

2007/2009 第一名：普拉哈拉德 (Coimbatore Krishnarao Prahalad)

普拉哈拉德為印度裔美國學者，以 2004 年出版的〈金字塔底層的財富〉(The Fortune at the Bottom of the Pyramid) 一書，顛覆企業對消費族群與市場定位的傳統看法。普拉哈拉德認為社會低收入族群的購買力（PPP「購買力指標」(Purchasing

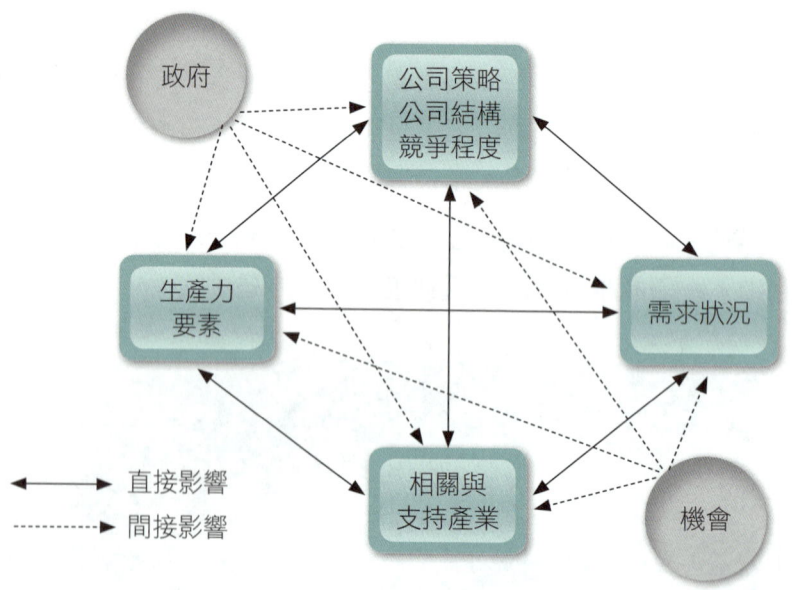

▶ 圖 1.6　波特國家競爭力鑽石分析模型

Power Parity)）雖低，但因數量極為龐大且對消費商品仍有需求，故企業應開發低收入族群適用的商品也能因此而獲利。

根據普拉哈拉德的定義，所謂「金字塔底層」(The Bottom of the Pyramid) 是指「有數兆消費潛能、但未受關注的市場」。普拉哈拉德認為未來市場的保證，不在開發中市場內的少數富有者，也不在那些浮現中的中產消費族群；而是在那些數十億有熱切渴望加入市場經濟的窮人。

普拉哈拉德的倡議雖然有許多不認同的意見，但他在現代自由經濟體制上提出企業對低收入族群的應有關切，使企業具有「**社會企業**」(Social Enterprise) 的良好形象等貢獻，使普拉哈拉德在 "The Thinker 50" 2007/2009 連續兩次的評選，都獲得第一的榮譽。

2011/2013 第一名：克里斯丁生 (Clayton M. Christensen)

克里斯丁生，美國哈佛商學院教授。克里斯丁生的研究，多與企業的「創新」(Innovation) 有關，對管理學領域的最大貢獻，為「**顛覆式創新**」(Disruptive Innovation，或也稱為「**破壞式創新**」) 觀念的提出。

根據克里斯丁生的說法，創新可依是否影響既有市場的改變而區分如「維續式」(Sustaining) 及「顛覆式」(Disruptive) 等兩類創新模式（圖 1.7），而維續式創新又可再分為「演化式」(Evolutionary) 及「革新式」(Revolutionary) 兩種。克里斯丁生對上

第 1 章　管理學發展簡史

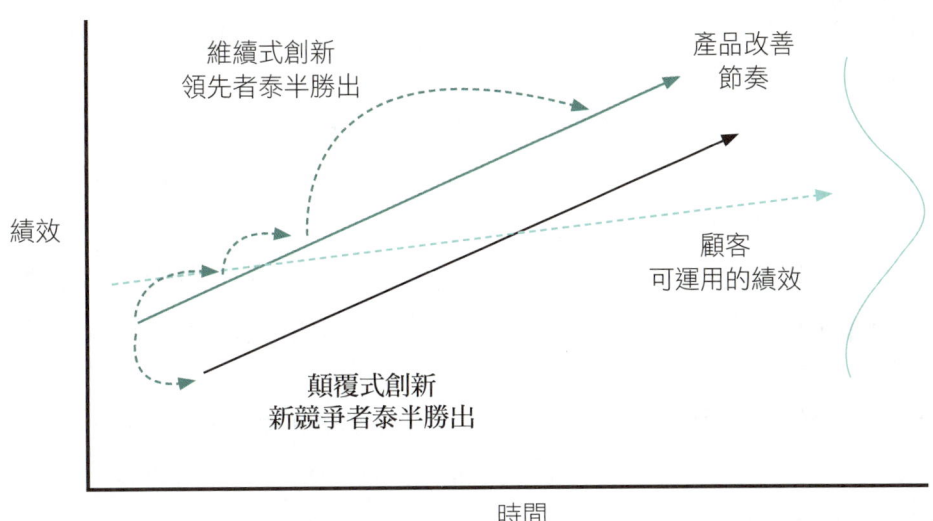

● 圖 1.7　克里斯丁生「顛覆式創新」示意圖

述創新模式的操作性定義如下：

- **維續式創新**：不影響既有市場的創新模式。
    - **演化式創新**：為符合顧客預期，在既有市場中的產品改良。
    - **革新式創新**：一種不預期的創新，但也不會影響既有市場。
- **顛覆式創新**：一種運用不同價值組合而創造出新市場，進而終究（通常為不預期的！）取代既有市場。

除了上述各年度被評選為「當代第一思想家」的大師思惟外，另仍有些重要的管理思惟及其創議者值得一提如後述。

金與莫柏芮倡議的 BOS「藍海策略」

金偉燦 (W. Chan Kim) 及莫柏芮 (Renée Mauborgne) 兩位都是 INSEAD「歐洲工商管理學院」（Institut Européen d'Administration des Affaires）的教授，兩人共同於 2004 年出版的〈**藍海策略**〉(Blue Ocean Strategy) 一書，使兩人於「前 50 大管理大師」的名次一路攀升，2003/2005 年的名次分別為 31/15，一路竄升至 2011/2013 兩屆都被評選為第二名。

BOS「藍海策略」不同於傳統的「紅海」競爭策略，金與莫柏芮主張應檢視自己的獨特價值組合，持續的創造出使競爭變成無關緊要的新市場。根據 http://www.blueoceanstrategy.com/ 網站的彙整，BOS「藍海策略」有 10 個關鍵要點如：

1. BOS「藍海策略」的提出，是基於超過100年 (1880~2000) 對30個產業150項策略行動結果的彙整研究成果。
2. BOS「藍海策略」同步追求「差異化」與「低成本」策略。
3. BOS「藍海策略」的目的不在於既有市場上贏得競爭；而是創造新的市場（名之為「藍海」），因此，與競爭無關。
4. 當傳統將創業家及「分拆」(spin-offs) 視為隨機或實驗創新的兩個主要驅動力（Schumpeter 熊彼得等之主張）時，BOS「藍海策略」提供新創與既存企業追求「藍海」市場的系統化方法與程序。
5. BOS「藍海策略」的分析框架與工具包括如：策略草圖 (strategy canvas)、價值曲線 (value curve)、四行動架構 (four actions framework)、六條路徑 (six paths)、顧客經驗循環 (buyer experience cycle)、顧客效用圖 (buyer utility map) 及「藍海概念指數」(blue ocean idea index) 等。
6. BOS「藍海策略」的分析框架與工具，都是一些視覺呈現工具，能有效構建公司的集體智慧外，另也能藉由簡易的視覺溝通使策略能有效執行。
7. BOS「藍海策略」包括策略的制訂與執行。
8. BOS「藍海策略」的三個關鍵建構概念是：價值創新、引爆點式領導及公平的程序 (value innovation, tipping point leadership, and fair process)。
9. 如以結構型塑策略的結構主義理論 (structuralist theory) 來形容競爭策略；則藍海策略是策略型塑結構的重建主義理論 (reconstructionist theory)。
10. 由於是系統階層的策略整合，BOS「藍海策略」的執行必須由組織發展與校準三個策略命題如：價值命題、利潤命題及人員命題。

　　金與莫柏芮倡議的藍海策略制訂工具包括如：

- 策略圖譜 (The Strategy Canvas)
- 藍海策略初期測試：聚焦、發散與激發興趣的標語 (The initial litmus test for BOS: focus, divergence, compelling tagline)
- 四行動架構 (The Four Actions Framework)
- ERRC「消除、降低、提升、創造」分析格 (Eliminate-Reduce-Raise-Create Grid)
- 六路徑架構 (The Six Paths Framework)
- 顧客效用圖 (Buyer Utility Map)
- 顧客經驗循環 (Buyer Experience Cycle)
- 質量價格廊模型 (Price Corridor of the Mass Model)
- 策略程序視覺化四步驟 (Four Steps of Visualizing Strategy Process)

- 拓荒遷移定居圖 (Pioneer-Migrator-Settler Map)
- 三層非顧客架構 (Three Tiers of Noncustomers Framework)
- BOS「藍海策略」的程序 (The Sequence of Blue Ocean Strategy)

當然，實施 BOS「藍海戰略」遠非只是改變觀念這麼簡單。事實上，金與莫柏芮也承認藍海雖然是一個新名詞，但並非什麼新事物。現實中已有許多成功的藍海戰略實踐者，只是並未形成系統化的操作工具與分析框架，帶有許多不確定性與風險，從而不為大多數企業所採用。而與此同時，對於紅海戰略，卻有著許多成熟的理論與實踐可供指導企業採取行動。

凱普蘭與諾頓倡議的 BSC「平衡計分卡」

長久以往，人們多以財務表現來判斷企業的經營績效。但賺錢的公司不見得能永續經營；目前不賺錢的公司也不見得未來沒有發展潛力。直到 1992 年，凱普蘭與諾頓 (Robert S. Kaplan, & David P. Norton) 以「平衡計分卡：驅動績效的衡量系統」(The Balanced Scorecard: Measures that Drive Performance) 為名，於 HBR〈哈佛商業評論〉(Harvard Business Review) 中發表論文，才引起學界與業界對平衡衡量企業組織績效的重視。

以多指標系統衡量組織績效的概念雖非新創；但凱普蘭及諾頓兩人共同於 1992 年於〈哈佛管理評論〉(Harvard Business Review, HBR) 中發表「平衡計分卡：驅動績效的衡量系統」一文，使 BSC「平衡計分卡」(Balanced Scorecard) 成為組織衡量其策略性規劃作為的主要工具。

凱普蘭與諾頓的論文中，以財務績效 (Financial Performance)、內部程序 (Internal Process)、學習與成長 (Learning and Growth) 及顧客關注 (Customer Focus) 等四個向度為例，說明應以多向度考量（作者註：應視企業或組織特性，選定適合的評估向度，且不一定要採用凱普蘭與諾頓範例的四個向度），將企業的經營遠景 (Vision) 及策略 (Strategies) 轉化為行動，並藉以評估企業或組織的整體績效。除多向度之建議外，凱普蘭與諾頓也對各向度績效評估的具體作法，如平衡運用評估指標及實際績效評估作法等，都作了明確的建議與說明如：

平衡運用指標：

1. 財務與非財務指標之間的平衡
2. 領先與落後指標之間的平衡
3. 短期與長期目標之間的平衡

4. 質性與量化衡量指標之間的平衡

績效評估作法：

1. **績效目標 (Objectives)**：設定該向度績效提升之目標
2. **衡量系統 (Measures)**：以何種方式衡量績效水準
3. **績效準據 (Targets)**：設定最低績效標準
4. **管理作為 (Initiatives)**：管理者提升績效之具體作為規劃等

彙整上述 BSC「平衡計分卡」多向度績效評估考量及實際評估作法，如圖 1.8 所示：

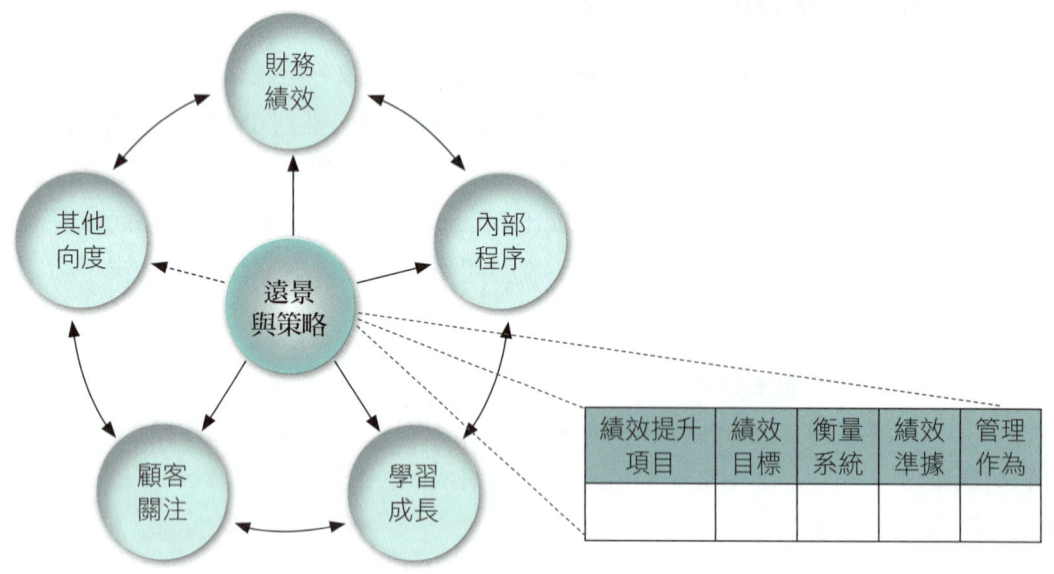

圖 1.8　BSC 平衡計分卡評估模式示意圖

本章總結

管理大師杜拉克對管理的名言：「大部分的管理，是讓人更難做事！」，這種解釋讓學管理的人或身為管理者的人們都應深自汗顏與警惕。

本章雖以工業革命為始點，介紹管理概念及各種管理理論的發展簡史；但我們都應相信自人類有群聚生活形態開始，管理即應以某種型態存在著。無論何種主張、主義或理論，「管理」應該都是有效率的整合人們的努力及各種可用的資源，達成領導

者所揭櫫的良善目標，以改善人類生活水準及促進生命意義。

　　早期有關管理的文獻如中國的〈孫子兵法〉、印度的〈政事論〉或歐洲的〈君王論〉、〈國富論〉等鉅作，都是從國家管理的角度，建議國家領導者應有的領導與管理思惟。

　　20 世紀開始，以科學化角度賦予管理量化意義的「科學管理」思惟與主張開始蓬勃發展，使管理學脫離「口惠而不實」(lip service) 的窘境，而逐漸發展成可驗證的「管理科學」。橫跨 20~21 世紀的管理大師彼得杜拉克，對現代企業的經營、管理、領導及創新等，都有相當重要的啟發作用。

　　時至今日，管理學已自成一派學門，各種理論或主張也如大樹茁壯般的開枝散葉與結果。波特的「競爭策略」或金與莫柏芮的「使競爭變成無關緊要」，其實都在告訴我們，瞭解自己核心價值所在的重要性。普拉哈拉德以「金字塔底層的財富」，吸引營利企業善盡「社會企業」的責任。金與莫柏芮的「藍海策略」及克里斯丁生的「顛覆式創新」，何嘗不是以不同的價值組合、創造出新的機會？最後，凱普藍及諾頓以多向度、多指標，平衡衡量組織整體運作績效的「平衡計分卡」系統，再度反映出現代組織管理的複雜與多面向，也突顯出各種策略或行動方案，始終都應貢獻於組織經營良善目標：「遠景」的達成。

關鍵詞

Arthashastra 政事論：古印度的一部重要著作，亦譯作〈利論〉或〈治國安邦述〉，梵語意為「國王利益的手冊」。書中包含有豐富的政治、經濟、法律和軍事、外交思想。相傳為印度孔雀王朝的開國大臣 Chanakya（或 Kautilya）（中譯考底利耶）所著，成書年代約在西元前 4 世紀末到前 3 世紀初。年代和作者目前尚有爭議，全書共 15 卷。

考底利耶其人擅長權謀，後人稱之「印度的馬基維利」。考底利耶也是印度經濟學及政治學的先驅，也是早期創立古典經濟學的重要人物。考底利耶在政治學上的研究比馬基雅維利早了約 1,800 年。其著作大約在笈多王朝（印度孔雀王朝第一代）末期失傳，一直到 1915 年才再度被考古學者找到。

Batch Production 批量生產：批量生產為一種產品的主要生產方式，通常為中小製造業所採用。產品經過一系列工作站 (workstations) 形成的生產線或組裝線 (production or assembly line) 而完成。相對於「工作坊式生產」(job production or one-off production) 能生產較為複雜的產品、產量也相對較高。另相對於「連續生產線」(flow production or continuous production) 而言，效率則相對較差。

Coordinate 協調：組織內活動、責任與指揮管制架構的同步化 (synchronization) 與整合 (integration)，以確保組織資源有效運用於追求某一特定目標。協調與規劃、組織、領導、管控等一樣，同屬關鍵性管理功能之一。

Cost Accounting 成本會計：為組織不同行動方案成本資料的蒐集、分析、彙整與評估，其目的是在成本效率與成本能量的基礎上，對管理階層作出最佳行動方案的建議。成本會計對管理階層提供的成本資訊，是管理者管控目前行動與規劃未來行動的重要參考資訊。

不同於定期準備財務報表的會計系統，成本會計並不受如 GAAP「公認會計原則」(Generally Accepted Accounting Principles) 的限制，因此，各公司或甚至一公司內的不同部門，即可能有不同的成本會計制度如：

- 精實會計制度 (Lean Accounting)
- ABC「作業基礎成本制度」(Activity-based Costing)
- RCA「資源消耗會計制度」(Resource Consumption Accounting)
- 有效產出會計 (Throughput Accounting)
- LCC「壽期成本法」(Life Cycle Costing)
- 環保會計 (Environmental Accounting)
- 目標成本法 (Target Costing)

Craftsmanship 工藝：指某項技術的精細技能，同義詞還包括如 workmanship「工藝」、artistry「藝術性」、craft「手藝」、artisanship「手工藝」、handiwork「手工」、skillfulness「技藝」、technique「技術」、expertise「專門知識」、mastery「專精」等。

Division of Labor 分工：分工是指個人、公司、國家或地區都負責自己所擅長的工作。由於工人的工作效率提高，產量及產品質素也會跟著提高，人們的生活水準也因而得以改善，分工的發展是人類社會經濟進步的重要里程碑。

孟子所說的「一日之所需，百工斯為備」，一天的所需，都是別人辛苦，靠百種職業去完成。人與人互相依賴、學習，達到成長學習的效果。

Empiricism 經驗主義：認為理論應建立於對於事物的觀察，而不是直覺或迷信。意即藉著科學的實驗研究，而後進行理論歸納，優於單純的邏輯推理。經驗主義是邏輯實證主義（邏輯經驗主義）的前身。直到今天，經驗主義的方法還在影響自然科學，是自然科學研究方法的基礎。經驗主義的代表人物有亞里斯多德 (Aristotéls)、阿奎納 (St. Thomas Aquinas)、培根 (Francis Bacon)、霍布斯 (Thomas Hobbes)、洛克 (John Locke)、貝克萊 (George Berkeley) 和休謨 (David Hume) 等。

與經驗主義相對的是理性主義 (Rationalism)，認為哲學應經由思考和演繹推理 (Deductive Reasoning) 而得出結論，代表人物有迪卡爾 (René Descartes)、康德 (Immanuel Kant) 等。

Employee 員工：在企業管理領域中，員工是指被雇主聘用並執行特定任務與工作的人們。員工與雇主的差異是雇主付出薪資、報酬等吸引員工加入組織；而員工則付出心力（白領階層）或勞力（藍領階層）換取薪資、報酬。值得一提的是，在組織執行階層最高位階的 CEO「執行長」(Chief Executive Officer)，因也是被董事會所聘用，因此，雖然在管理階層的最高位，也算員工中之一員。

Fayolism 費堯主義：法國管理理論家費堯 Henri Fayol (1841~1925) 在 19 世紀末到 20 世紀初，對管理理論的發展與整合，有助於當時組織管理 (Organizational Management，亦即現代管理學的前身) 的理論與實務奠下基礎，後人習稱為「費堯主義」或「費堯理論」，主要內涵包括六個管理功能的區分與定義及 14 項管理原則等。

Gantt Chart 甘特圖：顯示專案進度及其他與時間相關系統內在關係為隨時間進展的條狀圖，是由甘特 (Henry Laurence Gantt) 於 1910 年開發出。在專案管理中，甘特圖顯示專案各項活動的開始和結束時間，及活動之間的依賴關係。

過去甘特圖的製作甚少有軟體支持，在繪圖軟體當中，只有 Harvard Graphics 可以讓用戶繪製甘特圖。一般用戶只能在 Lotus 123 或 Microsoft Excel 上手動調製。自從專案管理軟體問世後，則可以容易的繪製甘特圖，如 Microsoft Projec 和 Mr. Project 等。

Globalization 全球化：指於經濟、財務、貿易及通訊等領域於全世界的整合現象。全球化意味著國家之間壁壘障礙的開放，但不意味著勞動人口的自由移動！另有些經濟學家也警告，若不加以區別特性而一體適用，則全球化將傷害一些零散的小規模經濟體。

Horse Power (hp) 馬力：是一個老舊的功率單位。現今除了汽車工業內燃機的功率、空調效能外，已甚少使用馬力為單位，而會使用標準的國際功率單位瓦特 (Watts)。

目前最常見 hp「馬力」的定義為：1 hp = 745.7 W。

這個單位是由蒸氣機改良者瓦特 (James Watt) 發明，用以表示蒸氣機相對於馬匹拉力的功率，並被定義為「一匹能拉動 33,000 磅並以每分鐘 1 英尺走動的馬所作的功率」，也

就是等於：1 hp = 33,000 ft×lb/min。

Industrial Revolution 工業革命：因蒸氣動力及機械工具等發明，在 1760~1840 年代中，將人類的生產活動，由手工製造轉換成機械製造。工業革命發源於英國，並進而擴展到西歐及美國等目前所謂的「工業國家」。生產效率的提升，也連帶造成市場的擴大與需求的變動等。

Integrate 整合：將不同的組件（物）或元素（事）結合成協調與和諧運作整體之謂。

Interchangeability of parts 零件互換性：指一系統 (system)、總成 (assembly) 或組件 (components)，可隨意選擇總成、組件或零件 (parts)，組成後符合公差 (tolerance) 要求之謂。要達成可互換性，必須要有精確的製造工藝與產品標準。

JIT 及時系統：為 Just-in-Time 的字首縮寫詞。JIT「及時系統」是日本 Toyota 汽車兩位創辦人Taiichi Ohno（大野耐一）及 Eiji Toyoda（豐田英二）企圖消除不正常生產狀況如「過度負荷」（日語英譯 Muri/Overburden），不規整 (Mura/Uneveness) 及「浪費」(Mura/Waste) 等，規劃出一系列後人稱為 TPS「豐田生產系統」(Toyota Production System) 的品質管理作為中的一項。

JIT「及時系統」的目的，在減少庫存壓力與原物料整備的時間浪費，因此，在採購備料上，應與供應商有「策略性夥伴關係」的密切配合，使生產所需的原物料能適時、適量、適質的支援生產作業，故也經常被稱為「零庫存」(Zero Inventory) 概念。根據以上說明，本書作者將 JIT「及時系統」定義為：「生產當時，生產所需的所有資源同時到位。」

Knowledge Economy 知識經濟：此一詞為杜拉克 (Peter Drucker) 1969 年出版〈不連續的時代〉(The Age of Discontinuity) 一書中，引用奧裔美國學者馬克勒普 (Fritz Machlup)「知識是經濟資產」的概念，並改成「知識經濟」後而聞名於世。

簡單的說，知識經濟是運用「知識」（知識、技能、訣竅）而產生有形或無形的價值。一般認為知識經濟是由創新 (innovation) 引導的資訊社會 (information society) 之後的自然衍生；但值得注意的，知識經濟不見得一定要依賴技術；創新、訣竅等內涵，也說明了人類智性 (intellectual) 的重要。

Knowledge Worker 知識工作者：此一名詞為杜拉克 (Peter Drucker) 在其 1959 年出版〈明日地標〉(The Landmarks of Tomorrow) 一書中首次提及，指以知識為資產的工作人員，典型的例子如軟體工程師、醫師、建築師、工程師、科學家、會計師、律師等以「思考謀生」(think for a living) 等職業。

Liberalism 自由主義：是一種意識形態、哲學，以自由作為主要政治價值的一系列思想流派的集合。其特色為追求發展、相信人類善良本性以及擁護個人自治權，此外亦主張放寬及免除專制政權對個人的控制。更廣泛的，自由主義追求保護個人思想自由的社會、以法律限制政府對權力的運用、保障自由貿易的觀念、支持私人企業的市場經濟、透明的政治體制以保障每一個公民的權利等。

在現代社會，自由主義者支持以共和制或君主立憲制為架構的自由民主制，有著開放而

公平的選舉制度，使所有公民都有相等的參政權。自由主義反對許多早期的主流政治架構，例如「**君權神授說**」(Divine right of kings)、世襲制度和國教制度（由國家確立高於其他宗教地位的宗教。藉著宗教宣揚國家思想，或即所謂的「政教合一」）等。自由主義的基本人權主張包括生命權、自由權、財產權等。

自由主義在「啟蒙時代」（Age of Enlightenment 又稱 Age of Reason 理性時代），指在 17~18 世紀歐美地區發生的一場知識及文化運動生根；到現在，「自由主義」一詞已包含了許多不同的政治思想，以中間派為主體，從左派至右派，支持者的政治光譜分布相當廣泛。

Machiavellianism 馬基維利主義：即所謂的「**權術**」。西方的權術觀主要以馬基亞維利為代表，馬基亞維利的權術觀主要有「實力原則」、「不擇手段」、「雙重角色」等。

中國的權術觀主要以法家的申不害與韓非子為代表，法家的權術分「勢」（慎到）、「術」（申不害）、「法」（商鞅）三派。

韓非子的權術是一種「潛御群臣」，分為積極之術（如「任能為官」）和消極之術（如「國之利器不可以示人」、「倒言反事」等）。韓非子所謂的權術講述的是帝王之術，長期由統治階級所佔有，極少外傳。權術，在中國官場也可以稱之為「為人之道」、「馭下之道」、「迎上之道」等。

Manager 管理者：泛指組織中被聘請來策劃任務、推動計畫或專案、督導執行狀況與管理員工的經理人員。在組織階層劃分中，高階管理者通常負責策略規劃或變革、創新等影響組織整體運作的任務；中階管理者則通常負責組織中某一特定部門或功能的運作；基層管理者則通常負責第一線員工執行工作的督導等。

MBO「目標管理」：MBO「目標管理」(Management by Objective) 一詞，或稱 MBR「結果管理」(Management by Results)，首先由杜拉克 (Peter Drucker) 於 1954 年出版〈管理實務〉(The Practice of Management) 一書中提出。根據杜拉克的主張，組織在設定目標時，應讓所有管理階層參與，以確定設定目標的可行性。此外，管理者亦須與員工討論，共同制訂員工認同的目標及績效標準後實施，使員工的工作結果能確實達成組織目標。根據杜拉克 MBO「目標管理」的主張，可獲得下列管理優點如：

1. 組織全員認同目標，能達成最大綜效。
2. 員工績效由員工認同的績效標準衡量，使人員績效與組織目標結合。
3. 避免組織內的員工抗拒與內部權力鬥爭。

但 MBO「目標管理」經多年實務執行驗證後，卻也因其管理優點衍生出相對應的管理問題如：

1. 由上而下展開目標的方式，不適合激發員工創意。
2. 各階層協調目標曠日廢時，不適合大型組織的運作。
3. 制訂目標績效標準時衍生的人性限制，即員工會保守、降低標準。
4. 上述因素，使組織整體目標無法達成或降低組織整體績效。

由以上之論述，可知 MBO「目標管理」應僅適用小型、著重創意與員工授權的企業類

型。大型、制式化的官僚組織則通常不適用 MBO「目標管理」。

Mission 使命：在企管領域中，組織的使命是組織存在的理由（使命）或必須達成的標的（任務）。如軍人的使命是保家衛國，而任務 (tasks) 則是平時演訓、備戰，戰時則務求戰勝敵人、獲得勝利等。在策略管理領域中，使命相對於遠景 (vision)，前者是因、後者是果；對目標而言，使命或任務是眼前必須達成的目標、而遠景則是未來想追求的目標。

Motion Study 動作研究：是研究和確定完成一個特定作業或任務最佳動作的個數及其組合，為吉爾伯斯夫婦 (Frank and Lillian Gilbreth) 所創。法蘭克吉爾伯斯 (Frank Gilbreth) 因動作研究及其衍生的管理貢獻，被後人尊稱為「動作研究之父」。

吉爾伯斯夫婦的動作研究，是把作業動作分解至成最小的分析單位，然後藉著定性分析，找出最合理的動作，使作業達到高效能、省力和標準化的方法。

NPO 非營利組織：NPO「非營利組織」(Non-profit Organization) 指不為營利為目的所組成的組織，其目標通常是支持或處理公眾關注的議題或事件，因此所涉及的領域非常廣，從藝術、慈善、教育、政治、宗教、學術、環保等，分別擔任起彌補社會需求與政府供給間的落差。

NPO「非營利組織」有時亦稱為第三部門 (The third sector)，與政府部門（第一部門）和私營企業（第二部門），形成第三種影響社會的主要力量。

NPO「非營利組織」還是必須產生收益，以提供其活動的資金。但其收入和支出都是受到限制的。NPO「非營利組織」因此藉由公開籌款，或由公、私部門捐贈來獲得經費，而且通常是免稅的。私人對 NPO「非營利組織」的捐款有時還可以扣稅。

Object 目標：對企業管理而言，目標是組織追求的各種狀態。如屬近程、通常可量化衡量的狀態，則稱為「中、短程目標」(objectives)；但若屬長程、未來遠景、通常為質性描述的狀態，則稱為「長程目標」(goals)。另在中、英文詞義上，與「目標」一詞有相關或近似意義的，還有如從近程達到遠程目標間，設定作為檢核點的「里程碑」(milestones)，目標達成與否的衡量標準「標的」(target) 等。

Operations Research 作業研究：作業研究，源自於二次大戰期間，英軍首次邀請科學家參與軍事行動研究，在英國稱為 OR/MS「作業研究／管理科學」(Operational Research/Management Science)，戰後這些研究結果用於其他用途，這是現代「作業研究」的起源，在中國大陸又被稱作「運籌學」（註：運籌一詞，出自於漢高祖劉邦對張良的評價：「運籌帷幄之中，決勝千里之外。」根據此義，運籌指的是現代「策略規劃」；但現代管理學領域，一般將運籌解釋為軍事用語「後勤」(logistics) 的商業用詞）。

OR「作業研究」是一應用數學和形式科學的跨領域研究，利用統計學、數學模型和演算法等方法，去尋找複雜問題中的最佳或近似最佳的解答。

作業研究經常用於解決現實生活中的複雜問題，特別是改善或優化現有系統的效率。研究作業研究的基礎知識包括實數分析、矩陣論、隨機過程、離散數學和演算法基礎等。而在應用方面，多與倉儲、物流、演算法等領域相關。因此作業研究與應用數學、工業

工程、資訊科學等專業密切相關。

Organization 組織：指一群人為達成特定目的所組成的社會實體，並與外界環境產生互動。

Outsourcing 外包：外包或委外，一般相信是起源於杜拉克 (Peter Drucker) 對組織「分權與簡化」倡議所衍生出來的專有名詞，指將承包合約之一部或甚至全部，委託或發交給承包合約當事人以外的第三者，以節省成本、或集中精力於核心業務、或善用資源、或為獲得獨立及專業人士的專業服務等。

外包與**離岸外包** (Offshoring Outsourcing) 經常會被混用，但兩者有重要的執行區別。簡言之，外包是指與另一個組織共享組織控制，或者在一個組織內部建立網絡關係的過程。離岸外包則指將一或多個組織功能搬至另一個國家，但並不一定會產生組織內部控制的變更。

PERT「計畫評核術」：PERT「計畫評核術」是 Program Evaluation and Review Technique 的字首縮寫詞。是 1958 年美國海軍「北極星核動力潛艦」系統 (Polaris nuclear submarine project) 所發展出的計畫排程技術，主要目的是針對不確定性較高的活動項目，以網路圖規劃整個專案期程。

PERT「計畫評核術」對活動工期的估計，使用「樂觀時間」、「最有可能時間」及「悲觀時間」等三個時間，故又稱「三時估計法」（相對於 CPM「要徑法」(Critical Path Method) 的單時估計），對活動預期工期的計算公式如：

活動期望時間＝（樂觀時間＋4×(最有可能時間)＋悲觀時間）/6

雖然對複雜計畫的排程有一定貢獻，但 PERT「計畫評核術」的製圖程序甚為繁複，計畫期程變更時，常因製圖影響工作的推動而失焦，故現在已多為單時估計的 CPM「要徑法」所取代。雖然如此，PERT「計畫評核術」仍可估計專案或計畫的最短（最樂觀）與最長（最悲觀）完工期程，是比 CPM「要徑法」優異之處。

Piece-rate differential system 差別計件工資制度：即對同一種工作設有兩個不同的工資率。對那些用最短的時間完成工作、效率品質高的工人，就按較高工資率計算；對那些完成工作時間較長、效率、品質較差的工人，則按較低的工資率計算之謂。

PPM「計畫與專案管理」：PPM 為「計畫與專案管理」(Program and Project Management) 於專案管理領域專有的字首縮寫詞，指的是大型計畫與計畫中包含的各個專案所執行的管理作為。

PPP「購買力指標」：為 Purchasing Power Parity 的字首縮寫詞，又稱為「購買力平價」或「相對購買力指標」，是一種根據各國不同的物價水準計算出來貨幣之間的等值係數，使我們能夠在經濟學上對各國的國內生產總值進行合理比較。

購買力指標計算單位為「國際元」（International Dollar, Intl.$）或稱作 ICU「國際貨幣單位」（International Currency Unit）。購買力平價是以美元為基礎，即 1 美元在美國的購買力為參考基數；故 1 國際元等於 1 美元在美國的購買力，因此在很多情況下，購買力

平價直接使用美元計價。在對外貿易平衡的情況下，兩國之間的匯率將會趨向於靠攏購買力平價。

購買力指標的最好例子是由〈經濟學人〉雜誌 (The Economist) 所創的「**大麥克指數**」(Big Mac index)，該指標比較各國麥當勞分店的大麥克銷售價格，如果一個大麥克在美國的價格是 4 美元，而在英國是 3 英鎊，那美元與英鎊的購買力指標匯率就是 3 英鎊 = 4 美元。如此例子中美元和英鎊的匯率是 1:1，那麼根據購買力指標理論，以後的真實匯率將會向購買力指標匯率靠攏。

Pragmatism 實用主義：Pragmatism 是從希臘詞「行動」衍生出來的詞。為 19 世紀 70 年代的現代哲學派別，在 20 世紀的美國成為一種主流思潮。對法律、政治、教育、社會、宗教和藝術的研究有很大的影響。

實用主義認為，當代哲學劃分為兩種主要分歧，一種是**理性主義** (Rationalism) 者，是唯心、柔性重感情、理智、樂觀、有宗教信仰和相信意志自由的；另一種是**經驗主義** (Empiricism) 者，是唯物、剛性、憑感覺、悲觀、無宗教信仰和相信因果關係的。實用主義則是要在上述兩者之間找出一條中間道路來，是「經驗主義思想方法與人類的比較具有宗教性需要的適當調和者。」

實用主義的主要論點是：

- 強調知識是控制現實的工具，現實是可以改變的。
- 強調實際經驗是最重要的，原則和推理是次要的。
- 信仰和觀念是否真實在於它們是否能帶來實際效果。
- 真理是思想的有成就的活動。
- 理論只是對行為結果的假定總結，是一種工具，是否有價值取決於是否能使行動成功。
- 人對現實的解釋，完全取決於現實對他的利益有什麼效果。
- 強調行動優於教條，經驗優於僵化的原則。
- 主張概念的意義來自其結果，真理的意義來自於印證。

Pricing 定價：是一家公司決定其產品將換取何種收益的過程，其影響因素包括產品製造成本、市場定位、市場競爭態勢、品牌商譽及產品品質等。

產品的「價格」(Price) 是「4P 行銷組合」(Four Ps Marketing Mix，另參照「4P/7P 行銷組合」) 中唯一能產生收益的要素，其他的行銷組合如產品 (Product)、促銷 (promotion) 及通路 (Place) 等雖為成本要素，但能降低「價格彈性」(price elasticity)、提高定價，以促成較大的收益。

Principles of Motion Economy 動作經濟原則：又稱「省工原則」，是使作業（動作的組成）能以最少的「工」（動作），產生最有效率的效果，達成作業目標的原則。「動作經濟原則」是由吉爾伯斯夫婦 (Frank and Lillian Gilbreth) 在動作研究所提倡，其後經許多工業工程專家、學者研究整理而成。熟悉掌握「動作經濟原則」對有效安排作業動作，提高作業效率等有很大的幫助。

動作經濟原則計有下列四項如：
1. **減少動作數量**：進行動作要素（動素）分析，減少不必要的動作是動作改善最重要且最有效果的方法。
2. **追求動作平衡**：動作平衡能降低作業人員的疲勞度，提高動作速度。如雙手動作能比單手效率高，但必須注意雙手動作的協調程度。
3. **縮短動作移動距離**：無論何種操作，空手、搬運等總不可避免，且會佔用一部分動作時間。空手和搬運其實就是空手移動和負荷移動，而影響移動時間的最大因素就是移動距離，因此，縮短移動距離也就成為動作改善的基本手段之一。
4. **使動作保持輕鬆自然的節奏**：前三項原則藉著減少、結合動作進行的改善。而進一步的改善就是使動作變得輕鬆、簡單。也就是使移動路線順暢，使用易握持的工具、改善操作環境以更舒適的姿勢進行工作。

動作經濟的四項基本原則運用在實際的工作場合中，有人、工具設備、環境佈置等考量，因此，動作經濟原則在工作場所的應用，又發展出下列16項原則如：

1. 雙手並用
2. 對稱反向
3. 排除合併
4. 降低動作等級
5. 減少動作限制
6. 避免動作突變
7. 保持輕鬆節奏
8. 利用慣性
9. 手腳並用
10. 利用工具
11. 工具多功能化
12. 易於操縱
13. 適當位置
14. 安全可靠
15. 照明、通風
16. 高度適當

Production Management 生產管理：根據「現代生產與作業管理」(Modern production/operations management,) 作者布發 (Elwood Spencer Buffa) 的定義，生產管理是「生產程序的決策，根據規格並於最低成本要求下，如期、如量的產出產品或服務。」

除了上述定義外，生產管理有下列意涵如：

- 為企業管理的一部分，也可稱企業管理的「生產功能」。但隨著服務業的興起，生產管理 (Production Management) 一詞逐漸被「作業管理」(Operation Management) 一詞所取代。
- 生產活動的規劃、組織、指導與管控。其主要目的在適質、適量、適時及在最低成本狀況下，有效率的產出產品與服務。
- 為滿足人們（顧客）的要求，將 "6M" 即人 (Men)、資金 (Money)、機具 (Machines)、物料 (Materials)、方法 (Methods) 及市場 (Market) 整合起來，將原料轉換成成品或產品的過程。
- 運用生產管理原則與方法，處理有關生產品質、數量及成本的決策過程。
- 確保所有可用生產能量的完全與最佳化運用。

Quality Assurance (QA) 品質保證：是品質管理 (Quality Management) 的一部分，QA「品

質保證」(Quality Assurance) 是生產前的預防作為，主要在投入正式生產前的 R&D「研發設計」(Research and Design) 階段，以確保生產過程中，不至於出現製造上的問題、失誤或產生不良品。「防錯設計」(Error-proof Design)、「防呆設計」(Fool-proof Design) 或「為容易製造而設計」(Design for Easy Manufacturing) 等，都屬於 QA「品質保證」的機制。

Quality Control (QC) 品質管制：品質管理 (Quality Management) 的一部分，QC「品質管制」是生產過程中及生產終端的檢驗作為，主要目的是防止不良品流向顧客而造成顧客不滿意、抱怨、甚至索賠等。

傳統生產階段的 QC「品質管制」雖然運用 SPC「統計製程管制」(Statistical Process Control) 等統計分析技術，盡量降低不良率，但終究不能保證不良品流向顧客所衍生問題的防制。因此，在品質管理領域的發展上，QC「品質管制」需要生產前端 QA「品質保證」(Quality Assurance) 的預防作為，甚至發展到整個供應鏈的 TQM「全面品質管理」(Total Quality Management) 系統性作為。

Quality Management 品質管理：簡言之，品質管理為確保顧客滿意，針對產品與服務的系統性預防、檢驗及品質水準提升作為。

Resource Allocation 資源分配：指以經濟、有效的方式指派可用資源。在專案管理中，資源分配是配合著活動期程規劃、指派活動所需的各項資源之謂。

Resource 資源：管理學領域中所謂的資源，泛指一切有助於達成組織目標所需的有形及無形資產，如土地、廠房設施、裝備機具、資金（有形資產）、技術、知識、**訣竅** (Know-How)、聲譽（無形資產）…等，一般通常以「資金」通稱或代表。

Social Enterprise 社會企業：與一般營利企業不同者，社會企業雖以商業策略經營，但其目的並非為股東獲取最大利益，而是人類、環境等福祉的最大化。

Standardization 標準化：通常是指制訂技術標準並達成一致意見的過程。標準化通常以文件規範，用於確定統一的工程、設計或技術規範、準則、方法、過程或慣例。標準化可有助於提高產品或服務的兼容性 (compatibility)、互通性 (interoperability)、可重複性 (repeatability)、安全 (safety) 與品質 (quality) 等。

Strategy Management 策略管理：是各種管理領域中決策層級最高的一種管理作為，包括環境分析、設定策略性目標、發展達成目標的策略、制訂計畫、執行計畫的管控等，最終達成長程、策略性的目標。所謂「策略性」，相對於「戰術性」，考量上有更大、更長遠的涵義。

Task 任務：指某個職位 (job) 中由工作 (work) 構成的最小可供識別的職務。在計畫暨專案管理 (Program and Project Management, PPM) 中，則為區分計畫或專案組成的區段或方法。

Taylorism 泰勒理論：又稱泰勒主義、泰勒制度等，為泰勒 (Frederick Winslow Taylor) 在 20 世紀初創建的「科學管理」(Scientific Management) 理論體系，主要內容包括如：

1. 管理的根本目的在於提高效率
2. 制訂工作定額
3. 選擇好的工人
4. 實施標準化管理
5. 實施激勵性的工資制度
6. 強調雇主與工人合作的「精神革命」
7. 主張規劃職能與執行職能分開
8. 實行職能管理制
9. 管理控制上實行例外原則

由於泰勒制的實施，當時的工廠管理開始從經驗管理過渡到科學管理。

The Art of War 孫子兵法：中國古代兵書，作者為春秋末的齊人孫武（字長卿）。一般認為，〈孫子兵法〉成書於專諸刺吳王僚之後至闔閭三年孫武見吳王之間，亦即西元前515至前512年間。全書共分13篇，是孫武初次見面贈送給吳王的見面禮；事見司馬遷〈史記〉：「孫子武者，齊人也，以兵法見吳王闔閭。闔閭曰：子之十三篇吾盡觀之矣」。

有個別觀點曾認為今本〈孫子〉應是戰國中晚期孫臏及其弟子的作品，但銀雀山出土的漢簡（同時在西漢墓葬中出土〈孫子兵法〉、〈孫臏兵法〉各一部）已否定此說。

〈孫子兵法〉是世界上最早的兵書之一。在中國被奉為兵家經典，後世的兵書大多受到它的影響，對中國的軍事學發展影響非常深遠。它也被翻譯成多種語言，在世界軍事史上也佔有重要的地位。

The Prince 君王論：義大利文藝復興時期 Niccolò Machiavelli（中譯：馬基維利）的政治論著，此書在政治思想史上的主要貢獻是徹底分割了現實主義與理想主義。雖然馬基維利也強調道德的重要性；但君主該做的是將善良與邪惡作為一種奪取權力的手段，而不是目標本身。一個聰明的君主會妥善的平衡善良與邪惡兩者。

Therbligs 動素：是完成一件工作所需的基本動作要素。基本動作要素的基本思想是吉爾伯斯夫婦 (Frank and Lillian Gilbreth) 奠定的。他們認為人所進行的作業是由某些基本動作要素（簡稱動素或基本動素）按不同方式、不同順序組合而成。為了探求從事某項作業的最合理的動作系列，必須把整個作業過程中人的動作，按動作要素加以分解，然後對每一項動素進行分析研究，淘汰其中多餘的動作並發現那些是不合理的動作。

吉爾伯斯夫婦提出了17個動素，組成人的動作的最基本單元。後來，美國機械工程師學會 (The American Society of Mechanical Engineers, ASME) 增加了「發現」(Find) 動素，動素分析基本要素就增為18種。

動素分析 (Analysis of Therbligs) 是對作業進行細微的動作分解與觀察，對每一個連續動作進行分解，將右手、左手、眼睛三種動作分開觀察並進行記錄，進而尋求改善的動作分析方法。

◉	Search 搜尋（無效）	∪	Use 運用
◉	Find 發現	#	Disassemble 拆卸
→	Select 選擇（無效）	○	Inspect 檢視（無效）
∩	Grasp 抓取	8	Preposition 預置
⌐	Hold 握持（無效）	⌒	Release Load 釋放負載
⌣	Transport Loaded 負載運送	⌒	Unavoidable Delay 不可避免延誤（無效）
⌣	Transport Empty 空載運送	⌐	Avoidable Delay 可避免延誤（無效）
9	Position 定位（無效）	⅃	Plan 計畫（規劃）（無效）
#	Assemble 組裝	⁁	Rest 休息（無效）

▶ 圖 1.9　18 種動素表

圖片取自 http://en.wikipedia.org/wiki/Therblig 而修改
中譯後括註（無效）者為「無效動素」

The Wealth of Nations 國富論：全名為〈國民財富的性質和原因的研究〉（An Inquiry into the Nature and Causes of the Wealth of Nations），為蘇格蘭經濟學家暨哲學家亞當史密斯 (Adam Smith) 的一本經濟學專著。全書包括兩卷共五部，在第一部的序言中，亞當史密斯對全書進行了概括描述，他認為國民財富的產生取決於兩個因素，一是勞動力的技術、技巧和判斷力，二是勞動力和總人口的比例，在這兩個因素中，第一個因素具決定性作用。

一般認為這部著作是現代經濟學的開山之作，也奠定了資本主義自由經濟的理論基礎，第一次提出了「市場經濟會由『無形之手』(The Invisible Hand) 自行調節」的理論。後來的經濟學家李嘉圖 (David Ricardo) 進一步發展了自由經濟、自由競爭的理論；馬克思 (Karl Heinrich Marx) 則從中看出自由經濟產生「週期性經濟危機」的必然性，提出「用計劃經濟理論解決」的思路；凱恩斯 (John Maynard Keynes) 則提出政府干預市場經濟宏觀調節的方法。目前的經濟理論仍然處於不斷探索與完善的過程，還沒有任何一種盡善盡美可以完全解決經濟發展的方法。

Time Study 時間研究：以設計最佳工作方法為目的，對作業動作所需時間進行的測定和研究。時間研究的創始人是泰勒 (Frederick Winslow Taylor)。他測訂了各種工作所需要的時間，並訓練工人用規定的速度工作。

時間研究的目的與作用包括如：

- 決定工作時間標準，並用以控制人工成本。
- 擬訂標準工時作為獎金制度規劃依據。

- 藉以決定工作日程及工作計畫。
- 決定標準成本，並作為預算規劃的依據。
- 在生產前先計算成本，對決定製造成本及售價都有幫助。
- 決定機器的使用效率，並用以協助生產線的平衡。
- 決定員工的工作安排。
- 除可用以決定直接工資外，並可用以決定間接工資。

Utilitarianism 功利主義：或稱「效益主義」，是倫理學中的一個重要理論。提倡追求「最大幸福」（Maximum Happiness），認為實用即至善的理論，相信決定行為適當與否的標準在於其結果的實用程度。主要哲學家有邊沁 (Jeremy Bentham)、密爾 (John Stuart Mill) 等。

不同於一般的倫理學說，效益主義不考慮一個人行為的動機與手段，僅考慮一個行為的結果對最大快樂值的影響。能增加最大快樂值的即是善；反之即為惡。邊沁和密爾都認為，人類的行為以快樂和痛苦為動機。密爾認為：人類行為的唯一目的是求得幸福，所以對幸福的促進就成為判斷人一切行為的標準。

效益主義過去稱作「功利主義」，是以最大多數人的最大幸福來規範倫理。然而「功利」二字在中文含義裡帶有貶意，為避免刻板印象與先入為主的觀念，倫理學家近年來逐漸改稱功利主義為效益主義。

Watt 瓦特：國際單位制的功率單位。瓦特的定義是 1 焦耳/秒（1 J/s），即每秒鐘轉換、使用或的（以焦耳為量度的）能量的速率。日常生活中更常用千瓦作為單位，1 千瓦 = 1,000 瓦特，又可寫作為「瓩」。在電學單位制中，瓦特相等於 1 伏特安培，但不是伏安 (VA)。瓦特只用來表示交流電的實功率 (P)，伏安用來表示視在功率 (S)，兩者的比為功率因數。

瓦特由對蒸氣機發展做出重大貢獻的英國科學家 James Watt 的名字命名。這一單位名稱最早在 1889 年被英國科學促進協會 (British Association for the Advancement of Science) 採用。1960 年，國際計量大會 (Conférence Générale des Poids et Mesures) 採用瓦特為國際單位制中功率的單位。

人們常用功率單位乘以時間單位來表示能量。例如 1 瓩時就是一個功率為 1 千瓦的耗能設備在 1 小時內所消耗的能量，等於 360 萬焦耳 (3.6 MJ)。

Work Planning 工作規劃：指工作有關期程、成本、品質與範圍的規劃作為，現已為「專案規劃」(Project Planning) 一詞所取代。

自我測試

1. 試搜尋迄今發展的各種「生產」模式，並說明「量產」(mass production) 與「客製化」(customization) 如何整合成「客製化量產」(mass customization)？
2. 試比較「管理者」(manager) 與「領導者」(leader) 的異同。
3. 試以〈孫子兵法謀攻篇〉中所說：「知己知彼，百戰不殆；不知彼而知己，一勝一負；不知彼，不知己，每戰必殆。」找出現代組織策略管理中可比擬的分析方法，並瞭解其分析方式。
4. 試從「人因工程」(Human Factor Engineering) 角度，找出能改善人們工作效率與增進人們福祉的方法。另如何運用在組織的管理上？
5. 員工需要被激勵，才能有效管理與領導。試找出目前已發展出的激勵理論 (Motivation Theories)，並比較其異同。
6. 試說明QC「品質管制」(Quality Control)、QA「品質保證」(Quality Assurance) 及 TQM「全面品質管理」(Total Quality Management) 的意義及其間的發展關係。
7. 試蒐集並瞭解目前已發展的「品質管理系統」(Quality Management System)。
8. 試搜尋並瞭解「六標準差」專案 (6 Sigma Project) 的意義及其運作方式。
9. 試搜尋「知識管理」(Knowledge Management) 的內涵，並用以解釋「知識愈用則愈出」的意義。
10. 試比較「創意」(creativity) 與「創新」(innovation) 的差異，並說明如何發揮個人或團隊的創意？

02 綜論篇一
管理名詞釋義

學習重點提示：

1. 管理與類似名詞的差異
2. 管理領域運用的意涵
3. 管理領域專有名詞的意涵

　　由於區分類型、運用領域等的差異，要對管理一詞賦予一個通用的定義，事實上是有困難與不切實際的。本章從詞義相關、但內涵與運用領域稍有不同的管理相關概念切入，讓讀者對管理一詞於不同領域的內涵意義及其運用，能有自己的體悟。

2.1 管理與行政

管理 (Management)，常會和「行政」(Administration) 一詞混用。行政，對組織層級來說，通常意味著組織高層的決策功能，對人而言，則為一家公司的擁有者或合作夥伴；而管理，在組織階層則為組織中至基層的執行功能，在人則為以專業技能換取工作酬勞的員工。

若以範圍、特性 … 等內涵比較管理與行政的差異，則如表 2.1 所示：

表 2.1　管理與行政詞義內涵比較表

	管理 (Management)	行政 (Administration)
範圍	在行政設定架構內決策	組織整體性的決策
特性	執行	思考、決策
權限	中階層活動	高層活動
狀態	以專業知能達成組織目標的一群管理人員	投入資金的所有者，並從組織運作而獲利
運用	企業經營	通常用於政府、軍事、教育及宗教組織
影響	受管理者價值觀、信仰、看法及決策等影響	受公眾意見、政府政策及顧客等影響
功能	激勵、管控	規劃、組織
能力	管理員工事務	管理經營事務

我們從以上詞義內涵的比較，可賦予管理與行政的操作性定義如下：

管理：藉由指導他人、達成組織預設目標，把事情做好的藝術。
行政：組織整體目標、計畫、政策的建構。

由以上針對「行政」與「管理」意涵的比較，我們應能瞭解在一組織內的行政與管理，其實可比擬成管理各階層職掌的區別，如圖 2.1 所示：

圖 2.1　組織行政與管理階層職掌比較示意圖

若把「行政」、「管理」兩詞合併為「**行政管理**」(Administration Management) 一詞，則另有新的意義。行政管理特別指運用國家權力對公共事務的一種管理活動，也可以泛指一切企業、事業單位的行政事務管理工作。

隨著社會的發展，行政管理的對象日益廣泛，包括經濟建設、文化教育、市政建設、社會秩序、公共衛生、環境保護等各方面。現代行政管理多應用系統工程思想和方法，以減少人力、物力、財力和時間的支出和浪費，提高行政管理的效能和效率。

自從產生國家以來，就有了行政管理的概念，但是直到 19 世紀末才開始形成為一門學科，它經歷了以下三個發展時期如：

傳統管理時期：從 19 世紀末至 20 世紀 20 年代。德國學者羅侖茲馮史丹 (Lorenz von Stein) 首先提出「**行政學**」一詞（德文 Verwaltung 英譯 Administration）。1900 年美國行政學家古德諾 (Frank Johnson Goodnow, 1859~1939) 提出政治與行政分離的主張。1926 年美國學者懷特 (Leonard Dupee White) 對行政學研究的主要內容作了系統的論述，開始形成行政學體系。

早期行政學以研究政府行政效率和節省開支為目標，其內容包括：主張政治與行政分離，實現組織系統化，工作方法程式化、機關事務計畫化、工作要求標準化等，以達到權責分明，追求實效。

科學管理時期：20 世紀 20~50 年代，由於科學管理和行為科學等理論和方法的引進，行政管理學的內容不斷更新。許多行政學家根據泰勒 (Frederick Taylor) 的「**科學管理**」(Scientific Management) 理論，採用科學化的工作方法，使各項行政工作也能像工業生產作業一樣，有計畫、有步驟地執行。

行為科學 (Behavior Science) 的興起促使行政管理學轉向從社會學、心理學、人類學的角度對人的行為和心理因素以及人與周圍環境關係等研究，以激發人的積極因素。

系統管理時期：從 20 世紀 50 年代起，行政管理有許多新的發展。許多行政管理學家把 40 年代以來出現的資訊理論、控制論、運籌學等理論和方法用來研究行政管理，同時由於行政管理涉及面愈來愈廣，需要考慮的因素愈來愈多，有必要把行政管理視為一個系統來研究。

現代行政管理含義：時至現代，行政管理有不同含義的定義如：
1. 最廣義定義：指一切社會組織、團體對事務的治理、管理和執行的社會活動。
2. 廣義定義：指國家政治目標的執行，包括立法、行政、司法等。

3. 狹義定義：指國家行政機關對公共事務的管理，又稱為「公共行政」(Public Administration)。

另不管廣義或狹義，行政管理都具有下列特性如：

1. 一切行政活動都是直接或間接與國家權力聯繫，以國家權力為基礎。
2. 行政管理是根據國家法律推行政務的組織活動。在執行中又能主動參與和影響國家立法和政治決策，制訂政策是行政管理的一種重要活動。
3. 行政管理既管理社會的公共事務，又兼具統治的政治職能。
4. 行政管理講究管理的效能和效率。它藉著規劃、組織、指揮、控制、協調、監督和改革等管理方式，實現預定的國家任務，並達到應有的社會效果。
5. 行政管理是人類改造社會的特定實踐領域，有它自身發展的客觀規律性。

綜合以上的說明至此，我們可對管理與行政的主要差異註解如下：

　　行政：是組織目標與政策的形成過程
　　管理：則為組織目標與政策的執行過程

2.2　管理與治理

治理 (Governance) 或「公司治理」(Corporate Governance)，通常是針對營利企業所有者或**利害關係人 (stakeholder)** 對公司營運的監督作為。公司治理通常有一個治理團體（即公司的董事會），指導與監控著公司的整體經營。

如董事會等治理團體，聘請或指定管理人員，賦予其行政權限以經營公司。治理團體為確保正確的經營方向而設定適當政策或程序。另一方面，管理人員則負責公司的經營運作，並把工作做好。

在責任方面，治理者與管理者的職責也有不同。對治理者或治理團體而言，其責任包括如選擇、聘用高階執行者（通常即指 CEO「執行長」(Chief Executive Officer)，或稱總裁、總經理等），**評估高階執行團隊**[註解1]的表現，重要營運計畫的核准與授權，資源運用的調配與核准，及組織整體績效的評估等。相對的，管理人員的主要責任，則是把組織內部的經營效率提升。此外，管理人員也有將治理系統付諸實踐的責任。

對策略管理而言，治理者或治理團體應負責策劃組織的發展遠景 (vision)，並將此遠景轉化成營運策略 (strategies) 與政策 (policies)；管理者，則是依據政策、執行規劃好的策略。

我們也可以從公司治理角度來比較企業管理，其主要區別在：

1. **目標差異**：無論公司治理還是企業管理，都是在追求利潤的最大化，但在目標上有些差異。公司治理的目標，是股東利益最大化；但企業管理的目標，則是公司利益最大化。
2. **層級差異**：公司治理的層級集中公司的高層，無論是董、監事會，還是高階管理階層，他們的活動都在公司高層，屬於單一層級治理。企業管理則是多層級管理，管理的層級決定於公司組織的層級。
3. **對象差異**：公司治理的治理對象，是公司的重要議題，如重大投資決策、高階經理人的聘用及薪酬的決定等。企業管理則不同，它是多層級的管理，高階經理人所面對的當然也是公司的重要議題，但其他層級的管理人員，主要以經營活動中的具體事項如成本、進度、品質等，作為管理對象。

由以上說明，我們可知公司治理和企業管理既有聯繫、又有區別；既相互制約、又相互促進。本書將在第 7 章中另行詳細解說公司治理概念的發展、核心問題及現代各國公司治理制度的設計等。此處小結治理與管理的異同如：

1. 治理為公司所有者或利害關係人對公司的經營作為，治理團體選擇、聘用高階管理人員。
2. 治理放眼於組織的遠景，並將其轉化成經營策略與政策，管理則執行規劃好的策略。

綜合上述解說，我們可對管理與治理的主要差異註解如下：

治理：是公司所有者對公司的經營作為

管理：則為所有者聘請的管理者對公司內部的例行性作為

2.3　管理與領導

在管理領域中，最常為人所提及的辯證之一，是管理與領導 (leadership) 的異同。杜拉克 (Peter Drucker) 的名言「**管理者是把事情做好；領導是做對的事情**」(Management is doing things right; leadership is doing the right things.) 是最為人所熟知管理與領導的差異。

美國學者**科維** (Stephen Richards Covey) 在〈有效人物的七種習性〉（The 7 Habits of Highly Effective People，中譯書名〈與成功有約〉）一書中，對管理與領導的差異也有類似的描述如：「**管理是有效率的攀爬成功之梯；領導則是將那梯子靠**

上正確的牆面」(Management is efficiency in climbing the ladder of success; leadership determines whether the ladder is leaning against the right wall.)

當然，不同的名詞必定有其意涵上的差異。一般的認知是管理或多或少都兼具領導的功能，管理者大多也兼具領導者的角色；而領導則在管理功能與角色外，還多了些高層決策思考、少了些例行的管理功能。在職務功能上，管理者應負責規劃、組織與協調；而領導者則應啟發與激勵員工。管理與領導雖有差異，但兩者卻也必須連接與互補。

美國學者本尼斯 (Warren Gamaliel Bennis)，麻省理工學院博士，當代傑出的組織理論、領導理論大師。他曾任四任美國總統的顧問團成員，並擔任過〈財富500強〉(FORTUNE 500) 多家企業的顧問。被〈華爾街日報〉(The Wall Street Journal) 譽為「管理學十大發言人」之一 (top ten most sought speakers on management)，被〈富比士〉(Forbes) 稱譽為「領導學大師們的院長」(dean of leadership gurus)，〈金融時報〉(The Financial Times) 則讚譽他是「使領導學成為一門學科，為領導學建立學術規則的大師。」(the professor who established leadership as a respectable academic field.)

於其 1989 年出版〈如何成為領導者〉(On Becoming a Leader) 一書中，本尼斯簡潔列出管理者與領導者的差異如：

- 管理者為行政者；領導者則為創新者。
- 管理者為複印版；領導者則為原版。
- 管理者模仿；領導者原創。
- 管理者維持；領導者發展。
- 管理者專注於系統與結構；領導者則專注於人。
- 管理者依賴管控；領導者則激發互信。
- 管理者著重近程觀點；領導者則有長程視野。
- 管理者問「如何」及「何時」；領導者則問「何事」及其「緣由」。
- 管理者專注期限；領導者則放眼未來。
- 管理者接受現況；領導者則挑戰它。
- 管理者是好的典型軍人；領導者則是他自己。
- 管理者做對的事；領導者則專注於人。

傳統工業時代的管理與領導，雖有上述的差異；但當 21 世紀「**知識經濟**」(Knowledge Economy) 時代的來臨，組織存在的價值越來越依賴員工的知能，管理者組織員工的功能，不僅僅在強調效率的最大化，同時也必須著重員工技能的培育、

人力資源才能的發展及激勵更好結果等涉及領導的功能。杜拉克 (Peter Drucker) 最早辨識出「**知識工作者**」(knowledge workers) 的浮現，也預測知識工作者將大幅改變企業組織與營運的方式。

當職場上「知識工作者」興起後，「管理者不再『管理』員工」，杜拉克 (Peter Drucker) 於其著作中曾說：「**管理的任務是領導人們，而其目標是使每人都能發揮特定知能而增加產能。**」

美國知名領導管理學者**科特** (John Paul Kotter)，1972 年開始執教於哈佛商學院，1980年，年僅 33 歲的科特成為哈佛商學院的終身教授，他和麥克波特 (Michael Porter) 是哈佛史上此項殊榮最年輕的兩位得主。科特 1996 年出版〈**領導變革**〉(Leading Change) 一書勾勒出成功變革的八個步驟，具有極強的可操作性，現已成為全世界經理人的變革指南，故也有人譽稱科特為「**領導變革之父**」。

針對功能與角色，科特清楚界定管理與領導之間的差異。科特說管理是一組已知的程序，如規劃、編制預算、職務架構設計、人員編配、績效衡量、問題解決等，協助組織朝向預期已知目標順利邁進。雖然是已知程序的執行，但一般人常低估管理工作的複雜性，尤其是高階管理者的工作。對組織的實際運作而言，管理是必須且重要的，但它不是領導！

科特認為領導是探索並利用機會，將組織帶往未來。領導是關於**遠見** (vision)，是關於使追隨者**信服** (buying in)，是關於**賦權** (empowerment)，最重要的，是關於推動**有用的變化** (useful change)。科特也認為領導並非「屬性」(attributes)；而是「行為」(behavior)。

既然領導兼具了管理的功能與角色，另有效的管理者也不見得能成為有效的領導者，有些人因此主張應以領導取代管理。但終究的有效領導，還是須來自成功的領導者（而非管理者！）。因此，在分辨管理與領導的差異時，還是值得探討一下何謂成功的領導者？

二戰時期的英國首相邱吉爾 (Sir Winston Leonard Spencer-Churchill) 曾說「**我是領導者，因此，我必須服務（國家）**」(I am the leader. Therefore I must serve)。

法國軍事與政治家，1804~1814 年期間稱為「拿破崙一世」的法國皇帝拿破崙 (Nepoleon Banaparte) 曾說：「**領導者是希望的交易者**」(A leader is a dealer in hope)。

微軟公司創辦人比爾蓋茲 (Bill Gates) 曾說：「**領導者必須賦權他人…領導權限的賦權，能帶出人們的能量與能力，並使他們願意一起工作。**」

2.4 「藉…管理」實務

管理概念與理論發展迄今，對管理類型的區分方式很多，如以理論學派、管理風格、實務運用…等，在本書後續分別以專章說明現代管理學派、管理風格等類型區分之前，本節先以組織於實務運用時所衍生出來的「藉…而管理」(Management by …)，分別簡述其意義及內涵如後。

MBC「共識管理」(Management by Consensus or Consensus Management)

這種管理實務，顯然是種「**民主管理**」(Democratic Management) 風格。在管理階層制訂決策前，鼓勵相關員工參與、提出看法與意見及執行過程中提出回饋意見等。

在一組織或團隊中，任何決策要達成共識，領導者及決策參與人員，都必須有真正的民主素養。對領導者而言，必須要能察納雅言，至少必須要能誠心接受其他人對其主張的不同看法；對其他決策參與者而言，則必須能依循「**腦力激盪**」(Brainstorming) 的首要原則：「不批評任何看似荒誕的想法」，在討論過程中，任何不同的想法都被鼓勵提出，充分討論、辯證後若形成共識，則全體支持。

在實務運作中，共識管理要能成功，組織或團隊必須對任務、目標及未來遠景等，有堅定的信念與承諾。一般來說，民主式共識管理比**集權式管理** (Autocratic Management) 形成共識決策所需耗用的時間較長；但如正確執行，共識管理的決策品質較佳，參與成員較為滿意與願意貢獻，通常也能獲得較好的產出、結果等。

共識管理程序

共識前：營造共識環境如：

- 決定參與成員
- 讓參與成員瞭解並同意群體共識的目標，價值及權限
- 設定討論、辯證過程的行為標準
- 以書面文件發布提案、關切議題、議程及投票通過準據（如過半或超過 2/3、3/4…等）

形成共識階段：

第一階段：提案

- 說明提案
- 澄清提案關切議題
- 對提案關切議題籲請共識

第二階段：解決關切議題

- 列出所有關切
- 解決各項關切
- 評估對團隊目標與價值的影響
- 第二次籲請共識
- 再審議各項關切及其衍生議題
- 籲請最終共識

第三階段：完成提案選項

- 若達成最終共識，則付諸實行；否則 …
- 提案者撤銷提案，關切成員撤銷關切議題而結案，或
- 提案與審議內容送交專責團隊再審議與修改，或
- 投票議決

MBCD「教練暨發展管理」(Management by Coaching and Development)

這種管理方式，管理者對員工而言，扮演著培育、教練的角色，通常適用於員工**學習曲線 (Learning Curve)** 較長的組織，如教育、訓練單位等。

MBCD「教練暨發展管理」於「**管理發展**」(Management Development) 有重要意義，在 OD「**組織發展**」(Organizational Development) 理論中，管理效能是組織運作成功的決定性要素之一。因此，對管理者訓練與發展的投資，將會對組織未來獲利有直接效益。

在管理發展實務上，可有下列作法如：

- **職務輪調 (Job Rotation)**：輪調各部門管理者職務，使他們瞭解並熟悉其上下游管理職務；另也有助於職務的進階熟悉。
- **績效評估 (Performance Appraisal) 作法**
  - **管理面談 (Special Interviews)**：定期或不定期舉行皆可，上級對下層管理人員工作情況及未來發展潛力與意願的瞭解。
  - **管理競賽 (Management Games)**：通常為制式化組織內部團隊間的良性競爭，其立意是在有競爭壓力狀況下，人員的績效能有效提升。

- **實例演練 (In-basket Exercises)**：上級將職掌業務，授權給下層管理者執行，並評估其執行能力與績效。注意，實例演練通常為「授權」而非「賦權」，若執行失敗，上級管理者仍應負成敗責任。
- **個案分析 (Case Analyses)**：通常為將特定已執行個案，由下層管理者執行個案分析，以判斷其分析、推理及整合能力等。當然，對新接個案交予下層管理者分析，上級管理者仍須作最後決策。
- **決策演練 (Decision-making Exercises)**：在如腦力激盪 (Brainstorming)、集體思考 (Group Thinking) 等程序中，觀察下層管理者參與決策討論想法或提議的品質。
- **口頭展演 (Oral Presentation)**：無論在教育訓練、工作會議等群體狀況，藉以觀察下層管理者口頭展演（與書面報告）的能力與品質。

MBCE「競爭優勢管理」(Management by Competitive Edge)

此管理實務又稱「內部良性競爭」管理，這種管理方式著眼於強化員工與團隊之間的健康、良性競爭，而公正、公平且具激勵性的獎勵制度設計，是推動 MBCE「競爭優勢管理」的成功策略。

企業經營如同軍事作戰，是「生死存亡」的大事。沒上戰場前，軍隊著重於部隊之間的對抗演練，使各部隊熟悉、瞭解爭戰時的現實（與殘酷），使部隊長熟悉戰略的運用，士官兵們熟練戰法、戰技等。企業經營管理也一樣，在未面對重大經營挑戰前，可以「**兵棋推演**」(Wargaming)、「**情境演練**」(Scenario Playing)、甚至「**模式模擬**」(Modeling and Simulation) 等方式，讓各階管理人員實施對抗演練，以熟練各種管理策略與戰術的運用。

此處的「競爭優勢」(Competitive Edge or Advantage) 指在競爭對抗演練過程中，參與各方所得「經驗教訓」(Lessons Learned) 及「最佳實務」(Best Practice) [註解2] 的彙整與累積，重點在使組織內重要管理人員與團隊成員，都能瞭解自己的**核心能力 (Core Competencies)** 與競爭環境的 **CSF「關鍵成功要素」(Critical Success Factors)** 等，在與對手實際競爭狀況下，「避險乘勢」發揮策略性作為的「避強擊弱」，以獲得競爭上的優勢。

MBDM「決策模式管理」(Management by Decision Models)

簡單的說，MBDM「決策模式管理」為藉著各種決策模組或 DSS「決策支援系統」(Decision Support System) 如 ES「專家系統」(Expert System)、AI「人工智

慧」(Artificial Intelligence) 系統等，協助各階管理者制訂決策時的參考與依據。當然，DSS「決策支援系統」各模組的建模與整合，必須完整與正確。

在一般可預測、時機不緊迫情況下，MBDM「決策模式管理」通常可有效降低管理者決策前分析、消化資料的時間，並協助各階管理者作出最佳或理性決策；但如環境變動因素繁雜、無法預測及時機緊迫等突發狀況下，MBDM「決策模式管理」通常無法應變而失效。

MBE「例外管理」(Management by Exception)

此管理模式最早由「科學管理之父」泰勒 (Frederick Taylor) 所提出，指最高管理階層將日常發生的例行工作的處理原則規範化（標準化、程式化），然後授權給下級管理人員處理，自己則處理那些沒有或不能規範化的例外工作，並且保留監督下級人員工作權力的一種管理制度或原則。實行這種制度，可以節省高階管理階層的時間和精力，使他們能集中精力研究和解決重大問題，同時使下級管理人員有權處理日常工作，提高工作效能。

MBE「例外管理」運用於領導時，就是指領導人應將主要精力和時間用來處理首次出現、模糊隨機、十分重要且須立即處理的非程式化問題。對那些反覆出現、已有固定決策模式或例行程序來處理的問題（常例），則授權下屬去處理。但並非高階管理階層就不需要處理程式化決策！因程式化與非程式化決策的界限並非絕對，程式化決策在特定條件下可能轉化為非程式化決策。因此，高階管理階層須善於分辨事件是否常例或是否在意料之內，在此基礎上採取因應的決策。

MBI「互動管理」(Management by Interaction)

這是一種強調人際互動的管理模式，除包含組織成員性別、能力差異的平衡外，也著重所有人性相關因素如精神、情緒、生理、靈性等之整合。組織強調目標的分享，所有成員與單位的主動參與，並藉著溝通、關懷及分享等管理作為，創造出一充份賦權、高動能及高產量的工作團隊。

雖然在現代管理領域，已甚少使用此一專有名詞，但 MBI「互動管理」至少也促成近代職場上「**靈性管理**」(Spirituality Management) 的潮流。

MBIS「資訊系統管理」(Management by Information System)

一般即指利用 MIS「管理資訊系統」(Management Information System) 的管理

方式,但須注意 MIS「管理資訊系統」是「資訊系統」,而 MBIS「資訊系統管理」則是「管理方式」。

　　MIS「管理資訊系統」是由人主導,利用電腦硬體、軟體和網路裝置,進行資訊的收集、傳遞、儲存、加工、整理的系統,以提高組織的經營效率。學術上,MIS「管理資訊系統」通常是指那些和決策自動化或支援決策有關的資訊管理系統(例如 DSS「決策支援系統」、ES「專家系統」和 EIS「執行資訊系統」等)之統稱。

　　根據 2009 年出版〈管理資訊系統:數位公司的管理〉(Management Informa-tion Systems: Managing the Digital Firm) 一書作者勞頓 (Kenneth C. Laudon) 的說法,MIS「管理資訊系統」隨著計算機科技的演進,可區分成五代的發展如:

1. 主機與微電腦運算 (Mainframe & minicomputer Computing)
2. PC「個人電腦」(Personal Computer)
3. 主從式網路 (client/server networks)
4. 企業運算 (enterprise computing)
5. 雲端運算 (Cloud Computing)

　　MIS「管理資訊系統」此一名詞,常與其他相關資訊系統專有名詞混淆或混用,此處分別說明其簡要內涵與運用區別如下:

- DSS「決策支援系統」:通常用於支援中、高階管理階層對半結構化或未結構化問題解決與決策,因此,DSS「決策支援系統」的資訊系統必須能提供經過編譯 (compiled)、整合的組織整體運作「資訊」。
- EIS「執行資訊系統」(Executive Information Systems):也用於支援中、高階管理階層對半結構化或未結構化問題解決與決策,為一能快速整合與彙整各部門資訊的報告工具。
- ERP「企業資源規劃」(Enterprise Resource Planning) 系統:指能聯結組織內部各功能的「資訊流」,並管理組織外部關係人的聯結與運用。
- MIS「管理資訊系統」通常用於支援中、基階管理階層對結構或半結構化問題解決與決策,因此,MIS「管理資訊系統」的資訊系統必須能從組織各種交易系統中擷取資料,並定期產生固定形式的報告。
- OAS「辦公室自動化系統」(Office Automation Systems):可運用於組織各管理階層,藉著消除瓶頸、工作流程自動化等資訊作為,促進企業內部的溝通與增加產能。

若將上述各類型資訊系統及與組織決策架構、層級的關係連接起來，則如圖 2.2 所示：

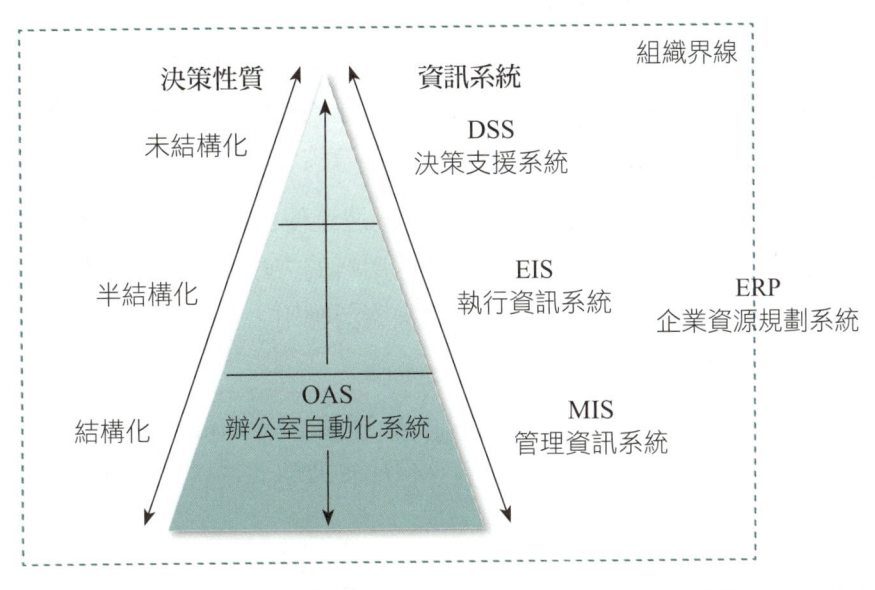

▶ 圖 2.2　資訊系統與組織決策架構與層級關係示意圖

MBM「準據管理」(Management by Matrices)

這種管理方式的定義非常容易造成混淆與困擾！根據英文字義，"Matrices" 為 "Matrix"「矩陣」之複數，若譯成「**矩陣管理**」(Matrix Management)，則為現代專案管理組織運作設計的一種，與管理風格或方式的區別不太相同！

"Matrices" 一字在英文中另有「準據」的含意，根據網路上對 "Management by Matrices" 的說明如：「管理者研究由變數繪製而成的圖表，辨別變數間的關聯性、可能的因果關係等，以發展問題解決方案。」

根據上述定義，"Management by Matrices" 應翻譯成「準據管理」（注意：並非「**數據管理**」(Data Management)！），為管理者根據既定的績效準據，定期將工作進度或結果繪製成圖表，以供審視與管控之用。若依照此處的定義，現代品質管理領域慣用的「**七大品管工具**」(7 Tools for Quality Control) 則可視為 MBM「準據管理」的現代版。

MBO「目標管理」(Management by Objective)

MBO「目標管理」的概念，是現代管理學大師彼得杜拉克 (Peter Drucker) 1954

年出版的〈管理實務〉(The Practice of Management) 一書中首先提出，其後杜拉克又提出「目標管理和自我控制」的主張。杜拉克認為，不是有了工作才有目標；而是應先有目標才能確定每個人的工作。所以，必須將企業的使命和任務轉化為目標，管理者應該藉由目標來管理下級。當組織決策階層確定了組織目標後，必須對組織整體目標進行有效分解與展開（必須有上下階層有效溝通的支持），轉變成各部門及個人的目標，管理者則根據目標的完成情況對下級進行考核、評價和獎懲。

MBO「目標管理」概念提出後，在美國迅速流傳。時值第二次世界大戰後西方經濟由恢復轉向迅速發展的時期，企業急須採用新的方法激發員工的積極性以提高競爭能力。目標管理的出現可謂應運而生，遂被廣泛應用，並很快為日本、西歐國家的企業仿效，在世界管理界大行其道。

MBO「目標管理」的思想，基本是以「Y 理論」(Y Theory) 為基礎，即認為在目標明確的條件下，人們能夠對自己負責。目標管理與傳統管理的共同要素：目標明確、參與決策、設定期限、績效回饋等。

MBOD「組織發展管理」(Management by OD)

這種管理方式，或稱為「家長式管理」(paternalistic style)，管理者著重於員工之間的溝通與關係構建；但其管理目標是追求組織的發展而獲利（並非員工的滿意）。雖然如此，執行這種管理方式的組織，因組織發展目標較為明確，也能獲得與員工之間溝通關係良好的效益。

家長式管理類似於集權管理，管理者完全掌控組織、並期待下屬能完全遵照其指令而工作。但家長式管理與集權管理有一主要差異，集權管理要求下屬完全服從管理者的意志，這樣容易產生員工的不滿或消極抵制。家長式管理則會聽取、瞭解下屬的需求，並融入組織整體發展目標後，才會下達指令。

家長式管理，可視為人性本惡「X 理論」(X Theory) 的軟處理，也可以馬斯洛 (Abraham Maslow)「需求層級」(Hierarchy of Needs) 理論來解說，即管理者必須先滿足員工的基礎需求如生理、安全性等需求後，員工才會（遵循管理者的指令）追求更高層的目標。

MBP「績效管理」(Management by Performance)

顧名思義，MBP「績效管理」聚焦在「績效」。管理階層相信組織的獲利來自於高績效表現。因此，管理方式著重於激勵員工達成更高的績效水準，具體作為則包

括獎勵制度、員工滿意制度的推動等。

MBP「績效管理」的管理哲學包括如：

- **參與式管理** (Participative Management)：組織從上到下、上下階層間共同討論目標設定、KRA「關鍵成果領域」(Key Result Areas)、KPI「關鍵績效指標」(Key Performance Indicators)、績效水準及各種執行計畫或方案等。
- **上級完全承擔績效責任**：所謂的「承擔」或「擔當」(accountability)，是除了「責任」(responsibility) 之外，對下屬不良的績效表現，其督管上級完全承擔其責任與後果。
- **以所屬團隊績效衡量管理者績效**：管理者的績效，由其管轄的單位或團隊整體績效表現決定。此外，團隊績效則由團隊中績效最差的個人績效所決定。
- **客觀的績效衡量方法與準據**：無論獎懲，都使用客觀的績效衡量方法與準據，另績效衡量準據也須考量水平與垂直組織層級的整合。
- **所有目標的因果關係須監控與討論**：即 KRA「關鍵成果領域」的監控與討論。
- **衡量所有成員的績效**：組織內所有成員，都必須以其承擔任務的「擔當」(accountable) 程度來衡量其績效表現。
- 將「持續改善」[註解3]內建於工作文化中。
- 獎懲制度「完全」依照績效的表現。

MBS「風格管理」(Management by Styles)

所謂 MBS「風格管理」是指管理者應依據情境的差異，採取不同的管理方式。因此，MBS「風格管理」是最具彈性的管理方式，因而衍生出「**情境理論**」(Situational Theory) 及「**權變理論**」(Contingency Theory) 等現代領導理論。

弔詭的是，MBS「風格管理」主張管理者應該在不同的管理情境下，採用適當的管理方式。但管理者畢竟是人，而人通常有定見、習性與慣性，要在不同情境採用不同管理或領導方式，在理論上或許說得通；但實際運作上卻不多見！

MBWA「走動管理」(Management by Walking Around)

MBWA「走動管理」，據稱是美國 HP「惠普」公司 (Hewlett-Packard) 創辦人之一大衛帕卡德 (David Packard) 所創的管理方式。簡單的說，MBWA「走動管理」是管理者在辦公室或工廠中走動並與員工互動的管理方式，這種管理方式不但能使管理者瞭解員工的工作狀況，也能使員工感受到管理者的關切，使管理階層與員工產生連結感。

彼得與沃特曼 (Tom Peters & Robert H. Waterman Jr) 兩位作者於 1982 年出版〈追求卓越〉(In Search of Excellence) 一書中，也強調 MBWA「走動管理」的重要。書中提到，表現卓越的知名企業中，高階主管不該成天待在辦公室，看報告而已，而應在日理萬機之餘，仍能經常到各單位或部門走動。作者因此建議，高階主管應該至少有一半以上的時間要走出辦公室，實際瞭解員工的工作狀況，並給予加油打氣。

MBWA「走動管理」不是到各個部門走走而已，而是要蒐集最直接、第一線的一手訊息，以彌補正式溝通管道的不足。正式溝通管道透過行政體系逐級上傳或下達，容易產生過濾作用 (filtering) 及缺乏完整資訊的缺點。過濾作用經常發生在超過三個層級以上的正式溝通管道中，不論是由上而下或由下而上的資訊傳達，在經過層層轉達之後，不是原意盡失就是上情沒有下達或下情沒有上達；另外，正式溝通管道中呈現的資訊，缺乏實際情境的輔助，不易讓管理人員做正確的判斷，往往會失去解決問題的先機。MBWA「走動管理」就是要管理階層勤於蒐集最新訊息，並配合情境做最佳的判斷，及早發現問題並解決問題。

敏銳的觀察力是 MBWA「走動管理」成功的要素。在走動的過程中，管理者必須敏銳的觀察到工作的情境與人員，及其所透露出的訊息；同時也透過詢問、回答、肢體語言等，對訊息做出及時的回應。MBWA「走動管理」的方式也很重要，如果讓員工有被「視察」的感覺，管理者就很難獲得想要獲得的訊息；如果來去匆匆，也難達成預期的效果。同時，主管也不必期望每次都能獲得新的訊息，只要有機會獲得最新訊息，就有機會防患於未然。

MBWA「走動管理」較適用於離第一線較遠的高階主管，若組織層級較多，高階主管更須勤於走動，以便做出政策性的決定。至於其他層級的主管離工作現場較為接近，平時就應該透過敏銳的觀察，蒐集必要的訊息。MBWA「走動管理」是一種管理方法或技術，不是理論。強調高階主管應及時蒐集第一手訊息，至於其他經營管理事項，則仍應採取其他適當的方法或技術。

MBWS「簡化工作管理」(Management by Work Simplification)

MBWS「簡化工作管理」相信「簡化」能提升「效率」，藉由檢視並消除工作程序中不必要、不能對提升產量產生貢獻的任何不必要活動，使組織的運作更有效率。**「精實生產」**(Lean Production) 可視為 MBWS「簡化工作管理」的現代運用版。

MBWS「簡化工作管理」要能成功，必須獲得員工的認同與支持如：簡化程序

時不能增加員工的工作負擔，簡化工作不能使員工覺得工作無聊、缺乏意義，另簡化所期待的成本降低，也不能犧牲員工應得的福利等。

本章總結

本章從管理學領域中詞義相關，但內涵與運用領域稍或不同的管理相關詞彙切入，使讀者對管理一詞的內涵意義及其運用領域有所體悟。主要管理詞彙的差異彙整如下：

管理與行政的主要差異：

行政：是組織目標與政策的形成過程
管理：則為組織目標與政策的執行過程

管理與治理的主要差異：

治理：是公司所有者對公司的經營作為
管理：則為所有者聘請的管理者對公司內部的例行性作為

至於管理與領導的主要差異，本書引用管理大師杜拉克 (Peter Drucker) 的名言「**管理者是把事情做好；領導是做對的事情**」。

在管理學派有共識歸類前，管理實務上有許多階段性的運用，以「藉…管理」(Management by …) 為名，如 MBE「例外管理」、MBIS「資訊系統管理」、MBM「準據管理」、MBO「目標管理」、MBP「績效管理」、MBWA「走動管理」等。有的在現代管理領域已不再提及，有的則繼續發展並形成主要管理學派的實證核心。本章僅對前述相似管理名詞與實務運用的專有縮寫詞稍作意涵的解說，至於現已有歸類共識的管理學派、管理風格等，則於本書後續各章陸續介紹。

關鍵詞

7/8 Muda 七或八種浪費：源自於日本 TPS「豐田生產系統」(Toyota Production System)，其理念是任何無法創造終端顧客價值的所有資源投入，都是「浪費」！因此，TPS「豐田生產系統」著重於檢視、消除生產程序中的任何可能的「浪費」如：

1. 運輸 (Transportation)
2. 庫存 (Inventory)
3. 不必要移動 (Motion)
4. 等待 (Waiting)
5. 過度加工 (Over-processing)
6. 超量生產 (Over-production)
7. 缺陷 (Defects)

上述七種浪費的記憶口訣為 "TIMWOOD"，除 TPS「豐田生產系統」中所謂的 "TIMWOOD" 七種浪費口訣外，另對生產或程序過程中的消除浪費，還有其他變形口訣如：

NOW TIME「現正是時候」：

1. N: Non-quality 品質不良
2. O: Over-production 超量生產
3. W: Waiting 等待
4. T: Transportation 無效運輸
5. I: Inventory 庫存
6. M: Motion 不必要移動
7. E: Excess-processing 過度加工

DOWNTIME「停工」（八種浪費）：

1. D: Defective 不良品
2. O: Over-production 超量生產
3. W: Waiting 等待
4. N: Non-used Talent 未充分運用的員工技能（新增第八種浪費！）
5. T: Transportation 無效運輸
6. I: Inventory 庫存
7. M: Motion 不必要移動
8. E: Excess-processing 過度加工

7 Tools for Quality Control 七大品管工具：七大品管工具或稱「QC 七大手法」或「七種基本品管工具」等，為讓管理者能以七種圖示法的「視覺化」察覺品質管理上的問題，包括因果圖、檢核表、管制圖、直方圖、柏拉圖、散佈圖、流程圖等，各種圖表的運用目

的及繪製要點則分別簡述如下：

1. 因果圖 (Cause-and-effect, C&E Diagram)：由Kaoru Ishikawa「石川馨」所發展，故又稱「石川馨圖」(Ishikawa Diagram)，另因其圖形像魚骨，故又稱「魚骨圖」(Fishbone Diagram)，主要用來探索已發生問題背後的可能肇因。
2. 檢核表 (Check Sheet)：檢核表將檢核項目列表，並以簡單的符號紀錄各項目的檢核結果，作為進一步分析或核對檢查之用。檢核表是 QC 七大手法中最簡單也是使用得最多的手法。但或許正因為其簡單而不受重視，所以檢核表使用的過程中仍存在不少的問題。
3. 管制圖 (Control Chart)：設定產品規格的「標準值」與誤差上下界之「容差」(allowance) 後，記錄每一批次產出規格的平均值隨生產進度的變化情形，使管理者能追蹤生產線上生產品質變化的情形，並在可能發生系統性潛在問題前（另參照「七點定律」(Rule of Seven)），預作改善或更正作為。
4. 直方圖 (Histogram)：用於表達有次序關係資料（品質等級）或等距間隔資料（如成績級距）的頻率圖示法，是判斷資料樣本是否符合常態分配的圖示法。
5. 柏拉圖 (Pareto Chart)：運用「80/20 法則」（Pareto Principle「柏拉圖原則」），用於表達分類資料（如不良品發生原因是機具、人員或物料等）的頻率，並以發生頻率由多到少排列的圖示法。主要目的是讓管理者能專注心力於解決發生頻率最多的問題上。
6. 散佈圖 (Scatter Plot)：用於檢視兩個比例尺度資料屬性 (Ratio Data, 即可實際用來計算的資料如長度、重量、體積等) 變數間的關係。
7. 流程圖 (Flow Chart)：以標準圖形如圓圈代表起點、終點或轉折點，矩形代表活動、事件，菱形代表決策點，箭頭表示前後或相互關係等，表達工作流程各項活動之間的關係圖示法。通常用來判斷流程間是否有重複、多餘的活動，或藉以分析是否能規劃出可創造附加價值的活動組合等。

七大品管工具比運用統計技術執行品質管理（如 SPC「統計製程管制」(Statistical Process Control)、6 Sigma「六標準差」專案等）要簡單許多，故稱為「基本工具」或「手法」；但若能正確運用，也能解決大部分的品質管制問題。除了「七大品管工具」外，近代也發展出其他可用於品質管理的圖形工具如「親和圖」(Affinity Diagram)、「力場分析圖」(Force Field Diagram)、雷達圖 (Radar Chart)、「關聯圖」(Relations Diagram)、「樹狀圖」(Tree Diagrams) 等；另在運用統計手法上，也有許多發展如「調查抽樣」(Survey Sampling)、「驗收抽樣」(Acceptance Sampling)、「統計假設驗證」(statistical hypothesis testing)、DOE「實驗設計」(Design of Experiments)、「多變量分析」(Multivariate Analysis) 等。

Administration 行政學：正式名稱應為「公共行政學」(Public Administration)，簡稱行政學，屬於社會科學範疇，主要結合政治學和管理學為其理論基礎。公共行政即為政府的管理、公務的推行，舉凡政府機關或機構的事務，如何有效推行及管理。其關注重點在於使政府在有效運用資源的情況下，為社會提供最具效益、最適切、且最合理的公共服務。

有別於政治學，公共行政學者比較關注資源分配、社會公義、經濟效益等議題，而政治學者則比較著重權力分配與取得、國際關係等議題。

Artificial Intelligence (AI) 人工智慧：AI「人工智慧」又稱「機器智能」，是指由人製造出來的（資訊或機器人）系統所表現出來的智能。

美國電腦科學家約翰麥卡錫 (John McCarthy, 1927~2011)，在 1955 年的「達特矛斯會議」(The Dartmouth Summer Research Project on Artificial Intelligence) 上提出了AI「人工智慧」概念。麥卡錫對 AI「人工智慧」的定義是：「製造智能機器的科學與工程」。

人工智慧的定義可以分為兩部分，即「人工」和「智慧」。「人工」較好理解，爭議性也不大。有時我們會要考慮什麼是人力所能及製造的，或者人自身的智能程度有沒有高到可以創造人工智慧的地步等。但總的來說，「人工系統」就是通常意義下的人工系統。

至於什麼是「智慧」，這個問題就複雜得多，涉及到諸如意識 (consciousness)、自我 (self)、心靈（mind，包括無意識的精神 (unconscious mind)）等問題的探究。人唯一瞭解的智能是人本身的智能，這是普遍認同的觀點。但是我們對自身智能的理解非常有限，對構成人類智能的必要元素也瞭解有限，所以很難定義什麼是「人工」製造的「智慧」。因此，AI「人工智慧」的研究往往涉及對人類智能本身的研究。其他關於動物或人造系統的智能也普遍被認為是 AI「人工智慧」相關的研究課題。

AI「人工智慧」目前在資訊系統領域內發揮較多，另在機器人、經濟政治決策、控制系統、模擬系統中也有相關應用。

Autocratic Management 集權式管理：管理者不考量其僚屬的意見或看法，單向制訂決策的管理方式。這種管理方式或決策模式，能充分反映出管理者、領導者的自信，通常適用於成員素質高、管理良好的團隊或組織；適用的另一端則是成員素質差、需要充分指導與管理的團隊或組織。

集權式管理的優點是能快速應變；但其缺點是成員參與度、滿意度、對組織向心力等，相對於「民主式管理」(Democratic Management) 要差。集權式管理的決策品質則有賴決策者的專業、經驗而定。

Behavior Science 行為科學：行為科學是運用自然科學的實驗和觀察方法，研究自然和社會環境中，人（及動物）的行為。行為科學的應用範圍幾乎涉及人類活動的一切領域，故有眾多的分支學科如組織管理行為學、醫療行為學、犯罪行為學、政治行為學、行政行為學等。

行為科學不同於心理學中的行為主義學派，行為主義排斥意識或把意識視為等同於行為。行為科學雖然標榜研究人的行為規律，但它結合人的主觀來研究行為規律，因此，也廣泛接受傳統心理學上用來描述人們主觀世界的觀念，如需要動機、性格、愛好、心理機制等。

運用於企業管理時，行為科學研究如何激發人的工作積極性，提高勞動生產率，改善並協調人與人之間的關係，緩和勞資矛盾或衝突。

Brainstorming 腦力激盪：是一種為激發創造力、強化群體思考力，並用以發掘新創意的方法，為美國廣告公司創辦人、創意理論作家奧斯本（Alex F. Osborn）於其 1948 年出版的〈你的創造力〉(Your Creative Power) 一書中首次倡導此方法而廣為世人所知。

腦力激盪通常由一組人參與進行，參與者對探討議題「隨意」提出見解，無論提出見解多麼可笑、荒謬，其他人都不得打斷和批評，然後再將大家提出的見解重新分類整理（通常在白板上將寫下來見解的便利貼，按其類型分類、排序等，故又稱 **"Post-It"** 創意激發法）。在整個過程中，從而產生更多新觀點和問題解決方法。

Core Competency 核心能力：指個人、團隊或組織所專有且遠優於一般水準的專精知能，雖可指量化資產如寬裕資金、機具新穎 … 等；但一般指與人智性有關的質性資產如人力素質、團隊默契、組織聲譽、對專業知能「訣竅」(Know-How) 的掌握及良好的顧客關係 … 等。

核心能力一詞雖非新穎，但由兩位國際知名管理大師漢默 (Gary Hamel) 及普拉哈拉德 (C. K. Prahalad) 於 1997 年共同出版〈未來競爭〉(Competing For the Future) 一書中倡議而知名。根據兩位的看法，核心能力必須具備下列關鍵評估準據如：

1. 難被競爭者模仿
2. 可廣泛運用於產品及市場開發上
3. 必須使終端顧客感受到其價值

於策略管理的環境分析模組中，SWOT 分析常用於整合組織內部與產業環境的分析，而組織的核心能力，正是組織內部 "SW"「優劣勢」分析 (Strength and Weak-ness) 的必要產出。

Corporate Governance 公司治理：通常指對上市公司經營管理作為的指導與管控機制。21 世紀初，美國（如 Enron Corporation, MCI Inc.（前 WorldCom））及世界各國一些大企業的惡性倒閉，使「公司治理」愈發受到各國政府的重視。英、美等國雖各自通過一些法律來約束企業的正常經營，但世界各國一般則參照 OECD「經濟合作暨發展組織」(The Organization for Economic Cooperation and Development) 於 1998/2004 年發布的「公司治理原則」(the Principles of Corporate Governance) 如：

- 股東權利及公平待遇
- 其他利害關係人的權益
- 董事會的角色與責任
- 正直、倫理行為規範
- 揭露與公司透明

Critical Success Factors (CSF) 關鍵成功要素：CSF 或 KSF「關鍵成功要素」(Critical/Key Success Factors)，指在競爭場域中成功勝出的關鍵要素。

於策略管理的環境分析模組中，組織於競爭場域（即產業）的 CSF「關鍵成功要素」，正是產業 "OT"「機會與威脅」分析 (Opportunity and Threat) 的必要產出。

CSF「關鍵成功要素」容易與 KPI「關鍵績效指標」(Key Performance Indicator) 混淆，

CSF「關鍵成功要素」是：
- 使某一策略能成功執行的關鍵要素。
- 若少了此一要素、則策略無法推動（因此而「關鍵」）。
- 若問「顧客為何選擇我們？」這一問題，其答案，通常就是 CSF「關鍵成功要素」。

相對的，KPI「關鍵績效指標」是管理目標、評估標準等的量化指標，通常用於衡量策略性作為的績效。

舉例說明 KPI「關鍵績效指標」與 CSF「關鍵成功要素」之間的差異如下：
- KPI：新顧客的數量＝每週 10 名（量化、可衡量）。若某週少於 10 名，則該週 KPI「關鍵績效指標」失敗！
- CSF：為提供優質顧客服務所設立的「客服中心」(Call Center)，藉提升顧客滿意度而吸引新的顧客（質性、不易衡量的描述）。

Data Management 資料管理：或稱數據管理。根據「國際資料管理協會」(DAMA International) 出版〈國際資料管理協會-資料管理知識體系〉(DAMA-DMBOK) 中的定義，資料管理是「為管制、保護、遞交及強化資料與資訊資產，各種計畫、政策、與實務等之發展、執行與監控」。

資料管理的概念，起源於 20 世紀 80 年代中，當資料處理程序技術由依序處理（讀卡、連續卡帶等）逐漸演變到隨機處理、進而甚至有及時、互動的處理需求時，資料管理的地位開始與程序管理 (Process Management) 一樣重要。資料管理的第一要務是確保資料的明確定義與正確性，否則，無效的資料經過再好的程序管理，仍只是「垃圾進、垃圾出」(Garbage-In, Garbage-Out) 而已。

Decision Support System (DSS) 決策支援系統：是一種協助人類做決策的資訊系統，協助人類在解決問題的前提下，規劃各種行動方案，通常以互動式的方法來解決半結構性 (semi-structured) 或非結構性 (non-structured) 的問題，幫助人類做出決策，另 DSS「決策支援系統」強調的是「支援」(support) 而非取代 (replace) 人類進行決策。

DSS「決策支援系統」的概念於 1970 年代開始形成，並在 1980 年代蓬勃發展，AI「人工智慧」、資料庫、模式庫、知識與電腦科技等，都對 DSS「決策支援系統」的發展有重大貢獻。1980 年代後期，EIS「高階主管資訊系統」(Executive Information Systems)、GDSS「群體決策支持系統」(Group Decision Support Systems) 與 ODSS「組織決策支持系統」(Organizational Decision Support Systems) 等概念，逐漸將 DSS「決策支援系統」由個人導向轉為模式導向與群體導向。1990 年代起，資料倉儲 (data-mining) 與 OLAP「線上分析處理」(On-Line Analytical Processing) 的概念也導入 DSS「決策支援系統」，協助 DSS「決策支援系統」進行資料的存取與分析。另 2000 年代新的全球資訊網、網路技術與網際網路等，也擴張了 DSS「決策支援系統」的發展範圍。

因此，DSS 為一種具有多種學門為基礎的知識，包括資料庫、AI「人工智慧」、人機互動、數量模擬、軟體工程與各種資訊與網路科技等的整合知識。

Democratic Management 民主式管理：管理者讓員工參與決策過程的管理方式，因此，所有決策都是「共識決」(consensus) 或「多數決」(majority)。這種管理方式必須要有良好、充分的雙向溝通管道，並適用於須有多樣專業技能、複雜的決策問題上。

民主式管理能獲得較高的員工滿意度與參與感，決策品質也相對較高（相對於集權式管理）；但除非制訂有精簡的決策程序，否則決策過程可能相當緩慢，不利於突發或緊急狀況的應變。

Expert System (ES) 專家系統：是以資訊系統將專家知識與對問題解決方案的判斷準據儲存起來，並加入 If-Then-Else 控制規則 (rules)，使電腦能如專家一樣，利用這些知識和經驗法則來解決問題。也就是說，專家系統是一個規則 (rule-based) 程式庫，可用來解決某特定專業領域問題，並能如人類專家一樣提供「專業水準」的解答。

ES「專家系統」是早期 AI「人工智慧」(Artificial Intelligence) 的一個重要分支。最早期的 ES「專家系統」無法支援超過已知控制規則之外的複雜問題；但若突破 If-Then-Else 的簡單判斷邏輯，並能持續累積專業知識，達成「主動判斷」及「持續累積經驗並學習」等能力，則可稱為 AI「人工智慧」系統。

Hierarchy of Needs 需求層級理論：馬斯洛 (Abraham Harold Maslow) 的「需求層級理論」(Hierarchy of Needs)，將人類的需求區分為逐級遞昇的五項需求如圖 2.3 所示：

```
            自我實現需求
          個人使命感的實踐
          
           自我尊重需求
         追求權力，使他人尊重
         
          關懷被愛需求
       職位與工作的意義、吸引性
       
            安全需求
      工作穩定性，保險、退休制度
      
            生理需求
             薪資水準
```

🎧 圖 2.3　Maslow 需求層級模型

1. **生理需求 (Physiological Needs)**：即人類食、衣、住、行等基本需求，其管理意涵則代表著薪資水準。
2. **安全需求 (Safety Needs)**：即人類追求安全、穩定、免於恐懼的心理需求，其管理意涵代表著工作的穩定性，保險、退休制度的健全與否等。
3. **歸屬與被愛需求 (Belonging and Love Needs)**：被他人認同與關愛的歸屬感，其管理

意涵即為職位與其工作的意義與吸引力等。

4. **自我尊重需求 (Self-Esteem Needs)**：對成就、支配、認同、尊重等的需求，其管理意涵則為追求權力，使他人尊重。

5. **自我實現需求 (Self-Actualization)**：個人使命感的自我實踐等。

Key Performance Indicator (KPI) 關鍵績效指標：指衡量管理工作成效最重要的指標，KPI「關鍵績效指標」是一項數據化管理的工具，必須是客觀、可衡量的績效指標。

制訂 KPI「關鍵績效指標」常用的方法是「魚骨圖」和「九宮圖」等圖解分析法。依據公司級的 KPI「關鍵績效指標」逐步分解到部門，再由部門分解到各個職位，採用依次層層分解、互為支持的方法，以確定各部門、各職位的 KPI「關鍵績效指標」。

Key Result Areas（KRA）關鍵成果領域：它是為實現企業整體目標、不可或缺、必須取得滿意結果的領域，是企業 KPI「關鍵成功要素」的整合。

杜拉克認為企業應當關注於八個 KRA「關鍵成果領域」如市場地位、創新、生產率、實物及金融資產、利潤、管理者的表現和培養、員工的表現和態度、公共責任感等。當然，對企業來說，應根據自己的行業特點、發展階段、內部狀況等因素來合理確定自己的 KRA「關鍵成果領域」。

一般從下列問題的提問和分析中可找到 KRA「關鍵成果領域」如：

1. 必須在哪些面向取得成效？
2. 結果（成果）區分為哪幾個面向？
3. 目標由哪幾個結果構成的？
4. 站在客觀的角度，我們應該做到什麼？完成什麼？

在實際運用時，當組織確定 KRA「關鍵成果領域」後，接下來就須定義每個 KRA「關鍵結果領域」的 KPI「關鍵績效指標」，並設計對應的衡量指標，即公司級的 KPI「關鍵績效指標」。

Knowledge Economy 知識經濟：運用知識產生價值的經濟型態。知識經濟一詞雖因杜拉克 (Peter Drucker) 的提倡而知名；但其原創者應是奧地利裔美國經濟學家馬赫盧普 (Fritz Machlup, 1902~1983)，馬赫盧普也是「資訊社會」(Information Society) 一詞的首創者。

Knowledge Worker 知識工作者：指那些主要工作資產是知識的工作者，典型的例子如軟體工程師、醫師、建築師、律師及教師等，知識工作者「以其思惟營生」。

Lean Production 精實生產：或稱「精實製造」(Lean Manufacturing)，源自於日本 TPS「豐田生產系統」(Toyota Production System)，其理念是任何無法創造終端顧客價值的所有資源投入都是「浪費」！因此，精實生產的核心是用最精簡的工作或流程設計，創造出顧客認同（願意付錢）的價值。

Learning Curve 學習曲線：或稱「學習經驗曲線」(Learning Experience Curve)，是對某項知識、技巧或工作等學習速率曲線圖示法（圖 2.4）。一般來說，剛開始嘗試新技術、資訊與方法時甚為緩慢，稱為「緩慢起步期」(slow beginning)，隨著相關知能的掌

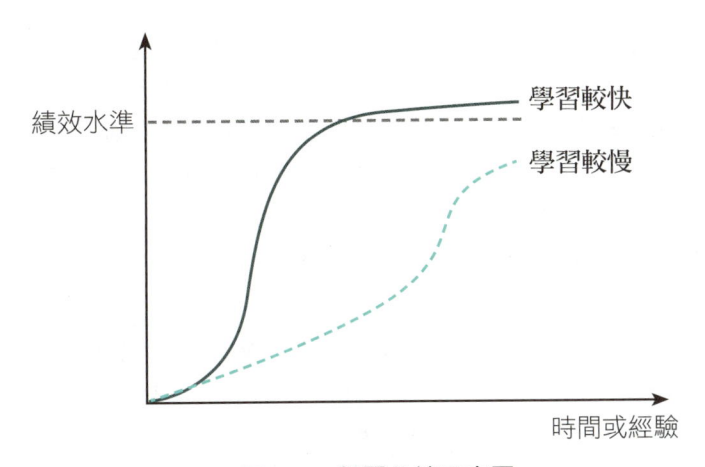

▲ 圖 2.4　學習曲線示意圖

握，學習曲線會快速上升，稱為「陡坡加速期」，到訣竅 (Know-How) 都能通盤掌握與熟練後，學習曲線則進入「平原期」(Plateau)。學習曲線的快或慢，則指達成要求績效水準「平原期」所需的時間，時間短則學習曲線較短；反之則較長。

Management Information System (MIS) 管理資訊系統：為協助管理階層（一般為中階至基層）有效執行任務的資訊系統；MIS「管理資訊系統」的概念，容易與「資訊系統管理」一詞混淆！簡單的區別，MIS「管理資訊系統」是「資訊系統」；而「資訊管理系統」是「管理系統」。

Modeling and Simulation 模式模擬：據信是資訊時代來臨時，對傳統模型 (models) 之實驗、獲得觀測資料，並對實際系統績效（假設）驗證等科學方法的擴充，以數學模式 (mathematical models) 及運算邏輯 (algorithms) 等大量資料快速的「模擬」(simulation)，以預測真實狀況下的系統運作績效，如圖 2.5 所示：

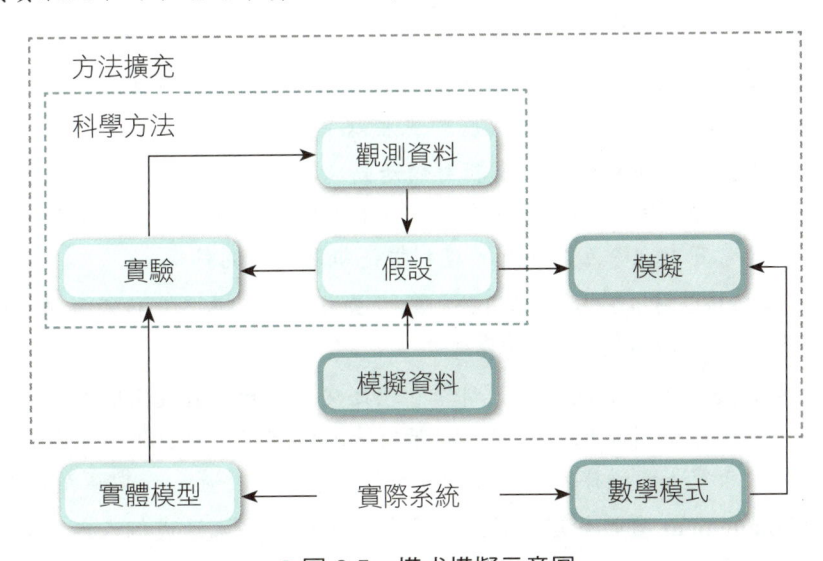

▲ 圖 2.5　模式模擬示意圖

資訊科技的快速發展，使理論模式發展、實體模型的快速構建與大量資料的快速運算等都成為實際可行，故使得「模式模擬」能運用在如軍事作戰前的戰損預測、資源需求預測及結果預測等。要使模式模擬盡可能「擬真」的接近真實狀況，各種理論模式、實體模型及運算邏輯等，都必須真實、可靠，然後藉著各種情境、狀況參與互動模式間的大量運算結果，以獲得統計上的最可能結果。

Organization Development (OD) 組織發展：是一為增進組織運作效率與效能為目的，經過審慎規劃、全組織性的作為。

組織發展理論的發展過程中，因為不同的主張，使人們容易誤認為人員的訓練與發展、團隊發展、HRD「人力資源發展」(Human Resource Development) 或組織性學習 (Organizational Learning) 等；OD「組織發展」雖然也重視人性化的管理，但其主要目的是在發展組織而非人員，OD「組織發展」強調為因應環境的變動，對組織架構、程序及相關運作系統的調整與發展等。

OD「組織發展」有下列幾個顯著的基本特徵如：
1. 有明確、計畫性的目標
2. 高度價值導向的深層變革
3. 積極的「診斷、改進」循環
4. 漸進、連貫的動態過程
5. 計畫性對人員再教育以實現變革的策略

OD「組織發展」的主要執行方式 (intervene) 則有：

1. **技術、結構層次：**包括所謂「社會技術系統」(Sociotechnical System) 和「職務設計與豐富化」(Job Design & Enrichment) 兩個方面：
   (1) 社會技術系統：一是「科學管理」（現代的「工業工程學」），注重企業的物理環境和工作效率；二是心理學和社會心理學，則注重員工的個人需要和人際之間和諧互動關係。
   (2) 職務設計與豐富化：是增加職務中任務的多樣性、完整性和實際意義，以強化職務本身的激勵因素，提高工作滿意感和生產效率。
2. **個人、群體層次：**著重於組織成員和群體活動的再訓練過程，包括如敏感性訓練、方格訓練、調查反饋、PAC 相互作用分析法、程序諮詢、團隊建設等訓練方式，提高組織成員的心理素質與人際互動品質，達到提高組織績效的目標。

Scenario Playing 情境演練：組織內部用於訓練成員或團隊，熟悉商務競爭領域的策略性對抗演練（另參照「Wargaming 兵棋推演」）。

Scientific Management 科學管理：為「科學管理之父」泰勒 (Frederick Winslow Taylor) 所倡議的管理方式，藉由科學化的研究，重新設計工作流程，對員工與工作任務之間的關係進行系統性的研究，透過標準化與客觀分析等方式，使生產效率與產量極大化。

Spirituality Management 靈性管理：是藉由宗教活動或儀式來達成個人內在心靈層次的自我超越與提升過程，幫助個人瞭解生活或生命的意義。企業組織的靈性管理，則為藉由

員工宗教活動或儀式的運作，使組織成員的心靈能夠成長與進步，進而提升組織的效能。

Stakeholder 利害關係人：或簡稱「關係人」（圖 2.6），為與企業組織的經營與運作有利害關係或產生影響的個人、團體或組織等。關係人對企業經營的成敗可能會產生關鍵性的影響，故在制訂經營策略前，企業組織都應該執行「**關係人分析**」(Stakeholder Analysis)。

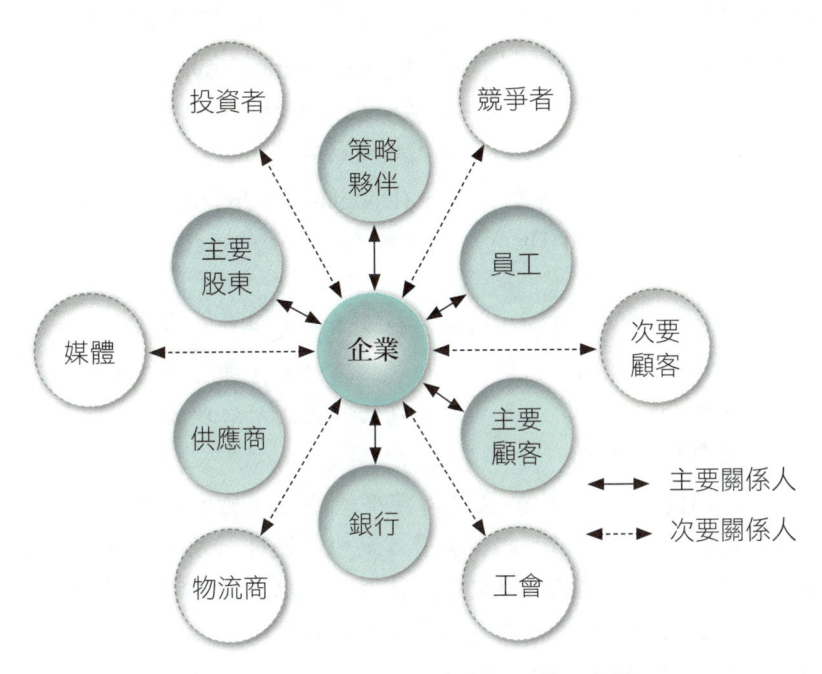

▲ 圖 2.6　企業經營利害關係人示意圖

Stakeholder Analysis 關係人分析：或稱「關係人管理」(Stakeholder Management)，為計畫與專案運作時，對關係人的分析與管理作為之謂。由於組織運作所涉及的「利害關係人」可能很多、且關切之利益不盡相同；在與關係人溝通時，通常無法全面兼顧。因此，在專案管理領域的關係人分析，將關係人以「影響力」及對專案的「興趣」兩個軸向，將關係人區分四種類型如圖 2.7 所示：

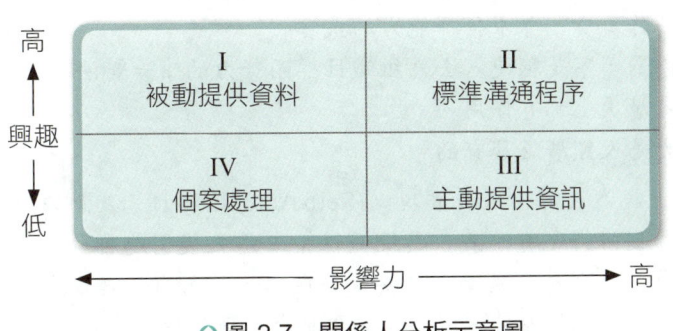

▲ 圖 2.7　關係人分析示意圖

對專案有重要影響力，且關切興趣甚高的主要關係人，如專案顧客、專案發起人等，專案經理與團隊應以「標準溝通程序」定期向主要關係人報告並提供專案運作資訊（如上圖第 II 象限）。另對專案影響力不高，但關切興趣甚高的關係人如媒體、專案運作影響社區人士等，專案團隊則以「被動提供資料」方式，僅在關係人要求時，提供其所需資料即可（如上圖第 I 象限），其他第 III/IV 象限的溝通方式，則請自行體悟。

雖然對不同關係人有不同溝通處理方式，但關係人分析的重點是「將可能對專案有負面影響的主要關係人納入專案規劃階段，促成其參與感，化阻力為助力！」

Wargaming 兵棋推演：兵棋推演或「情境演練」(Scenario Playing)，都屬於策略性對抗演練，以擬真方式，讓對抗各方演練彼此的策略規劃與戰術運用作為等。兵棋推演一詞通用於軍事及商務領域；而情境演練則通常用於商務領域。

X Theory X 理論：為美國管理學者麥葛雷格 (Douglas McGregor) 於 1960 年代發展人員激勵「X/Y 理論」(Theory X and Theory Y) 兩種人性層面的一種，X 理論的主要觀點（與「Y 理論」相反）是：

1. 人類本性懶惰，厭惡工作，儘可能逃避；絕大多數人沒有雄心壯志，怕負責任。
2. 員工必須用強制辦法乃至懲罰、威脅，使員工為達到組織目標而努力。
3. 激勵只對員工生理和安全需要（另參照馬斯洛「需求層級理論」）有作用。
4. 絕大多數員工的創造力有限。

X 理論是麥葛雷格對把人的工作動機視為獲得經濟報酬的「經濟人」(The Economic Man) 的人性假設理論的命名。因此企業管理的唯一激勵辦法，就是以經濟報酬來激勵生產，只要增加金錢獎勵，便能取得更高的產量。所以 X 理論特別重視滿足職工生理及安全的需要，同時也重視懲罰，認為懲罰是最有效的管理工具。

麥葛雷格是以批評的態度來解釋 X 理論的，他認為傳統管理理論脫離現代化政治、社會與經濟的看待員工，是極為片面的。這種軟硬兼施的管理辦法，其後果通常會導致員工對管理階層的敵視與反抗。

Y Theory Y 理論：為美國管理學者麥葛雷格 (Douglas McGregor) 於 1960 年代發展人員激勵「X/Y 理論」(Theory X and Theory Y) 兩種人性層面的一種，Y 理論的主要觀點（與「X 理論」相反）是：

1. 一般人本性不厭惡工作，如果給予適當機會，人們喜歡工作，並渴望發揮其才能。
2. 多數人願意對工作負責，尋求發揮能力的機會。
3. 能力的限制和懲罰，不是驅使人去為組織目標而努力的唯一辦法。
4. 激勵在需要的各層次上都有作用。
5. 想像力和創造力是人類廣泛具有的。

因此，「Y 理論」認為人會「自我實現」(Self-Actualizing)。激勵的辦法是擴大工作範圍；儘可能把工作安排得富有意義、具挑戰性；工作之後引起自豪，滿足其自尊和自我實現的需要；使員工達到自己激勵。只要啟發內因，實行自我控制和自我指導，在條件適合的情況下，就能實現組織目標與個人需要結合一致的最理想狀態。

自我測試

1. 試從「行政管理」的定義與內涵,探討其與「策略管理」(Strategy Management) 之間的關係。
2. 試比較「政策」(policy) 與「策略」(strategy) 的異同,並說明兩者對組織「目標」(goal or objectives) 的關係。
3. 試以「治理」角度,搜尋迄今發展的各種不同「公司治理」(Corporate Governance) 模式。
4. 試搜尋「公司治理」的相關理論,並試著與人的「激勵理論」聯結,思辯各種公司治理理論的實務運用性。
5. 試說明「公司治理」與「企業社會責任」(Corporate Social Responsibility, CSR) 之間的關係。
6. 在管理大師的說法之外,你自己對「管理」(management) 與「領導」(leadership) 異同的看法為何?
7. 在瞭解 MBO「目標管理」(Management by Objective) 的內涵後,你覺得它對現代公部門與私營企業的運用性如何?試討論之。
8. 試搜尋日式 TPS「豐田生產系統」(Toyota Production System) 的實際作法,並思辨各項作法對提升效率與品質的貢獻。
9. 試搜尋目前主要的人員「激勵理論」(Motivation Theories),並比較其立論的主要差異性。
10. 試以 KRA「關鍵結果領域」(Key Result Areas) 及 KPI「關鍵績效指標」(Key Performance Indicators) 定義一有為政府應有的作為。

03 綜論篇—
管理學派

學習重點提示：

1. 管理學派的歷史發展

2. 管理學派的分類與代表性論述

3. 各學派的主張與運用限制

　　管理學概念的發展及實務運用後，形成理論而分門分派，是自然而然的結果。本章以時間軸向區分古典、新古典、現代及新興其他學派等，分別介紹各學派中主要代表性人物的論述、前提假設及運用限制等，使讀者得以瞭解各學派管理理論的實務運用性。

3.1 管理學派的分類

在第 1 章管理理論發展簡史的介紹中,我們可以發現,早期的管理理論雖稱為理論,實際上卻是零散的實務或經驗。要成為理論,這些實驗或經驗必須經過多次的測試、綜整與修改,即便如此,現代所謂的理論,也不能涵蓋全面或免除任何爭議的批判。

過去發展的許多管理理論多如牛毛,被美國企業管理學者孔茲 (Harold Koontz) 稱為「**管理理論叢林**」(The Management Theory Jungle) [註解1],因此,無論為學術研究或企業實務要求,將管理理論整合成具有堅實假說或假設驗證基礎學派 (school) 的需求因運而生。但如同理論的發展一樣,概念形成過程若有缺陷,要形成一全面、完整的學派,是有相當的困難。此外,由於管理是一門應用科學,隨著應用領域的不同,學派的完整涵蓋性也有問題。因此,管理學者與實務運用者,藉助整合其他領域的成熟概念與理論,如數學、統計、心理學、行為科學及哲學等,將管理理論向實務運用拉近。

孔茲自己把管理理論分類為六種學派如:

1. 管理程序學派 (The Management Process School)
2. 經驗學派 (The Empirical School)
3. 人類行為學派 (The Human Behavioral School)
4. 社會系統學派 (The Social Systems School)
5. 決策理論學派 (The Decision Theory School)
6. 數學學派 (The Mathematical School)

上述由孔茲對管理理論區分為六種學派的分類法,由於缺乏合理的分類準據,一般較為少用。直到 Hitt, Middlemist, and Mathis 三位學者於 1979 年出版的〈有效管理〉(Effective Management) 一書中,將管理理論以歷史時間軸向發展分成三群,後來即演變成目前主流的管理學派分類如:

1. 古典管理學派 (Classical Management School)
2. 新古典管理學派 (Neoclassical Management School)
3. 現代管理學派 (Modern Management School)

3.2 古典管理學派

根據 Hitt 等的分類,古典管理理論是 19 世紀末到 20 世紀初,工業革命在歐洲

興起時期，因生產型態由個人工藝 (handcraft) 演化成組織化的生產模式，大型工廠的出現，使組織管理的需求因應而生，並在實務運作上產生一些類似的管理概念，而這些概念經過實務運用的經驗與辯證，逐漸形成所謂的理論。

古典管理學派共有三個理論分支如「科學管理」(Scientific Management)，「行政原則」(Administration Principles)，及「官僚組織」(Bureaucratic Organization) 等，這三個古典管理理論都有一個共同的假設，即人是**「經濟理性」**(economic rationality) 的動物。經濟理性主義假設員工會採取使其報酬最大化的行動；換句話說，管理者的作為，應著重在提升員工對追求高薪資報酬的欲望，而使員工努力於工作。經濟理性假設對人性是採灰色、悲觀角度而忽略人性正面、樂觀的看法。

古典管理學派對管理學發展的主要貢獻如：
1. 將科學運用於管理實務
2. 基本管理功能的發展
3. 規劃及運用特定的管理原則等。

以下即分別介紹古典管理學派的三個主要分支如後。

3.2.1 科學管理學派

科學管理是被後世尊稱為**「科學管理之父」**的泰勒 (Frederick Taylor)，及其理論支持者如**吉爾伯斯夫婦** (Frank & Lillian Gilberth)、**甘特** (Henry Gantt) 及**艾默生** (Harrington Emerson) 等，對工作效率及管理系統化所做努力的結果。

泰勒的科學管理計有下列四項原則如：
1. 每個員工的工作，都應以科學的角度分析、分解成可供科學評估的元素。
2. 員工必須被科學化的選擇與訓練。
3. 管理者與工人們之間應有良好的合作關係，使工作能有效的執行。
4. 管理者與工人間須分工。管理者應負責規劃工作的執行方式，指示與監督工人的工作；工人則應有執行其工作的自由度。

泰勒發展出一套分析與解決問題的邏輯架構，也就是定義問題、蒐集資料、分析資料、發展問題解決方案，並從各種方案中選出「最佳方案」(the best alternative) 來執行。泰勒深信以這種科學化的方法，能找到最有效的工作執行方式。泰勒倡議管理者應著重於邏輯與科學研究來找出經營問題的最佳解決方式。泰勒也深信管理與勞工階層，對增加產量以提升獲利都有著共同的目標等。

其他被後世歸類為科學管理學派的學者,也各自在其研究領域上有獨立的表現與貢獻。如甘特強調工人的心理與士氣對生產的重要性。甘特也發展了眾所周知的甘特圖外,他還提出了任務獎金制度等。

吉爾伯斯夫婦約在與泰勒的「時間研究」同一時期,獨立提出「動作研究」方法。吉爾伯斯夫婦的動作研究與泰勒的時間研究,成為改善工作效率的兩個基石,被後世並稱為「時間與動作研究」。

除動作研究外,吉爾伯斯夫婦另發展出「差別計件工資制度」(Piece-rate Differential System) 及「動作經濟原則」(Principles of Motion Economy) 等,對工業工程研究領域中的績效衡量及人因工程的發展,有顯著的影響與貢獻,因此,**法蘭克吉爾伯斯**被後人尊稱為「**動作研究之父**」。

艾默生 (Harrington Emerson) 雖也被歸類為科學管理學派的代表性人物之一,但艾默生的科學管理系統另有三個特點如下:

1. 他自稱其系統為「**效率系統**」(System of Efficiency) 而非「科學化管理」(Scientific Management)。
2. 他反對多頭式的功能管理,取而代之者,據信為艾默生所創的「**主管與幕僚**」(Line and Staff) 概念。每個人只有一個老闆(主管),主管職責在行使專業職權,其下屬(幕僚)則經由主管的指令而執行工作。
3. 艾默生另倡議一種稱為「效率百分比」(efficiency percent) 的工資報酬制度,標準工時根據時間研究設定後,每個工人的完工時間若與標準工時相同,則稱為「100％效率」;低於 67％ 效率的工人,可能面臨被解雇的風險;67~90％ 效率的工人,每增加 10％ 效率能獲得少部分獎金;高於 90％ 效率的工人,則每增加 1％ 能獲得額外的獎金。

艾默生的工資報酬制度,與甘特的「工作獎金制度」(task and bonus) 看起來好像沒多大差異;但甘特的制度在未達標準工時前,是沒有獎金的;艾默生的制度則較能以獎金鼓勵工人,從一般水準快速進步到標準工時的水準。

艾默生對「科學化管理」所提出的「**12 項效率原則**」(12 Efficiency Principles,即艾默生自稱的「效率系統」) 如下:

1. **清楚定義的想法 (Clearly defined ideals)**:艾默生認為組織內的所有「想法」(ideals) 都應有清楚的定義,使所有成員都有一致的觀點。艾默生使用「想法」一詞,實際上即為現代管理所稱的「目標」(targets)。

2. 符合共識 (Common sense)：管理者應檢視所有的問題，對問題所包含的技術知識，主動、積極徵詢員工的可能解決方案，使所有參與成員對問題的解決都有共識。
3. 稱職的諮詢 (Competent counsel)：組織應建構一稱職的諮詢團隊，並採取「集體決策」(collective decision) 模式，使所有問題的諮商談判，都能導向增加產能效率的方向。
4. 紀律要求 (Discipline)：所有成員遵守組織的規定，這是達成其他 11 項效率原則的基礎。
5. 公平處置 (The fair deal)：管理者對所有工作、員工等都必須公平處置。這不是一種賦予或利他、而是互惠互利的處置模式。
6. 可靠、立即與適當的紀錄 (Reliable, immediate and adequate records)：對所有工作與活動，維持一及時、準確的原始紀錄。
7. 調度 (Dispatching)：對所有橫向部門的工作，進行有效的調度，目的在快速的完成工作。
8. 標準與排程 (Standards and schedules)：對工時、工作程序及職務等都進行標準化。
9. 情境標準化 (Standardized conditions)：即工作環境的標準化，目的在降低人力與財務的浪費。
10. 作業標準化 (Standardized operations)：生產與作業的標準化，目的在改善工作效率。
11. 指令的書面化 (Written standard-practice instructions)：把行動方案的指導與指令書面化，引導活動的執行。
12. 效率的獎勵 (Efficiency-reward)：或稱「激勵計畫」(incentive plan)，對所有能降低成本的行動如提升品質、降低損耗、多餘時間等給予適當的獎勵。

上述 12 項效率原則的前五項針對人，而後七項則針對方法、程序與系統。所有 12 項原則並非獨立運作，而是相輔相成的。

科學管理學派的限制

現代管理學界對科學管理學派的主張，有下列批判如：

1. 經濟激勵並不足以激勵員工：沒有人是完全的「經濟人」(Economic Man)，除了經濟需求外，一般人還有諸如社會性、安全性及被尊重等需求。因此，科學管理學

派所主張的經濟激勵制度，並不足以完全說明與解釋員工的工作動機。
2. **實務上並無所謂「最佳」方法**：僅從動作與時間分析，並無法證明有一所謂的「最佳方法」。舉例說明，兩個不同的人，對同一樣工作執行的動作與時間研究，結果即可能有顯著的差異。
3. **可能導致技能需求的降低與工作單調感**：科學管理強調工作規劃與執行的分離，可能因專業系統的過度分工、而使專業工作所需的技能層次下降或徒增工作單調感。
4. **技術的發展增加人員的焦慮**：現代方法與工具的快速進步，可能淘汰掉一些員工的工作，使人員產生焦慮感。

3.2.2　行政管理學派

相對於科學管理學派著重在工作的最佳化；行政管理學派則在探尋能將組織所有職務整合起來的理想方法，換句話說，**行政管理著重於組織運作的最佳化**。

行政管理學派的代表性人物，是被後世尊稱為「行政管理之父」的**費堯** (Henry Fayol)，其他主要貢獻者則包括**巴納德** (Chester Barnard) 及**厄維克** (Lyndall Urwick) 等人。

費堯，法國礦學工程師，管理學理論學家，他也是古典管理理論的創立者之一。約在泰勒等人發展在美國發展「科學管理」理論的同一時期，費堯與其同事在法國也發展著被後世稱為「行政管理」的相關理論。費堯的貢獻，是首次對一般管理理論作了全面性的描述，他主張管理有六個主要功能及 14 項管理原則，該理論被後人稱為**「費堯主義」**(Fayolism)（請參照 1.4 節的說明）。

如同前述，費堯對企業管理的主要貢獻之一，是把企管理論統一化。首先，他把我們稱為「管理」一詞改稱為「行政」(administration)，並將組織的運作，從科學管理的現場層次 (shop level) 拉高到組織整體運作的宏觀角度。在其〈工業化及一般管理〉(Industrial and General Management) 一書中，費堯將所有企業的活動歸類並區分成技術 (technical)、商務 (commercial)、財務 (financial)、會計 (accounting)、保全 (security) 及行政管理 (administrative/ managerial) 等六個群組。隨後，費堯專注在企業的管理活動，並提出現代為大家所採用的六種管理功能區分及 14 項管理原則等。

要區分泰勒的科學管理與費堯的行政管理主要差異，泰勒的科學管理是從組織底層開始往上；而費堯的行政管理，則是以管理為中心、從上而下的思考邏輯。

巴納德 (Chester Barnard)，美國管理學者、企業家及作家，是古典行政管理

學派中代表性人物之一。他於 1938 年出版的〈經理人的職能〉(The Functions of Executive) 一書，啟發現代「組織理論」及「組織社會學」(Organizational Sociology) 等的研究與發展。〈經理人的職能〉一書，迄今仍為世界各大學管理理論的重要教科書。

巴納德認為管理者（經理人）最主要的功能（職能）是驅動組織朝向設定目標各種努力的「合作」，而「合作」則有賴於「有效溝通」及「所有員工付出與獎勵之間的平衡」。在〈經理人的職能〉一書中，巴納德將經理人的主要功能（職能）總結成下列三項如：

1. 「溝通系統」的建立與維護
2. 從其他成員獲得必要服務的保障
3. 規劃組織方向與目標

巴納德認為，溝通系統要有效，必須符合下列七個必要規則如：

1. 有限的溝通管道（即管道不能過多！）
2. 所有員工都必須知道有這些溝通管道
3. 所有員工都能利用這些正式的溝通管道
4. 溝通線必須盡可能的短與直接
5. 負責溝通服務的人員必須有適當的知能
6. 即便在組織運作中，溝通線也不能中斷或受干擾
7. 所有的溝通都必須「認證」(authenticated)

由以上溝通規則，我們可發現所謂的**「溝通權限」**(communication authority) 是由員工所決定、而非其上司。這在當時可是異類觀點，但事實證明組織要能有效溝通，上述原則就必須遵守，即便到現代也是如此。也從這溝通角度來看，管理者必須尊重員工及其知能，才能獲得員工對管理權限的認同。

除溝通權限的主張外，巴納德也對激勵制度提出其主張。巴納德認為要使員工能合作、配合管理權限朝向組織設定的方向與目標而付出最大努力，激勵制度必須包括兩種特性：「有形誘因」(tangible incentives) 及「說服」(persuation)。巴納德認為誘因可區分為一般及特定兩類如：

一般誘因 (general incentives)：

1. 與同儕相當的誘因吸引力
2. 工作環境中有習慣的方法與工作態度

3. 對重要事件能參與的認同感
4. 與同事相處自在度（社會性關聯及發展友誼等）

特定誘因 (specific incentives)：

1. 金錢與其他物質誘因
2. 能突顯個人差異的機會
3. 員工期待的工作環境
4. 理想的福利，如對工藝技術的驕傲等

　　厄維克 (Lyndall Urwick)，英國管理學者與教育家，也是「行政管理」學派的代表性人物之一，他對行政管理學派的主要貢獻，是將費堯的管理功能及管理原則整合起來，並與**古立克 (Luther Gulick)** 於 1943 年出版〈行政管理要素〉(The Elements of Business Administration) 一書，對行政管理學派的理論彙整有重要貢獻。

　　厄維克在整理了費堯的六個管理功能與 14 項管理原則的內涵後，認為應將泰勒的「科學管理」理論及方法納入，並作為指導一切所有管理功能的基本原則。厄維克認為費堯的規劃、組織及控制等三個管理功能，為管理程序的基本要素，另將費堯的 14 項管理原則濃縮成八項，並置於規劃、組織及控制等三個管理功能要素下。厄維克整理的八項管理原則如：

1. **目標原則**：所有的組織功能，都應按照實際任務的目標組織起來、執行工作。
2. **相符原則**：權力和責任必須相符。
3. **職責原則**：上級對直屬下級的職責是絕對的。
4. **階層原則**：組織必須區分數個層級，使能分層負責。
5. **控制幅度原則**：即每一個上級所管轄的下級人員不應超過 5 人或 6 人。
6. **專業化原則**：即每個人的工作應限制為一種單一的職能。
7. **協調原則**：組織橫向系統要協調發展，使有利於整體目標的達成。
8. **明確性原則**：每個職務都要有明確的規定。

　　厄維克後與美國公共行政專家古立克合辦〈行政科學季刊〉(Administration Science Quarterly)。古立克承襲許多**韋伯 (Karl Emil Maximilian, "Max" Weber)** 對「官僚體制」(Bureaucratic) 的看法，並將其轉變為行政組織管理和設計的原則。

　　古立克相信組織必須層級化，並將權力集中於最高的唯一主管，而層級化的權威必須要藉由「**管控幅度**」(span of control) 加以確保。所謂的控制幅度就是指單一主管可以直接控制的下屬人數，古立克和其他傳統公共行政管理的學者都認為，適當的

控制幅度可以科學的方法加以確立。更進一步來看，行政主管的工作內容就是協調和控制組織。

　　古立克最為人熟知的成就，為提出 POSDCORB 組織管理原則（或稱**七項管理功能**）。雖然現今的環境與 30~40 年代大不相同，但 POSDCORB 組織管理原則至今仍被視為是行政組織運作的基本雛形，只是其內涵因為環境的變遷而有所變化。POSDCORB 是由下列各種原則的英文字首所構成：

1. **規劃 (Planning)**：完成任務須做的事及做事方法的規劃。
2. **組織 (Organizing)**：建立組織的正式結構。
3. **用人 (Staffing)**：員工的選、訓、用、考等人事功能。
4. **指導 (Directing)**：決策與命令的傳遞。
5. **協調 (Coordinating)**：組織上下游及橫向工作的連接。
6. **報告 (Reporting)**：透過研究、調查與紀錄等，提供管理經營所需資訊。
7. **預算 (Budgeting)**：財政規劃、會計和控制。

　　POSDCORB 組織管理原則的運作過程包含了主要的行政活動和組織次級分工的領導，更重要的是，古立克認為其中有些部分屬於幕僚作業，而幕僚並不直接指揮組織當中的員工，而應扮演指揮者的助手或顧問。指揮系統和幕僚間的區分 (Line and Staff) 在傳統公共行政管理相當重要，古立克強調這兩種功能不應混淆，否則將使責任的歸屬產生模糊不清的情形。

行政管理學派的限制

　　現代管理學界對科學管理學派的主張，有下列批判如：

1. **原則自相矛盾**：如費堯主張的「14 項管理原則」內的「統一指揮原則」(Unity of Command) 與「分工原則」(Division of Labor) 抵觸；另「有限管控幅度」與「有限層級原則」抵觸（管控幅度少則層級增加，反之亦然）等。
2. **未經實證測試**：這是所有理論發展的軟肋痛處！若只是根據少數個案分析而導出理論的主張，因缺乏科學化實證驗證，導致理論內部一致性（信度）及運用適宜性（效度）皆不足。
3. **缺乏人性關懷**：行政管理理論所發展出的機械式組織架構，忽視員工心理與社會性的需求。這種組織設計將使員工過度依賴其上級主管、阻礙員工的自我實現與發展。

3.2.3 官僚組織學派

工業革命之後，企業組織變得越來越大且越複雜，傳統的集權或家長式管理，很快被以專業功能分工所取代，組織中、下層的層級越來越多，指揮與溝通也愈形困難。因此，組織架構的「官僚」(Bureaucracy)，是組織演化的必然現象。

官僚制度又稱「**科層化**」(Bureaucratization)，它是一種理性化管理的組織結構，它遵循一套特定的規則與程序，有明確的權威，權責自上而下傳遞。大規模正式組織的興起被稱作科層化。

作為公共行政學最主要的創始人之一，德國學者**韋伯** (Max Weber) 的學說也對建構現代官僚科層體制具有重要影響，被後世譽為「**組織理論之父**」。

韋伯認為，任何組織的形成、管理、支配均建構於某種特定的權威 (Authority) 之上。適當的權威能夠消除混亂、帶來秩序；而沒有權威的組織將無法實現其組織目標。他提出了三種政治支配和權威的形式，分別為傳統權威 (traditional authority)、魅力權威 (charismatic authority) 及理性法定權威 (rational-legal authority)：

1. **傳統權威**：依賴於傳統或習俗的權力領導形式，領導者有一個傳統的和合法的權利行使權力。更重要的是，傳統權威是封建、世襲制度的基礎，如部落和君主制。這種權力不利於社會變革，往往是非理性的和不一致的。
2. **魅力權威**：則是一個領導者的使命和遠見能夠激勵他人，從而形成其權力基礎。對魅力領袖的忠實服從以及其合法性往往都是基於信念。他們或會被灌輸神或超自然的力量，如宗教先知、戰爭英雄或革命領袖等。
3. **理性法定權威**：是以理性和法律規定為基礎行使權威。服從並不是因為信仰或崇拜，而是因為規則給予領導者的權力。因此，理性法定權力的運用能夠形成一個客觀、具體和組織結構。

韋伯認為社會的理性化是無可避免的趨勢，在此趨勢下，權力架構的支配將從傳統權威、魅力權威轉向法定權威，在理性法定權威之下的社會體制將會出現一個新的組織形態。因此，韋伯提出了「**官僚體制理想模式**」(Ideal Model of Bureaucracy) 的概念。他認為官僚制度不是專指一種政府類型，而是指一種由訓練有素的專業人員依照既定規則持續運作的行政管理體制。這是一種方法的建構，理想型官僚制度的特徵未必完全與現實環境相符，它是韋伯根據所有已知組科層制特徵中抽象概括出來的純粹理想類型，是一種理論上的分析概念和工具。

官僚組織的特徵

官僚組織的特徵可歸納為以下幾點如：

1. **專業分工**：組織內每個單位、人員都有固定的職務分配，明確制訂每個人的權力和責任。根據嚴格的分工制度，所雇用的職員須具熟練的專門技術。
2. **層級體制**：組織內職員的地位，依照等級劃分。下層對上層負責，服從上層命令，受上層監督。上級對屬下的指示與監督，不能超過規定職能的範圍。
3. **依法行政**：法律和規章制度是組織的最高權威，任何組織成員在任何情況下都要嚴格遵守。處理事務一切須按法規所定的條文範圍引用，不得滲入個人因素，用以維持統一的標準。
4. **非人性化**：官僚制要求人員公私分明，從公務中排除愛、恨等個人感情，尤其是那些非理性的、難以預測的感情，是保證公平和效率的前提條件。
5. **量才用人**：組織的用人是根據人員的專業技能、資歷，不得任意解雇，升遷按個人的工作成就而定，薪資給付也按照人員的地位和年資，透過績效管理審核。
6. **永業化傾向**：人員任用是經由公開考試或法定程序，兩者之間訂有任用契約，若非犯錯，不得隨意解雇免職。

官僚組織的優點

1. 依層級節制原理，上下之間的關係可達到指揮運如和命令貫徹。
2. 由於分工明確、法令規章完備，工作方面和人員的權責都有明確的規定，故不會發生各自為政或事權不清的弊端。
3. 機關辦事完全無人情化的**對事不對人 (Impersonality)**，可破除情面以消除營私舞弊。
4. 人員的選用都依專長和能力而定，可以使工作效率提升並且使機關的業務達到高度專業化。
5. 良好的待遇和工作保障可使工作人員的工作績效提升。

官僚組織的限制

1. 過分強調機械性的正式組織層面而忽略組織動態面
2. 目標錯置，如過分重視法規而使人員僵化（依法行政！）
3. 層級節制削弱上級對下級的影響力
4. 訓練有素的無能
5. 永業化使人員喪失鬥志

6. 升遷按年資，使人員忽略服務對象的利益

當代無論是公共行政學派或公共管理學派，都一致對傳統官僚為組織架構的政府無法解決後現代社會的問題，表達出強烈不滿與批判。此處節錄幾位管理學者對官僚制度的批判如下：

以「全球化」(Globalization) 研究而聞名的英國社會學學者阿布洛 (Martin Albrow) 認為官僚制度對現代行政管理有下列七點意涵如：

1. **理性組織**：追求最高效率。
2. **組織無效率病徵**（Organizational Inefficiency）：政府機關公務員的偏差辦事作風，例如結構僵化、流程遲緩、抗拒變革和蹺班摸魚等行政系統弊病。
3. **行政官員控制的政府**：政府職能趨向複雜和專精，政府的政務官難以指揮事務官。
4. **行政制度或文官制度**：護國型（古中國和普魯士）、階級型（古印度）、恩惠型（19世紀英美）和功績型（當代西方國家和日本）。
5. **組織管理辦法**：如專業組織、層級結構、分工協調、文書建檔等。
6. **組織大型化**：組織成長到一定規模後必然走向科層制。
7. **當代社會**：組織牢籠。

組織理論、領導理論大師**本尼斯 (Warren Bennis)** 認為官僚制度運用於現實，具有下列特徵如：

1. 主管缺乏技術能力（外行領導內行！）
2. 武斷和荒謬的規則
3. 非正式組織破壞或取代正式組織
4. 角色之間的混淆和衝突
5. 以不人性或殘暴的方式對待部屬，而非以理性或法律為基礎

有「現代管理學之父」譽稱的杜拉克 (Peter Drucker) 也認為官僚制度對現代公共行政有下列致命傷如：

1. 政策目標過於理想
2. 政策想要畢其功於一役
3. 數大就是美
4. 缺乏實驗和創新的勇氣
5. 不能從經驗中學習而缺乏前瞻思考和反饋
6. 無法即時放棄過時之物

3.2.4 對古典管理學派的批評

除了對學派中各理論的批判之外，現代學者對古典管理學派也有一些共通的批評如：

1. **對「經濟理性人」的批判**：經濟報酬（即金錢）是人類主要激勵來源的假設，或許在 1900 年代的工人、甚至現代仍對少數人適用；但當人類教育水準提高、生活環境大幅改善後，經濟理性人的假設通常不再適用。
2. **對通用原則適用性的批判**：古典管理理論認為，所有組織可以一套原則來管理，但在實際狀況顯然並非如此。組織隨著目標、策略、組織架構（內部因素）及環境的變化（外部因素），勢必要在管理原則上作調整與改變。
3. **過時實務延續的批判**：古典管理理論，大多出自於實務的觀察與歸納，缺乏科學化的嚴謹實證。批判者認為這種「過時實務的延續」無法適用於現代多變的管理環境。即便缺乏科學實證的「**演繹推理**」(Deductive Reasoning)；但這也是古典理論從現象「**歸納推理**」(Inductive Reasoning) 結論的質性研究精髓。畢竟，古典管理學派的各種主張，依舊常見在現代管理實務，也是不爭的事實。

3.3 新古典管理學派

傳統古典理論的主張、原則等，僅強調管理的機械、物理特性層面（把人視為機具），大多未經科學化實證的檢驗，且原則之間也有相互矛盾或對立等缺陷，並不足以形成一全面、完整的理論架構。另隨著時代的演進，1920~1930s 年代間「行為學派」(Behavioral School)、1940~1950s 年代間「人群關係學派」(Human Relations School) 等理論的興起，強調管理也應重視員工個人的需求、動機及人際互動關係等「人性導向」(Human-oriented) 管理，形成所謂「新古典管理理論」(Neoclassical Management Theory) 學派。

在說明「新古典管理學派」的理論主張前，必須先談兩個對「新古典管理學派」思想有啟發作用的人物，一為**烏托邦社會主義 (Utopian Socialism)** 倡議者**歐文** (Robert Owen) 將理論運用於技術發展及教學上，並著重管理理論及實務「系統化整合」(Systematic Integration) 的**尤爾** (Andrew Ure)。

歐文 (Robert Owen) 英國烏托邦社會主義者，也是一位企業家、慈善家。歐文出身貧寒，當過學徒、店長，後來成為一家工廠老闆。他在自己的工廠中主動縮短工人的工作時間，改善工作條件，提高工資。他曾為十歲以下的兒童開設了托兒所、幼兒

園和小學,為從事生產的少年建立了夜校等。

1824 年歐文在美國印第安納州買下大筆土地,開始進行所謂消除貧窮的「社區實驗」(Community experiment),但實驗以失敗告終。歐文在歷史上第一次揭示了無產階級貧困的原因,並從生產力的角度提出公有制與大量生產的緊密關係,晚年還提出過共產主義主張。

歐文最著名的著作為〈新社會觀〉(A New View Of Society)、〈新道德世界〉(The New Moral World) 等,他認為教育與生產的結合,是歐文對人類教育理論的一大貢獻。他認為,全面發展一代新人,必須把教育與生產勞動結合起來。為了普及教育,歐文主張建立教育制度,實行教育立法。歐文認為:「教育是每一個國家的最高利益所在」,是世界各國政府的「一項壓倒一切的緊要任務」,他主張應當為勞動階級安排國家教育制度。歐文還詳細列舉了教育法案的具體條款,如教育部門的領導人選、教師培養,經費開支;教學內容、教學計畫、教學方法的確定;家庭教育和社會教育,並論證和闡述了立法的理由等。

歐文的思想,包括以國家的力量消除貧窮、國家教育制度等,雖然稱之為烏托邦社會主義,但終究是對人性的基本尊重與平等對待,這對後來的「行為學派」及「人群關係學派」等新古典管理理論的發展,有相當的影響力。

尤爾 (Andrew Ure),蘇格蘭的醫生、化學家、自然哲學家及大學教授。從他多項專長領域即可知尤爾專業涉獵領域之廣。

尤爾於 1835 年出版的〈製造業的哲學〉(The Philosophy of Manufactures, or an Exposition of the Scientific, Moral and Commercial Economy of the Factory System of Great Britain) 一書中,系統地闡述了製造業的原則和生產過程。他指出在每一個企業中,都有三種有機系統如:

1. **機械系統**:指生產的技術與程序。
2. **道德系統**:指企業中的人事規章,強調員工應遵守紀律。
3. **商業系統**:指企業藉銷售和籌措資金,以持續經營。

尤爾把企業劃分成幾個有機系統,是系統的初期概念,而系統概念是現代管理思想的基本思想之一,因而他的思想對後期的管理思想家們有相當大的影響。更為重要的是,組織理論的集大成者費堯的思想即出自於此。

尤爾在 1837 年出版的鉅作〈藝術、製造與礦業辭典〉(A Dictionary of Arts, Manufactures, and Mines),更是將尤爾的多重專業特性發揮得淋漓盡致。這本百科全

書式的辭典，幾乎被所有歐洲國家翻譯成當地語文出版。曾有書評家作下列的評論如「它似乎由 19 名各自獨領風騷的領域專家們合作而成」，更可見尤爾的多重專業性及系統整合的功力。

3.3.1 人群關係學派

梅堯 (George Mayo)，澳大利亞工業心理學家、社會學家及組織理論學者，因「霍桑研究」(The Hawthorne Studies) 聞名於世，並被後世譽稱為「**人群關係運動之父**」。

使梅堯聞名於世的是他對霍桑實驗所做的貢獻。1927 年，梅奧應邀參加了始於 1924 年但中途遇到困難的**霍桑實驗**，從 **1927~1936 年斷斷續續進行了為時九年的兩階段實驗研究** 註解2。在霍桑實驗的基礎上，梅堯分別於 1933 年和 1945 年出版了〈工業文明的人類問題〉(The Human Problems of an Industrial Civilization) 和〈工業文明的社會問題〉(The Social Problems of an Industrial Civilization) 兩部名著。

霍桑實驗所獲得的經驗教訓，是員工的心理需求會對團體績效產生顯著的影響；但員工通常「錯誤表達」其關切。因此，霍桑實驗推論是「**當對員工表現出特別的關注時，無論工作條件變化與否，員工的績效通常會增加**」，這就是管理心理學中著名的「**霍桑效應**」(Hawthorne Effect)。

霍桑實驗揭示出工業生產中個體具有社會屬性，生產率不僅與實體物質條件有關，另與工人的心理、態度和動機，群體中的人際關係以及領導與被領導者間的關係密切相關。霍桑實驗結果的分析，對西方管理理論的發展產生了重大且深遠的影響，使西方管理思想在經歷過早期管理理論、古典管理理論（包括泰勒的科學管理理論，費堯的行政管理理論和韋伯的官僚組織理論等）階段之後，進入到「行為科學」管理理論階段。

綜合梅堯在霍桑實驗後的研究發現與主張，如以下要點：

- 個別員工不宜獨立對待，必須視為工作團隊中的一員。
- 對員工而言，金錢誘因及好的工作環境的重要性不如團隊的歸屬感。
- 組織中非正式的團體，對身在這團體中的員工有極強的影響力。
- 管理者必須察覺到員工的「社會性需求」，並確保員工們能與正式的組織合作、而非對抗。
- 梅堯對訪談的指導原則，設立了訪談研究工具的標準範本並影響迄今。

梅堯對人員訪談，也設立了一些執行規則如下：
1. 讓受訪者覺得你全神貫注於他，執行時也要如此。
2. 傾聽；別說話。
3. 傾聽：他想說甚麼？他不想說甚麼？在沒協助下，他不能說甚麼？
4. 永不辯論，也不給意見。
5. 傾聽時，在預先設置的訪談模式下，暫時勾勒出你所瞭解的、並作為後續修改模式的依據。為測試你對訪談內容的瞭解是否正確，綜結要點並請受訪者審評。這最後一步須謹慎執行，亦即目的在澄清、而非扭曲或添加己見。

梅堯的「人群關係」主張，還對後世管理理論的發展有重要的轉折里程碑意義，那就是相對於古典管理學派「**經濟理性人**」(Economic Rational Person) 基本假設的對立假設：「**社會人**」(Social Person) 的主張。梅堯等對「社會人」的主張包括如：

1. 個人是被社會性需求所激勵、驅動的。
2. 人們藉由人際關係的互動而獲得認同感。
3. 隨著工業進展的規則化，員工反而不滿意工作。
4. 員工對同儕壓力比誘因或管理控制較會有反應。
5. 員工對社會需求及管理者能接受的規定才會有反應等。

此以「社會人」為假設的「人群關係學派」能促使管理階層改善其人際技能 (human skills)，以群體誘因取代個人誘因，專注於員工對生產效果的感覺及態度、而非管理功能等。因人際關係學派的興起，組織中開始有所謂「社會管理」管理職位的產生，社會管理者的任務，是擔任員工的協助者、教練，並執行人際關係計畫，使管理者不再有嚴厲，而員工不再有冷漠的態度。

「人群關係學派」的現代運用，已超過組織範圍亦即也考量其他外在環境因素，盡量營造一個組織與員工間免於衝突的關係。另從「人群關係學派」所依賴的個人與群體心理學來看，每名員工都是一個特定的個體，而管理則應採取「民主」或「參與」方式，才能獲得員工的認同與支持。

「人群關係學派」雖然強調工作群組的社會性需求，及管理與員工之間應有良好的溝通等；但它並未完全拒斥古典管理理論。新古典管理理論的學者們相信，以個別方式對待所有員工（新古典主義）會使員工們按照管理原則而表現（古典主義）。新古典主義學者強調：「以讓他們覺得被重視的方式對待員工，也要讓他們有參與感。」

人群關係學派的限制

人群關係學派在實際管理運用時，也有一些限制如：

1. **快樂大家庭不容易形成**：人群關係學派恰似古典管理學派於鞦韆的兩端，換句話說，人群關係學派只專注於人性因素，而忽略其他組織影響因素。一個組織通常會有許多價值觀與利益考量發散的群體，這些團體會在某些方面合作；相對也會在其他方面形成競爭與衝突。因此，要將組織變成一個大家都快樂的大家庭，實際上是不可多得的。
2. **過度強調象徵性的獎勵**：個人受到尊重、獲得同儕之間的社會性認同…等人群關係學派強調的抽象、象徵性獎勵，仍然不能滿足人的基本生理需求（薪資、福利等）；但薪資、福利、工作條件等管理獎勵的重要性，在人群關係學派中，似乎也被刻意壓抑。
3. **社會性需求被過度強調**：當然，員工在組織內的非正式群體的人際關係，能讓員工覺得愉快（或不見得？）但組織內存在非正式的群體關係，通常並不常見；另員工上班不是為了快樂，而是為了提升其生活福祉（亦即薪資、福利與升遷等）。
4. **員工參與仍為工作導向**：人群關係學派主張讓員工對其工作有參與感，讓他們參與決策規劃等，仍都是為了工作產量，而非員工關係導向。
5. **滿意的員工會有好的表現**？注意「霍桑效應」的陳述：「**當對員工表現出特別的關注時，無論工作條件變化與否，員工的績效通常會增加**」中，若恢復一般例行性的工作，員工不被管理者「關注」時，其表現會如何？另「通常」也意味著也有例外！當員工未受關注且工作條件不佳時，其產能下降是可以預期的。
6. **人群關係學派也缺乏整體涵蓋性**：人群關係學派只專注於組織的基層員工，並未對組織內中，高層的管理群體多所著墨。因此，新古典「人群關係」學派與古典「科學管理」學派一樣，都缺乏管理理論發展的整體涵蓋性。

3.3.2　行為學派

霍桑實驗之後，學術界越來越重視「行為科學」(Behavioral Science)於管理上的應用，這種趨勢使得「人群關係學派」逐漸演化到現代的「行為學派」(Behavioral School)（或稱「行動主義」(Behaviorism)）。行為學派仍重視人的心理與精神需求，並將人的需求與組織經濟目標結合起來。此外，行為學派學者們的諸多研究與理論發展，也促成現代所謂「組織人文主義」(Organizational Humanism)的興起。行為學派或組織人文主義，都著重於「如何能有效的將員工技能貢獻於組織目標」的管理

行為發展。

在行為學派著有貢獻的學者很多，主要的包括馬斯洛 (Abraham Maslow)、麥克葛雷格 (Douglas McGregor)、阿基里斯 (Chris Argyris)、赫茲伯格 (Frederick Herzberg)、李克特 (Rensis Likert)、李文 (Kurt Lewin)、巴納德 (Chester Barnard)、芙萊特 (Mary Paker Follett)、霍曼斯 (George Homans)、本尼斯 (Warren Bennis) 等，以下分別介紹各學者於行為學派理論上的主要貢獻如下：

馬斯洛 (Abraham Maslow)：美國人本主義心理學 (Humanistic Psychologists) 主要發起者，也是美國社會心理學家、人格理論家和比較心理學家，以「**需求層次理論**」(Hierarchy of Needs Theory) 最為人熟悉（參照圖 2.3），被後世尊稱為「**人本主義心理學之父**」。

麥克葛雷格 (Douglas McGregor)：美國麻省理工學院史隆管理學院教授，此外還於 1948~1954 年期間擔任安托荷學院 (Antioch College) 院長，他也曾在印度加爾各答管理學院 (Indian Institute of Management Calcutta) 任教。在其 1960 年出版的〈企業的人性面〉 (The Human Side of Enterprise) 一書中，麥克葛雷格提出有名的「**X 理論**」及「**Y 理論**」。X/Y 理論可比擬成人性善惡說，X 理論主張「人性本惡」而 Y 理論則主張人性本善（另參照第 2 章關鍵詞說明）。〈企業的人性面〉並曾被美國「管理學院」(Academy of Management) 院士們評選為 20 世紀最具影響力管理書中的第四名。

阿基里斯 (Chris Argyris)：以組織發展及「學習型組織」(Learning Organization) 等研究而聞名於世的美國學者。阿基里斯及其同事倡議一種「產生有用知識以解決實務問題」的「**行動科學**」(Action Science)，其他由阿基里斯發展的概念還包括有「**推理階梯**」(Ladder of Inference)、「**雙迴圈學習**」(Double Loop Learning) 等。

赫茲伯格 (Frederick Herzberg)：美國著名心理學家、行為科學家，他以提出「**職務豐富化**」(Job Enrichment) 概念，及「**激勵保健理論**」(Motivator-Hygiene Theory) 或稱「**雙因子理論**」(Two Factors Theory) 而聞名。

李克特 (Rensis Likert)：美國教育、組織心理學者。除了發展社會科學領域常用問卷調查方法的「**李克特式量表**」(Likert Scale) 外，李克特對「管理系統」(Management Systems) 的研究，也頗受後人重視。

李文 (Kurt Lewin)：德裔美國心理學家，國際知名現代社會心理學、組織心理學和應用心理學學者，被後世譽稱為「**社會心理學創始人**」。李文是最早研究「**群體動力學**」(Group Dynamics) 和 OD「**組織發展**」(Organizational Development)

的學者,提出許多現代社會心理學的專有名詞與概念如「力場分析」(Force Field Analysis)、「領導風格」(Leadership Climates)和「行動研究」(Action Research) 解凍一變更一再凍結三階段變更程序等。

巴納德 (Chester Barnard):美國管理學者、企業主及作家,是古典行政管理學派中的代表性人物之一。他於 1938 年出版的〈經理人的職能〉(The Functions of Executive) 一書,啟發現代「組織理論」及「組織社會學」(Organizational Sociology) 等的研究與發展,故也被後世譽稱為「**系統組織理論創始者**」。〈經理人的職能〉一書,迄今仍為世界各大學管理理論的重要教科書。

芙萊特 (Mary Follett):美國社會工作者,組織理論及組織行為等領域學者。她與莉蓮吉爾伯斯 (Lillian Gilbreth) 是古典管理理論發展期間兩個主要的女性管理大師。芙萊特除在組織行為理論為早期的倡議者之外,她對管理學領域的其他重要貢獻包括「**雙贏談判策略**」(Win-Win Negotiation Strategy)、「**轉化型領導**」(Transformational Leadership) 等概念的提倡。

霍曼斯 (George Homans):美國社會學者,「行為社會學」(Behavioral Sociology) 及「社會交換理論」(Social Exchange Theory) 理論創始者。霍曼斯定義「社會交換」為:「至少兩人以上於有形或無形(效益),報償或成本之間的交換活動。」

霍曼斯社會交換理論在「行為學派」的貢獻,主要是對人類社會行為所提出的三個命題 (propositions) 如:

1. **成功命題** (Success Proposition):當人們發現其行動能獲得報酬後,人們傾向重複此行動。
2. **刺激命題** (Stimulus Proposition):在經過某種特定刺激而獲得報酬後,人們傾向對該種刺激產生反應。
3. **剝奪饜足命題** (Deprivation–Satiation Proposition):當人們愈常在最近獲得某種型式的報酬獎勵後,未來該種獎勵的價值感會愈趨於降低。

本尼斯 (Warren Bennis):美國組織理論學者、企業顧問與作家,現在為南加大企管教授及「領導學院基金會」主席。本尼斯最為人所稱道的,是在領導理論的開創,並主張在當前複雜且變動快速的環境下,人性與民主式的領導風格,最適合組織人本精神的領導方式。

從以上許多在「行為學派」理論有重要貢獻的學者的主張來看,大多認同古典學派過於機械、僵硬,未考量組織內員工的精神、心理與需要等,除難以發揮組織整體

績效外，對大多數員工的發展也沒有助益。除此之外，他們也關切人的動機對組織績效的影響，認為組織在工作設計上，趕不上員工對多元、具挑戰性工作的期盼。因此，行為學派的學者們，大多也同意集體或參與決策模式，員工對工作的自我管理等。

行為學派的限制

雖然歸類於「新古典學派」，但從前述行為學派的主要貢獻者來看，我們不難發現許多學者也被歸類為古典學派，這突顯出下列「新古典學派」的限制如：

1. **歸類困難**：學術理論的發展，本來就是在既有的基礎上往前邁進。因此，許多新古典學派的理論，實際上可看成是古典學派的繼續發展。此處古典與新古典的區分，僅是時間上的概分而已。此外，許多新古典理論的主張，更將繼續衍生成「現代管理學派」，或更具體的講：「社會系統理論」(Social System Theory) 及「現代人本理論」(Modern Humanism Theory) 等。
2. **區辨性不足**：「行為學派」，可視為「人群關係學派」的邏輯延伸，再繼續發展成「社會系統理論」與「現代人本理論」。因此，「行為學派」及「人群關係學派」的理論主張及其限制等，都有相當程度的重疊，致使學派理論的區辨性不足。

3.4　現代管理學派

在古典、新古典管理學派的發展，學者們領悟到組織、員工都不是一成不變，可用一套標準一體適用的。相反的，組織面臨環境的多變，員工需求、動機、潛力等的差異化 … 等，都可以「複雜」來形容。因此，相對於古典學派「經濟理性人」(Rational Economic Man)、新古典學派「社會人」(Social Person) 的假設，現代管理學派則主張所謂「複雜人」(Complex Employee) 的前提假設。

「複雜人」的假設，認為人兼具複雜、多變的特性，個人都有不同的動機，並隨著學習、成長，動機也會改變，而人的需求與動機，在每個組織甚至部門間也都會有差異。所以，「複雜人」假設沒有一套管理策略，能在任何時間，適用於任何員工；管理者必須因時、因地、因人而運用不同管理策略。在這種「複雜人」前提假設下的現代管理學派，演化出四種觀點如：「系統理論」(System Theory)、「權變理論」(Contingency Theory)、「組織人本主義」(Organizational Humanism) 及「管理科學」(Management Science) 等。

在介紹現代管理學派各理論之前，我們應再瞭解現代管理學派理論的形成過程。

現代管理學派，實際上是在新古典理論，結合數學、統計及電腦等領域知識的運用，對「行為科學」的修正。這種運用嚴謹量化研究，以科學化的研究方法對「複雜人」行為假設進行測試與驗證，所以，這時期又可稱為管理理論的修正與合成期。

如果能對企業管理領域理論（假設）執行科學化的量化驗證，同樣的，也能運用到教育、政治、健康等公共領域，這是現代管理學派最顯著的貢獻之一。

如同曾任美國匹茲堡大學校長李奇菲爾 (Edward Litchfield, 1914~1968) 1957 年於〈行政科學季刊〉(Administrative Science Quarterly) 一篇文章的啟示，現代管理學雖質疑古典管理理論的「演繹推理」(Deductive Reasoning) 程序，但並未拒斥所有古典管理理論！所以，在以組織效率導向、演繹推理古典學派；人員動機導向、增加實驗但仍以演繹推理為主的新古典學派後；運用組織行為導向、量化實驗與分析工具的「歸納推理」(Inductive Reasoning)，能將現代管理修正主義的相關理論，發展得更為嚴謹與完備。

3.4.1 系統理論

如同前述，古典學派與新古典學派都僅強調管理實務的一端而忽略或犧牲另一學派的主張。古典學派理論強調「工作」、「組織架構」與「效率」；而新古典學派強調的是「人」。系統理論 (System Theory) 則扮演著古典與新古典學派間的媒合橋樑，以全向觀點來處理管理的問題。

系統理論所謂的「**系統**」(system)，是兩個以上相互依賴組成的互動，形成能運作的有機組織。這定義中「相互依賴」(interdependent) 非常重要，因為，組織系統可為開放或封閉形式。

開放系統意味著組織必須與外界環境的變化產生互動，即便傳統古典學派視組織內物裡、機械系統為封閉系統，但內部員工、團隊群體之間的互動（仍被視為內部系統），對組織的運作也會產生變化與衝擊影響（開放！）

管理者的任務，在系統理論的觀點上，就須扮演組織內相互依賴組成間「邊界連接銷」(boundary-linking pin) 的角色，將組織的資訊流、物料及能力等系統輸入，轉化成產品、服務及滿意度等系統輸出，而管理者對此組織「吞吐」(throughput) 的轉化程序，必須能達成 1 + 1 > 2 的「**綜效**」(synergy)。

將組織視為整體系統運作的學者，包括有巴納德 (Chester Barnard)、霍曼斯 (George Homans)、塞爾茲尼克 (Philip Selznick) 及西蒙 (Herbert Simon) 等。巴納德、

霍曼斯兩人已於前文介紹過，現在介紹塞爾茲尼克及西蒙兩位學者的主張與貢獻如下：

塞爾茲尼克 (Philip Selznick 菲立普塞爾茲尼克，1919~2010)：美國加州大學柏克萊分校 (University of California, Berkeley) 社會及法律學教授。1930s 年代起，塞爾茲尼克即為新古典組織理論的支持者，他對後世最具影響力的文章，為 1948 年發表的〈組織理論基礎〉(Foundations of the Theory of Organization) 一文中，列出他對現代組織理論的主張如：

- 每個人都是獨立個體。
- 「**吸納理論**」(Cooptation Theory)：吸納 (cooptation) 是藉由中性化 (neutralizing) 共生的依賴關係，來管理特定環境中相互依賴的一種策略。吸納理論也是後來「組織生態學」(Organizational Ecology) 及「權變理論」(Contingency Theory) 的前身。
- 法律社會學 (Sociology of Law) 觀點。
- 對「公眾社會」(Mass Society) 的辯證等。

西蒙 (Herbert Simon)：著名的美國政治科學家、經濟學家、社會學家、心理學家及大學教授，其研究領域橫跨認知心理學、認知科學、電腦科學、公共行政學、經濟學、管理學、科學哲學、社會學及政治科學等。由於其涉獵領域的廣博，其研究文章被學界大量引用，使他成為 20 世紀最具影響力社會學家之一。

西蒙也是現代許多重要科學領域的創始者，如 AI「人工智慧」、資料處理、決策、問題解決、**注意力經濟** (Attention Economy)、複雜系統 (Complex System) 及科學發現的電腦模擬等。西蒙也新創了「**有限理性**」(Bounded Rationality) 及「**滿意標準**」(Satisficing) 等專有名詞。

3.4.2 權變理論

權變理論 (Contingency Theory) 是「行為理論」(Behavioral Theory) 的一種分支，權變理論倡議者宣稱並無一種適合組織管理的所謂「最佳」方法。相反的，所謂最佳的 COA「行動方案」(Course of Action) 是要看內、外部情境變化而定。組織的管理或領導也一樣，權變領導者會在適當情境運用其領導風格。

權變理論運用於領導，要追溯早期兩個有關「有效領導行為」的研究計畫。一為 1950s 年代，由美國俄亥俄州立大學 (Ohio State University) 執行有關在不同情境下「領導行為」的問卷調查研究計畫，在因子分析 (Factor Analysis) 後，辨識出兩個有

效領導模式如：

1. **關懷型領導 (Consideration Leadership)**：上司對下屬保持良好人際關係、上司支持與關切下屬等。
2. **結構發起型領導 (Initiating Structure Leadership)**：上司能提供角色指派、規劃、工作排程等組織架構因素，以確保任務完成及達成目標。

約在同一時期，美國密西根大學 (University of Michigan) 也以訪談及問卷調查執行類似的研究。密西根大學研究團隊也得到類似的結果，但他們用的名詞卻有些差異。密西根大學的研究結論稱兩種有效領導的模式如「關係導向」(Relation-Oriented) 及「任務導向」(Task-Oriented)。

上述兩個大學執行的研究，宣稱泰勒的「科學管理」或韋伯的「官僚制度」理論，都不能有效的解釋組織為因應環境變化的管理（與領導）風格。

歷史上，真正對組織權變因素進行探討的，可能是英國女性組織社會學者**伍沃德** (Joan Woodward)。伍沃德也可能是第一位對生產技術、生產模式與組織架構間執行關聯性調查研究的學者。她將生產技術分類成三個生產模式，並確定生產模式與組織架構間的關係如下：

1. **單位基礎（少量生產）**：依賴生產者個人的工藝技術 (Craftsmanship)，並無明顯組織架構。
2. **量產基礎（大量生產）**：依賴機具的標準化生產技術，組織有層級關係，主管監督員工，而員工監看機具的正常運作。
3. **連續生產模式**：除標準化的機具生產線外，生產線之間也串連起來，組織層級更複雜，管理人員增加，另直接勞工（操作機具）減少，但間接勞工（機具的維修、保養等）則相對的增加。

伍沃德也從相關研究中，提出一些會影響組織運作的權變因素如：

1. 技術 (Technology)
2. 供應商及物流商 (Suppliers and distributors)
3. 消費關切團體 (Consumer interest groups)
4. 顧客與競爭者 (Customers and competitors)
5. 政府（法規）(Government)
6. 工會 (Unions)

上述伍沃德所提出對組織運作的權變因素，即我們現在所稱的「利害關係人」

(stakeholders)。

加拿大多倫多約克大學 (York University, Toronto) 教授摩根 (Gareth Mprgan 加雷斯摩根，1943~)，以創造「組織隱喻」(Organizational Metaphor) 一詞而聞名於世。在其 1986 年暢銷書〈組織意象〉(Images of Organization) 中，摩根以隱喻法說明如何瞭解組織的運作及處理組織的問題，他描述八種組織隱喻如：

1. 機器 (machines)
2. 有機體 (organisms)
3. 腦力 (brains)
4. 文化 (cultures)
5. 政治系統 (political systems)
6. 心靈桎梏 (psychic prisons)
7. 流通與轉換 (flux and transformation)
8. 主宰工具 (instruments of domination)

摩根進一步說明組織於權變影響下的運作方式如：

1. **組織是一開放系統**：需要謹慎小心的管理，以平衡內部需求及對外部環境的調適。
2. **並無最佳的組織架構**：最適合的架構，須根據其任務及其所面對的環境處理需求而定。
3. **管理者的任務**：確定（內部需求與外部環境調適的）、校準 (alignments) 與調適 (good fits)。
4. **不同環境需要不同組織架構**等。

權變理論於近代的運用，多半與領導與決策有關，如「**權變領導理論**」(Contingency Leadership Theory)、「情境領導領論」(Situational Leadership Theory) 及「領導管道模型」(Leadership Pipeline Model) 等，將於第 4 章中詳細解說。

3.4.3 組織人本主義

組織人本主義 (Organizational Humanism)，實際上是新古典管理學派中「行為學派」(Behavioral School) 的衍生，而「行為學派」許多主要的理論貢獻者如阿基里斯 (Chris Argyris)、麥克葛雷格 (Douglas McGregor) 及馬斯洛 (Abraham Maslow) 等也都在「組織人本主義」有顯著貢獻。

這一「學派」是以人類具有「自我實現」(self-actualizing) 動機的觀點為基礎，認為人類無論在家或工作，都有將其技能與創造力發揮的需求。組織內的員工也通常是能自我激勵與自我控制的，而且會對外加的「控制」產生負面反應。若允許員工在工作場域「自我實現」，則員工會自動將其自我實現追求的目標，與組織目標整合起來。

組織人本主義的倡議者們認為，組織的理性設計，產生高度專業化與例行性的職務與工作，會使員工無法充分發揮其創造力及自我激勵的潛能。因此，在組織人本主義的管理作為上，應避免不必要的規則、僵化的職務設計及沒有彈性的督導作為等。相反的，組織人本主義的管理者，應扮演挑戰員工的角色，以發展員工的決策技能，並允許員工自我承擔責任等。

組織人本主義的限制

或許是對人性本善的過度期待，批評者認為在工作場域中，並非所有人都能追求「自我實現」！若組織過於強調人本主義、而忽略標準與原則的遵循，會使組織內混水摸魚的員工數量大增。另如同研發績效甚難量化衡量一樣，人在「自我實現」的追求過程，通常需要很長時間才能達成，而這在績效評估標準制訂上，顯然會有困難。

3.4.4 管理科學

管理科學 (Management Science) 一詞，不應與古典管理學派的「**科學化管理**」(Scientific Management) 混淆。簡單的說，古典學派的「科學化管理」，是運用科學化原則與技術、方法於管理作為上；而現代的「管理科學」，則是為解決管理問題所發展出來的科學方法與模型等。仍然混淆嗎？那就換個名詞⋯

現代「管理科學」一般習稱為 OR「**作業研究**」(Operations Research，歐洲慣稱為 Operational Research)，此學派理論的發展**源自於第二次世界大戰期間 (1939~1945)** 註解 3，英美科學家如**布萊克特** (Patrick Blackett)、**藍徹斯特** (Frederick Lanchester) 等人，將數學導入作戰規劃中，如獵殺德軍潛艇的獵潛戰術、船隊護航數量與路徑、速度的規劃，空戰攔截與「交換率」(Exchange Rate/Ratio) 的計算及轟炸機轟炸訓練的規劃⋯等。

二次大戰後，OR「作業研究」運用的領域更廣，如排程 (Scheduling)、要徑分析 (Critical Path Analysis)、專案規劃 (Project Planning)、工廠配置 (Factory Layout)、電訊網路構建 (Telecommunications Network)、交通流量管理 (Traffic Management)、電

腦晶片配置設計 (Layout of Computer Chip)、供應鏈物流管理 (Material Flow of Supply Chain) 等。

因 OR「作業研究」涉及的應用領域甚廣，甚難統一其定義。但一般公認 OR「作業研究」為跨領域的數學應用科學，結合數學模式、統計學、規則演算法、甚至電腦模擬技術等，對複雜問題求得最佳解（或次佳解）的方法論，在限制條件下，求得「目標函數」(Objective Function) 之最大化（Maxima 如獲利、生產線績效、產量、頻寬等）或最小化 (Minima 如成本、損失、風險等)。

再回到「管理科學」的內涵上，我們可發現自 20 世紀以來，管理理論的蓬勃興盛與實務技術的結合運用等，在管理概念的發展也有下列幾項重要意涵如：

1. 將組織視為與環境影響因素互動的開放系統。
2. 管理（與領導）作為，應以權變為基礎。
3. 組織（職務、工作、程序等）規劃須考量員工的不同需求。
4. 管理決策大量運用量化分析工具等。

3.5　其他學派

除以古典、新古典及現代時間軸向為學派區分的方式外，管理文獻中，仍有許多管理思想、類型或趨向等的區分，如艾文斯 (Edward G. Evans) 1976 年出版〈管理技術館藏〉(Management Techniques for Libraries) 一書，列舉了 12 項管理與組織思想的基本類型。本節分別簡述其要點如下：

1. 傳統類型 (Traditional style)：即指古典管理學派中的「行政管理」。
2. 實證類型 (Empirical style)：與傳統類型有許多類似的前提，另則強調「個案研究」(Case Study) 趨向。
3. 人群關係學派 (Human Relations School)：如 3.3.1 小節所述。
4. 決策理論學派 (Decision Theory School)：強調決策的邏輯與理性程序，與 3.4.4 小節所述「管理科學」學派強調量化研究方法與技術的主張類似。
5. 數學導向 (Mathematical approach)：與決策理論學派差異不大，甚至即可視為現代管理學派中的「管理科學」學派。
6. 社會系統學派 (Social Systems School)：專注於探討個人或群體在「微型社會制度」(miniature social system) 文化影響下的行為表現，可歸納於新古典「行為學派」內。

7. **形式主義學派 (The School of Formalism)**：即 3.2.3 小節所述的「官僚管理學派」。
8. **自發性學派 (The School of Spontaneity)**：強調社會心理學、群體動力學及心理自律性等，反對官僚制度，強調個人創造力的發展等。此學派也可歸納於新古典「行為學派」內。
9. **參與學派 (The Participative School)**：強調員工對參與決策機會的需求，也可視為新古典「行為學派」的部分主張。
10. **反應挑戰學派 (The School of Challenge-Response)**：同樣也是新古典「行為學派」的部分主張衍生，強調應讓員工有面對挑戰，並訓練其反應能力的機會。此學派能提供員工大量的成長機會。
11. **指導學派 (The Directive School)**：與古典「科學管理學派」一樣，主張員工應由（管理者）指導來執行工作，以確保任務的達成。
12. **檢核與平衡學派 (The School of Checks and Balance)**：為古典「行政管理學派」的進一步衍生，強調組織內必須有適當的檢核與平衡機制，以免個人或群體強到能主宰一切而取代管理階層的控制權。

從以上 12 種管理與組織思想的基本類型區分來看，大部分仍能依時間軸向的學派分類法，而歸併到古典、新古典及現代管理學派內。

本章總結

與管理的發展歷史一樣，管理實務早在千年前的邦國，即以君權統治的形式存在，而且通常都是以君權神授，利用人民畏懼神明而實施集權的管理方式。

一直到了 19 世紀，管理才開始被視為一種「學科」(discipline)，並開始從所謂的「管理理論叢林」中試圖統一、整合各管理理論成「思想學派」(school of thoughts)。但由於管理在本質上即偏向議題領域的應用，隨著議題領域的不同，要將不同領域應用觀念整合成一理論學派並兼具各領域主張，事實上有一定的困難，但學術界仍努力從不同角度將各種管理理論彙整為學派。幸好在「管理理論叢林」中，許多理論仍有重疊性；另從歷史時間軸向的劃分，也能看出管理理論發展的脈絡。因此，現代管理學界，一般將管理學派依時間軸向區分為古典、新古典及現代等三個主

要學派。

　　古典管理學派 (Classical Management School)，彙整了 1880~1920s 年代中的管理思想。類歸於此學派的理論，包括如泰勒等的「科學管理」(Scientific Management)、費堯的「行政管理」(Administrative Management) 及韋伯的「官僚組織」(Bureaucratic Organization) 等。古典管理學派有一共同的假設，即員工為「經濟理性人」(Economic Rationality Man)，會因經濟誘因而遵從管理權威，並以最佳方法的工作設計，達成提升員工與組織效率為目標；但此假設忽略人的其他動機，也是古典管理學派最招致非議之處。

　　新古典管理學派 (Neo-classical Management School) 彙整了 1920~1950s 年代中的管理思惟。新古典管理學派從人（員工）的角度，強調人的需求、驅動力、行為及態度等，主要包括「人群關係學派」(Human Relations School) 及早期的「行為學派」(Behavioral School)。以「社會人」(Social Person) 假設為基礎梅堯等執行的「霍桑研究」(The Hawthorne Study)，是「人群關係學派」的標識；而馬斯洛、麥克葛雷格、阿基里斯、赫茲伯格及李克特等行為學派學者的主張，同樣也促成歸類於現代管理學派內的「組織人本主義」(Organizational Humanism)。新古典管理學派過份強調人性及象徵性的獎勵，在實務中甚至也不容易被所有員工接受。

　　「複雜人」(Complex Employee) 的假設，約於 1950s 年代開始興起並為現代管理學派的基礎。這一學派強調以嚴謹的循環推理及假設驗證，選擇性的接受早期學派理論的主張。因使用大量電腦、模擬及數學技術，另也採用其他領域學科的知識如系統理論、決策理論、行為科學等，也逐漸演化成系統 (System)、權變 (Contingency)、組織人文 (Organizational Humanism) 及管理科學 (Management Science) 等四個學派。

　　除了上述以歷史時間軸向概略區分如古典、新古典及現代管理學派之外，管理文獻中還有許多理論的主張，但其理論核心多半重疊，另也可類歸為時間軸向的主要學派區分中。

　　即便以學派將各種管理理論分類，但所謂的學派，仍然有無法統一，合成學派內不同理論主張的缺陷。

關鍵詞

Action Research 行動研究：為被後世譽稱為「社會心理學創始人」李文 (Kurt Lewin) 所創，李文對「行動研究」的描述定義為：「不同形式社會性行動條件與效果的比較性研究」，「為一螺旋狀步驟，每一步驟都包含規劃、行動及行動結果的衡量與結果回饋的迴路」。按照上述定義，後世也稱「行動研究」為「解凍—變更—再解凍」三階段變更模型，如圖 3.1 所示：

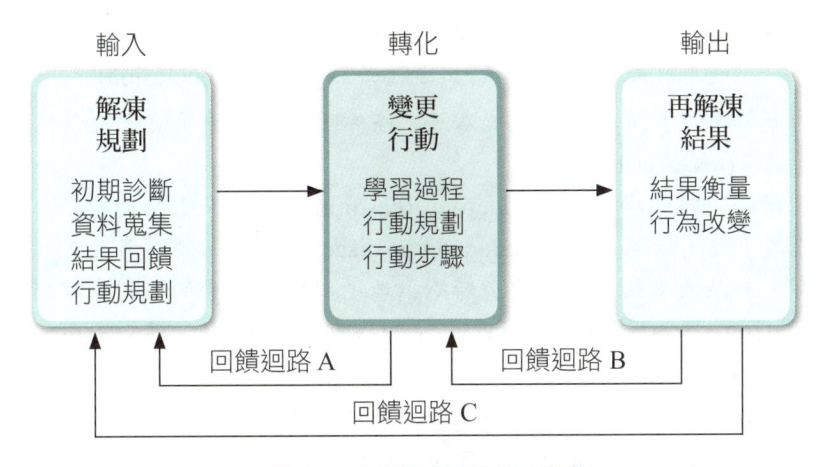

♪ 圖 3.1　行動研究模型示意圖

Attention Economy 注意力經濟：此一經濟學專有名詞，據信為美國學者西蒙 (Herbert Simon) 所創。西蒙認為人類能把注意力集中在處理資訊上的能力有限（即注意力有限），而環境所能提供的資訊則無限，形成一種類似經濟學的有限資源與無限欲望的對價關係，其影響甚至比實際貨幣的影響更大，關係到該企業或個人的收益成敗，所以稱為注意力經濟。

注意力經濟概念也常用於企業管理、行銷、廣告、傳播、公關等領域。輕巧智慧型手機、平板裝置等的出現，使全球進入移動及網路通訊時代，加上社交網路工具的快速進步，注意力經濟學正在全面滲透到教育領域，對當代學生的學習產生巨大干擾和影響。

Bounded Rationality 有限理性：20 世紀 50 年代後，人們意識到建立在「經濟理性人」(Rational Economic Man) 假說之上的理性決策理論只是一種理想模式，不太適用於實務中的決策。西蒙（Herbert Simon）為此提出了「滿意標準」和「有限理性標準」，用「社會人」(Social Person) 取代「經濟理性人」，拓展了決策理論的研究領域，因而產生了「有限理性決策理論」。

有限理性模型是一個比較實際的模型，它認為人的理性是處於完全理性和完全非理性之間的一種有限理性。其主要觀點為：

1. **手段目標鏈結的內涵有矛盾**：簡單的手段目標鏈結分析，會導致不準確的結論。

2. 決策者只要求有限理性：因為人的知識有限，決策者既不可能掌握全部資訊，也無法認識決策的詳盡規律。因此，作為決策者，只能盡力追求在他能力範圍內的有限理性。
3. 決策者追求「滿意標準」，而非最優標準：在決策過程中，決策者訂下基本要求，然後審視現有的替選方案。如果有一個替選方案能滿足訂下的基本要求，決策者就實現了滿意標準，他通常就不願再去研究或尋找更好的替選方案。

Bureaucratization 科層化：一種組織管理方式，其特徵為增加管制手段，堅持標準（僵硬）程序，關注每一個細節等。以此管理方式建構的組織，又稱為「官僚組織」。

Deductive Reasoning 演繹推理：或稱「演繹邏輯」，是一種「由上而下」的推理邏輯，從一或多項一般陳述（前提 premises）得出邏輯必然的結論 (conclusion)。

演繹推理的邏輯，是當所有「前提」為真，條件明確，及遵循演繹推理的規則下，其結論「必然為真」(necessarily true)。

演繹推理相對於「歸納推理」(Inductive Reasoning, 由下而上的邏輯) 的主要差異，是演繹推理運用「封閉論述」(closed domain of discourse) 的一般適用規則，縮小範圍，直到獲得僅存、必然的結論。相對的，歸納推理則以初始現象的概化或推斷 (generalizing or extrapolating) 來獲得結論。因此，歸納推理可運用於「認知不確定」(epistemic uncertainty) 的開放領域。

Double Loop Learning 雙迴圈學習：雙迴圈學習是指除了發現並改正組織錯誤外，並且對組織現有的規範、流程、政策以及目標提出異議和修正。雙迴圈學習包括對組織的學習基礎、特殊能力及例行常規等進行變革。雙迴圈學習亦被稱為高層次學習、創造性學習、拓展型學習或戰略性學習等。

Economic Man 經濟人：又稱「經濟理性人」、「實利人」或「唯利人」等。這種假設最早由英國經濟學家亞當史斯密（Adam Smith）提出。他認為人的行為動機根源於經濟誘因，人都要爭取最大的經濟利益，工作就是為了取得經濟報酬。為此，需要用金錢與權力、組織機構的操縱和控制，使員工服從與為此效力。

此假設認為，人的一切行為都是為了滿足自己的利益，工作是為了獲得經濟報酬。

美國管理學家麥葛雷格（Douglas McGregor）在所著〈企業的人性面〉(The Human Side of Enterprise) 一書中，提出了兩種對立的管理理論，其中，「X 理論」就對「經濟人」的假設，提出不同意見如：

1. 多數人十分懶惰，他們總想逃避工作。
2. 多數人沒有雄心大志，不願負任何責任，而甘心情願受別人指導。
3. 多數人的個人目標都是與組織目標相矛盾的，必須用強制、懲罰的方法，才能迫使他們為達到組織的目標而工作。
4. 多數人工作是為了滿足基本需要，只有金錢和地位才能鼓勵他們工作。
5. 人大致可以劃分為兩類，多數人都是符合於上述設想的人；另類是能夠自己鼓勵自己，能夠克制感情衝動的人，這些人應擔當管理的責任。

基於 X 理論假設所引生的管理方式，是組織應以經濟報酬來使人們服從並做出績效，應以權力與控制體系來保護組織本身及引導員工，其管理的要點在於提高效率，再完成任務，其管理特徵是訂立嚴格的工作規範、法規和管制。為了提高士氣則用金錢刺激，對消極怠工者則嚴厲懲罰的「胡蘿蔔加棒子」政策。泰勒制就是「經濟人」觀點的典型代表。

Economic Rationality 經濟理性：或稱「經濟理性主義」(Economic Rationalism)，主要包括三個主張如：

1. 人會理性地追求目標。
2. 人有能力對成本和收益進行比較，預測邊際效益並做出相應的反應。
3. 應盡可能地賦予個人充分的自由。

Force Field Analysis 力場分析：此「變革」分析手法或概念（圖 3.2），為被後世譽稱為「社會心理學創始人」的德裔美國學者李文 (Kurt Lewin) 所創。李文認為在任何情況下，有兩種力量會影響變革的發生：一為驅動力（driving forces），即發動變革並使其繼續變革的推動力量；另一為抑制力（restraining forces），即抗拒或阻擾驅策力的力量。

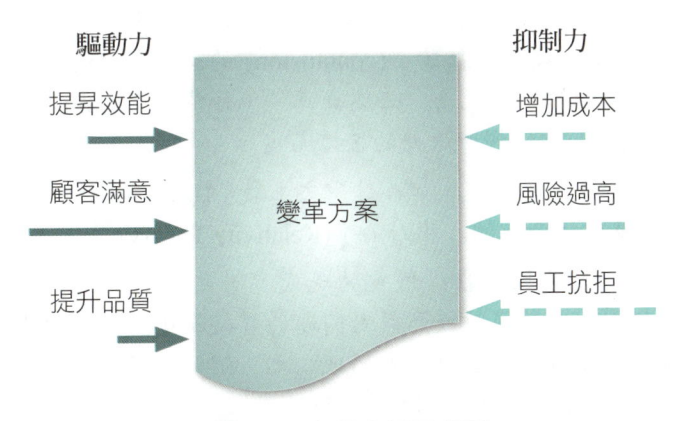

圖 3.2 力場分析示意圖

若以增加工作群體生產力之變革計畫為例，驅動力為上級壓力、激勵獎金等；抑制力則可能為員工不相信變革計畫的敵視、被動、或甚至抗拒等。當驅動力比抑制力弱或相當時（「力量」都是主觀評值），即維持一種平衡狀態，也就是維持現狀，暫時不宜推動變革。因此，變革推動者在研究分析變革計畫涉及的驅動力與抑制力後，為使變革計畫能順利推動，必須設法增加驅動力（提升誘因），並減少抑制力（溝通說服）。換言之，應設法找出促動變革的因素並強化之、或找出妨礙變革的因素並削弱之。

Globalization 全球化：全球化是指人類生活在全球規模的基礎上發展及全球意識的崛起，國與國之間在政治、經濟貿易上互相依存的關係等。全球化一詞近年來變得流行。政府決策者、政黨領袖、工商界、學術界、工會領袖以至大眾傳媒等，無不談及全球化的影響及其如何改變我們的生活。全球化正在推倒各國疆界，使全球經濟一體化。有些人把

全球化喻為「地球村」(Global Village)。對於「全球化」的觀感是好是壞，目前仍是見仁見智。近代全球化的風潮已和地方化結合成「全球在地化」(Glocalisation) 的研究。

Group Dynamics 群體動力學：為李文 (Kurt Lewin) 新創的術語，指藉由觀測群體現象並執行動態分析，試圖發現一般規律的理論。李文認為，個體的行為是由個性特徵和「場」（環境的影響）相互作用的結果。簡言之，群體動力學認為只要有別人在場，一個人的思想行為就會受到其他人的影響，與單獨一人時的思想行為有所不同。而研究群體影響作用的理論，即群體動力學。

Ideal Model of Bureaucracy 官僚體制理想模式：韋伯 (Max Weber) 所謂的「官僚體制理想模式」包含六個要素如：

1. 正式組織架構 (A formal structure)
2. 規則管理 (Managed by rules)
3. 功能專業區分 (Functional organization)
4. 專注於組織使命 (A focused mission)
5. 所有人際關係為「非正式」(All relationships are impersonal)
6. 量才用人 (Employment based upon qualifications)

Inductive Reasoning 歸納推理：與「演繹推理」相對應（注意，非相反！），歸納推理強調以「前提」(premises) 提供「結論」(conclusion) 的強而有力的證據（非證明！）。因此，演繹論證所獲得的結論被視為「必然為真」；歸納論證所獲得的結論則是「有可能的」(to be probable)，必須依賴所根據的證據而定。

歸納推理為許多科學理論的基礎，如「達爾文主義」(Darwinism)、宇宙「大爆炸理論」(Big Bang Theory) 及愛因斯坦的「相對論」(Relativity Theory) 等。

在強調科學化實證研究與理論推導併重的現代，研究時區分演繹或歸納，其實意義不大。一個完整的研究，必須同時兼具從對問題的質疑而產生假設的「演繹推理」，及對假設蒐集足夠證據，以推論能解釋問題的理論之「歸納推理」，這是所謂一完整研究的「推理循環」(Reasoning Cycle)，如圖 3.3 所示：

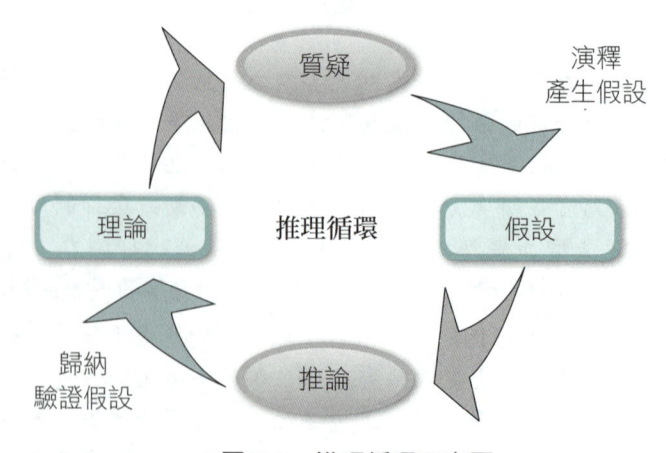

圖 3.3　推理循環示意圖

Job Enrichment 職務豐富化：指在職務上賦予員工更多的責任、自主權和控制權。職務豐富化與**職務擴大化** (Job Enlargement)、**職務輪調** (Job Rotation) 都不同，它不是水平式增加職務的內容，而是垂直式的增加職務工作內容。職務豐富化使員工有更大的自主權、更高程度的自我管理，還有對工作績效的反饋等，如此員工會願意承擔多重的任務與更大的責任。

Ladder of Inference 推理階梯：由哈佛大學管理及系統學者阿基里斯 (Chris Argyris) 所提出的一種心智模式 (Mental Model)，推理階梯與「左手欄」(Left-hand Column) 和「主張與探詢兼顧」(Balancing Inquiry and Advocacy) 並列為「行動科學」(Action Science) 領域中的三個最著名的工具。

推論階梯，就是用階梯的譬喻分析人們思緒從觀察、判斷、行動之間所經歷的七個階段如「觀察」、「過濾資訊」、「賦予意義」、「假設」、「作出結論」、「調整看法」、「付諸行動」等。推理階梯的思考方式，在提醒人們不要「驟下結論」(jump to conclusion)，而是在行動前檢視思考是否完整與周延。

Leadership Climate 領導風格："Climate" 一詞原意為「氣候」或「氛圍」，李文 (Kurt Lewin) 將其與領導 "Leadership" 一詞合併，並以此定義成：「組織的管理風格 (management styles) 與文化 (cultures)，如此一來，使 "Leadership Climate" 一詞的定義更行混淆！

若不考慮專有名詞原創者的定義，我們從一般實務或常識的角度來分辨，管理與領導的分別僅在其目的差異（管理著重效益；領導著重成果），但所有的領導者也都必須執行管理的功能；另所有管理者因有下屬須管理，所以也須扮演領導者角色，故管理風格亦可視為領導風格。至於「文化」(cluture) 一詞，通常用於「組織文化」或「企業文化」(Organizational Culture)，通常指由企業創辦人所規定並隨著組織的發展，流傳已久、深入員工人心的組織行事風格。而氛圍 (climate) 一詞，則通常用於因單位主管特定管理風格所形成該單位的行事風格，其規模與影響力都不及「文化」一詞。綜合上述，我們可將 "Leadership Climate" 一詞，直接解釋成各階管理人員的「領導風格」似較為合宜。

Line and Staff 主管與幕僚：「主管功能」(line functions) 通常負責組織的核心活動，如生產、行銷等；組織圖內的「指揮鏈」(command chain) 即代表組織內各階主管的直接指揮與報告鏈接線，為「主管功能」；而「幕僚功能」(staff functions) 則指提供專業諮詢與支援性的活動，如人資、會計、公共關係、法務等；幕僚功能如公關、法務、會計等，有時也可外包，如圖 3.4 所示。

Likert Scale 李克特式量表：由美國教育、組織心理學者李克特 (Rensis Likert) 所發展的一種心理反應量表，是目前調查研究 (Survey Research) 中（尤其是問卷調查）使用最廣泛的量表。當受訪者回答此類問項時，他們可具體的選出自己對該項陳述的認同程度。

釐清李克特量表 (Likert Scale) 和李克特選項 (Likert item) 的區別是重要的。李克特量表是使用各種李克特選項的總稱。李克特選項，通常是一個視覺化量表（例如，在一個題目上的一條水平線，讓受訪者以圈選或勾選的方式回答），這些選項也常被稱為量表。

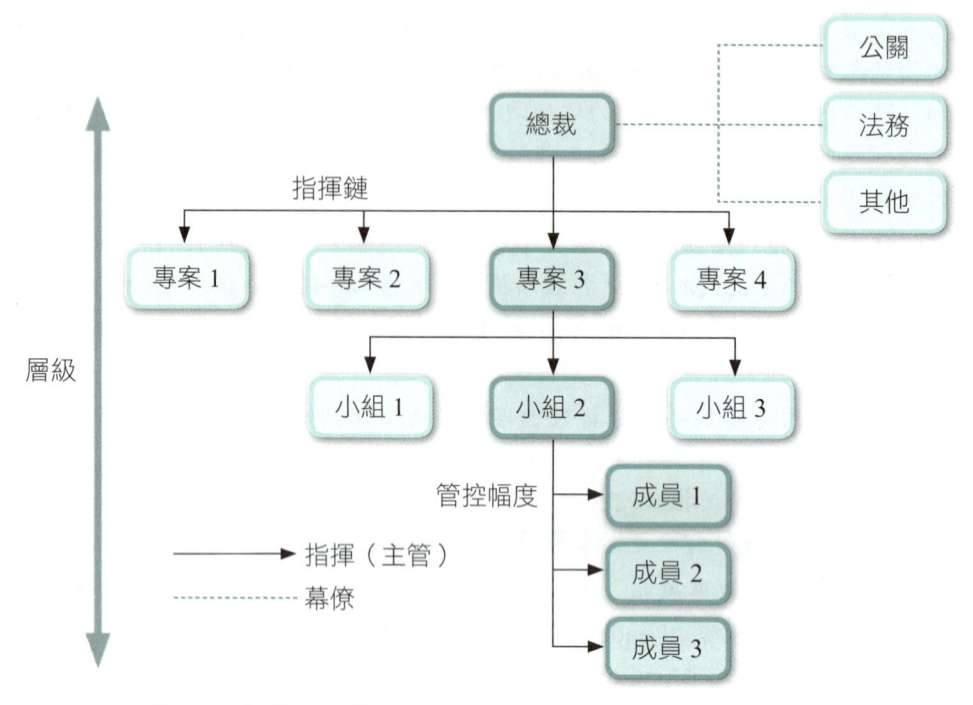

◉ 圖 3.4　組織圖中「指揮（主管）與幕僚」(Line & Staff) 示意圖

但是，這容易造成混淆，因此，以「反應尺度」(response scale) 稱呼李克特選項似較為適宜。

李克特選項是一個陳述，受訪者被要求指出他們對該問項陳述的認同程度或任何形式的主觀或客觀評價。通常使用五點反應尺度，但許多計量心理學者主張使用七或九個等級。但許多實證研究均發現，5/7/10 點反應尺度獲得的數據，在資料轉換後，其平均數、變異數、偏態和峰度都很相似。

一般李克特五點反應尺度的設計如：

1. 強烈反對（極度不認同）
2. 不同意（不認同）
3. 既不同意也不反對（無意見）
4. 同意（認同）
5. 堅決同意（極度認同）

李克特量表可衡量兩個極端的意見，衡量一個陳述的正面或負面回答。當中間選項「無意見」不適合使用時，可運用四點（或偶數點）反應尺度設計來強迫受訪者表態。李克特量表也許會受到幾種因素干擾而失真。受訪者也許會迴避勾選極端的選項（趨中偏差）；對陳述的習慣性認同（慣性偏差）；或試著揣摩並迎合他們自己或他們的組織希望的結果（社會讚許偏差）等。

在問卷完成後，每一個選項可被個別的分析，或某些成組的選項被加總並建立成一個量

表。因此，李克特量表也常被稱為「累加型量表」（Summative Scale）。

Organizational Development (OD) 組織發展：OD「組織發展」概念興起於1940s年代，主要倡議者李文(Kurt Lewin)認為組織的發展，須融會相關學科知識，並提出現代社會環境快速變遷的因應及「干預」(interventions)技術。組織發展理論的源起，主要是因為組織得適應不斷變遷的環境，而強調「計畫性變遷」策略的運用，和實現組織目標的大前提之下，可以提供個人自我實現的機會，讓個人目標、組織目標互相協調。

但由於其定義的空泛（或包含廣闊！）使後世對其實際運作方式，始終缺乏充分的瞭解。一般人容易誤解OD「組織發展」是人員的訓練與發展，團隊發展，HRD「人力資源發展」(Human Resource Development)或L&D「學習與發展」(Learning & Development)等有關人資的議題；但OD「組織發展」雖然包含關注人員的「人文價值」(humanistic values)部分，但同時也兼顧組織程序、系統及架構等之發展，OD「組織發展」的主要目的是發展「組織」而非「人員」！

因此，雖然OD「組織發展」的核心價值在發揮組織的「人文價值」，但其目標則是：
1. 增加組織員工人際間的信任
2. 增加員工的滿意度及對組織的承諾
3. 面對問題而非忽略
4. 有效管理衝突
5. 增進員工之間的合作與協力 (cooperation and collaboration)
6. 提升組織解決問題能力
7. 落實於工作程序，使組織得以永續經營等

Satisficing 滿意標準：此一由「滿意」(satisfy)及「足夠」(suffice)複合而成的名詞，為西蒙(Herbert Simon)在發展「有限理性」(Bounded Rationality)理論過程中所新創的名詞。西蒙認為人類缺乏將「認知資源」極大化的能力，如我們通常無法預期結果發生的機率，我們通常無法精確評估可能後果的影響，此外，我們的記憶通常也甚為薄弱與不可靠。因此，在決策時應將上述所有限制納入「理性」的考量，決策者僅在設定某基本要求標準後，審視各種可能的替選行動方案，只要某一方案滿足基本要求標準（滿意標準），即採取此方案。故以「滿意標準」為評估準據的決策模式，稱為「有限理性決策模式」。

Span of Control 管控幅度：常見於企業管理、尤其是人力資源管理的專有名詞，意指一個主管能有效管控其下屬員工的人數（圖3.5）。

在過去階層式組織內，一般的管控幅度為1:4或甚至更少。1980s年代，因資訊技術的發展，組織開始扁平化，導致管控幅度增加到1:10的規模，當資訊科技運用普及化後，高階主管發現可不經由中階主管而指揮、管控基層員工後，中階主管的職位縮減，組織能以更節約成本的方法來指揮、管控員工的工作（管控幅度更大）。現代自我管理團隊、跨功能團隊及非層級有機組織架構的出現，使管控幅度的觀念愈來愈淡化。

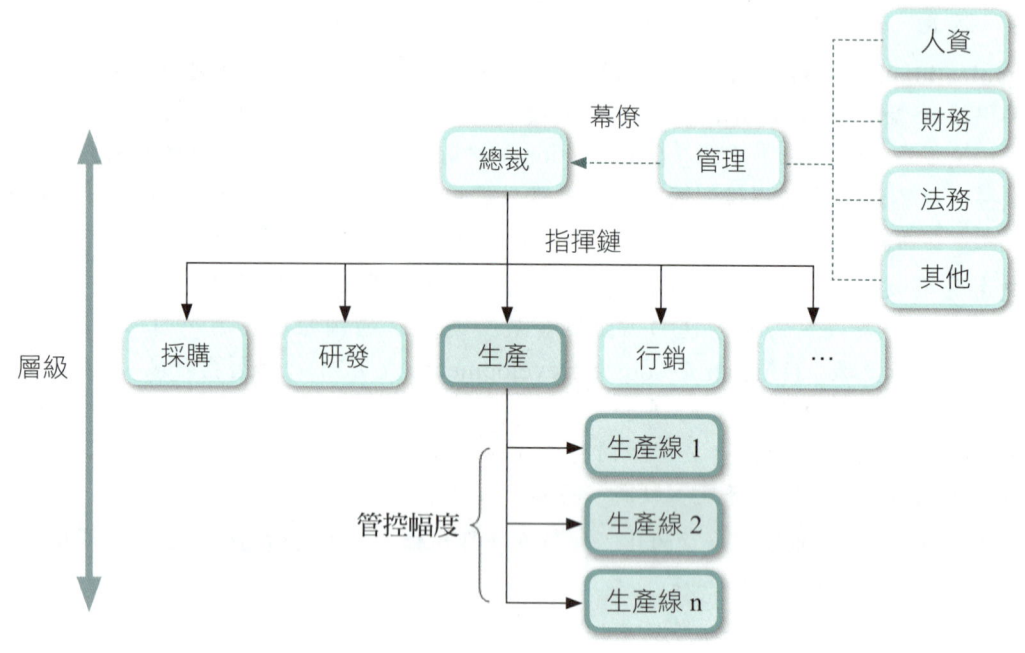

```
                                              ┌── 人資
                                              │
                          幕僚                 ├── 財務
                  總裁 ←---→ 管理 ---┤
                                              ├── 法務
                         指揮鏈                │
          ┌────┬────┬────┬────┐              └── 其他
     層級  採購  研發  生產  行銷  …
                         │
                         ├── 生產線 1
                  管控幅度 ├── 生產線 2
                         └── 生產線 n
```

🔊 圖 3.5　組織圖中「管控幅度」(Span of Control) 示意圖

The Management Theory Jungle 管理理論叢林： 此詞出自於孔茲 (Harold Koontz) 1961 年於〈管理學術期刊〉(Journal of the Academic of Management) 發表論文的主題："The Management Theory Jungle." 形容管理理論的多如牛毛。

Transformational Leadership 轉化型領導： 由美國組織理論、領導理論大師本尼斯 (Warren Bennis) 倡導的轉化型領導 (Transformational Leadership) 為領導類型之一支獨特領域，強調領導者應以遠景 (vision) 激勵與吸引員工追隨。本尼斯對領導理論之貢獻，為對領導者與管理者做了以下著名的區分如：

管理者 (Managers)：把事情做好 (Do things right)。交易型領導模式，專注於短程的系統運作與控制，並著眼於基本績效 (bottom line) 的達成。

領導者 (Leaders)：做對的事情 (Doing the right things)。轉化型領導模式，專注於長程環境的變化與機會，著眼於人的激勵與創造組織互信。

另巴斯 (Bernard M. Bass) 也列舉了以下轉化型領導的典型行為如：

1. 理想影響 (idealized influence)：對道德與倫理行為有高標準的要求，能逐漸獲得追隨者的忠誠。
2. 動機激勵 (inspirational motivation)：對未來有強烈的遠景，能以象徵性的行為及說服語言激勵追隨者。動機激勵與理想影響間有高度相關性，有時被併稱為「魅力領導」(Charismatic Leadership) 的衡量準據。
3. 智性刺激 (intellectual stimulation)：挑戰組織規範，鼓勵發散式思考，督促追隨者發展創新策略。

4. 個別考量 (individual consideration)：能辨識個別追隨者的成長與發展需求，並為追隨者提供輔導與諮詢。

Utopian Socialism 烏托邦社會主義：或稱空想或理想的社會主義。提示人類應如何建立最好的社會。所有的烏托邦社會主義，差不多都有三個共同特徵：1. 虛構的；2. 描寫一理想的國家或社區；3. 其主題都是虛構國家或社區的政治結構。

Win-Win Negotiation Strategy 雙贏談判策略：為談判領域知識發展過程中的一個談判策略類型，相對於"Win-Lose"「勝負」或"Lose-Lose"「雙輸」談判，"Win-Win"談判策略的目標，是在追求談判雙方各自達成其談判目標的「整合式談判」(Integrative Negotiation)，而非任一方為「輸」的「分配型談判」(Distributive Negotiation)。

自我測試

1. 試以「經濟理性」、「社會人」及「複雜人」等管理學派的基本假設，比較馬斯洛「需求層級理論」(Maslow's Hierarchy of Need) 及葛雷格的「雙因子理論」(McGregor's Two Factors Theory) 的異同。
2. 除了韋伯 (Max Weber) 所說傳統、魅力及理性法定等三種權威外，試搜尋資料，說明人的權力來源還有哪些？
3. 試搜尋「霍桑研究」(The Hawthorne Study) 的兩階段研究內容，並說明其與新古典「人群關係學派」主張的關係。
4. 試比較「循環推理」(Cycle Reasoning) 與實證研究中「抽樣架構」(Sampling Frame) 之間的關係。
5. 試蒐集資料、比較「職務豐富化」(Job Enrichment)、「職務擴大化」(Job Enlargement) 及「職務輪調」(Job Rotation) 等與「職務設計」(Job Design) 之間的關係。
6. 一般問卷調查研究，除了「李克特式量表」(Likert Scale) 外，試搜尋資料說明還有哪些類型的量表？
7. 除芙萊特 (Mary Paker Follett) 主張的「雙贏」(Win-Win) 外，試搜尋資料說明還有哪些談判策略？
8. 試搜尋資料，說明除「轉化型領導」(Transformational Leadership) 外，還有哪些現代領導理論？
9. 試搜尋資料，說明何謂「個案研究」(Case Study)，並闡釋其與現代社會科學、管理學等領域研究的關係。
10. 試搜尋資料，瞭解何謂「模式模擬」(Modeling and Simulation)，並說明其與資訊科技、統計學的關係。

04 綜論篇—
領導與管理類型

學習重點提示：

1. 管理與領導的類型區分

2. 管理如何發展成領導

3. 領導理論與模型

　　本書 2.3 節已對管理與領導之間的差異，引述了許多管理大師與實務者的看法。如要深究其異同，簡單的說，領導著重的是方向、效果；而管理著重的則是效率，這是主要的差異。至於在相同的部分，則所有領導者都兼具其下屬的管理責任，所有管理者也必須承擔其下屬的領導責任。但兩者在內涵意義及運作上，還是應有所區隔，才能各自扮演好其所處地位的角色。

4.1 管理與領導類型

如同前述管理與領導兩個名詞的意涵，僅在方向、效果或效率考量的差異。一般來說，管理者與領導者所須承擔的責任，是大同小異的。因此，在區分類型時，大多數文獻將「管理類型」與「領導類型」視為一體而混用。本節亦將採用此原則，說明各種領導（含管理）類型的重點如後。

領導類型在「古典管理學派」中的「行政管理」及「官僚組織」學派開始，就有所謂的「權威領導」(Authoritative Leadership)，然後隨著「新古典管理學派」中「人群關係學派」及「行為學派」的修正後，開始有各種不同領導類型的主張。本節 4.1.1 小節列舉說明從「權威領導」開始後的各種領導類型，這些領導類型無所謂好壞，各自有其適用的情境；但 20 世紀末期，學者開始注意到有所謂的「**毒害型領導**」(Toxic Leadership)，這種對組織有害領導類型的研究目的，主要是希望組織在培養管理或領導梯隊時，應注意「毒害領導」的行為特徵而事前預防，以免組織在「毒害領導者」的領導下趨於毀壞或甚至滅亡！毒害領導則於 4.1.2 小節中詳述。

4.1.1 特質性領導類型

如同前述，一般「特質」領導類型的研究或主張，通常從「行政」或「官僚」體制組織常見的「權威領導」開始，然後發展成各種應關切追隨者福祉或需求的領導類型主張，其程度從「集權、專制」開始一直發展到「賦權、民主」，即所謂「**領導連續帶理論**」(Leadership Continuum Theory) 如圖 4.1 所示：

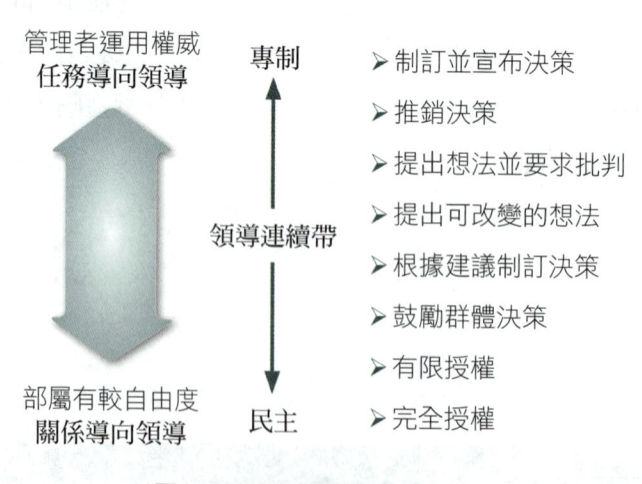

管理者運用權威
任務導向領導　　專制
　　　　　　　　　　➤ 制訂並宣布決策
　　　　　　　　　　➤ 推銷決策
　　　　　　　　　　➤ 提出想法並要求批判
　　　　　領導連續帶　➤ 提出可改變的想法
　　　　　　　　　　➤ 根據建議制訂決策
　　　　　　　　　　➤ 鼓勵群體決策
部屬有較自由度　　　➤ 有限授權
關係導向領導　　民主　➤ 完全授權

圖 4.1　領導連續帶理論示意圖

由於過去提出「特質」領導類型的主張甚多，且部分領導類型主張的內容也有重疊或類似的情形，為使讀者易於瞭解各領導類型，此處先按照各領導類型英文字首排序，分別說明其要點如下：

主動式領導 (Active Leadership)

領導者「以身作則」(lead by example)，對自己及其下屬都有高的要求標準。這種領導者不會要求下屬做自己做不到的事，他們充分瞭解工作場域內發生的事與進度，並高度參與例行性工作等。

何時有效：

1. 需要有標準，安全及紀律考量的組織。
2. 例行性工作與任務，績效要求不高。

何時無效：

1. 專業需求甚高的組織或部門。
2. 環境變動迅速，典範、標準有變動時。

親和型領導 (Affiliative Leadership)

領導者的主要目標是創造與維持組織內的和諧，是一種所謂「人優先、任務次之」的管理哲學。

何時有效：

1. 須配合其他領導方式才有效。
2. 例行性工作與任務，績效要求不高。

何時無效：

1. 績效已嚴重下降時。
2. 危機狀況發生，員工需要指導時。

權威式領導 (Authoritative Leadership)

領導者為達成組織目標而按自己意志單向決策，並不太關切下屬的需求。這種領導方式常見於官僚組織或管理良好（嚴格）的企業。權威式領導有決策快速、執行有效等優點；但其缺點則為員工過度依賴管理階層，員工不太願意表達意見，組織也不容易瞭解第一線工作的情形等，另如下屬能力夠強，則下屬容易因決策權限受到限制

而不滿，有能力的員工離職率也高等。

權威式領導還可進一步區分兩種類型，一為「指揮」(directive) 權威領導，所有決策單向決定，領導者嚴密監控下屬的工作等；另一類則為「寬容」(permissive) 權威領導，決策仍為單向決定，但容許下屬有選擇如何有效執行工作的自由。

何時有效：

1. 需要明確指導與標準時。
2. 員工信任領導者。

何時無效：

1. 員工發展性不足：員工需要指導。
2. 員工對領導者的「遠景」不信任或不買帳時。

混亂式領導 (Chaotic Leadership)

現代環境變化迅速、狀況不明、資訊充斥品質無法確定等，開始有人說好的領導者就是要能有效管理這種「混亂」。因此，混亂式領導一詞也就因運而生。一般來說，混亂式領導者會讓員工充分參與（並控制？）決策過程。現代許多創意公司多採用這種管理方式。

何時有效：

1. 環境變動因素不明確時。
2. 員工素質夠高，能應對混亂。

何時無效：

1 績效已嚴重下降時。
2. 危機狀況發生，員工需要指導時。

魅力型領導 (Charismatic Leadership)

魅力型領導是指領導者利用其自身的魅力鼓勵追隨者並作出重大組織變革的一種領導理論。20 世紀初，德國社會學家韋伯 (Max Weber) 提出 "charisma"「魅力」這一概念，意指領導者對下屬的一種天然的吸引力、感染力和影響力。豪斯 (Robert House) 於 1977 年指出，魅力型領導者有三種個人特徵，即高度自信、支配他人的傾向和對自己的信念堅定不移等。隨後，本尼斯 (Warren Bennis) 在研究了 90 名美國最

有成就的領導者之後,發現魅力型領導者有四種共同的能力:有遠大目標和理想;明確的對追隨者宣示目標和理想並使之認同;對理想的貫徹始終和執著追求;知道自己的力量並善於利用這種力量。

何時有效:

1. 組織面臨危機狀況時。
2. 追隨者信服領導者的遠景魅力。

何時無效:

1. 陳義過高,追隨者不買帳。
2. 領導者僅重視個人價值觀,即能成就組織,也能毀滅組織。

諮詢式領導 (Consultative Leadership)

　　本質上仍是權威專制;但向「家長式領導」傾靠。這種領導方式強調並重視組織的「社會性需求」(social needs),也比較容易產生員工的忠誠度。領導者制訂決策時,會同時考量經營目標與員工的關切。溝通仍然是由上往下,但會鼓勵員工回饋(諮詢),以提升員工的士氣。但若溝通不良,諮詢式領導仍會回到權威領導的缺點,亦即員工缺乏忠誠度、過度依賴管理階層的決策等。

何時有效:

1. 組織溝通機制良好。
2. 員工有高的工作動機。

何時無效:

1. 領導者專業、經驗不足。
2. 溝通機制淪於形式時。

教練式領導 (Coaching Leadership)

　　著重於員工的長期性專業發展及組織綜效 (synergy) [註解1] 的達成等。如同球隊教練一樣,為使球隊贏球,教練必須能掌握每個球員的優缺點,適時給予指令,使球隊發揮綜合戰力,達成贏球的目標。當然,這名教練必須是有經驗、且專業素質足夠的。

何時有效：

1. 員工具有團隊精神。
2. 員工有高的工作動機。

何時無效：

1. 領導者專業素質不夠、經驗不足。
2. 員工之間素質或績效差異過大，沒辦法發揮團隊合作績效。
3. 危機狀況發生時，臨陣磨槍也來不及。

民主式領導 (Democratic Leadership)

　　領導者會充分考量所有利害關係人的意見，並在達成「共識」(consensus) 或「多數決」後，才會做出決策。這種領導類型的決策速度，顯然會因各關係人關切利益不同，甚難達成共識而「令人沮喪」的緩慢；但因充分考量所有關係人的關切，其決策較有品質、較令人滿意，推動也會較為順利。

　　如同權威領導，民主式領導也有「指揮」與「寬容」兩種區分，指揮民主領導者，較注重自己的決策權重；寬容民主領導者，則較能「察納雅言」。

何時有效：

1. 組織所有成員（與關係人）具有民主素養。
2. 經營環境穩定、變動不大。

何時無效：

1. 員工或關係人關切利益差距甚大、且堅持己見時。
2. 危機狀況，反應速度不足。

指揮型領導 (Directive Leadership)

　　雖然比「權威領導」不那麼權威，但領導者常因時間緊迫、狀況緊急，而不徵詢下屬的意見，直接單向的決策。這種領導方式常見於一般實務。另除非領導品質與下屬的配合意願都夠高，否則這種領導方式非常容易「失控」。

何時有效：

1. 危機狀況。
2. 意見多有風險。

何時無效：

1. 員工發展性不足：員工學不到甚麼。
2. 員工素質夠高時會因「微管理」而沮喪、不滿。

共同領導 (Engaging or Collaborative Leadership)

這是早期為處理困難時期所提出的領導模式。在環境或經營困難時，領導者以坦誠、開放的態度，讓員工瞭解當前的困境，並共同討論解決之道。

何時有效：

1. 危機狀況。
2. 員工能共體時艱。

何時無效：

1. 領導者展現誠意不足或仍堅持管理權威。
2. 員工對管理階層不信任。

放任式領導 (Laissez-Faire or Free-rein Leadership)

「放任」(Laissez- Faire) 註解 2 一詞好像毫無管理作為，倒是「自由發揮」(Free-rein) 比較像有管理作為。這種領導方式須有高動機與高能力的員工，管理者與員工之間有夠強的互信基礎，另組織有好的組織文化、公司治理或管制機制時才能實施。領導者放手讓員工、團隊自訂其決策、執行方式與運用方法等，對激發員工動力、創造力等有很好的效果。

何時有效：

1. 組織成員素質高。
2. 開放、融洽的組織文化。

何時無效：

1. 員工有特定個人需求。
2. 缺乏公司治理或管制機制。

自戀型領導 (Narcissistic Leadership)

這種領導者展現出自戀、傲慢、主導一切，甚至對他人懷有敵意等人格特質，只關切自己的利益，甚至會以犧牲員工的福祉為代價。

這種領導類型在實務界並非少見，其「自戀」的程度對組織而言，也是從健康到毀滅的一種連續帶。健康的自戀型領導者因潔身自愛、自我要求程度高，通常可以發揮以身作則的效用；但毀滅型的自戀領導，只關心自己、不管他人利益的作為，卻通常導致組織的績效不彰或甚至分崩離析等。

何時有效：

1. 領導者表現出正向激勵行為。
2. 員工信任領導者。

何時無效：

1. 領導者表現出負面毀滅行為（毒害型領導！）
2. 缺乏公司治理或管制機制。

設定步調式領導 (Pacesetting Leadership)

領導者的主要目標，是以高標準的績效達成目標。領導者自己也投入工作，以身作則的激勵員工追隨。採用此領導方式須要有可以自我管理員工的配合。

何時有效：

1. 員工素質與動機都高。
2. 不需要太多的指導與協調。
3. 管理專家時。

何時無效：

1. 工作負荷過大、需要其他人協助時。
2. 員工需要發展、教練及協調時。

參與式領導 (Participatory Leadership)

這種領導方式的哲學是「教練」或「輔導」(coaching)，當情境、狀況允許時，傾向於「**賦權**」(empower) 註解3 給員工，讓他們在決策中磨練知能。這種領導方式較適用在優先度不斷轉換的變動環境。另在近代也有所謂扁平組織「**平面管理**」(Flat Management) 的進階演化，管理者依照其專業領域，各自領導著「**專案**」(projects) 運作。

何時有效：

1. 員工能團隊合作。
2. 員工有經驗且可信。
3. 環境雖變動但穩定。

何時無效：

1. 風險狀況，沒時間開會。
2. 員工知能不足，須密切監控。

家長式領導 (Paternalistic Leadership)

家長式領導與「權威領導」類似，但較為關心員工的需求與福祉；但組織成功的優先度，始終在員工個人需求的滿足之上。家長式領導的領導者，就像一個家庭的持家者一樣，著重於兒女（員工）的培育與成長；但在兒女未能獨當一面前，家裡（組織）的重大決策，仍是由大家長獨斷。另家長式領導亦可視為「X 理論」的實務運用。

另在家長式領導類型中，有一專門闡釋亞洲文化影響的「**亞洲式家長領導**」(Asia Paternalistic Leadership)。群體的和諧是其核心價值，對領導者而言，員工的忠誠度比人際關係規則更重要，大部分的工作是高度集體合作導向。而亞洲式家長領導的領導者，必須表現得有自信，對所有問題都有答案，提倡和諧成長等。

說服式領導 (Persuasive Leadership)

基本上仍是權威領導的一種變型，領導者仍掌控整個決策過程。但說服式領導與權威領導的最大差異，是領導者會花較多的時間，說服員工相信已定決策的好處。

在實務中，如有一較複雜專案必須完成，組織聘請外部專家來執行時，專家說服組織內員工配合的方式，就屬於這種領導方式。當然，專家負責專案的成敗，所以不太可能授權員工。除非員工能被說服；否則，說服式領導依舊有權威領導的所有缺點。

服務型領導 (Servant Leadership)

此一領導類型由**格林里夫** (Robert Greenleaf) 之提倡而聞名，其哲學是「人性尊重」(people-come-first)，領導者找出有能力的管理者，並充分賦權讓他盡其所能的發揮。領導者對其所賦權的管理者而言，是扮演「僕從」(servant) 的服務角色，另也鼓

勵員工之間及對顧客時也採取相同的態度。

任務導向型領導 (Task-oriented Leadership)

過去以此領導類型描述專案管理者，專案管理者通常是專案規劃、資源調配、指派任務、設定標準及嚴格遵守專案期限的專家。

從以上各種「特質」領導（與管理）類型的說明中，我們應可察覺並無所謂「最好」的領導模式！在實務領導中，要看人（領導者與追隨者的動機、素質、經驗、價值觀等），情境（環境穩定或變動、有無時間壓力、團隊有無經驗、長期或短期目標專注等）變動因素的組合而定。因此，有效的領導者必須熟悉各種領導模式，以便在各種情境運用「最適合」的領導方式。

若我們將上述各種領導類型與「領導連續帶理論」結合在一起，則各種領導類型於「領導連續帶」中的位置，則可如圖 4.2 所示：

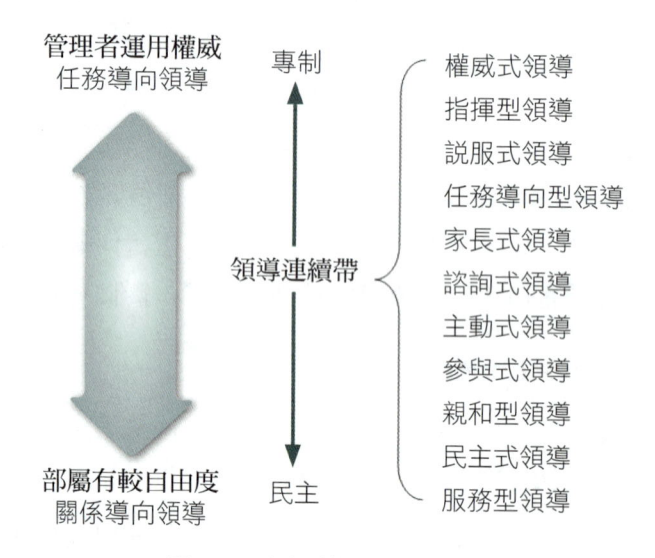

圖 4.2　各領導類型連續帶示意圖

4.1.2　綜合性領導類型

從「特質」領導類型的說明中，我們發現沒有一種能適用於多變的環境。因此，也有所謂「綜合性」或稱「權變」(Contingent) 的領導類型主張，分別說明如下。

交易型領導 (Transactional Leadership)

為美國領導理論大師伯恩 (James McGregor Burns) 於 70 年代所提倡，相對於

「轉化領導」(Transformational leadership) 強調無形士氣優於有形報酬；強調「交換」(Quid pro Quo) 的交易型領導的基本假設如下：

1. 員工因獎懲而激發（工作動機）。
2. 社會系統只在有明確指揮鏈的狀況下才能有效運作。
3. 員工只有在將職權交付給其管理者後，才會同意工作。
4. 員工只做管理者交代的工作。

基於上述假設，交易型領導者會有下列典型領導行為如：

1. **節制的獎勵** (contingent reward)：領導者以有形、無形的資源，交換追隨者的努力與績效。
2. **主動例外管理** (Active Management by Exception)：領導者設定標準後，監控績效，僅在必要時才介入採取更正行動。
3. **被動例外管理** (Passive Management by Exception)：領導者僅在問題變得嚴重時，才採取介入措施。
4. **放任主義** (Laissez-faire)：可視為非領導或避免領導責任的行為。

由上述行為表現，交易型領導亦可視為「例外管理」(Management by Exception, 請參照 2.4 節說明)。雖然不為現代組織管理專家所建議，但採取例外管理的交易型領導，仍常見於業界。

轉化型領導 (Transformational Leadership)

轉化型領導亦為伯恩 (James Burns) 所創的領導類型；美國學者**本尼斯** (Warren Gamaliel Bennis) 強調領導者應以遠景 (vision) 激勵與吸引員工追隨。另巴斯 (Bernard M. Bass) 對轉化型領導，區分了下列典型行為如：

1. **理想影響** (idealized influence)：對道德與倫理行為有高標準的要求，能逐漸獲得追隨者的忠誠。
2. **動機激勵** (inspirational motivation)：對未來有強烈的遠景，能以象徵性的行為及說服語言激勵追隨者。動機激勵與理想影響間有高度相關性，有時被併稱為「魅力領導」(Charismatic Leadership) 的衡量準據。
3. **智性刺激** (intellectual stimulation)：挑戰組織規範，鼓勵發散式思考，督促追隨者發展創新策略。
4. **個別考量** (individual consideration)：能辨識個別追隨者的成長與發展需求，並為追隨者提供輔導與諮詢。

真實領導 (Authentic Leadership)

哈佛商學院教授喬治 (Bill George) 2003 年〈真實領導〉(Authentic Lea-dership) 一書的出版，使「真實領導」成為現代領導理論熱門議題的一支。

根據喬治自己的定義，真實的領導者是「出自內心」的，他們本性如此，不在意打動或討好他人。他們不止激勵他人，也自然的以共同的目標、共通的價值觀等而使大家團結在一起，鼓勵他們去創造他們所需要的共同價值。由於這種描述性定義尚未臻成熟，其他學者也對「真實領導」有其各自的定義。但一般而言，學界認為「真實領導」與其他領導理論，有下列四項特質如：

1. **自覺 (self-awareness)**：領導者自己能持續不斷的審查自己的優、劣勢及價值觀等。
2. **相對透明 (relational transparency)**：領導者在盡量不顯露不適當情緒的狀況下，向追隨者分享其信仰與想法。
3. **平衡處置 (balanced processing)**：領導者會主動徵詢對其想法的反對意見，並公正的考量這些反對意見的影響。
4. **道德觀的內化 (internalized moral perspective)**：領導者以其內在的正向倫理道德觀影響追隨者，使決策能有效對抗外部壓力。

4.1.3 毒害型領導

毒害型領導 (Toxic Leadership) 一詞，為葳克 (Marcia Lynn Whicker) 於 1996 年出版〈讓組織壞死的毒害型領導〉(Toxic Leaders: When Organizations Go Bad) 一書所創，其他類似的形容，還有「小希特勒」(Little Hitler)、「有毒的老闆」(The Toxic Boss)、「從地獄來的老闆」(Boss from Hell) 等，這種領導類型，同時兼具自我毀滅與最終也將毀滅組織的兩種特性。

針對「毒害型領導者」，美國哈佛大學領導學教授凱勒門 (Barbara Kellerman) 曾列舉出其人格特質如狹隘 (insular)、過激 (intemperate)、油腔滑調 (glib)、僵化 (rigid)、無情 (callous)、無能 (inept)、歧視 (discriminatory)、腐敗 (corrupt) 或具侵略性 (aggressive) 等；表現在外的行為，則可能包括如：

- 對立行為
- 善於玩弄權謀
- 與同僚間的過度競爭

- 完美主義
- 濫用懲罰機制如移除對手
- 高傲或油腔滑調
- 因缺乏自信而表現出侵略性
- 缺乏自我約束能力
- 濫施生、心理霸凌
- 僵化不知變通
- 表現出差別歧視態度
- 習於分化而非和諧
- 對員工「分而治之」
- 傲慢自大
- 暴躁易怒

在「海爾精神測試量表」(The Hare Psychopathy Checklist) 中，共有 20 題有關人際關係、感性、生活方式與反社會傾向等「精神症狀」題項包括如：

因素1、面向1：人際關係 (Interpersonal)

1. 巧言、表面魅力 (Glibness/superficial charm)
2. 自我感覺良好 (Grandiose sense of self-worth)
3. 病態的撒謊 (Pathological lying)
4. 狡詐、喜歡操控 (Cunning/manipulative)

因素1、面向2：感性 (Affective)

5. 不會後悔或內疚 (Lack of remorse or guilt)
6. 無情、缺乏同情心 (Callous/lack of empathy)
7. 淺層情緒 (Shallow emotional affect)
8. 推諉卸責 (Failure to accept responsibility for own actions)

因素2、面向3：生活方式 (Lifestyle)

9. 容易無聊、需要刺激 (Need for stimulation/proneness to boredom)
10. 寄生族 (Parasitic lifestyle)
11. 缺乏實際、長期目標 (Lack of realistic, long-term goals)
12. 易衝動 (Impulsivity)
13. 不負責任 (Irresponsibility)

因素 2、面向 4：反社會傾向 (Antisocial)

14. 行為控制不良 (Poor behavioral controls)
15. 早期行為偏差 (Early behavioral problems)
16. 青少年犯罪 (Juvenile delinquency)
17. 撤銷假釋 (Revocation of conditional release)
18. 多元犯罪行為 (Criminal versatility)

其他項目

19. 多短期婚姻關係 (Many short-term marital relationships)
20. 淫亂的性行為 (Promiscuous sexual behavior)

是否覺得凱勒門列舉的「毒害型領導」人格特質與「海爾精神測試量表」中「因素1」的項目有甚多雷同、關聯性？

除人格特質與外顯行為外，學者們也彙整「毒害型領導者」在職場上可能運用的工具如下：

1. **增加工作負荷**：設計一種複雜、瑣碎的工作程序或增加工作負荷量，用來整肅（惡整？）其下屬。
2. **濫用控制系統**：用組織的控制系統來監控員工的一舉一動（如將 MIS「管理資訊系統」用於員工到勤的考核），或利用獎懲系統來強化其地位權力（獎親懲疏）。
3. **破壞組織架構**：濫用組織賦予的地位權力，如越級指揮、任意抽調人力、改變原有的工作流程等。
4. **個人權威的象徵**：如專用停車位、專屬衛浴室、組織用品的囤儲與動用權、或工作場所滿佈個人照片等。
5. **過多例行儀式**：如過多不必要的管理會議、狀態報告與紀錄登錄、績效評估活動等，使員工疲於應付。

毒害型領導的行為特徵，是否看起來並不陌生？如果是的話，那你的組織正陷入麻煩中。連向來重視紀律、榮譽與專業的美國軍方，也發現在他們的領導梯隊中也存在著這種領導者。根據美國軍方的定義，毒害型領導者以其個人利益為優先，心胸狹窄，對僚屬採取「微管理」作為，另決策品質不佳等。美國「陸軍領導中心」(Center for Army Leadership) 曾於 2011 年的一項研究結果，發現美國陸軍的「毒害型領導者」會「踩在別人的頭上往上爬」，而不會考慮其行為對同僚、下屬或單位、組織的長期衝擊與影響。

如前所述,針對「毒害型領導」的研究目的,是希望能早期發現各階管理人員可能呈現「毒害型領導」的徵候,並提前預防(排除這些人的晉升),免得這些具有「毒害型領導」特質的人佔據領導高位,將組織帶往敗亡之路!

4.2 如何發展管理成領導

即便管理與領導僅在方向,效果或效率考量上有所差異,一般來說,管理者與領導者所須承擔的責任,是大同小異的。但兩者在內涵意義及運作上,還是應有所區隔,才能各自扮演好其所處地位的角色。

國際知名「加速轉換」(Accelerating Transitions) 專家及作者沃特金 (Michael D. Watkins) 於 2012 年 HBR〈哈佛商業評論〉中發表「管理者如何成為領導者」(How Managers Become Leaders) 一文中,提出所謂從管理者變成領導者的「七項巨變」(The Seven Seismic Shifts) 如下:

1. 從專才 (specialist) 變通才 (generalist):管理者通常須在其功能領域為專才;但領導者通常因須管理數個功能性專業部門,所以必須是通才。
2. 從分析師 (analyst) 變成整合者 (integrator):領導者須能整合跨功能團隊的集成知識,並做出解決組織複雜問題的權衡決策。
3. 從戰術運用者 (tactician) 變成戰略規劃者 (strategist):從細節 (details) 流暢的轉換到全貌 (big picture),在複雜環境中辨識出重要的規律,並預判外部關鍵影響者反應的影響等。
4. 從戰士 (warrior) 變成外交官 (diplomat):領導者須能藉影響如政府、NGO「非政府組織」、媒體及投資者等外部關鍵關係人,以塑造 (shaping) 組織能順利運作的環境。
5. 從問題解決者 (problem solver) 變成議題設定者 (agenda setter):領導者須能定義組織應專注的問題,並辨識出重要但尚未納入任何功能領域的議題。
6. 從砌磚工 (bricklayers) 變成建築師 (architect):領導者應瞭解如何分析與設計系統,使策略、組織架構、運作模式及技能需求等都能有效率的適配在一起,以發揮整體效果。另在需要時也能根據上述知能推動「組織變革」(Organizational Changes)。
7. 從支援配角 (supporting cast member) 變成表率主角 (role model):領導者必須在組織中表現出表率的行為,並學習如何直接(間接甚至更重要!)與組織內大部分成員的溝通與激勵。

以上從管理者轉變成領導者的「七項巨變」彙整如圖 4.3 所示：

管理者
- 專才
- 分析師
- 戰術運用者
- 戰士
- 問題解決者
- 砌磚工
- 支援配角

因「七項巨變」而轉化成 …

領導者
- 通才
- 整合者
- 戰略規劃者
- 外交官
- 議題設定者
- 建築師
- 表率主角

圖 4.3　管理者因「七項巨變」而轉化成領導者示意圖 (Michael D. Watkins)

除了以上沃特金所述的知能轉換外，好的管理者不一定能成為好的領導者，從管理者轉換成領導者，另在心態 (mindset) 上，也要有類似的「**典範轉移**」(Paradigm Shifts) 如：

1. **假設 (assume) 從最壞轉移成最好**：管理者通常專注在哪裡發生問題，他們的職掌就是在發覺組織裡面存在的最弱環節。領導者的心態則應相反，專注在哪裡可以做得更好，找出「最佳實務」(Best Practice) 後讓大家都知道如何能做得更好。

2. **功績 (credit) 的接受轉移成給予**：管理者最容易讓團隊成員不滿的，是當團隊有工作績效時，管理者獲得所有或大部分的功績、獎勵及紅利等；要成為好的領導者，必須知道把功績分享或全部給予團隊成員。畢竟，是那些基層員工讓顧客滿意、增加銷售量，並使公司順利運作的。

    除實際的功績外，領導者也應能善用「讚美」(praise)。即便員工在工作上只有一點點的改進，上司的讚美能讓員工有持續改進的動機與興趣。在組織例行的績效評估活動之外，經常對員工的進步或改善給予回饋或肯定，能讓員工知道上司肯定他們的努力。因而，員工會更努力於工作。

3. **過失 (blame) 的推諉轉移成承擔**：所有的組織或團隊運作，都會有議題的潛變、目標無法達成、發生錯誤及事情搞砸等情形發生。管理者通常會找負責該項任務或工作的人來承擔責任；好的領導者則瞭解，所有團隊或組織的過失，都是他應該一肩擔起的責任，而非找人來負責。

    對員工所犯的過失，也不是不能批評！好的領導者除能承擔整體責任外，另也應能

善於創造「三明治效應」(Sandwich Effect)，亦即先讚美（員工的努力），接著批評（教導對的作法），再以讚美（期許改進）結束。如此，員工應能樂於接受批評並改正過失。

4. **給答案 (give answers) 轉移成提問題 (ask questions)**：管理者通常習於對員工的問題，直接給予答案而無暇多做解說，如此將無法讓員工有學習、成長的機會。若是給答案的方式像指令，更容易引起員工的不滿。領導者則應以誘導提問的方式，循序誘導員工自己找出問題的答案。如此較能激發員工的創意，提升其工作動機與自主能力等。以上從管理者於「心態轉移」成領導者的轉化，彙整如圖 4.4 所示：

管理者		領導者
● 最壞假設	因	● 最好假設
● 接受功績	「心態轉移」	● 給予功績
● 推諉過失	而轉化成…	● 承擔過失
● 給答案		● 提問題

🎧 圖 4.4　管理者因「心態轉移」而轉化成領導者示意圖

4.3　領導模型與理論

除了在性格、行為特徵上，區分管理與領導類型，及其轉化程序的描述之外，在探討管理者與領導者在領導心理及其展現行為的研究中，管理學界也發展出許多有名的解說模型如「喬哈里之窗」、「DISC 心理行為模型」、「管理方格」及「角色競爭價值架構」等模型及各類型領導理論，分別說明其要點如後。

4.3.1　喬哈里之窗

喬哈里之窗 (Johari Window)：為兩位美國心理學家路弗特 (Joseph Luft) 與英厄姆 (Harry Ingham) 於 50 年代所發展，這兩位學者以他們名字的合併 Joseph + Harry => Johari「喬哈里」來稱呼此研究成果。

喬哈里之窗在說明**「群體動力」**(Group Dynamics) 中，個體自覺 (self-awareness) 與群體中其他人對個體認知的變化情形如下（圖 4.5）。

1. **公開 (Arena)**：自我與他人都瞭解的狀況，如你的姓名、膚色、髮色等。
2. **盲點 (Blind Spot)**：自己不自覺、但他人瞭解的狀況，如你的態度，別人對你的感受等。

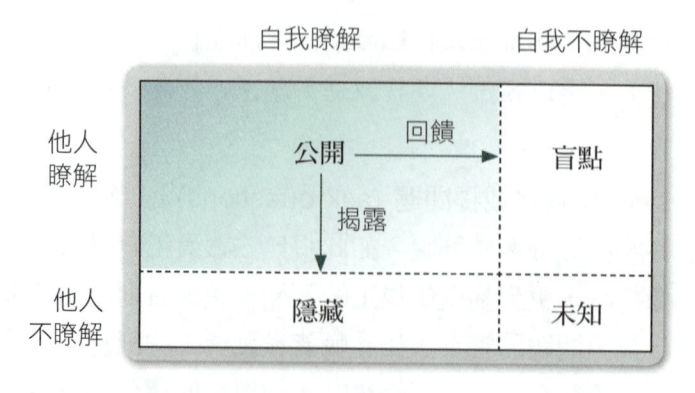

```
                自我瞭解           自我不瞭解

他人
瞭解        公開    →回饋      盲點
                ↓揭露

他人
不瞭解       隱藏              未知
```

圖 4.5　喬哈里之窗示意圖 (Luft & Ingham)

3. **隱藏 (Facade)**：自己知道、但他人不瞭解的狀況，如你的秘密、希望、期待與喜好等。

4. **未知 (The Unknown)**：自己不自覺、他人也不瞭解的狀況。

根據路弗特與英厄姆的主張，喬哈里之窗可運用於個人的自覺訓練、個人發展、改善溝通、人際關係發展、群體動力、團隊發展及團隊間關係發展等領域。其目的是靠回饋 (feedback solicitation)、揭露 (exposure) 與探索 (exploration)，以擴大「公開」的領域。

4.3.2　DISC 心理行為模型

DISC 心理行為模型：DISC 為 Dominance「支配」、Influence「影響」、Steadiness「穩定」及 Compliance「服從」等四個英文字的縮寫詞，代表著四種主導人們行為的型式。

DISC 實際上是一套以自我評估描述詞彙適配程度的心理學個性（人格、行為…）測試量表，其起源可追溯自 30 年代美國心理學家**馬斯頓** (William Moulton Marston) 的研究工作。馬斯頓於 1928 年出版〈正常人的情緒〉 (Emotions of Normal People) 一書中，提出所謂的「**DISC 理論**」(DISC Theory)，馬斯頓認為人們的行為會受人對環境態度（開放或防備）及個人性格偏好（自信或被動）的組合影響，因此，產生了一四象限的行為模式如圖 4.6 所示。

DISC 心理行為測試的結果，可評估個人的行為模式如下：

Dominance 支配程度：對問題與挑戰的決策偏好

高分：嚴格，強勁，自信，堅強意志，主動，堅決，開創等。

圖 4.6 DISC 心理行為模型 (William Marston)

圖中：自信 / 被動；防備 / 開放；任務 ←— 行為導向 —→ 人際

- Dominance 支配
- Influence 影響
- Compliance 服從
- Steadiness 穩定

低分：保守，低調，合作，算計，謹慎，溫和，平和等。

Influence 影響程度：感性或事實導向

高分：信服，政治，熱情，說服力，可信，樂觀等。
低分：反應，算計，懷疑，邏輯，事實，悲觀，沈重等。

Steadiness 穩定程度：對變化與多樣性的偏好

高分：沈著，放鬆，耐心，可預測，斟酌，一致性等。
低分：不安，外顯，不耐煩，急切，浮躁等。

Compliance 服從程度：對法規、制度的偏好

高分：小心，謹慎，精確，系統化，策略等。
低分：自我意願，固執，自以為是，任意等。

4.3.3 管理方格模型

管理方格 (Managerial Grid)：因體會到葛雷格 (Douglas McGregor) X/Y 理論非善即惡的極端性，**布雷克與莫頓 (Robert R. Blake & Jane Srygley Mouton)** 主張除考量員工動機的激勵外，應以另外兩個向度，分別為對生產（績效）的關切及對員工（人

際關係）的關切等，來描述各種組織內可能產生的管理行為。布萊克與莫頓兩人於 1964 年出書發表所謂的「管理方格」(Managerial Grid)，列出五種管理類型如下（圖 4.7）：

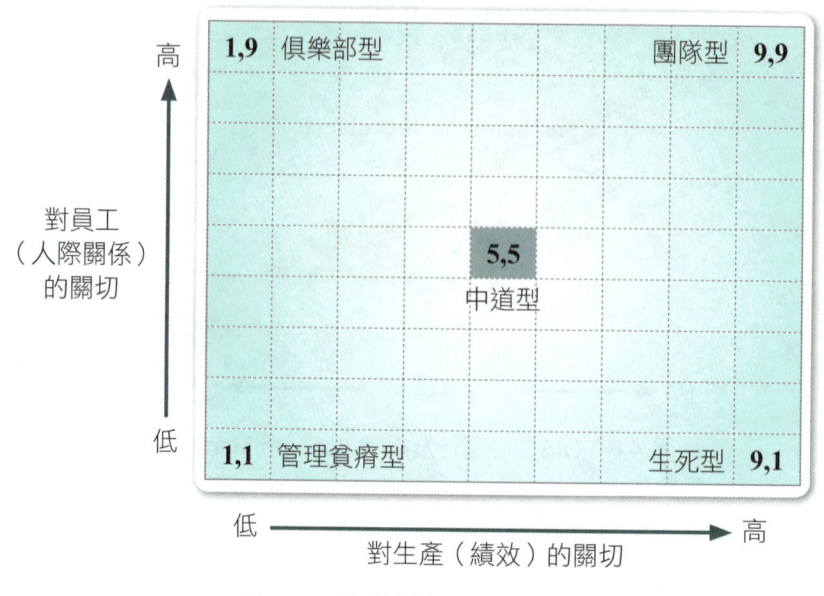

圖 4.7 管理方格 (Blake & Mouton)

1. **管理貧瘠型 (Impoverished Style)**：管理者不管事、避免麻煩，會導致員工的不滿、生產缺乏效率等，為不良的領導類型。

2. **生死型 (Produce or Perish Style)**：X 理論認為人性本惡的典範，組織通常面臨瀕危狀態，管理者採專制領導，只著重於生產能力的提升、而不顧員工的感受。若不能有效提升產能，組織將趨於滅亡。

3. **中道型 (Middle-of-the-road Style)**：大多數組織的管理狀態，在產能績效與員工關係管理間挪移。

4. **俱樂部型 (Country Club Style)**：管理者相當重視員工的關係管理，著重於工作環境與員工滿意度的提升。理論上滿意的員工將導致產能的提升，但若缺乏追求的目標（產能績效），組織也有可能淪於此滿意但無所適事的狀態。

5. **團隊型 (Team Style)**：為 Y 理論人性本善的倡導範例，假設員工有能力，但須管理者營造友善、有利的環境，才能發揮團隊運作的績效。

除上述五種管理類型的區分外，布萊克與莫頓還列出七種主要的管理行為如：

1. **發起 (initiative)**：採取行動、推動與支持。

2. **辯證 (inquiry)**：質疑、研究與驗證。
3. **倡議 (advocate)**：信念表達、倡導想法。
4. **決策 (decision-making)**：資源、選擇與結果的評估。
5. **解決衝突 (conflict resolution)**：意見不一致的面對與解決。
6. **韌性 (resilience)**：問題、挫折及失敗的處理。
7. **評判 (critique)**：客觀、公正的回饋。

因管理方格描述著組織內管理者可能的管理與領導行為，故管理方格又可稱為「領導方格」(Leadership Grid)。

4.3.4 領導特質理論

在領導理論的發展歷史中，最先開始的應該要算是「**領導特質理論**」(Trait Leadership Theory) 的發展了。雖然早在 30 年代起，即有大量的研究。但從彙整過去所謂「偉大」領導者的特質，不但和「神授君權」一樣，「天縱英才」假設的主觀、偏頗，另每個偉大人物的特質，也不見得能以統計手法加以彙整、驗證。因此，領導特質理論，在領導理論的發展中，逐漸退出主角的角色。但如同「毒害型領導」的研究目的一樣，在潛在領導者的發展上，我們也有必要重新檢視有效的領導者應具備的特質。

領導特質理論由「**偉人理論**」(Great Man Theory) 發展而來，實際上為一系列理論的持續累積，而此系列理論通常都有著同樣的核心假設，即領導者具有天生或至少展現某些關鍵性的個人特質。如能成功的辨識出這些特質，則有助於辨識與發展好的領導者。

領導特質理論從 30 年代開始發展，學者大量編制一系列有關領導者好的與壞的特質。較有名的理論發展如下：

1947：梅爾與布利格 (Myers-Briggs) 提出之「**類型指標**」(Type Indicator)。

1953：凱茲 (Katz) 所提出的「**三技能分類**」(3-Skill Taxonomy)：

    1. 技術 (technical)。

    2. 人際關係 (interpersonal)。

    3. 概念 (conceptual)。

1960：麥克葛雷格 (Douglas McGregor) 之「X/Y 理論」(Theory X/Y)。

1965：麥克里蘭 (David C. McClelland) 之「**需求理論**」(Theory of Needs)。

1970：格林里夫 (Robert Greenleaf) 之「**僕從式領導**」(Servant Leadership)。

1974：史度格迪耳 (Stogdill) 在綜合整理 163 個有關領導特質理論的研究結果後，認為不斷累積實證研究的結果，並不能得出對領導特質的整合性瞭解。

1982：柏亞提司 (Richard E. Boyatzis) 之「**管理能力特質**」(Managerial Competency Traits)：

　1. 效率導向 (efficiency orientation)。
　2. 關切衝擊影響 (concern of impact)。
　3. 主動任事 (proactivity)。
　4. 自信 (self-confidence)。
　5. 具備口語展演技巧 (oral presentation skill)。
　6. 概念化 (conceptualization)。
　7. 能診斷運用概念 (diagnostics use of concepts)。
　8. 能運用社會權力 (use of socialized power)。
　9. 能管理群體程序 (managing group process)。

1983：麥柯爾與隆巴度 (Morgan McCall & Michael Lombardo) 之「**四項主要領導特質**」(4 Primary Traits of Leaders) 如：

　1. 情緒沈著穩定 (emotional stability and composure)。
　2. 會承認錯誤 (admitting error)。
　3. 人際技巧好 (good interpersonal skills)。
　4. 有智性肚量 (intellectual breadth)。

1989：科維 (Stephen R. Covey) 之「七項特質」(Seven Habits)：領導管理學大師科維對個人、社會與工作生涯提出「**七種習性模型**」(The Seven Habits Model)，說明人所認知的典範，將影響與其他人的互動。因此，任何有效的自助作為，管理與領導者都必須由自省的角度出發。根據科維的主張，高效能的領導者與管理者須發展依賴 (dependence) 到獨立自主 (independence)、再到相互依賴 (interdependence) 的三類七種特性如圖 4.8 所示。

1999：本尼斯 (Warren Bennis) 的「**動態領導者的十項特質**」(10 Traits of Dynamic Leaders)：當代傑出的組織理論、領導理論大師本尼斯也曾提出現代動態領導人的十項應具備特質如下：

　1. 自我瞭解
　2. 對回饋意見的開放態度
　3. 渴望學習與改進
　4. 好奇，勇於冒險

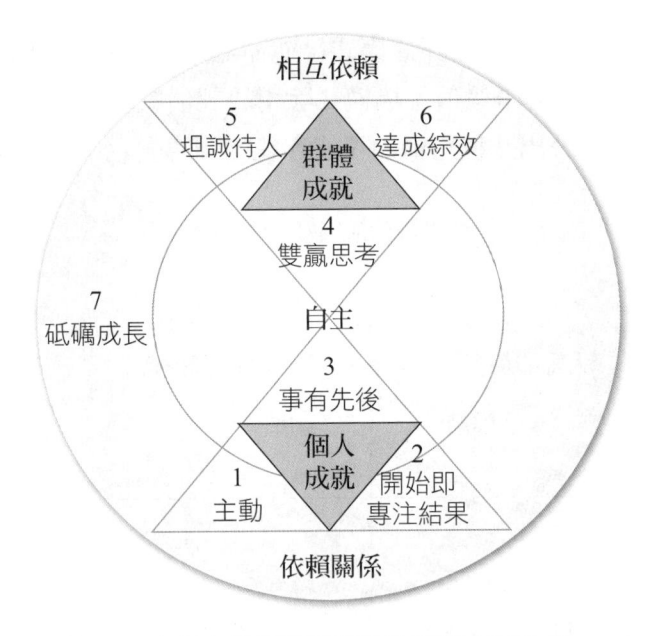

图 4.8　七種有效領導管理特性模型示意圖 (Covey)

5. 專注於工作
6. 多元學習成長
7. 傳統與變化間之平衡
8. 對批評的敏感
9. 能與系統運作良好
10. 典範角色

　　到了 21 世紀的現代，領導特質理論仍在發展中，如 Derue, Nahrgang, Wellman, & Humphrey (2011) 等之研究，主張大部分的領導特質，可歸納成三類如：人口特質 (demographic)、工作能力 (task competence) 及人際關係屬性 (interpersonal attributes)；Hoffman, Woehr, Maldagen-Youngjohn, & Lyons (2011) 等之研究，以「遠端（特質）」(distal/trait-like) 及「近端（狀態）」(proximal/ state-like) 兩個向度將領導特質分類；但仍與過去領導特質理論的發展一樣：缺乏可信的實證研究結果。

4.3.5　領導角色競爭價值架構

　　奎因與羅爾包 (Robert E. Quinn & John Rohrbaugh) 兩位美國學者，在對各項組織評估指標統計分析的基礎上，發展出以「組織專注性」(organizational focus) 及「組織結構偏好性」(organizational Preference for structure) 兩個向度，作為「組織效能」

(Organizational Effectiveness) 的評估模式,並命名為「**競爭價值架構**」(Competing Values Framework)。此競爭價值架構模式除用於評估組織效能外,也可用於評估組織內的領導角色,並區分出八種組織內可能存在的領導角色,如圖 4.9 所示:

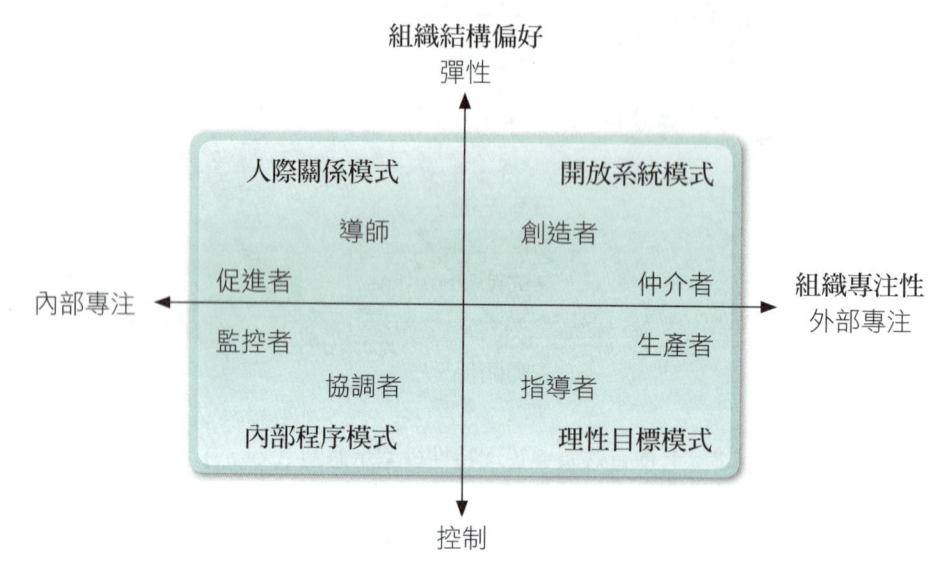

```
                     組織結構偏好
                        彈性
                          ↑
        ┌─────────────────┼─────────────────┐
        │  人際關係模式         開放系統模式       │
        │      導師              創造者         │
        │   促進者               仲介者        │
  內部專注 ←─                                  →─ 組織專注性
        │   監控者               生產者        │    外部專注
        │      協調者            指導者         │
        │  內部程序模式         理性目標模式      │
        └─────────────────┼─────────────────┘
                          ↓
                        控制
```

🎧 圖 4.9　領導角色競爭價值架構圖 (Quinn & Rohrbaugh)

4.3.6　領導連續帶理論

領導連續帶 (Leadership Continuum) 為坦尼邦與史密特 (Robert Tannebaum & Warren H. Schmidt) 所提出的領導風格模式,其主要論述為將領導者的風格由專制風格到民主風格間,構成一條領導類型的連續帶(如圖 4.2),若以領導者作為區分,則如圖 4.10 所示。

領導連續帶模式可供組織領導者與管理者選擇適當的領導模式與運用權威,在選擇領導模式時,須考量下列影響因素如:

1. 管理者的影響力:管理者影響團隊成員使其主動參與的能力。
2. 部屬的能力:部屬是否具備達成賦予目標與擔負任務的能力。
3. 情境影響因素:團隊是否能在各種狀況下都能有效運作的應變能力。
4. 時間壓力:在有時限壓力下產生有效決策的能力等。

4.3.7　領導發展途徑模型

在領導理論中,查倫、德羅特及諾爾 (Ram Charan, Stephen Drotter, & James Noel)

第 4 章　領導與管理類型

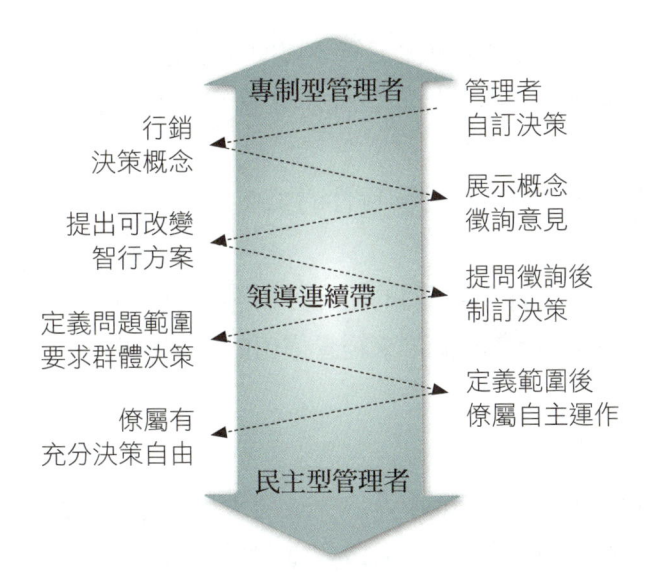

專制型管理者　　　　　　管理者自訂決策
行銷決策概念　　　　　　展示概念徵詢意見
提出可改變智行方案
領導連續帶　　　　　　　提問徵詢後制訂決策
定義問題範圍要求群體決策
　　　　　　　　　　　　定義範圍後僚屬自主運作
僚屬有充分決策自由
民主型管理者

🎧 圖 4.10　領導作為連續帶示意圖 (Tannebaum & Schmidt)

等所發展的「**領導發展途徑**」(Leadership Pipeline) 模型，主張企業組織內的領導階層，會隨著應用時間，技能需求與其工作價值觀等，而有不同階段性的發展。此發展進階途徑如圖 4.11 所示，各階段發展進階過程則簡述如後。

1. **自我管理➔管理他人**：除能順利完成自己的工作外，另也能藉由管理他人完成工作。

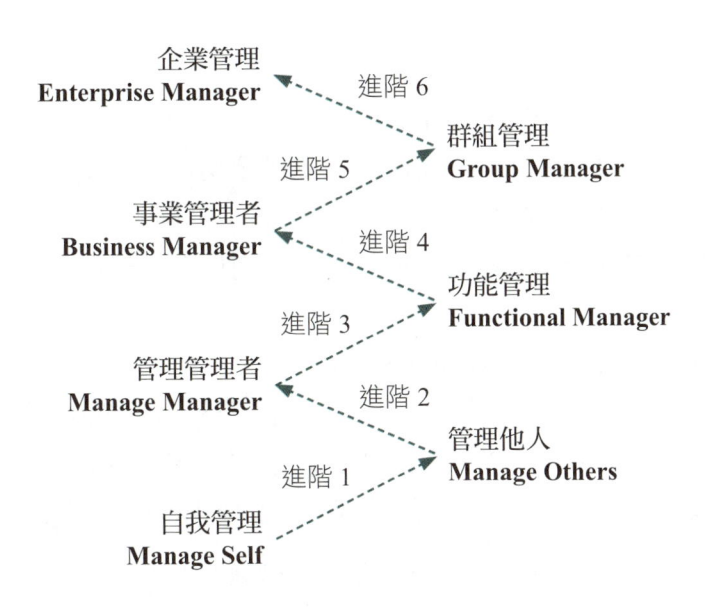

企業管理 **Enterprise Manager**　進階 6
　　　　　　　　　　　　　　　群組管理 **Group Manager**
　　　　　　　　進階 5
事業管理者 **Business Manager**　進階 4
　　　　　　　　　　　　　　　功能管理 **Functional Manager**
　　　　　　　　進階 3
管理管理者 **Manage Manager**　進階 2
　　　　　　　　　　　　　　　管理他人 **Manage Others**
　　　　　　　　進階 1
自我管理 **Manage Self**

🎧 圖 4.11　領導發展途徑模型示意圖 (Charan, Drotter, & Noel)

2. 管理他人➡管理管理者：由技術性工作，轉換成領導第一線管理者的管理工作。
3. 管理管理者➡功能管理：專注於與其他功能管理者間的經營資源分配與團隊協調合作。
4. 功能管理➡事業管理：不再執行例行性的工作；專注於組織整體經營績效的分析與審查。
5. 事業管理➡群組管理：各事業部門的組合分析與管理。
6. 群組管理➡企業管理：企業組織未來經營價值的規劃與指引。

4.3.8 路徑目標理論

路徑目標理論 (Path-Goal Theory) 為美國管理學者豪思 (Robert House) 所提出之領導理論模型，大意在說明領導者之風格，會影響組織（團隊）的績效、員工（團隊成員）滿意度及工作動機等。

根據豪思的主張，有四種依情境而定的領導風格類型如下：

1. 指導型 (directive)：領導者對部屬下達明確的績效指導。
2. 支持型 (supportive)：領導者關懷並對部屬展現友好的態度。
3. 參與型 (participative)：在決策前，領導者會徵詢並考量部屬的建議。
4. 成就導向型 (achievement-oriented)：領導者設定追求目標，並期待部屬有更高的績效表現。

上述領導風格所依循的情境因素則如下：

1. 部屬人格特性 (subordinates' personality)：
   (1) 對控制的接受度 (locus of control)：如參與型風格適合領導具內部控制傾向的部屬；而指導型風格則適合領導具外部控制傾向的部屬等。
   (2) 能力的自我認知 (self-perceived ability)：自認有能力的部屬不太能接受指導型領導風格。
2. 環境特性 (characteristics of the environment)：
   (1) 在高度組織結構下的工作與任務，指導型領導風格通常顯得多餘且不具效力。
   (2) 如組織內有正式的授權系統，指導型領導風格會降低員工的工作滿意度。
   (3) 組織或團隊如有充分的社會性支持，則較不需要支持型領導風格。

豪思另提出因應情境因素並達成有效領導之措施如下：

1. 為經營目標指出明確的施行路徑與方向（故又稱為路徑目標領導理論）。

2. 移除目標間阻礙因素，營造達成高績效目標的環境。
3. 對高績效目標之達成實施獎勵等。

上述路徑目標領導理論的關聯性模型，如圖 4.12 所示：

指引方向，營造環境，獎勵措施

領導類型
- 指導型
- 支持型
- 參與型
- 成就導向型

情境因素
部屬特性
- 對控制的接受度
- 自認能力

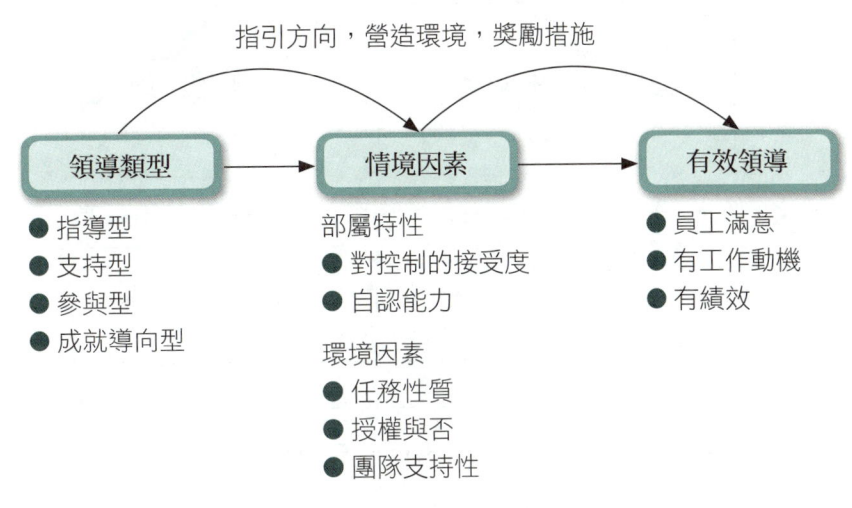

環境因素
- 任務性質
- 授權與否
- 團隊支持性

有效領導
- 員工滿意
- 有工作動機
- 有績效

🎧 圖 4.12　路徑目標領導理論模式 (House)

4.3.9　情境領導理論

在領導理論中，賀西、布蘭查德及強生等 (Paul Hersey, Ken Blanchard, & Dewey E Johnson) 提出與「權變理論」(Contingency Theory) 類似的**「情境領導理論」**(Situational Leadership Theory)，他們認為，領導者應根據員工在工作中表現出來的能力與信心（情境）採取因人而異的領導方式如圖 4.13 所示。各象限的意義則說明如下：

1. S1 **指導 (Directing)**：適用於缺乏能力，但有工作熱情、自信的員工。領導者為下屬制訂任務並負責指導與監督。
2. S2 **教練 (Coaching)**：適用於有一定工作能力，但沒信心的員工。領導者仍為下屬制訂任務，但鼓勵與聽取下屬的意見，並將其融入決策過程。
   於指導與教練階段，員工能力得以發展。
3. S3 **支持 (Supporting)**：適用於有工作能力，但沒信心的員工。領導者授權、協調並促進下屬的討論與決策，給予適當的支援，發展員工的自信心。
4. S4 **授權 (Delegating)**：員工能獨當一面，領導者只要適度授權，就能發揮員工的工作能力。

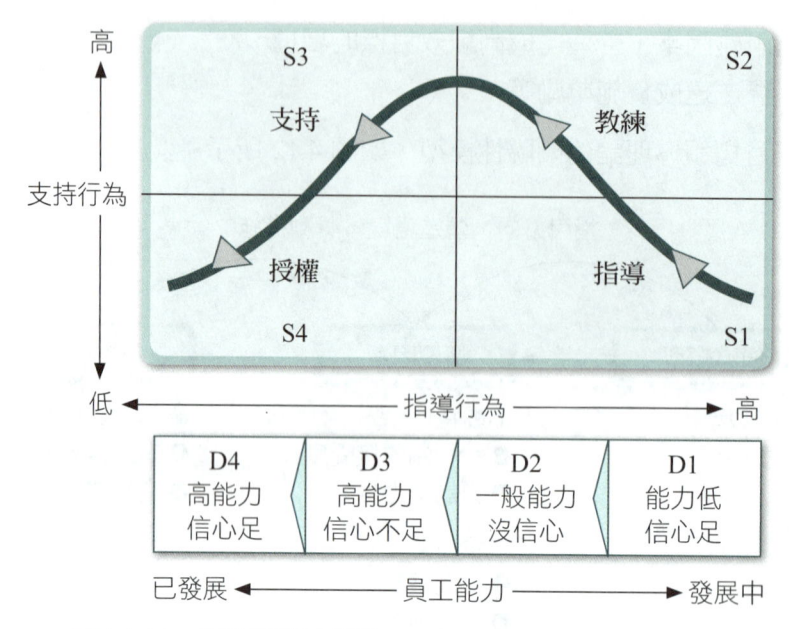

图 4.13　情境領導示意圖 (Hersey, Blanchard, & Johnson)

於支持及授權階段，員工已具備足夠能力，且從信心不足發展到信心足夠。

在情境領導模型中，美國華盛頓大學教授**費德勒** (Fred Fiedler) 於 1967 年也曾提出所謂的「情境權變理論」(Situation Contingency Theory) 或以「**費德勒領導權變模型**」(Fiedler Contingency Model of Leadership) 而聞名於世。

費德勒認為壓力是領導效能的決定性因素，而壓力來自領導者的地位權威、領導者與從屬之間的關係，及任務工作所帶來的壓力。壓力太小或太大，都會導致領導效能的不彰（另參照「**耶道法則**」(Yerkes-Dodson Law)）。費德勒發展一稱為 LPC「**最不受歡迎同事**」量表 (Least Preferred Coworker)，並以壓力來源（或稱「情境有利程度」(Situational Favorableness)）探究對領導效能的影響，其結果表示如圖 4.14 所示。

從費德勒的領導權變模型中，我們可發現無論是「任務導向」或「關係導向」，也不論從「人際關係」、「任務結構」或「領導權威」等壓力來源，領導效能或高或低，並沒有絕對的影響因素。由此，我們或許可以體會為何此模型從「情境權變」轉變成「權變」（依狀況而定）的轉化。

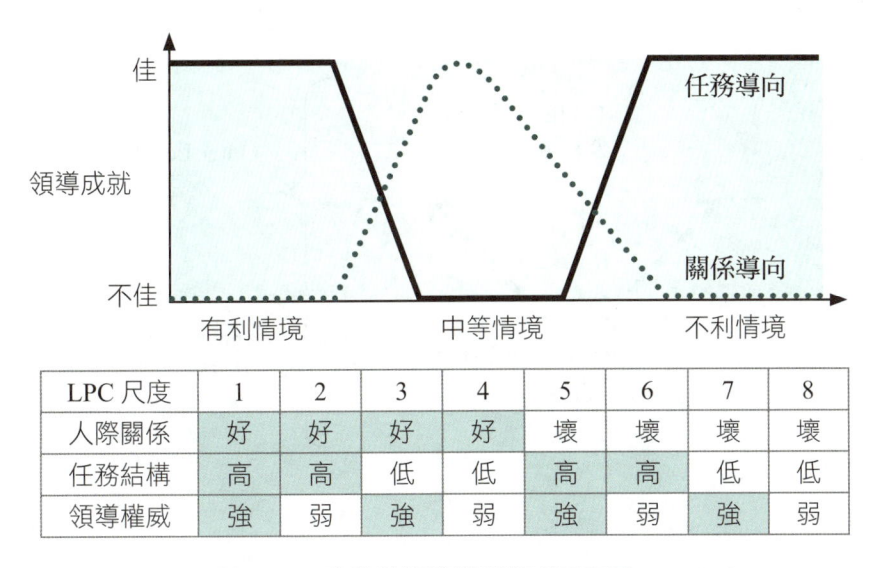

LPC 尺度	1	2	3	4	5	6	7	8
人際關係	好	好	好	好	壞	壞	壞	壞
任務結構	高	高	低	低	高	高	低	低
領導權威	強	弱	強	弱	強	弱	強	弱

圖 4.14　費德勒領導權變模型示意圖 (Fiedler)

4.3.10　三層級領導模型

史考勒 (James Scouller) 於 2011 年出版〈領導的三層級〉(The Three Levels of Leadership) 一書，提出所謂領導者的三層級模型如下：

- 外層或行為層：包括「公領域」(public) 及「私領域」(private) 兩個層級，領導者必須表現出下列四個領導向度如：

1. 一個能分享與激勵的群體目的或遠見。
2. 行動、進展與結果。
3. 集成合一或團隊精神。
4. 人員的選擇與激勵。

- 內層：即領導者個人的本質、知識、技術、技能、情緒及不自覺的習慣等，內層也必須表現出三個領導向度如下：

1. 持續發展個人的知能
2. 對他人的正確應對態度
3. 工作上能自我掌控

史考勒〈領導的三層級〉之間的關係，常以圖 4.15 表示如下：

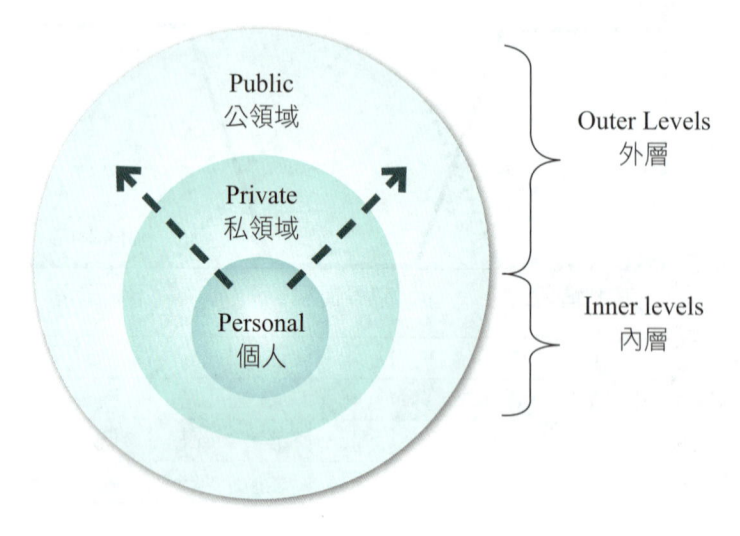

圖 4.15 三層級領導模型示意圖 (James Scouller)

本章總結

在管理學領域中，針對管理者與領導者應具備何種特質的研究，始終未曾間斷過。相信管理者與領導者具有某些「天生特質」的「特質論」，在現代民智開化的時代，特質論也和「神授君權」的主張一樣，不被人接受。此外，人是多變的動物，許多人也具備多重性格。因此，綜合型領導類型或情境、權變等領導模型或理論，比較能獲得世人的認同。

倒是近代在組織運作實務中，對「毒害型領導」的研究，對組織發展領導梯隊的實務考量，比較有實質的貢獻。我們應瞭解組織領導者最重要的任務，是把組織帶往「對的方向」，而這需要有宏大的遠見及無我無私的心胸才能達成。若領導者有私欲私心，排除異己、打壓有能力的後進，一昧維持自己的權力地位時，組織的績效與發展，就會被這種領導者的性格所「毒害」。

即便管理者與領導者具備「公心」，也不見得在多變的環境下，能有效的管理與領導組織。因此，近代對領導理論的發展，較為傾向「情境因應」或「權變」的主張。這意味著管理者與領導者必須能依照情境的變化，調整自己的管理與領導風格。最後，在從低、中階管理者發展成高階領導者時，在心態與處事方式上，也必須有所調整，這在本章 4.2 節中略有說明。

關鍵詞

Best Practice 最佳實務：是某一持續顯示比其他方法更好的方法或技術，通常也被視為「標竿」(benchmark)。然此處所謂的「最佳」，並非指沒有改善的空間，只要當實務上發現有更好的方法時，最佳實務也就跟著「改善」。業界常用的 ISO 9000 及 ISO 14001 等國際標準，就是一種最佳實務的實例。

Flat Management 平面管理：平面管理，發生在僅有少數必要層級劃分的組織（扁平組織），所有第一線員工都能直接跟管理人員直接溝通。這樣的管理方式能充分反應顧客的需要；但管理人員的「管控幅度」可能過大，管理者可能無法有效管控。

Great Man Theory 偉人理論：或稱「領導特質理論」(Theory of Leadership Trait)。從 19 世紀開始，學者即開始想從歷史上對人類發展有重大影響的「偉人」或「英雄」，來探討這些偉人具備哪些特質如個人魅力、聰明智慧或政治權力運用的技巧等，是為「偉人理論」學派。

這種理論的主要缺陷，是對「偉人」或「英雄」定義的不同，如拿破崙或希特勒，對當時他們的國人而言，是振興民族的英雄；但對被他侵略的他國人民來說，他們卻是侵略者、瘋子！這種兩極化的看法，使偉人理論始終無法成為領導理論的主流學派。

Group Dynamics 群體動力：為一探討社會群體內部（intragroup dynamics 群體內動力）及與其他群體之間（intergroup dynamics 群體間動力）心理程序與行為互動的學科，常用於決策行為，疾病散佈的追蹤及有效診療技術的創造，及預測概念與技術普及化的研究等。

Management by Exception (MBE) 例外管理：例外管理的意義，是提醒管理者不要凡事「事必親躬」，這樣不但讓員工無法自主工作、終究導致員工事事依賴管理者，也會讓管理者無法專注於真正應關切的管理事項。

MBE「例外管理」的所謂「例外」，是標準作業程序或系統中未定義、或未規範的突發事項。管理者一旦發現此例外，分析、解決此例外所造成的問題、影響後，仍應將此「例外」納入「常態」管理。

Paradigm Shifts 典範轉移：或稱「革命性的科學」(Revolutionary Science)，為庫恩 (Thomas Kuhn) 於 1962 年出版〈科學革命的架構〉(The Structure of Scientific Revolutions) 一書中首創此名詞，其意義是指在已有規則的科學理論內「假設」（assumptions，庫恩即稱為「典範」(paradigm)）的改變（圖 4.16）。根據庫恩的說法，「典範」是「僅在一群科學社群內成員的共享假設」。

Project 專案：通常指僅執行一次的特定「計畫」(plan)。專案具有下列特性如：

1. 一次性活動：通常不會重複執行。
2. 有時間限制：必須設定開始與結束日期及里程碑等。
3. 有預訂目標：範圍、成本、期程、品質等。

◐ 圖 4.16　庫恩 (Thomas Kuhn) 用於表示「典範轉移」的鴨兔圖
不同人對同一訊息有不同的認知

圖片取自公有領域 (PD-US)
http://en.wikipedia.org/wiki/File:Duck-Rabbit_illusion.jpg

4. 投入資源受到限制。
5. 完成後要產出期望成果等。

Quid pro quo 交換：拉丁文「以物易物」(something for something) 的意思，交換的可能是物品或服務，且由交換雙方合意即可。英文其他相似的近似詞還包括如 "a favor for a favor", "give and take", "tit for tat" 等。

Yerkes-Dodson Law 耶道法則：耶道法則 (Yerkes-Donson Law) 為兩位美國心理學家耶基斯 (Robert M. Yerkes) 與道德森 (John D. Dodson) 經實驗研究而歸納出的一種現象，描述由刺激 (arousal) 產生的心理壓力對工作績效 (performance) 的影響關係。舉例說明，艱困或需要高度智能的工作或任務，通常僅須低度刺激即可，使工作者能保持精神集中；但需要持久、耐力的工作或任務，則通常需要高度的刺激（增加激勵）才能表現得更好。

因工作任務特性不一，刺激與績效表現之間的關係也有很大差異。對簡單或熟練的工作任務，刺激與績效表現的關係可視為線性，即增加刺激可提升績效表現。對複雜、不熟悉或艱困的任務，刺激與績效表現的關係則可能變成非線性的曲線關係。耶道法則認為適度的刺激，會使員工因為追求獎勵而有促使績效提升的效果，此階段稱為「**激勵效應**」(energizing effect of arousal)；但當刺激水準超過某最佳績效點後，或因過高的績效要求造成員工的心理壓力、員工能力水準無法再突破等，績效開始下降，此階段稱為「**刺激負面效應**」，如圖 4.17 所示。

耶道法則認為刺激負面效應可能來自於工作者對刺激（或壓力）的心理認知程序，如過度專注所形成的「隧道視野」(Tunnel Vision)，工作記憶超載，及問題解決能力等。雖然後續許多研究已證實心理認知程序與刺激負面效應之間的關聯性，但迄今仍未建立起有信、效度的因果關係驗證。

第 4 章　領導與管理類型

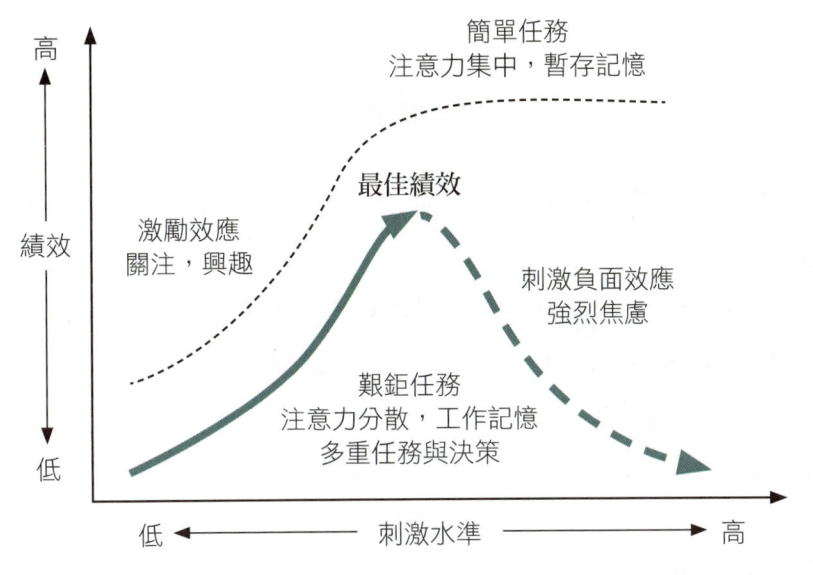

圖 4.17　耶道法則示意圖 (Yerkes-Donson Law)

自我測試

1. 試討論在自由、民主社會中,「權威型領導」(Authoritative Leadership) 的較佳運作方式。
2. 試以近代國際上一般認為具有「領導魅力」的領導者的領導過程,評估「魅力型領導」(Charismatic Leadership) 對組織發展的影響。
3. 試比較「權威型領導」(Authoritative Leadership) 與「民主式領導」(Democratic Leadership) 適合運用的組織類型。
4. 試比較公部門機構採取「權威型領導」(Authoritative Leadership) 或「服務型領導」(Servant Leadership) 的優缺點。
5. 試比較營利公司機構採取「家長式領導」(Paternalistic Leadership) 或「參與式領導」(Participatory Leadership) 的優缺點。
6. 實務中常聽說「豬頭老闆」、「外行領導內行」、「將帥無能,累死三軍」等說法,各指哪種領導類型?
7. 若你是一研發機構的管理者,你認為最好的領導方式為何?
8. 若你是一生產機構的管理者,你認為最好的領導方式為何?
9. 若你是一行銷機構的管理者,你認為最好的領導方式為何?
10. 若你是一服務機構的管理者,你認為最好的領導方式為何?

05 綜論篇—管理功能

學習重點提示：

1. 各項管理功能的內涵
2. 現代管理功能的實務運作系統
3. 管理功能之間的互動關係

  如 **3.2.2** 小節中談過費堯對「管理功能」**(Management Functions)** 的分類，在其〈工業化及一般管理〉**(Industrial and General Management)** 一書中 ^註解1，費堯將管理的內涵加以區分，對後來管理學的分類有很大影響。費堯歸納出六種管理功能如：

1. 預測 (Forecasting)
2. 規劃 (Planning)
3. 組織 (Organizing)
4. 指揮 (Commanding)
5. 協調 (Coordinating)
6. 管控 (Controlling)

  本章即依據費堯對管理功能的區分，分別說明各管理功能的內涵、實務運作系統及運作要點等。

5.1 預測

預測 (Forecasting 或 Prediction)，是對未來某個事件預期結果的陳述。因事件尚未發生，故預測通常僅能：

1. 依據過去事件歷史資料演化趨勢作推論（有該事件的過去歷史資料）
2. 根據預測者自己的經驗（有類似事件的經驗）或
3. 直接大膽的臆測（無過去類似事件歷史資料）

無論哪一類型預測，都會受到「**不確定性**」(uncertainty) 的影響，而預測結果是否正確、精準無誤，則會有不同程度的「**風險**」(risk)。所謂的不確定性，通常指因環境的隨機變化或預測者自己的無知或不經心，所導致預測不準確的後果可能發生或不發生（機率），若發生則可能有正面（焉之非福！）或負面的效應（咎由自取！），則是所謂的風險。

5.1.1 質性預測方法

質性預測，通常是來自於顧客、專家等的主觀意見 (subjective opinion)，適用於無過去資料可供參考，且通常用於中、長期的預測。企業管理領域常用的質性預測方法包括如訪談、德菲法、市場研究等。

訪談 (Interview)

訪談為「**調查研究**」 (Survey Research) 中的質性研究方法（另一種為量化的「**問卷調查**」(Questionnaire Survey)）。訪談執行者以預先提供給受訪者的訪談議題，請受訪者對各項關切議題表達意見。受訪者如為一般顧客，則各自有其主觀意見，且不見得能深入議題核心。故訪談通常針對領域專家而執行，又稱為「專家訪談」。

專家訪談須注意的執行要點，首先就是專家的「專業性」，若專家專業性不足或有主觀偏見，則容易誤導研究結果或預測失誤（跌破眼鏡的那些人！）其次，是邀訪專家的數量不必多，真正重要的核心議題，一名公認的專家也足夠；但為了能比較專家們的意見差異，3~5 名應為適當。再者，專家訪談結果的分析，雖然是質性研究，通常無須強調資料的**實證** (empirical)，但每名專家訪談所得結果，仍然應執行「**內容分析**」(Content Analysis)，以確定專家們對同一議題看法的異同效應。最後，為使專家訪談能順利執行，執行者自己也應該具有一定的專業程度，否則容易使專家變成老師、指導訪談執行者該如何執行的窘境。

德菲法 (Delphi Method)

德菲法的緣起，可追溯至古希臘賢哲討論立法或決策的運作模式。現代最早實際運用的案例，為 50 年代美國空軍支助藍德公司 (RAND) 所執行的「德菲專案」(Project Delphi) 研究，其目的在探究專家意見是否能有效整合與運用在決策支援上。簡單的講，藍德公司所謂的德菲法為：「藉由一系列控制回饋的問卷調查，獲得一群專家的最可靠共識。」

德菲法執行的方式，由一主持者將決策議題以問卷方式交給參與的專家，在專家們並不溝通、討論的狀況下（避免 Group Polarization 群體極化效應或 Groupthink 群體迷思效應等）提供意見並回收問卷、並統計結果。若無法獲得「共識決」(consensus)，則將第一輪統計狀況再發回專家，請其參酌第一輪狀況、再提供修改意見。如此反覆執行，直到獲得共識決為止。德菲法若能獲得共識，則此決策品質甚佳，執行起來幾乎不會遭遇任何阻力。

由上述德菲法的執行程序，不難看出德菲法的缺點。除非決策議題相當單純且有一般共識，在現代民主體系下要獲得共識決，幾乎是不可能的事。相同道理，如議題單純、簡單，就無須動用到專家了！而所謂的專家，通常會有其獨到、特定的看法，通常也相當堅持己見，難以達成共識。故現代執行德菲法時，可將共識決改成絕大多數決（超過 1/2，2/3，3/4 等），或在預先規定幾輪決策後，以多數決為決策基準。

德菲法可運用於下列情境：

1. 對單一、明確目標未來可行方案的預測。
2. 構建集體共識。
3. 避免「**集體迷思**」(Groupthink) 與「**沈默螺旋**」(Spiral of Silence)。
4. 創意發想。

市場研究 (Market Research)

市場研究，指組織蒐集其目標客群的資訊，並以統計分析、模式模擬等分析方法，瞭解目標客群的真正需求，並作為制訂經營策略的參考。

市場研究有時會跟「**行銷研究**」(Marketing Research) 混淆，但一般實務通常認為「行銷研究」是針對特定行銷手法效果的分析與研究；而市場研究的研究對象，則專指目標市場及目標市場內的客群而言。管理大師杜拉克曾對這兩個名詞做出如下詮釋：「市場研究是行銷的精萃」(market research to be the quintessence of marketing)。

至於市場研究的研究方法為何？一般來說，市場調查有下列三種手法：

1. **定性市場研究 (Qualitative Marketing Research)**：簡單來說就是不針對整個市場、也不做大型的調查研究，僅從少數受訪者的主觀意見去分析。常見的方法有「聚焦群體」(Focus Groups)、深度訪談等。

2. **定量市場研究 (Quantitative Marketing Research)**：研究者設定理論、假設後，從目標受訪「母體」(population) 以「抽樣」(sampling) 方法，選出「樣本」(sample)後，蒐集樣本對研究探討議題的反應資料後，以統計分析方法得出「統計量」(statistics)，再從統計量推論母體「參數」(parameters) 的研究與分析方法（如圖 5.1 抽樣理論示意圖）。**問卷調查 (Questionnaire Survey)** 即屬定量市場研究可用的研究方法之一。

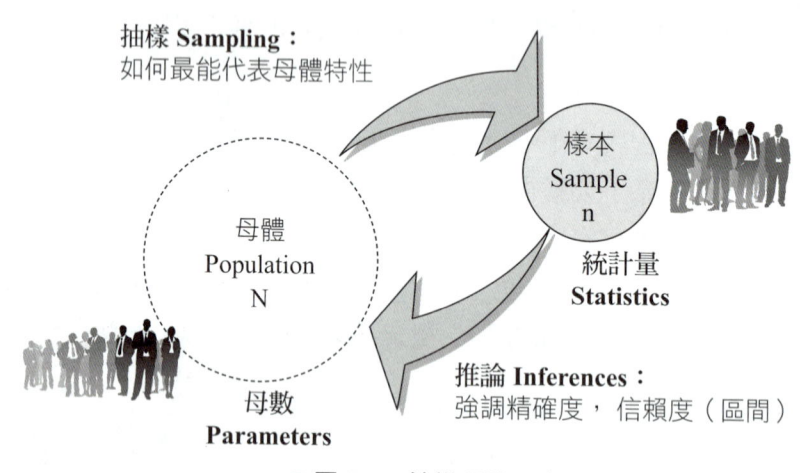

圖 5.1　抽樣理論示意圖

3. **觀察法 (Observation)**：研究員直接或間接觀察社會現象，並記錄研究者所欲觀測現象的次數或表現，並藉此分析、推論社會現象的一般規則。在市場研究運用上，則有「產品使用分析」，網路行銷中對網站點擊次數的統計分析等。

市場調查研究員通常是綜合使用上述三種手法，他們可能先從二手資料（即文獻）獲得一些背景知識，然後舉辦目標消費族群訪談（質性）來探索更多的問題，最後也許會因客戶的具體要求而進一步做大範圍全國性的調查（量化）。

5.1.2　量化預測方法

量化預測，則是以過去資料的某種函數關係預測未來資料的表現，適用於有歷史資料可供參考，通常用於短、中期的實證預測。企業管理領域常用的量化預測方法包

括如時間序列分析、迴歸分析等。

時間序列分析 (Time Series Analysis)

時間序列分析（或簡稱「時序分析」）的基本假設，是過去歷史資料點中含有某種內部結構如自相關 (autocorrelation)、趨勢 (trend) 或季節變化 (seasonal variation) 等，因此，可從對歷史資料的時序分析，來預測下一時點資料的表現情形。

在社會科學（或計量經濟學等其他學門）的運用上，時序分析可定義為「在等距時間點上某一關切變數的未來值分析」。時序分析的運用，通常包括兩個面向：

1. 瞭解時序資料中產生下一筆資料的內部影響機制。
2. 適配模型的發展並用於預測、監控、回饋或前饋控制 (feedback or feed forward control) 等。

時序分析運用在下列領域：

1. 經濟預測 (Economic Forecasting)
2. 銷售量預測 (Sales Forecasting)
3. 預算分析 (Budgetary Analysis)
4. 股市分析 (Stock Market Analysis)
5. 產量預測 (Yield Projections)
6. 程序與品質管制 (Process and Quality Control)
7. 庫存分析 (Inventory Studies)
8. 工作量預測 (Workload Projections)
9. 公共事業研究 (Utility Studies)
10. 普查分析 (Census Analysis)

迴歸分析 (Regression Analysis)

迴歸分析是指以某些「自變項」(Independent Variables) 的變化對「依變項」(Dependent Variable) 的變化影響執行預測分析。

最簡單的迴歸分析型式，是**簡單線性迴歸 (Simple linear Regression)**，所謂的「簡單」是指自變項及依變項都只有一個，而「線性」則是假設自變項與依變項之間的關係為線性之謂。簡單線性迴歸可以下式表示：

$$y' = b_0 + b_1(x)$$

y' 為實際觀測 y 的估計值，y 為依變數或稱為「迴歸變數」(regression variable)，
b_0 為上述迴歸式的截距 (intercept) 或稱為「迴歸常數」(regression constant)，
b_1 為迴歸式的斜率 (slope) 或稱為「迴歸係數」(regression coefficient)，
x 則為自變數或稱為「預測變數」(prediction variable)。

若自變項不止一個，則稱為**「複迴歸」**(Multiple Regression)，表示如下：

$$y' = b_0 + b_1(x_1) + b_2(x_2) + \cdots + b_n(x_n)$$

y' 與 b_0 的意義一如簡單迴歸的定義，
b_1，b_2，…，b_n 則稱為「偏迴歸係數」(partial regression coefficients)，
x_1，x_2，…，x_n 仍為自變數或「預測變數」(prediction variables)。

不論簡單或複迴歸，因 y' 與觀測值 y 間通常都存在著估計誤差，此估計誤差表示為 (y'–y)，在迴歸中即稱為殘差。執行迴歸分析時，**殘差分析 (Residuals Analysis)** 的重要性，為衡量迴歸模式精確性與樣本資料解釋程度的依據。

以上兩種迴歸模型，常用於社會科學研究領域的「建立預測模型」的分析需求。但若依變數不止一個、或自變數與依變數之間的關係為非線性，則分析的方法要複雜許多。另迴歸分析也根據變數的「資料屬性」(data attributes) 不同，而有各自獨特的迴歸分析程序，如圖 5.2 所示：

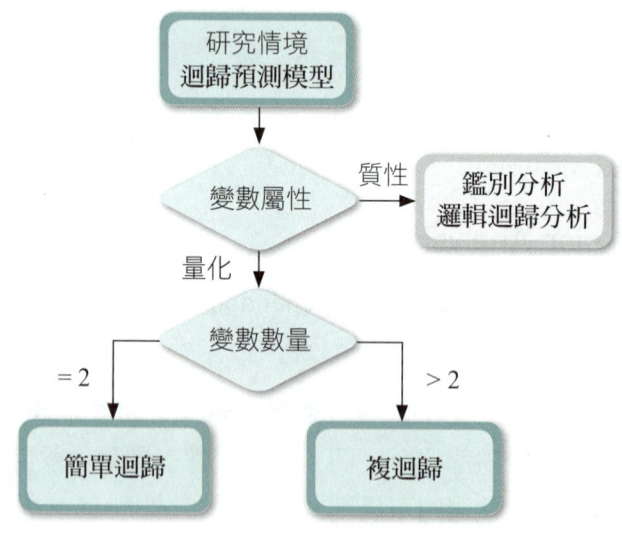

◐ 圖 5.2　迴歸程序選擇流程圖

5.1.3 電腦輔助預測方法

顧名思義，電腦輔助即運用現代資訊技術、邏輯程式開發等，使人們可以快速的處理龐大的資料，並提供決策所需資訊。故電腦輔助預測方法也可稱為 DSS「決策支援系統」(Decision Support System)。

一般用於預測的資訊系統，包括如模式模擬、人工神經網路、資料探勘、機器學習、模型辨識等。模式模擬 (Modeling & Simulation) 已於第 2 章介紹過（請參照第 2 章關鍵詞說明），人工神經網路等預測方法，則分別簡述如下：

人工神經網路 (Artificial Neural Networks, ANN)

ANN「人工神經網路」也稱為「類神經網路」，或簡稱 NN「神經網路」(Neural Networks)，是對人腦或生物神經網路（Natural Neural Network）機制的抽象化與模擬，其目的以電腦運算協助人們的決策。

ANN「人工神經網路」的優點包括：

1. 可充分趨近複雜的非線性關係。
2. 所有定量或定性的資訊都均等分布貯存在網路的各神經元，故有很強的堅韌性 (robust) 和容錯性 (error-proof)。
3. 採用並行分布處理方法，得以快速進行大量運算。
4. 可學習和自我適應。
5. 能夠同時處理質性與量化知識。

由於ANN「人工神經網路」具備的特性，可使其運用在：

1. 函數趨近 (function approximation)：即迴歸分析、時序預測及模型適配趨近等。
2. 分類 (classification)：包括模型與序列辨識 (pattern and sequence recognition)、新穎性偵測 (novelty detection) 及連續決策 (sequential decision making) 等。
3. 資料處理 (data processing)：包括資料的過濾 (filtering)、分群 (clustering) 及「盲源分離與壓縮」(blind source separation and compression) 技術的發展等。
4. 機器人 (robotics)：包括指導操控 (directing manipulators)、假體 (prosthesis) 技術的發展等。

資料探勘 (Data Mining)

資料探勘是 KDD「資料庫知識發現」(Knowledge-Discovery in Databases) 中的一個步驟（圖 5.3），一般是指從資料庫所儲存大量資料中，發掘出潛在、有意義

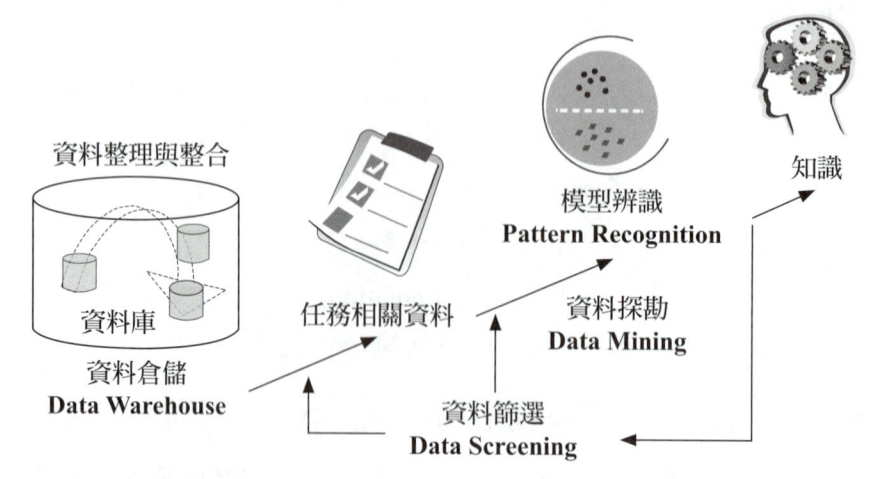

○ 圖 5.3　資料探勘與 KDD「知識庫知識發現」關係示意圖

且具關聯性的資料，進而轉換成可用於預測或解決問題等有用的資訊，再藉由「模型辨識」(Pattern Recognition) 等技術，成為有用的知識。

對現代企業經營而言，資料探勘技術通常運用於行銷研究如下：

1. 市場區隔 (Market Segmentation)：辨識購買同樣產品客群的共同特性有哪些。
2. 互動式行銷 (Interactive Marketing)：瞭解並預測上網的顧客，對哪些產品或服務資訊有興趣。
3. 購物籃分析 (Market Basket Analysis)：瞭解會被顧客同時購買的產品與服務類型。
4. 趨勢分析 (Trend Analysis)：瞭解特定顧客從過去到現在購物行為的變化，並對顧客未來可能感興趣的購物做出預測。
5. 詐欺偵察 (Fraud Detection)：利用資料探勘的分群與模型辨識功能，找出EC「電子商務」(Electric Commerce) 中的可能詐欺行為等。

機器學習 (Machine Learning)

機器學習，為 AI「人工智慧」(Artificial Intelligence) 領域中的一支，專注於從大量儲存資料當中獲得規律並藉此「學習」。

機器學習常與資料探勘混用，雖然兩者之間運用的方法有相當的重疊性，但兩者之間仍有些許差異：

● 機器學習著重於預測：由「經過訓練的資料」(training data) 學習到的已知規律來做預測。

● **資料探勘著重於發現**：由「未經訓練的資料」(untrained data) 中發現某種先前未知的規律。

機器學習在現代有非常廣泛的應用如資料探勘、電腦視覺、自然語言處理、生物特徵識別、搜索引擎、醫學診斷、檢測信用卡欺詐、證券市場分析、DNA序列測序、語音和手寫識別、戰略遊戲和機器人運用等。

模型辨識 (Pattern Recognition)

模型辨識是運用資訊技術來研究模型的自動處理和判讀。對人類的感官來說，光學和聲響訊息的識別最為重要，而這也是模型識別的兩個重要運用層面。市場上可見到的代表性產品有 OCR「光學字元識別」(Optical Character Recognition)、語音識別系統等。電腦模型識別的優點是速度快、準確性高，將來有可能完全取代人工的識別任務。

模型辨識的運用層面如下：

● 電腦視覺：醫學影像分析、光學文字識別。
● 自然語言處理：語音識別、手寫識別。
● 生物特徵識別：人臉識別、指紋識別、虹膜識別。
● 檔案分類。
● 網際網路搜尋引擎。
● 信用評分。
● 測繪學：攝影測量與遙測學。

預測的侷限性

即便許多質性或量化、甚至電腦輔助的預測方法被發展出來，但預測者始終應領悟預測有其侷限性。造成預測不準確的原因很多，但有兩項不可避免的限制性因素如下：

1. **環境動態的不可測**：任由人類發展何種精確的演算邏輯與模型，大自然各系統、元素間的動態演變，始終超脫人類假設情境設定的範圍。距離越遠、時間越久，預測的不準確性也就越大。因此，預測者執行中、長程預測時，仍應按近期狀態的變化而作動態調整。

2. **技術奇異點 (Technological Singularity)**：是一個根據技術發展史總結出的觀點，認為未來將要發生一件不可避免的事件—技術發展將會在很短的時間內發生極大而接

近於無限的進步。當此轉捩點來臨的時候，舊的社會模式將一去不返，新的規則開始主宰這個世界。而我們根本無法理解後人類時代的智能和技術，就像金魚無法理解人類的文明一樣（參照**「諸神信差」**(Hermes) 理論）。

在介紹過一般社會科學及自然、工程及其他領域可運用的諸多預測方法與技術後，組織管理者與領導者即能運用「適用」的預測方法，對組織未來經營方向及發展目標等，作出合宜的規劃。

開始說明規劃前，有一項預測與規劃之間的關係、但通常容易忽略或混淆的觀念，必須先予澄清。那就是預測與規劃，都是對未來狀態的預測，但兩者有重要的差異如下：

- 預測：未來「將」(will look like) 成為何種狀態的預測。
- 規劃：未來「應」(should look like) 成為何種狀態的預測。

從上述差異的說明，我們應知「預測」的環境，是不被預測者控制的；但「規劃」的環境，則有可能被規劃者所塑造。

5.2　規劃

如之前預測的說明，**規劃 (Planning)** 也具有預測的性質，是管理者或領導者塑造未來的期盼與努力。本節說明規劃對企業管理的意義與功能，構成良好規劃的要件，及企業常用規劃方式與類型的區分等。

5.2.1　規劃的意義與功能

在說明規劃的定義、內涵前，我們應先介紹現代規劃作為的反向系統觀點。如一般系統的運作，通常由輸入、處理、輸出等三大部分依序構成，指的是組織有效運用輸入資源，投入專業處理後，產出產品或服務，為組織帶來預期獲利或效益。但所謂反向系統觀點，則指規劃作為應從系統輸出端的「預期結果」開始，反向辨識能產出預期結果的處理程序後，再檢討投入資源的需求。此規劃作為的反向系統觀點，如圖 5.4 所示。

規劃的意義，對企業管理而言，一般指的是針對企業經營目標或遭遇的問題，經由蒐集資料、整理與分析等作為，而制訂解決問題或掌握機會的方案。規劃是一反覆進行的動態程序（或稱**「滾浪式規劃」**(Rolling Wave Planning)），而規劃產生的行動指導文件，則稱為**「計畫」**(plan) [註解 2]。

```
Input        Process      Output
輸入          處理          輸出
```

一般系統觀點

```
資源          所需          預期
需求          程序          結果
```

反向系統觀點

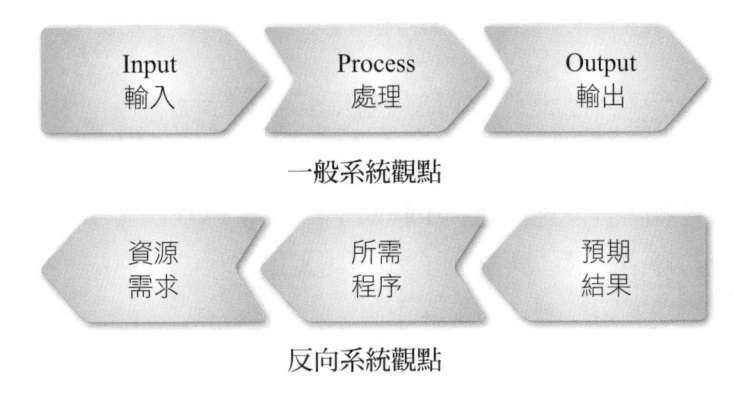

圖 5.4　規劃作為的反向系統觀點

規劃的定義

根據上述規劃作為的反向系統觀點，我們可節錄出規劃定義的一些要點如下：

- **預期結果**：組織經營**遠景**的揭示。
- **所需執行程序**：達成遠景各階段目標的設定，執行**策略的規劃**等。
- **資源需求**：制訂施行的計畫、政策與資源籌措等**策略施行**。

上述規劃要點中一些專有名詞的定義，則分別簡述如下：

遠景 (Vision)：組織長期發展方向的展望或長程目標 (goal)，通常是組織領導者最重要的職責。描述遠景所謂的長程，從 3~5 年甚至長達 20 年的期程都有 [註解3]，要看組織領導階層的雄心而定。

目標 (Goal or Objectives)：英文的目標有 "goal" 及 "objectives" 等分別、而中文則通稱目標。"goal" 通常指長程質性目標，而 "objectives" 則通常指短、中期可予量化衡量的目標。此外，在專案或計畫期程規劃中設定檢核點的「**里程碑**」(milestones)，或衡量績效水準的「**標準**」(target) 等，都有目標的含意。

資源 (Resource)：任何有助於組織達成目標而可運用的有形或無形資產，都可稱之為「資源」。一般有形資源包括土地、機具、資金等傳統生產力要素；但在知識經濟時代，人的「智性」(Intellectual)、經驗、組織聲譽等無形資產的運用，對組織的經營則更形重要。

策略 (Strategies)：簡單的說，就是達成目標的方法或途徑。如對長程目標而言，就是一般所謂的策略，若對短期目標而言，可能就屬於**戰術** (tactics) 的層次。

規劃的功能

藉由遠景的揭示、目標設定、策略規劃及策略施行等作為,規劃對企業的功能計有:

1. 提供組織各階管理階層系統性的決策輔助。
2. 各階管理階層的聯絡、溝通與整合(上下與水平)。
3. 各階管理階層的指導與控制(由上而下)。

規劃的步驟

規劃的一般步驟如下:

1. 界定問題(或機會),確定目標。
2. 蒐集與分析資料(環境檢視)。
3. 發展可行方案(策略性方案、替選方案等)。
4. 實施與檢討(評估、管控與回饋)。

5.2.2 良好規劃要件

規劃要產生有效、能執行的計畫,須能滿足下列幾個規劃要件:

1. **盡可能的精確預測**:規劃之初,狀況不明確。要使規劃內容能精確反應環境變化與規劃目的,平常即須持續蒐集、整理與分析預測所需資訊,如此較能降低預測的誤差。
2. **符合目標設定原則 (Goal Setting Principles)**:管理學中著名的 "SMART" 或 "SMARTER" 目標設定原則如下:

Specific 具體	目標不可流於形式、口號。試比較「用功讀書」與「閱讀文獻」!
Measurable 可衡量	盡可能選用可衡量的目標;但不意味僅能選擇量化準據,質性目標如顧客滿意度等,也可以「反應尺度」來量化表示。試比較「閱讀文獻」與「每天閱讀一篇文獻」!
Achievable 可達成	目標不可陳義過高而無法達成。試比較「每天閱讀一篇文獻」與「每週閱讀一篇文獻」!
Realistic 實際	符合組織實際需求。試比較「未來 10 年每週閱讀一篇文獻」與「自律性的每週閱讀一篇文獻」!
Time-bounded 有時限	目標須有開始、結束時間設定,另如有必要,也應設定檢

核的里程碑。試比較「自律性的每週閱讀一篇文獻」與「在學校學習中養成閱讀的好習慣」！

Extendable 可調整　目標須視執行狀況而適當調整，如原定目標非常容易達成，則可予調高；若甚難達成則予調低。試比較「在學校學習中養成閱讀的好習慣」與「由閱讀獲得知識」！

Rewarding 具激勵性　目標須賴團隊成員而達成，故目標須對團隊成員具有激勵性，否則只是領導者個人理想的追求罷了。試比較「由閱讀獲得知識」與「成為領域專家」！

3. **參與式規劃**：溝通與設定目標與各項作為、活動時，管理者須納入上、下一階或兩階的管理人員或員工，共同參與規劃作為。
4. **善用幕僚與顧問**：當專案或計畫涉及專業考量時，須由幕僚評估各項作為的可行性；但若組織內無某項專業人員，則可聘請外部專家或顧問參與規劃。

5.2.3　規劃方式與類型

規劃方式與類型，一般區分如下：

規劃方式

1. 由內而外：掌握機會。
2. 由外而內：解決問題。
3. 由上而下：策略規劃。
4. 由下而上：行動規劃。
5. 權變：預測與應變規劃。

規劃類型

1. 涵蓋範圍：企業、部門、計畫或專案。
2. 經營層級：策略、功能、作業。
3. 持續性：政策、程序、規則；非持續性：專案、應變。
4. 功能性：生產、行銷、人資、研發、財務⋯等。

企業管理主要規劃類型

企業管理的規劃類型，通常是綜合涵蓋範圍與經營層級的規劃區分如下：

1. **企業策略規劃 (Corporate Strategy Planning)**：通常指發展企業任務、目

標、策略、政策與計畫等的長程規劃作為，一般為高階管理團隊的規劃職責 註解4 。

2. **經營策略規劃 (Business Strategy Planning)**：又稱「功能性策略規劃」(Functional Strategy Planning)，主要指企業各功能性劃分部門，為承接高層企業策略的開展與任務劃分，對（授與）資源最有效的運用及產能最大化的規劃作為，一般為中階部門主管或 SBU「策略性事業單位」(Strategic Business Unit) 的規劃職責。
3. **計畫與專案規劃 (Program & Project Planning)**：對持續、例行性的計畫 (programs)，或臨時、通常僅執行一次、任務編組的專案 (projects) 執行的規劃等，一般為計畫或專案團隊的規劃職責。

5.3 組織

在費堯所謂的「組織」(Organize 或 Organizing)，是有動作、作為的意涵，這項管理功能說的是管理者的責任與權力 (lines of responsibility and authority)，溝通管道的建立 (communication flow) 及資源的運用 (the use of resources) 等。費堯列舉出管理者的「組織職責」(organization duties) 如下：

1. 確保計畫 (plan) 的審慎準備與確實執行，監督人力與物力的運用與目標一致。
2. 資源運用與作業政策（的制訂）。
3. 在組織內建立單一指揮鏈及溝通管道 (lines of communication)。
4. 協調 (coordinate) 組織內各項活動與努力。
5. 獨特與精確的決策。
6. 人員的有效選擇 (personnel selection)。
7. 清楚定義（各項職務）的職責。
8. 鼓勵成員的主動性與責任感。
9. 提供公平與適當的獎懲。
10. 確保個人利益在集體利益之下。
11. 特別留意指揮 (command) 的權力。
12. 確保凡事都在控制中 (control)，維持紀律。
13. 避免過多的規定、繁文縟節 (red tape) 及文書工作。

從以上費堯對管理者應具備「組織職責」的列舉來看，幾乎也涵蓋了其他管理功能如規劃、指揮、協調及管控等。事實上，現代管理學幾乎就是從古典管理學派中的行政管理學派與官僚組織學派發展而來（請參照 3.2 節說明），而最早的組織管理，

關注的也就是官僚組織的行政管理。

姑且不論管理者的「組織功能」為何，本節以組織管理的一般性概念如現代組織面臨的衝擊，組織的定義與重要性，及組織架構設計考量等，分別簡述如後。

5.3.1 現代組織面臨的衝擊

現代企業組織面臨的衝擊因素包括：

1. **全球性競爭** (Global Competition)：現代企業組織的運作，不再侷限於一個國家或區域內。外國廠家的加入市場競爭，使企業組織必須瞭解國際與各國法律規定，語言、風俗習慣及跨文化差異的調適等，都使組織運作的複雜性增加。

    除國際市場的開放競爭外，另全球 FTA「自由貿易區」(Free Trade Area) 的快速增加，雖名之為「自由貿易」，但只對簽約國內自由貿易，對簽約國之外，仍是另一種形式的「貿易壁壘」。FTA「自由貿易區」雖然是國與國之間貿易協議的簽訂，但若企業母國無法參加國際上的 FTA「自由貿易區」，對企業經營而言，也是一項巨大的障礙。

2. **組織的動盪** (Organizational Turbulence)：技術、資訊與知識等在國際間快速的轉換與交易，使企業賴以生存的 Know-how「訣竅」越來越難掌握，企業經營的管理者不但要能適應此趨勢的變化，最好要能「創造」趨勢。

3. **EC「電子商務」經營型態的衝擊**：EC「電子商務」使從事網路商務交易的企業反應更快、市場更大、成本更低等特性，使傳統實體經營的企業經營型態受到嚴峻的挑戰。管理界對國際電腦大廠戴爾 (DELL) 的 E2E「端對端」(End to End) 經營模式，就有一句描述 EC「電子商務」衝擊影響的名言：「『戴爾化』或『被戴爾化』」(Dell or be Delled)。

4. **組織的知識管理**：當前企業內最重要的資產，是員工的「智性資本」(Intellectual Capital)，為有效管理員工智性資產的轉化（從個人知能轉換成組織知能），許多新的管理職務如 CIO「資訊長」、CKO「知識長」、CLO「運籌長」或 DKM「分布式知識管理」(Distributed Knowledge Management) 概念的興起等，都象徵著組織知識管理的重要性。為有效管理存在於員工內的知識，組織架構也趨於扁平化，管理方式也須著重授權與員工的參與等。

5. **人力多元化的挑戰**：現代組織除了市場的國際化之外，許多 MNC「跨國企業」

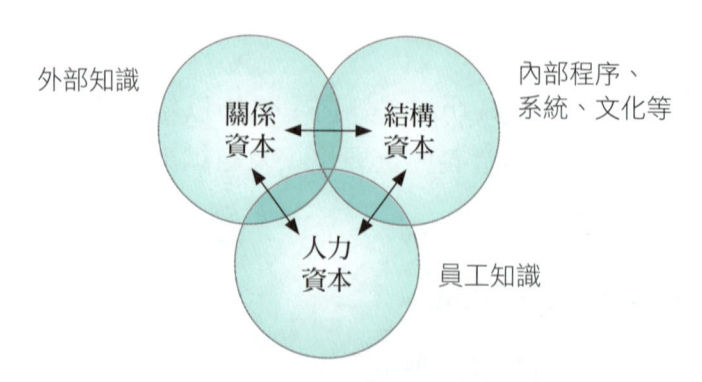

圖 5.5　組織智性資本示意圖

(Multinational Corporation) 及**全球化企業** (Globalization Corporate) 也面臨人力運用多元化 (diversity) 的挑戰包括：

(1) 在支持人力多元化的同時，維持好及強的組織文化。
(2) 平衡員工在工作與家庭（或個人）生活上的需求。
(3) 組織內多元人力的跨文化調適等。

6. **企業社會責任與經營倫理**：傳統的企業經營目的，通常僅在為股東創造最大利潤；但當顧客消費意識抬頭的現代，企業除獲利的經濟責任與守法等基本責任外，對**社會責任** (social responsibility) 的善盡本分，也越來越受到重視與監督。

5.3.2　組織的定義與重要性

在企業管理領域中，對「組織」的定義內涵包括：

- 一個由人們構成的社會性實體 (social entity)：企業經營的主體與對象始終是人，而社會性實體則指企業組織必須具備法人資格。
- 為符合特定需求或追求集體目標而構建與管理：特定需求或目標若為獲利，則為一般營利企業；若不為獲利，而為其他諸如社會福祉、環保等目標追求的，則有 NPO「**非營利組織**」(Non-Profit Organization) 或「社會企業」(Social Enterprise) 等。
- 決定人與事之間的關係：人的關係包括職位、職責與權限劃分。事的關係則包括任務、工作與活動等之設計等。
- 是一開放系統：組織的運作會受外界環境影響，但另一方面，如組織效能夠強大，也能影響、左右或甚至塑造環境。

組織的重要性

人類必須依賴設立組織，才能發揮群體的綜效力量。因此，組織對企業經營的重要性可列舉如下：

1. 調配與整合資源的運用，以達成預期的結果或目標。
2. 運用現代化的製造與資訊技術。
3. 有效生產產品與服務。
4. 為資方、員工及顧客等創造價值。
5. 促進組織的創新。
6. 調適與影響變動中的環境。

5.3.3 組織架構設計考量

管理學界對組織設計的研究，最著名的可能要算是明茲伯格 (Henry Mintzberg) 所提出的「組織架構」(Organizational Configuration) 模型，如圖 5.6 所示：

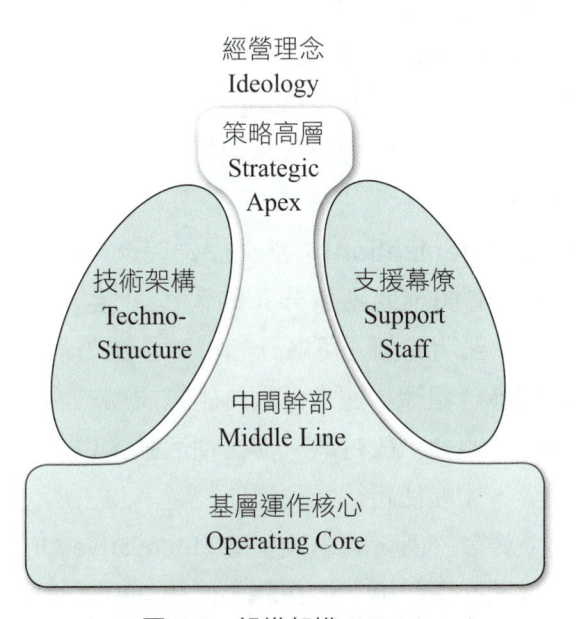

經營理念
Ideology

策略高層
Strategic Apex

技術架構
Techno-Structure

支援幕僚
Support Staff

中間幹部
Middle Line

基層運作核心
Operating Core

圖 5.6　組織架構 (Mintzberg)

明茲伯格在其「組織架構」模型中，定義了所有組織或多或少都具備的六個組成部分如：

1. 策略高層 (Strategic Apex)：即高階管理階層。
2. 中間幹部 (Middle Line)：中、低階管理階層。

3. 基層運作核心 (Operating Core)：執行實際活動、工作、任務的員工。
4. 技術架構 (Techno-structure)：組織系統、程序的分析與設計專業。
5. 支援幕僚 (Support Staff)：主要工作流程之外的支援性活動。
6. 經營理念 (Ideology)：組織設立的信念、規範、價值觀及文化等。

根據上述「組織架構」模型外，明茲伯格也提出下列六種組織型態：

1. 簡單架構 (Simple Structure)：興業組織的新創 (Entrepreneurial Startup)。僅有「策略高層」的一般小型、新創公司，企業創辦人及其少數幾個創業夥伴追求市場上的利基。成員間沒有明確的分工，公司沒有正式的制度與規範，一切以符合市場要求的靈活應變為主。這類型公司的存活與否，要看追求利基的策略是否正確。如果市場能接受則存活並發展，不然則「消逝」。

2. 機械官僚組織 (Machine Bureaucracy)：當興業組織持續成長後，因市場需求量增加，組織也相對應的擴大。此時，「中間幹部」的分工與「基層運作核心」也開始納入組織運作。為使組織能較有效率的穩定運作，組織開始設定規則、標準、制度與規範等（官僚）。因組織運作趨向剛性，故稱之為「機械」。

3. 專業官僚 (Professional Bureaucracy)：因為機械官僚組織的剛性，在接受新技術時，必須有「技術架構」的支援，而此技術架構通常須有領域專業性、著重專業權威，故稱為「專業官僚」。專業官僚與機械官僚都屬於官僚式組織，其差異僅在於作業是否涉及特定專業領域而已。

4. 部門區分組織 (Division Organization)：當官僚式組織再擴大後，為因應專業分工的細緻化、產品類別的增加、或區域分布的需求，組織開始進行部門的劃分 (Departmentalization)，一般部門的劃分可區分如「產品部門」或「區域部門」。

上述官僚組織或部門區分組織，通常都因為組織規模的龐大，雖然專業性活動有「技術架構」的支持，但組織一般行政或支援性活動，也必須有跨專業部門「支援幕僚」的潤滑、溝通等，才能使組織順利運作。

5. 靈活組織 (Adhocracy)：著重於創新的組織型態 (Innovative Organization)。當新技術、新觀念、新需求等快速影響組織的運作時，傳統官僚式組織或部門區分組織都無法因應快速變化的環境。因此，著重快速反應、創新的組織型態開始因運而生。靈活組織又可稱為「有機式組織」(Organic Organization)，通常以自主性工作群組 (Autonomous Workgroups) 或團隊 (Teams) 的方式運作。

6. 理想組織 (Idealistic Organization)：這是明茲伯格後來才添加的另一種組織運作型態，明茲伯格稱為「任務型組織」(Missionary Organization)，中文或譯為「使命型

組織」。因靈活組織有其先天性的缺點，在大型組織架構下不容易運作。因此，以任務導向的「專案型組織」(Projectized Organization) 在現代組織運作上甚為常見。專案型組織兼具部門區分的專業性及產品、服務的專案靈活性。因專案可依據任務需求而靈活調配，故稱為「任務型組織」；若專案屬較為長期的配置，目的在追求組織的終究目標，則可稱之為「使命型組織」。

除了明茲伯格對組織管理學的貢獻之外，另一美國學者達夫 (Richard Daft) 於 1992 年出版〈組織理論與設計〉(Organizational Theory and Design) 一書中，也將組織管理區分為結構 (structural) 與關係 (contextual) 兩個向度如：

組織「結構向度」 (Structural dimensions)

- 集權化 (Centralization)：組織功能或地域的分散程度及決策的層級。
- 正式化 (Formalization)：組織政策與程序（正式文件）的多寡程度。
- 階層 (Hierarchy)：組織架構層級的多寡與管控幅度的權衡。
- 例行化 (Routinization)：組織程序標準化的程度。
- 專業化 (Specialization)：職務分工與活動細緻化的程度。
- 訓練 (Training)：要員工順利執行任務所需整備活動的多寡。

組織「關係向度」(Contextual Dimensions)

- 文化 (Culture)：所有組織成員的共同價值觀與信仰。
- 環境 (Environment)：外界政治、經濟、社會與技術對組織的影響與活動。
- 目標 (Goals)：組織預期抵達狀態及其優先程度。
- 規模 (Size)：員工人數、資產數量及其於組織散布的程度等。
- 技術 (Technology)：達成組織目標所需的特定活動、專業及設施裝備等。

5.3.4　組織架構設計

有了明茲伯格的「組織架構」、「組織型態」及達夫的組織設計向度考量後，現代組織管理學者，一般將組織的架構設計區分為下列數種：

1. **簡單架構 (Simple Structure)**：具備部門化程度低或無，管控幅度大，中央集權，及正式化程度低等特性，常見於一般新創公司。
2. **功能架構 (Functional Structure)**：通常由具備一樣或相似專業技能的人組成群組，也是以「專業功能」為區分的部門架構。一般中、小型公司區分生產、行銷、財務等功能即屬功能架構組織。

3. **部門架構 (Divisional Structure)**：除專業功能的區分外，另在管理任務或地域區分上能明顯分隔的架構設計，部門通常為半自主，部門主管有其（組織高層分配下的）各自管理目標，另也自負經營成敗責任。分布於各地區的分公司或子公司等，都屬於部門架構。

以上三種架構設計，被稱為「傳統」的組織設計 (traditional designs)。接下來，是所謂「現代」的設計 (contemporary designs)：

團隊架構 (Team Structure)：組織由各類型團隊所構成，組織內沒有層級劃分或指揮鏈，所有團隊被充分授權並為了達成組織整體目標而各自運作、責任自負、成本與績效歸戶。

現代組織運用團隊運作的類型，有問題解決、跨功能、自我管理及虛擬團隊等，其運作架構如圖 5.7 所示：

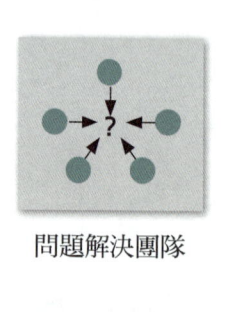

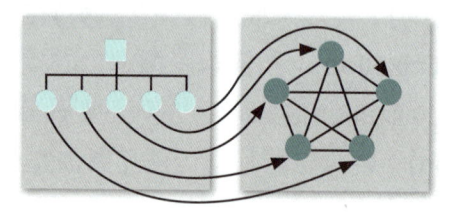

問題解決團隊

跨功能團隊

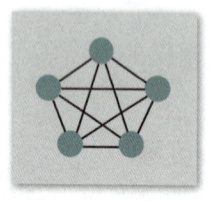

自我管理團隊

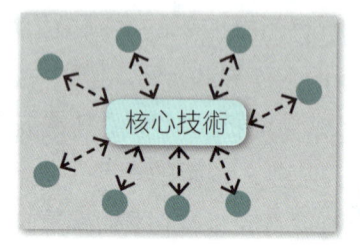

虛擬團隊

圖 5.7　團隊運作架構示意圖

另團隊的運作，並不是沒有缺點。一般從各專業領域組建成團隊時，因成員各自有其專業考量，會形成所謂意見不合的「震盪期」，團隊領導者必須儘速制訂團隊運作規範（規範期），促使團隊盡早進入發揮效能的「執行期」。另團隊執行任務後，若因獎懲制度的不公開或不公平，或因團隊解編歸建等，又會形成另一次的震盪或「修整期」。以上所述團隊的運作階段，如圖 5.8 所示：

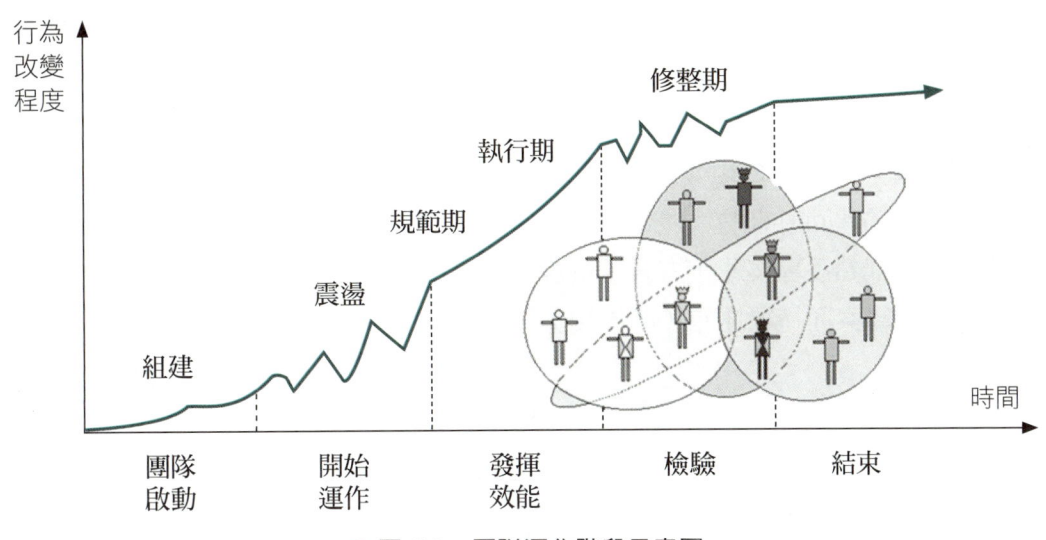

▲ 圖 5.8　團隊運作階段示意圖

團隊運作的重點，是要能發揮團隊的綜效。因此，有所謂以 "Team" 為字首的團隊運作口號如「**一起做，大家都能得到更多**」(Together Everyone Achieves More)。

矩陣架構 (Matrix Structure)：或稱「功能型專案矩陣組織」（圖 5.9），此類型組織有傳統的功能架構，但以達成各種專案任務為目標。專案成員由功能部門內抽調組成，專案經理在專案團隊內通常也僅以「協調」（而非「指揮」）來推動專案。另專案結束後，成員則自專案解編、歸建回原來功能部門。若在傳統功能架構下運作專

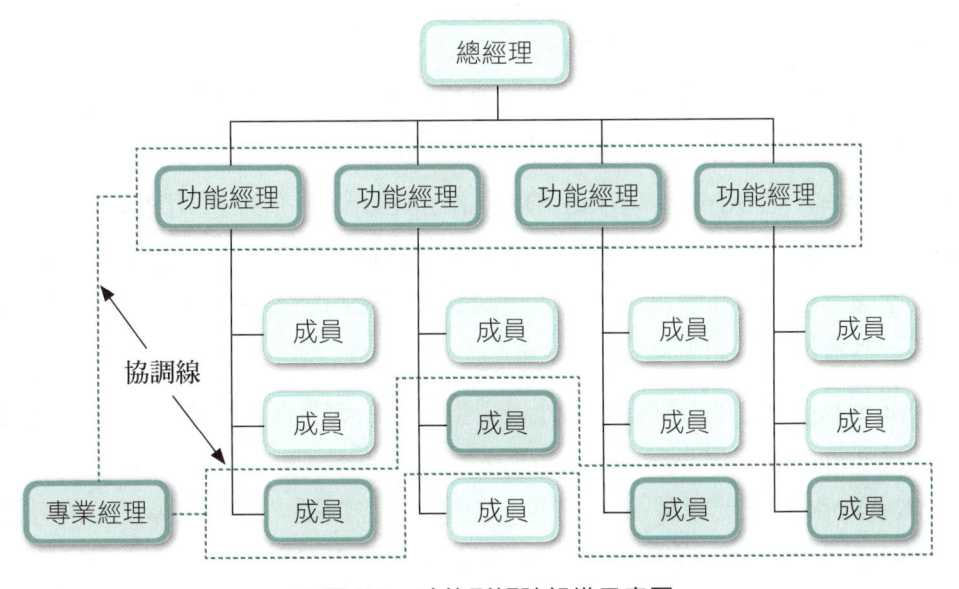

▲ 圖 5.9　功能型矩陣組織示意圖

案，則可兼收功能專業性與專案運作的彈性，但此時應注意「雙重領導」（專案成員同時有專案經理與部門經理兩個老闆）問題的解決（若專案時間較長，則由專案經理督導、考核成員績效）。

專案架構 (Project Structure)：與矩陣架構的差別是矩陣架構的任務結束後，專案成員解編、歸建回原來的功能架構內；但專案架構則通常無傳統的功能架構區分，所有專業成員都熟悉專案運作方式，可隨機組成各種專案而運作，當專案結束後，重新編到另一個專案而持續運作（圖5.10）。

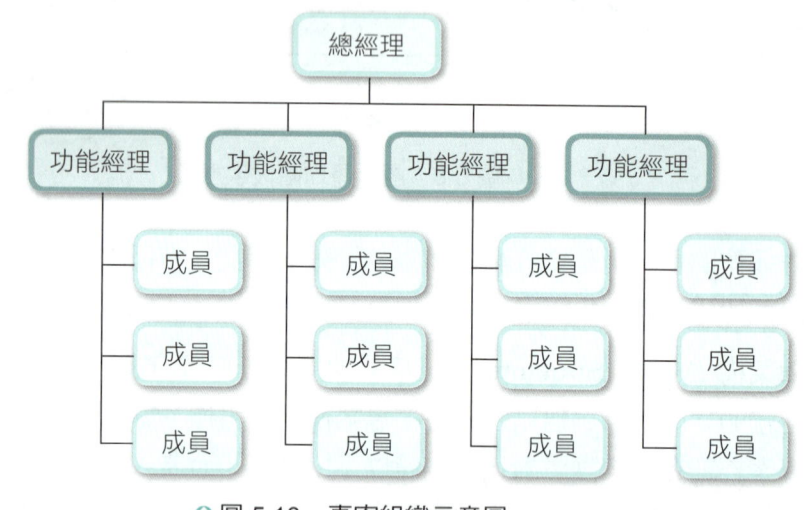

圖 5.10　專案組織示意圖

自主單位 (Autonomous Units)：常見於大型公司或企業集團，組織在內部區分成許多各自運作的自主單位，而各自主單位有其競爭場域（產業別），在企業集團下的 SBU「策略性事業單位」(Strategic Business Unit) 即屬此例。

無邊界組織 (Boundaryless Organization)：充分運用團隊及「外包」(outsourcing) 的概念，打破所有傳統組織構型如層級、指揮鏈、管控幅度等的限制，並充分反應國際競爭與快速反應等需求。無邊界組織可能有模組、網路及虛擬等三種運作型態，其特性分述如下：

- **模組 (Modular)**：主要為製造業的外包與整合，所有生產活動在最具成本效益的國家或區域執行，最後才回到公司進行組裝、銷售。
- **網路 (Network)**：主要指製造業外的其他產業外包類型，公司僅專注於核心業務，其他的經營功能則外包給其他最具效率的公司執行。
- **虛擬 (Virtual)**：主要指運用電腦、網路及通訊技術執行外包與整合的工作。

學習型組織 (Learning Organization)：學習型組織，為彼得聖吉 (Peter Senge) 強調以**五項紀律修煉** (5 Disciplines of Learning Organizations) 改善，使能「以學習強化創造能力」的組織。

5.4 指揮

指揮 (commanding)，本身就是一項領導者必修的藝術，且通常源自於軍事領域的領導統御。根據美國〈國防部軍事辭典〉(U.S. DoD Dictionary of Military and Associated Terms) 的定義，C2「指揮與管控」(Command and Control) 是「指揮官為達成任務，對其配屬武力權力的運用與指導」，而 C2「指揮與管控」的功能則是「指揮官為達成任務，對人員、裝備、通訊、設施及程序的運用於（武力及行動的）規劃、指導、協調及管控」。從上述軍事領域對「指揮與管控」的定義及功能說明，我們可知指揮與管控，實際上也包含了「規劃」、「指導」、「協調」等功能。

企業中管理者對員工的「指揮」，與軍中長官對部屬的指揮有很大差異。軍中的指揮要求「絕對服從命令」，才能讓軍人執行生死交關的任務。企業經營雖也競爭激烈，但不到「生死交關」的地步。因此，企業管理者對員工的指揮，應更著重於人際關係與互信的建立等，使員工樂於服從指揮。

企業管理中的「指揮」功能，一般管理學者認為其要點如下：

- 充分瞭解從屬員工的狀況（包括其性格、知能，甚至私領域的興趣、家庭、交友狀況等）。
- 深刻瞭解經營層面與員工心理（需求、動機）層面的契合之道，使員工樂於接受工作或任務上的挑戰。
- 管理者必須「以身作則」，除了必須自行遵守組織設定的行為規範外，另應自己作為績效的標竿等。
- 定期評估管理組織、單位的運作狀況，掌握所有員工的績效表現，表現好的應及時獎勵；表現差的也要瞭解狀況、適時反饋給員工改善。
- 統合高階管理人員的協助，以確保「指揮統一」，切忌「多頭馬車」與「越級指揮」等情形，使員工得以專注於工作或任務。
- 不必過度專注於細節或微型管理；相反的，管理者應著重激發員工的動力、主動性、忠誠度及團隊精神等。
- 運用權力，消除「無能者」(incompetents)。單位或組織內，若有績效不彰且無法改善的員工，管理者就必須運用組織賦予的權力，將無能的員工解雇或開除。

無論軍事或企管領域，對指揮一詞，都有「運用權力」的說法。因此，我們也應從「權力的來源」探討領導者與管理者能運用於指揮（及其他管理功能）的權力類型有哪些。

根據法藍曲 (John R. P. French) 與雷文 (Bertram H. Raven) 兩位美國社會心理學家對〈社會權力的基礎〉(The Bases of Social Power) 一書中，將「權力」區分為 6 種基礎如 註解5：

1. **強制權 (Coercive Power)**：其概念為強制人服從既定的規範或領導者的指令（通常人不喜歡服從規範與聽從指令），並主要以懲罰的手段來強化強制權。強制權如濫用，會造成組織內不健康的氛圍與員工的不滿意。

2. **獎賞權 (Reward Power)**：與強制權相反的，是承諾給某人好處，以激勵其表現出領導者期待的行為。社會交換理論與權力依賴理論都強調獎賞權的重要。但如獎賞不如受賞者的預期，或濫用獎賞權（通通有獎！），獎賞權的效力也會很快失效或甚至導向反效果。

3. **法制權 (Legitimate Power)**：即組織賦予領導或管理職務上的權力。通常法制權也伴隨著強制權與獎賞權。人們通常會服從法制權；但不意味著認同該名領導者的領導。因此，若不為員工敬重的領導者一旦下台後，其影響力也隨之喪失。

4. **參考權 (Reference Power)**：諸如羨慕、魅力等人們心理接受或認同的人格特質權力，常見於政治領袖、軍事上的強將、甚至流行界的名人等。若伴隨其他權力，則相當有效；但這種權力會隨著人們好變的習性而易於流失。

5. **專家權 (Expert Power)**：以專業知識、技能或經驗讓他人信服的權力。如醫師、律師、教師等。這種權力並不一定非要是貨真價實的，信服的人自然賦予這種專家權，因此，有許多招搖撞騙的人，對其信徒而言，仍是專家！

6. **資訊權 (Informational Power)**：所謂「擁有資訊即擁有權力」就是指這種權力。運用辯證、提出事實證據、並有效操弄資訊說服他人，即擁有此項權力。注意「資訊的操弄」能在群體內創造權力的移轉。

上述六種社會權力的來源或基礎，一般認為「法制權」無所謂好壞，通常要配合好的權力基礎，才能在失去法制權後，仍獲得人們的敬重；「強制權」與「獎賞權」則屬壞的權力基礎，在「天下沒有公平的事」的運用，通常會遭致反效果；而「參考權」、「專家權」及「資訊權」則屬好的權力基礎，若能妥善運用，則能有效強化領導統御與指揮管控的效用。

5.5 協調

企業管理領域對「協調」(Coordinating) 的定義，一般是「活動、職責及指揮管制架構的整合與同步，確保資源的有效運用於追求組織特定目標」，並認為協調與規劃、組織、指揮、管控等，同為管理關鍵功能之一。

雖然看起來不如其他管理功能來得醒目與重要，但協調是含括其他管理功能的潛藏力量，也有管理專家稱協調為所有管理「原則之母」(Mother Principle)。美國知名組織管理學者芙萊特 (Mary Follett) 也曾稱協調是「群體的綜效值」(plus value of the group)，若協調良好，則群體或組織能發揮 1 + 1 > 2 的綜效；這在物質世界雖不可能，但在人的事務上卻是可能發生的。

一般管理學者公認協調對組織運作的重要性如下：

1. **協調能促進團隊精神**：組織由人構成，人與人之間，群體與群體之間，上下級之間，部門之間；另個人、群體的目標之間，都可能存在著敵對與衝突。有效的協調能有效降低敵對與衝突，使組織成員發揮團隊精神，共同達成目標。
2. **協調能提供適當的方向**：組織各部門各自有其追求的目標，有效的協調能揭示組織整體目標，並對各部門的目標提供方向，對組織整體目標做出貢獻。
3. **協調促進員工動機**：充分、有效的協調，能讓員工覺得被尊重、有參與感並獲得工作所需的資源。因此，協調能有效促進員工的工作動機與工作滿意度。
4. **協調能對資源做最佳化的運用**：除了人的事務、工作、任務協調外，協調也能對組織有限資源做最佳化的調配與運用，避免資源的浪費。
5. **協調有助於較快達成目標**：有效的協調降低組織內的敵意、衝突、浪費、延遲及其他組織性問題，能使組織更平順的運作，較容易且較快達成目標。
6. **協調能改善組織內的關係**：協調不止發生在組織的平行單位間，組織上下級之間若也能重視協調也能有效改善與促進督導與執行者之間的關係。
7. **協調能提升效率**：效率一般的定義是產出除以資源投入，產出越高、資源投入越低則效率越高。因協調能降低組織的浪費，並對資源做有效的調配運用。因此，有效的協調也能提升組織運作的效率。
8. **協調能提升組織的聲譽**：組織內如能充分運用並發揮協調功能，其產品與服務必然受到市場與顧客的歡迎。另如組織也能重視市場與顧客需求的協調，自然而然能提升組織的聲譽。

在一般實際運作上，協調通常是以「溝通」(Communicating) 的型式進行，故有

效的協調必須依賴有效的溝通而達成。至於何謂有效的溝通，一般認為有下列原則可依循：

- 說好、好說 (Speak Well)：說的多不如說的少，而說的少不如說的好。
- 主動傾聽 (Active Listening)：用心聽，瞭解對方意思後，驗證並提供回饋意見。
- 回饋 (Feedback)：重述 (restate) 而非複頌 (repeat)，讓對方瞭解訊息被正確的接收，然後再表達自己對議題與對方表述的看法與意見等。
- 善用其他溝通管道 (Use Nonverbal Behaviors)：善用眼神接觸、面部表情、姿勢、肢體語言、手勢、接近及變化音調等，增進人際間的溝通效果。

5.6 管控

管控 (Controlling) 一詞，在企業管理領域實際運作的意義，應該是「**評估與管控**」(Evaluation and Control, E&C)，主要運用於組織績效的衡量。本節將分別說明標準評估與管控流程及其相關作為，管控的類型及實務系統，及績效衡量應注意的事項等，分別說明如後。

5.6.1 標準評估與管控流程

一般實務上運用的 E&C「評估與管控」流程如圖 5.11 所示，流程內各項管控作為則分述如下：

1. **決定衡量項目**：這可能是 E&C「評估與管控」所有作為成敗的關鍵，所謂 "What you measured is what you get"，管理者要衡量甚麼項目，就決定了員工未來將於何種項目上的表現。舉例說明，若管理者重視員工的到勤，則員工也會在正常到勤上下功夫，而不是工作績效的提升！業界所重視 KPI「關鍵績效指標」的設定意義

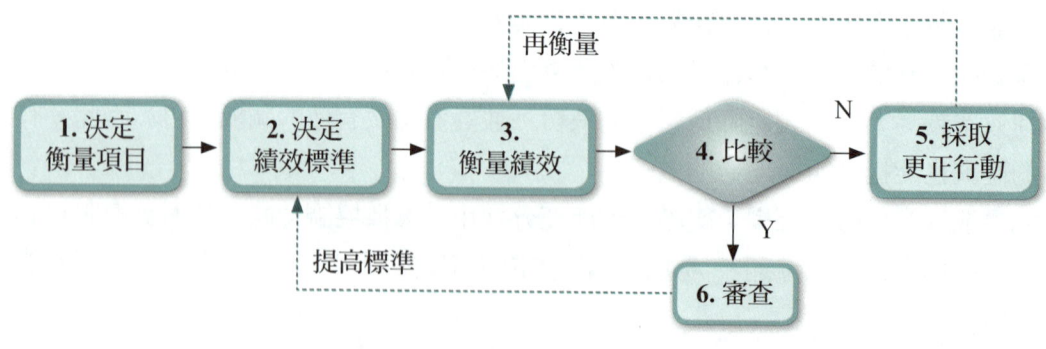

🔊 圖 5.11　評估與管控流程示意圖

也在此,管理者應決定經營要點的 KPI「關鍵績效指標」衡量項目。

2. **決定績效標準**:決定了 KPI「關鍵績效指標」衡量項目後,接下來就應決定所謂「合格」或「卓越」的標準。舉例來說,學生的合格成績,大學生是 60,碩士研究生是 70,而博士生則是 80。層次或品質要求越高,則績效標準的設定也就越高。業界推動「六標準差」專案,就是在追求幾近「零缺點」的卓越品質,而一般業界的標準則依其品質水準,約在 2~4 個標準差之間。

3. **衡量績效**:就是實際的衡量作為,產品品質有標準、公差,服務品質則有滿意度可參考運用,但組織的整體績效如何衡量則須採用不同的衡量系統(或稱管控系統),這將在 5.6.2 小節中說明。

4. **比較**:實際績效衡量結果與設定績效水準的比較,若不符合預期的設定績效,則「採取更正行動」。如不良品的重工或生產線問題的診斷與處理等,都屬於更正行動。若實際績效衡量結果超出預期設定水準,則應進行「審查與改善」流程,檢討是否能進一步提高績效標準等。

5. **採取更正行動**:這是衡量績效不符合預期水準必須採取的偵錯及更正行動。若能發覺問題並解決,則流程回饋到「3. 衡量績效」的步驟,再衡量採取更正行動後,狀況是否回復正常。此採取更正行動的迴路須反覆執行,直到問題獲得真正的解決為止。

6. **審查與改善**:若衡量績效超出預期水準,則表示原先低估了員工或系統的表現水準。此時,應檢討員工或系統是否有餘裕能追求更高的績效標準,並進行「提高標準」的回饋迴路。若能持續提高標準的迴路,事實上即意味著組織績效的不斷提升。

5.6.2 管控的類型及實務系統

先前在說明「衡量績效」時,應有適當的衡量系統,是所謂「人不可貌相,海水不可斗量」。一般在管理領域,將衡量績效的管控類型區分成輸入、行為、及輸出等三種控制類型,各控制類型其相關實務系統則分述如下:

- **輸入控制 (Input Control)**:著重於資源的獲得與確保。一般實務運用的成本會計及預算系統如 ABC「作業基礎成本法」(Activity-Based Costing)、目標成本法 (Target Costing)、資本預算法 (Capital Budgeting)、PPBS「規劃計畫預算制度」(Planning, Programming, & Budgeting System) 等,另在對物料及其他資源的管控,還包括 MRP「物料需求規劃」(Material Requirement Planning)、MRP II「製造資源規劃」

(Manufacturing Resources Planning) 及 ERP「企業資源規劃」(Enterprise Resource Planning) 等系統。

- **行為控制 (Behavior Control)**：專注在人員活動與規範行為的控制。實務上常見的有 ISO「國際標準系統」，另 TQM「全面品質管理」、日式 Kaizen「改善」等，都是著重在對組織人員於符合標準或追求品質持續改善心態上的管控作為。
- **輸出控制 (Output Control)**：專注於結果的衡量與回饋。實務上常見的有 SQC「統計品質管制」或 SPC「統計製程管制」(Statistical Quality/Process Control) 等；但現代的品質管控作為，越來越強調事前的預防與規劃，事後輸出結果的管控，僅在於發掘問題，並採取更正作為等。

至於在組織的績效衡量與管控作為上，對部門有各類型「**責任中心**」(Responsibility Centers) 的設計，資訊系統對組織整體與各部門的策略性支援外，對組織整體績效的衡量，則有 BSC「平衡計分卡」（請參照 1.5 節說明）。

5.6.3 績效衡量應注意事項

在績效衡量或管控作為上，應注意一些管控所易造成的問題及副作用等，分別簡述如下：

管控問題

1. **主觀 (Objective)**：管控與績效衡量最常見的問題，就是衡量系統設計或評估者的主觀認定，而主觀通常是因為沒能制訂客觀的評估標準所導致。管控與績效評估一旦流於主觀，就容易偏向「人治」，而非制度或規則等的「法治」。
2. **缺乏及時性 (Timely)**：管控是及時、連續性的作為，若資訊無法及時提供，則管控作為就變得遲緩、呆滯。對績效評估的獎懲而言，也應做到即賞即罰，才能達到獎懲的效果。

管控不良的副作用

1. **短視傾向 (Short-term Orientation)**：若短期效益明顯但偏離組織設定的長程目標軌跡，另因績效評估系統的階段性審查評估機制，很容易讓管理人員傾向追求短期效益，而忽略長期目標的追求與達成。
2. **目標錯置 (Goal Displacement)**：這又分為「行為取代」(Behavior Substitu-tion) 及「次佳化」(Sub-optimization) 兩種。「行為取代」再度反應了績效衡量最重要的起步："What you measured is what you get!" 若錯誤行為被獎賞、或好的表現未

被獎賞，則員工的行為就會傾向錯誤的行為。「次佳化」則通常發生在管理者追求其單位目標的達成，而將組織整體目標的優先程度排在「次佳」位置的狀況。

本章總結

　　管理領域中對管理功能的分類也有許多不同說法，本章參照行政管理大師費堯的主張，將管理功能區分為預測、規劃、組織、指揮、協調與管控等六項，分別說明其內涵。管理者在任何「規劃」作為前，必須先能審視環境可能帶來的衝擊與影響，而這就是「預測」(forecasting or prediction)。規劃品質的好壞，跟預測是否精確有很大關係。因此，管理者要能精熟各種可用的預測技術，執行「有根據的推測」(Educated Guess) 而非「瞎猜」(Wild Guess)。

　　規劃 (Planning)，可概分高階層的方向性策略規劃，與中、低管理階層的經營與行動規劃等。高階層的規劃，著重在領導者對組織未來發展的遠景展望，而中、低階的經營與行動規劃則應採「反向系統觀點」，從顧客需求出發，依序回溯組織應有的作為等。當然，中、低階的規劃作為，仍應以達成組織整體目標為依歸。此外，規劃為一持續、反覆的作為。當完成規劃產出的「計畫」後，仍應根據情境的變化，而對「計畫」作適當的修改。

　　組織 (Organizing)，則是資源籌措與依據策略對組織架構調整的總稱。資源籌措應著重組織內部「智性資產」的開發與運用，若無法充分利用組織的智性資產而導致（有智能）員工的流失，則容易在競爭激烈的環境中喪失競爭優勢。另組織的架構設計，應著重在專業分工與快速反應之間需求的權衡。現代組織的專案運作，正能顯示專案組織架構的盛行趨勢。

　　指揮 (Commanding)，應視為領導者與管理者長期必修的藝術。要讓組織成員接受指揮，領導與管理者必須先有良好的人格特質與領導魅力，公先於私，言行合一，以身作則，才能讓組織成員樂於追隨與貢獻心力。此外，領導與管理者於權力的運用上，最好不要依賴法制權及其伴隨的獎賞權與強制權，要讓員工樂於服從領導，領導與管理者也必須要能在人格（參考權）、專業（專家權）及經驗（資訊權）上多所修煉，才能有效的領導。

協調 (Coordinating)，為管理「原則之母」(Mother Principle)，是「群體綜效」(Group Synergy) 的表現，所有其他的管理功能，都必須依賴有效的協調才能達成。在實務運作上，通常配合著「溝通」(Communication) 而實施。有效的溝通協調通常要能說得好、主動傾聽、回饋、熟練運用非語言的溝通管道等。

管控 (Controlling)，是確保組織的運作，保持在預定的軌跡（由短期目標依據規劃策略的實踐，而逐步朝向組織長程目標與發展遠景）上。管控最重要的起步，是慎選真正對組織運作有實際效益的績效衡量項目 (What you measured is what you get!)，其他管控與績效衡量的執行要點則包括須有客觀標準，回饋與獎懲及時，避免策略性短視及錯置目標等。

關鍵詞

5 Disciplines of Learning Organizations 學習型組織五項紀律修煉：彼得聖吉 (Peter Senge) 在 1990 年出版的〈第五項修煉〉(The Fifth Disciplines) 一書中，強調管理者須能辨識出七種組織性學習障礙 (Organizational learning disabilities) 並以五項紀律修煉 (Five Disciplines) 改善，使組織能「以學習強化創造能力」(learning that enhances are capacity to create)。

前述七種組織性學習障礙分別為：

1. 本位主義 (I am my position)
2. 歸咎卸責態度 (The enemy is out there)
3. 主控錯覺（缺乏整體考量）(The illusion of taking charge)
4. 專注於事件（忽視過程）(The fixation on events)
5. 煮蛙效應（麻木於外界警訊）(The parable of the boiled frog)
6. 從經驗中學習的誤解（缺乏創意、反應太慢）(The delusion of learning from experience)
7. 構建管理團隊的迷思（易產生群體效應而缺乏創意）(The myth of the management team)

為解決上述組織性學習障礙，彼得聖吉提出下列五項紀律修煉：

1. 個人專業的精進 (Personal Mastery)：所有組織成員均應專精於本身的工作與生活態度。
2. 心智模式 (Mental Models)：著重於對瞭解問題與採取行動間心智活動的表達與呈現。
3. 構建共同遠景 (Building Shared Vision)：組織領導階層應構建能激發組織成員樂於追循與學習的組織發展遠景。
4. 團隊學習 (Team Learning)：團隊成員應學習摒棄成見、真誠溝通的技巧。
5. 系統化思考 (Systems Thinking)：整合上述四項修煉為整體理論與實務運作之第五項修煉。亦即彼得聖吉提出的「第五項修煉」(The Fifth Disciplines)。

Activity-Based Costing (ABC) 作業基礎成本法：ABC「作業基礎成本法」，一般通稱「作業成本法」，最早可追溯到 20 世紀美國學者艾瑞克科勒 (Eric Kohler) 於 1952 年所編著的〈會計師詞典〉中，首次提出了作業、作業帳戶、作業會計等概念。1971 年，史塔巴斯（George Staubus）在〈作業成本計算和投入產出會計〉(Activity Costing and Input Output Accounting) 一書中對作業、成本、作業會計、作業投入產出系統等作了全面系統性的討論。這是研究作業會計的第一部著作。但是，當時作業成本法卻未能在理論界和實業界引起足夠的重視。

20 世紀 80 年代後期，隨著 MRP「物料需求規劃」(Material Requirement Planning)、CAD/CAM「電腦輔助設計與製造」(Computer-aided Design & Manufacture)、MIS「管理資訊系統」(Management Information System) 的廣泛應用，以及 MRPII「製造資源規劃」(Manufacturing Resources Planning)、FMS「彈性製造系統」(Flexible Manufacturing

System) 和 CIMS「電腦整合製造系統」(Computer Integrated Manufacturing System) 等的興起，實業界普遍感到產品成本與現實脫節。美國學者庫伯與開普蘭（Robin Cooper & Robert S. Kaplan）注意到這種情況，在對大量美國公司執行調查研究後，於 1988 年提出了 ABC「作業成本法」。

ABC「作業成本法」的簡單解釋，即將產品視為消耗活動、而活動消耗資源的庫存評價 (Inventory Valuation) 方法。產品製造過程中的所有消耗資源活動，如直接材料、直接人工、固定或變動經常性開支、與變動或固定管理成本等，均納入「活動成本庫」(Activity Cost Pools) 一起考量。如此，可使管理者精準追蹤生產的成本，從而規劃生產流程，制訂定價與銷售策略等。

值得注意的是 ABC「作業成本法」將 S&A「銷售與管理」成本 (Selling and Administration costs) 納入成本考量，通常不為對外財務報告所接受，故僅適用於企業內部自行分析製造成本之用。

Capital Budgeting 資本預算法：又稱建設性預算或投資預算，是指企業為了未來有更好的發展，獲取更大的報酬而作出的資本支出計畫。它是綜合反映建設資金來源與運用的預算，其支出主要用於經濟建設，收入則主要是債務收入，資本預算是複式預算的組成部分。

Content Analysis 內容分析：內容分析，是一種對文件內容（如訪談紀錄逐字稿）作客觀、系統化「質性內容、量化分析」的分析方法，其目的是瞭解文件紀錄中質性資訊的事實和趨勢，揭示文件中所含有的隱性資訊內容，並對分析結果提出論述。

Electric Commerce (EC) 電子商務：利用電腦、網路及通訊技術等從事商務活動之謂。EC「電子商務」提供企業虛擬的全球性貿易環境，大大提高了商務活動及服務的品質。EC「電子商務」的優點包括：

1. 大幅提高了通訊速度。
2. 節省潛在開支，如電子郵件節省了通訊費用，而 EDI「電子數據交換」(Electronic Data Exchange) 則大幅節約了管理經常費用等。
3. 增加了客戶和供應商的聯繫。如電子商務系統網路站點使得客戶和供應商均能瞭解對方的最新數據，而 EDI「電子數據交換」則意味著企業之間的合作。
4. 提高服務品質，能以一種快捷、方便的方式提供企業及其產品的訊息及客戶所需的服務。
5. 提供了互動式的銷售管道，使商家能及時得到市場反饋，改進本身的工作。
6. 全天候的服務，即每年 365 天，每天 24 小時的服務。
7. 最重要的一點是，EC「電子商務」增強了企業的競爭力。

EC「電子商務」目前的發展，有下列類型：

B2B (Business To Business)：按電子商務交易對象分類，B2B 是指企業之間以網路及通訊技術等從事商務活動的電子商務。

B2C (Business to Customer)：指企業與消費者之間的電子商務模式。一般以網絡零售

業為主,主要借助於 Internet 開展線上銷售活動。

C2C (Customer to Customer):指消費者與消費者之間的電子商務模式,是個人與個人之間的線上交易,C2C 的特點就是大眾化交易。

B2M (Business to Manager):相對於 B2B、B2C、C2C 的電子商務模式而言,是一種全新的電子商務模式。主要在於目標客群的性質不同,前三者的目標客群都是以消費者的身分出現,而 B2M 所針對的客群是該企業或產品的銷售者或者為其工作者,而不是最終消費者。企業透過網路平台發布該企業的產品或者服務,職業經理人透過網路獲取該企業的產品或者服務資訊,且為該企業提供產品銷售或者提供企業服務,企業透過經理人的服務到銷售產品或者獲得服務的目的。職業經理人通過為企業提供服務而獲取佣金。

B2M (Business to Marketing):主要面向市場行銷的電子商務。B2M 電子商務公司根據客戶需求為核心而建立起的行銷點,並通過線上和線下多種管道對站點進行推廣和規範化的管理。

M2C (Manager to Consumer):M2C 是針對於 B2M 的電子商務模式而出現的延伸概念。企業透過網路平台發布該企業的產品或者服務,經理人透過網路獲取該企業的產品或者服務資訊,且為該企業提供產品銷售或者提供企業服務,企業透過經理人的服務達到銷售產品或者獲得服務的目的。而在 M2C 環節中,經理人將直接面對最終消費者。

除上述 EC「電子商務」經營模式外,我們也應注意一些已經形成並正在快速發展中的新的電子商務模式:

B2G (Business to Government):企業與政府機構間的電子商務。

C2G (Customer to Government):消費者與政府機構間的電子商務。

Empirical 實證:實證的意義,包括「實證資料」(empirical data)、「實證證據」(empirical evidence)、「感受體驗」(sense experience)、「實證知識」(empirical knowledge) 及「後驗」(posteriori) 等,簡單的說,就是經由觀察或實驗所獲得的知識之謂。再簡化的說,實證就是:**「可以重複展現的客觀事實」**。

Enterprise Resource Planning (ERP) 企業資源規劃:由美國著名管理諮詢公司 Gartner Group Inc. 於 1990 年所提出,最初被定義為應用軟體,但迅速為全世界企業所接受,現已經發展成為現代企業管理理論之一。ERP「企業資源規劃」系統,是指建立在資訊技術基礎上,以系統化的管理思想,為企業決策階層及員工提供決策的管理平臺。ERP「企業資源規劃」系統也是實施企業流程再造的重要工具之一。

ERP「企業資源規劃」整合了企業管理理念、業務流程、基礎數據、人力物力、電腦硬體和軟體於一體的企業資源管理系統,其主要宗旨是對企業所擁有的人力、財力、物力、資訊、時間等綜合資源進行綜合平衡和最佳化管理。所以,ERP「企業資源規劃」是軟體,同時也是一管理工具。

Focus Groups 聚焦群體:聚焦群體法所謂的「聚焦」,是聚焦於研究者所欲探討的議題,

「群體」則是指多數受訪者。實際運用時，聚焦群體研究法，則指邀集 6~12 名對探討議題有實際經驗的受訪者，參與互動式討論，以蒐集到比較深入、真實意見與看法的一種質性調查研究方法。由於聚焦群體法具有團體訪談的形式，因此也稱為「聚焦訪談法」。

聚焦群體法原是企業界在市場行銷規劃時，用來調查消費者對新產品的評價意見，以作為擬訂行銷策略的參考。由於此種方法實施簡便，而且能蒐集到核心資料，因此，開始被社會科學研究者廣為採用。

聚焦群體法具有多種功能。首先，當訊息不足時，聚焦群體法可用來蒐集相關人員的意見，以協助研究者釐清可能的研究方向（如同專家訪談）；其次，研究者也可以聚焦群體法，修正問卷的用詞、結構與內容，提高問卷的適切性；再者，調查資料蒐集回來經過分析後，如發現結果不一致或無法解釋時，可以聚焦群體法的討論，獲致可能的答案；最後，聚焦群體法也可用來驗證研究結果是否正確，如果討論結果與研究發現相左時，研究發現就值得再斟酌。

聚焦群體法有下列幾項優點：

1. 可透過參與者的互動，獲得較真切的資料。
2. 所獲得的資料易於瞭解，不必再經詮釋。
3. 可以快速蒐集到相關資料，並做立即處理。
4. 具有彈性，可以反覆探詢想要獲得的資訊。

聚焦群體法也有下列幾項限制必須克服如：

1. 主持人必須具備純熟的會議主持技巧。
2. 參與者的討論容易離題，難以控制。
3. 討論資訊龐雜、分析耗時費力。
4. 參與者同質性高，意見可能偏狹。
5. 代表性有限，研究效度存疑。

Free Trade Area (FTA) 自由貿易區：亦可稱為 FTA「自由貿易協議」(Free Trade Agreement)，通常為相鄰兩國之間或區域內各國，對關稅減免、共同市場、經濟聯盟、經濟與貨幣聯盟等形式的自由貿易。

世界上規模最大的 FTA「自由貿易協議」，要算是 WTO「世界貿易組織」(World Trade Organization) 內的各項協議。其他涉及兩國、多國或區域，且目前正在運作中的 FTA「自由貿易協議」則有：

- ASEAN Free Trade Area (AFTA) 東盟自由貿易區
- Asia-Pacific Trade Agreement (APTA) 亞太貿易協議
- Central American Integration System (SICA) 中美洲整合系統
- Central European Free Trade Agreement (CEFTA) 中歐自由貿易協議
- Common Market for Eastern and Southern Africa (COMESA) 東南非共同市場
- G-3 Free Trade Agreement (G-3) 哥倫比亞、墨西哥、委內瑞拉三國自由貿易協議

第 5 章 管理功能

- Greater Arab Free Trade Area (GAFTA) 泛阿拉伯自由貿易區
- Dominican Republic–Central America Free Trade Agreement (DR-CAFTA) 多明尼加暨中美洲自由貿易協議
- Gulf Cooperation Council (GCC) 海灣阿拉伯國家合作委員會
- North American Free Trade Agreement (NAFTA) 北美自由貿易協議
- Pacific Alliance 太平洋聯盟
- South Asia Free Trade Agreement (SAFTA) 南亞自由貿易協議
- Southern African Development Community (SADC) 非南發展共同體
- Southern Common Market (MERCOSUR) 南錐共同市場
- Trans-Pacific Strategic Economic Partnership (TPP) Agreement 跨太平洋戰略經濟夥伴協定

目前仍處倡議狀態,但仍未正式執行的協議還有很多,主要包括:

- Asia-Pacific Economic Cooperation (APEC) 亞太經合組織
- Free Trade Area of the Americas (FTAA) 美洲自由貿易區
- Free Trade Area of the Asia Pacific (FTAAP) 亞太自由貿易區
- Regional Comprehensive Economic Partnership (RCEP) (ASEAN plus 6) 區域全面經濟夥伴協議(ASEAN 東盟 + 6)
- Shanghai Cooperation Organization (SCO) 上海合作組織
- Transatlantic Free Trade Area (TAFTA) 跨大西洋自由貿易區
- Tripartite Free Trade Area (T-FTA)
- China–Japan–South Korea Free Trade Agreement 中日韓自由貿易協議

Group Polarization 群體極化效應:社會學術語。在一個組織群體中,個人決策因為受到群體的影響,容易做出比獨自一人決策時、更極端的決定,這個社會現象被稱為群體極化效應。

在正常狀況下,一般人決策時,會有規避風險 (risk aversion) 的傾向。但是當個人身處團體中時,或許因為覺得有團體保護的錯覺,使原先理性、規避風險的決策,轉而傾向於不理性、冒進的決策。

Groupthink 集體迷思:或稱團體迷思,是一個心理學現象,指的是團體在決策過程中,由於個別成員傾向讓自己的觀點與團體一致,因而使整個團體缺乏不同的思考角度,不能進行客觀分析。一些爭議的觀點、有創意的想法或客觀的意見不會有人提出,或是在提出之後,也會遭到其他成員的忽視及隔離。集體迷思可能導致團隊作出不合理、甚至是錯誤的決定。部分成員即使並不贊同團體的最終決定,但在集體迷思的影響下,也會順從團體。

Hermes 諸神信差理論:希臘神話奧林匹斯 12 主神之一,旅遊、信件、貿易、偷竊、詭計、語言、寫作、外交、體育和畜牧業之神,他也是眾神的信差,將死者的靈魂帶進冥界的引路人。他是宙斯和邁亞之子。他的造型可以是一個無鬚的健壯英俊青年,也可能是一個有小鬍鬚的中年人。他的代表物是雙蛇杖,帶翅膀的拖鞋和旅遊者的帽子。

管理領域中引用「賀米斯」(Hermes) 是「諸神信差」的概念，引申為若神要讓人瞭解某件事情或現象，就會派賀米斯到人間來闡釋。這也說明了為何許多人類的重大發現，都是在一般人不經意的狀況如牛頓因蘋果砸頭而領悟到萬有引力定律；阿基米德因泡澡而領悟到浮力原理等。

Intellectual Capital 智性資本： 目前對智性資本的定義還沒有一致的說法，不過一般學者認為，任何能提升組織競爭優勢，或是能產生超過帳面價值的無形 (intangibles) 資產，都可泛稱為智性資本。

目前針對智性資產的研究文獻，一般將組織的智性資產區分為下列類型：

1. 人力資本 (human capital)：指員工的能力與素質。
2. 結構資本 (structural capital)：非人的資訊儲存體（the non-human storehouses of information），一般所謂的「組織知識」（organizational knowledge）即屬於結構資本。
3. 關係資本 (relational capital)：鑲嵌在經營網絡 (business networks) 中的知識。

Manufacturing Resources Planning (MRP II) 製造資源規劃： 簡單的說，MRP II「製造資源規劃」是以 MRP「物料需求規劃」為核心，涵蓋企業生產活動所有領域，有效利用資源的生產管理規劃系統。

Marketing Research 行銷研究： 蒐集消費者、顧客或終端使用者對產品或服務消費、使用經驗、滿意度等資訊，以辨識、定義市場機會或問題；規劃、評估與修正行銷作為等研究方法。

Material Requirement Planning (MRP) 物料需求規劃： 將企業生產過程中可能使用到的原料、半成品、產品等視為物料，並透過將物料按照結構和需求關聯分解為 BOM「物料清單」(Bill of Material)，根據物料清單計算各種原料的最遲需求時間和半成品的最遲生產時間。

Multinational Corporation (MNC) 跨國企業： 英文或作 "Multinational Enterprise" (MNE)，指一在多個國家或地區有業務，通常規模很大的企業。這些企業在不同國家或地區設有辦事處、工廠或分公司，通常還有一個總部用來協調全球的管理工作。

大型的跨國企業，對全球政治具有很大的外交影響力，這不僅是因為它們直接影響到許多政治人物選區的經濟外，也因為它們在公關與政治遊說上提供了資金。發展中國家通常都會爭取跨國公司來設點、投資（以及隨之而來的稅收、工作機會和經濟提升）。當地國通常會提供優惠條件來吸引跨國公司，如財稅優惠、較低的環境標準及其他政治協助承諾等。也因此，類似的國際投資雖然多少帶著社會意識，但其短期內能獲得巨大利益且四處流動的特性，經常給世人一種是否逐步「剝奪各國在經濟與社會方面的權力」；甚至「逐步掌控全球」的擔憂與批評。

Planning, Programming, & Budgeting System (PPBS) 計畫預算制度： 為 1960s 年代中期由美國當時的國防部長麥納馬拉 (Robert S. McNamara) 引進國防部，作為編列預算的分析系統。簡單的說，PPBS「計畫預算系統」為美國將國防戰略轉換成作戰系統籌建所需

預算的分析制度，隨後也被美國聯邦政府所採用。

PPBS「計畫預算制度」曾被英國和加拿大政府引進採用，日本也於 1970 年代考慮引入；但因 PPBS「計畫預算制度」仍無法解決資源分配的典型問題如預算始終不足、預算分配優序難以抉擇及單位間競奪資源等，現已逐漸被各國政府所棄用。2002 年起，美國改用新的 PART「計畫評核工具」(Program Assessment Rating Tool)。

Questionnaire Survey 問卷調查：以一組標準化的問項題組 (questioning items) 及反應尺度 (response scale) 設計，在短時間蒐集大量受訪者回答資料，並據以執行統計分析與推論的量化研究方法。

問卷除問項題組外，通常還包含「指導語」(instruction) 及「受訪者基本資料」(demographic items) 兩大部分。指導語重點在指導受訪者正確填答各問項，既有指導語，就突顯問卷調查研究者無須對受訪者解說的特點。另受訪者基本資料調查項目如性別、居住區域、宗教信仰 … 等之調查目的，是在分析不同受訪者特性對問項是否有反應上的差異等（稱為「差異性檢定」(Differentiation Test)），另因受訪者基本資料通常涉及個人隱私，故除非有必要才問，沒必要則無須多問；此外，所有受訪者基本資料調查項目都必須執行差異性檢定。

問卷調查的優點是能在短時間內蒐集到大量資料，並以統計實證程序，獲得較為可信、且有效的推論。但前提是問卷問項的設計適當（能確實反應、題數適中 … 等），樣本數量足夠、且具有母體代表性等。但通常以有限的題項很難獲得受訪者對問項的真實意見，故「資料淺薄」成為問卷調查最大的缺點。嚴謹的研究通常應配合如專家訪談等質性研究方法，來補足資料過於淺薄的先天性缺點。

Responsibility Centers 責任中心：是指承擔一定經濟責任，並享有一定權利的企業內部責任單位。責任中心將企業分割成擁有獨自產品或市場的績效責任單位，然後將管理責任授權這些單位之後，以客觀的利潤計算，實施必要的績效衡量與獎懲，以期能達成企業設定的經營成果的一種管理制度 (Management System)。

責任中心的類型一般可劃分為成本中心、利潤中心、收入中心、費用中心和投資中心等。

Risk 風險：根據〈牛津英文字典〉(The Oxford English Dictionary) 的解說，風險一詞的英文於 1621 年時是 "risque"，到了 1655 年以後，才變成現在的 "risk"。牛津字典定義「風險」如：「暴露在損失、傷害，或其他不受歡迎狀況的可能性或機會」。

在管理學領域，為能比較風險的程度，將風險定義成某個事件發生的機率，乘上若該事件真的發生後所導致的成本或效益，或即：

$$風險期望值 = 事件發生機率 \times 事件效應$$

雖然一般將風險導致的後果視為負面的影響，如成本損耗、獲益減少等；但注意在上式中「事件效應」可正可負，因此，在專案管理上，通常也將問題、風險等視為可利用或探索的機會。

Rolling Wave Planning 滾浪式規劃：指規劃為一隨進度開展而次第詳盡的動態作為。在規劃階段，較近期程的任務與工作規劃得較為詳細，而較遠期程則粗略規劃即可，但隨著專案或計畫的執行，規劃作為的細緻程度，像階段檢視窗一樣，隨著進度的推展而次第詳盡化，如圖 5.12 所示：

圖 5.12　滾浪式規劃示意圖

Social Enterprise 社會企業：目前的定義尚不一致，在英國，如何使用利潤是區別社會企業與其他組織的關鍵。在北美，重點在於營利或解決社會問題的差異。在歐洲則傾向強調「社區共有」與「私人擁有」的區分。不管用哪一種區分，基本的差異還是著重於基金來源，一般來說，要與傳統的 NPO「非營利組織」區分，則至少半數的收入是來自交易而非政府補助或是捐款才能稱為社會企業。

即便目前尚無統一的定義，然一般認同的說法是「運用商業經營策略，追求人類與環境福祉的組織」。社會企業一般為非營利型態，但為了組織的持續與順利運作，也可以是營利型態，但其營利的目的不在分紅，而純粹是為了組織的持續運作。

Spiral of Silence 沈默螺旋：沉默螺旋是一政治學和大眾傳播理論，由德國政治學家紐曼 (Elisabeth Noelle-Neumann, 1916~2010) 最早提出，其主要概念是如果人覺得自己的觀點是公眾中的少數，他們會不願意說出自己的看法；但如果他們覺得自己的看法與多數人一致，他們會勇敢的說出來。媒體通常會關注多數派的觀點，輕視少數派的觀點。於是少數派的聲音越來越小，多數派的聲音越來越大，形成一種螺旋式上升的模式，因而稱為「沈默螺旋」。

Strategic Business Unit (SBU) 策略性事業單位：因大型企業或企業集團通常因層級龐雜、制度繁複等因素影響，導致缺乏一般新創公司的「創業精神」(entrepreneurial) 或反應彈性。因此，在組織內設立「自主單位」(autonomous unit)，其規模夠小具備反應彈性；但也夠大能處理與控制大部分會影響其長期運作績效的因素。這種SBU「策略性事業單位」因著重應變彈性，因此，通常能獨立設定經營任務、經營目標與資源分配與運用等。

Survey Research 調查研究：對社會科學研究領域而言，調查研究是指以問題為基礎，蒐集人們想法或意見等資料，並以統計分析方法得出實證研究推論的研究方法。

社會科學的調查研究,通常包括「訪談」(Interview)與「問卷調查」(Questionnaire Survey)兩種研究方法,訪談為質性而問卷調查為量化,可分別執行,或一併執行而能獲得交互驗證的效果。

Target Costing 目標成本法:是日本製造業創立的成本管理方法,以市場競爭價格為基礎決定產品的成本,以保證能獲得期望的利潤。即首先確定客戶會為產品或服務付多少錢,然後以「反向系統」觀點,再回溯來設計能夠產生期望利潤水準的產品、服務及流程等。

目標成本法使成本管理模式從「客戶收入=成本價格+平均利潤」轉變到「客戶收入-目標利潤貢獻=目標成本」。在日本,目標成本計算與 JIT「及時系統」的運作有關聯密切。

Uncertainty 不確定性:不確定性一詞,可用在許多領域如哲學、物理學、統計學、經濟學、心理學、社會學、工程與資訊科學等,各自有定義上的些微差異。一般說來,不確定性是指對未來事件的預測,因觀測不全,環境隨機變動影響,或甚至預測者自己的無知 (ignorance) 或不經意的散漫 (indolence) 等,對預測結果的可信程度。

自我測試

1. 試討論對不同規模的企業,適合的「預測」方法有何差異?又如何才能做好「有根據的推測」(educated guess)?
2. 試討論如何運用資訊系統與網路技術,做好組織對環境變動的「預測」?
3. 試以 IPO「輸入、程序、輸出」(Input-Process-Output) 的系統觀點,說明「規劃」的應有程序或作為。
4. 試討論一般企業組織中「策略規劃」與「經營規劃」、「行動規劃」與「預算規劃」等之差異性。
5. 試以資源基礎觀點,說明各階管理者對「組織」(organizing) 應有的作為。
6. 試以組織構型的各種發展,比較「機械式組織」與「有機式組織」的差異與優缺點。
7. 試比較指揮 (commanding) 與指導 (directing) 的差異。
8. 試說明「有效溝通協調」的執行要項。
9. 試蒐集「非語言溝通」(Non-verbal Communication) 的種類及其執行要點。
10. 試說明何謂「操控式管控」(Steering Control)。

06 綜論篇—
管理技能

學習重點提示：

1. 實務上管理職務的區分
2. 各種管理技能描述模型的運用
3. 各項管理與領導技能的意涵

　　本書第 2 章與第 4 章中，已說明管理與領導的異同、類型區分等，本章將針對管理（與領導）者所需的技能略加描述。首先，是區分一般經營實務中，對管理職務的分類。在瞭解各個不同管理職務所須處理的事務後，再說明其所需的管理技能。

　　在闡釋管理者所應具備的技能模型中，較著名的有卡茲 (Robert L. Katz) 的三種管理技能模型，明茲伯格 (Henry Mintzberg) 的「管理角色」(The Managerial Roles) 模型，管理領導輪 (the Management/Leadership Wheel) 模型，及管理技能金字塔 (Management Skills Pyramid) 模型等，各項管理與領導技能，則分別簡述其意涵如本章各節所述。

6.1 管理職務類型

在一般經營實務中，有許多管理職務的專有名詞如高階管理者、功能管理者、專案管理者、管理主官、管理主管…等，各有其特定職掌如：

高階管理者 (Top Managers)：一般指由 CEO「執行長」率領的高階管理團隊，如 COO「營運長」、CFO「財務長」、CIO「資訊長」、CLO「運籌長」、CKO「知識長」…等，這些高階管理者，通常負責組織整體的協調運作，其主要職掌是負責組織運作策略的規劃，使組織能朝 CEO「執行長」所揭示的組織發展遠景邁進。

依據組織規模與架構設計的不同，對規模較小的公司，CEO「執行長」有時亦稱「**總經理**」(General Manager)，而其率領的團隊，也可能各自職司某特定專業功能或部門，此時，則為**功能管理者 (Functional Managers)** 或**部門管理者 (Department Heads)**。

功能管理者 (Functional Managers)：亦稱「部門管理者」，受命於高階管理者，負責組織內特定功能或部門之運作，其主要職掌是確保其職司功能或部門運作的效率與產出效果。

監督管理者 (Supervisory Managers)：一般指負責督導組織基層員工運作的管理人員，其主要職掌是新進員工的在職訓練，指導員工學習新的技術與方法，及督導基層員工的正常運作等。

團隊管理者 (Team Managers)：一般是指為因應特定任務臨時組成團隊或專案的領導者，由於其團隊成員可能來自各功能或部門，因此，其主要職掌是「協調」與「整合」團隊成員的努力，來完成任務或解決問題等。

管理主官 (Line Managers)：即在組織圖中「**指揮鏈**」(Chain of Command) 上的各個管理職位，主要負責組織產品或服務的產出。一般所謂高階、中階及基層管理者，都屬於管理主官。

管理主管 (Staff Managers)：相對於管理主官，為組織中負責跨功能、跨部門如財務、會計、行政等支援幕僚性質的團隊管理者，其主要職掌為專業技術或行政支援的提供。

6.2　卡茲三類型管理技能模型

在管理者所需具備的技能上，美國社會心理學家卡茲 (Robert L. Katz) 1955 年於 HBR〈哈佛商業評論〉(Harvard Business Review) 發表一篇名為「有效管理者的技能」(Skills of an Effective Administrator) 文章中，首先強調：「管理者的績效依據其基本技能而定，而非其個人特質」，卡茲進一步依據管理層級與所需管理技能 (Skills or Competences) 之間的關係，列舉出三種管理者所需具備的管理技能如技術技能、人際技能及概念技能等，此三種通用技能與管理層級之關係，如圖 6.1 所示：

圖 6.1　卡茲三類型管理技能模型示意圖

概念技能 (Conceptual Skills)：管理者應有看事情的廣遠眼光，能更深入複雜情境核心，發展能使組織順利運作的策略等，將未來或未發生情境在腦中具像化的能力，這種將情境概念化的能力，也將影響管理者的決策能力。

人際技能 (Human Skills)：人際技能是與人共事，瞭解、激勵他人的能力。由於管理者須經由成員來做事與達成任務。因此，管理者必須具備良好的人際關係才能有效的溝通、激勵和授權。各層管理者都必須具備人際關係能力。

管理者作為團隊的一員，如何能有效的展開工作，以及在自己領導的團隊中促使成員合作的能力，主要是怎樣「待人」，表現在對上級、同級、下級的認知上（以及如何判別他們對自己的認知），也由此而產生的行為方式上。人際技能可進一步細分如「處理部門內部關係的能力」及「處理跨部門關係的能力」，對於中到基層管理職位，「處理部門內部關係的能力」至關重要；而隨著管理職位的上升，「處理跨部門關係的能力」變得越來越重要。

技術技能 (Technical Skills)：技術技能指的是對某項活動，尤其是對涉及方法、程序或技巧等特定活動的理解和熟練程度，主要是如何「處事」。它涉及的是專業知識和專門領域的分析能力，以及對相關工具、規章、政策等的熟練應用，大多數職業

教育以及在職培訓課程，主要與技術技能的培養有關。

與卡茲三類型管理技能模型類似的，還有現代 IPMA「國際專案管理學會」(International Project Management Association) 的「技能之眼」(The Eye of Competences) 模型，或稱 ICB「國際專案管理學會職能基準」(IPMA Competence Baseline)，如圖 6.2 所示：

行為技能
Behavioral Competences

技術技能
Technical Competences

關聯技能
Contextual Competences

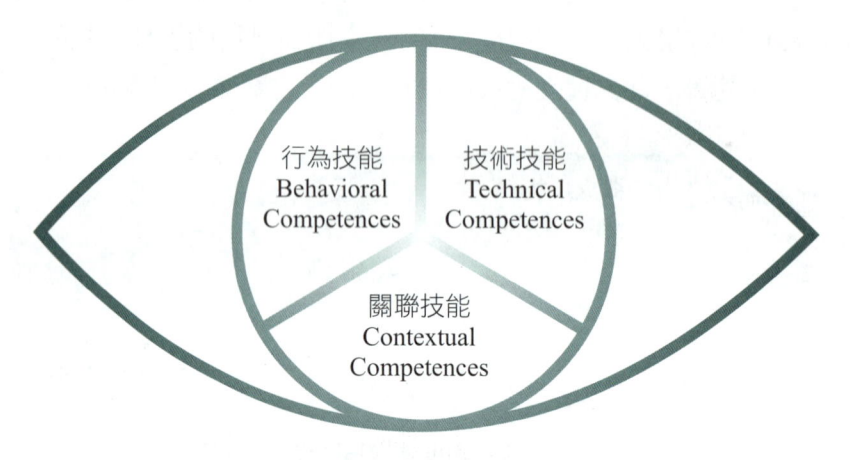

圖 6.2　技能之眼 (ICB) 模型示意圖

至於「技能之眼模型」中三種技能的種類合計有 46 項之多，有興趣的讀者可自行從 IPMA 網站下載參閱。

6.3　明茲伯格管理角色模型

明茲伯格於 1973 年出版的〈管理工作的本質〉(The Nature of Managerial Work) 一書中，定義了管理者所需具備人際、資訊、決策三種類型、計十種管理角色如圖 6.3 所示。

人際角色 (Interpersonal Roles)：提供資訊

1. **代表人 (Figurehead)**：身為組織或部門的主官，管理者為組織權力的象徵，因此，必須執行所有社會、法律及儀式職責，如接待訪客、會議主持等。
2. **領導者 (Leader)**：創造良好的工作環境，鼓舞、激勵員工的發展等。
3. **聯絡人 (Liaison)**：維持組織內部與外部資訊的連接網絡，蒐集外界資訊，並構建組織知識庫等。

```
         ┌──────────────┐    ┌─────────────────────────┐
         │              │    │ • 代表人 (Figurehead)    │    提供資訊
   ─────▶│    人際       │───▶│ • 領導者 (Leader)        │────────▶
         │ Interpersonal│    │ • 聯絡人 (Liaison)       │
         └──────────────┘    └─────────────────────────┘

         ┌──────────────┐    ┌─────────────────────────┐
   回饋   │              │    │ • 監督者 (Monitor)        │    提供資訊
   ◀─────│    資訊      │───▶│ • 傳播者 (Disseminator)   │────────▶
         │ Informational│    │ • 發言人 (Spokesperson)   │
         └──────────────┘    └─────────────────────────┘

         ┌──────────────┐    ┌─────────────────────────────┐
   回饋   │              │    │ • 創業者 (Entrepreneur)       │ 提供資訊
   ◀─────│    決策      │───▶│ • 風波處理者 (Disturbance Handler) │──▶
         │  Decisional  │    │ • 資源分配者 (Resource Allocator) │
         └──────────────┘    │ • 談判者 (Negotiator)         │
                             └─────────────────────────────┘
```

圖 6.3 明茲伯格管理角色模型示意圖

資訊角色 (Informational Roles)：處理資訊

4. **監督者 (Monitor)**：藉由組織內外部資訊的蒐集，審查、分析文件與報告，評估可能產生的問題或機會，並保持人際之間的良好互動等。
5. **傳播者 (Disseminator)**：以備忘錄、電話、甚至會議等型式，將事實及有價值的資訊傳播給團隊成員。
6. **發言人 (Spokesperson)**：代表組織或部門，向利害關係人提出報告或提供資訊等。

決策角色 (Decisional Roles)：運用資訊

7. **創業者 (Entrepreneur)**：辨識組織或單位的發展機會，發起新專案，授權團隊成員的發展等。
8. **風波處理者 (Disturbance Handler)**：解決組織內部衝突，當組織發生危機時採取危機管理或更正行動，適度反應組織外界的變化等。
9. **資源分配者 (Resource Allocator)**：組織內部財物、物料、人力、甚至資訊等的分配與監督。
10. **談判者 (Negotiator)**：代表組織對外（如工會、供應商、買方等）的談判者，捍衛組織或部門的利益。

明茲伯格的十種管理角色模型，雖然並未區分管理層級、另也區分甚為細緻。根據明茲伯格的說法，這十種角色運用的程度可有可無、可多可少，應依據環境及組織運作的特性而自行調整。

6.4 管理領導輪模型

在管理與領導技能的研究上，管理學界也發展出許多不同型式的管理輪或領導輪模型。在眾多的輪型模式中，最常被用來評估管理者技能績效的，是**「管理領導輪」**(Management/Leadership Wheel) 模型，此模型描述八種管理者或領導者的能力績效（以 0~10 評分，10 為滿分），如圖 6.4 所示：

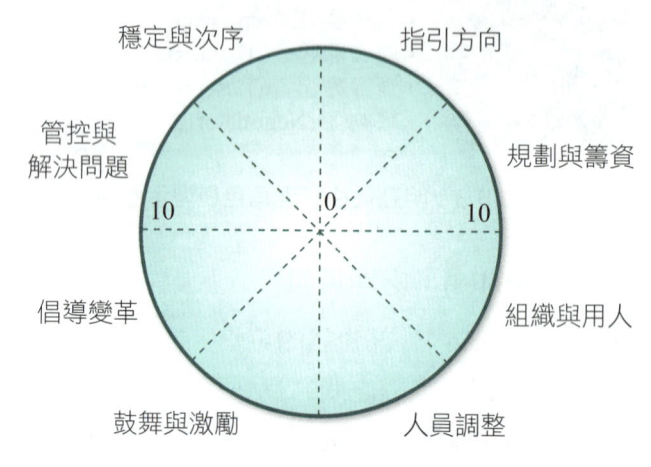

🎧 圖 6.4　管理領導輪模型示意圖

管理領導輪的八種管理能力評估指標則分別簡述如下：

指引方向 (Establishing Direction)：高階領導者或管理者應發展組織的未來發展遠景，並規劃達成此遠景所須做改變的執行策略。

規劃與籌資 (Planning and Budgeting)：設定短、中、長期目標詳細執行步驟與時程，接著，籌措為達成預期結果所需的資源。

組織與用人 (Organizing and Staffing)：除了資金、物料、機具等資源外，管理者仍須考量組織架構及職務上的用人，設定人員運作的政策與程序，並建立監控施行程序的系統與方法等。

人員調整 (Aligning People)：對所有參與程序的團隊成員以身作則的溝通與給予指導，確定所有人員瞭解發展遠景與執行策略等。

鼓舞與激勵 (Motivation and Inspiring)：藉由消除組織內的政治、官僚與資源障礙，滿足成員基本需求以激勵與鼓舞員工。

宣導變革 (Promoting Change)：為有用的改變（如對新產品的需求、提升工作

效率或工作福祉等）造勢。

管控與解決問題 (Controlling and Problem Solving)：詳盡的監控、檢視結果，辨識實際狀況與計畫的差異，及組織起來解決問題。

穩定與次序 (Promoting Stability and Order)：創造能穩定、一致性產出關鍵成果的環境與系統。

6.5　管理技能金字塔模型

管理技能金字塔模型 (Management Skills Pyramid) 為 About.com 網站所倡議，此金字塔模型區分四個層級共十個管理者或領導者所需具備的技能，如圖 6.5 所示：

◎圖 6.5　管理技能金字塔模型示意圖

第一層：「把事情做好」**(Get It Done)** 的基本管理技能

1. **規劃 (Planning)**：規劃，是所有管理任務的第一步、也是最重要的一步。對規劃而言，有所謂 "7P" 的縮稱格言如：

規劃 7P 格言：「適當的規劃與準備，能避免不良表現」(Proper Planning and Preparation Prevents Piss Poor Performance)。

2. **組織 (Organizing)**：組織的意義，是構建任務、團隊或專案等，並使其有效運作、產出預期成果。組織與規劃的技能有相當的重疊性，當規劃著重於應完成何事時，組織則較具操作性，著重於如何能把事情做得最好。

   一般「組織」工作時，管理者須能：
   - 決定需要的成員角色（或職務）
   - 指派任務到各角色（或職務）
   - 決定該角色所需的資源
   - 獲得並分配資源
   - 對各角色授權等

   對團隊成員完成任務、工作的組織後，別忘了組織自己的時間、空間等，也要讓自己的管理任務有最佳的發揮機會。最後，謹記組織資源始終受到限制或會彼此排擠，因此，組織也必須跟規劃一樣，隨著進度與環境的變化而適時調整。

3. **指導 (Directing)**：完成規劃與組織後，就進入到行動的步驟：指導。確定成員都清楚瞭解團隊的目標，指導團隊成員完成規劃的工作與任務。指導最重要的原則是「牽引、而非推動」(Pull, Don't Push)，以明確的目標、策略、政策、制度等，以身作則的領導團隊執行任務。

4. **管控 (Controlling)**：有些人主張以「協調」(Coordinate) 來軟化此技能的詞義；但「管控」一詞，是指管理者能確實管控團隊活動的必要技能。在管控步驟，管理者比較實際運作績效與規劃預期成果之間的差異，並做出必要的更正行動。

   在實務運作上，我們常說「計畫趕不上變化！」因此，在管控階段，經常需要將更正行動回饋至規劃步驟的調整與修改，而規劃至管控的迴路也就必須適時調整，直到完成任務為止。

   至於管控可用的工具或方法，一般常以專案管理的四項基準如：範圍、時程、預算及品質等，為管控的標準。範圍管控通常指的就是合約管理，時程管控則為進度規劃與管理，預算管控則為成本規劃與預算管理，品質管控則為 QC「品質管制」、QA「品質保證」、或甚至 TQM「全面品質管理」作為等。

第二層：發展員工的技能 (Develop Staff)

5. **激勵 (Motivating)**：當管理者有了自己的團隊之後，最重要的管理技能就是激勵。管理者必須經由團隊成員的認同、合作，進而積極參與、貢獻，才能有效完成任務、達成目標。因此，管理者必須瞭解每一個成員的不同需求，給予適當的激勵，

讓團隊成員發揮效能。

在激勵的作法上，有下列原則可供參考如：

- 管理者須確實瞭解好的團隊績效是來自於成員的高度激勵。
- 把人擺在對的位置上，才能發揮人的最佳效能。
- 注意績效回饋的方式，先正面、最後才負面回饋；或採取「三明治」式回饋
- 瞭解休憩互動的重要：利用休憩時間跟員工喝杯咖啡聊聊，是最能拉近距離、激勵員工的簡易方法。
- 留意不經意的言行！會導致「反激勵」(De-motivation) 的負面效果。

6. 訓練與教練 (Training and Coaching)：任務性團隊組成時，很少會有不需要為執行特定任務的訓練與教練需求。因此，管理者須能辨識出團隊成員所需的訓練；另在訓練後，管理者也必須能懂得如何執行團隊運作的「教練」，使團隊發揮最佳效能。

在訓練作為上，有下列原則可參考如：

- NET「新進員工訓練」(New Employee Training)：不管需要花多少時間，管理者須對新進員工執行 NET「新進員工訓練」，以確定他們能確實無誤的執行任務，這在長遠角度來看，能節約大量成本。
- 跨領域訓練 (Cross Training)：讓員工從事與目前工作相關（或不相關）的其他活動，對管理者與團隊成員都有好的效果。對管理者而言，讓管理者能充分瞭解每名成員的潛能；對成員而言，則能讓他們學習到新的技能，讓他們對組織更有價值；至少，不會讓他們因例行工作而覺得無聊。
- 餐會學習 (Learn at Lunch)：以餐會（也不一定非在午餐時間，早、晚餐甚至午茶時間均可）型式、輕鬆的執行學習，是讓團隊成員彼此熟悉與相互參考與經驗交流的最佳機會。

至於在教練作為上，則應依循下列原則如：

- 掌握管理涉入時機：管理者須能讓團隊成員從犯錯中學習經驗教訓。此項技能的訣竅是管理者須能掌握何時必須涉入，以免損傷擴大；何時袖手旁觀，讓成員自己發展解決問題的技能。
- 發揮團隊綜效為主：與球隊教練一樣，組織管理者不能讓明星球員「賣獨」；而應以發揮團隊綜效、成功達成任務為首要考量。
- 管理者必須能為團隊成員敬重：無能的教練無法促使擁有許多明星球員的球隊獲

勝一樣,若團隊成員對管理者沒有回饋意見(無言!)那就必須對管理者採取行動⋯管理者的發展訓練能解決此項問題。

7. **參與 (Involvement)**:有了高度激勵的成員,且經過適當訓練後,若不能讓他們參與決策,則之前所花費的成本與心血,都變成浪費。團隊要能成功、要有高度績效,就必須讓團隊成員參與決策過程,在貢獻意見的同時,也能間接促發激勵效果與參與意願。

在員工參與的作為上,有下列原則可供依循如:

- **讓成員有屬於團隊的歸屬感**:只要團隊在運作狀態,管理者就必須時刻注意團隊成員的工作指派、工作滿意程度等,始終讓團隊成員有屬於此一偉大團隊中一員的歸屬感。
- **讓成員能自由發想**:管理者應避免「微管理」(micromanagement),讓團隊成員有自由發想與創意的空間,如此,也能間接提升團隊成員的創新能力與對目標追求的承諾。
- **留住員工**:降低員工離職率跟提高員工參與度是一樣的道理。只有在能讓員工瞭解並認同團隊追求的目標,及能讓員工提出坦誠意見的前提下,才能留住有效能的員工,並鼓舞這些員工的積極參與。
- **正面回饋**:通常,管理者比較容易指出團隊成員哪裡做錯,而非哪裡做得好!當這種狀況發生時,管理者最好能坦誠的與做錯的員工溝通、並給予正面回饋。如此,反倒能促進員工的參與度。
- **授權而非加重負荷 (Delegate, Don't Just Dump)**:適度授權也是提升團隊成員參與度的有效方法,也能讓員工有接受新挑戰與成長的機會。但要注意的是「適度」授權,而不是增加成員的工作負荷。

第三層:自我改善的技能 (Improve Self):當管理者已具備良好的團隊管理技能後,接下來的,就是回到管理者自己的改善與技能提升上。在管理者自我改善的技能要求上,通常有「時間管理」及「自我管理」兩個議題,分別簡述如下:

8. **時間管理 (Time Management)**:在管理的生涯發展中,你會發現永遠沒有足夠的時間,讓你去做所有你想做的事情。因此,有效時間的管理,對管理者的自我改善也具有重要且關鍵的意義。

有效的時間管理,通常可依循下列原則如:

- **善用「代辦事項」表 (A To Do List That Works)**：管理者無法做所有的事情，因此，養成作「代辦事項表」的習慣，將所有代辦事項依據其重要性與優先等級（「重要性」優先於「優先度」）排序，然後，每次專注一項的完成代辦事項。從簡單的記事本到複雜的排程軟體都可以，選用最習慣運用的方式即可。
- **以「分段」(Chunking) 取代多工作業 (Multi-tasking)**：人，通常無法執行同時間的多工作業；但卻能快速執行連續的作業。因此，分段技術能以較少的時間「重新啟動」某項作業，而讓更多時間能花在作業的完成。這需要一些練習才能純熟，但值得管理者學習與專精。
- **樽節會議**：管理者通常花太多時間參加不重要的會議，讓管理者的時間無法有效運用在團隊實際活動的管理上。因此，管理者必須專精好的會議技巧，包括不開不必要的會議（需要討論才開會），會議必須要有重點（議題），會議時間不宜過長（1 小時內為宜；最多不超過 2 小時），會議決議事項必須能追蹤管理（避免決而不行）等。

9. **自我管理 (Self-Management)**：管理者也是人，也需要不斷的自我提升，才能有效管理團隊或組織。在管理者的自我管理技能上，有下列原則可供參考依循如：

   - **做好每一管理任務**：每項管理工作的績效與成敗，都是管理者管理生涯所留下的「痕跡」。因此，從基層管理一直發展到中、高階管理，在每個管理工作上，都要盡全力做好每一項管理任務。如此，才能稱為「成功的管理」。
   - **坦蕩無愧**：管理者的主要職責雖然是「把事情做好」；但始終要傾聽心裡時常發出的警惕：「做對的事情」。畢竟，在管理進階的生涯發展上，要回憶何時曾說過謊話或做過壞事而要圓謊或遮掩，是相當耗費心力的事！只有在每個管理階段都能坦蕩無愧任事，才能專注心力於管理生涯的成功發展。
   - **善用「80-20 法則」**：如同前述，管理者應專注於重要而非緊急事件的處理，另管理者也沒有充分時間處理所有問題。因此，善用「80-20 法則」(The 80-20 Rule 或稱「柏拉圖法則」(Pareto's Principle))，也是管理者必須專精的技能之一。

第四層：邁向成功 (Success) 的技能

10. **領導 (Leadership)**：領導與管理的最大差異，是領導者必須要有在紛雜環境干擾或遮掩情形下，透視未來、洞察機會、並揭示發展遠景的能力。

    管理生涯發展至此，高階管理者或領導者除已具備有效管理團隊、自我提升與發

展等技能外,最重要的,還是要能發揮影響力,以身作則的領導組織或團隊成員邁向成功之路。

6.6 其他管理技能

本章 6.1-6.5 節以各種模型提出的各項管理或領導技能外,還有許多其他管理或領導技能在實務運作上屢屢被提出,本節彙整其他相關管理技能並分別簡述如下:

AMA「美國管理學會」主張的關鍵管理技能

AMA「美國管理學會」(American Management Association) 也提出六項管理者與領導者必備的關鍵管理技能如:

1. **管理與領導技能 (Management and Leadership Skills)**:主要包括目標的溝通,設定優先次序、授權、人員發展、激勵,使成員具備高效能的教練等。所有相關的管理或領導技能,都應適當的組合運用,以促成有效的管理與成功的領導。

2. **溝通技能 (Communication Skills)**:好的溝通能力對團隊運作與決策都相當重要。管理者若能有效溝通,能將遠景、目標與策略等想法,有效的傳達給團隊成員。好的溝通者也必須能尊重他人的看法或意見。好的溝通技能能幫助管理者與團隊成員構建持久的關係,並獲得團隊成員的敬重與信任。

3. **合作技能 (Collaboration Skills)**:或稱「團隊合作」(Team Work) 技能,指能欣賞、容納他人差異、構建關係、結盟或有效談判的能力等。

4. **批判性思考能力 (Critical Thinking Skills)**:或稱「嚴謹的思考」、「慎思明辨」或「審辯式思惟」,是一種要求清晰、理性的思考方式,包括如觀察、詮釋、分析、推論、評估、解釋及「超認知」(Metacognition) 等。

5. **財務能力 (Financial Skills)**:除了能看得懂財務報表之外,還包括決策時考量成本效益、價值性,規劃預算的能力及最重要的,合理預測能力等。

6. **專案管理能力 (Project Management Skills)**:不見得一定要推動特定專案,舉凡任務、專案或計畫等範圍及目標的辨識能力,運用專案管理技巧保持正常運作,及有效跨功能團隊的運作等,都屬於專案管理能力。

其他常在管理領域談到的管理與領導技能,還包括有如:

1. **人際技能 (Interpersonal Skills)**:管理者應瞭解如何與不同背景、教育或技術層次的人相處,瞭解如何激勵這些人,並使其發揮最佳能力。在績效評估與獎懲時,最能看出管理者與員工之間的相處。若管理者處事公平、待人公正,即便遭到懲罰也

不會有任何怨懟。團隊構建能力也跟人際關係能力息息相關。
2. **決策技能 (Decision-making Skills)**：與問題解決一樣，決策是管理者持續都在做的事情。為能做好決策，管理者必須要能快速思考、有優秀的邏輯推斷能力及批判性思維等，才能確保每一項決策都對組織有利。在狀況緊急時，管理者應能先鎮定下來，才能做出適宜的決策。
3. **領導技能 (Leadership Skills)**：領導技能是所有管理人員必備的技能，領導者必須知道如何激勵、引導與指導他的團隊成員達成目標。領導者，應能瞭解其團隊成員的優缺點，並據以分配任務。好的領導者也應能授權，使團隊成員在狀況需要時能獨立運作。

本章總結

還記得現代管理學大師杜拉克對管理的名言：

大部分的管理，是讓人更難做事！

Most of what we call management consists of making it difficult for people to get their work done.

在管理與領導技能的分類上，再度突顯出管理學領域的矛盾。一方面希望能確實區分出管理與領導所需的技能類型；但區分得過細，又使一般人不容易掌握其要領。本章 6.2~6.5 節所述各種模型中，似乎只有卡茲的三類型管理技能模型兼具簡明扼要且涵蓋性廣的優點；其他模型則都因區分過份細微，有使人不易全盤瞭解的缺點。

在卡茲的三類型管理技能模型中，將管理者或領導者所需的技能，按照組織層級區分為三種類型如技術技能、人際技能及概念技能等，卡茲也強調管理職位越高，越應重視「概念技能」，而基層的管理者，則應強調「技術技能」，至於「人際技能」則是所有管理與領導者都必須熟悉的技能。這種按層級區分管理技能的方式，較能符合一般組織的實際運作。

關鍵詞

7Ps Planning 規劃 7P 格言：據信是英國陸軍最先運用的「軍事格言」(Military Adage)。所謂 7P 是七個 P 字首構成的縮寫，強調「規劃」的重要性如：

適當的規劃與準備，能避免不良表現
Proper Planning and Preparation Prevents Piss Poor Performance

Piss Poor Performance 原意是指「小便不通暢！」由於用詞的幽默及溫和的衝擊，讓此格言容易被記頌。在軍中，此 7P 格言，強調規劃的正確與精準，是攸關生死的大事。如運用在民間，則通常用在專案規劃上。

7P 規劃格言有許多變形如：

- Proper Prior Planning Prevents Piss Poor Performance 適當的事前規劃
- Prior Proper Planning Prevents Piss Poor Performance 適當的事前規劃
- Prior Proper Preparation Prevents Piss Poor Performance 適當的事前準備
- Piss Poor Planning Promotes Piss Poor Performance 不良的規劃促成不良的績效
- Prior Preparation and Planning Prevents Piss Poor Performance 事前的準備與規劃
- Positive Pre-Planning Prevents Piss Poor Performance 正向的事前規劃

另近代加入 "Practice"「練習」或 "Production"「生產」使符合某些特定情境如：

- Proper Planning and Practice Prevents Piss Poor Performance 適當的規劃與練習
- Prior Proper Planning Prevents Painfully Poor Production 事前適當的規劃，能避免痛苦、不良的生產
- Prior Proper Planning Prevents Piss Poor Production 事前適當的規劃，能避免痛苦、不良的生產

Chain of Command 指揮鏈：又稱指揮線 (line of command)，是指組織圖中上下層主官之間的指揮（上對下）與報告（下對上）關係。從組織的上層到下層的主官之間，由於直線職權的存在，便形成一個權力線，這條權力線就被稱作指揮鏈。由於在指揮鏈中存在著不同管理層次的直線職權，所以指揮鏈又可以被稱作**層次鏈** (Scalar Chain)。

De-motivation 反激勵：或稱「失去動力」(demotivated)，一般指生活或工作上失去激勵因素，而變得懶散、消沉或甚至不想工作的現象。通常導致「反激勵」或「失去動力」的因素，包括如：

1. 畏懼（陌生環境或系統）
2. 目標設定錯誤（越走越辛苦）
3. 缺乏明確的目標（不知為何而戰）
4. 價值衝突（淪為少數）
5. 缺乏自主性（沒有參與感）
6. 挑戰性不足（缺乏成就感）
7. 悲苦思惟（對變化的負面情緒）

8. 孤獨（缺乏社會認同感）
9. 耗竭（負荷過重、過久）
10. 不知下一步要做甚麼（缺乏規劃能力）等

Metacognition 超認知：這種高階層認知心理學的名詞，最先由美國心理學家弗拉佛 (John Flavell) 於 1976 年的論文所提出。超認知的簡單定義是「有關認知的認知」或「有關瞭解的瞭解」，這種繞口令方式的定義無助於瞭解；因此，換個實際的角度解釋，從其字根 "meta"「超越」(beyond) 的意思，就是指人類對現象「認知」的潛在運作機制。根據弗拉佛的說法，超認知由「認知的知識」(knowledge about cognition) 及「認知的規則」(regulation of cognition) 兩個成分所構成。在實際運用上，通常就在指學習或解決問題過程中，何時及如何運用特定策略（方法）的知識或經驗等。

Micromanagement 微管理：是與宏觀管理理念相反的管理方式，採用微管理方式的管理者，傾向密切觀察及管控員工的各項作為，以確保員工確實按照指示的程序與方式運作。微管理通常會使員工覺得不受尊重、遭到監視等不舒服的感覺，也會直接導致對管理者甚至工作的不滿意等。因此，微管理此一名詞，在運用時通常帶有負面的意思。

New Employee Training (NET) 新進員工訓練：通常包括新進員工的引導熟悉 (orientation) 及正式的在職訓練兩部分。新進員工的引導熟悉，能使新進員工快速的加入團隊運作，提高其工作動機及滿意感，另亦有助於留住員工。引導熟悉的速度越快，就越能讓新進員工提早對團隊做出貢獻。

Pareto's Principle 柏拉圖法則：是義大利經濟學家柏拉圖 (Vilfredo Pareto) 在 1906 年對義大利 20 % 的人口擁有 80 % 的財產的觀察而得出的法則，後來由管理學者朱朗 (Joseph M. Juran) 把它稱為「柏拉圖法則」，也稱為 80/20 法則。此一法則在很多方面被廣泛的應用，如在眾多社會現象中，80 % 的結果取決於 20 % 的原因；80 % 勞動成果取決於 20 % 的前期努力；20 % 的人做了 80 % 的工作 … 等。

柏拉圖法則在品質管理上有很多的應用，它是 TQM「全面品質管理」、六標準差專案等的關鍵工具，此外，也是「柏拉圖」(Pareto Chart) 運用的基礎。

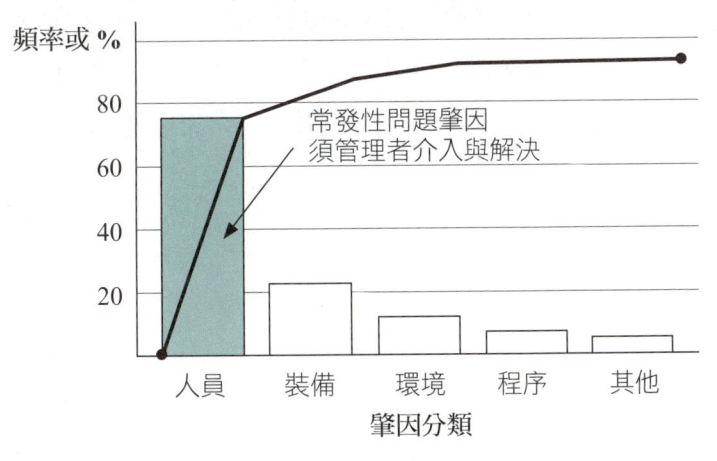

圖 6.6　柏拉圖範例

圖片取自公用授權網站 http://en.wikipedia.org/wiki/File:Pareto.PNG

自我測試

1. 試說明在組織實際運作狀況中,領導者所須發揮的「概念技能」(Conceptual Skills) 有哪些重點?
2. 試討論在一般組織運作中所需的「人際技能」(Human or Interpersonal Skills) 有哪些?
3. 試以管理職位區分,討論「研發」、「生產」、「行銷」、「人資」、「財務」等功能或部門經理人所需具備的專業技能有哪些?
4. 請蒐集 ICB「國際專案管理學會能力基準」所定義的專案經理所須具備的技能類型。
5. 根據 ICB「國際專案管理學會能力基準」,專案經理所須具備的技能有甚多!你認為最重要的前三項技能為何?試說明理由。
6. 試以專案與專業區分的角度,討論專案經理與功能經理所須技能的共同性與差異性。
7. 在明茲伯格管理角色模型中,除「領導者」角色外,你認為領導者「應扮演」與「不應扮演」哪些其他角色?
8. 若你是一個團隊的領導者,成員都是來自各專業部門的領域專家,你要如何激勵團隊成員的主動參與;另要如何達成團隊運作的綜效?
9. 時間,對所有人都是公平的。善用時間的人,效率較高、績效較好,應是不爭的事實。試說明你的時間管理 (Time Management) 方式為何?
10. 一般組織內的開會總是讓人覺得缺乏效率且無意義的!若你是一個重要會議的主持人或規劃者,你要如何執行或規劃一次大家都認為好的會議?

07 領域篇—
公司治理

學習重點提示：

1. 公司的組成與利害關係人
2. 公司治理實務
3. 公司治理制度下董事會與經理人角色

　　現代企業組織的運作型態複雜,牽涉的利害關係人也多。若企業經營失效如惡性倒閉、重大違法事件等,其所導致的社會衝擊巨大,影響亦甚為深遠。因此,各國政府及國際間,於近代都開始著重「公司治理」(Corporate Governance) 的探討。

　　本章從公司的組成開始,說明企業組織的運作方式,接著探討企業經營結果對利害關係人的影響,引入公司治理理論與實務規範的發展,並說明在現代公司治理制度運作下,企業董事會與高階經理人的互動、應扮演角色等,分別解說公司治理的內涵如本章各節所述。

7.1 公司的組成與運作

在說明公司的組成與運作前，因在英文裡，對公司的名詞有許多用法，如 Company, Corporation, Enterprise 等，有必要先加以澄清。

企管領域中所謂的**公司 (Company)**，一般是指為從事獲利事業 (profit business) 而自發性成立的組織，公司通常須向當地政府申請成為**「法人」(Legal Person)** 後，才能合法的從事募資（向銀行借貸或公開發行股票募資等）與經營活動（生產、服務或貿易）等。政府允許投資者設立公司、提供其經營環境的同時，公司也必須向政府納稅。

公司的類型，一般可區分如**獨資 (Sole Proprietorship)**、**合夥 (Partner-ship)**、**有限責任 (Limited Liability)** 及**公共有限責任 (Public Limited)** 等。

英文的 "Corporation" 同樣也翻譯成「公司」，通常指由「股東」(stockholders or shareholders) 共同擁有，一般具有下列三種特質如：

1. **法人型式存在 (Legal existence)**：可進行買賣、訂約、訴訟等。法人必須是組織，具有民事權利和民事行為能力，依法獨立享有民事權利和承擔民事義務。就像自然人 (Natural Person) 一樣，可以承擔刑事責任，不過跟自然人不同之處就是自由刑對法人並不適用，法人所接受的刑罰一般以罰款為限。
2. **有限責任 (Limited liability)**：除非公司擁有者提供個人擔保，否則在一般公司經營失敗、而要清算 (liquidation) 的狀況下，債權人只能對公司擁有者（或股東）對公司的投資資產求償，而不能對公司所有者的個人資產要求清償。
3. **存在連續性 (Continuity of existence)**：只要運作良好，因為公司所有權（即股份）可以轉售或移轉，所以一家公司的壽期通常會超過原擁有者的壽命。

從以上對 "Corporation" 意涵的解說，我們可以將 "Corporation" 視為一般認知的「股份有限公司」(Limited Liability Company, LLC)

至於 "Enterprise" 一詞，用於企管領域即代表著「企業」。相對於「公司」(Company or Corporation)，企業一詞涵意較為廣泛，包含以獲利為主的公司，NPO「非營利組織」，及政府公部門等。因此，有時我們也以「公司」或「企業」稱營利企業；另以「組織」稱非營利組織或政府公部門組織等。

說明至此，我們應對公司有一基礎的瞭解，一般股票上市公司通常是「責任有限」的「法人」。責任有限與法人這兩個屬性，都使人對公司的運作存有疑慮，尤其是當企業擁有者或經營者有不當經營想法時，一般公司法、商事法等經營法規，對公

司不當經營的規範能力甚為有限。因此，在國際上發生幾次重大的企業失效事件後，各國與國際間，都開始注意「公司治理」的相關立法與規範。

我們接著來談公司的組成，若以公開上市、發行股票的營利企業為例，其組成大致可區分為資方、管理與勞方等三個主要組成；若以公司治理角度來看，則有董事會、經營階層及監督機制等三個主要組成。

董事會 (Board of Directors)：通常由股東代表組成。股東大會雖然是公司的最高權力與決策機構，但一般（小）股東只關心股利分配和股票價格對自己利益的影響，而對公司的經營方針、發展策略等並不關心，導致一般股東與公司經營的關聯性相當鬆散，股東大會僅能就公司的發展方向、經營規模和盈利分配等重大議題做出原則性的決定；或是成為大股東構成董事會決議的鼓掌部隊而已。真正掌握實權，能發揮決策作用的是董事會。董事會是股東大會閉會期間行使股東大會職權的常設權力機關，也是最高決策機構，負責處理公司重大經營規劃與管理事宜。

董事會的重要地位和作用，使股東們對董事的選任十分審慎。現代各國公司的董事會，除出資佔多數的大股東（一般董事）外，其他還有由經濟專家、管理專家、技術專家、法律顧問（獨立董事）及高階經理人（經營董事）等組成，人員素質普遍都高。

董事會行使資方「所有權」的權力有：

1. 設定公司整體營運方向
2. CEO「執行長」與高階經理人員的聘任、績效評估及解雇
3. 關鍵性資源運用的審查與核准
4. 關切股東利益等

經營階層 (Executive Officers)：公司的經營大政由董事會做出決策，但董事會並不負責實際日常例行業務的推動與執行，而是聘任專業經理人負責公司的例行性經營管理活動。因此，專業經理人所構成的高階經營（或管理）階層是公司必要、常設的業務執行機構，也就是所謂公司的「高階管理階層」。

專業經理人如 CEO「執行長」（或其他重要高階管理功能職位如 COO「營運長」、CFO「財務長」等）是經董事會過半數以上的董事同意委任，秉承股東大會、董事會的決議，有權管理公司業務，並有權代表公司在正式文件上簽字的人們，通常以 CEO「執行長」為代表。

經營階層行使「管理權」，其主要職責有：

1. 承接董事會經營方向指導
2. 發展公司經營遠景與設定目標
3. 經營策略規劃與管理
4. 執行公司的領導與管理等

監督機制 (Supervising Mechanism)：由於股份有限公司是所有權與經營權分離的法人組織，其經營決策權集中在董事會成員手中，日常業務管理權更集中在受聘於董事會的 CEO「執行長」一人（或少數高階管理人員）身上，因此，股東為防止其委任者（包括董事與高階經營階層）濫用職權，違反法令和公司章程、損害股東的利益，就會要求對委任者的活動及其業務進行監察和督促。

但由於為數眾多的小股東受限於管理知能（行使監督權須有專業職能）、管理時間上的限制（股東大會召集次數總是有限的），所以就由股東大會授權公司的監督機構：監事會，代表股東大會監督公司業務的執行，並對股東大會負責。

監事是股份公司中常設的監察機構的成員，亦稱「監察人」。通常監事會中至少應有一人為股東，並在國內有住所。監事不得兼任董事或經理人。監事的任期一般較董事短。

監事會行使資方「監察權」的權力，其主要職責有：
1. 監督董事、經理等管理人員有無違反法律、法規、公司章程及股東大會決議的行為。
2. 檢查公司業務，財務狀況和查閱帳簿及其他會計資料。
3. 核對董事會擬提交股東大會的會計報告、營業報告和利潤分配等財務資料，發現疑問可以公司名義委託註冊會計師、執行審計師等協助複審。
4. 有權建議召開臨時股東大會。
5. 有權要求執行公司業務的董事和經理報告公司的業務情況。
6. 負責對公司各部門及各級人員進行監督、檢查、考核。
7. 有權對公司的管理提出建議和意見。
8. 有權對公司發生的問題提出質疑。

說明至此，讀者應可發現從公司治理的角度來看公司的組成，並未提及佔公司多數的「勞方」員工。員工，在公司的利害關係人當中，是受公司不當經營最直接的受害者。但若從公司治理的目的在防止公司資方與經營階層的不當行為來看，若能確實做好公司治理的監督與防範，公司能正常運作，員工的工作權與福祉自然也能獲得保障。

從以上解說，我們可知公司治理主要在探討公司資方（董事、監事）與經營階層的權責律定，以保障資方（多數股東）及其他主要關係人（政府、債權人、員工、供應商 … 等）的權益。而公司治理的定義，一般多採用 OECD「**經濟合作暨發展組織**」(Organization for Economic Co-operation and Development) 的定義如：「公司治理是指導、管理並落實公司經營的機制與過程，在兼顧其他利害關係人利益下，藉由加強公司績效，以保障股東權益。」

7.2 公司治理理論

在探討公司治理此一領域的研究理論，主要計有代理理論、利害關係人理論、資源基礎理論、執事理論、社會契約理論、正當性理論及政治理論等。

7.2.1 代理理論

公司所有權與經營權分離所帶來的最直接問題，是失去經營權的所有者如何監督擁有經營權的經營者，以實現所有者利益最大化為目標去進行經營決策，而不是濫用經營決策權，這就是**代理理論 (Agency Theory)** 所要解決的核心問題（圖 7.1）。

代理理論是公司治理理論的重要一支，該理論將在兩權分離的公司制度下，圖 7.1 所有者（Principles「委託人」）和經營者（Agent「代理人」）雙方關係歸納為下列三種特性：

1. 經濟利益不完全一致
2. 承擔的風險大小不對等
3. 公司經營狀況和資金運用的資訊不對稱

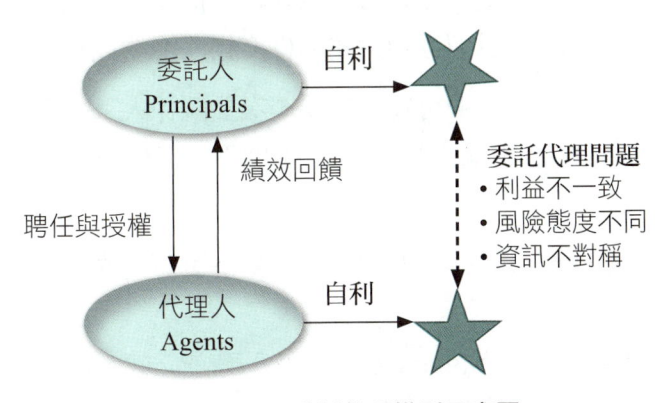

▲ 圖 7.1　委託代理模型示意圖

經營者負責公司的日常經營，擁有絕對的資訊優勢，為追求自身利益的最大化，其行為很可能與所有者和公司的利益不一致，甚至侵損所有者和公司的利益，從而誘發風險。這種因委託代理關係產生的問題，稱為「**委託代理問題**」(The Principal–Agent Problem) 或「**代理兩難**」(Agency Dilemma)。為了規避「委託代理問題」所導致的風險，確保資本安全和最大的投資回報，就要引入公司治理機制，用於對經營者的激勵與監督。

代理理論的基本假設是：股東是公司的所有者，即代理理論中所指的委託人，經營者是代理人。代理人是自利的經濟人，具有不同於公司所有者的利益訴求（如公司獲利即應分紅），具有機會主義的行為傾向（反正不是用自己的錢！）所以，公司治理所要處理的核心問題就是解決委託代理問題，即如何使代理人忠實履行義務。具體地說，就是如何建立起有效的激勵與約束機制，督促經營者為所有者（股東）利益的最大化而服務。

7.2.2 利害關係人理論

利害關係人理論 (Stakeholder Theory) 原本就是管理理論的一支，主要用於「關係人分析」(Stakeholder Analysis) 與管理。所謂的利害關係人，是與公司經營決策或結果有直接或間接利害關係的人或團體，如股東、債權人、員工、顧客、供應商、零售商、公司所在社區、工會、環保監督團體及政府等，都屬於公司經營的利害關係人。

利害關係人理論認為，公司的目的不應僅侷限於股東利潤的最大化，而應同時考慮其他利害關係人，公司各種利害關係人利益的共同最大化才應當是現代公司的經營目標，也才能充分實現公司作為一個經濟組織存在的價值。因此，有效的公司治理機制設計，應能向利害關係人提供與其利益關聯程度相匹配的權利、責任和義務。

公司經營的關係人眾多，一般可區分主要、次要關係人；組織內、外關係人等；另在 Rodriguez el al. (2002) 的論文中，以公司治理角度將關係人區分為三大類（圖7.2）：

1. **同質關係人** (Consubstantial Stakeholders)：為公司存在的必要關係人，如股東、投資者、合作夥伴、員工等。
2. **合約關係人** (Contractual Stakeholders)：與公司經營有合約關係的關係人，如銀行、供應商、外包商、顧客等。
3. **脈絡關係人** (Contextual Stakeholders)：公司經營有關社會性認同的關係人，如政

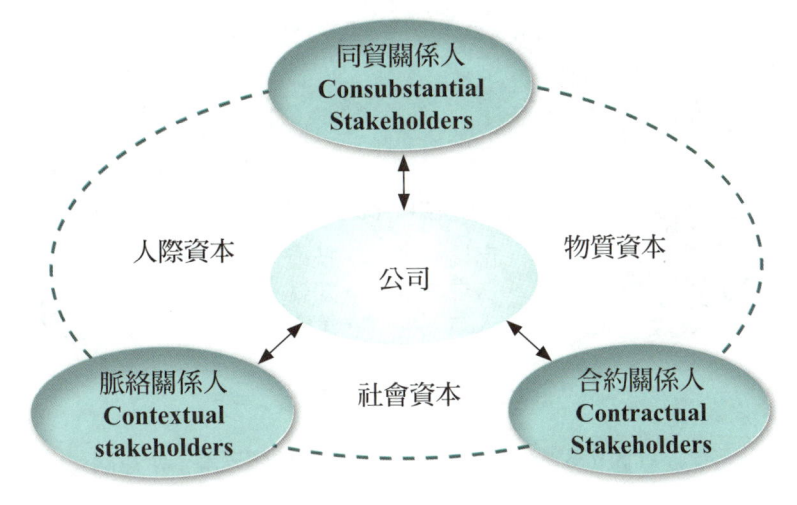

圖 7.2　公司治理關係人分類圖 (Rodriguez el al., 2002)

府公部門，公司所在國家與當地社區，知識與意見創造者等。

根據 Rodriguez 等人的說法，上述三類型公司治理的關係人，構成公司經營所需的物質 (physical)、人際 (human) 與社會 (socail) 資本。公司重大投資決策，都必須考量這三種資本的權衡運用，務使這三種資本都能得到最有效率的發揮。

7.2.3　資源依賴理論

資源依賴理論 (Resource Dependency Theory, RDT) 屬於組織理論的重要理論流派，是研究組織變遷活動的一個重要理論，萌芽於 20 世紀 40 年代，在 70 年代以後被廣泛應用到組織關係的研究。資源依賴理論的核心假設是沒有任何組織能自給自足，都必須要與環境進行交換，從環境中獲取必要資源，來維持組織的生存與正常運作。

資源依賴理論強調組織權力，把組織視為一個政治運作機構，認為組織的策略無不與組織試圖獲取資源，試圖控制其他組織的權力行為有關。資源依賴理論也考慮組織內部因素，認為能夠提供資源的組織成員顯然比其他成員更加重要。

若以 RDT「資源依賴理論」來處理公司治理的問題，則強調組織運作所需重要資源的獲得，通常來自於董事（區分內部與外部董事）與高階管理階層。外部董事為公司與外界環境連接的關鍵管道，主要負責提供公共政策方向、社會群體意見、組織運作的合法條件、供應商、客戶等；內部董事與高階管理階層則負責提供公司內部運作所需的資源，如市場資訊、法規資訊、人力、技術、知識、策略等（圖 7.3）。

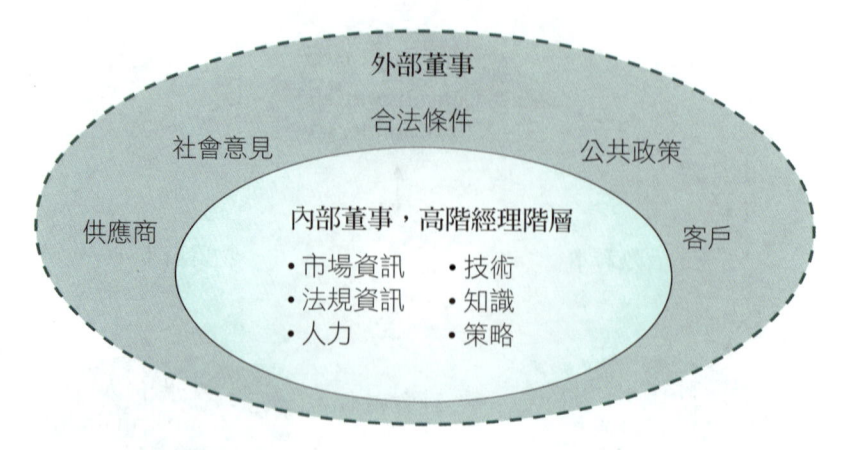

▶ 圖 7.3　公司治理 RDT「資源依賴理論」示意圖

　　RDT「資源依賴理論」認為若公司內、外部董事都能善盡職責，則可有效降低組織運作可能遭遇的外部不確定性、風險，與內部交易成本等。

7.2.4　執事理論

　　執事理論 (Stewardship Theory) 中所謂的「執事」(Stewards)，直譯為「管家」，比喻一大家族內受主人委託、總管家族日常事務的人。但在現代人權平等的概念下，以主人與管家來形容公司的治理似乎不妥，故本書以較中性與專業的稱呼為「執事」。

　　執事理論用在公司治理時，概念與「代理理論」相反。代理理論假設委託人與代理人之間存在著利益的衝突，這種假設把身為公司代理人的高階經理人都視為「追求自利」的經濟人，頗有 X 理論「人性本惡」的意味。執事理論則強調專業經理人（執事）受雇於公司董事會，本著專業誠信與高層次的動機，會忠實的追求與實現董事會（委託人）所設定的目標（如圖 7.4）。相對於代理理論與 X 理論的類比，執事理論則可視為 Y 理論的「人性本善」之說。

　　公司治理的執事理論，強調董事會、監事會對高階管理階層的授權與信任，而非監督與管控。因此，在公司治理的實務運作上，對董事長身兼總經理一事的適宜性，也是較為寬鬆看待的。

▶ 圖 7.4　執事理論模型示意圖

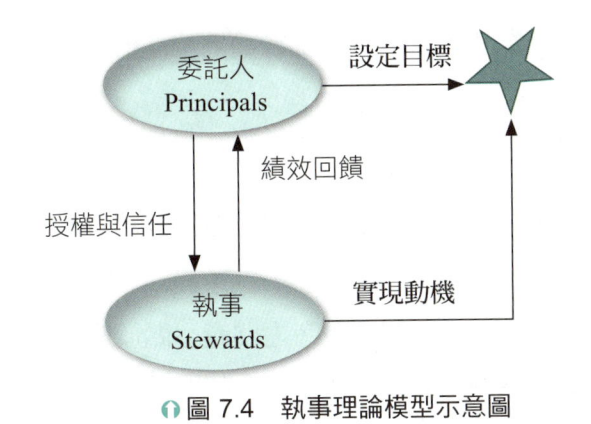

7.2.5　社會契約理論

社會契約理論 (Social Contract Theory)，將社會中成員間的關係，都視為是一種社會性的契約。因此，在社會運作中的公司，自然對社會就有其義務。對公司治理而言，社會契約理論在強調公司任何作為的決策，都應對其所處的社會善盡其義務，社會對公司的運作，也有某種特定的期待。故在本質上，社會契約理論與關係人理論類似；另在實際運作時，則衍生出 CSR「**企業社會責任**」(Corporate Social Responsibility) 相關議題。

17 世紀以來，社會契約理論在西方國家極具影響力。企業社會契約理論認為企業和社會之間存在著某種社會契約，即企業與社會各種利益集團之間有一系列具有共識且相互受益的社會契約，履行與這些利益集團的契約義務，就是企業的責任。

社會經濟發展的不同階段，決定了社會契約具有不同的特徵。半個世紀以前，企業的社會契約責任大致侷限在以合理的價格提供產品與服務，隨著社會經濟結構和思想意識的改變，企業的社會契約發生了改變，要求企業從整個社會角度，考量公司經營對社會的影響及社會對企業行為的期望與要求，要求企業對各種社會問題負有責任，這樣就產生了企業的「社會利益」概念，而不是原來狹隘的「股東利益」。管理者必須由原來僅對股東負有責任，轉變為對所有利害關係人負有責任。

企業社會契約可分為企業內部社會契約和企業外部社會契約如：

1. 企業內部社會契約

企業內部社會契約是企業對內部員工及管理者的責任和保證，包括企業對員工的安全、自由與尊嚴保證等。企業社會契約要求企業解決各種歧視現象，應盡一切必要

努力，做到真正向所有員工開放，使所有員工無論地位高低，在人格上一律平等，公平解決利益分配問題等。

2. 企業外部社會契約

企業外部社會契約是企業對社會公眾、其他企業以及政府的責任等，其內涵簡述如下：

企業對消費者的社會契約：企業與消費者之間產生關於產品或服務的經濟契約關係，同時也產生了企業要維護消費者權益和平等交易的社會契約。首先，企業提供的產品和服務，不應侵害顧客的基本權利，不得提供假冒、偽劣產品；其次，企業應對顧客誠實不欺、信守承諾、信守平等交易原則等。

企業對其他企業的社會契約：社會契約的基本要求是企業應當公平地對待供應商和競爭者，履行企業對其他企業的承諾或經濟契約，按期付款，信守合約，公平交易。

企業對社會大眾的社會契約：企業是社會的成員，不僅要面對直接發生交易的其他企業或消費者，還要面對不與其直接發生交易關係的一般大眾。對社會大眾的社會契約要求企業保護大眾的基本權益如：不得污染社會環境，生產程序、產品與服務應能保證大眾的安全，要充分考量因工廠選址、開辦和關閉對社會大眾的影響，對社會發布準確、真實的訊息等。

企業對政府的社會契約：政府是社會多數人利益的代表，並擁有社會強制力，出於維護社會利益角度的考慮，政府對企業行為的合理性有基本的要求，如對企業保護環境、希望企業參與社會公益等的期望。

7.2.6　正當性理論

在公司治理有關的研究文獻中，**正當性理論 (Legitimacy Theory)** 與社會契約理論類似，但較為強調企業因政府的授權，也因社會對企業提供人員及資源運用的許可，因此，公司的經營，必須符合某些社會價值觀、信仰等規範，並做出被社會預期、適當的行動。

對公司運作績效的衡量，傳統上是衡量其獲利能力；但在正當性理論（另如社會契約理論、利害關係人理論等亦然）的角度，則必須除投資者的利益之外，公司也應一併考量對公眾權益的影響。換句話說，也就是社會對企業經營的預期。若不能符合社會的預期，公司經營的正當性就會受到社會大眾的挑戰。

7.2.7 政治理論

前述無論利害關係人理論、社會契約理論或正當性理論等，多屬於理論層面的探討。但隨著近代公司治理的實務運作，只在學理上要求企業應如何、如何的，未免不具約束效力。反倒是政治的直接涉入，對公司治理比較具有強而有力的約束力。公司治理的**政治理論** (Political Theory) 於是因運而生。

政治理論本就極其複雜，牽涉到人權、平等、自由、責任與義務等許多人類與社群互動的複雜概念。如運用到公司治理，則較專注於政府對公司經營的規範，也是近代許多重大企業失效事件發生後，對社會衝擊影響甚大，故而導致一般社會大眾對政府運用權力，對企業經營做出適當規範的預期所致。

7.3 公司治理實務

介紹完公司治理的理論後，本節則介紹目前在公司治理的一些實務運用系統，如勞資協同制度、企業聯盟、國際相關法規及公司治理的一般內外部管控機制設計等，分如以下各小節所述。

7.3.1 勞資協同制度

在 7.1 節中談到公司組成與公司治理的關係中，一般公司治理理論通常只探討資方（所有者）與管理方（經營者）間的互動關係，獨缺「員工」此一重要公司組成部分。但在實務運作中，則有所謂**「勞資協同制度」**(Codetermination) 的設計，使員工可以參與經營的管理，甚至董事會的決策。

"Codetermination" 一詞轉譯自德語 "Mitbestimmung"，實際上「勞資協同制度」也是源自於二次大戰後的西德。在德國目前法律中，凡是公司人數超過 500 人以上的企業，都必須要有員工代表參與董事會的席次。

「勞資協同制度」最簡單型式，是 ESOP「員工認股計畫」 (Employee Stock Ownership Plan)，藉著讓員工對公司的獲利產生興趣，將股份分配給員工，並可能以信託形式持有，直到員工退休或離開公司，股票才得以出售。

ESOP「員工認股計畫」也可視為是公司融資的手段之一，公司採取 ESOP「員工認股計畫」的好處包括如：

1. 為未上市公司的股票提供一內部交易的市場

2. 公司上市的替代方案
3. 防止敵意併購
4. 平穩讓渡或放棄經營不理想的子公司或部門
5. 提供員工退休保障
6. 提供員工另一種激勵機制

　　勞資協同制度較為確切的運作型式，則是在董事會中有員工代表的席次。而這又可區分為**「單層董事會」**(One-tier Board) 或**「雙重董事會」**(Two-tier Board) 等兩種運作類型。

　　單層董事會如同一般董事會，只在董事會中安排有員工代表董事而已。單層董事會系統常見於英、美等英語系國家。單層董事會的勞資協同制度，視員工代表的參與程度，從「被知會」到「參與決策」都有。

　　雙層董事會通常區分為「監督」(supervisory) 與「管理」(management) 兩層董事會結構，常見於德國及其他歐洲國家（圖 7.5）。雙層董事會的員工代表通常參加「監督」董事會，且其席次通常不超過 1/3~1/2；至於在管理董事會中設置員工代表則較為少見。

　　勞資協同制度，顧名思義是要得到勞資雙方的「和諧相處」與「共榮互惠」，管理學界對勞資協同制度的認同觀點如下：

1. 使公司決策較具實際運作品質
2. 藉董事會內溝通管道的系統化改善勞資對立態勢

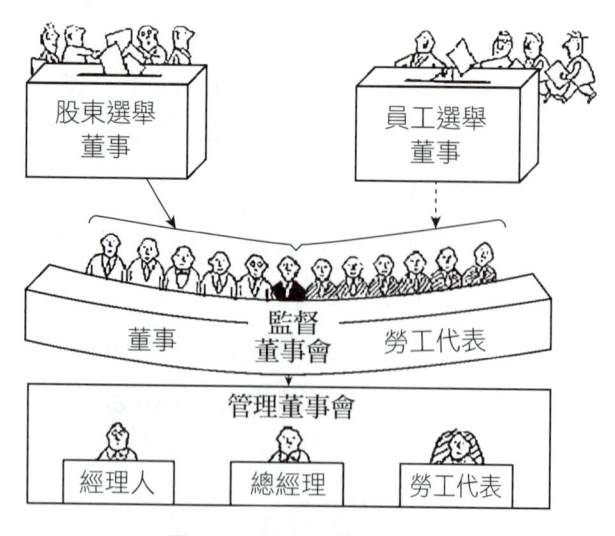

圖 7.5　雙層董事會示意圖

3. 藉立法提升公司內勞工的談判能力 (Bargaining Power)
4. 藉公共政策降低市場失效的機會

但實務運作的經驗，卻顯示採用雙層董事會結構的勞資協同機制，通常會因決策較為保守，進一步降低公司整體價值與股利等缺點。

7.3.2 企業聯盟型式

此處所謂的企業聯盟，與企業間「**策略聯盟**」(Strategic Alliance)，「**併購**」(Merge & Acquisition, M&A) 或「**控股公司**」(Holding Company) 的概念都稍有不同。策略聯盟一般指各個企業維持其經營自主性，僅在某特定策略或目標上形成聯盟的長期夥伴關係；併購則通常指一家企業收購另一家企業，被收購的企業不再存續；控股公司則通常不從事生產或服務，而純粹以持股營運為目的。而本小節所說的「企業聯盟」，通常指的是互相交換與擁有其他企業控制股權之謂，又稱為「**連鎖董事**」(Interlocking Directorates/Cross-shareholdings)。國際間最有名的連鎖董事會類型，要算是德國的「康西恩」(Konzern, 英譯 Concerns)、日本的「經連會」(Keiretsu) 及韓國的「財閥」(Chaebol)。

連鎖董事是聯盟企業之間互相交換董事席次，以達成彼此瞭解與監控各方經營作為的結盟形式。個別企業的經營自主權，或多或少會受到其他企業連鎖董事的影響，因此，與策略聯盟稍有不同；另若個別企業都仍維持一定的控制股權，仍保持其主控權（股權佔多數），則又與併購不同。總而言之，企業以連鎖董事所形成的企業聯盟，是彼此交換股權，以形成更具競爭力的「**產業集團**」(Industry Group)，而此集團通常發生在跨產業領域的「聚合」(Conglomerate) 策略上，故也可稱為「**產業聚合**」(Industry Conglomerate)。

在資本主義經濟發展史上，在 19 世紀末、20 世紀初才在主要資本主義國家先後形成「產業集團」的運作形式。產業集團甚至可以控制一個國家或地區的政治、經濟、甚至文化及社會價值觀等各個層面，充分展現出資本主義結合資金與工業生產能力的「壟斷」特質。

資本主義經濟體制下所形成的壟斷現象，陸續產生過許多特定名詞如**卡特爾** (Cartel)、**辛迪加**(法語：Syndicat)、**托拉斯** (Trust) 等，但德、日、韓等國的連鎖董事型式又有些差異，分別解說如下：

德國的「康西恩」(Konzern)

康西恩是由德語 "Konzern" 音譯而來，是「利益共同體」的意思。康西恩是由不同產業或經營類型的許多企業聯合組成。包括工業企業、貿易公司、銀行、運輸公司和保險公司等，其目的在壟斷市場、確保（或爭奪）原物料產地和投資場所，以獲取高額壟斷利潤。

康西恩法 (Konzernrecht) 即「企業聯合法」(dasRecht Des verbundenen Unternehmen)，為德國股份法的重要組成部分。日本在第二次世界大戰之前存在的各大康西恩集團也被稱為財閥，比較有名的有三井 (Mitsui Zaibatsu)、三菱 (Mitsubishi Zaibatsu)、住友 (Sumitomo Zaibatsu) 等。在 2000 年左右，中國和日本開始出現的各種「控股公司」(Holding Compant) 以及「集團總公司」，也被認為是屬於康西恩型式的壟斷。

嚴格地講，康西恩只是德國股份法規定的企業聯合形式之一，但一般會將康西恩與「企業聯合」相提並論。根據德國 1965 年〈股份法〉(Aktiengesetz, AktG) 的規定，康西恩是「在一個支配企業統一管理下的兩個以上從屬企業的聯合」。

康西恩與托拉斯的區別：在資本主義經濟現實中，康西恩與一般以金融控制為基礎的托拉斯之間不易劃出明確界限。一般說來，兩者的區別主要是：

1. **結合形式**：參加托拉斯的各個企業，事實上已喪失了各自的獨立性；而加入康西恩的各個企業在形式上是獨立的，儘管其中的大多數，是要受核心大銀行或大工業企業的直接控制。
2. **參加主體**：加入托拉斯的都是個別資本家的企業，而加入康西恩的既有個別資本家的企業，也有集團資本家的壟斷企業如辛迪加、托拉斯等。
3. **成員業務**：加入托拉斯一般多是生產同類產品的企業或在生產上有密切聯繫的企業，而參加康西恩的企業，既有工業、礦業和交通運輸等生產性企業，又有銀行、保險公司、商業公司及其他服務性公司等非生產性企業。

康西恩是由大財團控制壟斷的進階形式。它出現的歷史比卡特爾、辛迪加、托拉斯稍晚，到 19 世紀末 20 世紀初才先後在各主要資本主義國家形成。美國的第一批財團除實力最大、以鋼鐵起家的摩根財團和以石油起家的洛克菲勒財團外，還有梅隆以及杜邦等財團。

二次世界大戰前，日本約有 20 個大財團，其中實力最雄厚的金融資本集團，是以家庭為中心的三井、三菱、住友、安田等四大財閥。這些大財團控制著日本的經

濟、政治、文化以及社會生活的各層面，集中實現了金融寡頭的全面統治。

二次世界大戰後，康西恩繼續有所發展和變化，主要是：

1. **各國金融資本集團的實力迅速膨脹**：由於歐、美、日等資本主義國家財團實力的迅速膨脹，它們對國家經濟的控制程度進一步加強，在國民經濟生活中處於舉足輕重的地位。
2. **財團組成發生變化**：戰前的財團家族色彩濃厚，有許多財團為單一家族控制。戰後，這種情況已經發生了變化。在美國，有的財團已由一個家族的控制變為多家族控制，有的財團原來的家族名稱只是一個象徵，實際上早已成為以大銀行為中心的財團。
3. **財團之間相互連鎖**：主要是相互購買對方股票、在對方企業中投資、相互發生信貸關係等，因此，現在的財團勢力範圍已很難劃分得清楚。
4. **財團與國家政權的政商結合更加密切**：金融寡頭親自出馬，或者派遣代理人到政府中擔任要職，直接掌握國家機器來為壟斷資本的利益服務，已成為一種普遍現象。此外，財團藉由自己設立的各種機構對政府施加影響，左右政府的政策，也比戰前大為增強。
5. **財團的多樣化經營和國際化**：現在財團的經營面向可說是應有盡有，財團以對外直接投資，把勢力不斷伸向國際。各國財團還互相連鎖，或者聯合起來共同對第三者進行控制。

日本的「經連會」(Keiretsu)

"Keiretsu" 為日文漢字「系列」的音譯，正式術語為「經連會」。日本的經連會是將銀行、廠商、供應鏈廠商、甚至與日本政府連結在一起的複雜的關係網。這些打不破的企業聯盟已引起了許多爭議，它們被稱為「政府發起的企業聯合」。有人認為經連會對貿易來說是一個威脅；另一部分人則將其視為另一種經營模型。日本經連會的特性，包括以一主要銀行為核心、穩定的股權，以及大家都支持的董事會等。

日本的經連會在全球都有活動，它們有橫向與縱向兩種運作型態。橫向的經連會主要由銀行與貿易公司，整合控制多種產業的資源與服務，構成所謂的「大六」經濟鏈如三井 (Mitsui)、三菱 (Mitsubishi)、住友 (Sumitomo)、福岡 (Fuyo)，三和 (Sanwa) 及第一勸業 (Dai-Ichi Kangyo, DKB) 等銀行組。縱向的經連會，則通常是連接了供應商、製造商、批發商和零售商的供應鏈團體，這些縱向經連會通常是日本的車輛或電子產品製造商如豐田 (Toyota)、日產 (Nissan)、本田 (Honda)、松下 (Matsushita)、日

立 (Hitachi)、東芝 (Toshiba)、新力 (Sony) 以及它們下屬的承包商等。分散式的經連會是隸屬於縱向經連會的子組織，它控制了日本大部分的零售業，決定出現在商店和樣品室裡的產品以及產品的價格。

日本有三種主要的經連會集團如下：

1. **以銀行為中心的經連會**：由數十個大型產業圍繞著銀行結合而成。這個架構讓參與企業能分擔財務風險，並透過規模經濟優勢來分散投資於全世界。在日本，有住友、三菱、三井、第一企業銀行、第一勸業銀行、富友及三和銀行等七個主要銀行為中心的經連會。
2. **以供應商為中心的經連會**：以供應商為中心的經連會，是一種以製造業為主的垂直整合集團，以汽車及機電工業為主。他們以聯合買方議價能力，使供應商同意在價格、交貨時程中配合，而此種結合經常可從 JIT「及時交貨」(Just-In-Time) 策略上看出。
3. **以配銷通路為中心之經連會**：以配銷通路為中心之經連會，是在一特定產業中結合批發商 (wholesaler) 和零售商 (retailer) 的綿密網路，其任務就是提升賣方的聯合議價能力。

日本的公平交易委員會 (Japan Fair Trade Commission, JFTC) 在 1997 年 1 月 17 日訂定交易規範，主要是加強反壟斷法令以規範配銷通路為中心之經連會。在當時，配銷通路為中心之經連會已從事一些貿易保護主義之行為，以杜絕外國之競爭對手進入日本市場。保護主義之行為包括：

1. 若零售商不販賣其他競爭對手之產品，則製造商給予獎金作鼓勵。
2. 若零售商只販賣單一製造商之產品，則製造商給予特別獎金作鼓勵。
3. 製造商們利用聯合壟斷的方式結合，阻擋他們的對手進入市場。
4. 製造商停止對零售商供貨（或者為了懲罰批發商，借此依次懲罰零售商），以懲罰這些零售商將產品價格定在製造商所希望水準之下。

韓國的「財閥」(Chaebol)

韓國財閥是由韓國家族企業發展起來的集團公司，如三星 (Samsung)、現代 (Hyundai)、樂金 (LG)、鮮京 (SK) 等，都是知名大型跨國公司。財閥在韓國經濟中扮演著非常重要的角色。2010 年，僅三星集團的銷售額就佔韓國 GDP 的 22.1 %。財閥在韓國政治中也有顯著影響力，1998 年，現代重工會長鄭夢准當選韓國議員，現代集團在調節韓國與北韓之間的關係中，也有重要的作用。

1961 年，朴正熙（Park Chung-Hee）發動軍事政變、取得韓國總統地位時，韓國還是一個農業國家。朴正熙為了發展韓國工業，大力扶植和利用財閥，向財閥提供低息貸款和補貼，並為財閥提供政府擔保，使得韓國財閥能夠得到大量的外國貸款。韓國政府與財閥相互協助，使財閥成為韓國政府經濟振興藍圖的實際執行者。20 世紀 60 年代韓國財閥主要發展紡織業；70 年代中期到 80 年代則是發展重工業、軍事工業和化學工業；90 年代初在電子和高科技的發展，更是為韓國經濟錦上添花。1986 年，財閥成功的使韓國國際貿易由虧轉盈。到 80 年代末，韓國財閥在資金上已不再需要韓國政府的支持。財閥在韓國經濟振興中，產生關鍵性的作用，使韓國成為亞洲四小龍之一。直到今天，財閥在韓國經濟中依然有舉足輕重的地位。

1997 年亞洲金融風暴後，財閥發展模式的弊端也突現出來。金大中 (Gim Dae-jung) 在亞洲金融危機時當選韓國總統，開始打擊大財閥、推動韓國經濟的改革。主要措施包括如：

1. 要求財閥集中發展核心業務領域，剝離無關領域。
2. 下放財閥管理權，鼓勵聘用專業經理人。
3. 加強財務管理，避免財閥掩蓋子公司的虧損。
4. 通過反壟斷法和遺產繼承稅限制家族對財閥的控制和管理權。

金大中和其後的盧武鉉 (No Mu-Hyeon) 即使對財閥有一定打壓，惟成效不大。財閥在韓國依舊舉足輕重。現代、SK 集團的會長都曾遭到起訴，三星集團會長李健熙也因逃稅等指控，而在 2008 年 4 月辭職。

7.3.3 國際相關法規

在公司治理的法規制訂上，美、英及其他國際組織也發表了許多法規，試圖建立國際通用的公司治理的制度。其中與國際經營有重要關係的法規，分別簡述如下：

美國 FCPA〈海外反腐敗法〉 (Foreign Corrupt Practices Act)：又稱為「反海外賄賂法」，為美國聯邦於 1977 年所制訂，其主要條款有兩個：反賄賂條款和會計帳目條款。反賄賂條款根據 1934 年證券交易法，規定上市公司賬目透明度的要求；而會計帳目條款則明訂向外國官員行賄的行為。

英國〈賄賂法〉(the Bribery Act)：英國的國會法令之一，2010 年 4 月 8 日正式通過。英國賄賂法主要要求公司建立防範賄賂的管控機制，並規定英國公司不得向其他政府（官員）或一般人賄賂，禁止所謂的「**疏通費**」(Facilitating Payments)，即

讓政府官員能「更快」的執行其「例行」工作) 等,英國賄賂法明列四項構成刑事罪行的行為,包括如:

1. 要約或支付賄賂。
2. 要求或收取賄賂。
3. 賄賂外國公職人員(因應 OECD「經濟合作及發展組織」公約的要求而制定)。
4. 因未能防止代表法人團體賄賂而構成的法人團體罪行。

美國〈沙賓法案〉(Sarbanes-Oxley Act):2001~02 年間,美國安隆 (Enron) 與世界通訊 (WorldCom) 相繼爆發財務醜聞,暴露上市公司會計、證券監管等多方面缺失。美國眾議院議員 Michael G. Oxley 及參議院議員 Paul S. Sarbanes 遂提出俗稱的 SOA〈沙賓法案〉(Sarbanes-Oxley Act),明定上市公司必須以文件(至少保存五年)記錄各項財務政策與流程、改善財務報告權責制度、提高製作財務報告效率等,種種措施都是為了鞏固投資人信心。

SOA〈沙賓法案〉原意為〈2002 年上市公司會計改革和投資者保護法案〉,法案重點主要是針對會計及公司行為的監管,以及提高對企業主管階層經濟詐欺、犯罪的刑事責任。SOA〈沙賓法案〉標誌了美國證券法根本思想的轉變,也就是從以「公開揭露」為架構的 1933 年〈證券法〉(Securities Act) 及 1934 年〈證交法〉(Securities Exchange Act),轉變為具有「實質管制」作為的 SOA〈沙賓法案〉。

SOA〈沙賓法案〉不但為企業會計、證券監管方面帶來許多變革,同時也為企業資訊部門帶來許多挑戰。首先,隨著文件數量急速上升,企業必須強化 ECM「企業內容管理」(Enterprise Content Management),解決文件在各系統間的格式差異問題,所以勢必要導入智慧型文件解決方案,並將政策文件記錄與流程全面自動化。ILM「資料生命週期」(Information Lifecycle Management) 以及資料歸檔 (Data Archiving) 的問題,也讓企業必須投入更大的心力解決資料儲存問題,並提升系統效能以因應可預見的資料量膨脹。

OECD「經濟合作暨發展組織」公司治理原則:1997 年亞洲金融風暴 [註解 1] 發生後,突顯亞洲企業多為家族企業及集團化經營,隱含財務資訊不透明之嚴重性,故 OECD「經濟合作暨發展組織」自 1999 年發布公司治理原則(2004 年修改),為國際間落實公司健全經營者,提供一共通性的指導原則,OECD 有關公司治理的基本原則,大致上可以分為下列幾個重點:

1. **保障股東權益**:OECD「經濟合作暨發展組織」主張公司治理的架構應以保障股東

權益為重心,包括登記其所有權的權利、股份自由轉讓的權利,取得與公司有關之有效、即時訊息的權利、參加股東會並參與表決的權利、選舉董事會的權利、分配公司盈餘的權利、股東大會應提供股東向董事會發問的機會並將其列入議程。

2. **對股東的待遇應符合衡平原則**:OECD「經濟合作暨發展組織」認為公司治理架構應確保對所有股東都公平對待,包括少數股東與外資股東。所有股東受到侵權行為,都應有權要求救濟。同理,不應容許內線交易,以及其他「自我交易」(self-dealing) 的濫權行為。如果董事或經理人在公司所涉的交易中有重大個人利益可圖,應揭露這種利益衝突的事實。

3. **其他利害關係人在公司治理方面的角色**:OECD「經濟合作暨發展組織」認為公司治理架構應認同其他利害關係人(如員工)依法所享有的權利,並鼓勵公司與這些利害關係人充分溝通、合作以促進財富、就業以及財務健全企業之永續經營。

4. **揭露與透明度的要求**:OECD「經濟合作暨發展組織」認為公司治理架構應要求及時、精確的揭露,其對象應包括與公司有關之所有重大訊息,包括財務、績效、所有權以及公司的治理。具體而言,這些重大訊息至少應包括:

    (1) 公司的財務與營運訊息
    (2) 公司設定的目標
    (3) 主要股東及表決權狀況
    (4) 董事、主要經理及其薪資
    (5) 重大可預見之風險因素
    (6) 涉及員工及其他利害關係人的重大問題
    (7) 公司治理結構與政策

5. **董事會責任**:OECD「經濟合作暨發展組織」主張公司治理機構應確保董事會可提供公司在策略上的指導功能,有效監督經理部門,並對股東與公司負責。董事會應取得充分資訊,並應符合善意、勤勉、專注,以股東最大利益為依賴的要求。

美國紐約證券交易所 (NYSE)「上市公司手冊」(Listed Company Manual):於 2004 年 11 月 3 日公布,該手冊規範於美國 NYSE「紐約證券交易所」之上市公司應遵守的公司治理規定。該手冊要求上市公司必須設置提名委員會、報酬委員會及審計委員會,並且必須採用並揭露公司治理準則、訂定和揭露其董事、高階主管及員工的企業行為與道德準則等。

ICGN「國際公司治理網路」(International Corporate Governance Network):這是由許多大型退休基金於 1995 年所設立非公司、非營利的機構。它有四個主要目

的：提供一個以投資者為主的網路，在國際上交流關於公司治理的資訊；審查公司治理原則和慣例；開發和鼓勵堅持公司治理的標準和指南；並且促進好的公司治理。

ICGN「國際公司治理網路」於 2009 年發布「全球公司治理原則（修訂版）」(Global Corporate Governance Principles: Revised (2009)) 從企業目標（永續創造價值）、企業董事會、企業文化、風險管理、（高階經理人及員工）報酬、審查、揭露與透明度、股東權益、股東責任等九個面向，規範了企業經營應有的倫理。

WBCSD「世界企業永續發展委員會」(World Business Council for Sustainable Development) 的「議題管理工具：企業的策略挑戰」(Issue Management Tool: Strategic challenges for business)：WBCSD「世界企業永續發展委員會」是一個由全球前瞻企業執行長們所組成的組織，成立於 1995 年，總部設於日內瓦，為企業永續發展論壇與世界工業環境委員會（World Industry Council for the Environment）合併後的機構，同時在美國華盛頓特區設有辦事處。宗旨在倡導企業永續發展、兼顧環境保護與經濟成長的議題，如能源、氣候以及企業的社會責任，同時執行一些關於建築、運輸、輪胎、化學品、水資源等的專案。時至今日，WBCSD「世界企業永續發展委員會」已成為擁有超過 35 個國家、20 個主要產業、200 個會員、約 1,000 名以上企業領導者的全球性組織。

WBCSD「世界企業永續發展委員會」於 2004 年發布一稱為「議題管理工具：企業的策略挑戰」(Issue Management Tool: Strategic challenges for business) 的報告，將目前國際上通用的公司治理、企業責任等之法規、國際標準及系統架構等，做了全面性的整理，報告中提及的法規、標準及系統架構如：

1. 全球契約 (Global Compact)
2. 聯合國企業人權規範 (UN Human Rights Norms for Business)
3. OECD「經濟合作暨發展組織」對 MNE「跨國企業」(Multinational Enterprises) 的公司治理指導原則
4. GRI「全球永續報告協會」(Global Reporting Initiative) 之「永續性報告指引」(GRI Sustainability Reporting Guidelines)
5. 英國 AccountAbility 組織發布的 AA 1000 (2008)（企業擔當）「確保標準」(Assurance Standard)
6. 由多國組成 CEP「經濟優先委員會」(Council on Economic Priorities) 附屬組織 SAI「國際社會擔當」(Social Accountability International) 所倡議的 SA 8000「社會擔當國際標準體系」註解 2

7. ISO「國際標準組織」發布的 ISO 14001「環境管理標準」
8. DJSI「道瓊持續性指數」(Dow Jones Sustainability Indexes)
9. 沙賓法案 (Sarbanes-Oxley Act)

7.3.4 公司治理內外部管控

公司治理，除了政府的法規、國際組織的一般性原則指導或要求外，公司自己也必須建立起內、外部的管控機制，才能有效防範公司不當經營行為的發生。

公司治理的內部機制：一般認為公司治理的內部管控機制設計有：

1. **追求「價值」最大化**：企業應追求持續經營的價值、而非「獲利」最大化：在符合法律與相關經營契約的規範中，建立能促成公司「價值」最大化的適合管控機制。
2. **平衡股東及利害關係人利益**：現代公司的經營，會受到許多利害關係人的關切。若公司作為不能考量利害關係人的關切或利益，在經營過程中，勢必遭受不同程度的阻難，使經營更加困難。因此，公司董事會於決策時，須平衡股東及各利害關係人的利益或關切，以創造公司的長期利益。
3. **權力的平衡**：最簡單也最普遍的作法，是將董事長與總經理（執行長）的職權分開，亦即由不同人擔任，以平衡所有權與經營權。更進一步的，在公司董、監事會中，設立權力相互制約的委員會，如一委員會負責推動公司的例行行政，另一委員會負責監督、並有否決權，另一委員會則專門負責考量利害關係人的權益與關切等。
4. **高階經理人酬庸設計**：對高階經理人而言，設計一套以績效為導向的酬庸制度，如分紅、股票選擇權或高額退休金等。但須注意，此高階經理人的酬庸設計，必須避免誘引高階經理人的機會主義或引發近利短視心態等，才能激發高階經理人的能力，為創造公司最大價值而努力。
5. **建立內部稽核制度**：可由股東大會或監事會指派或聘任內部管理者或員工擔任內部稽核員，負責公司治理有關財務報表、運作效率及合於法規等的內部例行稽核任務，內部稽核員應向股東大會或監事會負責。
6. **足夠的獨立董事**：當股權分散時，公司治理重點在於設計一套制度，使得外部股東能夠監督公司經理人，亦即設計一套董事選任制度，以選出具有充分獨立性的董事，以監督經理人的經營表現與成果。
7. **建立公司併購與重大決策規範**：當股權相當集中時，公司治理重點在於如何防止主要股東只顧自己利益，甚至利用職權進行利益輸送而侵害小股東權益，因此須限制

公司與主要股東的關係人交易，要求有代表小股東的獨立董事，建立有效的公司併購與重大決策規範等。

公司治理的外部管控機制：通常是政府建立合理經營環境的法規與制度建立等如：

1. **建立市場規範機制**：提供公司誘因與紀律，一方面提供公司負責經營人員合理的報酬，另方面並保障利害關係人的權益，須靠各種法律規章與組織制度的建立，可避免管理階層利益輸送與衝突及代理問題等。
2. **法規體系與會計審計準則**：一套有效明確可保障股東權益與界定董、監事責任的公司法及證券交易法等，另須及時制訂能表達公司實質交易與必要資訊的會計審計準則以供公司及會計師遵循。
3. **金融市場體系**：金融機構是提供企業經營所需資金的主要來源之一，金融機構提供資金時，會要求企業須遵循合約條款，此時企業或其管理階層的經營行為會受到某種程度約束，故金融機構實際上扮演部分公司治理角色。
4. **資本市場體系**：在一個有效率資本市場，股票價格能迅速充分反映公司的經營成果與未來前景，投資人對公司股票的接受，反映其對公司管理階層的肯定，若公司經營不善，投資人對其信心不足，投資人便會拋售股票，導致股價下跌，因此資本市場扮演對公司經營成果肯定與處罰的最後角色，亦為公司治理功能，資本市場資訊透明、股票賣賣的效率及市場參與遊戲規則都須加以確保，否則資本市場在公司治理上的功能無法有效發揮。
5. **市場競爭機制**：完善市場環境，會誘導公司管理階層以公平競爭方式增加公司及股東的價值，開放與公平競爭市場，將促使公司內部管理階層致力於公司經營績效的改進，否則將會面對公司衰退、破產或被併購之後果，此為市場機制的基本原則。
6. **民間團體的參與**：有效公司治理除須公司內部機制及外部公共規範與有效率的市場體系外，尚須民間各種專業人士與團體的積極參與，包括律師、會計師、信用評等機構、投資銀行、媒體、研究機構、分析師及法人投資者，民間團體提供金融及資本市場所需各種服務與資訊，並會參與及注意公司及其負責人與管理階層的行為及公司經營成果，亦會要求公司揭露必要資訊，將形成另一種市場監督力量。
7. **法人投資者與積極股東**：法人投資者持股較多，資源較豐富，較有能力監督，在自我利益保障之誘因與發揮監督能力上，優於散戶，因此可形成長期投資股東，同時亦能保障其他小股東權益，能促使公司主要股東及管理階層在適當監督下，專注於改善經營提高經營成果。

7.3.5 公司治理的系統性問題

公司治理要能有效預防**道德風險** (Moral Hazard) 與**逆向選擇** (Adverse Selection) 效應,除了國際上與各國制訂的法律具有強制性外,規章、制度、指導原則等,都仍有賴公司治理相關利害關係人的倫理、道德與價值觀。因此,即便目前已有許多法規、制度及指導原則等,公司治理仍存在下列的系統性問題如:

1. **控制權的爭奪**:為能有效掌控董事會內的董事,小股東們必須彼此結合,獲取足夠的投票權,才能在股東大會上選擇董事,對董事會形成真實的威脅;但大股東甚至也有股份的高階管理階層,為能遂行其經營意志與策略,則也必須在董事會內掌握足夠的投票權,才能避免小股東的無謂干預。這種股份控制權的爭奪,對公司的經營績效,是沒有實質幫助的。
2. **監控成本**:這與資訊不對稱有關,小股東通常無法掌握足夠的公司經營訊息,只能依賴所謂的 EMH「**有效市場假說**」(Efficient Market Hypothesis),認為搭專業投資人的分析便車,就可以得到公司經營的正確訊息。但「天下沒有白吃的午餐」,要能掌握正確資訊,是要持續監控、蒐集必要資訊、執行專業分析與判讀,是要付出必要成本的。
3. **會計資訊的正確性**:要能有效監督公司治理,公司必須對監事、尤其是財務監事提供正確、無誤的會計資訊與財務報表。不完善的財報程序,雖然各國都訂定有上市公司的財報規範、且多半規定須由外部審稽機構稽核。但公司若與外部審稽機構「合謀」,則政府與一般投資者,也通常缺乏適時阻止與揭露的能力。此時,大概只有依賴組織的**弊端揭發者** (Whistle Blower) 了。

7.4 董事會與經理人角色

即便歐美與亞洲公司在權力分散與董事會結構等或有差異,但公司治理相關的最重要兩個元素董事會與高階經理人應扮演何種角色,是公司治理最核心的議題。OECD「經濟合作暨發展組織」於 2004 年發布的「公司治理原則」(The OECD Principles of Corporate Governance) 內,對董事會的職掌角色,有明確的定義如下:

1. 董事會成員應確實明瞭為公司與股東最佳利益而誠信、倫理、勤勉與關切的任事。
2. 審核與指導由高階經理人制訂的企業策略、目標設定、主要計畫與行動、風險政策及年度預算等。
3. 監督公司的重大收購或資產轉投資作為。

4. 關鍵經理人的選任、酬庸、置換，另也應監督高階經理人的接替規劃。
5. 以公司與股東長期利益設計董事會成員與高階經理人的報酬。
6. 建立正式與透明化的董事提名與選擇程序。
7. 確保公司會計與財報系統的誠信 (integrity)，另包含獨立的審稽制度等。
8. 確保建立適合的內部管控制度。
9. 監控公司重要訊息的揭露與溝通程序。
10. 當建立董事會各委員會時，應明確定義與發布其任務、組成及工作程序等。

至於高階經理人的角色，OECD「經濟合作暨發展組織」並未如董事會角色一樣做出明確的定義。但一般認為，經理人仍為公司（董事會）聘用的「員工」，應對董事會負責，善盡其專業職能角色如下：

1. **策略遠景 (Strategic Vision)**：高階經理人應在評估公司能力後，提出對公司未來能力所及（遠景）的說明，並爭取董事會與重要關係人的支持。
2. **策略規劃 (Strategic Planning)**：率領高階經理人團隊，對達成經營遠景所需的目標設定、策略規劃與相關行動計畫與政策制訂等之規劃。
3. **執行領導 (Executive Leadership)**：為達成公司重要經營目標的行動計畫，實際做出以身作則的領導作為。

本章總結

公司為依法設立的法人組織，以營利為目的。因公司具有獨立於其成員的法律實體，公司具有獨立於其成員的權利能力和行為能力，公司財產與其成員財產嚴格分離，公司以其財產獨立承擔責任等特徵，若因企業經理人如有不良意圖，或甚至惡性經營，導致公司的失效，將會對社會與關係人造成巨大衝擊。因此，各國與國際間於近年來都開始注意「公司治理」的相關議題，而公司治理的理論、實務與管控機制等，泰半針對資方與經營階層之間的互動關係探討。

在公司治理的理論發展上，有代理、關係人、資源依賴、執事、社會契約、合法正當性及政治等相關理論。在諸多理論中，以關係人理論及社會契約理論較趨近於實務。

在公司治理的實務運作,則有「勞資協同制度」的設計,使員工可以參與經營的管理,甚至董事會的決策。「勞資協同制度」最簡單型式,是 ESOP「員工認股計畫」。另在公司治理的實際運作,則是在董事會中有員工代表的席次。而這又可區分為「單層董事會」或「雙重董事會」等兩種運作類型。

公司治理的「企業聯盟」,是企業間互相交換與擁有其他企業控制股權之謂,又稱為「連鎖董事」。國際間最有名的連鎖董事會類型,有德國的「康西恩」(Konzern)、日本的「經連會」(Keiretsu) 及韓國的「財閥」(Chaebol)。但這幾種企業聯盟型式,都具有「壟斷」的性質,在國際間持續受到法律與企業倫理學者的關切。

最後,對董事會及經理人的角色,OECD「經濟合作暨發展組織」發布的「公司治理原則」內,對董事會的職掌角色,都有明確的定義,目前也是世界各國一般公認的規範。

關鍵詞

AA 1000 (2008)（企業擔當）「確保標準」(Assurance Standard)：為英國 Accountability 組織於 2008 年所公布的 AA1000 認證標準 (AA1000 Assurance Standard)，為國際上目前主要針對企業 CSR「企業社會責任」報告書進行認證的標準之一。

Adverse Selection 逆向選擇：逆向選擇效應是指由於交易雙方資訊不對稱和市場價格下降產生的劣質品驅逐優質品，進而出現市場交易產品平均品質下降的現象。如在產品市場上，特別是在舊貨市場上，由於賣方比買方擁有更多關於商品品質的資訊，買方由於無法識別商品品質的優劣，只願根據商品的平均品質付款，這就使優質品價格被低估而退出市場交易，結果只有劣質品成交，進而導致交易的停止。因此，要從根本上解決此「劣幣逐良幣」的問題，關鍵是解決買賣雙方的資訊不對稱問題。

在現實的經濟生活中，存在著一些和常規不一致的現象。本來按照常理，降低商品的價格，該商品的需求量就會增加；提高商品的價格，該商品的供給量就會增加。但是，由於資訊的不完全性和機會主義行為，有時候，降低商品的價格，消費者也不會做出增加購買的選擇；提高價格，生產者也不會增加供給的現象，這種現象就稱為「逆向選擇」。

在金融市場上，逆向選擇是指市場上那些最有可能造成不利（逆向）結果（即造成違約風險）的融資者，往往就是那些尋求資金最積極而且最有可能得到資金的人。

Cartel 卡特爾：或稱企業聯合、同業聯盟等，是壟斷市場的一種表現形式。卡特爾是由一系列生產類似產品的企業組成的聯盟，以協議（或合謀）方式來控制產品的產量和價格，但聯盟的各個企業在經營上仍舊獨立，這些情況造成了卡特爾不穩定的本質。

由於各協議成員對利益的追逐不可能對協議滿意，所以協議的持久性和可執行性都會受到挑戰。這種壟斷形勢除了要面對可能的法律制裁外，還要面對來自聯盟內部的危機。OPEC「石油輸出國組織」(Organization of the Petroleum Exporting Countries) 被認為是具有卡特爾性質的組織，雖然其組成成員是國家經濟體。但是這個組織協調運作良好，組織成員各方可以從中收益。雖然也有成員出於個體特殊的利益需要違反協議，但規模較小，不足以影響整體的穩定性。

Company 公司：公司是指資本由股東出資構成，以營利為目的而依法成立的一種企業組織形式；公司具有民事權利能力和行為能力，股東以其出資額或所持股份為限對公司承擔責任，公司以其全部資產對公司的債務承擔責任，依照公司法成立的企業法人。

公司的起源有多種說法，一是古羅馬起源說。當時，隨著商品經濟的發展，人們開始合夥經營，在合夥的基礎上建立船夫協會等組織，是最原始的公司形式。另一種說法是，公司起源於中世紀的歐洲，是比較通行的說法。又分為大陸起源說、海上起源說和綜合起源說。

大陸起源說認為，中世紀時，陸地貿易繁榮地中海沿岸的個體業主經營的商業在社會生

活中，占有十分重要的地位。巨大的家產，往往由繼承人經營。有幾個繼承人，為了巨大的經濟利益，又不願意分家，隨後發展為無限公司。

公司的形成與資本主義生產關係有密切的關係。從 14~15 世紀地中海沿岸一些城市資本主義生產關係的萌芽，到 16 世紀西歐封建制度迅速解體、資本主義生產關係統治地位的確立，都需要龐大的資本積累。16 世紀後，國際貿易的重心逐步由地中海移至大西洋，使英格蘭成為國際貿易中心。西歐國家的資產階級在爭奪政治、經濟權力的過程中，採取了一系列重商主義政策和對外殖民擴張政策。在這一背景下，出現對外貿易、進行資本原始積累的目的，英國、荷蘭、法國等國出現了一批政府特許建立的以股份集資經營為主的貿易公司企業。

公司與企業的區別：依照我國法律規定，公司是指有限責任公司和股份有限責任公司，具有企業的所有屬性，因此公司是企業。但是企業與公司又不是同一概念，公司與企業是從屬關係，凡公司均為企業，但企業未必都是公司。公司只是企業的一種組織形態。

公司除為依法設立的法人組織，以營利為目的外，另具有一般性特徵如下：

1. 公司是獨立於其成員的法律實體。
2. 公司具有獨立於其成員的權利能力和行為能力。
3. 公司財產與其成員財產嚴格分離。
4. 公司以其財產獨立承擔責任。

Dow Jones Sustainability Indexes (DJSI) 道瓊持續發展指數：是由道瓊斯公司推出的全世界第一個可持續發展指數，頒佈於 1999 年，主要是從經濟、社會及環境三個方面，以投資角度評價企業可持續發展能力。

DJSI「道瓊持續發展指數」主要追蹤在可持續發展方面有卓越表現的大型公司，其成份股是從道瓊斯全球指數 (Dow Jones Global Index) 2,500 家全球最大的公司中表現最優秀的 10 % 中選出。DJSI「道瓊持續發展指數」被公認為是全球社會責任投資的參考指標之一，全球超過 50 億美元的資產配置以 DJSI「道瓊持續發展指數」為基礎。

DJSI「道瓊持續發展指數」評價指標分為兩類：通用標準和與特定產業標準。通用標準適用於所有產業，其選定基於對產業可持續發展所面臨的一般性挑戰的判斷，包括公司管理、環境管理和績效、人權、供應鏈管理、風險危機管理和人力資源管理等；與特定產業相關指標的選擇主要考慮特定行業所面臨的挑戰和未來發展趨勢，兩類指標各佔總權重的 50 %。

Efficient Market Hypothesis (EMH) 有效市場假說：又稱有效市場理論 (Efficient markets theory)，由法瑪 (Eugene Fama) 1970 年提出。EMH「有效市場假說」的要點如下：

1. **市場上的每個人都是理性的經濟人：**金融市場上每支股票所代表的各家公司都處於這些理性人的嚴格監視之下，他們每天都在進行基本分析，以公司未來的獲利性來評價公司的股票價格，把未來價值折算成今天的現值，並謹慎地在風險與收益之間進行權衡取捨。
2. **股票的價格反映了這些理性人的供需的平衡：**想買的人正好等於想賣的人，即認為股

價被高估的人與認為股價被低估的人正好相等，假如有人發現這兩者不等，存在套利的可能性的話，他們立即會用買進或賣出股票，使股價迅速變動到能夠使二者相等為止。

3. 股票的價格也能充分反映該資產的所有可獲得的訊息：即「訊息有效」，當訊息變動時，股票的價格就一定會隨之變動。一個利好消息或利空消息剛傳出時，股票的價格就開始異動，當它已經路人皆知時，股票的價格也已經漲或跌到適當的價位了。

「有效市場假說」實際上意味著「天下沒有免費的午餐」。在一個正常、有效率的市場上，每個人都別指望發意外之財，我們費心去分析股票的價值是無益的，它白費我們的心思。當然，「有效市場假說」只是一種理論假說，實際上，並非每個人總是理性的，也並非在每一時點上都是訊息有效的。

General Partnership 無限公司：我國公司法定義四種公司之一，指依法註冊成立的公司或法人型態。無限公司型態最大特點，在於公司股東對公司債務負**無限責任 (Unlimited Liability)**。

無限公司亦分無股份劃分之無限公司及有股份劃分的無限公司，不過股份劃分並不影響股東對公司承擔的責任。因承擔責任風險等因素，現代以無限公司型態成立的企業組織並不多見。

依據我國公司法規定，無限公司須由兩人以上之股東所組成，其中至少一人要在我國境內有住所，設立後如股東變動，不足兩人時，該無限公司即須解散。無限責任公司可以是獨資經營或合夥經營 (partnership)，無須把公司登記註冊。

無限公司的好處是較有彈性，也不用公開公司資料（如股東、董事、會計等資料）註冊成公司，不過需要有商業登記，而運作模式不像有限公司般受法律規範。開設無限責任公司通常較快捷且成本較低。不過，無限責任公司需要向國稅局登記，並要備存足夠的業務紀錄最少七年。壞處是無限責任。如果無限公司虧損或欠債，公司負責人要承擔所有責任，有可能因此而破產。

Global Compact 全球契約：1995 召開的世界社會發展領袖會議上，聯合國秘書長安南 (Kofi Atta Annan) 曾提出「社會規則」、「全球契約」（Global Compact）的構想。1999 年 1 月在達沃斯世界經濟論壇年會上，安南再次提出「全球契約」計畫，並於 2000 年 7 月在聯合國總部正式啟動。「全球契約」要求各企業在各自的影響範圍內遵守、支援以及實施一套在人權、勞工標準、環境及反貪污方面的十項基本原則如：

人權：
1. 企業應該尊重和維護國際公認的各項人權。
2. 絕不參與任何漠視與踐踏人權的行為。

勞工標準：
3. 企業應該維護結社自由，承認勞資集體談判的權利。
4. 徹底消除各種形式的強制性勞動。
5. 消除童工；

6. 杜絕任何在用工與行業方面的歧視行為。

環境：

7. 企業應對環境挑戰未雨綢繆。
8. 主動增加對環保所承擔的責任。
9. 鼓勵無害環境技術的發展與推廣。

反貪污：

10. 企業應反對各種形式的貪污，包括敲詐、勒索和行賄受賄。

GRI Sustainability Reporting Guidelines 永續性報告指引：1997 年，由美國 CERES「環境責任經濟聯盟 (Coalition for Environmentally Responsible Economics) 及 UNEP「聯合國環境規劃署」(United Nations Environment Programme) 共同成立 GRI「全球永續性報告推行計畫」(Global Reporting Initiate)。2002 年，GRI「全球永續性報告推行計畫」成為獨立組織，正名為「全球永續性報告協會」，致力於 CSR「企業社會責任」的推動與標準化；其「永續性報告指南」(Sustainability Reporting Guidelines) 適用於任何企業組織與單位，且已被國際組織、多國企業等報告書編撰採用，被公認為一種能協助組織改進分析及決策的有利工具。

截至 2007 年 7 月，全球已有超過 60 個國家與上千家企業和組織採用 GRI「永續性報告指南」來製作報告書。故 GRI「全球永續性報告協會」已逐漸建立國際間對永續性報告架構的共識，廣受投資法人、國際組織的重視。

Holding Company 控股公司：為以擁有其他公司多數控制股權的方式，掌握其管理及營運的公司。控股公司本身也有可能是一般企業，但這名詞通常用來強調控股公司自己不從事生產或服務，而純粹以持股營運為目的。控股公司可以使擁有者的風險降低，並取得其他公司的所有權及控制權。

此外，即使未達絕對控制股權，仍對公司的經營產生影響，並足以掌握該公司的經營決策。有時候，公司為了使自己成為名實相符的純粹控股公司，會在公司名稱加上「控股」(Holdings) 字樣。

ISO 14001 環境管理標準：為 ISO「國際標準組織」所發布的一系列有關企業如何做好環境保護與管理的指導標準，它並不要求環境保護績效要求，而是提供一系統分析架構，以便任何企業組織有效管理其環境保護系統與措施。最新於 2004 年修改的版本 ISO 14001:2004 另強調公司、員工及外部關係人如何衡量與改善其環境保護的「確保」(assurance) 系統架構。

環境保護，對 SME「中小企業」(Small and Medium-sized Enterprises) 而言，挑戰可能過大，因此，ISO「國際標準組織」另針對 SME「中小企業」出版一稱為「ISO 14001 環境管理系統」的檢核文件，以檢核表方式，讓 SME「中小企業」也能得以實施 ISO 14001: 2004 所制訂的指導原則。

Legal Person 法人：是指法律上具有人格的組織，它們可像**自然人** (natural person) 一樣享有法律上的權利與義務，可以發起或接受訴訟。法人能夠以政府、法定機構、公司、法

團等形式出現，但不可以個人（自然人）的形式出現，即法人必須是組織。具有民事權利能力和民事行為能力，依法獨立享有民事權利和承擔民事義務。就像自然人一樣，可以承擔刑事責任，不過跟自然人不同之處就是自由刑對法人並不適用，法人所接受的刑罰一般以罰收款項為限。

由於法律有所謂「公法」、「私法」之別，因此，法人就其創設所依據法律之不同，可區分為「公法人」與「私法人」兩大類。

公法人：依據公法而成立之法人，如國家，國家所得設立之其他行政主體（如地方自治團體），以及法律明定具有公法人資格的人民團體（如農田水利會）等均屬於公法人。

公法社團：指由多數成員或會員所組成，在一定範圍內得行使公權力之團體。例如縣、市、鄉、鎮等。

公法財團：指由國家或其他公法團體為達成特定公共目的，捐助一筆錢財而設立之財團法人。例如：財團法人中小企業信用保證基金等。

行政法人：原本由政府組織負責的公共事務，經執行後，被普遍認為不適合再以政府組織繼續運作，而牽涉的公共層面，又不適合以財團的形式為之，遂有「行政法人」的設置。與財團法人最大的不同是，行政法人的資金來源是國家的預算，並且不再以國家考試的方式晉用人員，杜絕公務人員缺乏創新、只求無過的心態，讓領導與執行專業化，也保障專業人員的權益。如台灣的國立中正文化中心。

私法人：指依私法（如民法、公司法等）所成立之法人者。依民法第一篇（總則）規定，以法人設立之基礎為標準，可區分為「社團法人」與「財團法人」兩大類。「社團」及「財團」法人在所擔當的角色上均各具位置，因此不難區分。

社團法人：乃多數人集合成立之組織體，其組成基礎為社員，無社員即無社團法人。一般依其性質之不同，又可細分為：

- **營利社團法人**：如公司、銀行等。
- **中間社團法人**：如同鄉會、同學會、聯誼會等。
- **公益社團法人**：如農會、漁會、工會等人民團體。

財團法人：乃多數財產的集合，其成立基礎為財產，若無財產可供一定目的使用，即無財團法人可言。財團法人並無組成分子的個人，不能有自主的意思，所以必須設立管理人，依捐助目的忠實管理財產，以維護不特定人的公益並確保受益人的權益。其基本上一律屬於公益性質，如私立學校、研究機構、教會、寺廟、基金會、慈善團體等均屬之。

Limited Liability Company (LLC) 有限責任公司：有限公司對外所負的經濟責任，以出資者所投入的資金為限。若有限公司因經營不善而被債權人索債，債權人僅能從出資者成立公司時登記的資金索債，而不能從股東個人財產中索償。

我國〈公司法〉界定的有限公司，大致可分為「非法人」與「法人」兩種資格。「非法人」資格是依〈商業登記法〉規定，分為「獨資」及「合夥」兩種；「法人」資格者則

依〈公司法〉規定，分為「無限公司」、「有限公司」、「兩合公司」及「股份有限公司」等四種。

Merge & Acquisition (M&A) 併購：企業之間藉收購股權而發生組織實質變化的現象。併購 (M&A) 一詞實際由「合併」(Merge) 與「收購」(Acquisition) 兩個詞義所組成，一般通稱為「併購」。合併指的是兩家（或多家）企業共同出資，另行新設一公司之謂；而收購則是一家企業完全收購另一家公司的經營股權，被收購公司不再存續之謂。為使讀者方便瞭解與記憶，可以公式表達如下：

合併：A＋B＝C

收購：A＋B＝A（B被收購）或 B（A被收購）

Monopoly 壟斷：為壟斷市場或資源之謂。壟斷市場是一家或少數幾家企業藉由法律上特許，或企業之間的聯合作為（如企業聚合或產業聚合、甚至違法的「合謀」(collusion)等）掌握著市場價格或產量等，又稱為「獨占」。壟斷資源顧名思義，即為對關鍵性資源的「獨占」。現代政府若自行獨占，則稱為「專賣」。

中國古代稱獨占為「榷」。古代中國的鹽、鐵、茶等重要民生必需品，長期屬於官（公）營的獨占事業。因獨占有暴利之故，國家一旦出現了財政危機，為貼補國用之不足，必然實行禁榷制度。

一般認為，獨占的基本原因是「進入障礙」(entry barriers)，也就是說，獨占企業能在市場上保持唯一賣者的地位，是因為其他企業因進入障礙而無法進入市場並與之競爭。產生獨占的原因有三：

1. **自然獨占 (Natural Monopoly)**：單一生產者比大量生產者更有效率。這是最常見的獨占形式。
2. **資源獨占 (Resource Monopoly)**：關鍵資源由一家企業所擁有。通常發生在現代的智慧財產權保障上。
3. **行政獨占 (Public Franchise)**：政府給予一家企業排他性的生產某種產品或勞務的權利。

Moral Hazard 道德風險：道德風險亦稱道德危機；但道德風險並不等同於道德敗壞。道德風險是20世紀80年代西方經濟學家提出的一個經濟哲學範疇的概念，即「從事經濟活動的人在最大限度的增進自身效用的同時，做出不利於他人的行動。」或者說是「當簽約一方不完全承擔風險後果時，所採取的自身效用最大化的自私行為。」

影響企業道德風險的因素很多，主要有以下幾個方面：

1. **社會環境**：社會環境因素的差異，對道德的評價標準不同，這在很大程度上影響著企業員工的職業道德。如東、西方國家，發展中國家與已發展國家等社會環境的不同，造就員工的道德等級就有很大的不同。
2. **社會信用系統的有效性**：如果個人信用登記系統夠完備，就能大幅減少企業的道德風險，因為如果有人做了違反職業道德的事情，他的個人信用系統中就會有登記或記

錄,從而對他以後的人生會有很大的影響。
3. **社會教育**:一個國家或地區的教育越發達,人員的整體素質水準就越高,企業的道德風險相應隨之減少。
4. **企業文化**:俗話說:上樑不正下樑歪,如果一個企業的領導人能做到廉潔正直,那麼一個企業的道德風險就會較少。
5. **個人價值觀**:其中主要是與工作有關的價值觀念,即對理想工作和現從事工作的認識和態度,包括工作滿意度、職業生涯規劃,以及個人的專業素質、身體素質、心理素質、人際關係等。

Natural Person 自然人:自然人與法人是法律上的相對概念。每個人都是自然人,只有自然人才有資格享有基本人權或某些權利,諸如選舉權和被選舉權等。

Partnership Company 合夥公司:指兩人或多人共同出資經營某一公司的型態。合夥公司通常不具法人資格,因此,合夥人必須同意獲利與損失的分攤方式,同時必須共同承擔公司債務之義務。合夥人之間,通常會訂定合夥協議書,同意各合夥人出資、勞務貢獻、收取薪酬額、利潤及虧損的分配比率等條款。

Public Limited Company 公共有限責任公司:即一般所指公開上市的公司,其股票可在證券交易所上公開買賣。上市公司因可向大眾籌資,故其法律規定較為嚴格,通常會要求公司完整、公開揭露其經營的財務狀況,使投資者能藉以判斷其股票的價值。此類上市公司的表示法,在英國以公司名稱後加上"Plc."代表「公共有限責任公司」;另在美國,則以"Inc."代表「股份有限公司」(Incorporated)。

SA 8000 社會擔當國際標準體系:社會擔當國際標準體系 (Social Accountability 8000 International standard, 簡稱 SA 8000) 是一種基於 ILO「國際勞工組織」(International Labor Organization) 憲章、聯合國兒童權利公約、世界人權宣言而制訂的,以保護勞動環境、工作條件、勞工權利等為主要內容的管理標準體系。

1997 年,總部設在美國的 SCI「社會擔當國際組織」(Social Accountability Intern-ational) 發起並聯合歐美跨國公司和其他國際組織,制訂了 SA 8000 社會擔當國際標準,它是全球第一個有關「道德規範」的國際標準。其宗旨是確保供應商所供應的產品,皆符合社會擔當標準的要求。SA 8000 標準適用於世界各地、任何行業、不同規模的公司。其依據與 ISO 9000 品質管理體系及 ISO 14000 環境管理體系一樣,是一套可被第三方認證機構審核之國際標準。

SA 8000 社會擔當國際標準體系的主要內容包括如:

1. **勞工標準**
   (1) **童工**:童工指未滿 16 歲,與單位或個人發生勞動關係從事有經濟收入的勞動或者從事個體勞動的少年、兒童。公司不應使用或者支持使用童工,應與其他利益團體採取必要的措施確保兒童和應受當地義務教育的青少年的教育,不得將其置於不安全或不健康的工作環境和條件下。
   (2) **強迫性勞動**:公司不得使用或支持使用強迫性勞動,也不得要求員工在受雇起始時

交納押金或寄存身分證件等。
    (3) **自由權**：公司應尊重所有員工結社自由和集體談判權。
    (4) **歧視**：公司不得因種族、社會階層、國籍、宗教、殘疾、性別、性取向、工會會員或政治歸屬等而對員工在聘用、報酬、訓練、升職、退休等方面有歧視行為；公司不能允許強迫性、虐待性或剝削性的性侵擾行為，包括姿勢、語言和身體的接觸等。
    (5) **懲戒性措施**：公司不得從事或支持體罰、精神或肉體脅迫以及言語侮辱。
2. **工時與工資**
    (1) **工時**：公司應在任何情況下都不能經常要求員工一週工作超過 48 小時，並且每七天至少應有一天休假；每週加班時間不超過 12 小時，除非在特殊情況下及短期業務需要時不得要求加班；且應保證加班能獲得額外津貼等。
    (2) **工資**：公司支付給員工的工資不應低於法律或行業的最低標準，另須滿足員工的基本需求，並以員工方便的形式如現金或支票支付；對工資的扣除不能是懲罰性的；應保證不採取純勞務性質的合約安排或虛假的學徒工制度以規避有關法律所規定的對員工應盡的義務等。
3. **健康與安全**：公司應具備避免各種工業與特定危害的知識，為員工提供安全健康的工作環境，採取足夠的措施，降低工作中的危險因素，儘量防止意外或健康傷害的發生；為所有員工提供安全衛生的生活環境，包括乾淨的浴室、潔淨安全的宿舍、衛生的食品存儲設備等。
4. **管理系統**：公司高階管理階層應根據本標準制訂符合社會擔當與勞工條件的公司政策，並對此定期審核；委派專職的資深管理代表具體負責，同時讓非管理階層自選一名代表與其溝通；建立適當的程式，證明所選擇的供應商與分包商符合本標準的規定。

Sole Proprietorship Company 獨資公司：是從有公司經營型態以來，最久遠、最簡單、也最常見的經營型態，獨自出資的經營者，個人獨自承擔企業經營所有可能的獲利與風險。因此，在法律上，不對獨資公司的資產與責任加以區分。也因為法律規範較少，對帳目記錄的要求較少，免於雙重課稅等好處，使獨資公司容易設立，因而常見於新創公司。

Strategic Alliance 策略聯盟：在維持獨立運作自主性的同時，兩家或兩家以上企業為追求共同協議的目標，而形成長期合作的夥伴關係。

策略聯盟夥伴企業之間，通常彼此交換著經營所需的必要資源如技術交換、製造能量、裝備資本、產品、通路、專案資金、知識、專業或智慧財產等；另也共同分擔資本投資、花費與風險等。形成策略聯盟的主要動機是「合則共榮」，夥伴企業形成策略聯盟，有助於聯盟「綜效」(synergy) 的達成，並使個別夥伴企業獲得的利益，大於各自單獨的努力。

一般而言，企業之間形成「策略聯盟」有下列優點與缺點如：

優點

- 讓聯盟的夥伴企業，各自專注於其「競爭優勢」。
- 夥伴之間能力的彼此學習與發展，有助於未來的發展。
- 資源的有效調配與運用，充分發揮資源的效力。
- 與國外企業聯盟，有助於降低進入聯盟企業母國的政治風險。
- 有助於企業的持續經營。

缺點

- 可能喪失智財資訊與資產的主控權。
- 若聯盟合作機制不完善，易造成協調困難與解決衝突的高成本。
- 同上，若聯盟合作與監督機制不完善，可能造成聯盟企業之間的「搭便車問題」(free rider problem)，及因缺乏正式行政管理制度的高「代理成本」(Agency Cost) 與「影響成本」(Influence Cost) 等。

Syndicat 辛迪加："Syndicat" 一詞源自法語，為「組合」的意思，它是藉由少數處於同一行業的企業間相互簽訂協議而產生的。所有加入辛迪加的企業都由辛迪加「總部」統一處理銷售與採購事宜。生產資料透過成員間的協議進行再分配。辛迪加的優點在於批量採購與銷售可以節約成本。若一成員退出辛迪加就意味著他必須建立自己的銷售網路——而這往往是困難的，因此辛迪加的組織形式較為穩定。

「合作社」往往就是這種集中統一處理採購、銷售的辛迪加型式。現代的加盟連鎖也有很強的辛迪加性質。分散的出資人雖然具有店面的所有權，但是採購和商業零售業務都是統一經營、統一管理。

The Four Asian Dragons 亞洲四小龍：是指自 1970 年代起經濟迅速發展的四個亞洲經濟體：南韓、臺灣、香港和新加坡。這些位於東亞和東南亞的國家或地區在 1970~1990 年代經濟發展高速成長，但是，在這之前她們都只以農業和輕工業為主。她們利用西方發達國家向發展中國家轉移勞動密集型產業的機會，吸引外國大量的資金和技術，利用本地廉價而良好的勞動力優勢適時調整經濟發展策略，迅速走上發展道路，並且成為繼日本以後亞洲新興的發達國家或地區，也成為東亞和東南亞地區的經濟火車頭之一，其成功的經濟發展過程和經驗是發展經濟學研究的典型例子。亞洲四小龍的稱呼在其經濟高速發展時期較為常見，1990 年代後較為少用。

眾所周知，亞洲四小龍的地域面積都不大，人口稠密，經濟底子較薄弱，自然資源也不豐富，科技也不十分發達。她們的經濟騰飛在過程和手段上有很多相似或相同的做法和經驗。全面參與國際分工，走發展外向型經濟的道路，是她們的共同特徵。但是，這並不能說她們的經濟發展模式是相同的。在政府干預經濟上，香港開始是採取「自由經濟」政策，而新加坡則早就非常重視政府對社會經濟發展的干預。臺灣和南韓雖然在政治體制、國家機器設置等方面有驚人的相似之處，但兩者在經濟發展的起點、階段、重點等方面又有著很大的不同。另外，即便都實行的是出口導向型發展戰略，這四個國家和地區的側重點也不盡相同。新加坡的出口導向，主要倚重於外國投資者帶來的技術創

新,香港則主要得益於金融發展與自由貿易,而臺灣和南韓,技術創新對經濟增長有關鍵性作用,臺灣藉著引進外國投資與當地企業合作的方式獲得技術,南韓則著重購買成套技術設備,在此基礎上進行模仿、改造、創新。所以研究亞洲四小龍,人們最常用的是「香港模式」、「臺灣模式」、「南韓模式」和「新加坡模式」,而沒有「四小龍模式」這種籠統的提法。

Trust 托拉斯:直譯為「商業信託」,是指在一個行業中,藉由公司間的收購、合併以及託管等形式,由一家企業大量兼併、控股同行公司來達到企業一體化的壟斷形式。通過這種形式,托拉斯企業可以對該行業市場實現壟斷,並制訂企業內部統一價格等手段,使企業在市場中居於主導地位,實現利潤的最大化。

20 世紀初,在美國形成了著名的特大型托拉斯壟斷企業:標準石油(即美孚石油公司,現為艾克森美孚公司的一部分)、美國鋼鐵公司與美國菸草公司等。

現在已開發國家大都制訂了「反托拉斯法」(Antitrust Law),限制這一壟斷型式,禁止過於龐大的托拉斯壟斷。作為經濟行為的托拉斯目前並未完全禁止,一些被認定為並未過度龐大的托拉斯的存在,還屬於法律允許範圍之內。關於判斷其是否過度龐大,各國各時期的判別標準也不盡相同。

UN Human Rights Norms for Business 聯合國企業人權規範:長久以來,人權組織一直關切商業活動的影響。認知到公司的力量早已成為經濟體全球化的一個主因,提倡者更確信公司在人權方面的重要性絕不低於其他的因素,因此,希望能將國際人權規範帶入商業活動中。

2003 年 8 月聯合國促進與維護人權小組委員會 (UN Sub-Commission on the Promotion and Protection of Human Rights) 肯定聯合國就跨國企業及其他企業活動的人權規範,在「聯合國企業人權規範」中 (The UN Human Rights Norms For Business: Towards Legal Accountability) 則介紹了聯合國商業人權規範的整體發展、背景、制訂過程及其法律規範的描述。

聯合國商業人權規範內部的實質條款包括如:

1. **反歧視**:禁止歧視乃為人權保護中基本原理原則,該條款亦為聯合國商業人權規範內最主要的條款。反歧視對消極的義務——免除人權的侵害與積極的義務——增進人權的保護皆提供了例子。商業活動被要求不可就無關工作方面有任何歧視 (例如:種族、性別、語言、宗教及政治觀點) 並且要提供相等的機會。聯合國就人權的註解文書中亦澄清該反歧視規範中的義務係有所延伸的,例如:就健康方面 (愛滋病或殘障)、性向、懷孕及婚姻狀態。在工作場合中,身體或語言上的侵犯,皆是被禁止的。而商業活動有義務確保上述的侵犯是不被容忍的。

2. **保護戰爭中的人民及法律**:聯合國商業人權規範明確的表示,商業活動必須確保它們不會有任何幫助侵犯人權的行為,也不會從如掠奪、侵害人權的犯罪、屠殺、凌虐、對勞工的強迫、人質掠奪及其他任何違反人權法規範等戰爭犯罪中獲取利益。而上述等行為則係近幾年被侵犯最嚴重的。聯合國就人權的註解文書同時指出,製造或出售

國際法上違法的武器是被禁止的,而明知如此的貿易行為會造成人權的侵犯同樣是被禁止的。

3. **安全人員的濫用**:安全人員的濫用,乃係一長期且重複忽略、漠視國內與國際的人權規範標準的侵犯人權行為。這方面包括但不僅限於對和平的遊行及罷工過度強制禁止。須對安全人員作足夠的人權觀念訓練,並且將保護人權的義務納入契約當中。

4. **勞工的權利**:在人權保護中就勞工的權利而言,公司是最具有影響力的。聯合國及其人權的註解文書重申就強迫勞工、非法剝削童工的禁止與要求一個安全、健康的工作環境。人權的註解文書就該節解釋勞工有自己決定是否離職的權利,並且公司應禁止囚禁或其他似奴隸的行為。(例如:人口的販賣)。只有在經由公眾監督的法院依法審判,且符合國際法規範的囚禁勞工才被允許。但該工作必須屬不會危害健康及孩童的發展——而小於 15 歲的童工或是禁止其繼續求學的行為,將皆被視為非法利用剝削。

5. **賄賂、消費者保護及人權**:政府機關的賄賂會削弱原本應用於人權保護的資源,而使得貧窮、不平等愈漸嚴重。聯合國商業人權規範再度強調國際上就反賄賂的標準規範。聯合國商業人權規範亦再次確認符合消費者保護法及其標準而應有的公平且誠信的商業行為。聯合國商業人權規範申明該項標準包括公司有義務不製造有傷害性或有傷害可能性的產品。聯合國人權註解文書則澄清,該項須於「合理使用條款」清楚寫明。

6. **經濟、社會及文化權利**:於冷戰後,國際人權宣言內部的規範觀念被更詳細的表示於以下兩個條約:國際公民權及政治權協定及經濟、社會及文化權利協定。除保障人類生活的基本需求(食物、水及庇護) 要確實執行國際公民權及政治權是十分困難的(如:言論自由、公平審判及選舉權等)然而實施國際公民權及政治權通常是解決歧視和維持經濟、社會及文化權利。一些聯合國條約早已可直接適用至商業活動中某些行為,且具有公信力,例如就隱私權、食物、水及健康的規定。聯合國商業人權規範亦強調公司應該就其可以的能力範圍內盡其所能,增進可以取得足夠的食物、取得乾淨可飲用水、獲得健康、居住及受教育的權利。

7. **人權及環境**:商業活動須符合國內及國際就環境保護的法規、政策及規範。而這包括了符合預防原則並且以永續發展為最大目標。預防原則——避免會造成無法承受的人權侵害及環境風險的行為——雖然可能會與公司企業的經營策略有所衝突。近期,預防原則愈漸備受接受,即使該原則並無確切的定義,仍是有許多公司已經同意要遵守該原則。

8. **原住民的權利**:聯合國商業人權規範中就原住民的保障措施定有許多條款。包括禁止對原住民的歧視及須尊重其文化。聯合國人權註解文書已呼籲公司企業尊重原住民擁有其原本的居住環境、土地、天然資源等權利。該人權註解文書特別強調自願的原則,公司應事先告知會因其公司發展而受影響地區的人民且取得其同意。亦不可以違反國際人權保護規範,強制驅逐原住民離開他們原居住的地區。

Whistle Blower 弊端揭發者:通常指公司內部人員,向媒體或政府權責單位,揭發公司不

道德、錯誤行為等。最有名的弊端揭發者為恩隆公司 (Enron) 內部員工沃金斯 (Sherron Watkins)，她與揭發美國聯邦調查局和 911 事件調查有關弊端的羅莉 (Coleen Rowley)，以及揭發世界通訊 (Worldcom) 作帳醜聞的庫柏 (Cynthia Cooper) 等三位女性，共同獲選為〈時代〉雜誌 (Time) 2002 年度風雲人物，以表彰弊端揭發者對於促進組織倫理以及社會正義的正面貢獻。

最近弊端揭發者的案例，則為史諾敦 (Edward Snowden) 揭發美國 NSA「國安局」(National Security Agency) 對世界各國政要及美國人民的不法監聽情事等。

自我測試

1. 試舉例比較公司 (Company/Corporation) 與企業 (Enterprise) 的差異。
2. 試舉例比較獨資 (sole proprietorship)、合夥 (partnership)、有限責任 (limited liability)、公共有限責任 (public limited) 及無限責任 (unlimited liability) 等公司類型的特性差異。
3. 試以公司治理角度所區分同質關係人、合約關係人及脈絡關係人的差異。
4. 試說明與 X/Y 理論相關的公司治理理論。
5. 試以「關係人理論」說明公司治理的運作方式。
6. 試蒐集國內單層董事會與雙層董事會的運作範例。
7. 試以「社會契約理論」說明與 CSR「企業社會責任」實務運作之間的關係。
8. 試蒐集國際上「反托拉斯」的相關法規,並探討「反托拉斯」對德、日、韓「企業聯盟」的制約應有作為。
9. 試探討政府對弊端揭發者 (Whistle Blower) 應有的保護作為,另揭弊者自己又應如何自我保護?
10. 試說明你認為預防道德風險 (Moral Hazard) 的最好公司治理方式為何?

08 領域篇—企業倫理與責任

學習重點提示：

1. 倫理、道德、價值觀與法律對企業經營的意義
2. 企業倫理運用領域
3. 企業社會責任的意涵與運用
4. 企業倫理決策

「誠信經營、童叟無欺」這些企業經營、買賣上常用到的俗語，正說明了一般消費者對企業的期望。但如企業的惡性經營或失效，不但衝擊著經濟發展，影響關係人的權益，也讓一般民眾對企業的經營失去信心，甚至產生負面觀感。因此，遵守企業倫理 (Corporate Ethics) 的企業，才能獲得一般消費者與民眾的信任，進而得以持續發展與永續經營。

本章從理論基礎開始，探討企業倫理的發展源由、內涵定義、對企業經營的意義及運用領域等，此外，也介紹從實務面的 CSR「企業社會責任」(Corporate Social Responsibility)、企業與政府運作關係及企業倫理決策的過程及影響因素等，如本章各節所述。

8.1 企業倫理

企業倫理，是企業經營所須考量的倫理議題。在深入企業倫理的意涵及運用領域前，我們應該先探討**「倫理」(ethic)** 一詞的定義，及其與**道德 (morality)**、**價值觀 (value)** 及**法律 (Law)** 之間的關係。

無論中外，倫理、道德兩個詞彙經常被混用或誤用，我們在談到如企業倫理、醫學倫理 … 等專業領域的倫理運用前，必須對相關詞彙先做「正名」的努力。

倫理一詞的英文 "ethic" 源自於希臘詞彙 "ethos"，意指個人的本性 (nature)、特性 (character) 或性情 (disposition)。另根據〈牛津字典〉(Oxford Dictionaries) 對 "ethic" 一詞的定義如：

「一套道德原則，特別與一特定群體、領域相關，並受到肯定的行為模式。」

A set of moral principles, especially ones relating to or affirming a specified group, field, or form of conduct.

既然有「肯定」的行為模式，就有「不受肯定」的行為，因此，倫理有是非、善惡、對錯等的判斷，而此判斷標準，也與「特定群體、領域」相關，不同的群體、領域，對倫理的判斷，就可能有不同的標準。

中文對「倫理」一詞的定義，最初見於〈小戴禮記〉中所稱：「樂者，通倫理者也。」許慎〈說文解字〉的解釋是：「倫字從人，侖聲，輩也；理字從玉，里聲，治玉也。」東漢鄭玄則說：「倫猶類也，理猶分也」。綜合中國古哲思想的看法，我們可將倫理一詞，視為是「人群的分類與治理」。

道德一詞的英文 "morality" 源自於拉丁詞彙 "moralis"，意指一群人的風俗 (custom)、態度 (manners)。另根據〈牛津字典〉對 "morality" 一詞的定義如：

「用以區辨行為對錯、善惡的原則。」

Principles concerning the distinction between right and wrong or good and bad behavior.

〈牛津字典〉對 "morality" 一詞的定義似乎過於簡單，對錯、善惡的區分，與倫理受到一特定群體肯定或不肯定的意涵一樣；但似乎有意暗指不受「特定群體、領域」的範疇限制，而適用於一般人群。

中國的道德思想，主要來自於儒、道兩家。〈禮記〉中說到：「道德仁義非禮不行。」道家則稱：「道者，天地萬物全體之自然。」儒、道兩家對道德的說法也甚為抽象與不易瞭解。但從〈禮記〉的說法：「道德仁義非禮不行。」我們似乎也可以將道德說成是：「人的做人、處世儀軌」。

從以上中、外思想對倫理、道德的定義解說，我們發現倫理與道德，都跟人與群體的互動行為有關。倫理強調的是行為的是非、對錯、善惡等判斷標準；而道德則是行為的社會性規範。既然牽涉到「**標準**」(standards) 與「**規範**」(norms)，則必與「法律」有關。

中文「規範」的強制性似乎比「標準」更強；但事實剛好相反！在倫理、道德與法律的定義內涵下，法律的強制性最強，其次是倫理的「標準」，道德的「規範」則最弱。

為區分倫理與道德之間的差異，最好的方式是以例子解說。如一國法律允許婦女墮胎，則醫師為懷孕婦女墮胎是合乎「醫學倫理」；但不見得為特定群體（如宗教團體）所認同。另軍人的職責是保國衛民，當受到敵國侵略時，必須以克敵致勝為其任務。殺人在平常是犯法的，但戰爭中的殺敵，則是合乎軍事作戰的「專業倫理」等。

最後，在探討企業倫理時，也必須注意所謂的「**價值觀**」(values)。一般對價值觀的認知，為某人或某群體認定為值得、重要、又有用的事物。價值觀具備持久性、目的性與工具性等，是某種信仰或偏好、也是個人或人群生活的目的與行為方式。這種學術性的定義，也不太容易讓人瞭解；最好的解釋應如「笑貧不笑娼」、「成王敗寇」…等成語。如應用在企業倫理時，可視為整體的「**企業文化**」(Corporate Culture) 或管理階層個人的「**領導與管理風格**」(Leadership/ Management Styles) 等。

企業倫理 (Corporate Ethics)，又稱為「**商業倫理**」、「**經營倫理**」(英文皆為 Business Ethics)，為檢視企業經營環境中可能衍生倫理與道德問題的應用倫理學 (applied ethics) 或專業倫理 (professional ethics)。企業倫理的運用包括個人行為與整體組織作為等。

企業倫理可區分**規範性倫理 (Normative Ethics)** 與**描述性倫理 (Descriptive Ethics)** 兩個主要領域。規範性倫理，主要在探討企業經營實務上的運用；而描述性倫理則為學術界探討企業經營的行為影響。無論規範性倫理或描述性倫理，都超越政府法規對企業經營行為規定之外（法律是最低要求標準！），故須要企業經營階層的

自我察覺與自律。

綜合以上探討企業倫理時所涉及的道德、倫理、價值觀及法律之間的範疇與其等關聯性，可如圖 8.1 所示：

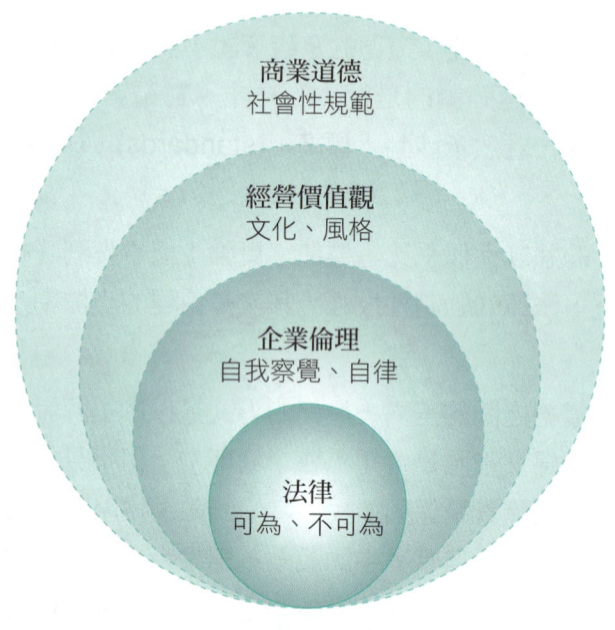

商業道德
社會性規範

經營價值觀
文化、風格

企業倫理
自我察覺、自律

法律
可為、不可為

▶ 圖 8.1　企業倫理範疇示意圖

8.2　企業倫理理論基礎

在說明企業倫理於實務領域的運用前，我們最好先對衍生出企業倫理的理論基礎有所瞭解，而這又可區分中、西方的哲學觀點，從哲學觀點發展出的理論與原則，及運用於企業倫理的理論發展等，分如以下各小節所述。

8.2.1　中西方哲學觀點

西方文化的骨幹，主要來自於希臘哲學、羅馬的律法及基督教文明。如要徹底瞭解哲學觀點，必定是長篇大論。此處僅節錄西方文化所出的哲學觀點主要重點如下：

希臘哲學：
1. 自由、平等
2. 思想獨立

3. 求真的態度

羅馬律法：

1. 崇法、守分
2. 以法治維持秩序（與自由）
3. 保障自由（守分）

基督教文明：信、望、愛

　　至於中國的哲學思想，有儒、道、墨、法等四大學派，其觀點也是不勝枚舉。此處也僅節錄各家有關現代「企業倫理」的相關觀點如下：

儒家（孔子）：

1. **倫理**：「仁」為最高道德及個人修養標準，以忠恕之道而施仁，更主張以禮來約束人的行為，以樂來陶冶人的性情。
2. **政治**：「正名」主義，以為「名不正，則言不順，言不順，則事不成，事不成，則禮樂不興，樂禮不興，則刑罰不正，刑罰不正，則民無所措手足。」又提倡德治，認為人類政治的最高理想是「天下為公」的大同世界。

儒家（孟子）：

1. **主性善**：孟子相信人的本性是善良的，故說：「惻隱之心，人皆有之；羞惡之心，人皆有之；辭讓之心，人皆有之；是非之心，人皆有之。」除重視仁外，更排斥功利主義，主張「義」。
2. **倡民權**：「民為貴，社稷次之，君為輕」。
3. **行仁政**：孟子主張行仁政，與民同樂，為民制產。

道家（老子）：

1. **反禮教**：認為社會的禮制律令，是一切致亂之源，故主張「絕聖棄智，民利百倍，絕仁棄義，民復孝慈，絕巧棄利，盜賊無有。」
2. **主無為**：老子說「道常無為而不為」又說「我無為而民自化。」故主張無為而治。
3. **順應自然**：倡無欲不爭，以順乎自然，並希望回復「小國寡民」社會，以達自然至治的境界。

道家（莊子）：

1. **達觀主張**：達觀一切，要「不譴是非，以與世俗處」，以求「安時而處順」，樂天

安命。
2. **出世主義**：主張齊物、逍遙，以達到「天地與我共生，萬物與我為一」的自然境界。
3. **養生主義**：主養生，順應自然，去人慾，以全天命。

墨家學說：

1. **兼愛、非攻**：墨子主張兼愛，愛無等差，又以戰爭對天下有害無利，故倡非攻。
2. **尚賢、尚同**：墨子認為政治應由賢人主持，又認為以人合天，即尚同於天。

法家學說：

1. **法術勢思想**：國君治國，重法制，講治術，倚權勢，則天下大治。
   (1) 重法派商鞅：重法令，信賞必罰。
   (2) 重術派申不害：特重君主駕御臣下之法。
   (3) 重勢法慎到：尊主卑臣，強調君主權勢。
2. **明賞罰**：認為賞罰重於仁義，強調法治精神。

若以儒家為主、運用於「企業倫理」的思想，則可歸納如下：

1. **人性本體論**：仁、恕
2. **人生理想論**：禮、樂
3. **社會規範論**：正義

上述儒家所謂的社會規範「正義」論，是「合於義，歸於正，顯為直，本於中」如：

- 義：義利之辨
- 正：正身、正名正道，為善之道
- 直：正直，人性本善
- 中：中道，不偏不倚，無過與不及

綜合上述中、西方倫理觀點，我們可比較其特性與主要差異如：

西方倫理學

- 系統化的學說
- 解析性的理論知識
- 以「知」為目標

東方儒家哲學
- 哲學思想多；但學派主張分歧
- 建立社會秩序
- 目標在「行」

在簡述中、西方與「企業倫理」有關的哲學思想與觀點後，因中國哲學思想較難彙整成系統性的理論學說，故接下來，我們介紹西方倫理理論與原則的區分如後。

8.2.2　西方倫理理論與原則

西方倫理學中所發展出來的主要理論，主要有「關係人理論」(Stakeholder Theory)、「支配理論」(Dominance Theory) 及「賭徒類比論」(Poker Analogy) 等三種理論；另在西方哲學觀點中，則有「功利主義」(Utilitarianism)、「康德哲學」(Kantian) 觀點、「正義原則」(Justice Principles) 及「權利原則」(Rights Principle) 等，分如下述：

關係人理論

企業倫理關係人理論中所指的「關係人」(Stakeholders)，就是那些會被倫理決策影響到的個人或團體。本書第 2 章中曾介紹過「關係人分析」（圖 2.6）及「關係人管理」（圖 2.7）等一般公司治理作為。當涉及企業倫理考量時所執行的關係人分析，則稱為**「倫理推理」(Ethical Reasoning)**，如圖 8.2 所示。

倫理推理，是有原則性的對行為對錯的推理，其推理程序包括推理者的倫理價值觀，參考其他社會性內涵後，對倫理議題做出能達到最佳結果的決策之謂。具體的說，倫理推理包括五個相關詞彙如性格 (Character)、關係 (Relationship)、責任 (Duty)、權利 (Rights) 及後果 (Consequences)，前四個詞彙構成所謂的**「內在倫理價值觀」(Intrinsic Ethical Values)**，其作用與後果之間的關聯性則如：

1. **與人唯善**：為使他人相信（我的）決策意圖出自內在善意，我們平常即應培養道德操守、反應在性格上，並關切與他人的關係。
2. **正確行動**：為確保倫理決策的正確，我們應善盡本職（責任），並尊重他人的權利。
3. **最佳結果**：若能發揮上述「內在倫理價值觀」，則倫理推理的結果（後果）通常是最佳有正面效應的結果。

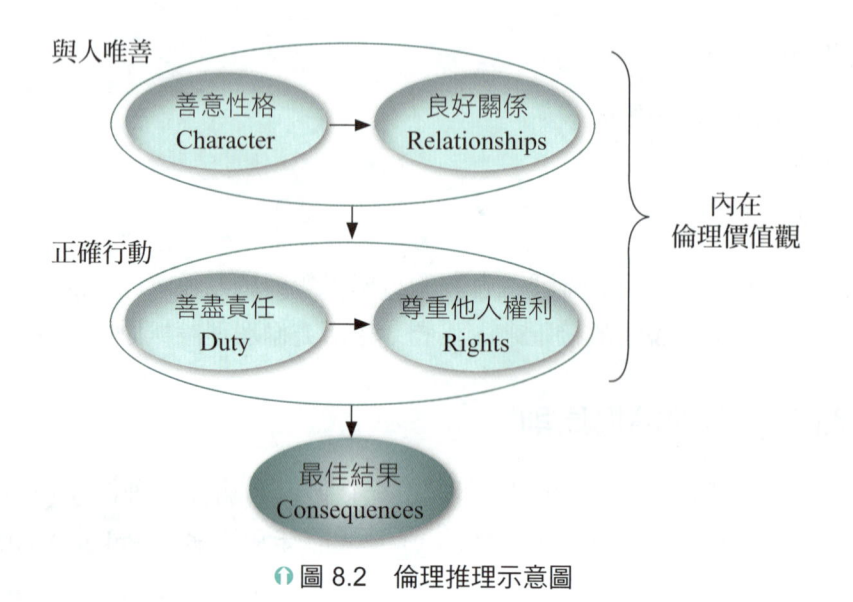

```
與人唯善 ─→ 善意性格 Character ─→ 良好關係 Relationships
正確行動 ─→ 善盡責任 Duty ─→ 尊重他人權利 Rights
             ↓
        最佳結果 Consequences

內在倫理價值觀
```

▶ 圖 8.2　倫理推理示意圖

支配理論

西方倫理理論中的「支配理論」，主要源自於馬基維利（Niccolò Machia-velli）的〈君王論〉（參照 1.2.3 小節），其主要論述為：

- 權威正義論 (The Might is Right)
- 成王敗寇論 (The Ends Always Justify the Means)

俗稱「成王敗寇論」的**支配理論 (Dominance Theory)**，其核心概念是**實用主義 (Pragmatism)**，強調達成結果是決策的最重要考量，而不重視所謂的「程序正義」。此結果是驗證程序、手段正確性的論述，雖然在現實上並不少見；但在強調人權、平等的現代，則越來越受到挑戰。

支配理論若運用在企業倫理決策上，通常因不符合程序正義而影響關係人的權益。權威即便再大，也會受到關係人的制肘或甚至全面反撲。我們可以從近代國家支配權威不斷受到人民挑戰，大企業因不遵守倫理規範而嚴重損傷商譽等案例而獲得驗證。

賭徒類比論

賭徒類比論 (Poker Analogy) 是一種相當有意思的比喻式論述，它強調企業倫理也跟任何牌局或賭局一樣，參加賭局的人都瞭解規則或自訂規則，且在某種程度上允許欺瞞與投機。若大家都遵守賭局規則，最後的結果是「願賭服輸！」

企業經營的倫理考量,也存在與「賭徒類比論」一樣的情境。如在法律未規定的灰色地帶或法律有規定但不執行等情境下,大家(包括政府、企業利害關係人等)都瞭解企業內、外帳,減稅、避稅,勞雇關係並未確實遵守相關勞工保障法規,不當政商關係的勾串等違背企業倫理的行為,但也總是「睜隻眼、閉隻眼」的姑息與縱容。

賭徒類比論與支配理論一樣,在民智已開、權利意識高漲的現代,極易受到不同利益團體關係人的挑戰。

功利主義

功利主義或稱「**效益主義**」(Utilitarianism),是倫理學中的一個重要理論。提倡追求「最大幸福」(Maximum Happiness) 或「最大多數的最大利益」,認為「實用即至善的理論,相信決定行為適當與否的標準在於其結果的實用程度。主要的提倡者有邊沁 (Jeremy Bentham)、密爾 (John Stuart Mill) 等。

不同於一般的倫理學說,效益主義不考慮個人行為的動機與手段,僅考慮行為的結果對最大快樂值的影響。能增加最大快樂值的即是善;反之即為惡。邊沁和密爾都認為,人類的行為以快樂和痛苦為動機。密爾認為:人類行為的唯一目的是求得幸福,所以對幸福的促進就成為判斷人的一切行為的標準。

效益主義過去稱作「功利主義」,是以最大多數人的最大幸福來規範倫理。然而「功利」一詞在中文含義裡帶有貶意,為避免刻板印象與先入為主的觀念,倫理學家近年來逐漸以效益主義取代功利主義的說法。

康德哲學

康德 (Immanuel Kant),啟蒙運動時期最重要的思想家之一,德國古典哲學創始人。康德的一生對知識的探索可以 1770 年為標誌,分為前期和後期兩個階段,前期主要研究自然科學,後期則主要研究哲學。前期的主要成果有 1755 年發表的〈自然通史和天體論〉,其中提出了太陽系起源的星雲假說。在後期從 1781 年開始的九年裡,康德出版了一系列涉及領域廣闊、有獨創性的偉大著作,給當時的哲學思想帶來了革命性的影響,其主要著作包括如〈純粹理性批判〉(Critique of Pure Reason, 1781)、〈實踐理性批判〉 (Critique of Practical Reason, 1788) 和〈判斷力批判〉(Critique of Judgment, 1790)。此「三大批判」標誌著康德哲學體系的完成。

康德的哲學論點甚多,在倫理學的主要論述,為否定意志受外在因素支配的說法,而認為意志為自己立法,人類辨別是非的能力是與生俱來的,而不是從後天獲

得。這套自然法則是無上指令，適用於所有情況，是普遍性的道德準則。

康德認為真正的道德行為是純粹基於義務而做的行為，為實現某特定個人功利目的而做事情，就不能被認為是道德的行為。康德認為，行為是否符合道德規範並不取決於行為的後果，而是採取該行為的動機。康德還認為，只有當我們遵守道德規範時，我們才是自由的，因為我們遵守的是我們自己制訂的道德準則；如果只是因為自己想做而做，則無自由可言，因為你已成為各種事物的奴隸。

康德哲學運用在倫理學上，則又稱為**「義務論」**(Deontological Theories)。義務論也可稱道義論，是在「先驗唯心論」(Transcendental Idealism) 的基礎上，運用理性自律的方法於普遍立法，人是目的、意志與自由三大絕對指令為表現形式的，強調動機的純潔性和至善性的倫理學。義務，就是責任，來自於人的內在理性。這些哲學上的術語、觀念甚難讓人瞭解。因此，本書歸納康德義務論在後續的發展上，逐漸形成兩種義務論如下：

1. **絕對義務論** (Categorical Imperative)：強調「義務」是所有人都可接受的原則，也就是所謂的「放諸四海皆準」的原則，並可以「普遍性檢驗」(The test of universalizability) 來驗證。
2. **實踐義務論** (Practical/Deontological Imperative)：強調「義務」是「人本」、「平等」原則，也就是所謂的「己所不欲、勿施於人」的原則，並可以**「反向性檢驗」**(The test of reversibility) 來驗證。

正義原則

正義原則 (Justice Principles) 為美國政治哲學家**羅斯** (John Rawls) 所主張的政治、社會倫理原則，強調社會關係的**「公平正義」**(Justice as Fairness)，須符合下列原則如：

- **程序正義** (Procedural Justice)：決策須依循一般人所接受的程序而制訂，或以公平的程序、機制進行協商或決策。
- **分配正義** (Distributive Justice)：強調分配準則的公正性 (impartial criteria)。依每個人負擔的風險與付出，公平的分配利益、權利、義務和資源。
- **報復正義** (Retributive Justice)：正義的懲罰必須與罪行相符，合理且符合比例。
- **補償正義** (Compensatory Justice)：應補償因決策而造成關係人的損失。當某人不當的行為傷害到其他人，受害者有權向加害人要求賠償，且補償應與受害者的損失相當。

權利原則

　　權利原則 (Right Principles) 不以社會整體利益最大化為首要考量,而是強調每個人與生俱來的具有一些無論如何都不可被侵犯的權利,而不侵犯他人的權利,才是合乎倫理、道德的行為。

　　聯合國「世界人權宣言」(The Universal Declaration of Human Rights) 由聯合國大會於 1948 年 12 月 10 日通過,條文總計 30 條:

- 第 1 條「**主體思想**」:是「人人生而自由,在尊嚴和權利上一律平等。他們賦有理性和良心,並應以兄弟關係的精神相對待。」
- 第 2 條「**平等原則**」:說明「人人有資格享受本宣言所載的一切權利和自由,不分種族、膚色、性別、語言、宗教、政治或其他見解、國籍或社會出身、財產、出生或其他身分等任何區別。並且不得因一人所屬的國家或領土的、政治的、行政的或者國際的地位之不同而有所區別,無論該領土是獨立領土、託管領土、非自治領土或者處於其他任何主權受限制的情況之下。」
- 第 3-21 條條文:分別列述「公民、政治、權利」。
- 第 22-30 條條文:則列述「經濟、社會、文化等權利」等。

　　聯合國於 2011 年發布「**企業經營與人權指導原則**」(Guiding Principles on Business and Human Rights) ^{註解1} 則區分為三大篇如:

- 保護人權的國家責任
- 尊重人權的企業責任
- 補救原則

　　上述聯合國所發布有關人權的文件,都是篇幅甚大的文件,不容易掌握梗概,但學界一般將與企業倫理有關的「權利」加以區分如下:

1. 道德與法律權利

(1) **道德權利 (Moral Rights)**:或稱「精神權利」,一般指人身權或人格權。在歐陸法系及部分普通法系中賦予創作者對自己原創作品享有獨立於著作權的另一系列權利,換言之這個權利是不會因為原作者已經放棄其作品的複製或持有權(無法從其獲得經濟上的直接利益如版稅)而喪失。按不同地區的立法定義,此精神權利的有效時間可以是永久或等同作品的著作權有效年期,而它保護的創作類型又會因地區而異。

(2) **法律權利 (Legal Rights)**：即法律賦予的權利如言論權、投票權、隱私權、財產權…等。當然，各國公民所擁有的法律權利因各國法律規定而有不同。

2. 消極與積極權利

(1) **消極權利 (Negative Right)**：免於遭受到干擾、侵犯或剝奪的權利，如生存權、人權、言論與集會權等。

(2) **積極權利 (Positive Right)**：藉由某些積極的措施，協助人們實現的權利，如接受基本教育、工作、平等就業等權利。

消極權利的保障比較沒有爭議，但積極權利的獲得經常涉及不同權利之間的衝突，如員工的工作權跟雇主經營上的自主權可能發生衝突。

3. 員工的重要權利

(1) **平等權**：雇主不能因為宗教、性別、種族、膚色或經濟狀況而歧視員工。
(2) **工作權**：無正當理由不得解雇員工。過去採用「雇傭自由原則」，現在則採用「正當理由規範」。根據這個規範，企業不可任意解雇員工。
(3) **同工同酬的權利**。
(4) **合理程序的權利**：員工在被降職或解雇時有權要求同儕審查、接受聆訊。在有需要時，有權要求外界的審裁等。
(5) **自由表達的權利**：員工有權反對他認為不合法或不道德的公司作為，而不會受到報復或懲罰。這種反對包括言論自由、弊案揭發 (whistle-blowing) 等。
(6) **隱私權**：例如用測謊機測試員工、任意監控員工的私人郵件和行為，不但違反道德，而且也是違法的。
(7) **自由參與公司以外活動的權利**。
(8) **職場安全與職場健康的權利**：包括獲得安全資料和參與改善工作安全的權利。
(9) **有權獲得晉升機會和其他有關職業改善與發展的資料**。
(10) **參與決策的權利**：在適當的時候，員工有參與有關其工作、部門和公司決策的權利。
(11) **罷工權**：在工作期間的要求未被滿足時，員工有罷工的權利。

4. 消費者的重要權利

(1) **消費者選擇權**：有多樣化的產品和服務可供選擇。
(2) **安全權利**：享用安全且不危害健康的產品或服務。

(3) **資訊權利**：或稱「知情權」，消費者應被告知產品和服務的資訊，這些資訊必須準確、充分且沒有欺騙成分。
(4) **投訴被處理的權利**：有機構或部門負責處理消費者對產品或服務的投訴。
(5) **要求賠償的權利**：因為不安全產品而導致受傷，或在交易中受到不公平的對待，有權要求獲得適當的賠償。
(6) **物有所值的權利**：產品、服務的功能與品質應如同廣告所宣稱的一樣。
(7) **消費者教育的權利**：讓消費者有能力瞭解和理性地使用市場資訊，並做出明智的消費選擇。
(8) **政策參與權利**：有人能代表消費者的利益來發言和參與政策的制訂。
(9) **健康環境的權利**：產品或服務必須是有利於環境的。
(10) **隱私權**：消費者的個人、消費、財務等資料的蒐集、儲藏、傳遞、使用等必須遵守相關的法律或規範。

8.2.3　西方企業倫理理論發展

西方國家在企業經營倫理的思想與理論發展中，可辨識出一些代表性的人物與其主要論述如下：

17 世紀洛克的「自然權利」(Natural Rights)：英國哲學家約翰洛克 (John Locke) 主張人生而平等，且只受「自然法則」(Natural Law) 的支配。因此，所有人都應擁有所謂的「自然權利」如自由權、私有財產權等。

18 世紀亞當史密斯的「道德情操論」(The Theory of Moral Sentiments)：蘇格蘭哲學家亞當史密斯 (Adam Smith) 於 1759 年出版的第一本著作，直到去世，史密斯持續大幅的修改這本著作，可見其重視程度不亞於一般人所熟知的〈國富論〉(The Wealth of Nations)。

在〈道德情操論〉的撰述與修改中，儘管承認人有自利的傾向，但史密斯持續努力於探討人類做出道德判斷的能力，因而提出**「同情理論」**(Theory of Sympathy)，說明人期待有「公正的旁觀者」(impartial spectator) 對自己行為的認可，而使其他人對自己行為產生「同情」，而他人的「同情」，是能維護自身利益的道德查核。簡單的說，史密斯的「同情理論」，在闡釋人的行為是否合乎道德是須經由他人檢核並認同的。

19 世紀達爾文的「倫理演化」：英國自然與地質學家家達爾文 (Charles Darwin) 的「進化論」(evolution by natural selection) 對後世政治、經濟及倫理學等，都有深徹

的影響。當達爾文主張所有生物都是經由自然選擇演化而來的時候,「倫理的存在」就變成一個難題。因為,倫理本身會要求道德主體 (moral agents) 除了自己的利益之外,還要無私地考量他人的需要。然而,從進化的觀點來看,在生存競爭之下,愈自私的人似乎愈能贏過別人,所以他們就可以生存下來而且不斷擴張,最終的結果就會導致「自私」變成一種愈來愈明顯的人格特質。

接下來,達爾文以「利他的親子情懷」(altruistic parental and filial affections) 作為建構倫理演化途徑的起點。這種情懷促使父母願意照顧子女,而子女也渴望與父母為伴。但這種由親情維繫的核心家庭是一個小型而短暫的社會單元,通常只能夠維繫到下一個生育循環,不過,年幼一代的生存能夠從這樣的社會單元獲益則是不爭的事實。當親子之情再擴大到姑舅姨表等遠親,這樣的親屬團體又更為穩定堅固,也更為有利於其中的成員在生存競爭中獲勝。

20 世紀約翰羅斯的「公平正義法則」:美國哲學家約翰羅斯 (John Rawls) 在倫理學的貢獻是「正義法則」(Justice Principles or Justice as Fairness)。羅斯的正義法則涉及許多哲學上的重要觀念如:

- 無知面紗 (Veil of Ignorance):倫理思辨的啟始狀態。
- 啟始狀態 (Original Position):用於思辨「社會契約」(Social Contract) 的設計。
- 公共理性 (Public Reason):即「最少受惠者最大保障原則」(Maximin Rule)。
- 公平正義法則 (Justice as Fairness):社會公民基本權利與義務的分配。

羅斯「正義法則」於倫理學的實際運用,則顯現於:

- 平等權利:政治權利全民平等
- 差別原則:社會與經濟利益的分配
- 公平分配原則
    - 一般性:全體而非特定的權利
    - 普遍性:避免獨漏或產生矛盾
    - 公共性:公民瞭解、接受並願意遵守
    - 順序性:以輕重緩急順序解決權利要求的衝突
    - 終極性:權利分配、仲裁的權威性

20 世紀諾季克的「自由意志主義」(Libertarianism):美國哲學家羅伯諾季克 (Robert Nozick) 對政治哲學、決策論與知識論等都有重要的貢獻。他最知名的著作是在 1974 年出版的〈無政府、國家與烏托邦〉(Anarchy, State, and Utopia) 一書,書中

他以「自由意志主義」的觀點，反駁（哈佛）同系教授約翰羅斯的「正義論」。諾季克的自由意志主義也涉及許多哲學上的重要觀念如：

- 效用怪獸 (Utility Monster)：一種思想實驗，批評效用主義主張犧牲個人的效用，以成就整體綜效性的效用。諾季克認為這是效用主義者為合理化效用主義的詭辯，故稱之為「效用怪獸」。
- 經驗機器 (Experience Machine)：諾季克用來駁斥「享樂主義」(hedonism) 的另一種思想實驗。如能證明有什麼比人追求快樂（享樂主義）更具有價值，從而增加我們的幸福感，則享樂主義將被駁斥。
- 私產正義 (Justice as Property Rights)：諾季克認為任何未經擁有者同意的「分配正義」都是盜竊行為。以此標準，國家的稅務分配也屬於盜竊行為。
- 義務悖論 (Paradox of Deontology)：義務論 (Deontology) 反對「不執行自己的義務以避免更多的義務不被執行」、以及「違反某人的權利使得更多的權利不被違反」。但「一個義務不被執行」似乎比「很多義務不被執行」更好，「一個權利被違反」似乎比「很多權利被違反」更好。義務論卻反對採取看來似乎更好的作法，這被諾季克稱為「義務悖論」。
- 權利理論 (Entitlement Theory)：持有正義論是諾季克為區別於羅斯的「分配正義」而提出的，包括獲取原則、轉讓原則和矯正原則，其核心是權利概念。諾季克強調個人的自我所有權，強調對物、對利益的財產權（私產正義），認為權利是超越其他任何道德考量的絕對價值取向；但它不是一個必須實現的目標，而是一種對任何行為都有效的道德約束。

若在倫理學運用實務上比較羅斯與諾季克的理論，則羅斯強調的是福利自由、社會慈善及西歐式的福利型社會主義；而諾季克則主張天賦自由、精幹經營與美式的競爭資本主義。

8.3　企業倫理運用領域

於 8.2 節介紹了與企業倫理相關的理論基礎與發展後，本節將說明倫理理論運用於企業倫理的實務。但因與企業經營的關係人甚多，本節將僅介紹與企業經營倫理息息相關的勞資倫理、保護消費者與員工及環境與社區倫理等實務運用領域。

8.3.1　勞資倫理

在第 7 章「公司治理」中，我們僅探討資方與經營階層之間的運作關係。即便如

此，因公司高階經理人仍是被公司（董事會）聘用的「員工」，加上實際負責活動執行的基層員工佔公司絕大多數。若勞資關係不良，勢將影響公司的經營績效。因此，為避免不良勞資關係的「勞資倫理」，就顯現出其重要性。

影響勞資關係的因素：現代企業經營環境變化快速，會影響勞資關係的主要因素及其影響分述如下：

- **勞工結構改變**：隨著科技快速進步與產業生產技術的轉型，白領階層或「知識工作者」(Knowledge Workers) 已快速取代傳統製造業的藍領階層勞工，另「**非典型勞工**」(atypical workers)、「**臨時性勞工**」(contingent workers) 也在業界普遍出現。除此之外，因各主要國家生育率下降、人口高齡化的影響下，女性與中高齡勞工的求職需求也較以往增加。

- **企業組織與經營策略的改變**：主要是為適應快速環境變動而產生新的人資管理制度如績效薪酬制度（俗稱「責任制」）、利潤分享制度、員工入股及 QWL「**工作生活品質**」方案 (Quality of Work Life) 等，這些新的人資策略，使得勞工不再僅付出勞力或腦力而已，對企業的經營與治理，也必須付出額外的關注。

- **政府政策改變**：為求經濟的持續成長，許多國家偏好「經濟供給」學派的主張，減少政府對私營企業的干涉，勞工工會組織保護勞工的消極化等，都使得勞資權利向資方傾斜，對保障勞工權益產生不利影響。

- **就業型態改變**：製造業轉換成服務業（或至少「製商整合」），公營事業移轉民營化，大企業內部創業轉變成許多中小企業等，都使得勞工的「一技傍生」已不足以「傍生」、「鐵飯碗生鏽」等，無論對企業或勞工而言，就業心態都必須做調適。

- **技術的快速演進**：產業技術的快速演進，常使勞工已學習、熟練的技術，數年後就可能遭受淘汰的命運。這對企業而言，使勞工具備專業技能的職業訓練成本則增加；對勞工而言，也許能學習不同技能並習於快速轉換。

- **全球化趨勢的影響**：國際貿易自由化，貨幣金融市場的全球化，MNE「跨國企業」(Multinational Enterprise) 的興起，及區域性經濟合作組織等全球化趨勢的影響，使勞工必須學習更多知能、習於快速轉換職務、與多文化的團隊合作等。

勞資互利策略：為追求企業經營績效及永續經營，資方除須與勞方一起建立「勞資一體」的共識外，資方必須著重增進勞工權益的相關措施，而勞方也必須敬業如：

- **增進勞工權益措施**
    - 促進勞工參與感：參與式管理、品管圈、工作豐富化等。
    - 利益、利潤分享計畫。

- ■ 員工輔導與訓練。
- ■ 勞資爭議事件的預防與處理。
● 勞工敬業
- ■ 確立企業整體意識，培養敬業精神。
- ■ 提高效率、增進生產力。

勞資倫理：除專業倫理外，勞資雙方也必須各自遵守其職場倫理如：

● 專業倫理
- ■ 特殊性：適用於特定專業情境。
- ■ 限制性：有明確的專業應用範圍。
- ■ 一般要求：自我道德要求高，謹慎對待他人，謹慎不濫權等。
- ■ 與員工的「就業力」(Employability) 有關：如溝通、團隊合作、問題解決、原創與進取、規劃與組織、自我管理、學習、科技能力等。

● 資方倫理
- ■ 善盡基本經營責任：如創業精神、實現能力等。
- ■ 善盡社會責任：社會責任與慈善責任等。
- ■ 創造企業價值。

● 勞方倫理
- ■ 企業對員工的期待：如自律、禮節、能力、有潛力、能合作等。
- ■ 勞工善盡勞動義務：如忠實、服務、保密、勤慎等。

我國中小企業倫理觀：我國企業若以國際角度來看，多屬中小企業，但因我國情而有下列特殊的企業倫理觀如：

● 重情輕法
● 大家長作風
● 企業即家業
● 父系父權的延續
● 強調領導權威

我國勞工變化趨勢：我國在「台灣經濟奇蹟」與政府多次「經濟建設」、「教育改革」後，及企業面臨國際化開放競爭的壓力下。一般而言，我國的勞工已有下列公認的變化趨勢如：

● 教育程度普遍提高；但素質卻普遍下降。

- 性格趨向多元、彈性；但缺乏專注、積極性與韌性。
- 職場倫理觀念改變：享樂主義者多於勤勉主義者。
- 中高齡勞工的「工作疏離感」(work alienation) 有：
  - 無力感 (powerlessness)
  - 無意義 (meaninglessness)
  - 無規範 (normlessness)
  - 無根感 (isolation)
  - 自我疏離 (self-estrangement)

　　我國職場倫理與文化：我國企業與勞工都曾對「台灣經濟奇蹟」做出卓越貢獻；但不可諱言的是，我國職場倫理與職場文化，仍存在著一些偏差現象，可能對未來的發展形成不利影響如：

- **不良職場文化**：即便已有法律明文規定，但送禮文化，收取回扣，歧視與職場性騷擾等不良職場文化仍普遍存在。
- **不良的價值觀**：追求競爭效率導致「為達目的不擇手段」的成王敗寇觀念；追求財富衍生的「笑貧不笑娼」及「投資操作取代核心技能的持續發展」等不良企業經營價值觀。
- **道德相對論詭辯**：政客與社會意見領袖的偏頗言論如「只要我喜歡，有甚麼不可以！」「大家都做就沒錯」等道德相對主義 (Moral Relativism) 的詭辯，導致年輕世代不尊重倫理觀念。
- **政商關係曖昧**：我國各政黨與企業之間的關係始終無法正常、明確化，「陽光法案」徒制訂而無約束力，國營企業民營化的國有資產轉移，多數促進民間參與公共建設 BOT 案 (Build–Operate–Transfer) 為人詬病，及特許行業圖利特定廠商等嫌疑，使民眾對政府的監督與營造良好經營環境等失去信心。

8.3.2　保護消費者與員工

　　消費者與員工的保護，佔企業倫理運作實務的很大比例，主要是與法規制訂有關的消費者權利或保護法（以下簡稱「消保法」）的制訂，企業對消保法影響的因應態度，消費者本身的運動方向，及勞工職災救濟等。

　　國際消費者權利法案：從1960 年起，在英國即有所謂 CI「國際消費者」(Consumer International) 非營利組織的成立，為國際消費者的權益發聲，美國則於1962 年通過〈消費者基本權利法〉，1984 年聯合國發布〈消費者保護綱領〉，我國

第 8 章 企業倫理與責任

於 1994 年制訂〈消費者保護法〉等，分別簡介如下：

CI「國際消費者」

為回應跨國國際大企業主導（獨占！）市場的趨勢，英國於 1960 年成立了 CI「國際消費者」非營利組織，其目的在構建一強而有力的國際性消費者組織聯盟，為國際消費者發聲，以保護全世界的消費者權益。到目前為止，已有超過 120 個國家的 250 個以上消費者組織加入 CI「國際消費者」組織。

CI「國際消費者」組織，定義了下列八個消費者基本權利如：

1. 滿足基本需求的權利 (The right to satisfaction of basic needs)：獲得基本、必需性產品與服務如適當的食物、衣物、庇護所、健康保健、教育、公共設施、潔淨飲水等。
2. 保障安全的權利 (The right to safety)：產品生產過程及服務等對危及人健康或生命的安全防護保障。
3. 被告知的權利 (The right to be informed)：消費者必須被告知需要的事實資訊，以供其選擇產品與服務，另廠商對產品的標示或廣告等，也必須誠信與不誤導。
4. 選擇的權利 (The right to choose)：廠商必須能在有滿意品質的確保下，提供一系列有競爭性價格的產品與服務，以供消費者選擇。
5. 被聽聞的權利 (The right to be heard)：政府政策的制訂與執行及廠商發展產品與服務時，必須關切消費者的利益或有消費者代表的參與（規劃與執行）。
6. 糾正的權利 (The right to redress)：對廠商虛偽陳述（標示或廣告），劣質產品或服務等求償的公平處理。
7. 教育消費者的權利 (The right to consumer education)：消費者有權利要求廠商提供足夠的知識與技能在選擇產品與服務上，另也應被告知消費者的權利與義務等。
8. 要求健康環境的權利 (The right to a healthy environment)：消費者有權利要求這一代與未來世代人類，在不受威脅的環境下生活與工作（即對環境保護的要求）。

美國〈消費者基本權利法〉

美國於 1962 年通過的〈消費者基本權利法〉(Consumer's Bill of Rights)，要求的消費者基本權利，列舉四個消費者基本權利如：

1. 安全的權利 (The right to safety)
2. 被告知的權利 (The right to be informed)
3. 選擇的權利 (The right to choose)

4. 被聽聞的權利 (The right to be heard)

上述四個權利的解釋,約略與 CI「國際消費者」組織的定義類似。

聯合國發布〈消費者保護綱領〉

1984 年聯合國在美國的〈消費者基本權利法〉後,也發布〈消費者保護綱領〉(UN Guidelines for Consumer Protection),此綱領於 1999 年再經過修改與增訂為八項綱領如:

1. **實體安全性** (Physical safety):產品設計、製造、使用與報廢等生命週期的安全性考量。
2. **消費者經濟利益的提倡與保護** (Promotion and protection of consumers' economic interests):政府的經濟建設與消費者保護措施立法等。
3. **消費產品與服務的品質與安全標準** (Standards for the safety and quality of consumer goods and services):政府的標準制訂與檢驗作為。
4. **必要消費產品與服務的配送設施** (Distribution facilities for essential consumer goods and services):主要指政府的設施建設作為。
5. **使消費者獲得糾正(賠償)的措施** (Measures enabling consumers to obtain redress):在消費者權益遭受損傷時,獲得公平處理的機制。
6. **教育與資訊計畫** (Education and information programmes):產品與服務的消費者教育與資訊提供系統等。
7. **提倡永續性消費** (Promotion of sustainable consumption):指經濟、社會與環保層次的永續。
8. **特殊領域的措施** (Measures relating to specific areas):主要指食物、飲水與藥品。

我國〈消費者保護法〉

我國於 1994 年制訂〈消費者保護法〉,另於 2005 年修正,共分七章 62 個條文,章節要點如下:

1. 總則
2. 消費者權益
   2.1 健康與安全保障
   2.2 定型化契約
   2.3 特種買賣
   2.4 消費資訊之規範

3. 消費者保護團體
4. 行政監督
5. 消費爭議之處理
   5.1 申訴與調解
   5.2 消費訴訟
6. 罰則
7. 附則

相關細則規定，可自「**全國法規資料庫**」^{註解2} 網站中獲得。

企業對消保法影響的因應態度

一般認為，消費者保護法規的制訂，對企業經營而言，會造成不利的影響。事實上，就如同公司治理一樣，只要企業經營者的心態正確，消費者保護法規對企業而言，是助力而非阻力。

企業能配合消費者保護法規的措施，一般有：

1. 提供安全、可靠的產品。
2. 主動負起產品責任，履行產品保證。
3. 重視商品廣告的真實性。
4. 提供產品完整、清晰的標示與說明。
5. 設置專人或專責單位接受與處理客訴。
6. 設置主管消費者事務的專責部門。

消費者本身的運動方向

在政府保障消費者權益的同時，消費者團體對廠商與消費者的關係，產生主體性的反省，或稱為消費者運動方向，其中包括如：

關心集體消費問題
- 促使廠商生產透明化（生產履歷）
- 轉化與運用媒體
- 直接批判不當的政經結構
- 簡單生活運動

在上述消費者運動方向內的「**簡單生活運動**」(Simple Living Movement)，源自於美國社會心理學家葛雷格 (Richard B. Gregg) 1936 年出版〈自願簡單生活的價

值〉(The Value of Voluntary Simplicity) 一書中所倡議，葛雷格詮釋印度聖雄甘地 (Mohandas Karamchand Gandhi) 自奉檢約的生活方式，以突顯現代人「**炫耀式消費**」(Conspicuous Consumption) 的不合理與荒謬。

簡單生活或**自求簡樸** (Voluntary simplicity)，是一種極力減少追求財富及消費的生活風格。其追隨者奉行簡單生活的原因各有不同，如靈性、健康、增加與家人和朋友相處的寶貴時光、降低壓力、個人喜好或崇尚儉樸。

簡單生活的概念，有別於貧困的生活，是一種自願選擇的生活方式。雖然禁慾主義 (Asceticism) 也宣揚簡樸的生活，拋棄奢侈與放縱，但不是所有簡單生活的追隨者都是禁慾主義者。簡單生活的核心價值在：

- 物質簡單 (material simplicity)
- 足適則止 (human scale)
- 自我要求 (self-determination)
- 生態責任 (ecological responsibility)
- 個人成長 (personal growth)

近代的 LOHAS「**樂活主義**」(Lifestyles of Health and Sustainability)，所追求的永續、健康生活方式，亦可視為簡單生活的實際運用。

勞工職災救濟

至於企業倫理運用在員工保護的實際應用領域，就是勞工的職災救濟了。為使勞工於遭受職業災害損傷時，勞工與雇主應盡的企業倫理責任如下：

勞工：

- 瞭解政府相關法規
- 事發現場事證的蒐集
- 尋求相關機構的協助

雇主：

- 職災防護教育與事前預防作為
- 事後補救或補償

8.3.3　環境與社區倫理

企業倫理運用在企業經營之外的領域，則包括「環境倫理」與「社區倫理」概念與法規、原則等之發展，分別簡述其要點如下。

環境倫理

人類在發展的過程中，對自然的觀點發展如下：

- 原始社會：人類畏懼、屈從自然（環境決定論）
- 經濟社會：人類可控制、凌駕自然（人定勝天！）
- 環境破壞後：開始「環境倫理」的發展

「環境倫理」的概念發展，以年代概分如下：

- 40年代美國學者李奧波(Aldo Leopold)所主張的「**大地倫理**」(Land Ethics)：在他1949年出版的〈沙鄉年鑑〉(A Sand Country Almanac)一書中首次倡導。李奧波認人類需要「一種處理人與土地，以及人與在土地上生長的動物和植物之間的倫理觀」。
- 70年代挪威哲學家阿恩內思(Arne Dekke Eide Næss)的「**深層生態**」(Deep Ecology)：深層生態學的核心原則，是人類和其他物種應該擁有相同的權利。不同物種對生活環境和物種繁榮應該有平等的地位。在生態系統內，物種間相互依賴，成為關係密不可分的生態圈。
- 1972年，英國環保主義，未來學者洛夫洛克(James Ephraim Lovelock)提出「**蓋亞假說**」(Gaia Hypothesis)[註解3]。簡單地說，蓋亞假說是指在生命與環境的相互作用之下，能使得地球適合生命持續的生存與發展。
- 80年代美國哲學家泰勒(Paul W. Taylor)的「**環境倫理**」(Environmental Ethics)：以關心人類與環境之間的倫理關係問題為重點，涉及的概念包括有法律、社會、哲學、經濟、生態及地理等。泰勒對「環境倫理」提出下列規範原則如：
  - 不危害原則(nonmaleficence)
  - 不干擾原則(noninterference)
  - 忠信原則(fidelity)
  - 補償正義原則(restitutive justice)

1982年聯合國IUCN「國際自然保育聯盟」(International Union for Conservation of Nature)通過「**世界自然憲章**」(World Charter for Nature)，列出下列環境保育通行原則如：

1. 自然應被（人類）尊重，自然的本質程序不應被（人類）損及 (Nature shall be respected and its essential processes shall not be impaired.)
2. 地球上的遺傳活力（生物多樣性）不應被（人類的需求）所「妥協」(The genetic viability on the earth shall not be compromised, …)
3. 人類對地球上包含陸地及海洋的所有領域，都應遵守保育原則 (All areas of the earth both land and sea, shall be subject to these principles conservation, …)
4. 被人類運用的生態系統與生物…應被有效管理，以達成及維護最佳持續性的生產能力 (Ecosystems and organisms … that are unutilized by man, shall be managed to achieve and maintain optimum sustainable productivity, …)
5. 人類應保護自然，使其免於遭受戰爭或其他人類敵意活動的損傷而退化 (Nature shall be secured against degradation caused by warfare or other hostile activities.)

若將「環境倫理」概念運用到企業經營層面，則為「企業環境倫理」及「企業永續經營」的考量。其要點如下：

企業環境倫理

- 關懷自然生態
- 視萬物與人類同等位階、有不同內在價值的主體 (subject)

企業永續發展

「企業永續發展」(Corporate Sustainability) 則偏向企業經營層面考量，將環境視為可被管理的「客體」(object)。而一般定義為：「在不損及未來世代需求滿足狀況下，尋求滿足現代世代需求的發展。」另永續發展亦有「均衡」的意涵，其內容如下：

- 世代均衡：自然資源的適當運用
- 科技均衡：科技發展應謹慎於其影響
- 經濟均衡：與環境保育保持均衡
- 環境均衡：生態多樣化均衡發展

企業永續發展若與**生態效益 (eco-efficiency)** 結合，則有下列具體作法如：

- 以 PDCA 循環的品質管理方式，達成環境品質的持續改善。
- 產品生命週期 (Product Life Cycle) 概念的運用
    - 減少資源浪費

- 增加材料再使用率
- 增進產品安全
- 減少廢棄物
- 回收處理

社區倫理

所謂的「社區」,根據中國儒家思想,是介於家、國之間的鄉里概念,如守望相助、敦親睦鄰、長幼有序等。西方的社區詞彙為 "community",則專指某特定地區或場域中人的互動關係。

有關社區的發展,在西方工業革命前,多指歐洲國家的「教區救濟」(parish relief)。工業革命後,則在各國有不同的發展模式如:

- 德國的「濟貧制度」
- 英國的「濟貧法案」、「社會安置運動」等
- 美國大學主導的「社區服務中心」

我國與日本則慣以「**社區營造**」(Community Empowering) 一詞來推動所謂的「**社區照顧**」(Community Care),其性質與歐美濟貧制度下的社區組織類似。

無論是法規或社會救濟制度,企業推動社區倫理時,一般認為應有下列義務規範如:

- 尊重人權與民主
- 尊重在地文化完整性
- 促進人文公共政策與措施
- 改善居民健康、教育、工作安全
- 保存及改善自然環境與資源
- 支持和平、安定及多元社區融合

8.4 企業社會責任

在企業經營的規範上,可比擬成「法理情」之說如:

- 法:遵守政府法令
- 理:完善的經營制度
- 情:良好的關係人溝通

在「法」的部分很明確，企業經營必須遵守當地政府有關公司合法經營、勞工權益、消費者保護及環保的各種法規。而「理」的良好經營制度，則反映在「公司治理」的制度，而這也與法規有關。至於「情」的部分，則須視關係人對企業經營的期待而定，因此，企業必須做好與關係人的良好溝通。

在 CSR「企業社會責任」(Corporate Social Responsibility) 的評估模式上，美國企業倫理教授卡羅 (Archie B. Carroll) 提出一所謂「CSR『企業社會責任』金字塔模式」如圖 8.3 所示 註解 4：

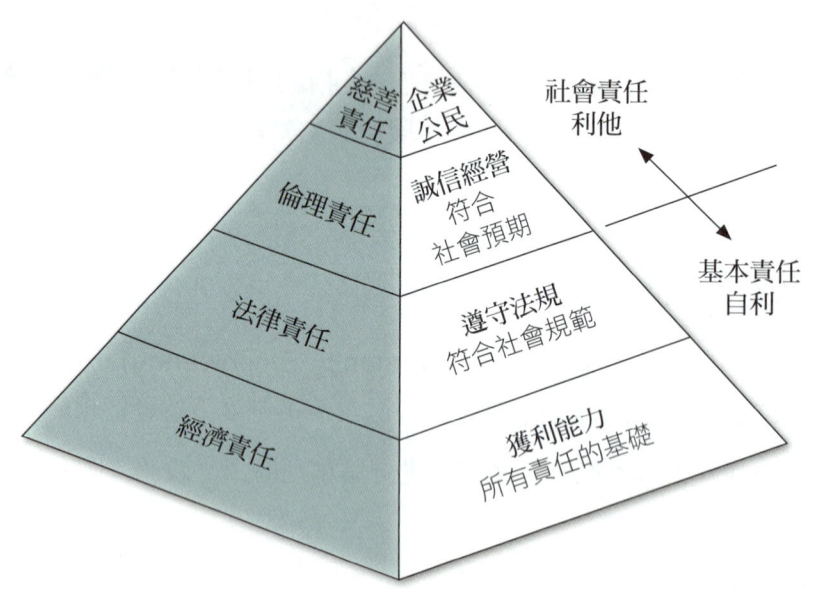

圖 8.3 CSR「企業社會責任」金字塔模式 (Carroll)

卡羅的 CSR「企業社會責任」金字塔模式，基本上區分企業自利的「基本責任」與利他的「社會責任」兩類，其中又可細分為：

基本責任（自利）

1. **經濟責任 (Economic Responsibility)**：即企業成立的目的，在為股東創造最大利潤的獲利能力。這也是其他責任的基礎，若企業無法獲利，則被市場淘汰，也就無所謂其他的企業社會責任了。
2. **法律責任 (Legal Responsibility)**：企業經營必須符合企業所在當地政府的所有法律規定如勞工權益、消費者保護及環境保護等。這也是符合當地社區一般性社會規範（即便無法規強制規定）的責任。

社會責任（利他）

3. **倫理責任 (Ethical Responsibility)**：在明文法律規定之外，符合當地社區習俗規範或關係人預期的責任，如誠信經營、公平競爭、避免對關係人的損害等義務。
4. **慈善責任 (Philanthropic Responsibility)**：或稱「酌情」(discretionary) 責任，即社會對企業並無預期，但企業做了，其結果也獲得社會的認同與讚許的責任，如慈善捐款、照顧弱勢、社區營造等符合「**企業公民**」(Corporate Citizenship) 的責任等。

除卡羅的 CSR「企業社會責任」金字塔模式外，企業實務界還有 SA 8000「社會擔當」(Social Accountability) 國際標準體系，已於本書第 7 章「公司治理」中介紹過，此處不再贅述。

雖然有 CSR「企業社會責任」及 SA 8000「社會擔當國際標準體系」等的倡議，但企業實務界對 CSR「企業社會責任」的倡議，目前仍有支持與反對的論述。此處綜整對 CSR「企業社會責任」正、反面論述的重點如下：

正面論述（支持方）

1. **合意式自利 (Enlightened Self-interest)**：企業善盡社會責任，有下列合意（合乎社會及政府之意）自利好處如：
   (1) 提升企業正面形象
   (2) 避免政府的介入與干涉
   (3) 避免過失的爭訟
2. **策略性慈善 (Strategic Philanthropy)**：企業善盡社會責任，有下列策略性優勢如：
   (1) 提升經營者的正面形象
   (2) 獲得政府與國際的支持
   (3) 獲得節稅的機會

反面論述（反對方）

1. **自由市場論**：主張政府不應干涉市場的自由競爭，而應由市場機制（看不見的那隻手）決定。這種論述主要來自於：
   (1) 亞當史密斯 (Adam Smith)：真正能確保社會福祉的，是企業的自利而非利他的經營心態。
   (2) 費德曼 (Milton Friedman)：主張企業唯一的社會義務，是在守法的前提下，為股東創造最大利潤。換言之，其他的責任均屬多餘！

2. **成本效益考量**：企業若追求社會責任，會增加不利於經營的成本花費。
3. **增加經營複雜性**：企業經理人的專業應在企業經營，而非複雜社會問題的處理。若專業經理人的時間多花在社會責任的處理上，勢將影響企業的整體經營績效。
4. **課責的難度**：即便已有某些 NGO「非政府組織」、民間社團或媒體有所謂的「課責評等」與「企業公民調查」等；但社會責任的評估與「課責」仍缺乏國際共識標準，即何謂「善盡」社會責任？
5. **削弱國際競爭力**：遵守企業社會責任的企業若與不遵守社會責任的企業競爭，明顯處於不公平的競爭狀態。

雖然對 CSR「企業社會責任」有反面論述，且不論來自於自發或政府、社會壓力，現代企業已逐漸朝向善盡社會責任的新經營倫理觀。在企業倫理的發展上，有「社會企業」、「時間銀行」及「職場靈性」等新企業倫理實務的發展趨勢，分別簡單描述如下：

社會企業 (Social Enterprise)：為介於營利企業與 NPO「非營利組織」之間的型態，其經營目的主要在藉由兼顧營利與公益，來解決特定社會問題。社會企業的經營策略，可以是營利、也可以是非營利性質的，其表現形式可能是共同合作 (Co-operative) 模式、互助組織 (Mutual Organization)、虛擬組織 (a disregarded entity)、社會經營 (Social Business) 或慈善組織等。

時間銀行 (Time Bank)：為美國法學教授卡恩 (Edgar S. Cahn) 所創辦，其概念是每個人的時間都等值，且可以銀行帳戶方式先預存個人自願幫助他人的時間（或稱「時間信用」(Time Credit)），並在未來需要時提用，請他人幫助自己。

職場靈性 (Workplace Spirituality)：讓處於組織中的個人明瞭其本身具備靈性，並從工作中陶冶其靈性，讓個人除了在職場中發展工作所需的技巧外，還能兼顧個人生活，促進內在生命的活化，從工作中找尋意義，並與工作社群產生連結，共同面對現代組織所帶來的孤獨。職場靈性的主要內涵為：

1. 內在生命的活化 (inner life activation)
2. 確立工作意義 (meaningful work)
3. 社群感的聯結 (community connections)

8.5 企業與政府

在企業倫理與責任的討論範疇中，企業與政府之間的政商關係，一直是各方熱切

探討的議題。一般認為，政府對企業而言，應營造適合正常經營的環境；而企業對政府而言，主要的義務則是遵守法令與誠實納稅等。但當大型跨國企業開始普及世界各地時，跨國企業挾其雄厚的經濟實力與母國政治實力，並不見得能受當地政府法規的約束。因此，政商關係應如何正常的運作，就成為企業倫理與責任的主要議題。

現代政經關係

在全球化的影響下，有跨國性的多國企業對企業所處當地國的影響，國際政經組織的發展，自由經濟體制下政府與企業應扮演的角色等議題可供探討，分別簡述如下：

多國企業的影響

全球化或多國經營的 MNE「跨國企業」(Multi-Nations Enterprise) 之所以在世界各國經營，主要是當地資源的運用。發展中國家一般歡迎 MNE「跨國企業」到其國內設廠，主要是希望 MNE「跨國企業」能帶來的經濟利益；但 MNE「跨國企業」到當地國設廠，也會帶來不利當地國的影響。MNE「跨國企業」的正面與負面影響，綜整如下：

多國企業的正面影響：

1. 改善生產效率
2. 提高生活水準
3. 接軌國際市場
4. 新產品與技術的引進
5. 組織與管理訓練等

多國企業的負面影響：

1. 破壞環境
2. 挑戰主權
3. 影響社會結構
4. 不平等待遇
5. 施壓當地法治
6. 忽略當地社群關切

國際政經組織的影響

在各國的大型企業走向國際時，各企業母國自然希望能給予較多的政治協助，

以創造或提升企業的國際競爭力；另規模較小且競爭力較弱的企業，在國際大型跨國企業的競爭下，通常會要求政府的保護。無論上述哪一種型式的保護主義，基本上都違反了自由經濟體制的開放競爭精神。因此，國際上各種政經組織如 GATT「關稅及貿易協定」(General Agreement on Tariffs and Trade)，IMF「國際貨幣基金」(International Monetary Fund)，OECD「經濟合作暨發展組織」(Organization for Economic Corporation and Development) 等，都對自由經濟體制下的政府應扮演的角色有所著墨。目前國際上對政府於企業經營的角色上，有下列一般共識如：

自由經濟體制下的政府角色

為促進世界各國企業的自由、公平與開放競爭，各國政府應扮演好下列角色如：

1. **改善經濟結構，促進經濟改革**：除股東、債權者及經營階層外，政府也應視為企業的合法管理權威。因此，政府除應營造適合的經營環境外，另也應管理企業的「公司治理」與「企業倫理」等。

2. **促進公共部門投資，強化社會建設**：政府的公共部門投資與社會建設，主要在營造適合的企業經營環境，一般有下列重點投資項目如：

    (1) 交通建設
    (2) 社會治安
    (3) 社會福利
    (4) 健康保險
    (5) 都市與區域建設
    (6) 公園綠地
    (7) 圖書館 … 等

3. **健全行政管理，提高公務效率**：政府的公務行政效率，會影響企業的投資意願（無論國際、國內皆然），另政府的行政管理，也必須維持行政倫理如維護公共利益，稀少資源的合理分配，及以提升正義價值為目標的行政正義倫理等。而行政正義倫理通常即指程序正義與分配正義如：

    (1) 程序正義：程序正確，平等原則，開放及廣泛性，公正無私，執行效率，人文參與等。
    (2) 分配正義：目標理性，正義原則，規則與行政裁量平衡，維護公眾需求，及個人與社會正義的平衡等。

4. **建立經濟倫理，調和社會互動關係**：所謂的經濟倫理，為在允許企業合理的競爭環

境下,對企業合於經營倫理的要求如下:
(1) 智慧財產權的保護
(2) 維護生態環境
(3) 調和勞資關係
(4) 保障消費者權益
(5) 制約企業不當競爭行為等

自由經濟體制下的企業角色

至於 MNE「跨國企業」或國內企業,在自由經濟體制的競爭環境下,應扮演好下列角色如:

1. 發揮企業精神,建立自主意識
2. 注重研發,提高技術水準
3. 重視管理,促進效率升級
4. 正當經營,兼顧社會福祉

8.6 企業倫理決策

在企業倫理與責任的討論最後,我們應回到根本緣由,即企業倫理問題的發生,主要是因為企業倫理決策的失誤。因此,有必要在企業經理人的「倫理決策」(Ethical Decision Making) 議題上略加描述。

在決策理論中,一般希望決策者的決策是符合「**理性決策**」(Rational Decision Making) 程序,如圖 8.4 所示。

從圖 8.4 所示的「理性決策」程序模型圖中,我們可以發現無論哪一個決策程序,都有所謂的「不確定性」(uncertainty) 存在,串連起來的決策,事實上卻一點都不「理性」!

企業倫理決策的實務,通常採取「**有限理性決策**」(Bounded Rationality Decision Making) 觀點。而有限理性決策觀點,有下列特性如:

1. **問題能見度優先於重要性**:曝光程度越大的倫理問題,越容易吸引與消耗經理人的關注心力,而使經理人無暇處理真正重要的倫理問題。
2. **一般人容易從熟悉、現有方案中尋找答案**:真正有創意的問題解決方案,通常不在口袋中;另過去的成功案例,不見得能保證未來的成功等。

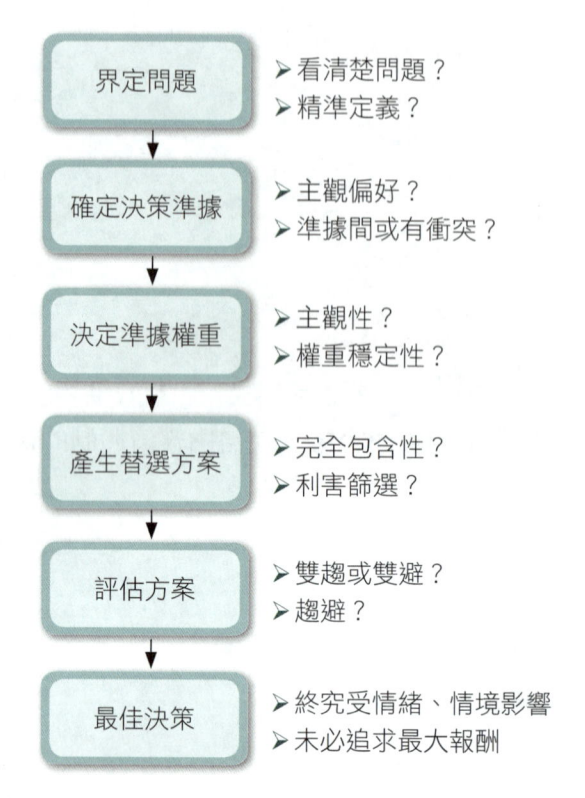

```
界定問題 → 看清楚問題？／精準定義？
    ↓
確定決策準據 → 主觀偏好？／準據間或有衝突？
    ↓
決定準據權重 → 主觀性？／權重穩定性？
    ↓
產生替選方案 → 完全包含性？／利害篩選？
    ↓
評估方案 → 雙趨或雙避？／趨避？
    ↓
最佳決策 → 終究受情緒、情境影響／未必追求最大報酬
```

🎧 圖 8.4　理性決策程序示意圖

3. **決策者本身的心理偏誤**：即心理學上的「偏誤」(bias) 效應等，如定錨偏誤 (Anchoring Bias)、附和偏誤 (Confirmation Bias)、歸因謬誤 (Fundamental Bias)、刻板印象 (Stereotype)、便給捷思 (Available Heuristics)、代表捷思 (Representative Heuristics) 等，會造成決策偏差。
4. **「集體迷思」(Group Thinking) 效應**：指團體在決策過程中，由於個別成員傾向讓自己的觀點與團體一致，因而使整個團體缺乏不同的思考角度，不能進行客觀分析（請參照第 5 章關鍵詞說明）。

決策者自己對倫理決策的內在影響，除前述的心理偏誤外，還有個人經驗、性格及倫理價值觀等，都會影響倫理決策的品質與結果。倫理決策的內在影響因素，摘要說明如下：

決策者的個人經驗：在決策者的職涯發展過程中，早期較偏向定錨（決定職涯方向）與吸收，職涯中期則偏向進取、突破，到了職涯晚期，則較偏向經驗與傳承。據此判斷，職涯前期的決策者，比較能聽取各方意見而做出合於多數關係人利益的倫理決策；職涯中期的決策者，則可能有突破、創新的決策方案；而職涯晚期的決策者，

則可能趨於保守與集體迷思。

決策者的性格：或稱「控制傾向」(Locus of Control)，主要區分為：
- 內控性格：著重自我控制
- 外控性格：偏向順應時勢

決策者的倫理價值觀：在決策者的倫理決策程序中，柯爾伯格 (Lawrence Kohlberg) 於 1969 年提出的「道德發展理論」(Theory of Moral Development)，把人的道德與倫理價值觀念的發展，區分成三層，每層又區分兩個階段的發展（圖 8.5）：

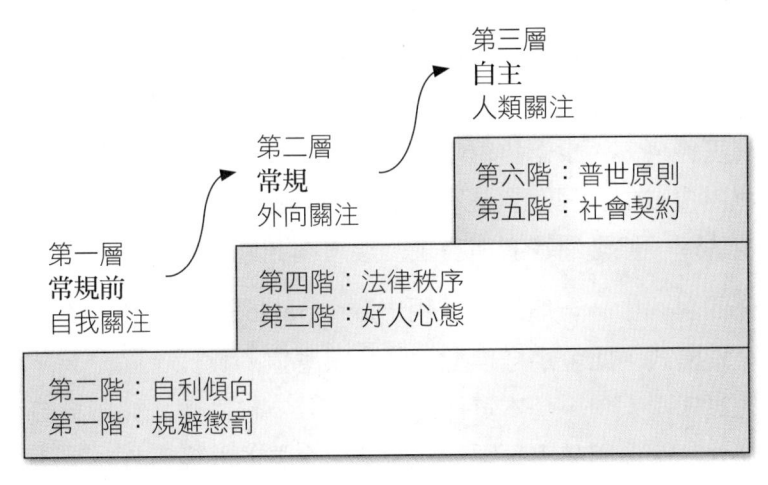

```
                                    第三層
                                    自主
                                    人類關注
                         第二層                ┌─────────────────┐
                         常規                 │ 第六階：普世原則  │
                         外向關注              │ 第五階：社會契約  │
           第一層              ┌──────────────┤                  │
           常規前              │ 第四階：法律秩序 │                  │
           自我關注            │ 第三階：好人心態 │                  │
┌──────────────────────────┬──┴─────────────┴──┴─────────────────┘
│ 第二階：自利傾向         │
│ 第一階：規避懲罰         │
└──────────────────────────┘
```

⊙ 圖 8.5　道德發展階段示意圖 (Kohlberg)

第一層（常規前）：自我關注
　　第一階段：規避懲罰傾向
　　第二階段：自利傾向
第二層（常規）：外向關注
　　第三階段：符合人際關係規範（做好人心態）
　　第四階段：維持權威及社會秩序傾向
第三層（自主）：人類關注
　　第五階段：社會契約傾向
　　第六階段：普世倫理原則（良心原則）

若以柯爾伯格的「道德發展階段」理論來看，企業決策者的倫理決策，至少應在第二層常規「外向關注」的「做好人心態」階段以上，才是符合一般道德價值觀與倫理規範。

本章總結

在探討企業倫理與責任時，我們必須先瞭解道德、倫理、價值觀與法律等詞彙之間的意涵差異。一般而言，道德是社會對是非、善惡、對錯等的判斷，會受時空環境的影響，另不同群體間的道德觀念也不見得相同。價值觀則是道德形成的文化與風俗。價值觀與道德一樣，形成自社會且對社會的影響時間都甚為久長。倫理則可視為道德觀的運用規範，如企業倫理、專業倫理等，都專指某特定領域的倫理道德規範。至於法律，則規範性最強，運用範圍也最受到限制。

於企業倫理與責任的有關理論發展上，仍以西方倫理學的發展為參考依據，主要有「關係人理論」、「支配理論」及「賭徒類比論」等三種理論；另在西方哲學觀點中，則有「功利主義」、「康德哲學」觀點、「正義原則」及「權利原則」等。至於在企業倫理的運用領域中，因與企業經營的關係人甚多，本章僅介紹與企業經營倫理息息相關的勞資倫理、保護消費者與員工及環境與社區倫理等實務運用領域。

於企業責任的討論中，一般學界採用卡羅 (Archie B. Carroll) 發展的 CSR「企業社會責任」金字塔模式，此金字塔模型，將企業應盡的責任，區分為基本的自利責任與社會性的利他責任兩大類，基本責任中，又區分為經濟與法律兩種自利責任，而社會責任中，則區分為倫理與慈善兩種利他責任。企業的社會責任中，至少應做到符合一般人對企業經營的期待，至於慈善責任，雖非一般人對企業的期待，但如做到且受到認同，則對企業聲譽有加分的作用。

最後，本章談到企業的倫理決策，是指企業經營決策者在決策時，雖然有許多不確定因素，導致決策過程的「有限理性」，但企業經理人仍應重視決策的「外向關注」及「人類關注」。所謂決策的「外向關注」，是應符合人際關係規範，維持權威與社會秩序之謂；而決策的「人類關注」，則應遵守社會契約及普世倫理原則等，才能真正成為情理法兼顧的「企業公民」。

關鍵詞

Age of Enlightenment 啟蒙運動：啟蒙運動，又稱理性時代 (Age of Reason)，是指歐美在 17~18 世紀發生的一場知識及文化運動，該運動相信理性發展知識可以解決人類存在的基本問題。人類歷史從此展開在思想、知識及文化傳播上的「啟蒙」，開啟知識現代化的發展歷程。

德國哲學家康德以「敢於求知」(dare to know) 的啟蒙精神來闡述人類的理性擔當，他認為啟蒙運動是人類的最終解放時代，將人類意識從不成熟的無知和錯誤狀態中解放出來。

Atypical workers 非典型勞工：根據學界定義，「非典型就業人員」(atypical employees) 是指有雇主的「專任、全時薪資、正式的就業人員」(full-time wage employees) 以外的工作者，因此，非專任薪資之工作即為非典型雇用型態，另根非典型就業人員並不受到勞工法規的保護。

目前非典型工作大致可區分為下列幾種如：
1. 部分工時工作型態 (part-time employment)；
2. 暫時性工作型態 (temporary employment)；
3. 派遣工作型態 (dispatched employment)；
4. 租賃工作型態 (leasing employment)；
5. 服務合約工作型態 (service contract)；
6. 遠程工作型態 (telework)。

這六種類型的工作型態之間常有重疊之情形，例如，暫時性工作型態同時可能是部分工時工作型態；派遣工作型態也可能是部分工時工作型態。

BOT 民間興建營運後轉移模式 (Build-Operate-Transfer)：是一種公共建設的運用模式，為將政府所規劃的工程交由民間投資興建，並且在經營一段時間後，轉移由政府經營。18 世紀中葉的土耳其邀請了國內外承包商共同參與規劃公共部門民營化政策，是最早採用興建、營運、移轉之模式的案例。

我國截至 2014 年為止較著名的 BOT 案計有台灣高鐵、高雄捷運、高速公路 ETC 電子收費系統、台北（交九）轉運站、台北 101、市府轉運站、台北大巨蛋、機場捷運、台北雙子星、及臺北市公共自行車租賃系統（YouBike 微笑單車）等。

Conspicuous Consumption 炫耀式消費：炫耀式消費此一名詞，是挪威裔美國經濟學家與社會學家范伯倫 (Thorstein Bunde Veblen) 於 1899 年所出版的〈有閒階級論〉(The Theory of the Leisure Class) 中所提出。炫耀式消費是指以財富或收入為目的而花費於商品或勞務的消費行為。而「炫耀性商品」，則是用來突顯身分、地位，商品的價格越貴，反而讓人越想要購買，如豪宅、高價名車、珠寶、名牌包等物品。故炫耀式消費者便利用此行為來維護或獲取其社會地位。

一般來說，在需求理論中，價格越高，需求數量相對會越少。但炫耀性商品則剛好是需求理論的例外，因炫耀性商品之消費行為，則是價格越高，需求數量越多，故不符合需求理論之原則。

Contingent workers 臨時性工作者：臨工作者勞工，以非持續性基礎，為一組織工作的一群人力，亦可稱為「自由工作者」(Freelancers)、獨立專業人士、臨時性合約工、獨立包商或顧問等。

依據我國〈勞基法〉施行細則第 6 條第 1 項第 1 至 4 款之規定，定期勞動契約有下列四種如：

1. **臨時性工作**：係指無法預期之非繼續性工作，其工作期間在六個月以內者。
2. **短期性工作**：係指可預期於六個月內完成之非繼續性工作。
3. **季節性工作**：係指受季節性原料、材料來源或市場銷售影響之非繼續性工作，其工作期間在九個月以內者。
4. **特定性工作**：係指可在特定期間完成之非繼續性工作，但其工作期間超過一年者，應報請主管機關核備。

勞基法規定僅有符合上述四類型之工作者，雇主始得與勞工約定「定期契約」，否則一律僅能約定「不定期契約」。

Corporate Culture 企業文化：或稱「組織文化」(Organizational Culture)，為一企業或組織的經營價值觀表現在外的行為，對內則具有自我形象、內部工作與外界的互動及對未來的預期等。

企業文化為經長期發展且被內部員工認同並分享的（工作）態度、信仰、習慣、不成文規定等。企業文化表現在外的特徵如：

1. 企業的經營方式：如何對待員工、顧客及更廣泛的社群。
2. 組織運作的自由度：制訂決策是否授權，新想法的發展與表示裕度等。
3. 組織層級間權力及資訊流的運作方式。
4. 組織內敬業的員工如何達成共同性目標等。

對一般企業而言，企業文化通常是創辦人的經營理念塑造而成，且具有長期影響性，可能不因領導者的更迭，而能於短期間內改變。為與企業文化有所區隔，非企業創辦人的專業經理人，其經營理念則稱為「領導或管理風格」。

Corporate Ethics 企業倫理：又稱「商業倫理」、「經營倫理」(英文皆為 Business Ethics)，為檢視企業經營環境中可能衍生倫理與道德問題的應用倫理學 (applied ethics) 或專業倫理 (professional ethics)。企業倫理的運用，包括個人行為與整體組織作為等。

企業倫理可區分**規範性倫理 (Normative Ethics) 與描述性倫理 (Descriptive Ethics)** 兩個主要領域。規範性倫理主要在探討企業經營實務上的運用；而描述性倫理則為學術界探討企業經營的行為影響。無論規範性倫理或描述性倫理，都超越政府法規對企業經營行為規定之外（法律是最低要求標準！），故須要企業經營階層的自我察覺與自律。

Corporate Social Responsibility (CSR) 企業社會責任：又稱「企業良知」(Corporate Conscience)、「企業公民」(Corporate Citizenship)、「社會績效」(Social Performance) 或「責任經營」(Responsible Business or Sustainable Responsible Business) 等，是將自律納入經營模式考量之謂。

Employability 就業力：根據一般學界認知，就業力是指一個人獲得與維持雇用狀態的能力。對個人而言，就業力為其所具有的 KSAP「知識、技能、能力與性格」(Knowledge, Skills, Abilities and Personality) 個人資產，及如何呈現這些資產給雇主（欣賞與接受）的能力。由於就業力受到雇佣關係供、需兩端的影響，因此，一般認為非個人所能控制；但無論如何，在學校與訓練機構內，仍應著重培養學生或學員於業界所需的就業力。

Locus of Control 控制傾向：為美國社會學習理論家羅特 (Julian Bernard Rotter) 於 1954 年提出人格心理學 (Personality Psychology) 的概念之一，是指個體對自己的行為和行為後所得報酬間的關係所持的一種信念。此概念旨在對個體的歸因差異進行說明和測量。

羅特所謂的 "locus" 源自於拉丁詞 "place"「地點」或 "location"「位置」，衍生出所謂內控與外控兩種概念類型。**內控傾向 (Internal Locus of Control)** 者，相信自己能掌控自己的命運；**外控傾向 (External Locus of Control)** 者，則相信自己的生活與決定，是由機會或命運所控制、個人則無影響力。

控制傾向也是 CSE「核心自我評估」(Core Self-evaluations) 四個向度之一（如圖 8.6）。CSE「核心自我評估」最初由傑甸等人 (Judge, Locke and Durham, 1997) 所發展，後續學界的實證分析，也證明 CSE「核心自我評估」對工作滿意度及工作績效有顯著的預測能力。

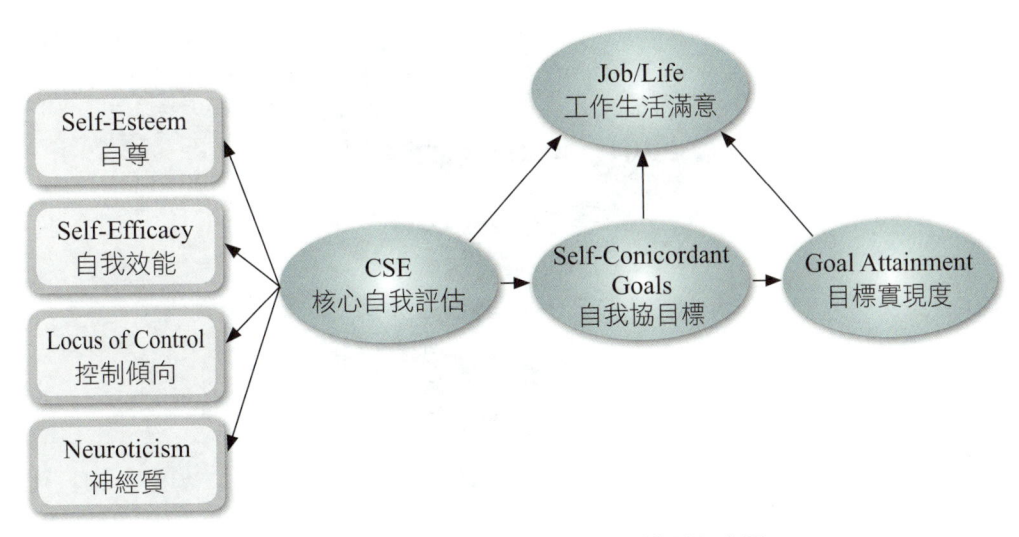

圖 8.6　CSE「核心自我評估」模型示意圖

Moral Relativism 道德相對主義：在哲學中，道德相對主義認為道德或倫理並不反映客觀或普遍的道德真理，而主張適應社會、文化、歷史或個人境遇的相對主義。道德相對主義者與**道德普遍主義** (Moral Universalism) 相反，認為評價倫理道德的普遍標準並不存在道德價值只適用於特定文化邊界內，或個人選擇的前後關係上。極端的相對主義主張個人或團體的道德判斷或行為沒有任何意義。

一些與道德相對主義相關的論述，如存在主義 (Existentialism) 堅持個人的、主觀的「道德核心」(moral core) 應該成為個體道德行為的基礎。公共道德反映社會習俗，只有個人的、主觀的道德表達真正的真實 (authenticity)。道德相對主義不可避免地反對所有宗教所教導的絕對道德。

PDCA 循環：PDCA 為 "Plan-Do-Check-Act"「規劃、執行、檢核、行動」的字首縮寫詞，美國學者戴明 (William Edwards Deming) 所創；但戴明的早期文獻卻多半以「**舒瓦特循環**」(Shewhart Cycle) 稱之。PDCA 循環，實際上是戴明根據舒瓦特 (Walter Andrew Shewhart) 以統計手法執行製程品質改善 PDSA 循環 (Plan-Do-Study-Act) 的衍生，戴明自己也多用 PDSA「舒瓦特循環」的說法，但在戴明於戰後日本的產業復興協助計畫中，被日本人改成 PDCA 循環。

無論 PDSA 或 PDCA 循環（目前多以 PDCA 稱之），都是一種以實驗統計手法，重複執行的品質改善作為，也是目前所有品質計畫的基礎核心。實際運用於問題解決或品質持續改善時，先行規劃預期目標與標準，制訂計畫 (Plan) 後，即著手執行 (Do) 相關計畫，執行過程中檢核實際與計畫是否有差異 (Check/Study)，接著採取後續作為 (Act) 等。此處必須強調的是 PDCA 循環於推動時的「持續」作為，故實際上應稱為「**PDCA 螺旋**」(PDCA Spiral) 似較為貼切。

圖 8.7　PDCA 螺旋

圖片取自公開授權網站 http://www.riosalado.edu/intranet/marketing/pdca/spiralImproCycle.png

Product Life Cycle (PLC) 產品生命週期：PLC「產品生命週期」理論，為美國哈佛大學教授弗農 (Raymond Vernon) 於 1966 年發表〈產品週期中的國際投資與國際貿易〉一文中首次提出。弗農認為產品和人一樣，要經歷形成、成長、成熟、衰退的週期。就產品而言，也就是要經歷開發、引進（合成為引介）、成長、成熟、衰退的階段。而此週期在不同技術水準的國家裡，發生的時間和過程不一樣，它反映了同一產品在不同國家市場上競爭地位的差異，從而決定了國際貿易與國際投資的變化。

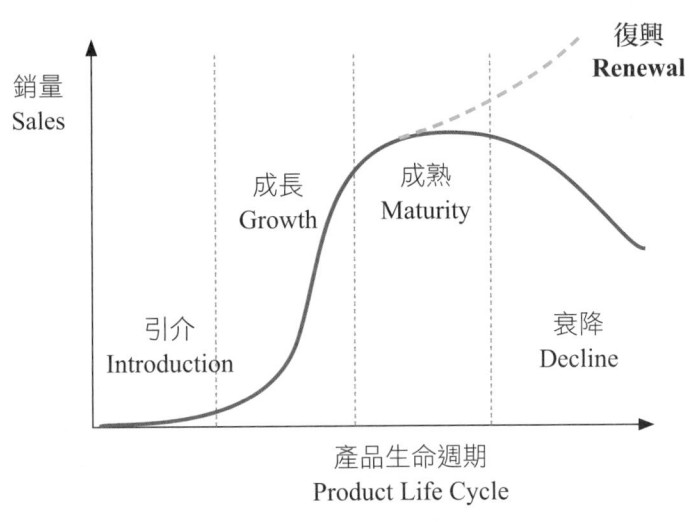

圖 8.8　產品生命週期示意圖

PLC「產品生命週期」理論，雖然將產品的生命週期區分為（開發）引介、（快速）成長、成熟（飽和）與衰降等四個階段，但對管理卻有重大啟示意涵，亦即好的管理者，不應將產品成熟至衰降視為必然的過程，而是在產品進入成熟或飽和階段前（或更早），即應預先規劃「復興」作為，如引進新的技術或方式等，使成熟產品進入另一階段的再生與成長。

Quality of Work Life (QWL) 工作生活品質：QWL「工作生活品質」是 20 世紀 70 年代出現的新命題，社會學家、經濟學家及管理學家在 QWL「工作生活品質」與人力資源產出的關係、與生產工作效率的關係、QWL「工作生活品質」規劃與工會的關係，及某些特殊人群的 QWL「工作生活品質」等方面都作了大量的研究。

每個人都在努力地享受生活，儘可能提高生活質量，但人們對所追求的生活品質有不同的理解。與此相似，關於 QWL「工作生活品質」的具體概念，由於不同的企業追求的目標有所不同，因此不同企業對 QWL「工作生活品質」概念的理解也存在差異。美國職業培訓與開發委員會把 QWL「工作生活品質」定義為：「QWL『工作生活品質』對於組織來講是一個過程，它使該組織中各層級的成員積極的參與營造組織環境，塑造組織模式，產生組織成果。這個基本過程基於兩個孿生性目標：提高組織效率，改善員工工作生活品質。」

綜合學者的觀點，QWL「工作生活品質」的管理實務包括以下內容如：
1. 報酬的充分性和公平性
2. 安全和有利於健康的工作條件
3. 組織中良好的人際關係氛圍
4. 對工作本身的滿意度
5. 員工生涯發展
6. 參與決策與民主管理
7. 工作具有社會意義
8. 保障員工在組織內的權利
9. 工作以外的家庭生活和其他業餘活動

自我測試

1. 試從我國文化觀點,探討道德、倫理、價值觀等對企業經營倫理與責任的影響與衝擊為何?
2. 試從時事中舉例說明關係人分析時「倫理推理」(Ethical Reasoning) 的運用實例,並分析其成敗因素。
3. 試以康德義務論中的「普遍性檢驗」與「反向性檢驗」說明如何檢驗國內企業的「企業倫理與責任」。
4. 試說明如何在法規上制訂符合「公平正義」原則的企業經營規範。
5. 試以聯合國 2011 年發布的「企業經營與人權指導原則」檢視我國企業對員工的權利保障情形。
6. 同上題,試以聯合國 2011 年發布的「企業經營與人權指導原則」檢視我國企業對顧客的權利保障情形。
7. 試以您自己的觀察與體會,說明我國企業一般的職場倫理與企業文化的優劣之處。
8. 試說明我們目前應如何規劃,才能讓未來世代,在不受威脅的環境下生活與工作。
9. 試說明我們應做些甚麼,才能消除社會上「炫耀式消費」的心態,以追求「簡單生活」理念。
10. 我國過去執行的 BOT「民間興建營運後轉移模式」計畫,多數遭民眾質疑圖利特定廠商或有政商勾結嫌疑。如何改善?

管理 101 領域篇

09 領域篇—
營運管理

學習重點提示：

1. 生產、服務與營運管理名詞演化的意義
2. 豐田生產系統的內涵
3. 精實生產的演化與內涵

營運管理 (Operations Management) 一詞，是 POM「生產與作業管理」(Production and Operations Management) 的現代衍生詞彙，大陸地區則稱「運營管理」，實際上是結合製造業生產管理 (Production Management) 與服務業作業管理 (Operations Management)[註解1]的綜合意涵，強調除產品與服務的品質外，還須著重於程序及文化上的調適，故稱為「營運管理」。這些有關生產、作業與營運等名詞上的轉變，只在反映業界的變化，因此在談到 POM「生產與作業管理」時，我們並不特別強調考慮的範圍是製造業或服務業，事實上許多管理上的原理及工具，都是相通且可以共用的。

本章以「生產」為主軸，介紹營運管理從生產管理的時代發展歷史，與其相關議題，接著介紹從日本發源的 TPS「豐田生產系統」(Toyota Production System)，及隨後的「精實生產」(Lean Production)。

9.1 營運管理的發展歷史

如同前述,營運管理實際上是從生產管理發展而來。而談到生產管理,就必須再從「工業革命」(Industrial Revolution) 對人類生產活動的影響,來檢視人類如何從個人的工藝生產發展到以機器取代人力的量產,再繼而發展到組織性的、結合生產與服務的營運管理。

9.1.1 工業革命

工業革命,或稱產業革命,指資本主義工業化的早期歷程,即從家庭手工業 (domestic systems) 過渡到**工廠手工業** (Craft guilds),再過渡到以機器取代人力的量產 (Mass Production)。因機器的發明及運用成為這個時代的標誌,因此歷史學家稱這個時代為「機器時代」(the Age of Machines)。

第一次工業革命

有人認為工業革命在 1759 年左右已經開始,但直到 1830 年,它還沒有真正的影響人類的生產活動。大多數觀點認為,工業革命發源於英格蘭中部地區。1769 年,英國發明家瓦特改良蒸氣機,並運用於紡織業後,由一系列機器與工具的技術革命引發從手工勞動向動力機器生產轉變的重大躍進。隨後自英格蘭擴散到整個歐洲大陸,19 世紀傳播到北美地區。

一般認為蒸氣機、紡織業、煤礦業與鋼鐵業是促成工業革命技術加速發展的主要因素。在瓦特改良蒸氣機之前,整個生產所需動力依靠人力和畜力。伴隨蒸氣機的發明和改進,工廠不再依河或溪流而建,很多以前依賴人力與手工完成的工作自蒸氣機發明後被機械化生產取代。工業革命是一般政治革命不可比擬的巨大變革,其影響涉及人類社會生活的各個層面,使人類社會發生了巨大的變革。

第二次工業革命

第二次工業革命,一般認為從 19 世紀末期直到第一次世界大戰為止,除了大規模的鋼鐵業生產外,運用機器從事製造開始擴及到每一個產業。所謂「第二次工業革命」與「第一次工業革命」的區分,是各式各樣新技術的發明,尤其是「電力」的發明與運用,其他新的生產技術如內燃機,新的材料與物質,合金與化學,電報、電話與無線電等通訊技術等,故第二次工業革命,又可稱為「**技術革命**」(Technologies Revolution)。

若以第一次工業革命,表現在蒸氣機技術的發明,並運用在紡織業、鋼鐵業為例,則第二次工業革命,則表現在電力、通訊、化學、材料等技術的發明,並運用在鐵路、電力、化工產業上,因各種技術的發明與整合運用於各種產業,故也被人稱之為「**綜效時代**」(The Age of Synergy)。

9.1.2 生產管理

根據網路「經營辭典」(Business Dictionary.com) 的定義,**生產管理** (Production Management) 是:

「為製造一產品所有相關活動的協調與管控,其作為包括如排程、成本(降低)、績效(符合)、品質(提升)及減少浪費等。」

科學管理原則

將管理理念運用於產品製造的生產管理概念,最初始於泰勒 (Frederick W. Taylor) 1911 年出版的「科學管理原則」(The Principles of Scientific Manage-ment):

1. 真實科學的發展
2. 工人的科學化甄選
3. 科學化的工人教育與訓練
4. 管理者與工人之間的友善合作

除「科學管理原則」外,泰勒也發展了「時間研究」(Time Syudy),並與吉爾伯斯夫婦 (Frank Bunker & Lillian Gilbreth) 的「動作研究」(Motion Study) 合併的「時間動作研究」(Time and Motion Study),成為生產方法與時間的標準化。

1913 年,福特 (Henry Ford) 首次將「量產」觀念,運用在其「高地公園」(Highland Park) 汽車工廠的組裝線,成為世界第一條生產線。福特對生產線的看法是:

「重點是保持所有事情都在動作中,並將工作帶往工人而非將工人帶向工作。這才是我們生產的真正原則,輸送帶,只是達成上述目標許多方法中的一種。」

EOQ「經濟訂購量」

1913 年,哈里斯 (Ford Whitman Harris) 發表的「同時可做多少零件」(How Many Parts to Make at Once) 一文中,首度提出「**經濟訂購量模型**」[註解 2]。所謂的 EOQ「經

濟訂購量」(Economic Order Quantity)，是將存貨儲存成本和訂單成本減至最低的訂貨量。

SPC「統計製程管制」

1931 年，舒瓦特 (Walter Andrew Shewhart) 發表的「產品製造品質的經濟控制」(Economic Control of Quality of Manufacturing Product) 一文中，首度系統化的介紹了 SPC「統計製程管制」(Statistical Process Control) 概念。

SPC「統計製程管制」是以統計方法執行程序品質改善的作為，主要運用 DOE「實驗設計」(Design of Experiment)、管制圖 (Control Chart) 等工具，執行生產程序品質的 CI「持續改善」(Continuous Improvement)。

MTM「方法時間衡量法」

植基於「時間動作研究」的基礎，1940 年代中，美國西屋電氣公司的三位工程師梅納德 (Maynard, H. B.)、斯坦門丁 (Stegemerten, G. J.) 及舒瓦布 (Schwab, J. L.) 等發展了 MTM「方法時間衡量法」(Methods-Time Measurement)，此法是按照人的基本動作單元（如足動、腿動、轉身、俯屈、跪、站、行、手握等）及工作執行因素（如伸手、搬運、旋轉、抓取、對準、拆卸、放手等）制訂作業標準時間與正常作業時間。

MTM「方法時間衡量法」適用範圍廣泛，大多數產業的例行性人力工作都可藉由 MTM「方法時間衡量法」所設定的時間，查找、計算出作業時間標準。但這種方法不適用於機械控制的自動工作或動作，須經判斷的工作以及設計繪圖等精細工作。

TPS「豐田生產系統」

1940 年代中於日本這端，也在生產管理上有重大的歷史事件發生，那就是被日本人譽稱為「日本復活之父」、「生產管理教父」或「穿著工裝的聖賢」等的大野耐一 (Taiichi Ohno)，於 1943 年加入豐田汽車公司 (Toyota Motor Company)，隨後發展了聞名於後世的 TPS「豐田生產系統」(Toyota Production System)。

TPS「豐田生產系統」由兩個管理主軸：JIT「及時系統」(Just-in-Time)，Jidoka「自働化」(Autonomation) 所構成。JIT「及時系統」運用於生產時的最簡單定義是：「生產當時，生產所需的所有資源同時到位」，因此，能與供應商結合成策略夥伴，供應商提供生產所需資源的品質也較高、較穩定，另也能大幅降低「內向式運籌」(In-bound Logistic) 如採購談判、檢驗、運輸、入庫、檢整等的成本耗用。

Jidoka「自働化」：日文英譯 "Jidoka" 的英文新造詞為 "Autonomation"，使其與「自動化」(automation) 有所區隔。在「自動化」的「動」字旁加上人字旁而成「働」，其意義為「人性化的自動化」，是指人員在人機系統中仍扮演決定性的監控與決策角色，當監督者發現生產線上有任何問題，都可隨時中斷生產線。一旦生產線中斷時，監督或負責的員工隨即組成品管圈 (Quality Circle) 對問題偵錯與解決，這代表著組織對員工的充分授權與員工對工作擁有感等的優良品質文化。至於 TPS「豐田生產系統」的其他管理觀念與運用手法等，則將在 9.3.1 小節中另做介紹。

由 TPS「豐田生產系統」所代表日本產業品質的精進，使日本在戰後的數十年間，就從由美國學者如戴明 (Deming)、朱朗 (Juran)、費根保 (Feigenbaum) 等的協助產業復興，到超越美國產品的品質與成本，這現象也讓美國人重新檢視其產業品質計畫，甚至像日本人一樣重視品質文化的提升等。

MRP「物料需求規劃」到 ERP「企業資源規劃」

1964 年，為因應日本 TPS「豐田生產系統」的成功，當時在 IBM 任職的美國工程師歐立奇 (Joseph Orlicky) 發展了 MRP「物料需求規劃」系統 (Material Requirements Planning)，MRP「物料需求規劃」系統實際上是一種企業管理軟體，使管理者能對庫存和生產進行有效的管理。

在 MRP「物料需求規劃」系統發展之前，物料的訂購與排程受阻於兩種困難。其一，是建立日程、追蹤大量的零組件以及應付日程和訂單改變等繁重的工作；其二，是未能分辨相依需求以及獨立需求間的差異。太多時候，針對獨立需求而設計的技術，用於處理組裝（相依需求）的項目，因而導致存貨過剩問題。在 1970 年代，製造業開始體認獨立與相依需求的重要性，須以不同的方法處理這兩種項目。目前許多公司已經將繁瑣的紀錄保存以及物料需求規劃負荷移轉由電腦系統處理，即 MRP「物料需求規劃」系統。

MRP「物料需求規劃」系統，有三個希望能同時達成的目標如下：

1. 確保有足夠供應顧客的產品及生產產品所需的物料。
2. 維持可能最低的產品與物料庫存。
3. 對交貨時程、製造活動及採購活動等制訂計畫。

由於 TPS「豐田生產系統」的成功，日本產業在 80 年代時，已普遍實施美國所謂的 **TQM「全面品質管理」**(Total Quality Management)[註解3]。1982 年，美國學者尚恩伯格 (Richard J. Schonberger) 於〈日本的製造技術：九個簡化的潛在經驗〉一書

中,辨識了日式生產的七個基本原則如下:

1. 程序控制:SPC「統計製程管控」及賦予員工對產品品質的責任。
2. 容易檢視的品質:看板、量規及「防呆設計」(Poka-Yoke) 等。
3. 對「符合」的堅持:品質第一。
4. 停機權:停止生產線以更正品質問題。
5. 錯誤的自行更正:工人若生產出有缺陷的產品,即由其自行更正。
6. 100 % 檢驗:防呆機具及自動檢驗技術。
7. 持續改善:使趨近於零缺陷的理想目標。

1983 年,美國學者愛德華 (Edwards, J. N.) 在發表於研討會的論文「物料需求規劃與看板:美國風格」 (MRP and Kanban – American Style) 一文中,將 JIT「及時系統」定義了七個「零」目標如:零缺陷 (Zero Defects)、零超量 (Zero (Excess) Lot Size)、零整備 (Zero Setups)、零失效 (Zero Breakdowns)、零處理 (Zero Handling)、零前置時間 (Zero Lead Time) 與零湧動 (Zero Surging) 等。

因 MRP「物料需求規劃」系統,僅處理生產所需物料的庫存與採購,到了70 年代,為了及時調整需求,出現了具有回饋功能的封閉迴路 MRP (Close-loop MRP),除了物料需求規劃外,還將生產能力需求、生產作業等計畫納入 MRP,採用規劃－執行－回饋的管理邏輯,有效地對生產各項資源進行規劃和控制。

無論原始 MRP「物料需求規劃」或封閉迴路 MRP,都未考量影響生產的其他經營要素如人力、財務及銷售等功能。1983 年,美國企業家懷特 (Oliver Wight) 將生產活動的主要環節如人力資源規劃、成本與財務規劃及 **S&OP「銷售與營運規劃」** (Sales and Operations Planning) 等,納入傳統 MRP「物料需求規劃」系統,而轉變成 MRP「製造資源規劃」系統 (Manufacturing Resource Planning),為使縮寫詞能有所區辨,MRP「製造資源規劃」改稱為 "MRP II"。

MRP II「製造資源規劃」除能有效整合與規劃所有的生產資源外,它還具備「模擬」的功能,使管理者能預先檢視 "What-If" 的決策結果。除軟體的功能外,MRP II「製造資源規劃」還能管理人員技能、成本財務規劃及行銷預測等。要使 MRP II「製造資源規劃」能成功運作,資料庫精確性及足夠的電腦資源是兩項必要因素。MRP II「製造資源規劃」開始納入企業內所有支援生產的功能,開始有企業整體、全面性的管理考量,也是企業組織邁向 TQM「全面品質管理」的入門階。

MRP II「製造資源規劃」之後,美國管理諮詢公司 Gartner Group Inc. 於 1990 年

提出一份所謂 ERP「企業資源規劃」(Enterprise Resource Planning) 的概念報告，當時的報告，還只是根據電腦技術的發展和供需鏈管理，推論各類製造業在資訊時代管理資訊系統的發展趨勢和變革；當時，網際網路的應用還沒有廣泛普及。隨著實踐和發展，ERP「企業資源規劃」雖然仍是一套模組化的軟體，但結合了企業管理功能，使其具備更深的內涵，概括起來主要有三個特點，也是ERP「企業資源規劃」與 MRP II「製造資源規劃」的主要區別為：

1. 增加 SCM「供應鏈管理」(Supply Chain Management) 面向：ERP「企業資源規劃」除了傳統MRP II「製造資源規劃」系統的製造、財務、行銷功能外，還增加了物流管理，生產控制管理，人力資源管理⋯等。事實上，當前一些 ERP「企業資源規劃」的功能已遠遠超出製造業的應用範圍，成為一種適應性強、具有廣泛應用意義的企業管理資訊系統。但是，製造業仍是 ERP「企業資源規劃」系統的基本應用對象。

2. 實現供應鏈的資訊整合：ERP「企業資源規劃」系統採用適用於網路技術的可編譯軟體，加強了用戶自行定義的靈活性和可配置性功能，以適應不同行業用戶的需要。網通信技術的應用，使 ERP「企業資源規劃」系統得以實現供應鏈管理的資訊整合。

3. 能運用於 BPR「企業流程再造」：ERP「企業資源規劃」系統應用程式使用的技術和操作，把傳統 MRP II「製造資源規劃」系統對環境變化的「應變性」(active)，提升到對內外環境變化掌握的「能動性」(proactive)。BPR「企業流程再造」(Business Process Re-engineering) 的概念和應用，已經從企業內部擴展到企業與整個供需鏈的業務流程和組織的重組。

ERP「企業資源規劃」系統在 90 年代快速發展，但最初仍專注於「後台」(back office) 功能的自動化，而未直接接觸到顧客與其他企業（不限於供應鏈夥伴）的協同等「前台」(front office) 功能。因此，Gartner 於 2000 年再發表所謂的 ERP II 系統，ERP II 為一網路應用系統，進一步將 CRM「顧客關係管理」(Customer Relationship Management) 及與其他企業之間的 EC「電子商務」整合進系統，使顧客與合作夥伴能及時的從 ERP II 系統中擷取、運用與交換資訊。ERP II 系統發展至此，已不是一家企業所能單獨掌控，因此，也有人將 ERP II 系統稱為「企業應用套件」(Enterprise application suite)。

從以上 MRP「物料需求規劃」一直發展到 ERP II 的發展（圖 9.1），我們可看

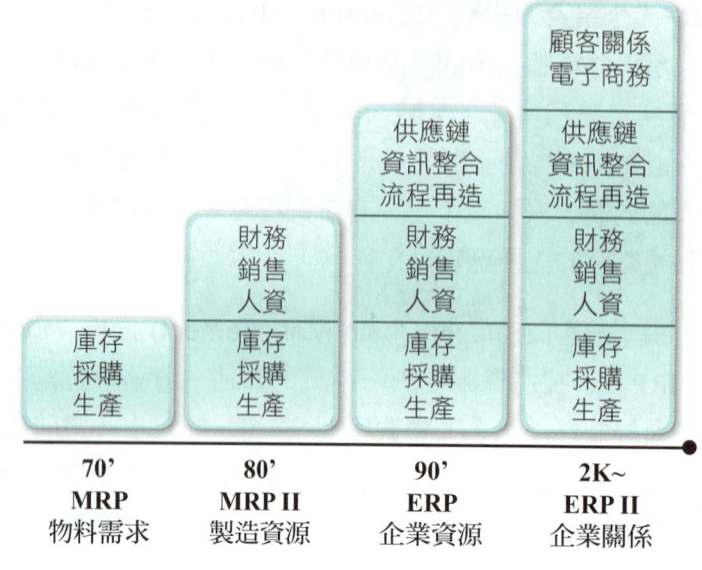

圖 9.1　MRP 至 ERP II 發展歷程示意圖

到運用資訊、網路與通訊技術等的 MIS「管理資訊系統」(Management Information System)，已能完全支援企業經營功能的整合。但值得一提的是企業經營成功與否，資訊系統只是一策略性支援工具；要能發揮企業的競爭優勢，還是要回到核心能力的構建才行。

80~90 年代中，仍有許多與生產有關，但較著重於程序改善的觀念產生，如「精實製造」(Lean Manufacturing)、「六標準差」專案 (Six Sigma)、BPR「企業流程再造」(Business Process Re-engineering) 及 RMS「可重構製造系統」(Reconfigurable Manufacturing System) 等，分別簡述如下：

精實生產

「精實製造」一詞出自於伍馬克 (Womack, J. R.) 於 1990 年出版的〈改變世界的機器〉一書中，其核心概念源自於日本 TPS「豐田生產系統」的消除浪費，著重於生產程序的改善，進一步的為終端顧客產生價值。

歐美國家的精實生產，雖源自於日式 TPS「豐田生產系統」成功的壓力，其核心概念也來自於 TPS「豐田生產系統」，但在管理思惟上，仍然有差異。當 TPS「豐田生產系統」強調在利潤公式（利潤 = 售價 - 成本）中，藉消除生產過程中的浪費降低生產成本、進而提高利潤；精實生產則除消除浪費外，也著重提高顧客對產品與服務的「價值」而提高售價、提高利潤。因此，精實生產也可稱為「精益生產」，其中

的「益」自然指的是「收益」。

六標準差專案

「六標準差」專案，是由摩托羅拉 (Motorola) 於 1985~1987 年發展而成一系列程序品質改善作為，後經 GE「通用電氣」(General Electric) 執行長威爾許 (Jack Welch) 的大力推動而聞名。簡單的說，「六標準差」專案是以 "DMAIC"「定義、衡量、分析、改善、控制」為現有程序改善要訣（如圖 9.2），而 DfSS「六標準設計」(Design for Six Sigma) 則專注於產品與服務流程的開發設計。

控制：
- 確定解決方案持續性
- 分享經驗教訓

定義：
- 設定預期
- 辨識須改善之程序
- 辨識主要關係人

改善：
- 量化品質影響
- 辨識可接受值域

衡量：
- 辨識影響品質
- 定義缺點
- 建立目標

分析：
- 造成製程變異的變數

◉ 圖 9.2　六標準差專案 DMAIC 程序改善模型

「六標準差」的 DMAIC 將重心放在消除錯誤和節省成本，使企業生產和服務的流程更有效，而 DfSS「六標準設計」的出發點則更早地從設計開發或重新設計產品或流程作業開始著手。希望一開始就做對、做好，如此後面的執行作業自然更容易防止錯誤發生。舉例而言，能把生產線故障的機台立即修復的「救火」英雄，會得到人人稱讚。但反過來看，不讓機台在生產過程中發生故障的「防火」英雄，不是更難能可貴？而 DfSS「六標準設計」正是協助企業建立一有效「防火」的經營管理機制的最佳選擇。

「六標準差」的 DMAIC（界定、衡量、分析、改善、管制）已是企業耳熟能詳的作業流程，但實行 DfSS「六標準差設計」的作業流程則無一致的實施階段，例如有 CDOV, DMADV, IDOV … 等說法。現以 IDOV 為例說明如下：

- Identify 識別市場機會及客戶需求：充分掌握與瞭解市場或客戶的意見，並轉換至研發需求的規格。
- Design 產品研發設計：在進行產品的研發與設計時，以統計分析及模擬預測預先獲知設計的品質水準，採用「為容易製造而設計」(Design for Easy Manufacturing) 理念，使設計與製造能有效的銜接。
- Optimize 優化產品性能：針對關鍵品質特性進一步優化，達到產品的穩健性。
- Verify 確保研發品質：藉由可靠性及品質測試及初期試產的驗證，確保設計方法與生產模式充分的滿足顧客期望。

DfSS「六標準差設計」實施的成功因素，需要紮實的 DMAIC 實施基礎，及企業內部成熟的管理經驗與溝通協調機制。企業要在產品研發設計上獲得經驗的累積，或是尋求在產品研發設計上有效的轉型與升級，完整的推動 DfSS「六標準差設計」，可視為企業提升研發設計與經營管理能力的關鍵途徑與方向。

BPR「企業流程再造」

BPR「企業流程再造」(Business Process Re-engineering)，為美國學者哈默 (Michael Hammer) 於 1993 年起所倡議，所謂「流程（工程）再造」，簡單地說就是以工作流程為中心，重新設計企業的經營、管理及運作方式，其目的是「為了飛躍性的改善成本、質量、服務、速度等重大的現代企業的運營基準，對工作流程進行根本性重新思考並徹底改革」，也就是說「從頭改變，重新設計」。為了能夠適應新的世界競爭環境，企業必須摒棄已成慣例的營運模式和工作方法，以工作流程為中心，重新設計企業的經營及管理方式。

因 BPR「企業流程再造」為一躍進式、徹底、劇烈的變革，不像 TQM「全面品質管理」或 CI「持續改善」著重組織全員、逐步漸進式的文化調整，因此，在實際執行經驗上，若未能著重於員工的充分溝通與受員工支持的策略規劃，BPR「企業流程再造」通常會遭致員工抗拒甚至反彈，而以失敗收場的情形居多。

RMS「可重構製造系統」

RMS「可重構製造系統」(Reconfigurable Manufacturing System) 與其主要構成 RMT「可重構機具」(Reconfigurable Machine Tool)，由美國密西根大學工程學院工程研究中心於 1999 年所發展，其目標為「恰當需要時，提供恰當的能量與功能」(Exactly the capacity and functionality needed, exactly when needed.)。

RMS「可重構製造系統」為因應現代市場上，顧客需求的快速轉變，傳統生產系統無法適時轉換並滿足顧客需求之情境而生。通常，RMS「可重構製造系統」包括四個主要組件如 CNC「電腦數值控制」(Computer numerical control) 機具，RMT「可重構機具」(Reconfigurable Inspection Machines)，可重構檢視機具及物料運輸系統等，不同的構型安排，會有不同的系統產能。

理想的 RMS「可重構製造系統」包括六種核心特質如：模組化 (Modula-rity)、可整合性 (Integrability)、客製化彈性 (Customized flexibility)、可擴展性 (Scalability)、可轉換性 (Convertibility) 及可診斷性 (Diagnosability) 等，RMS「可重構製造系統」若能有效運用，能快速反應市場及顧客的需求變化，在「客製化」(Customization) 的要求前提下，達到量產 (Mass Production) 的規模經濟。

RMS「可重構製造系統」與現代 FMS「彈性製造系統」(Flexible Manufacturing Systems) 在目標上有些差異。FMS「彈性製造系統」的目標，是提升多樣、小批量的生產效能；而 RMS「可重構製造系統」則針對樣式不多、但批量大的生產效能。學理的說，RMS「可重構製造系統」能達成「部分客製化彈性的大量生產」，而 FMS「彈性製造系統」則能達成「完全客製化的批量生產」。另 RMS「可重構製造系統」聚焦於可重新安排構型的「多工機具」(Multi-functional Machines/Workstations)，而 FMS「彈性製造系統」除多工機具外，還需要有能操作不同構型機具的「多能工」(Multi-skilled Workers) 的配合。

9.2　營運管理議題

在 9.1 節談過了營運管理的發展歷史後，接下來，我們再探討一些現代營運管理的相關議題，如營運管理系統的分類，如何判斷營運系統的品質，及營運系統的型態與管理等。

9.2.1　營運系統

營運系統兼具技術與組織行為等兩種要素，在技術要素中，包括機器、工具等；至於組織行為要素，則包括專業分工、資訊流等。在文獻中，通常僅針對一種行業而說明其特定的營運系統，但這種區分顯然不足以涵蓋所有產業類型。因此，有必要對營運系統進行構型的分類。

技術分類

第一種以技術將營運系統分類的，計有程序生產與零件生產兩類如：

程序生產 (Process Production)：意指產品經由物理或化學的轉換（無須組裝）而成，因此，原物料也能從最終產品（的分解）而容易獲得，範例包括紙張、尼龍等。

零件生產 (Part Production)：包含製造系統與組裝系統等兩類，製造系統計有工作坊 (Job Shops)、生產線 (Transfer Lines)、FMS「彈性製造系統」等；而組裝系統則計有固定組裝點、組裝線及組裝工作坊等。

前置時間分類

另一種營運系統的分類，可以「前置時間」(Lead Time) 區分，所謂的「前置時間」，簡單的說，是一程序發起到執行之間的時間延遲。舉例來說，一部新車下訂後，汽車製造商製造或組裝該部車輛，到車商實際將新車交到顧客手上為止，其「前置時間」可從兩週（標準商用車）到六個月甚至更久（有客製需求）。在產業的「精實製造」中，縮短「前置時間」是必要的努力。

前置時間可再區分如製造前置時間與交貨前置時間兩類，詳細的分類與營運管理系統之間的關係，則分別簡述如下：

- ETO「接單設計」(Engineer to Order)：也稱為 ETP「接案設計」(Engineer to Project)：是各種營運（生產）類型中最複雜的一種，它包括從接到客戶產品要求進行設計到將最終產品交付客戶使用的各個環節，因而對營運管理系統（亦即 ERP「企業資源規劃」軟體）也有非常高的要求。

在這種生產類型下，產品是按照某一特定客戶的要求來設計的，所以說支持客戶化的設計是該生產流程的重要功能和組成部分。因為絕大多數產品都是為特定客戶量身定製，所以這些產品可能只生產一次，以後再也不會重覆生產了。在這種生產類型中，產品的生產批量很小，但是設計工作和最終產品往往非常複雜。在生產過程中，每一項工作都要特殊處理，因為每項工作都是不一樣的，可能有不一樣的操作、不一樣的費用，需要不同的人員來完成。當然，一些經常用到，而且批量較大的部分，如原材料可以除外。

- ATO「接單裝配」(Assemble to Order) 或 MTO「接單製造」(Make to Order)：在

這種營運（生產）類型中，客戶對零組件或產品的某些配置提出（客製化）要求，生產商根據客戶的要求提供為客戶定製的產品。所以，生產商必須保持一定數量的零組件的庫存，以便客戶訂單到來時，可以迅速按訂單裝配出產品並發送給客戶。為此，需要運用某些類型的配置系統，以便迅速獲取並處理訂單訊息，然後按照客戶需求組織產品的生產裝配來滿足客戶需要。

生產企業必須備有不同組件並準備好多個彈性的組裝線，以便在最短的時間內組裝出種類眾多的產品。屬於此種生產類型生產的產品有個人電腦和工作站、電話、發動機、房屋門窗、辦公傢具、汽車、某些類型的機械產品，以及越來越多的消費品。滿足這種類型的營運管理軟體必須具有以下關鍵模組如：產品配置 (Production Configuration)，分包生產、生產管理和成本控制、高階技工的工藝管理與跟蹤功能、分銷與庫存管理、多工廠的排程、設計界面及模組的集成等。

- MTS「庫存生產」(Make to Stock)：在按庫存生產類型中，客戶基本上對最終產品規格的確定沒有什麼特殊要求，他們的投入很少。生產商生產的產品並不是為任何特定客戶訂製的。但是，按庫存生產時的產品批量又不像典型的重複生產那麼大。通常，這類生產系統的 BOM「物料清單」(Bill of Material) 只有一層，而且生產批量是標準化的，因而標準化的成本得以計算。實際的成本可以和標準成本相比較，比較結果可以用於生產管理。典型的 MTS「按庫存生產」類型的產品有家具、文件櫃、小批量的消費品、某些工業設備。按庫存生產類型是大多數 MRP II 系統最初設計時處理的典型生產類型，因此，基本上不需要特殊的模組來處理。

上述幾種前置時間營運（生產）類型，有不同的 CODP「顧客訂單解藕點」(Customer Order Decoupling Points)，代表的意義，是在 CODP「顧客訂單解藕點」之後的程序，實際上不應有 WIP「在製品」(Work-in-Process) 的庫存。因此，ETO「接單設計」或 EOP「接案設計」有最多的 WIP「在製品」庫存水準，相對而言，MTS「庫存生產」則有最低的 WIP「在製品」庫存水準（圖 9.3）。

除前述按照「前置時間」區分的生產營運類型外，另還有批量生產、重複或大批量生產，及連續生產等模式，繼續介紹如下：

- 批量生產 (Batch Production)：在批量生產類型中，處於生命週期的初始階段的產品可能會有很大變化。在純粹離散型生產中產品是根據 BOM「物料清單」裝配處理的，而在批量生產類型中，產品卻是根據一組配方或是原料清單來製造的。產品的配方可能由於設備、原材料、初始條件等發生改變。此外，原材料的構成和化學

```
                設計      採購      生產      組裝      遞交
                         MTS「庫存生產」
                                            △
                         ATO「接單裝配」
                                      △
    製造商                                              顧客
                         MTO「接單製造」
                              △
                         ETO「接單設計」
                         △

                ━━━  推式流程      △ CODP 顧客需求切入點
                ----  接式流程
```

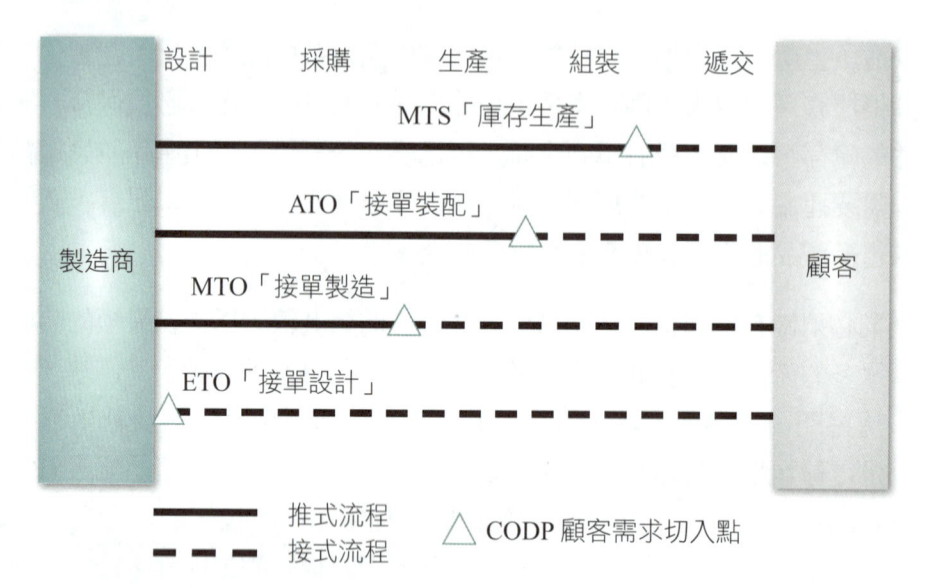

▶ 圖 9.3　前置時間與 CODP「顧客訂單解藕點」之關係示意圖

特性可能會有很大的不同，所以得有製造一個產品的一組不同的配方。而且，後續產品的製造方法往往依賴於以前的產品是如何造出來的。在經過多次批量生產之後，可能會轉入重覆生產類型。

批量生產的典型產品有醫藥、食品飲料、油漆。適合於此類生產類型的營運管理系統必須具有實驗室管理功能，並具備允許產品的製造流程和所用原材料發生變化的能力。關鍵模組有併發產品 (co-products) 和副產品 (by-products)、連續生產、配方管理、維護、營銷規劃、多度量單位、品質與實驗室資訊管理系統等。

● **重複生產 (Repetitive Production)**：又稱「大批量生產」，是生產大批量標準化產品的生產類型。生產商可能需要負責整個產品系列的原料，並且在生產線上跟蹤和記錄原料的使用情況。此外，生產商還要在長時期內關注品質問題，避免某一類型產品的質量逐步退化。雖然在連續的生產過程中，各種費用，如原料費用、機器費用，會發生重疊而很難明確劃分。因此，重覆生產類型通常以「倒沖法」(Backflush) 來計算原物料的使用。所謂倒沖法是根據已生產的裝配件產量，藉由 BOM「物料清單」的展開，將用於該裝配件的零件或原材料數量從庫存中沖減掉。重覆生產類型需要規劃生產的批次，留出適當的間隔，以便對設備進行維護。

屬於重複生產類型的產品有筆，用於固定物品的裝置如拉鏈、輪胎、紙製品、絕大數的消費產品等。適用於重複生產類型需要的營運管理系統需要具備如下關鍵模組或功能：重複生產、倒沖法管理原料、庫存管理、跟蹤管理和 EDI「電子數據交換」(Electronic Data Interchange) 等。此外，對生產有關健康和安全用品的企業，

則有更高的要求,可能須要對原料來源、原料使用、產品的購買者等訊息進行全面的跟蹤和管理。

- **連續生產** (Continuous Production):在連續生產類型中,單一產品的生產幾乎不停止,機器設備一直運轉。連續生產的產品一般是企業內部其他工廠的原材料。產品基本上沒有客製化的需求。此類產品主要有石化產品、鋼鐵、初始紙製品。適合於連續型生產的營運管理系統的關鍵模組有併發產品 (co-products) 和副產品 (by-products)、連續生產、配方管理、維護、多度量單位等。

服務程序矩陣

生產系統的概念同樣也可以擴展到服務業的運用,因此才有「營運管理」名詞的轉換;只要記著服務業與產品製造業有根本性的差異如無實體性 (intangibi-lity),客戶(與顧客)在轉換過程中始終存在,服務業沒有「成品」的庫存等。

美國學者史梅樂 (Roger W. Schmenner) 1986 年於〈史隆管理評論〉發表的「服務業如何生存與興旺」一文中,提出所謂「服務程序矩陣」(Service Process Matrix) 的概念。服務程序矩陣以勞力密集程度及與顧客互動客製化程度為縱橫軸,將服務程序矩陣區分為下列四個象限(圖 9.4)如:

圖 9.4 服務程序矩陣示意圖 (Schmenner, 1986)

象限 1 專業服務 (Professional Service):勞力密集程度及互動客製化程度均高的服務程序,範例如個人醫師、律師、會計師、建築師等。

象限 2 大量服務 (Mass Service):勞力密集程度高;但互動客製化程度低的服務

程序，範例如國立學校、銀行的帳單處理、零售、批發業等。

象限 3 服務工廠 (Service Factory)：勞力密集程度與互動客製化程度均低的服務程序，範例如航空公司、運輸業、飯店業及休閒娛樂業等。

象限 4 服務商店 (Service Shop)：勞力密集程度低；但互動客製化程度高的服務程序、範例如醫院、汽車維修等。

以上營運系統的分類說明，只是理想的分類狀況，在實際運作中，很少有一家企業能將所有的營運功能完全掌控在自己（企業）的手上，大部分企業都要採生產與服務並行或靠與其他企業的整合，才能順利運作。因此，有所謂「垂直整合」(Vertical Integration) 及「外包」(Outsourcing, 請參照第 1 章關鍵詞說明) 的需求。另從供應鏈的角度來看，絕大部分的產品製造，都將涉及程序與零件生產的混合式營運管理。

9.2.2 營運品質指標

企業的營運品質，關係到企業的競爭優勢。因此，必須有相關的營運品質衡量指標，來評估營運品質的好壞。對營運管理的品質衡量而言，一般有效益指標 與效率指標兩大類，分別簡述如下：

效益指標

營運管理的「**效益指標**」(Effectiveness Metrics)，指是否達成營運目標的評估指標，一般包括有：

1. 價格 (price)：通常由市場所決定，但以生產成本為下限（否則就是「賠本生意」了！），價格的考量計有如採購價格、使用成本、維護成本、升級成本、處置成本等
2. 品質 (quality)：規格或「符合性」(compliance)。規格通常以合約訂定為準；但符合性則以客戶、顧客或使用者的滿意與否為準。
3. 時間 (time)：生產前置（延遲）時間、資訊前置時間、準時性等。
4. 彈性 (flexibility)：混合模型、產量、風險指標 (gamma) 等（gamma 風險指標通常指「期權」的風險，gamma 值越大，表示風險越大）。
5. 庫存可用性 (stock availability)。

訂單資格與訂單贏家：另一項有關營運品質效益衡量指標：「**訂單資格**」(order qualifiers) 與「**訂單贏家**」(order winner) 的概念，由英國倫敦商學院希爾教授 (Terry

Hill) 於 2000 年出版的〈製造策略：內容與個案〉(Manufacturing Strategy: Text and Cases) 一書中所創。

訂單資格是讓一家企業或其產品參與市場競爭，甚至是成為市場的最低條件或標準。例如，目前在歐洲多數企業都要求其供應商通過 ISO 9000 品質認證，因此，ISO 9000 品質認證就成為進入歐洲市場的訂單資格要素。相較之下，美國大多數企業並未通過 ISO 9000 品質認證，而通過 ISO 9000 品質認證的美國企業得以率先進入歐洲市場，故對於美國企業來說，通過 ISO 9000 品質認證就成為訂單贏家要素，即通過 ISO 9000 品質認證的美國企業顯得比未通過 ISO 9000 品質認證的競爭對手更具（歐洲市場）的競爭優勢。

如果只有少數企業具有某些競爭優勢，如高品質、客製化或出色的服務，這些競爭優勢就可以認為是訂單贏家要素。但隨著時間進展，會有越來越多的企業具備同樣的競爭優勢，訂單贏家要素就轉變成了訂單資格要素。換句話說，這一競爭優勢要素轉變成了所有競爭者進入市場的資格條件，從而導致消費者用新的競爭優勢要素去要求企業。

另外，訂單贏家要素與訂單資格要素是持續變動的。例如 70 年代日本汽車進入世界市場時，改變了汽車產品原先的訂單贏家要素，從價格改變為品質和可靠性。美國汽車製造商正是因產品品質問題而丟了訂單。到了 80 年代後期，福特、通用和克萊斯勒等汽車公司提高了產品品質，才重新進入市場，奪回了部分市場。顧客時刻監督著品質和可靠性的標準，他們迫使這些頂級企業重新改進產品的品質。現在，汽車的訂單資格要素通常取決於車型。顧客知道他們需要什麼樣的產品特徵（如耗油量、可靠性、設計感等），然後，希望以最低價格購進一輛能滿足特定要求的汽車，實現價值的最大化。

效率指標

生產效率 (productivity)：最常見的營運品質效率指標。廣義來說，生產效率指的是產出量除以投入量，值越大就代表生產效率越高。

生產效率可以區分幾種特定評估方式如機器生產效率、人力生產效率、原物料生產效率、庫房生產效率（或稱**「庫存周轉率」**(Inventory Turnover)）等；另也可以將生產效率拆解成 U（生產佔全時百分比）及 η「產量」(yield = 生產量 / 生產時間) 使生產績效的評估更為精細。

生產週期 (Cycle Times)：通常用於評估自動化程度的效率，如在製造工程規劃

時，若個別運作能高度自動化，則生產週期短；但若生產系統中人力不可避免，則通常以「時間動作研究」、「預先決定動作時間系統」(Predetermined Motion Time Systems) 或「工作取樣研究」(Work Sampling) 等評估人力的生產週期效率。

ABC 分類法 (ABC Analysis)：ABC分類法是由義大利經濟學家柏拉圖 (Vilfredo Pareto) 首創。1879年，柏拉圖在研究個人收入的分佈狀態時，發現少數人的收入佔全部人收入的大部分，而多數人的收入卻只佔一小部分，他將這一關係用圖表示出來，就是著名的柏拉圖 (Pareto Chart)。該分析方法的核心思想是在決定一個事物的眾多因素中，識別出少數、但有決定作用的關鍵因素和多數但對事物影響較少的次要因素，後世將此現象稱為「柏拉圖原則」(Pareto Principle) 或「80/20 法則」(80/20 rule)。

後來，柏拉圖原則被不斷應用於管理的各個方面。1951 年，美國 GE「通用電器」工程師迪奇（H. Ford Dickie）將其應用於庫存管理，命名為 ABC 法。1951~1956 年，美國品管大師朱朗 (Joseph M. Juran) 將 ABC 法引入品質管理，用於品質問題的分析。1963 年，現代管理大師杜拉克（Peter F. Drucker）將此方法推廣運用到全部社會現象的解釋，使 ABC 法成為企業提高效益的普遍應用管理方法。

ABC 分類法是根據事物在技術、經濟等主要特徵進行分類，從而實施不同管理作為的一種方法。ABC 分類法是柏拉圖 80/20 法則衍生出來的。不同的是，80/20 法則強調管理者須專注少數關鍵影響因素；而 ABC 分類法則強調分清主次，並將管理對象劃分為 A、B、C 三類。ABC 分類法以柏拉圖表現的樣式如圖 9.5 所示。

吞吐量 (Throughput)：對生產而言，吞吐量指生產系統單位時間內的生產數量。

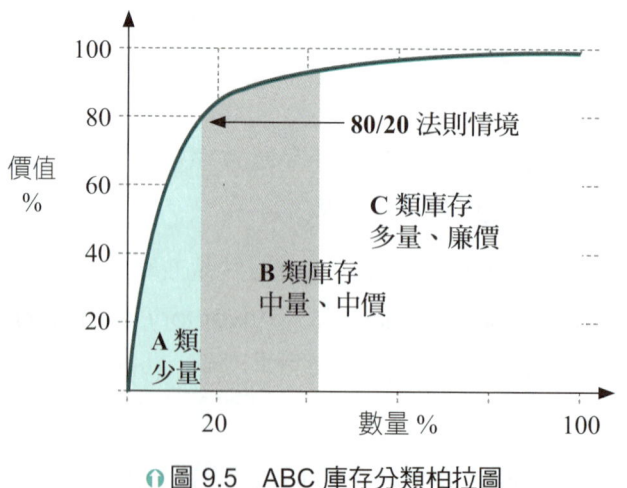

圖 9.5　ABC 庫存分類柏拉圖

吞吐量的估計，對產能 (Capacity) 及產能利用率 (Capacity Utilization) 的衡量相當重要。對單一程序而言，吞吐量的估計甚為簡易；但對由許多程序組合而成的生產系統而言，吞吐量的衡量就受到許多生產因素如缺乏訂單、缺料、整備、處理時間的變異、整備、機器故障、維護時間、缺乏溝通、甚至罷工等的影響；即便排除生產之外的因素後，系統中仍有所謂「瓶頸」(bottleneck) 問題的處理。

OEE「整體設施效率」(Overall Equipment Effectiveness) [註解4]：豐田在提倡 TPM「全面生產維護」(Total Productive Maintenance) 時，就希望要透過一套標準化的指標系統衡量TPM「全面生產維護」實施的效率，也就是 OEE「整體設施效率」的衡量。80 年代末期，日本學者石原誠一 (Seiichi Nakajima) 將這套概念引進美國，經過改良後，OEE「整體設施效率」成為目前半導體相關產業通用的衡量標準 (SEMI Standard E79-299)。爾後，OEE「整體設施效率」也在汽車、家電、木工、機械等組裝產業及鋼鐵、化工、食品、醫藥、造紙、印刷、石油、燃氣等自動化產業中實施，幾乎涵蓋了所有製造行業。

OEE「整體設施效率」有三個組成，並以百分比方式呈現，計算方式為：

$$整體設施效率 (\%) = 稼動率 * 產能效率 * 良率$$

分別關注生產過程中不同的損失如：

- Availability 稼動率（停機損失）：如故障停機、設備調整。
- Performance 產能效率（生產速度損失）：暫停、生產遲緩。
- Quality 良率（品質損失）：試模、調整與生產程序中的不良品。

9.2.3 生產構型管理

如 9.2.2 小節所述，在設計生產系統時，須考量技術與組織行為要素的組合。這種不同要素的組合，則稱為生產構型 (configurations)。

生產構型設計時，可供選擇的技術要素包括如：容量的估算與分派 (capacity dimensioning and fractioning)、容量位置 (capacity location)、外包程序 (outsourcing processes)、程序技術 (process technology)、自動化程度 (automation) 及產量與變化的權衡等。在產量 (volume) 與產品變化 (variety) 的權衡上，有 Hayes-Wheelwright Matrix 或稱「產品程序矩陣」(Product-Process Matrix) 模型的發展，如圖 9.6 所示。至於在生產構型設計時，可供選擇的組織行為要素包括如：員工技能與責任的定義、團隊協調、員工激勵制度及資訊流的考量等。

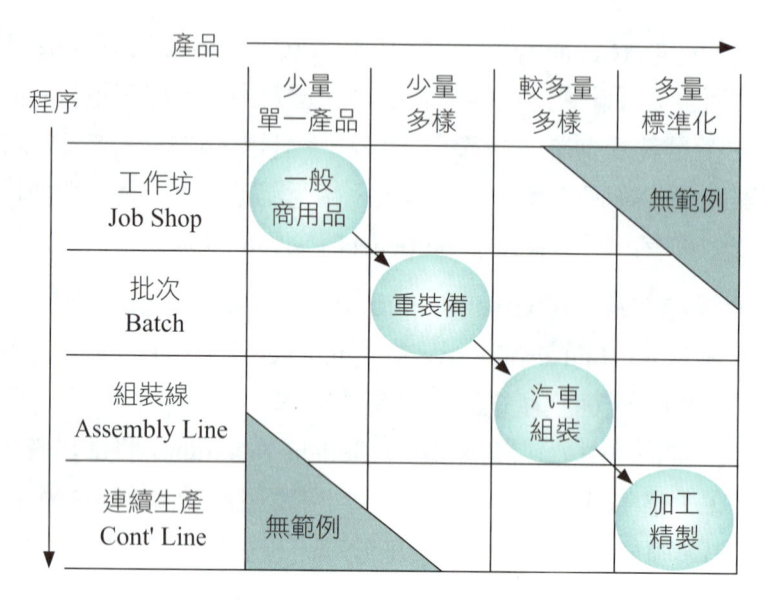

◐ 圖 9.6　產品程序矩陣模型示意圖

9.3　減少浪費的經營思惟

營運管理的思惟，從生產管理緣起，隨後加入程序作業管理，再加上組織行為管理要素等，最後形成所謂的 TQM「全面品質管理」。但追本溯源，要瞭解營運管理的精義，仍須從生產管理的主梎標竿：TPS「豐田生產系統」及隨後在歐美興起的「精實生產」談起，兩者其實都是減少浪費的經營思惟，但畢竟在文化與技術層次運用上有所差別。故於此分列小節略述之。

9.3.1　豐田生產系統

TPS「豐田生產系統」雖是以降低生產過程中的浪費以降低生產成本為首要考量，但同時仍兼顧著提升產品品質的要求，而要同時達成降低成本與提升品質的目標，必須要有負責、敬業的員工與組織文化的塑造，這是 TPS「豐田生產系統」的獨特之處。因此，我們應將 TPS「豐田生產系統」視為一管理哲學，而非僅技術層次的獨創或改良！

TPS「豐田生產系統」的整體運作架構，如圖 9.7 所示。各次系統的要點則分別簡述如下：

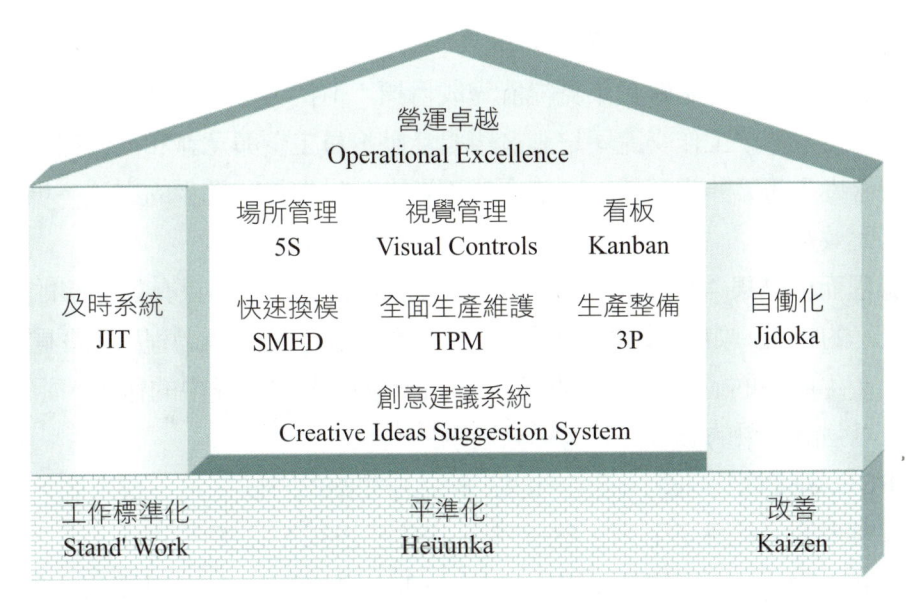

```
                        營運卓越
                    Operational Excellence

        場所管理      視覺管理      看板
         5S       Visual Controls  Kanban
及時系統                                      自働化
 JIT   快速換模    全面生產維護   生產整備    Jidoka
        SMED        TPM         3P
                  創意建議系統
              Creative Ideas Suggestion System

  工作標準化          平準化            改善
  Stand' Work        Heüunka         Kaizen
```

● 圖 9.7　TPS「豐田生產系統」架構圖

TPS「豐田生產系統」的基礎

圖 9.7 所示 TPS「豐田生產系統」最底層，是所謂 TPS「豐田生產系統」的運作基礎，包括工作標準化、平準化及改善等作為。

工作標準化 (Standard Work)：因豐田為汽車製造廠，為產品多樣、量多的組裝線生產程序，為避免程序、工序的變異而造成產品品質的變異，故工作標準化為其品質管理的基礎。

平準化 (Heijunka)：英文翻譯為 "Leveling"，其意義為根據顧客訂單的變化，對生產次序進行週期性的調整。這樣可以在量產的同時，有效的滿足顧客的需求，最終帶來整條價值流中的最優化的庫存、投資成本、人力資源以及產品交付期。

改善 (Kaizen)：日語的詞義，是藉由「改」(Kai) 而「變好」(Zen)，與 CI「持續改善」或 TQM「全面品質管理」的精神一樣，都是漸進、逐步的改善作為。要使「改善」成功的關鍵因素，一般認為有品質第一，組織全員的自願改變、介入、溝通與努力等。

改善策略是日式管理最重要的理念，也是日本人競爭成功的關鍵。日本企業界甚至視 Kaizen 為一種生活哲學。要瞭解此日式管理理念，必須從下列幾點基礎理念來看：

1. **領導哲學**：領導階層不能執著於創新、革新 (Innovation)，因為，革新通常需要大量資金的投入、執行困難且不見得能達成目標；但持續、逐步的改善，強調員工的投入、職業道德、工作交流、培訓、小組活動，員工參與意識和工作自律性等，它是一種低投入而又非常高效的，使企業不斷進一步完善和進步的方法，仍可為企業帶來巨大效益。

2. **強調過程而非結果**：Kaizen 強調以過程為主的思考方式，只有對過程的改善才能得到更好的結果。如果原規劃的結果沒有實現，那就是某個過程出了問題，這時就要找出產生問題的過程並予以糾正。Kaizen 強調人在過程中的作用，這一點與西方企業界強調結果的思考方式有顯著區別。

3. **遵照 PDCA/SDCA 迴圈**：任何一個工作流程開始的時候都是不穩定的，必須要先將這種變化的過程穩定下來，然後才可以引入 PDCA 迴圈。這時可先採用 SDCA 迴圈（Standardization 標準化—Do 執行—Check 檢核—Adapt 調整），SDCA 迴圈的作用就是將現有的過程標準化並穩定下來，而 PDCA 迴圈的作用是改善這些過程，SDCA 著重在保持，PDCA 則著重在完善，只有在已有標準存在、被遵守且現有的程序都穩定的情況下，才可以進入 PDCA 迴圈。

4. **品質優先**：品質、成本、交貨期這三個企業目標中，品質應永遠享有優先權。即使客戶提供的價格和交貨條件再誘人，但產品品質有缺陷，也不會在競爭激烈的市場上站穩腳跟。

5. **以數據說話**：Kaizen 是解決問題的過程，如果要想弄清楚問題的本質並徹底解決它，首先要收集和分析相關數據，才能真正瞭解這個問題。任何沒有數據分析的基礎而憑感覺或猜測去解決問題的嘗試都不是客觀的，這也是 Kaizen 必須重視 SQC 「統計品質管制」的原因。

6. **視下一道工序為客戶**：大部分的企業員工只與內部客戶（同事）有關係，這種事實也要求員工有義務，絕不將有缺陷的工件或訊息傳遞給下道工序的員工。如果每個員工都遵守這個規則，終端客戶就會得到高品質的產品或服務。一個真正有效的品質保證體系，也就意味著企業的每個員工都有此義務，並認真遵守這一規則。

TPS「豐田生產系統」的樑柱

TPS「豐田生產系統」的兩根樑柱，分別是 JIT「及時系統」與「自働化」(Autonomation)，其意義已於 9.1.2 節中略述，此處再進一步說明其內涵。

JIT「及時系統」：TPS「豐田生產系統」所創立的 JIT「及時系統」概念，運用在生產管理上的最簡單定義是：「生產的當時，生產所需的所有資源同時到位」，其

原意是減少內向運籌如採購選商、談判、檢驗、運輸、庫存、整備等所形成的生產浪費。

JIT「及時系統」要處理生產的七種浪費 (7 Mudas) 如下：

1. **超量生產 (Overproduction)**：超過目前顧客需求的生產，其肇因可能有預測不良、整備時間過長、JIC「預防萬一」(Just-In-Case) 的多餘備料等；針對超量生產的解決方案則有拉式排程、平準化 (Heijunka)、SMED「快速換模」(Single Minute Exchange of Dies)、TPM「全面生產維護」等。
2. **無效運輸 (Transportation)**：不能創造價值的產品移動，其肇因可能有批次生產、推式生產、工作站位的功能性配置等；針對無效運輸的解決方案則有著重價值鏈的組織架構、流程生產線 (Process Lines)、拉式生產與看板 (Kanban) 等。
3. **無效移動 (Motion)**：不能創造價值的人員移動，其肇因可能有工作場所凌亂、缺漏件、工作站設計不良、工作區域不安全等；針對無效移動的解決方案則有5S「現場管理」、物料和工具等的使用處存放、整件流程及工作站為的重新設計等。
4. **等待 (Waiting)**：人、機、物、資訊未備便的等待時間，其肇因可能有推式生產、工作不均衡、集中檢驗、訂單延誤、未排定優序、溝通不良等；針對等待的解決方案則有拉式系統、節奏時間規劃、程序中檢驗、自動化、行政改善及 TPM「全面生產維護」等。
5. **多餘處理 (Processing)**：由顧客角度考量無謂的努力，其肇因可能有處理間的延誤、推式系統、不瞭解顧客需求、過度設計等；針對多餘處理的解決方案則有流程生產線、整件流程、行政改善、生產整備及精簡設計等。
6. **多餘庫存 (Inventory)**：超出顧客需求的多餘庫存，其肇因可能有前置時間過長、整備時間過長、過多文書作業、訂貨程序不良等；針對多餘庫存的解決方案則有看板、供應商整合、整件流程、整備縮減等。
7. **缺陷 (Defects)**：錯誤、重工、缺件，其肇因可能有程序錯誤、零件誤置、批次程序、檢驗式品管、機具問題等；針對多缺陷的解決方案則有「防呆、防錯設計」(Poka Yoke)、整件拉式系統、內建式品質、生產整備及自動化等。

至於 JIT「及時系統」在 TPS「豐田生產系統」中的實際運作，則稱為 "Takt-Flow-Pull"，分別代表著：

1. **Takt Time 節奏時間**：Takt 源自德文，其意為指揮棒，Takt Time 又成為日文之外來語，直譯為「節奏時間」，此詞常與「週期時間」(Cycle Time) 混淆，但是在 TPS「豐田生產系統」對此詞的運用，則有其特殊且嚴謹之意義。TPS「豐田生產系

統」秉持只在需要的時候提供所需數量的產品，因此它對製造單位的標準時間有不同於一般週期時間的定義，節奏時間會因為客戶的需求量不同而隨之變更，更簡單的表示如：

節奏時間 = 客戶的需求量／生產工作時間

當客戶需求量降低時，按照「週期時間」的觀念與做法，生產線可能會因此產生過多的半成品或成品；但是按照「節奏時間」的做法，生產線則降低「節奏時間」來因應，多餘人力則調到需求量增加的產品上。反之，當需求量增加時，因應做法則是增加人力，降低「節奏時間」，提高產出速率，這是週期時間與節拍時間最大的不同，也是TPS「豐田生產系統」的重要觀念之一。

2. **One-Piece Flow 整件流程**：或稱「單件流程」，即工人每次只加工一件產品或元件，理想狀態下，工作站間多餘的 WIP「在製品」為零。
3. **Downstream Pull 下游拉式生產**：即依據顧客訂單數量的變化、反向規劃生產時間與排程。如此，從最終產出的反向思惟，再回饋到「節奏時間」的調整。

自働化的動加了人字旁，代表著加了人工智慧的自動化系統。TPS「豐田生產系統」自働化的構想，源自於豐田創辦人**豐田佐吉 (Toyoda Sakiichi)**。豐田佐吉所發明的自働化織布機，只要線斷或線用完，機器就會自動停止，不會製造出不良品來。引申到一般的生產線自主管理，生產線不但會生產所需的產品，也會在發現問題的時候自動停止，這才是TPS「豐田生產系統」所謂的「自働化！」

自働停止生產線的要義，在於創造「精實系統」(Lean System)，使問題自動浮現，並且啟動系統的支援機制，將問題在短時間內解決，如此生產系統才能有效的持續運作。自働化的概念，最後發展成 TPS「豐田生產系統」「有問題就停線」的品質觀念，也就是「第一次就將品質做對」(Do It Right The First Time)，而不是事後修補的觀念，是 TPS「豐田生產系統」高品質與高效率的重要根基。

Jidoka「自働化」除人機系統的諧和配置外，另也包含系統內建品質、防呆防錯設計 (Poka Yoke) 及「五問法」(5 Why) 等設計與管理理念的運用。

TPS「豐田生產系統」的內涵

TPS「豐田生產系統」除 JIT「及時系統」與「自働化」兩大樑柱外，在運作上，也有許多關於技術與組織行為層次的創新作法如創意建議系統、SMED「快速換模」、TPM「全面生產維護」、3P「生產整備程序」、5S「現場管理」、視覺管控

及看板等，分別簡述其實施要點如下：

創意建議系統 (Creative Ideas Suggestion System)：TPS「豐田生產系統」既然強調全員參與，賦予員工停機權限與品質責任等，當然也必須讓員工對品質改善的聲音與實際改善建議，能傳到管理階層並被採用。

員工建議系統的概念並不新，其實，豐田在 50 年代從福特汽車學來了這套制度。但當歐美公司的員工建議箱上佈滿灰塵時，豐田的員工每年大約都提出員工總數十倍左右的建議，而根據非正式的統計，每年也約有九成以上的建議被採納並運用在品質改善政策上。顯然，員工建議系統的運作是否有效，與企業文化有關。

豐田稱其員工創意建議系統為 "soul kufuu seido"（日語音譯），大致翻譯成「創意實踐政策」(working out creative ideas policy)。豐田的員工建議系統，有下列特徵如：

1. 建議一旦由員工發起後，沒有所謂通過與不通過的篩選。
2. 審查在基層儘速實施。管理階層扮演「教練」角色，使概念發展成熟。因此，須對基層管理人員有解決問題與改善的訓練。
3. 建議被採納後，即由基層主管協助提出建議的員工執行改善作為。
4. 成功的建議，將給予型式上的獎勵。若對降低成本等有實質助益，也有發放獎金的情形 ($ 5~2,000)。
5. 建議執行成功後，組織全員都實施改善建議。

SMED「快速換模」(Single Minutes Exchange of Die)：SMED「快速換模」是在 50 年代初期豐田摸索的一套應對多批少量、降低庫存、提高生產系統快速反應能力的技術。這一方法是由**新鄉重夫** (Shigeo Shingo) 首創，並在眾多企業實施驗證過。"Single Minutes" 的意思是小於十分鐘 (Minutes)，當新鄉重夫親眼目睹一般工作站換模時間居然高達一小時的時候，他開始思考如何讓生產流程順暢的方法（換模時無法生產！），他開發了一個分析換模過程的方法，從而為現場人員找到了換模時間過長的原因，以及如何相應減少的方法。在他領導的多個案例當中，有些換模時間甚至被降到了十分鐘以下，因此這種快速換模方法被冠名為「快速換模」。

SMED「快速換模」的執行步驟如下：

1. 壓縮不必要的操作
2. 壓縮調整與測試活動
3. 將內部整備轉換成外部整備

4. 簡化定位與緊固裝置

　　TPM「全面生產維護」(Total Productive Maintenance)：70 年代源於日本，是一種全員參與的生產維護方式，其要點就在「生產維護」及「全員參與」上。藉由建立一個全員參與的生產維護活動，使設備性能、設施效能都達到最優化。TPM「全面生產維護」是一種以設備為中心展開效率化改善的製造管理概念，與 TQM「全面品質管理」、精實生產並稱為世界級三大製造管理概念。

　　TPM「全面生產維護」自 1971 年誕生於日本，在 1989 年之前主要的重點有五項，焦點放在設備面如：

1. 設備效率的個別改善：由管理者及技術支援者進行六大損失的對策設計：
   (1) 因裝備導致的故障損失 (Breakdown losses caused by the equipment)
   (2) 因整備與調整所形成的損失 (Set-up and adjustment losses)
   　　以上兩類損失為裝備的稼動率 (availability) 損失。
   (3) 因小問題所導致的停機損失 (Minor stoppage losses)
   (4) 速度緩慢的損失 (Speed losses)
   　　以上兩類為裝備運作效率的損失。
   (5) 品質缺陷與重工的損失 (Quality defect and rework losses)
   (6) 產量損失 (Yield losses)
   　　以上兩類為品質與產量的損失。
2. 建立以作業人員為中心的 5S「現場管理」（自主保養）體制
3. 建立保養部門的計畫性保養體制
4. 操作及保養技能的訓練
5. 建立設備初期管理的體制

　　1989 年之後，TPM「全面生產維護」重點由五項增為八項，焦點由設備面擴增至企業整體面如：

1. 設備效率化的個別改善
2. 自主保養體制的確立
3. 計畫保養體制的確立
4. 維護計畫設計和初期流動管理體制的確立
5. 建立品質保養體制
6. 人員的教育訓練

7. 管理部門的行政效率化
8. 安全、衛生和環境的管理

目前 TPM「全面生產維護」在世界各國各企業間都普遍在實施，對於生產效率的提升方面，也產生了實質的幫助。

至於 TPM「全面生產維護」與 TQM「全面品質管理」在目的、方向與目標上的差異，則如表 9.1 的比較：

▶ 表 9.1　TPM「全面生產維護」與 TQM「全面品質管理」差異比較表

差異處	TPM「全面生產維護」	TQM「全面品質管理」
目的	裝備（輸入、原因）	品質（輸出、效果）
方向	員工參與（硬體導向）	管理系統化（軟體導向）
目標	消除損耗與浪費	PPM 式品質*

* PPM 為 "Parts Per Million" 每百萬件產出（缺陷數）之表示法，亦為 Six Sigma「六標準差」專案追求「零缺陷」的理想境界。

3P「生產整備程序」：3P 為 "Production Preparation Process"「生產整備程序」的英文字首縮寫，3P「生產整備程序」通常須從生產系統的發展為起步，故常被稱為「為可製造性而設計」(design for manufacturability)。在生產系統的發展各階段中，納入 3P「生產整備程序」的概念，通常可以創造出有效的產品與其生產程序設計，並獲得容易製造、程序運作流暢、內建品質、系統複雜度低、符合生產需求的簡易裝備、最少（生產）時間、使用最少物料及資本資源等效益，故亦為「精實生產」的重要管理概念之一。

5S「現場管理」：又稱為「五常法」，為五個以 "S" 為字首的工作現場管理原則，其中譯、日語英譯及英文的詞義列舉如下：

- 整理 (Seiri/Sort)
- 整頓 (Seiton/Straighten)
- 清理 (Seiso/Sweep)
- 標準化 (Seiketsu/Standardize)
- 素養 (Shitsuke/Self-discipline)

5S 起源於日本，是指在生產現場中對人員、機器、材料、方法等生產要素進行有效的管理，這是日本企業獨特的管理方式。50 年代中，日本 5S 的宣傳口號為「安全始於整理，終於整頓」。當時只推動前兩個 S，其目的僅為了確保作業空間和安

全。後因生產和品質控制的需要而又逐步提出了後三個 S，從而使應用空間及適用範圍進一步拓展。

二次世界大戰後，日本企業將 5S 運動作為管理工作的基礎，推動各種品質管理手法，使產品品質得以迅速提升，奠定了經濟大國的地位，而在 TPS「豐田生產系統」的倡導下，5S 對於塑造企業的形象、降低成本、準時交貨、安全生產、高度的標準化、創造令員工滿意的工作場所、現場改善等方面發揮了巨大作用，逐漸被各國的管理界所認識。隨著世界經濟的發展，5S 已經成為工廠管理的一股新潮流。

根據企業進一步發展的需要，有的企業在原來 5S 的基礎上又增加了安全 (Safety)，即形成了 6S；有的再增加了節約 (Save)，形成 7S；也有的企業加上習慣化 (Shiukanka)、服務 (Service) 及堅持 (Shikoku)，形成 10S，但萬變不離其宗，都是從 5S 衍生所出，例如在整理中要求清除無用的東西或物品，這在某些意義上來說，就涉及到節約和安全，具體舉例如擺放在安全通道中無用的垃圾，這就是安全應該關注的內容。

視覺管理 (Visual Controls)：所謂「魔鬼藏在細節處」，操作者因例行操作習慣，或管理者 MBWA「走動管理」(Management by Work/Wondering Around) 時，一般潛藏於細節處的問題，可能無法容易識別出來。另人類通常依賴視覺與聽覺來察覺非常態或異常狀況，聽覺的警報裝置，在系統出現異常狀態時，發出警報聲響，提醒操作者與管理者的注意，是比較容易瞭解的。

至於視覺警示，則有賴於適用於可由視覺清楚察覺常態或非常態的狀況，在工廠實務中，一般的設計包括有顏色編碼管理，圖表、時程表、標籤等的色彩顯示，及地板動線指示等。

看板 (Kanban)：日語音譯的 Kanban，在日文的意義為「標示」(sign)，為藉由看板標示協助生產管理，故又稱「看板管理」(Kanban Management)，是 TPS「豐田生產系統」中的重要概念。看板為達成 JIT「及時系統」同時顯示生產程序資訊流與物流的重要工具，為拉式 (Pull) 生產系統的啟動機制，可使資訊的流程縮短，並使生產過程中的物料流動順暢。

在看板標示系統中常將塑膠或紙板，將產品名稱及數量寫於其上，故此得名。JIT「及時系統」的看板在生產線上分為兩類：領取看板和生產看板，都在傳達「何物，何時，生產多少數量，以何方式生產、搬運」等資訊。看板的具體資訊包括如零件號碼、品名、製造編號、容器形式、容器容量、發出看板編號、移往地點、零件外觀等。另值得一提的是，現在一般工廠裡的地板動線與安全標示，並非看板！

TPS「豐田生產系統」目標

豐田汽車推動 TPS「豐田生產系統」的終極目標，就是要追求「營運卓越」(Operational Excellence)。而所謂的營運卓越則包括如：

- 最佳的品質、成本與交貨組合
- 對員工的充分賦權 (empowered)
- 專注於顧客需求的經營文化

從以上 TPS「豐田生產系統」內涵技術與組織行為等的獨特設計與管理作為，我們應瞭解 TPS「豐田生產系統」非僅「生產系統」的技術層次而已，其中諸如改善、下游拉式生產概念、五問法、創意建議系統等，都屬於組織行為的管理作為，另從上述 TPS「豐田生產系統」的目標來看，也涉及到對員工的賦權、專注於顧客需求的經營文化等，都是組織行為管理作為層次。故將 TPS「豐田生產系統」的目標稱為「營運卓越」而非「生產卓越」，自有其深意。

9.3.2　精實生產

精實生產 (Lean Production) 或稱「精實製造」(Lean Manufacturing)，「精實企業」(Lean Enterprise) 或簡稱「**精實**」(Lean) 等，都是現代企業追求降低成本的同時（故稱為「精實」），希望能提升顧客對企業產品或服務的價值感之努力。

精實生產的概念，源自於日本 TPS「豐田生產系統」的成功。在 TPS「豐田生產系統」消除生產浪費的核心概念下，精實生產進一步追求顧客的價值感，故又稱「精益生產」，「精」即「精良」、「精確」之義，而「益」者，則為「效益」、「利益」。

因源自於 TPS「豐田生產系統」，要瞭解精實生產的內涵，我們最好從 TPS「豐田生產系統」的發展歷程來看。

TPS「豐田生產系統」的發展歷程

20 世紀初，從美國福特汽車公司創設第一條汽車生產線開始，大規模的生產線成為現代化工業生產的主要特徵，生產線的量產，徹底改變了效率低落的單件生產方式，被稱為生產方式的第二個里程碑（單件生產為第一個里程碑）。

大規模量產是以標準化、大批量生產來降低生產成本、提高生產效率。這種生產線量產的生產方式，使美國汽車工業迅速成長、成為美國的一大產業支柱，並帶動與

促進了包括鋼鐵、玻璃、橡膠、電機以至於交通服務業等一大群產業聚落的發展。

大規模生產線在生產技術以及生產管理史上具有重要的意義。但是在二次大戰後，市場進入一需求多樣化的新階段，顧客需求的變化，對應的要求生產朝向多品種、小批量的方向發展，單品種、大批量生產線的的弱點就愈發明顯。為了順應這種時代要求，由日本豐田汽車公司首創的精實生產概念，作為多品種、小批量混合生產，並在低成本、高品質的生產實踐中摸索、創造出來。TPS「豐田生產系統」的精實生產方式，是繼量產後人類生產方式的第三個里程碑。

整體來說，TPS「豐田生產系統」的精實生產方式的形成過程，可劃分為三個階段如 TPS「豐田生產系統」的形成與完善階段，TPS「豐田生產系統」的系統化階段（即精實生產概念的提出），TPS「豐田生產系統」方式的革新階段（對方法、理論進行再思考，提出新的見解等）。

TPS「豐田生產系統」的形成與完善階段

1950 年，當時還甚年輕的豐田工程師**豐田英二 (Toyoda Eiji)** 到美國底特律福特車廠進行了三個月的參觀，當時福特是世界上最大而且效率最高的汽車製造商。豐田英二對這個龐大企業的每一個細節都作了審慎的考察，回到日本後，和生產製造方面富有才華的**大野耐一 (Taiichi Ohno)** 討論，並很快得出結論：大量生產方式不適合於日本。因為第一、當時日本國內市場小，所需汽車的品種又多，多品種、小批量並不適合量產方式；第二、第二次世界大戰後的日本缺乏外匯來大量購買西方的技術和設備，不能在仿效福特廠的基礎上改進；第三、缺乏大量廉價勞動力。由此豐田英二和大野耐一開始了適合日本需要生產方式的革新思考。大野耐一先在自己負責的工廠實行一些現場管理方法如目視管理法、一人多機、U 型設備佈置等，這是 TPS「豐田生產系統」的萌芽。

隨著大野耐一的管理獲得初步實效，他的地位也逐步提升，大野耐一的管理方式得到更多應用，他的周圍同時也聚集了一些工業工程專家，進一步改善生產方法。藉由對生產現場的觀察和思考，大野耐一提出了一系列革新作法，例如SMED「快速換模」法、5S 現場管理、自働化 (Jidoka)、五問法 (5 Why)、供應商夥伴合作關係、拉動式生產等。這些方法在不斷試驗過程中改善，最終建立起一套適合日本的豐田生產方式 (the Toyota Way)。

50~70 年代中，豐田生產方式僅在豐田汽車廠內實施，1973 年發生石油危機之後，日本經濟下降到負成長的狀態，但豐田的獲利卻仍年年遞增，並拉大了與其他同

業的距離。於是 TPS「豐田生產系統」開始受到重視，在日本汽車製造業內開始普及推廣。

隨著日本汽車製造商大規模海外設廠，TPS「豐田生產系統」傳播到了美國，並以其在成本、品質、產品多樣性等特徵獲得巨大的成功。即便當時美國的文化還不太能夠接受如員工可停止生產線等授權文化；但在競爭的殘酷現實下，歐美等國的製造商（不限於汽車製造業），也不得不開始學習、仿效日式 TPS「豐田生產系統」的技術與管理文化。

TPS「豐田生產系統」系統化階段：精實生產概念的提出

為了揭開日本汽車工業成功之謎，1985 年美國麻省理工學院籌資 500 萬美元，執行一所謂 IMVP「國際汽車計畫」(International Motor Vehicle Program) 的研究專案。在魯斯 (Daniel Roos) 教授的領導下，組織了數十名專家、學者，從 1984~1989 年間，用了五年時間對 14 個國家的近 90 個汽車裝配廠進行實地考察，查閱了數百份公開的簡報和資料，並對西方的量產方式與日本的 TPS「豐田生產系統」進行比較分析，最後於 1990 年出版〈改變世界的機器〉(The Machine That Changed the World: The Story of Lean Production) 一書，並首次以「精實生產」(Lean Production) 一詞形容 TPS「豐田生產系統」。這個研究成果造成汽車製造業內的轟動，掀起了一股學習精實生產的潮流，也把 TPS「豐田生產系統」從製造領域擴展到產品開發、銷售服務、財務管理等各個領域，貫穿運用到企業經營活動的整個過程，使其內涵更加全面與豐富，對指導生產方式的變革更具有針對性和可操作性。

接著在 1996 年，經過四年的 IMVP「國際汽車計畫」第二階段研究，再出版了〈精實思想〉(Lean Thinking: Banish Waste and Create Wealth in Your Corporation) 一書。〈精實思想〉這本書描述了學習〈精實思想〉所必需的關鍵原則，並且藉由例證闡釋了各行各業均可遵從的執行步驟，進一步完善了精實生產的理論體系。

在此階段，美國企業界和學術界對精實生產方式也進行了廣泛的研究，對TPS「豐田生產系統」進行大量的補充，主要是增加了許多工業工程技術，資訊技術，文化差異等，將精實生產理論更為完備化，使精實生產更具適用性。

TPS「豐田生產系統」革新階段：精實生產發展階段

精實生產的理論和方法隨著環境的變化而不斷發展，特別在 20 世紀末，隨著研究的深入和理論的發展與傳播，出現了百家齊鳴的現象，各種新理論與方法層出不窮，如與精實生產相結合的「**客製化量產**」(Mass Customization)、單元生產 (Cell

Production)、JIT II「及時系統 II」、5S「現場管理」及 TPM「全面生產維護」的擴充發展等。

至於在實務運用精實生產概念，許多美國企業創造出了適合本企業需要的管理系統，如 GM 通用汽車 1998 年的競爭製造系統 (GM Competitive MFG System)；1999 年 UTC 美國聯合技術公司 (United Technologies Corporation) 的 ACE「追求競爭卓越」管理 (Achieving Competitive Excellence)；精實六標準差 (Lean Six Sigma) 等。這些管理系統實質上都是應用精實生產的思惟，並將其方法具體化，以指導公司內部順利的執行精實生產。因 GM 通用汽車與 UTC 美國聯合技術公司所發展的系統，都是有專利的作業系統，此處不多作介紹；但精實六標準差專案則屬通用系統，可略作介紹如下：

精實六標準差專案

精實六標準差專案 (Lean Six Sigma) 的概念，由喬治 (Michael George) 於 2002 年出版〈精實六標準差〉(Lean Six Sigma: Combining Six Sigma with Lean Speed) 一書中首度提出，其概念簡單的說，就是將「精實生產」以消除浪費、形成穩定的生產程序，並以「六標準差專案」以 SPC「統計製程管制」手法消除程序的變異，而達成 DfSS「六標準差設計」(Design for Six Sigma) 的「堅韌程序」(robust process)，如圖 9.8 所示：

DfSS 六標準差設計
5. 堅韌
- QFD 品質機能展開
- 六標準差設計
- 堅韌製程

Lean 精實
3. 穩定性
- 消除浪費
- 拉式生產
- 製程穩定

Six Sigma 六標準差
4. 能力
- SPC 統計製程管制
- 程序控制
- 降低變異

Kaizen 改善
2. 內省
- 視覺管理
- 在製品管制
- 持續改善文化

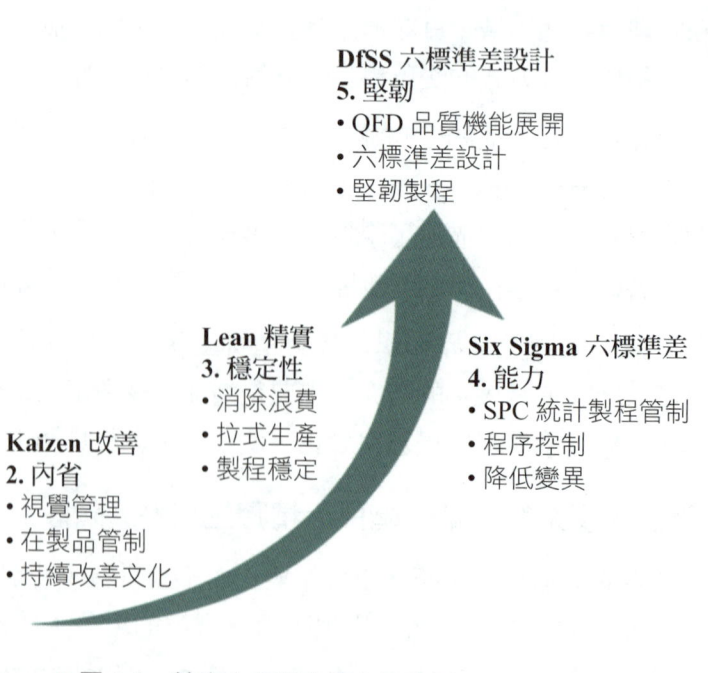

5S 五常法
1. 場所管理

圖 9.8　精實六標準差概念示意圖

在介紹完「精實生產」從 TPS「豐田生產系統」的發展歷史後,我們可以彙整成本價值關係、精實 5 步驟、精實 4P 模型及精實架構等四個面向,說明精實生產的內涵如:

成本價值關係

精實生產與 TPS「豐田生產系統」最顯著的特性差異,或許要算是(降低)成本專注或價值取向了。眾所皆知,TPS「豐田生產系統」的發起,主要是為了要消除生產過程中的浪費,以達到降低成本的生產目標。當然,我們不能說 TPS「豐田生產系統」不重視價值,或精實生產不重視降低成本!而是精實生產在降低成本的同時,更重視提高顧客的價值感或價值認知(圖 9.9)。

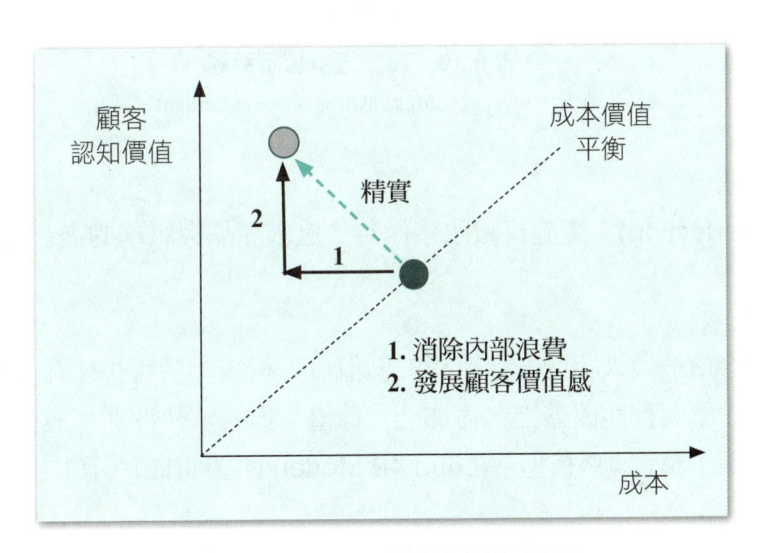

圖 9.9 精實成本價值關係示意圖

精實五步驟

精實生產的思惟,在追求「顧客價值最大化」的目標下,圍繞著價值的創造與流動五步驟如圖 9.10 所示,這五個精實步驟分別簡述如下:

1. 辨識價值 (value):根據顧客需求,精確的定義產品或服務所須達成的價值目標。
2. 辨識價值流 (value stream):從價值目標辨識出產品或服務的價值流路,並藉以制訂生產程序與營運流程。
3. 消除浪費 (waste elimination):在價值流路中,進一步檢視生產流程與營運流程中所有可能形成的浪費,並檢討消除之。
4. 拉式系統 (pull system):以拉式系統思惟再次檢視生產與營運流程,確定符合顧客

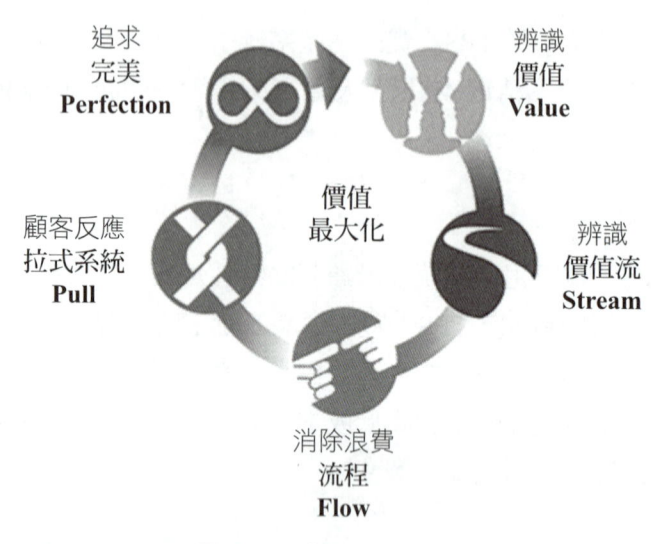

○ 圖 9.10　精實五步驟示意圖

圖片取自 http://www.cardiff.ac.uk/lean/about/index.html 而重製

需求與價值感。

5. **追求完美 (perfection)**：實施持續改善作為，追求產品與服務的盡善盡美。

精實 4P 模型

在追求顧客價值最大化與營運流程的價值流分析後，精實生產在 TPS「豐田生產系統」的管理哲學與程序改善上，再加上「尊重」與「解決問題」等兩項管理作為，如此，構成所謂**「精實 4P 模型」**(Lean 4P Model) 如圖 9.11 所示：

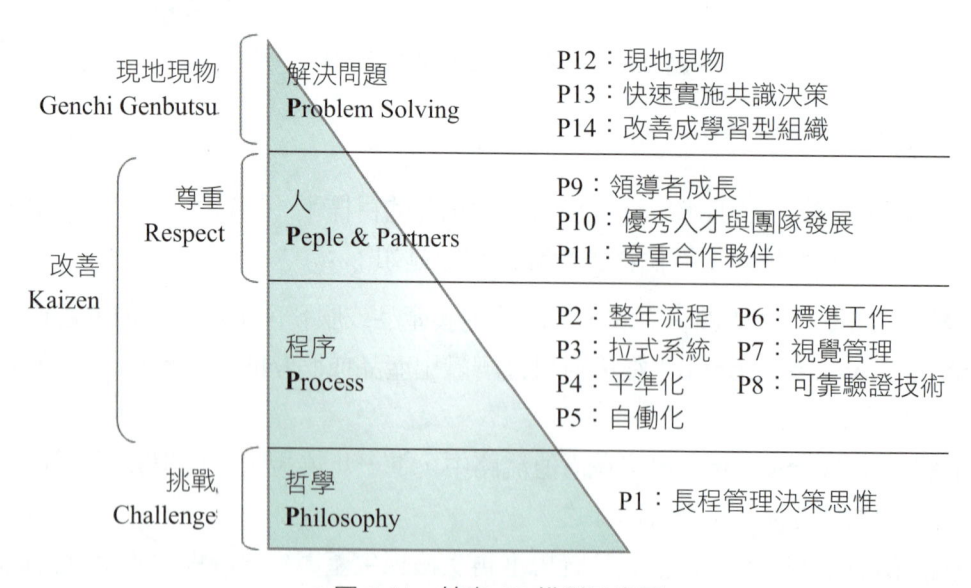

○ 圖 9.11　精實 4P 模型示意圖

310

上述「精實 4P 模型」中的「尊重」(Respect)，指的是對本身企業與供應鏈夥伴所有相關成員的尊重。對企業內部員工的尊重，可獲得員工的滿意與敬業度，而對供應鏈夥伴成員的尊重，能獲得供應鏈夥伴的誠心合作。除對人員的尊重外，尊重也包含人力的精實發展，其中包括優秀人才與團隊的發展，及潛在領導人的成長歷練與發展等。

至於精實生產的「解決問題」(Problem Solving)，則強調以「**現地現物**」(Genchi Genbutsu) 管理方式，要求管理者要到生產**現場** (gemba) 觀察生產狀況，實際做法則是 EDER「**早期發現，早期改善**」(Early Detection and Early Resolution)。在「現地現物」的現場管理模式下，管理者與現場員工蒐集、分析資料，並做出問題解決或持續改善的決策（快速實施共識決策），並使整個組織在持續改善作為中，逐漸發展成「學習型組織」(Learning Organization)。

精實架構

從理論思想的完備，到實際運作技術、方法與系統的設計，精實生產從 TPS「豐田生產系統」消除浪費的管理思惟下，漸次發展成兼顧品質、效率與顧客價值導向的生產系統化架構，如圖 9.12 所示：

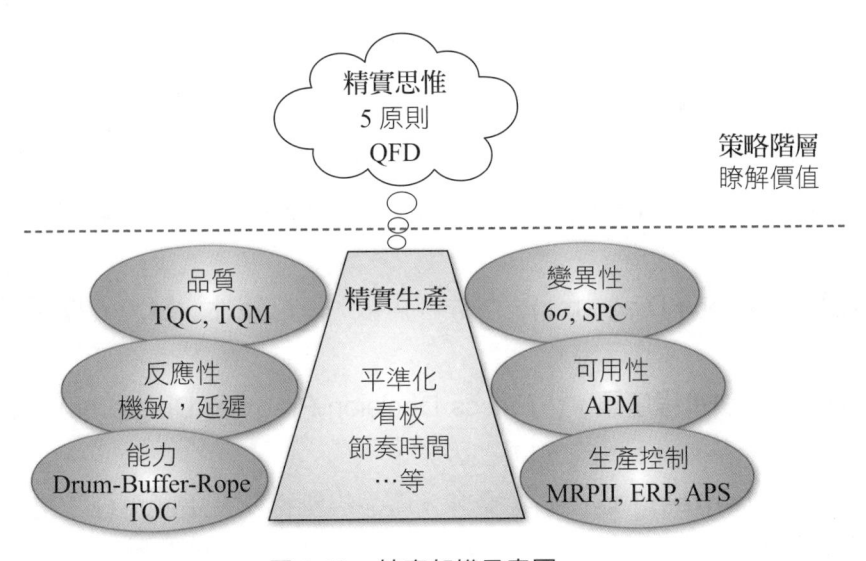

⌒ 圖 9.12　精實架構示意圖

精實架構主要區分兩個層次，即生產階層的消除浪費及策略層級的瞭解顧客價值。精實生產的策略意涵，在確切瞭解顧客的需求，而運用的方法則是 QFD「**品質機能展開**」(Quality Function Deployment)；在生產與作業階層的目標，則在消除浪

費，其相關實務運用技術，大部分均已於 TPS「豐田生產系統」中介紹過，精實生產另引進運用 TOC「限制理論」(Theory of Constraints) 的 DBR式「生產排程」概念 (Drum-Buffer-Rope) 等。有關 QFD「品質機能展開」、TOC「限制理論」及 DBR 式「生產排程」等，先行簡介如下：

QFD「品質機能展開」

QFD「品質機能展開」(Quality Function Deployment)，為日本品管大師赤尾洋二 (Yoji Akao) 所創，隨後與水野滋 (Shigero Mizuno) 共同出書，強調 QFD「品質機能展開」應從顧客需求的角度執行產品（生產）品質的規劃與部署。

一般執行 QFD「品質機能展開」的步驟如下：

1. 辨識顧客真正的需求（即 VOC「顧客需求」(Voice of Customer)）。
2. 辨識能滿足 VOC「顧客需求」的產品工程特性（或稱 VOE「技術需求」(Voice of Engineering)）。
3. 制訂產品研製目標與測試方法。

雖然在表達時，一般人會以 HOQ「品質屋」(House of Quality) 圖示法（如圖 9.13）來表達 QFD「品質機能展開」的概念；但 QFD「品質機能展開」之程序概念，其涵蓋性要大於技術性的 HOQ「品質屋」圖示法。

除了 HOQ「品質屋」外，QFD「品質機能展開」還運用到其他品管工具如：

1. 親和圖 (Affinity Diagrams)：使「真正」VOC「顧客心聲」浮現的結構性圖示法。
2. AHP「層級分析法」(Analytic Hierarchy Process)：將顧客的需求執行優先程度排序。
3. 關聯圖 (Relations Diagrams)：將顧客需求、產品特性、製造流程間互動關係的圖示法。
4. PDPD「流程決策程序圖」(Process Decision Program Diagrams)：用以辨識與分析可能造成產品或流程失效的潛在因素。
5. 各式矩陣 (Matrixes)：連接顧客需求、產品規劃特徵及生產流程等重要優先度的各種矩陣表示法。

QFD「品質機能展開」可運用到所有相關品質管理作為。但值得注意的是，QFD「品質機能展開」成功的先決條件是市調結果的正確性（真正的VOC「顧客需求」），若市調結果不正確，無法掌握顧客的真實需求，或不能確定顧客需求或快

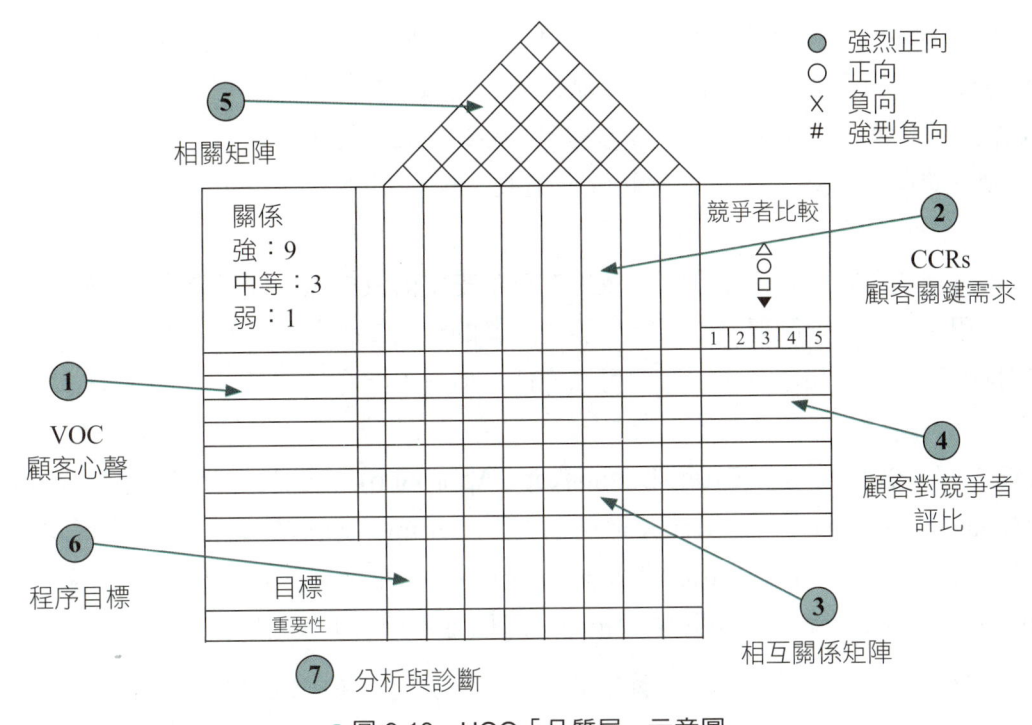

◐ 圖 9.13　HOQ「品質屋」示意圖

速轉變等，QFD「品質機能展開」的運用與部署，都可能會對企業帶來災難性的後果。

赤尾洋二與水野滋兩人也創設了一非營利性研究組織 QFD Institute（網址：http://www.qfdi.org/），推動 QFD「品質機能展開」的品質精進概念與方法。

TOC「限制理論」

TOC 限制理論是以色列物理學家、企業管理顧問戈德拉特 (Eliyahu M. Goldratt) 在他開創的 OPT「優化生產技術」(Optimized Production Technology) 基礎上發展的管理哲理，該理論定義了製造經營活動中的限制因素（或稱「瓶頸」），及消除限制因素的一些規範方法，以支持持續改進。簡單的說，TOC「限制理論」(Theory of Constrains) 就是找出妨礙實現系統目標的限制因素，並對它進行消除的系統改善方法。

TOC「限制理論」強調必須把企業的營運看成是一個系統，從整體效益出發來考慮和處理問題，TOC「限制理論」的基本要點如下：

1. 企業是一個系統，其目標應當十分明確，那就是在當前和今後為企業獲得更多的利潤。

2. **一切妨礙企業實現整體目標的因素都是限制性因素**：根據柏拉圖原理 (Pareto Principle)，對系統有重大影響的限制因素，為數不多，但至少有一個！約束有各種類型，不僅有物質型的，如市場、物料、能力、資金等，另還有非物質型的，如後勤及品質保證體系、企業文化和管理體制、規章制度、員工行為規範和工作態度等。

3. **TOC「限制理論」對衡量業績和效果的三項主要衡量指標**：即有效產出、庫存和作業費用。TOC「限制理論」認為只能從企業的整體來評價改進的效果，而不能只看局部。庫存投資和作業費用雖然可以降低，但是不能降到零以下，只有有效產出才有可能不斷增長。

4. **DBR「鼓-緩衝-繩法」(Drum-Buffer-Rope Approach)**：或稱「緩衝管理法」(Buffer Management)：Drum-Buffer-Rope 的原意，Drum 代表鼓聲就如同一個軍隊的小鼓，可使得行進整齊。Buffer 就如同兩個士兵中間的距離，可以利用它來應付突發的情形。Rope 代表的是軍隊中的紀律，可以確定行進步伐如同鼓聲一樣。

    TOC「限制理論」把主生產計畫比喻成「鼓」，根據 CCR「能力限制資源」(Capacity Constraint Resources) 的可用能力來確定企業的最大物流量，作為約束全系統的「鼓點」，鼓點相當於指揮生產的節拍；在所有瓶頸和總組裝工序前要保留物料儲備緩衝，以保證瓶頸資源的充分利用，達成最大的有效產出。換句話說，首道工序和其他需要控制的工作站如同用一根傳遞資訊的繩子牽住的隊伍，按同一節拍，控制在製品流量，以保持在均衡的物料流動條件下進行生產。瓶頸工序前的非限制工序可以用倒排規劃，瓶頸工序用順排規劃，後續工序按瓶頸工序的節拍組織生產。DBR「鼓-緩衝-繩法」的運作如圖 9.14 所示。

5. **定義和處理限制的決策方法**：TOC「限制理論」強調了三種方法，統稱為 TP「思惟程序」(Thinking Processes) 包括如：

    (1) **因果關係法 (Cause Effect Method)**：針對規劃的目標（果），藉由蒐集與分析資料，逐一排斥無關影響因素，找出造成系統限制性因素的肇因 (因)，從而發展限制性因素的解決方法。

    (2) **驅散迷霧法 (Evaporation Cloud Method)**：用來處理「要改變甚麼？」(what to change to) 的問題，如日式的「五問法」(5 Whys)。

    (3) **蘇格拉底法 (Socratic Method)**：師法希臘哲學家蘇格拉底對其學生的教學方法：「只提問題，不給答案！」讓學生自己去發覺核心問題並思索問題解決方案。這種讓學生「主動參與」的教學法，與 TQM「全面品質管理」的「全員參與」精神相同。

第 9 章　營運管理

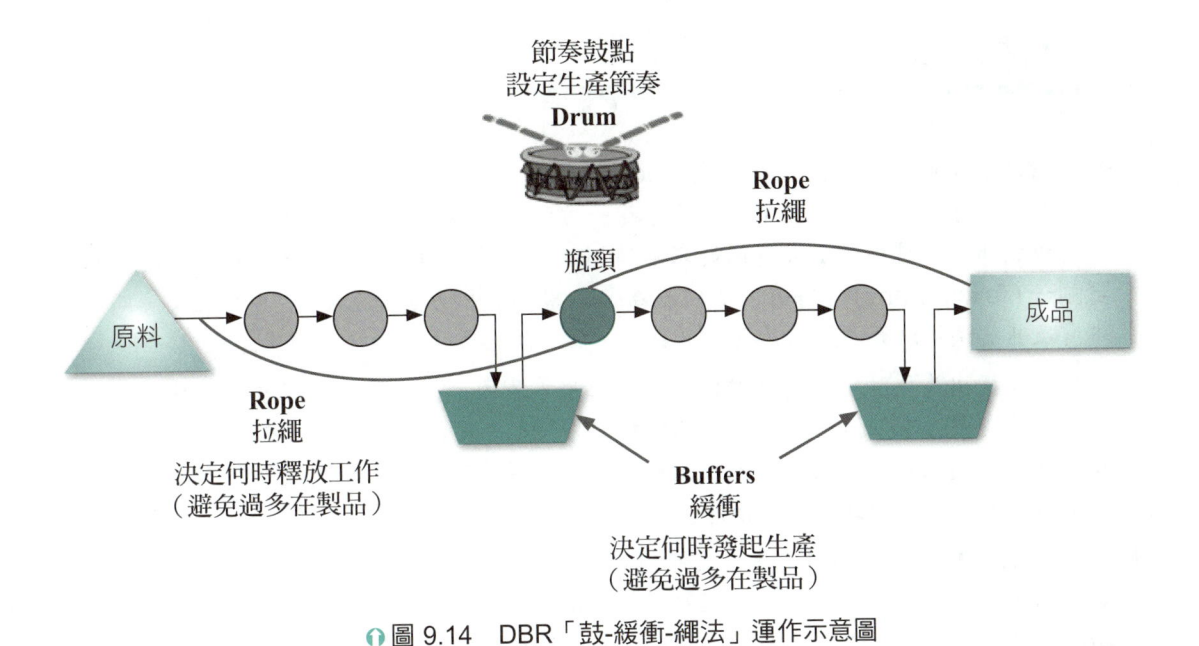

節奏鼓點
設定生產節奏
Drum

Rope
拉繩

瓶頸

原料　→　○　→　○　→　○　→　●　→　○　→　○　→　○　→　成品

Rope
拉繩
決定何時釋放工作
（避免過多在製品）

Buffers
緩衝
決定何時發起生產
（避免過多在製品）

🎧 圖 9.14　DBR「鼓-緩衝-繩法」運作示意圖

本章總結

　　現代的「營運管理」兼含「生產管理」與「作業管理」之意涵，從生產管理的概念與系統發展，一直擴展到服務作業與其他領域的運用。在生產系統的發展中，最有名且最具影響力的，要算是日本的 TPS「豐田生產系統」及「精實生產」兩大系統。TPS「豐田生產系統」藉消除生產過程中的浪費，而達成降低成本、提高品質與生產效率的目標；而精實生產則進一步擴充到增加顧客價值感的策略運用。

⊃⊃⊃ 關鍵詞

5 Why 五問法：最初是由豐田佐吉 (Toyoda Sakiichi) 提出的；後來，豐田汽車公司在發展完善其製造方法學的過程之中也採用了這一方法。作為 TPS「豐田生產系統」的入門課程的組成部分，這種方法成為問題求解培訓的一項關鍵內容。豐田生產系統的設計師**大野耐一 (Taiichi Ohno)** 曾將五問法描述為「… 豐田科學方法的基礎 … 重複五次，問題的本質及其解決辦法隨即顯而易見」。目前，該方法在豐田之外已得到廣泛採用。

五次反覆提出為什麼，一般來說已足以找出根本原因。真正的關鍵所在，是鼓勵解決問題的人要避開主觀或自負的假設和邏輯陷阱，從結果著手，沿著因果關係鏈，順藤摸瓜，穿越不同的抽象層面，直至找出問題的根本原因。簡而言之，就是鼓勵解決問題的人要有「打破砂鍋問到底」的精神。

Bill of Material (BOM) 物料清單：業界稱為「BOM 表」或材料表，是 MRP「物料需求規劃」的重要文件，幾乎所有的管理部門都要用到。它詳細紀錄一個項目所用到的所有下階材料及相關屬性，亦即，母件與所有子件的從屬關係、單位用量及其他屬性。在 ERP 系統要正確地計算出物料需求數量和時間，必須有一個準確而完整的產品結構表，來反映生產產品與其組件的數量和從屬關係。在所有數據中，物料清單的影響最大，對準確性要求也相當高。

BOM「物料清單」是接收客戶訂單、選擇裝配、計算累計提前期、編製生產和採購計劃、配套領料、跟蹤物流、追溯任務、計算成本、改變成本設計不可缺少的重要文件，上述工作涉及到企業的銷售、規劃、生產、供應、成本、設計、工藝等部門。因此，BOM 不僅是一種技術文件，還是一種管理文件，是聯繫與溝通各部門的紐帶，企業各個部門都要用到 BOM 表。

Cell Production 單元生產方式：單元生產方式為「精實生產」或 FMS「彈性製造系統」的主要組成部分，由少數幾名有多種技能的作業員組成團隊，負責一個生產單元的所有工作，於 20 世紀末首先誕生於電子產品裝配業，也有學者將其稱為「細胞生產方式」，因它就像人體中的細胞一樣，在細胞內部包含了新陳代謝的所有要素，是組成生命的最小單位。

Continuous Improvement 持續改善：為歐美國家所習稱 TQM「全面品質管理」、日式「改善」(Kaizen) 的同義詞，泛指對產品、服務或程序的持續、漸進式 (incremental) 的品質改善作為。

Control Chart 管制圖：為舒瓦特 (Walter A. Shewhart) 所創，故也稱為「**舒瓦特圖**」(Schewhart Chart) 或「流程行為圖」(Process-Behavior Chart)，是統計程序控制中，確定製造或作業程序是否在控制狀態下的一種工具。管制圖是七種品質控制的基本視覺圖形工具（品管七大手法）之一。

Craft guilds 工廠手工業：為最早有組織性的手工生產系統，一群工匠聚集在一起，可能

經由承包工廠的工作（亦即「**散工系統**」(Putting-Out System)）或自行產製某種產品之謂。

Customer Order Decoupling Points (CODP) 顧客訂單解耦點：或即簡稱「顧客需求切入點」，指在延遲製造中，推式流程與拉式流程的分界點，它是供應鏈中產品的生產從預測轉向回應客戶需求的轉捩點。

在供應鏈中，CODP「顧客需求切入點」的定位是延遲製造成敗的關鍵，因為它直接影響到規模與變化的程度，若 CODP「顧客需求切入點」偏向供應鏈上游，通用化階段就無法產生相應的規模經濟；反之，若 CODP「顧客需求切入點」偏向供應鏈下游，差異化階段也無法獲得多樣化的優勢。

Design of Experiment (DOE) 實驗設計：DOE「實驗設計」，為一種安排實驗和分析實驗數據的數理統計方法，主要對試驗 (tests) 進行合理安排，以較小的試驗規模、較少的試驗次數、較短的試驗周期和較低的試驗成本等，獲得理想的試驗結果，以及得出符合科學原則的實證性結論。

DOE「實驗設計」源自於 1920 年代統計科學家**費雪** (Ronald Aylmer Fisher) 的研究，費雪是後世一致公認為 DOE「實驗設計」的創始者，但後續學者及實務運用等努力而集成為一專業方法論。而使 DOE「實驗設計」在工業界得以普及且發揚光大者，則非日本統計與工業管理學者**田口玄一** (Genichi Taguchi) 莫屬。

Domestic System 家庭手工業：傳統手工製造年代，工廠將工作發包給代理商或直接發包給工人的「散工系統」(Putting-Out System) 中的一種型式。工人在自己家裡完成工作是所謂的「家庭手工業」(Domestic System)，另如在工作坊中，由數名工匠共同完成工作的，則是所謂「工作坊系統」(Workshop System)。

Economic Order Quantity (EOQ) 經濟訂購量：是指在總庫存持有成本及訂貨成本最低時的訂貨量。此概念由哈里斯 (Ford W. Harris) 於 1913 年所發展，但因另一位顧問師威爾森 (R. H. Wilson) 研究與運用得最深入，故又稱為「威爾森經濟訂購量模型」(Wilson EOQ Model) 或「威爾森公式」(Wilson Formula)。

Genchi Genbutsu 現地現物：日語的意思是「到現場實際觀察」(go and see)，是TPS「豐田生產系統」於近代的關鍵管理原則。它強調為確實瞭解狀況，管理者必須親臨「**現場**」(gemba)，故又稱為「**現場態度**」(gemba attitude)。

TPS「豐田生產系統」創立者**大野耐一** (Taiichi Ohno) 深信並親自實踐此「現地現物」管理哲學，據稱他會帶著新進豐田的工程師進入生產現地，訓練新進工程師實際觀察生產線上的「現物」狀況，藉此，讓「現地現物」的管理理念植入每名工程師的心中。大野耐一深信只有在現場觀察現物，才能真正瞭解何處應減少浪費、何處可添加價值等。因此，「現地現物」也就成為 TPS「豐田生產系統」的問題解決方式。

有人或把豐田的「現地現物」管理理念比擬成 MBWA「走動管理」(Management By Wandering Around)，但此比擬或許會喪失「現地現物」著重於「知」(know) 更甚於「走動」(visit) 的真義。

Inventory Turnover 庫存周轉率：指某時間段的出庫總金額（總數量）與該時間庫存平均金額（或數量）的比。是指在一定期間（一年或半年）庫存周轉的速度。提高庫存周轉率有助於加快資金周轉，提高資金利用率和變現能力。

Just-In-Time (JIT) 及時系統：或稱「及時制度」，是大野耐一 (Taiichi Ohno) 發展 TPS「豐田生產系統」(Toyota Production System) 中的重要主軸之一（另一主軸則為「自働化」(Autonomation)）。

JIT「及時系統」的核心概念，是盡量減少生產程序中的不必要浪費（大野耐一定義了七種「浪費」（日文 muda），另參照第 2 章關鍵詞說明），而生產前對原物料供應的選商、談判、運輸、檢驗、庫存、整備等，在大野耐一看來都是浪費。因此，與供應商形成策略夥伴關係，由供應商負責生產前的所有運籌活動，達成自己「零庫存」(Zero Inventory) 的目標，就成為 JIT「及時系統」的管理哲學。簡單的說，JIT「及時系統」運用於生產時的最簡單定義是：「生產當時，生產所需的所有資源同時到位」。JIT「及時系統」於生產過程中，配合著「看板」(Kanban)，也能讓生產程序上下游之間，無縫隙的接軌，使生產更有效與減少浪費。

JIT II 及時系統 II：將 JIT「及時系統」運用於採購、銷售及物料規劃等領域的運用，此概念由美國音響製造廠商「博士」(Bose Corporation) 首創。簡單的講，JIT II 為供應商在本企業內派駐代表，實際負責本企業與代表供應商之間的所有物料下單、採購或甚至工程修改等業務，故又稱「供應商庫存管理」(Vendor managed inventory) 或「物料主動補充」(automatic material replenishment)，這也是 JIT「及時系統」與供應鏈夥伴之間建立策略性夥伴關係的實例。

Lean Manufacturing 精實製造：或稱「精實生產」、「精益生產」等，是一種在為了終端顧客創造經濟價值的同時，滿足經營目標的一種生產理念，目的是消除生產中的資源浪費。而「價值」被定義為在消費者消費產品或服務的過程中，使消費者願意買單的行為或流程。

簡單來說，精實生產的核心是用最精簡的工作流程來創造顧客最大價值。精實生產主要源自於 TPS「豐田生產系統」的管理哲學，因此也稱為「豐田主義」(Toyotism)，一直到 1990 年間才在歐美被稱為精實生產。

Mass Customization 大量客製化：是一種快速反應客戶（變動的）需求，同時兼顧量產效益的生產策略。將反應顧客需求變化的彈性與量產的低成本、高效率結合，尋找兩者的有效平衡點。

因量產 (Mass Production) 通常要求產品有標準規格，並於生產過程中規格的變動不大，才能安排有效率的量產程序；但客製化 (Customization) 卻要求生產程序能機敏 (agile) 調整，以因應顧客不斷變動的要求（甚至在已開始生產過程中仍有變動），故通常僅能以單件工作坊或小批量生產方式才能執行。量產與客製化生產兩種方式，在傳統的生產規劃中，是屬於生產模式連續帶的兩個極端，無法調和。但當 FMS「彈性製造系統」(Flexible Manufacturing System) 的「多工機具」與「多能工」發展成熟後，現代

的生產已可將原本兩種截然不同的生產模式調和在一起。

Poka Yoke 防呆防錯設計：由新鄉重夫 (Shigeo Shingo) 提出，並應用在日本 TPS「豐田生產系統」中，之後隨著工業品質管理的推展傳播至全世界。防呆 (Fool-proofing) 是一種預防矯正的行為約束手段，運用避免產生錯誤的限制方法，讓操作者不需要花費注意力，也不需要經驗與專業知識即可直覺無誤完成正確的操作。

在工業設計上的防呆、防錯原則與範例如：

- **斷根**：將發生錯誤的原因排除，如折斷錄音帶上防再錄孔的塑膠片，即可防止再錄音。
- **保險**：共同或依序執行兩個以上的動作完成工作，如使用兩支鑰匙開保險箱。
- **自動**：運用各種物理學、化學與機械結構學原理自動化執行或不執行，如水塔的浮球上昇至一定高度自動切斷給水等。
- **相符**：利用形狀、數學公式、發音、數量檢測，如連接線接頭及帳號檢查號碼。常見如電腦是普遍卻又複雜的裝置，相關零組件大都有形狀相符的防呆設計，像記憶體模組上的凹洞只有唯一正確的方向安裝才能相符插入。
- **順序**：將流程編號依序執行，如模型製作的操作說明書以編號表示零件別及組合程序。
- **隔離**：透過區域分隔保護某些區域，避免危險或錯誤，常見如將藥品置放高處以免兒童誤食；一些重要的按鈕加上保護蓋以避免誤觸。
- **複製**：利用複製來方便核對，例如：統一發票的複寫列印、刷信用卡的拓印及命令複頌核對。
- **標示**：運用線條粗細形狀或顏色區別以方便識別，如用粗線框表示填寫位置，虛線表示剪下位置，紅色表示緊急，綠色表示通行等。
- **警告**：將不正常情形透過顏色、燈光、聲音警告，即時修正錯誤，例如：油表、各種警告燈及聲音。
- **緩和**：利用各種方法減免錯誤發生的傷害，如：緩衝包裝隔層、安全帶、安全帽等。

Production and Operations Management (POM) 生產與作業管理：廣義的來說，POM「生產與作業管理」是對所有和生產產品或提供服務有關活動的管理作為，這個名詞，是在近十餘年才被廣泛使用，先前通常只被稱為「生產管理」(Production Management)，隨著服務業的興起，繼而有「作業管理」(Operations Management) 名詞的出現，接著，製商整合的概念下，上述兩個分別著重製造業或服務業的名詞才整合成 POM「生產與作業管理」。此名稱上的轉變，反映了業界的變革，這種趨勢和我們如今對服務業越來越重視的趨勢是一致的，因此在談到 POM「生產與作業管理」時，我們並不特別強調考慮的範圍是製造業或服務業，事實上許多管理上的原理及工具，都是相通且可以共用的。

隨著電腦、資訊與溝通技術的進步，EC「電子商務」(Electronic Commerce) 時代的來臨，生產或作業不再能僅被視為企業的單一功能，而必須將資訊流、金流、物流、

運籌等都加以整合考量。故 POM「生產與作業管理」再進一步轉變成「**營運管理**」(Operations Management)（大陸則稱為「運營管理」），此「營運」一詞可視為企業的「經營」與「運籌」功能的整合。讀者須注意「營運管理」與傳統「作業管理」的英文都一樣！

Sales and Operations Planning (S&OP) 銷售與營運規劃：S&OP「銷售與營運規劃」是由 MRP II「製造資源規劃」(Manufacturing Resources Planning) 中對企業內部資訊持續整合與同步化的流程，通常適用下列部門如銷售與行銷部門、生產部門、物流部門、財務部門及工程部門(如可適用的話)，S&OP 的目標在於經常開會檢視作業績效與方向，並且確認所有部門以單一之標準數值進行作業。S&OP「銷售與營運規劃」利用企業供應與服務的能力，進行企業組織需求之平衡與同步化，同時亦可增加企業所有部門計畫與協調的能見度。

Statistical process control (SPC) 統計製程管制：為美國統計學家舒瓦特 (Walter Andrew Shewhart) 首創，以統計方法運用於品質管控的方法，當運用得宜，生產程序可在最少的浪費（重工或報廢）狀況下，產出最多符合規格的合格產品。

SPC「統計製程管制」可用於任何產出可被衡量（有產品規格）的任何程序，其主要工具是**控制圖 (Control Chart)**，專注於**持續改善 (Continuous Improvement)** 及 DOE「**實驗設計**」(Design of Experiments) 等。

Total Quality Management (TQM) 全面品質管理：美國在二次大戰結束後，由戴明、朱朗等管理學者協助日本的產業復興與重建 ⋯ 但在日本深刻吸收美式的品質管理哲學（當時仍為 QC「品質管制」、QA「品質保證」等階段）後，納入日本自有的風格，自行發展出如 TPS「豐田生產系統」等著重人性、文化的品質管理哲學，使美國重新檢視其品質管理哲學，因而有 TQM「全面品質管理」一詞的產生。

TQM「全面品質管理」一詞，並無一致性的定義，但一般認為是一企業組織整體性的努力，為顧客創造高品質產品與服務的持續品質改善作為。因 TQM「全面品質管理」並無一致性的定義與作法，因此，其概念仍相當程度的依賴 QC「品質管制」與 QA「品質保證」所發展的技術與工具，但加入品質領導與文化塑造等內涵。TQM「全面品質管理」在 80~90 年代於歐美獲得廣泛的重視，隨後，由 ISO 9000 國際標準系列，精實製造 (Lean Manufacturing) 及「六標準差專案」(Six Sigma) 等所取代。

Vertical Integration 垂直整合：是指一家企業對其供應鏈上供應流（後端）或配送流（前端）功能的控制。若供應流中原物料或零組件等的掌控，對企業的生存與發展甚為重要，則企業可能採取「**後向整合**」(Backward Integration) 併購策略，將後端供應流的部分或完全功能，納入自己企業的控制；相對的，若前端配送流的物流或顧客服務，對企業生存與發展甚為重要，則企業可採取「**前向整合**」(Forward Integration) 併購策略，將前端供應流的部分或完全功能，納入自己企業的控制；若將供應鏈上所有供應流與配送流的功能，都完全納入自己企業的掌控，則稱為「**完全垂直整合**」(Full Vertical Integration)（圖 9.15）。

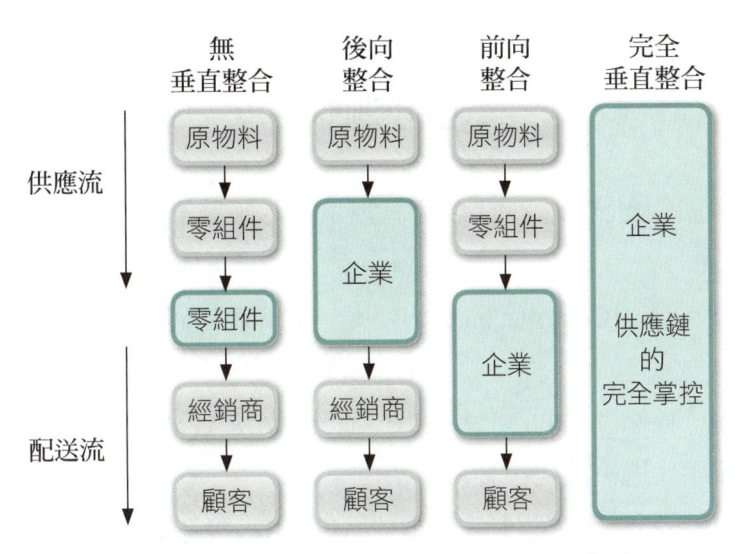

○ 圖 9.15　供應鏈垂直整合類型示意圖

Work-in-Process (WIP) 在製品：指正在加工，尚未完成的產品。有廣狹二義，廣義的包括正在加工的產品和準備進一步加工的半成品，狹義的僅指正在加工的產品。

工業產品，按其完成的程度，分為成品、半成品、在製品。成品是指在本企業已完成全部生產過程，檢驗合格，並辦理入庫手續，可供銷售的產品。按照合約規定需要有附件的產品，必須待附件配備齊全後才能稱為成品。半成品是指在本企業某一生產程序已經完成，經檢驗合格，並辦理半成品入庫手續或者可以轉入下一生產程序繼續加工的產品。在製品是指在生產程序內的各個工序上，正在加工的製品；或者已完成某一工序加工，尚須在下一工序上繼續加工的製品；或者在生產程序內已加工完畢，但尚未檢驗、入庫的製品。所以，在製品是介於原材料和半成品之間，半成品和半成品之間及半成品和成品之間的製品。

Zero Inventory 零庫存：為 JIT「及時系統」追求的最高理想目標。JIT「及時系統」與供應商形成策略夥伴關係，將生產前的內向運籌 (In-bound Logistic) 都交由供應商來支援、管理，故自己可以減少庫存整備的成本。

理論上若JIT「及時系統」發揮到極致，應可達成「零庫存」的目標；但在實際運作上，為確保生產所需資源不至於短缺，維持少量庫存的 **JIC「確保萬一」(Just-In-Case)** 的庫存概念，似較為實際。

自我測試

1. 試以歷史發展的角度，說明「生產管理」、「服務管理」及「營運管理」在概念上的異同。
2. 試手繪「控制圖」(Control Chart) 的要點，並解說如何藉此執行 SPC「統計製程管制」。
3. 試說明何謂「控制圖」的「七點法則」(Rule of Seven)？又如連續七點取樣平均值呈現水平狀態，又代表著甚麼？
4. 試說明 MRP「物料需求規劃」發展成 MRP II「製造資源規劃」與 ERP「企業資源規劃」的歷程關鍵考量。
5. 試說明 TPS「豐田生產系統」中 Jidoka「自働化」與一般所謂「自動化」的差異為何？
6. 試比較「第一次就將品質做對」(Do It Right The First Time) 與「不二過」(Second Time Right) 於品質管理的意義與執行差異。
7. 試比較 TPM「全面生產維護」與 TQM「全面品質管理」的差異。
8. 試舉例說明現代工廠管理實務中的「視覺管理」作為。
9. 試說明應如何達成「客製化量產」(Mass Customization) 的生產規劃？
10. 簡述「精實生產」與 TPS「豐田生產系統」的主要差異。

10 領域篇—品質管理

學習重點提示：

1. 從大師的品質想法看品質管理的演進
2. 品質大師思想的重點與貢獻
3. 品質管理視覺工具的運用
4. 品質管理系統

　　品質，無論是產品或服務的品質，都是現代企業與組織經營的必須具備要素。品質的好壞直接關係到顧客的滿意與否，也意味著企業是否能有效、持續的經營。

　　本章聚焦於品質管理，分別說明從年代軸向上品管大師的想法看品質想法、技術、方法的演化，品管視覺工具的開發與運用，一直到目前被業界廣為採用的品質管理模型與系統發展等。

10.1 大師的品質想法

現代提到品質時,一般都會想到 TQM「全面品質管理」,但 TQM「全面品質管理」系統概念的形成,則必須回溯到製程終端的「檢驗」(inspection),也就是防杜不良品流到顧客的手上,導致顧客抱怨、索賠、甚至損害商譽等重大損失。

從檢驗到全面品質

1920 年代開始,泰勒 (Fredrick W. Taylor) 等人於「科學管理」上的研究,種下品質管理的種子,主要的影響觀念有管理與執行分離,時間動作研究建立標準工作時間等,後續梅堯等執行的「霍桑實驗」,證明員工的參與能增進產出等,都對品質管理概念的發展與辯證奠下基礎。

一般來說,品質概念的發展,從檢驗產出是否合於標準的作為開始,而負責檢驗作為中的標準制訂、抽樣規劃、資料記錄、人員訓練、檢驗、量測裝備的維護與校準等,通常由專責的「品管部門」負責,這應該是 QC「品質管制」(Quality Control) 一詞的開端。

在大量資料中找出規律的統計理論,開始有效運用在 QC「品質管制」,而其中又以休哈特 (Walter A. Shewhart) 於 1924 年畫出第一張「管制圖」(Control Chart) 為標誌事件,休哈特與後續學者們的努力,後人稱為 SQC「統計品質管制」(Statistical Quality Control) 或 SPC「統計製程管制」(Statistical Process Control)。但上述技術在 1940 年代末期,仍未獲得製造廠家的重視。

製程終端或各工作站輸出端的 QC「品質管制」檢驗作為,其目的是為防杜不良品的流出。但實務經驗很快顯示,即便 QC「品質管制」做得紮實,但導致不良品的肇因若未能解決,QC「品質管制」的抽檢,畢竟無法完全防堵不良品流入顧客手中所造成的傷害。

第二次世界大戰 (1939~1945) 對產業的品質管理也有顯著影響,如當時在「貝爾電話實驗室」(Bell Telephone Laboratories) 擔任主任的艾德華 (George DeForest Edwards),因擔任「品質保證計畫」的主持人,因此,QA「品質保證」(Quality Assurance) 一詞也因此創生。

為確切掌握與瞭解造成不良品的肇因,將品質概念植入生產系統的前端:研發設計階段,現代所謂「防呆防錯設計」(Poka Yoke)、「為容易製造而設計」、「內建品質」(Build-In Quality) 等概念的發展,是所謂 QA「品質保證」(Quality Assurance)

發展階段。

　　二戰後,日本工業幾乎全毀,因此,美國在麥克阿瑟將軍 (General Douglas MacArthur) 的主持下,派了戴明 (Edwards W. Deming)、朱朗 (Joseph M. Juran) 及費根堡 (Armand V. Feigenbaum) 等學者前往日本,教導並協助日本產業的重建。1950 整個年代,是美國品質思想輸往日本的時代。

　　日本產業學習美式品質管理概念,經過吸收、內化,並很快的運用在其產業復甦,其中最有名的是豐田汽車的 TPS「豐田生產系統」,在 TPS「豐田生產系統」的成功激勵下,日本各產業無不學習 TPS「豐田生產系統」的理念。60 年代中,日本國內將「**品質管制與管理**」(Quality Control & Management) 視為國家當務之急。故 1960 整個年代,是日本自行發展其品質概念的時代。

　　到了 70 年代,由於日本產業的快速、成功復甦,並挑戰歐美產業龍頭的地位,西方學者反過來學習日式的品管概念。1969 年,於東京召開第一次國際品質管理研討會,費根堡於會中首度提出「**全面品質**」(Total Quality) 一詞;另日本學者石川馨 (Ishikawa) 也發表論文說明歐美所謂的 TQC「**全面品質管制**」(Total Quality Control),在日本則稱為 CWQC「**全公司品質管制**」(Company Wide Quality Control)。

　　一直要到 80 年代初期,日本產業的成功經驗,開始迫使歐美必須發起新的品質計畫,來因應日本的挑戰。歐美國家開始推動 ISO 9000 國際品質標準系列,各國也各自推動「國家品質獎」,以驅動產業的品質程序與原則,標誌著**TQM「全面品質管理」**(Total Quality Management) 時代的來臨。

　　說明至此,我們應瞭解品質概念的發展是從 QC「品質管制」開始,發展到 QA「品質保證」,再發展至 TQM「全面品質管理」,始終追求著顧客的滿意,如圖 10.1 所示。

　　上述有關品質概念從檢驗開始,一直發展到 TQM「全面品質管理」的歷史主要事件,彙整如表 10.1 所示。

　　接下來,我們要介紹一些對品質概念發展有重要貢獻的品管大師及其主要貢獻,以年代依序彙整主要的品管大師如:

- 休哈特 (Walter A. Shewhart, 1920s~1940s)
- 戴明 (W. Edwards Deming, post WWII~1980s)
- 朱朗 (Joseph M. Juran, post WWII~1980s)

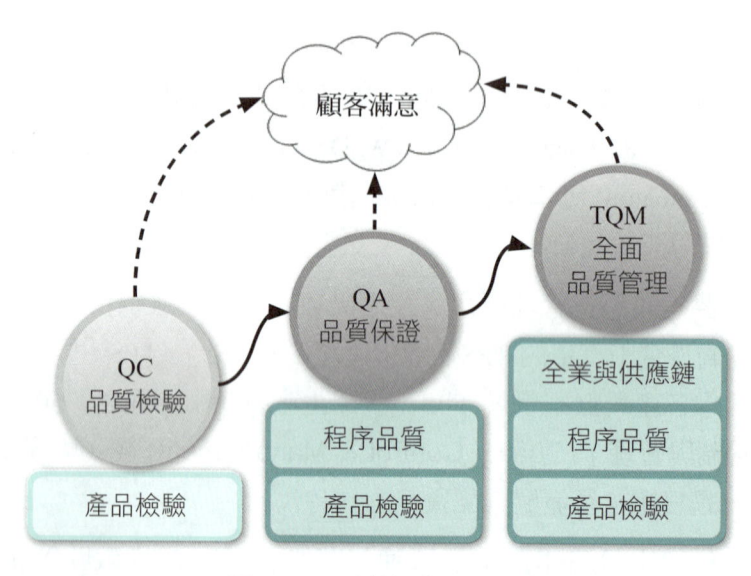

♫ 圖 10.1　品質概念發展示意圖

- 克勞斯比 (Philip Crosby, 1980s)
- 費根堡 (Armand Feigenbaum, 1970s~1980s)
- 石川馨 (Kaoru Ishikawa, post WWII~1980s)
- 田口玄一 (Genichi Taguchi, 1960s~1980s)
- 新鄉重夫 (Shigeo Shingo, post WWII~1980s)

10.1.1　休哈特：「管制圖」與 SPC「統計製程管制」

　　休哈特 (Walter A. Shewhart)，美國物理學家、工程師、統計學家，因提倡「休哈特循環」(Shewhart Cycle) 及發展聞名後世的「管制圖」等貢獻，有時被譽稱為「統計品質管制之父」。

　　休哈特的工業管理職涯，與「貝爾電話」(Bell Telephone) 與「霍桑工廠」(the Hawthorne Works) 息息相關。他在貝爾第一個任務，就是要改善電話機的聲音傳輸清晰度，1918 年加入「霍桑工廠」計畫的「西方電氣」(the Western Electric Company) 檢驗工程部。當時的工業品質被「檢驗」所限制，因製程後檢驗，只能從成品中移除不良品，但終究不能防杜不良未被檢出 …。這種情形到 1924 年，休哈特向他當時的主管艾德華 (George D. Edwards) 提出後世稱為「管制圖」(Control Chart) 的概念後，一切的工業品質都將向「程序品質管制」(process quality control) 轉向。休哈特強調降低製程中變異的重要性，也指出傳統以產品品質管制（檢驗）、進而回溯到連續

表 10.1　品質概念發展主要事件歷程表 (1920s~1980s)

年代	主要事件
1920s	• 美國企業推行「科學管理原則」，種下品質管理種子 • 企業經營的程序規劃（管理者）與執行（工人）分離，因工人聲音被壓抑致使工會反對勢力興起 • 霍桑實驗證明員工的參與可有效增進產出 • 生產線終端的「檢驗」，標誌著 QC「品質管制」的年代 • 1924 年休哈特發展「管制圖」
1930s	• 休哈特等人持續發展 SQC/SPC「統計品質或製程管制」，以統計手法推動 QC「品質管制」
1940s	• 二次世界大戰 (1939~1945) • 「貝爾電話實驗室」由艾德華主持的「品質保證計畫」，創造 QA「品質保證」一詞 • 日本戰敗，工業基礎幾乎被摧毀殆盡
1950s	• 美國品質思想輸往日本年代 • 戴明的「PDCA 循環」及「管理 14 要項」 • 朱朗的「品質三部曲」 • 費根堡的 TQC「全面品質管制」
1960s	• 日本自行發展品質概念時代 • 豐田 TPS「豐田生產系統」的普及日本 • 日本企業追求「品質管制與管理」
1970s	• 西方學者反過來學習日式的品管概念 • 日式 CWQC「全公司品質管制」
1980s	• 歐美國家開始推動 ISO 9000 國際品質標準系列 • 各國也各自推動「國家品質獎」，以驅動產業的品質程序與原則 • TQM「全面品質管理」時代

的程序調整，事實上只會增加製程的變異而降低品質。

　　休哈特的程序品質管制想法，在「貝爾電話實驗室」(Bell Telephone Laboratories) 任職到退休 (1925~1956) 為止，始終持續發展著，並在「貝爾系統技術期刊」(the Bell System Technical Journal) 發表一系列的研究論文。休哈特的研究成果，於 1931 年以〈產品品質的經濟控制法〉一書 (Economic Control of Quality of Manufactured Product) 出版。

　　1930 年代後，休哈特的興趣，從工業品質擴展到科學與統計推論，在他 1939 年出版的〈從品質管制看統計方法〉一書 (Statistical Method from the Viewpoint of Quality Control) 中，休哈特提出一大膽的質問如：「一般科學及統計實務，甚麼時候才能從工業品質管制學到經驗？」這個質問，開啟了以統計手法，解決工業管理及品

質管制等問題的風氣。

二次大戰結束後,當戴明、朱朗等人前往日本協助其產業復興的同時,休哈特應印度統計學會之邀,於 1947~48 年間,前往印度,引起印度工業家對 SPC「統計製程管制」的興趣。

除此之外,休哈特在 SPC「統計製程管制」上的研究,對前往日本的戴明有深刻的影響。事實上,執行 SPC「統計製程管制」所需的 PDSA 循環(戴明在日本時,始終稱為「休哈特循環」)管理概念,使戴明在日本獲得相當的成功與尊敬。

總而言之,休哈特對品質概念的貢獻,主要有:

1. 發展「管制圖」:使 QC「品質管制」的檢驗,轉化成「程序品質管制」。
2. 提倡 SPC「統計製程管制」:以統計手法,解決製程品質管制問題。
3. 提倡 PDSA 循環:品質管理的基礎思惟程序,後經戴明引進日本,成為目前大家所熟知的 PDCA 循環(或稱「戴明循環」)如圖 10.2 所示:

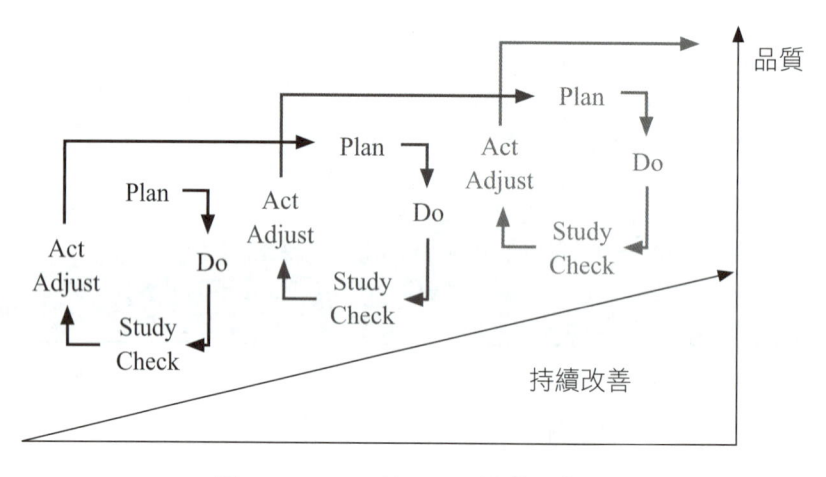

圖 10.2　PDSA/PDCA 循環示意圖

10.1.2　戴明:PDCA 循環與管理 14 要項

戴明 (William Edwards Deming),美國統計學家、大學教授、作家、演說家及企業顧問,對音樂也甚有造詣。戴明曾就學於統計大師**費雪** (Sir Ronald Aylmer Fisher),養成堅實統計理論;另也因參加美國普查部 (Department of Census) 由休哈特領導的統計計畫,與休哈特之間有亦師亦友的關係,戴明因學習休哈特的 PDSA 循環,啟發他自己對品質管理的思想(而非「統計管制」)。

二次大戰中，戴明成為美國軍方「緊急技術委員會」五名成員之一，主要負責「美國戰爭標準」(the American War Standards) 的編譯，另教導工人如何運用 SPC「統計製程管制」於戰時的生產。但當美國開始支援海外作戰，對裝備量產有擴大需求時，SPC「統計製程管制」的運用，就「讓位」給量產的優先要求（聽起來不也熟悉？）

戴明最為人熟知的貢獻，是在二次大戰後，在麥克阿瑟將軍主持的日本產業復興計畫中，前往日本、協助日本產業的復興。戴明對日本產業領導者、管理者們作了超過百場以上的演講，除引介休哈特 PDSA 循環的品管概念外，戴明也提倡自己所謂「**深刻知識系統**」(the System of Profound Knowledge) 觀的「**管理 14 要項**」(14 Points of Management)。

在日本時，戴明以其 SPC「統計製程管制」技術的專業，結合他能融入當時的日本社會，讓 JUSE「日本科學技術聯盟」(the Japanese Union of Scientists and Engineers) 邀請戴明對日本產業管理者與領導者執行演講與訓練。戴明帶給日本企業管理者的訊息，主要是：「**改善品質，不但能降低成本耗費，也能增加產量與市佔率**」。日本產業也確實執行戴明對品質管理的建議，讓日本的產品（不限於汽車！）在國際市場上開創出新的需求。戴明造就了 1950~1960 年代的「日本奇蹟」，使日本從二戰的廢墟中，以十數年間，即成為世界第二大經濟體。戴明對日本的貢獻，可謂影響深鉅。另根據日本學者野口淳二 (Noguchi Junji) 的論文，因有感於戴明對日本的貢獻與友誼，JUSE「日本科學技術聯盟」以戴明婉拒的演講費用，於 **1950 年成立了日本的國家品質獎項：「戴明獎」**(The Deming Prize)。

戴明從日本返回美國後，並未受到美國人的重視！直到 1980 年在 NBC「美國國家廣播公司」上的一個節目中，戴明呼籲著「若日本能 … 為何我們不能」後，福特汽車 (Ford Motor Company) 首先於 1981 年尋求戴明的協助。在與福特管理階層面談、瞭解福特的經營文化與管理方式後，出乎福特意料之外的，戴明跟福特管理階層講述的不是品質、而是管理。戴明此時提出其重要的品質管理名言：「**管理行動要對產品的成敗負 85 % 的責任！**」也有幸福特採取了戴明的建議，1986 年的「金牛紫貂」(Taurus-Sable) 汽車，成為福特從 1920 年代以來，第一條能獲利的生產線。而此成功並非僥倖，在福特後續幾年的獲利表現，持續遠超過其競爭對手 GM「通用」及「克萊斯勒」(Chrysler) 等。

戴明於 1986 年出版知名的著作〈轉危為安〉(Out of the Crisis)，將其對日本人講述的「管理 14 要項」轉向美國人宣導。戴明認為管理階層若不能規劃未來，將導致

失去市場、進一步喪失工作機會。

由於本章之前,並未對戴明的思想作詳細介紹,此處將戴明對品質管理主要的貢獻如「深刻知識系統」、「管理 14 要項」及「七種致命疾病」等重點,摘要解說如下:

戴明倡議的「深刻知識系統」

戴明於 1993 年出版的〈工業、政府及教育的新經濟觀〉(The New Econo-mics for Industry, Government, and Education) 一書,強調系統必須從外部角度(戴明稱為「鏡頭」(a lens))來檢視、瞭解系統後,從個人轉換、並在所有有關係的人際關係中運用此轉換原則,才稱之為「深刻的知識系統」(the Profound Knowledge System)。戴明倡議所有管理者必須有此「深刻知識系統」,而其中又包括四個互動組成如:

1. 系統觀 (An Appreciation of a System):瞭解產品與服務供應商、生產者及顧客相關的所有程序。
2. 瞭解變異 (Knowledge of Variation):品質變異的區間及肇因,及運用統計抽樣於實際量測上。
3. 知識理論 (Theory of Knowledge):解釋知識及其限制。
4. 心理學知識 (Knowledge of Psychology):人性本質。

根據戴明自己的解釋,「深刻知識」是指「領導轉換的知識」(knowledge for leadership of transformation),而「深刻的知識系統」為戴明運用「管理 14 要項」的基礎,「管理 14 要項」在其著作〈轉危為安〉中首度列舉出來。雖然戴明在書中並未提起此名詞,但一般認為是 TQM「全面品質管理」的發展基礎。

戴明「管理 14 要項」

1. 創造產品與服務的持續改善目標,使企業更具競爭力、持續經營並提供就業機會。
2. 在新經濟時代,必須採用新的管理哲學。西方的管理者必須警覺於未來的挑戰,學習如何承擔責任與領導變革。
3. 停止以檢視達成品質目標的依賴,以產品研發之初即內建品質的設計,取代大量的檢驗。
4. 停止定價的經營思考,以整體成本最低化取代。將物料採購朝向單一供應商規劃,以建立長久的忠誠與信賴關係。
5. 生產與服務系統的持續改進,改善品質與生產力,也能持續降低成本。

6. 建立在職訓練的機制。
7. 建立領導機制,監督的目標在使人機系統能更好的完成工作。
8. 驅除員工的畏懼,使每個員工都能有效的工作。
9. 打破部門之間的障礙,研發、銷售及生產的員工必須能以團隊方式運作。
10. 消除口號、訓話,要求員工增加產量的同時,還要「零缺點」。口號、訓話等,常是產量低、品質差的元兇。

    (1) 消除工作標準(配額),以領導取代之。
    (2) 消除 MBO「目標管理」(Management by Objective)。消除數字目標,以領導取代之。

11. 移除對員工於其工作、工藝尊嚴的障礙。監督者的責任應從數量達成轉變成品質要求。
12. 移除對管理者、工程師於其工作、工藝尊嚴的障礙。換言之,廢除 MBO「目標管理」的年度或績效評核制度。
13. 建立嚴謹的教育及自我改善計畫。
14. 轉換,是公司每個人的工作。讓每個員工為達成系統轉換而工作。

PDCA 循環之謎

如前所述,日本所稱的「戴明循環」為 PDCA 循環;但戴明多次自述在日本的演講或訓練中,始終稱此品質改善基礎概念為 PDSA 之「休哈特循環」。

七種致命疾病

除了 PDSA 循環、管理 14 要項外,戴明也提出所謂公司經營的「**七種致命疾病**」(Seven Deadly Diseases) 如下:

1. 對目的不堅定。
2. 強調短期獲利。
3. 年度績效評估,功績評比等。
4. 管理的頻繁輪動。
5. 僅由可見圖表經營公司。
6. 過度的醫療成本。
7. 過多的保證成本,特別是律師處理緊急事故的費用。

除了上述「七種致命疾病」外,戴明也提出損害程度較低的「**八種障礙**」(A

Lesser 8 Category of Obstacles) 如：

1. 忽略長程規劃。
2. 依賴技術解決問題。
3. 尋求參考範例而非（自行）發展解決方案。
4. 藉口，諸如「我們的問題比較特殊」等。
5. 管理技能可在教室教導的過時想法。
6. 依賴品管部門而非各階人員（管理者、監督者、採購經理、生產工人等）
7. 究責於僅負 15 % 責任的工作人員；事實上，對意外的錯誤，負責系統規劃的管理階層，必須負擔 85 % 的過失責任。
8. 依賴品質檢驗而非品質改善。

　　戴明在對日本或美國產業管理階層的演講中，曾重複提及許多重要的品質管理概念，雖然其中或有些矛盾，但仍列舉部分概念如下：

- **要仿效，也要知道仿效甚麼**：戴明認為美國產業的管理階層都希望有奇蹟，他們想從日本直接複製其經驗，但不知道要複製些甚麼！
- **系統觀 (What is a system?)**：系統，是一些獨立組成為達成系統目的的網路連接。系統必須要有目的，缺乏目的，則無系統可言。系統內所有的人員都必須清楚瞭解系統的目的。而目的，必須包含對未來的計畫。目的，也是系統的價值判斷 (value judgment)。
- **系統必須被管理 (A system must be managed)**：系統無法自我管理。對西方世界而言，自私、競爭、獨立的獲利中心，都會摧毀系統…系統管理的要訣是組成之間為達成系統目的的「合作」。
- **深刻知識的管理 (profound knowledge)**：為能成功應對震撼世界的許多變化，必須要轉換成一種新的管理型式。戴明稱此轉換途徑為「深刻的知識」，亦即「領導轉換的知識」(knowledge for leadership of transformation)
- **知識無可取代 (There is no substitute for knowledge.)**：戴明以此句取代愛迪生 (Thomas A. Edison) 的名言：「努力工作無可取代」(There is no substitute for hard work)，戴明強調應多瞭解系統運作的一切，僅一小部分的知識，可節約許多努力工作的工時。
- **最重要的事無法衡量 (The most important things cannot be measured.)**：戴明強調長期、最重要的議題，無法事前預知而衡量。但它可能存在於目前衡量的因素當中，只是還沒顯現其重要性而已。

- **最重要的事是未知或不可知 (The most important things are unknown or unknowable.)**：對組織有震撼效應的事，就像地震一樣，無法事前預知或不可測，其他重要的事例還有如科技的劇烈轉變，突如其來的資本投資等。
- **經驗，甚麼都沒教 (Experience by itself teaches nothing.)**：對比於「經驗，是最好的教師」(Experience is the best teacher)，戴明不同意此說法！根據戴明的說法，經驗，必須植基於對系統知識的瞭解，若缺乏此瞭解，經驗與原始資料無異，可能因解釋不同而脫離實際。戴明此說法，與休哈特「資料脫離內涵就無意義」(Data has no meaning apart from its context) 的說法一致。
- **用哪種方法？… 只有方法才算數 (By what method?... Only the method counts.)**：資料蒐集程序或量測方法會影響結果。換句話說，目的與方法都是必要的，缺乏方法的目的毫無用處，而缺乏目的的方法則相當危險。執行品質管制的管理階層，必須充分瞭解資料運用的目的及其蒐集程序與方法。
- **檢驗，是可預期的 (You can expect what you inspect.)**：戴明以 IPO 系統模型觀，強調衡量與測試對預期典型結果的重要性。藉著系統輸入 (Inputs) 與程序 (Process) 的檢視，輸出 (Outputs) 結果預測較準且檢驗較少。
- **特殊與一般肇因 (Special Causes and Common Causes.)**：戴明定義超出程序管制限制的品質異常為「變異」(variations)，而變異的來源若只出現一次的為特殊肇因，重複出現的，則為一般肇因。
- **可接受的缺陷 (Acceptable Defects)**：戴明強調「零缺點」目標的追求，只會浪費大量時間與金錢，戴明認為有些缺陷是大可被接受的。因此，應建立可被顧客接受的變異區間。
- **半自動而非全自動 (Semi-automated, not Fully Automated)**：相較於日本的「自働化」(Jidoka)，戴明強調人員協助的半自動，如此，才能運用新知識於半自動或電腦輔助程序的變更。
- **問題出自管理高層 (The problem is at the top; management is the problem.)**：戴明認為只有管理高層的改變，才能在長期產生連續、顯著的改善
- **快樂的工作 (Joy in Work)**：從「自豪的工作」(Pride in Work) 演化成「快樂的工作」

10.1.3 朱朗：品管三部曲

朱朗 (Joseph Moses Juran)，羅馬尼亞出生的美國人，主要以對品質與品質管理理念的宣導（尤其在日本！）而聞名。

1924 年，朱朗從明尼蘇達州立大學獲得電子工程學士學位後，就加入「西方電氣」的霍桑工廠擔任工程師，第一份工作即從事抱怨部門的偵錯工作。1925 年，貝爾實驗室 (Bell Labs) 認為所有在霍桑工廠工作的工程師們，都應該接受統計取樣及管制圖技術等的訓練，朱朗被選入加入「統計檢驗部門」，開始工程品質管理的工作。

雖然與工業品質的關係甚早，但直到 1951 年因其出版的第一本著作〈品質控制手冊〉(Quality Control Handbook) 引起 JUSE「日本科學技術聯盟」(Japanese Union of Scientists and Engineers) 的注意後，才開始彰顯其於品質管理概念的重要性。朱朗 1954 年應邀到日本，為日本的管理人員講述品質管理的概念，協助戰後的日本重建經濟。其後日本的經濟高速發展，被喻為日本奇蹟。朱朗以其對日本的貢獻，與戴明同獲日本天皇頒發二等珍寶獎。

在其一生中，朱朗共前往日本講學十次，最後一次是 1990 年。在赴日講學的過程中，朱朗主要的貢獻計有：

1. **柏拉圖原理的運用**：原來柏拉圖原則的意涵是「關鍵少數，繁瑣多數」(the vital few and the trivial many)，但朱朗改成「**關鍵少數，有用多數**」(the vital few and the useful many)，強調 80％ 的（缺陷）肇因仍不能被忽視！

2. **管理理論**：朱朗強調品質管理中「**人性**」的重要，他認為組織中人際關係的問題，是導致抗拒變革、造成品質議題的獨立肇因。因此，朱朗特別強調對管理階層的教育訓練。

3. **朱朗三部曲 (The Juran Trilogy)**：朱朗是早期倡導「不良品質成本」(cost of poor quality) 的少數作者之一，他以所謂「三部曲」的圖示法（如圖 10.3 所示），強調品質規劃、品質管制與品質改進三個管理程序的跨功能性整合。朱朗描述此三部曲的運作如下：

(1) 若無（改善）變化，浪費將持續；

(2) 改變過程中，成本雖會增加；但

(3) 改變完成後，獲利率的增加將回補成本的增加。

在實務運作中，品質規劃須以「不良品質成本」為規劃依據，品質管制程序中，盡可能找出導致偶發異常的肇因，並以品質改善變化程序，消除問題肇因，將品質管制的容差 (allowance) 進一步縮減，以提升品質，另品質改善過程中獲得的經驗教訓 (Lessons Learned) 也將回饋到品質規劃程序，進行下一輪的持續品質改善作為。

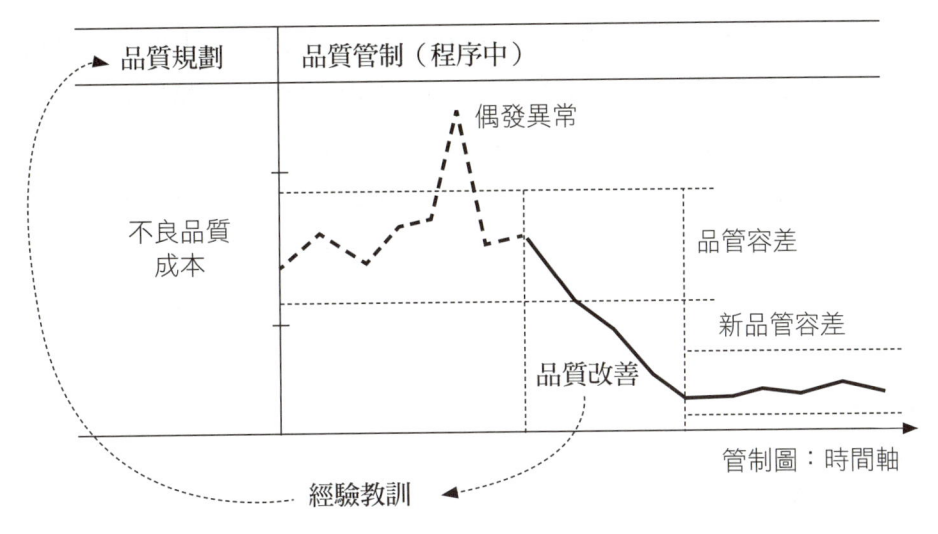

◉ 圖 10.3　朱朗三部曲 (Juran Trilogy) 示意圖

10.1.4　克勞斯比：品質管理四要項

克勞斯比 (Philip B. Crosby)，美國企業家、作者，以其在品質管理實務與理論貢獻而稱譽於品質管理界。

克勞斯比職涯中，多與美國軍方的武器系統發展有關。如 1955 年參與美國海軍 RIM-8「護島神」(Talos) 長程艦對空區域防空飛彈系統的發展，隨後加入馬丁公司 (Martin Company) 參與美國 MGM-31 型「潘興」陸基機動 MRBM「中程彈道飛彈」(Medium Range Ballistic Missile) 的研發計畫。在「潘興」計畫中，克勞斯比擔任馬丁公司的品質管制經理，據稱他在潘興計畫中的品管努力，將產品拒斥率降低 25 %，費品成本也降低 30 %。在「潘興」計畫中，克勞斯比也首度提出**「零缺點」**(Zero Defects) 的品質概念。

1970~80 年代中，美國廠家因日本產品的品質優越性而逐漸喪失市佔率時，克勞斯比於 1979 年出版〈免費的品質〉(Quality Is Free) 一書，激勵了美國廠家追求品質的決心。克勞斯比因應美國品質危機的主要原則，是 DIRFT**「第一次就做對」**(Doing It Right the First Time)，而 DIRFT「第一次就做對」包含四個被後世稱為**「品質管理四要項」**(4 Absolutes of Quality Management) 的原則如：

1. 品質應以「符合需求」(conformance to requirements) **而定義**，而此需求包含「產品規格」與「顧客需求」兩者，以顧客需求為主。
2. 品質系統首在「預防」(The system of quality is prevention)。

335

3. （品質的）績效標準是「零缺點」(The performance standard is zero defects)。
4. 品質以「不符合的代價」(the price of nonconformance) 為衡量依據。

克勞斯比在〈免費的品質〉一書中，還提出 QMMG「品質管理成熟度」(Quality Management Maturity Grid) 概念，為後來 CMM「能力成熟度模型」(Capability Maturity Model) 發展的鼻祖。QMMG「品質管理成熟度」企業組織邁向（管理）成熟的五個層次階段如：

1. Uncertainty 不確定期
2. Awakening 覺醒期
3. Enlightenment 啟發期
4. Wisdom 智慧期
5. Certainty 確定期

10.1.5　費根堡：TQC「全面品質管制」

費根堡 (Armand Vallin Feigenbaum，1922)，美國品質管制專家，MIT「麻省理工學院」史隆管理學院碩士，MIT「麻省理工學院」經濟博士。1958~1968 年於美國「通用電氣」(General Electric) 製造作業部門擔任主管，目前仍是麻省一家作業系統工程及設計公司「通用系統」(General Systems Company) 的總裁與執行長。費根堡也於 1961~1963 年擔任 ASQ「美國品質協會」(American Society of Quality) 的會長。

費根堡最為品管領域熟知的，是 **TQC「全面品質管制」**(Total Quality Control) 概念的倡導，也是此專有名詞的創立者，TQC「全面品質管制」隨後繼續發展成目前所謂的 TQM「全面品質管理」(Total Quality Management)。

費根堡對品質知識體系的主要貢獻，可歸納如下：

1. **TQC「全面品質管制」概念的倡導**：TQC「全面品質管制」為品質發展、品質維護、品質改善等作為的整合，能使組織各部門在最經濟的狀況下生產產品及服務，並獲得顧客的完全滿意。
2. **隱藏工廠 (Hidden Plant) 概念**：費根堡指出，若工廠內有太多改正錯誤的工作要執行，無形中，在工廠內還有一個「隱藏」的工廠（意即「浪費」！）
3. **品質擔當 (Accountability for Quality)**：費根堡對「全員參與」有特別的警惕提示，品質雖然是所有人的責任，但很可能就變成沒人負責！重點是，品質必須被高階管理階層主動管理。

10.1.6　石川馨：魚骨圖與 QC「品管圈」

石川馨 (Kaoru Ishikawa, 1915~1989)，日本組織管理學者，東京大學工程教授。石川馨以發明「**因果圖**」(Cause and Effect Diagram) 聞名於世。

1947 年，石川馨於東京大學開始他的教學生涯，1949 年加入 JUSE「日本科學技術聯盟」的品質管制研究小組，在 JUSE「日本科學技術聯盟」的研究工作中，石川馨翻譯、整合並擴充戴明、朱朗等人的管理概念，並轉化成「日本系統」。

1960 年，石川馨於東京大學獲得正教授資格後，配合著 JUSE「日本科學技術聯盟」的運作，開始向日本產業界引介 QC「**品管圈**」(Quality Circles) 的概念。QC「品管圈」最初是想瞭解「**現場領班**」(Gemba-cho/Leading Hand) 的運作，是否會對品質產生影響的實驗。最初，只有「日本電話電報」公司 (Nippon Telephone & Telegraph) 接受實驗；但沒多久，QC「品管圈」與 TQM「全面品質管理」的連接，在日本產業界開始流行。

石川馨除發明「因果圖」及 QC「品管圈」概念的倡導之外，對品質管理概念發展的其他貢獻還包括：

- 使用者親和 (user friendly) 的品質管制
- 強調「內部顧客」(internal customer) 的重要性
- 組織內部的「共同遠景」(shared vision)

10.1.7　田口玄一：DOE「實驗設計」

田口玄一 (Genichi Taguchi, 1924~2012) 為知名的日本統計學家與工程管理專家。從 1950 年代開始，他創造了田口方法 (Taguchi Method)，為品質工程的奠基者。

二次大戰後，田口於 1948 年加入日本公共衛生與福祉部，在那期間，受到日本知名統計學大師增山元三郎 (Matosaburo Masuyama) 的啟發，開始田口對 DOE「實驗設計」(Design of Experiments) 的研究興趣。1950 年田口加入「日本電話電報公司」的 ECL「電氣通訊實驗室」(Electrical Communications Laboratory) 品質管制工作，開始對日本產業界執行品質管制的顧問諮詢工作。

1954~55 年間，田口受到 ISI「印度統計學會」(Indian Statistical Institute) 的邀請為訪問學者，與饒 (C. R. Rao)、費雪 (Ronald Fisher) 及休哈特 (Walter A. Shewhart) 等統計與品質管制大師們合作，從饒所發明的「正交陣列」(orthogonal arrays) 發展出後世稱為「田口方法」(Taguchi Methods) 的快速、實務 DOE「實驗設計」法。

除「田口方法」外,田口對品質管理哲學還有下列主要貢獻:

1. **田口損失函數 (Taguchi Loss Function) 觀念的提出**:由社會的財務損失來看不良品質導致的後果(圖 10.4)。

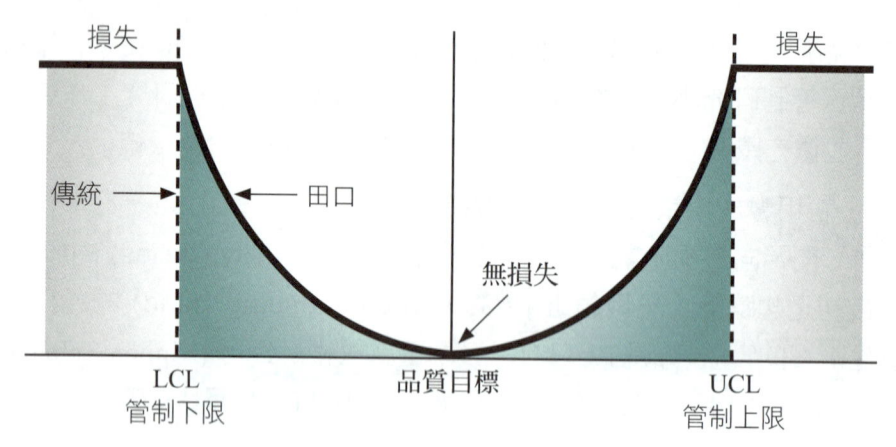

圖 10.4 田口損失函數示意圖

2. **離線品質管制哲學 (Philosophy of Off-Line Quality Control)**:田口強調產品與程序的設計,應使其對「不在設計考量範圍」的參數鈍感(或稱「堅韌」)。
3. **統計實驗設計的創新**:在實驗設計中,使用一在現實生活中無法控制的「外在陣列」(outer array) 因子,而此因子陣列可在實驗中加以系統化的操弄,以觀察對實驗結果的影響等。

田口所提出的「損失函數」概念,是倡議品質管理應追求「盡善盡美」的「品質目標」。傳統的品質管制,只要不超出規格上、下限就算合格(超出部分則為「損失」);但田口認為,即便在管制上下限之間的「容差」(allowance) 範圍內,但尚未達成「無損失」(No/Zero Loss) 的「品質目標」前,仍有「雖然合乎規格允收;但顧客仍不滿意!」的社會性損失。由此可知,田口所謂的「品質目標」是須由顧客所定義或認知評價的。

10.1.8 新鄉重夫:防錯設計與 SMED「快速換模」

新鄉重夫 (Shigeo Shingo) 日本工程師,雖然只有大專學歷(山梨縣技術學院 Yamanashi Technical College),但因其卓越的實務貢獻,被日本人稱為「新鄉老師」(Shingo dai-Sensei),也被西方國家稱譽為 TPS「豐田生產系統」的實務專家。

新鄉曾在台北參與鐵路系統的構建,1945 年二次大戰後,新鄉開始在東京的

JMA「日本管理學會」(Japan Management Association) 工作，1950 年參加 Toyo Ind「東洋工業」（目前的「馬自達」(Mazda)），1957 年在「三菱重工」(Mitsubishi Heavy Industry) 廣島廠，1969 年開始，新鄉也參與「豐田汽車」(Toyota Motor) 減少換模整備時間的研究等，從這些實務經驗中，新鄉累積工業品質管理的實務經驗。

在豐田降低換模整備時間的研究中，新鄉發展了一套能將傳統須 1~2 小時（有時甚至半天！）的換模時間，降低到僅在幾分鐘內完成，這套方法迅速傳到美國，並有 SMED「快速換模」(Single Minute Exchange of Die) 的專有名詞。

在 JMA「日本管理學會」任職時，從 1947 年開始，新鄉執行日本各地的訓練工作，在新鄉所謂的「生產課程」(Production Course/P-Course) 中，上千名以上的日本工程師曾參與其基礎生產技術的訓練。

新鄉在 1980 年將日本 TPS「豐田生產系統」的內容，翻譯成英文書出版（但英文甚差！），經美國學者、出版商波迪克 (Norman Bodek) 的支持，將新鄉的著作轉譯成英文版發行，並引介新鄉到西方國家，開始在美國第一個有關「精實生產」的顧問行業。

西方業界曾有新鄉實際上是 TPS「豐田生產系統」概念創始者的謎團，但新鄉確曾將 TPS「豐田生產系統」的概念與哲學內涵等記錄下來，最後，正式演變成目前所知的 TPS「豐田生產系統」。

新鄉對品質管理的貢獻，毫無疑義的，除了 SMED「快速換模」之外，Poka-Yoke「防錯設計」(error-proofing) 及「零品管」(Zero Quality Control) 等，都是新鄉的原創。

根據新鄉自己的講法，Poka-Yoke 為「防錯」而非「防呆」(fool-proofing)，但日後防錯裝置的設計，自然而然的也演變成「防呆」，故目前將 Poka-Yoke 統稱為「防錯防呆設計」。

至於「零品管」則是消除一切結果檢驗的必要，而這也與生產源頭的 Poka-Yoke「防錯設計」有關。若能防杜一切發生錯誤的可能，生產的結果，自然也就無須檢驗。

10.2　品質管理視覺工具

諸如 TPS「豐田生產系統」、「精實生產」等需要 SPC「統計製程管制」的相關技術知識，在工廠推動的實務中，立刻發現絕大多數的工人、基層領班、甚至中

低階的管理人員，也不見得能瞭解與掌握其要領。因此，或許被日本「**弁慶武增**」(Benkei) 使用的七種武器所啟發 註解1，又或許是由石川馨 (Kaoru Ishikawa) 的倡導，「**七大基礎品管工具**」(7 Basic Tools of Quality Control) 因運而生，後來更有其他「**七大管理規劃工具**」(7 Management and Planning Tools) 等的發展，分如以下小節所述。

10.2.1 七大基礎品管工具

七大基礎品管工具中所謂的「基礎」(basic) 是指無須經正式統計訓練（簡單、易學），也能讓員工用來解決絕大部分品質相關問題（易用）而言。這七種基礎品管工具包括如因果圖、檢核表、管制圖、直方圖、柏拉圖、散佈圖及流程圖等，分別簡述其運用如下：

因果圖

因果圖 (Cause-and-Effect Diagram)，為石川馨於 1968 年所創造，故又稱「**石川馨圖**」(Ishikawa Diagram)，又因圖形類似魚骨，故又稱為「**魚骨圖**」(Fishbone Diagram) 等。因果圖以層次、循序、展開的方法，用於尋找特定問題（或結果、效果、事件等）的可能肇因，在製造業的運用時，常將可能肇因以 "6 Ms" 方式展開；在行銷運用時，則以 "8 Ps" 方式展開；服務業則通常以 "5 Ss" 方式展開，如表 10.2 彙整所示：

表 10.2　因果圖之肇因展開與回溯表

製造業 (6Ms)	行銷 (8Ps)	服務業 (5Ss)
Manufacturing 製造技術 Method 程序方法 Material 物料 Man/Mind Power 人力 Measurement 量測 Mother Nature 環境	Product/Service 產品 Price 價格 Place 通路 Promotion 促銷 Personnel 人員 Process 程序 Physical Evidence 實體設施 Productivity 產量	Surroundings 環境 Suppliers 供應商 Systems 系統 Skills 技巧 Safety 安全性
回溯技術：「五問法」(5 Whys)		

因果圖之範例（運用於教育）如圖 10.5 所示：

第 10 章　品質管理

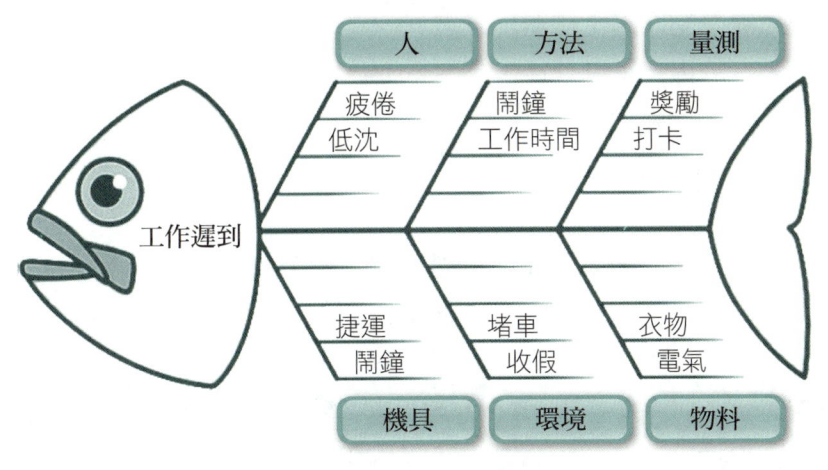

圖 10.5　因果圖範例

　　繪製因果圖時，注意在肇因展開的類型中，盡量不要重複（如方法與機具類型中都有「鬧鐘」），另我們應可發現若層級多於兩層，則因果圖會變得相當複雜、難以閱讀！此時，除可另紙針對某個肇因類型做更深層的展開，或回歸到品管工具的「基礎」：簡單、易懂為調製原則。

檢核表

　　檢核表 (Check Sheet/List) 通常用於資料產生現場的及時蒐集與記錄之用，資料類型可為質性或量化，若蒐集資料為量化資料，則又稱**「理貨單」**(tally sheet)。

　　檢核表之所以稱為「檢核」，在英文中的意思是藉由標示符號 (checks) 執行資料的記錄。檢核表的型式可按照需求而自行設計，典型的檢核表應能回答下列 "5 Ws" 的問題：

- 何人 (Who) 填表
- 何事 (What) 被蒐集與紀錄
- 何處 (Where) 蒐集資料（設施、處室、設備）
- 何時 (When) 蒐集資料（小時、班次、工作日）
- 為何 (Why) 蒐集資料

　　石川馨在品質控制中，辨識出檢核表的五種功能用途如下：

1. 檢核程序產出的機率分配形狀（常態檢視）
2. 以類型區分缺陷並紀錄缺陷數量
3. 量化紀錄缺陷發生的地點

4. 量化紀錄導致缺陷的原因（機器、工人…）
5. 多步驟程序執行的備忘（完整性、次序…）

檢核表的類型有很多，大致可區分單向度頻率紀錄如成績級距統計，缺陷類型頻率紀錄…等，如表 10.3 所示：

表 10.3　缺陷類型頻率紀錄檢核表

組裝品管檢核表

工單：LC0421　　　　　　　　紀錄者：趙大

缺陷類型	發生頻率	合計
電系不良	☑☑	2
組裝鬆脫	☑☑☑☑☑ ☑☑☑☑☑	10
外表刮傷	☑☑☑☑☑ ☑☑☑☑☑ ☑☑	12
↓		
其他	☑☑☑☑☑ ☑☑☑☑☑ ☑☑☑☑☑ ☑☑	17

設計檢核表時，應注意「類型」應盡可能的包含所有可能選項，避免無法分類的「其他」選項。如表 10.3 所示，若「其他」類型發生頻率甚多，則對後續的統計分析會造成困擾！

檢核表另也可發展成資訊含量較多的雙向度頻率紀錄表如每日各類型缺陷發生頻率紀錄…等，表 10.4 中針對「缺陷類型」的紀錄顯示，「外表刮傷」的發生頻率最高，另在工作日的比較中，週一工作發生缺陷的頻率最高等。

表 10.4　每週缺陷類型頻率紀錄檢核表

組裝品管檢核表

工單：LC0511　　　　　　　　紀錄者：李四

缺陷類型	週一	週二	週三	週四	週五	週六	合計
電系不良	///	//	//	/	/	//	11
組裝鬆脫	//////	////	///	/	//	///	20
外表刮傷	///// ///// //	///// //	///// /	///	//	//	32
↓							
合計	22	13	11	5	5	7	63

第 10 章　品質管理

管制圖

如 10.1 節中介紹，**管制圖 (Control Chart)** 為休哈特 (Walter A. Shewhart) 於 1924 年所發明，也標誌著 SPC「統計製程管制」技術的發展。故管制圖有時亦被稱為「**休哈特圖**」(Shewhart Chart)。

管制圖的構成，以時間及批次抽樣衡量平均值（或稱績效）為橫、縱軸，在績效軸上標示「管制線」(Control Line)（亦即產品「規格標準」）、UCL「管制上限」(Upper Control Limit)、LCL「管制下限」(Lower Control Limit)等，然後於時間軸上記錄、標示每一產品批次抽樣衡量的平均值，並按時間將所有批次績效平均值點連接起來，以觀察生產線品質的變異狀況。

若 QC「品質管制」做得好，則控制圖上各批次「績效平均值」連線的變異震盪，會在生產進度 15~20 % 後趨於「穩定的縮小」，此時，管理階層可檢討縮小由 UCL「管制上限」與 LCL「管制下限」間所構成的「容差」範圍，進一步執行產品品質的「持續改進」，如圖 10.6 所示：

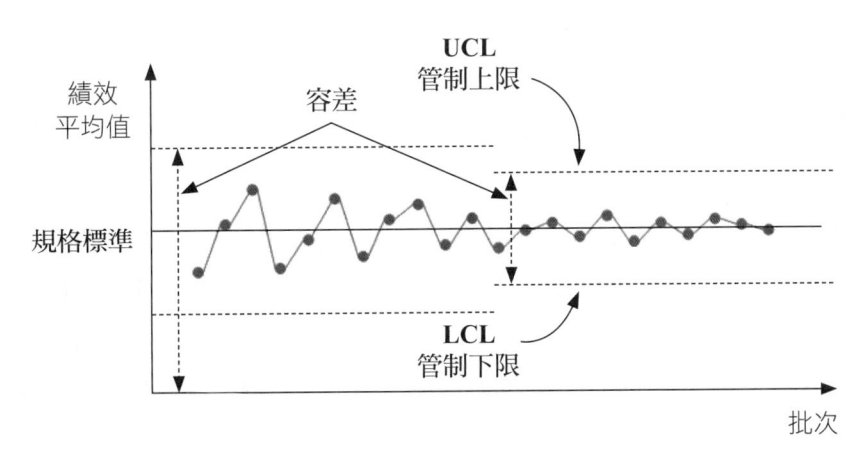

▶ 圖 10.6　管制圖示意圖

以「管制圖」執行 SPC「統計製程管制」時，管理者應對接近管制上下限的紀錄批次點，採取「介入」管理作為，檢視並消除生產線上可能造成變異增加的問題，避免其臨界的趨勢繼續發生。

既然以各批次績效平均值的趨勢為管控依據，因此，運用管制圖時，有所謂「**七點定律**」(7 Points Rule)，此定律說明若連續七點在管制上界、管制下界、持續上升、持續下降等四種情形，顯示生產線有「系統性」問題正在潛變影響著生產品質

（圖 10.7），應停止生產線，檢視並解決問題。

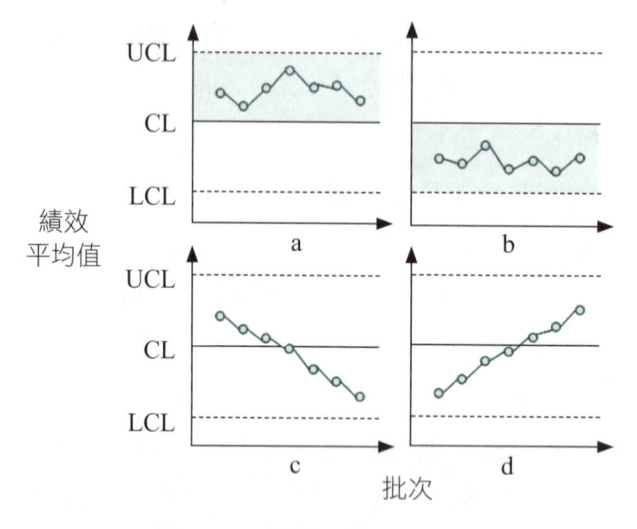

◐ 圖 10.7　管制圖「七點定律」示意圖
a. 管制上界，b. 管制下界，
c. 持續遞降，d. 持續上升。

直方圖

　　直方圖 (Histogram) 原為統計學中，用來表示一間隔尺度變數（如分數級距）頻率的機率分布情形，最初為統計學家**皮爾森 (Karl Pearson)** 所發展。

　　直方圖通常在直交座標上，以橫軸表示變數的間隔區分，而縱軸則用以表示各間隔發生的頻率，如此，可約略判斷該間隔變數的機率分配情形。如圖 10.8 所示表示兩種程序產品輸出量測值及其發生頻率的直方圖顯示，兩種程序都約略呈現常態分配，但程序 A 的「變異」要大於程序 B，換言之，程序 B 的生產穩定性略優於程序 A。

　　總結來說，直方圖適用來顯示程序穩定性的圖示法。

柏拉圖

　　柏拉圖 (Pareto Chart) 是依據「柏拉圖原理」(Pareto Principle) 所繪製出條狀圖的一種特例。柏拉圖通常用於計算分類變數（如生產線上失效的原因）出現的頻率，並按頻率由大至小排列後，再加上累計 % 的軸向而成，如圖 10.9 範例所示。若利用 Excel 繪製，可在「自訂類型」中，選擇「雙軸折線圖加直條圖」來繪製柏拉圖。

　　繪製柏拉圖的用意，在將失效類型的頻率由大到小、由左至右的排列，圖形最左

▲ 圖 10.8　直方圖示意圖

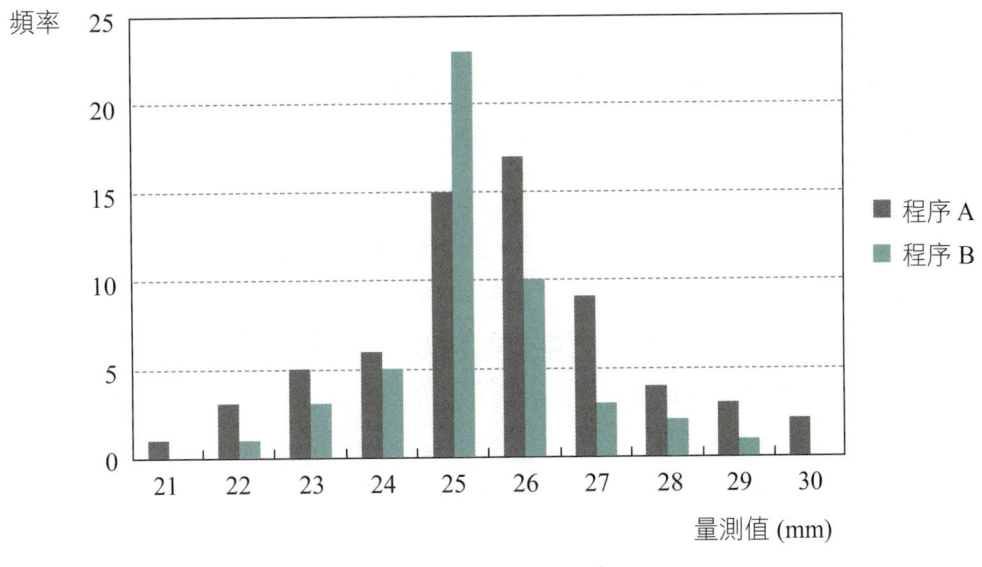

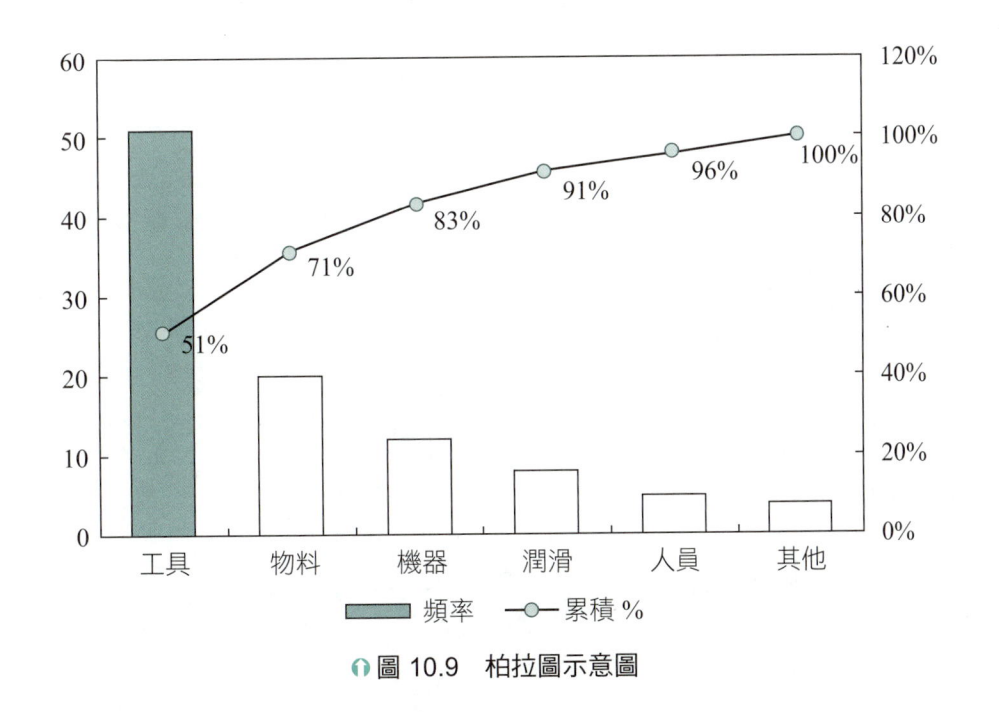

▲ 圖 10.9　柏拉圖示意圖

處標出最須管理者注意、且採取改善或更正行動的項目。

總結來說,柏拉圖從紛雜影響因素當中,整理出少數關鍵問題,因此,是「辨識問題優先處理次序」的圖示法。

散佈圖

散佈圖 (Scatter Plot) 用來檢視兩個尺度變數之間的關聯性。在特定統計分析軟體如 MiniTab, SAS, SPSS 等，都可容易繪製出兩個尺度變數間的散佈圖，並在資料點中，加上線性迴歸線，如圖 10.10 所示。

在運用散佈圖檢視變數之間是否有關聯性時，須注意偏離值與資料之間並非線性關係的影響，以免造成誤判。在統計學中對資料間關聯性的研究中，有一非常有名所謂的「安斯肯四重奏」(Anscombe's quartet) 範例，如圖 10.11 所示。

圖 10.11 所示「安斯肯四重奏」中，X_1-Y_1 為一般容易觀察到的正相關關係；X_1-Y_2 則呈現明顯的非線性關係；X_1-Y_3 大部分資料呈現完美的線性關係，但明顯的有一「偏離值」。X_4-Y_4 的簡單散佈圖中，X_4 資料似乎不隨著 Y_4 資料而變動，但圖中也有一明顯之偏離值。

「安斯肯四重奏」的意義，在說明執行變數間相關分析時，非線性關係，偏離值等都會導致相關分析結果之偏誤。

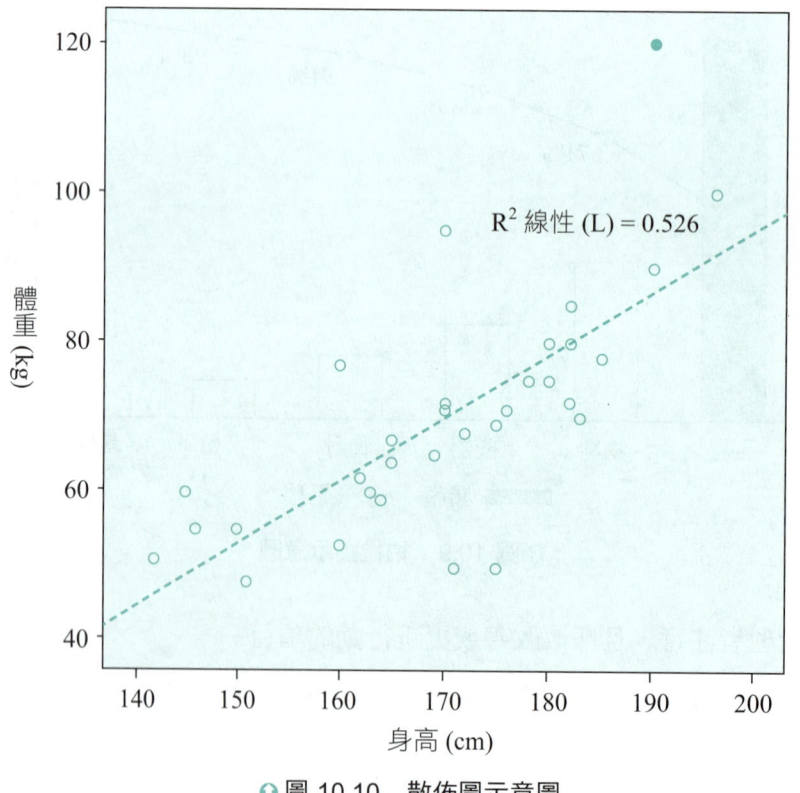

▲ 圖 10.10　散佈圖示意圖

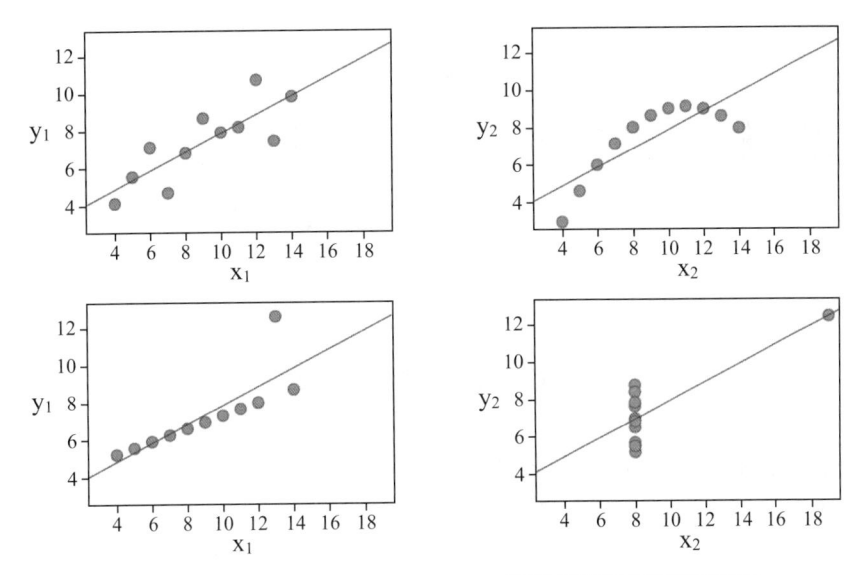

▶ 圖 10.11　Anscombe's quartet 變數間相關範例示意圖

圖片取自公開網站 http://en.wikipedia.org/wiki/Anscombe's_quartet#mediaviewer/
File:Anscombe%27s_quartet_3.svg

流程圖

　　流程圖 (Flow Chart) 顧名思義，是用專門圖形符號來表達資料、文件、計畫、系統等相關流程之間的連接關係，通常用於檢視系統流程中各組成件之間，是否有重疊、是否必要性、是否能添加附加價值等。其功能彙整如下：

● 檢視程序步驟是否合於邏輯
● 發覺溝通、連接不良等問題
● 界定程序中的界線
● 發展程序中的共同知識基礎

　　流程圖用於不同領域，各有不同的圖形符號表示法。一般簡化的流程圖僅使用下列四種符號，範例則如圖 10.12 所示。

● 圓圈：代表流程的起點、終點與轉接點等
● 矩形：代表流程中的活動事件等
● 菱形：代表判斷、決策點
● 箭頭：代表流程組件的流路方向

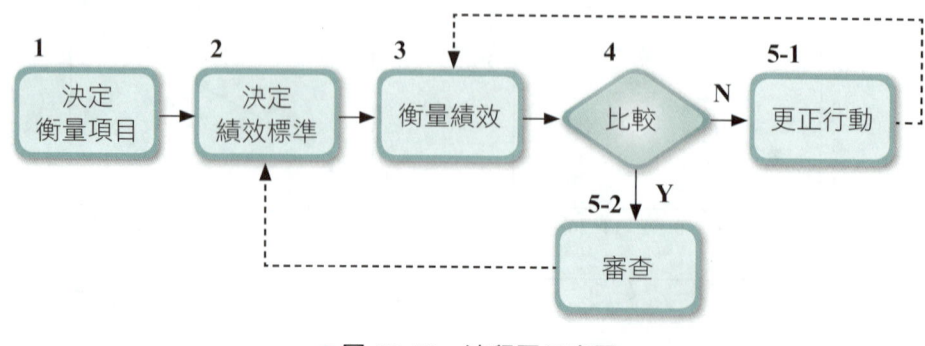

▶ 圖 10.12　流程圖示意圖

總結來說，流程圖是程序步驟的圖示法，用來發覺並解決程序中的潛在問題（如重要工作沒人負責，重複管理⋯等）。

10.2.2　七大管理規劃工具

除了 10.2.1 小節所介紹的七種基礎品管工具外，1979 年由日本學者Yoshinobu Nayati, Toru Eiga, Ryoji Futami 及 Hiroyuki Miyagawa 等出版的〈管理者與員工的七種新品質工具〉(Seven New Quality Tools for Managers and Staff) 一書中，又介紹了七種視覺圖形工具，後世通稱為「七大管理規劃工具」(Seven Management and Planning Tools)：

1. 親和圖 (Affinity Diagram)
2. 關聯圖 (Interrelationship Digraph)
3. 樹狀圖 (Tree Diagram)
4. 優先矩陣 (Prioritization Matrix)
5. 矩陣圖 (Matrix Diagram)
6. 程序決策程式圖 (Process Decision Program Chart, PDPC)
7. 活動網路圖 (Activity Network Diagram)

親和圖

親和圖 (Affinity Diagram) 於 1960 年代中，由日本學者川喜田二郎 (Jiro Kawakita) 所發展，故有時也以其姓名縮寫簡稱為「KJ 法」。所謂的「親和」，指的是將有關係的概念聚集在一起的意思，親和圖根據人類傾向將有關係的資料集合在一起的特性而發展出，可用於腦力激盪，**情境調查** (Contextual Inquiry)，訪談、問卷等開放題項反應等大量資料的分群與整理，以便後續分析之用。

親和圖調製的步驟如下：

1. 定義「議題」（用一般、自然語言）。
2. 在設定議題下，發展大量概念或想法，每個概念記錄於一紙卡（"Post-It" 便利貼紙）上。
3. 從第一張紙卡開始，發展其可歸類的屬性（或稱「構面」）。
4. 以直接、自然的方式檢視各紙卡的概念，並依序按照類型分類（構面也同時發展、檢討、整併…等）。
5. 完成所有紙卡的歸類後，賦予各構面一總結其包含概念的適當名稱。

若以一發展「人文品牌」內涵的研究為例，研究團隊可經由文獻探討、專家訪談，或腦力激盪而分類的親和圖，如圖 10.13 所示：

議題：人文品牌內涵發展

人文風采	品牌塑造	品牌推廣	人文品牌	品牌定位	人性商機	
人生際遇	命名	媒體	慾望	外觀	難	美
生活風格	故事	關鍵詞	寫實	價格	懶	騷
專業結合	精神	情感	推薦	比價	貪	鬆
理念堅持	外型	代言人	心靈需求	差異化	怕	愛
記憶投射		體驗行銷				

圖 10.13　親和圖示意圖

完成親和圖後，即可用來嘗試構建各構面之間的「關連性」或「因果關係」分析等。

關聯圖

在構建完成親和圖後，構面之間的因果關係，可藉**關聯圖** (Interrelationship Digraph 或 Relations Diagram) 的方式加以建立。若仍以 "Post-It" 便利貼紙，貼在工作紙面（或黑板上）的方式，構建關聯圖的步驟如下：

1. 在工作紙面上，一次加上一個構面卡，並詢問「這構面跟其他構面有關嗎？」
2. 將可能有關的構面卡擺在附近，留下可供畫出（其他）關連線的空間。
3. 若構面卡之間可能有因果關係，則逐次檢討每一構面，從「因」構面卡劃一條直線，指向「果」構面卡（故稱 "Digraph"「指向圖」）。
4. 重複 1~3 程序，將所有構面卡都擺在工作紙面上，並畫出所有關連線為止。
5. 分析「關連圖」：

    (1) 計算每一構面卡「指出」或「入向」的數量，並註記於各構面卡之下（或另製計數表）。
    (2) 指出或指入數量最大的構面，為「關鍵構面」。
    (3) 找出有最多「指出）」的構面，這些是「因」構面。
    (4) 找出有最多「指入」的構面，這些是「果」構面。

若以圖 10.13 顯示「人文品牌內涵發展」的親和圖為例，研究團隊另檢討出每個構面之間的關連圖如圖 10.14 所示。在圖 10.14 的「箭頭」指向計數中「指出」最多的構面「A 人文風采」為「因」構面，而「指入」最多構面「F 人文品牌」則為「果」構面，此兩構面均為關連指向最多的「關鍵構面」。

圖 10.14 所示之關連圖，通常也就是社會科學研究領域，用來表示構面之間因果關係的「理論架構圖」（但將矩形改為代表抽象概念的橢圓形！）。

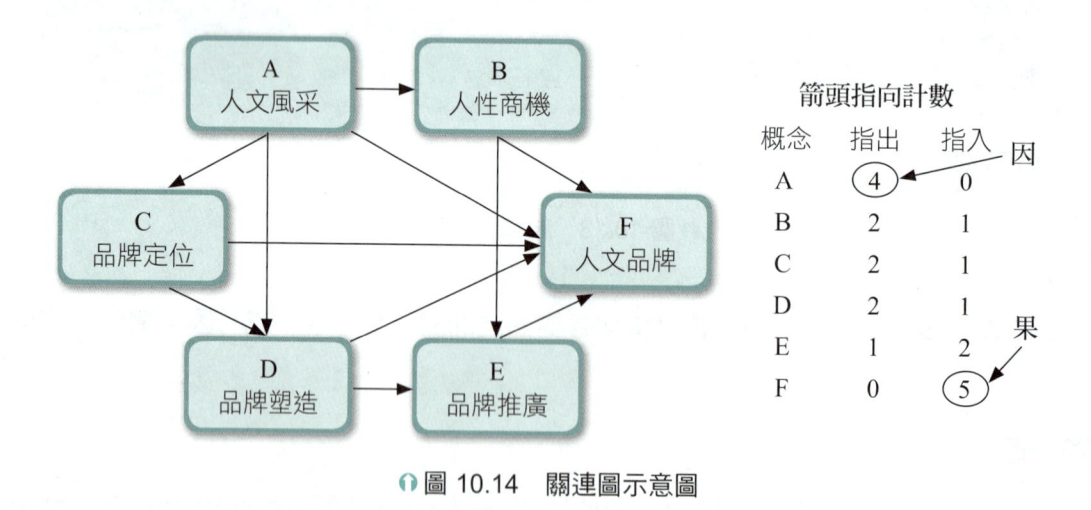

概念	指出	指入
A	④	0
B	2	1
C	2	1
D	2	1
E	1	2
F	0	⑤

箭頭指向計數

A：因
F：果

▶ 圖 10.14　關連圖示意圖

樹狀圖

樹狀圖 (Tree Diagram) 可用於將一般概念，逐層、逐次的展開到更細緻、更能清楚界定的程度。

實用的樹狀圖，通常用在有不同替選方案 (alternatives) 的決策時，考量決策可能狀況發生的機率及期望獲利，期能協助做出獲得最大期望利潤（或最小風險）的決策，故又稱「**決策樹狀圖**」(Decision Tree Diagram)，如圖 10.15 範例所示：

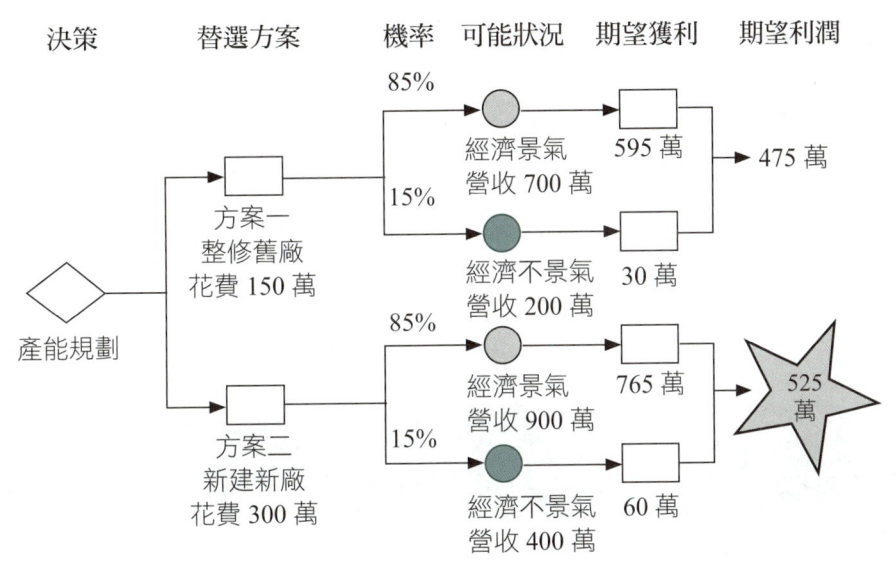

◎圖 10.15　決策樹狀圖示意圖

優先矩陣

優先矩陣 (Prioritization Matrix) 是一種「L 形」矩陣圖（後述），在分析者預先建立的評估準據 (criteria) 中，對替選方案 (options) 進行評值優序比較的決策矩陣圖。在實際運用時，因評估準據是分析者「主觀」賦予評值（通常是 1~5，1 最差而 5 最好），分析者在比較替選方案時，必須按照評估準據分別賦予方案的評值，最後，方案評值加總最高的，就是最佳方案。

若以四項評估準據對三家供應商進行評選決策為例，如表 10.5 所示。三家供應商的評值加總值都相同，但在不同評估準據上各自有其不同的表現，如供應商 A 在「技術成長性」表現較好；供應商 B 在「成本競爭性」表現較好；供應商 C 在「品質系統」表現較好等；另供應商 A 在各項評估準據的表現較為「一致」等。因此，若僅以簡單的評值加總作為決策依據，顯然有所不足。

▶ 表 10.5　方案評值加總評選優先矩陣

	方案評值（1~5）		
	供應商 A	供應商 B	供應商 C
成本競爭性	4	5	4
技術成長性	4	2	2
交貨日期承諾	3	4	3
品質系統	3	3	5
評值加總	14	14	14

為改善簡單評估優先矩陣決策的缺點，一般可在評估準據上，加上「權重」(weight) 進一步拉大方案的鑑別性。分析者在各項評估準據賦予「權重值」（四項加總須 = 1.0）後，原評值乘上權重值、計算加權評值加總值後，供應商 C 得分最高，供應商 A 其次，而供應商 B 最低，故以供應商 C 為最優選擇（表 10.6）。

▶ 表 10.6　方案加權評值評選優先矩陣

		方案加權評值		
評估準據	權重	供應商 A	供應商 B	供應商 C
成本競爭性	0.1	4/0.4	5/0.5	4/0.4
技術成長性	0.3	4/1.2	2/0.6	2/0.6
交貨日期承諾	0.2	3/0.6	4/0.8	3/0.6
品質系統	0.4	3/1.2	3/1.2	5/2.0
加權評值加總		14/3.4	14/3.1	14/3.6

從表 10.6 所示範例中，我們應可發現評估準據權重的變化，對優先矩陣的評選決策影響甚大，故在實際運用時，分析者應在賦予各方案的評值前，先行謹慎賦予各評估準據的權重，以免受到各方案評值的影響（而決定準據的權重值）。

矩陣圖

　　矩陣圖 (Matrix Diagram) 顧名思義，就是以兩個以上維度來表達資訊。在品質管理領域中，通常有六種類型的矩陣圖，各依其圖形軸向而取名如 L/T/Y/C/X 及「屋頂形」矩陣圖。表 10.7 彙整六種矩陣圖的特性：

第 10 章　品質管理

▶ 表 10.7　各類型矩陣圖特性比較表

類型	資料群數	資料群關係（↔ 表示相關；~ 表示不相關）
L 形	2	A↔B 或 A↔A
T 形	3	A↔B ＆ A↔C 但 B~C
Y 形	3	A↔B↔C↔A
C 形	3	3D 同時相關
X 形	4	A↔B↔C↔A↔D 但 A~C 與 B~D
屋頂形	1	A↔A ＆ A↔B

　　L 形矩陣圖是各類型矩陣圖中的最簡型式，僅用來表達兩群資料間的關係，如表 10.5/10.6 等優先矩陣，都是 L 形矩陣圖。

　　在表達三群資料間的關係矩陣圖如 T/Y/C 等三種類型，因 Y 形與 C 形都屬立體型式，解讀上較為不易！此處介紹較常用的 T 形矩陣圖，如表 10.8 所示：

▶ 表 10.8　T 形矩陣圖範例

台北廠			○	
台中廠	○	●	○	○
台南場				●
高雄廠	●		●	
● 量產 ○ 小批量	A 產品	B 產品	C 產品	D 產品
供應商 A				●
供應商 B	○	○	○	●
供應商 C		●		○
供應商 D	●			

　　表 10.8 顯示的 T 形矩陣圖顯示「產品產能」、「生產地」、「供應商」等三種資訊，並以 T 形方式排列的方式，故稱為「T 形矩陣圖」。圖形資訊的解讀可有不同角度，如以「產品產能」中的「A 產品」來看，主要「生產地」在「高雄廠」，「台中廠」則亦小批量生產；至於「A 產品」的主要供應商為 D，其次為 B。若以「生產地」來看，「高雄廠」負責「A 產品」及「C 產品」的量產，而負責生產所有產品的生產地只有「台中廠」。若以「供應商」角度來看，可支援所有產品的供應商只有「供應商 B」等。

用來表達四群資料關係的 X 形矩陣圖，比 T 形矩陣圖再多了一個向度，解讀方式與 T 形矩陣圖相同，如表 10.9 所示用來表達「產品產能」、「生產地」、「供應商」及「客戶」等資訊之間的關係如：

⊙ 表 10.9　X 形矩陣圖範例

			●	台北廠			○	
○	○	○	●	台中廠	○	●	○	○
	●		○	台南場				●
●				高雄廠	●		●	
客戶 A	客戶 B	客戶 C	客戶 D	● 量產 ○ 小批量	A 產品	B 產品	C 產品	D 產品
		○		供應商 A				●
○	●	○	○	供應商 B	○		○	●
				供應商 C		●		○
●				供應商 D	●			

至於「屋頂形」(Roof-Shaped) 矩陣圖，則以 L 形或 T 形矩陣表達一組資訊之間的關連性，通常用在 QFD「品質機能展開」的「品質屋」的繪製上，故稱為「屋頂形」矩陣圖，如圖 10.16 所示：

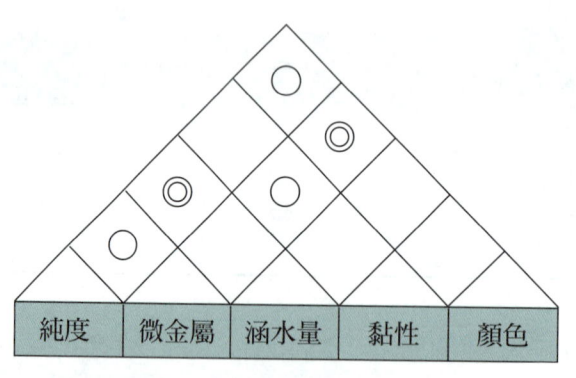

◎ 高度關連　　○ 中等關連

⊙ 圖 10.16　屋頂形矩陣圖範例

圖 10.16 顯示顧客對產品於純度、微金屬（含量）、含水量、黏性、顏色等需求之間的關連性分析，如純度與含水量、微金屬含量與顏色需求之間有高度關連性；而純度與微金屬含量及顏色，微金屬含量與黏性等需求之間，則有中等程度的關連性等。

程序決策程式圖

PDPC「程序決策程式圖」(Process Decision Program Chart) 通常用在計畫執行前（或規劃中），對計畫規劃活動可能發生的問題及其應對方案，提前做出決策輔助規劃的圖示法，如圖 10.17 所示：

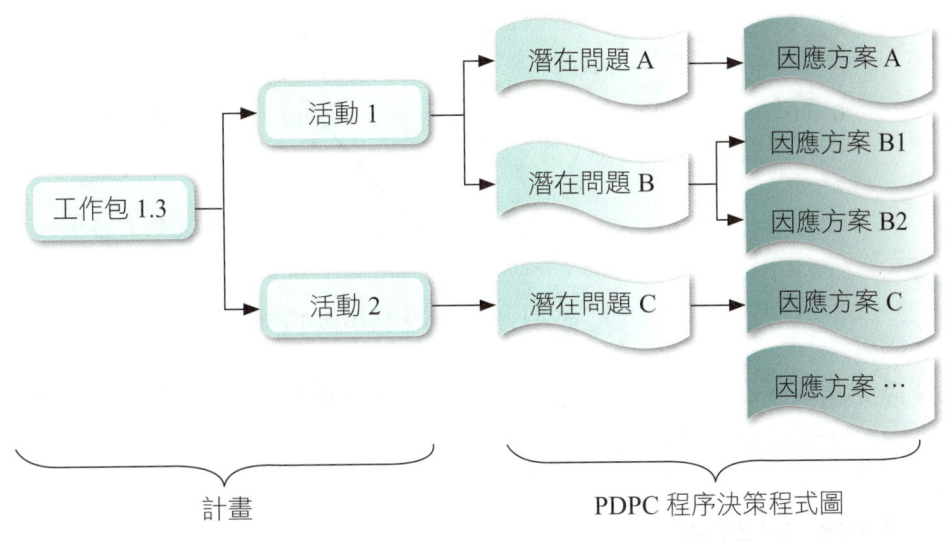

▲ 圖 10.17　PDPC「程序決策程式圖」示意圖

PDPC「程序決策程式圖」與工業管理早期的 FMEA「失效模式和效果分析」(Failure Mode and Effect Analysis) 類似，兩者都可用來辨識風險（潛在問題）、失效（問題發生）的後果及應變措施等。

活動網路圖

活動網路圖 (Activity Network Diagram) 通常用在專案進度規劃上，以邏輯網路圖 (Logic Network Diagram) 表達專案各項活動的次序、工期等資訊，並用來計算總工期，找出活動之間的「要徑」(Critical Paths) 等。

專案管理早期的網路圖發展有許多類型如下：

- AON「節點式」(Activity On Node) 圖解法
- AOA「箭頭式」(Activity On Arrow) 圖解法
- GERT「條件式圖解法」(Graphical Evaluation & Review Technique)
- PERT「計畫評核術」(Program Evaluation and Review Technique)

目前多使用繪製與調整均較為簡易的 AON「節點式」網路圖為主。AON「節點

式」網路圖之範例如圖 10.18 所示：

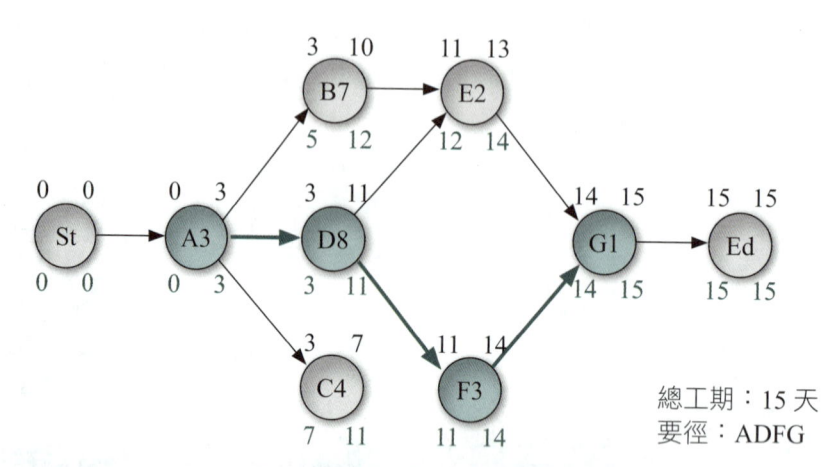

图 10.18　AON「節點式」網路圖示意圖

總工期：15 天
要徑：ADFG

即便最簡易 AON「節點式」網路圖的繪製，也須要有專業的訓練與反覆練習，才能正確無誤的執行專案進度的排程。

10.3　品質管理系統

品質觀念從 QC「品質管制」一直發展到 TQM「全面品質管理」後，品質不在是 QC「品質管制」的檢驗，或 QA「品質保證」的設計功能所能涵蓋，而是需要組織全員、甚至結合供應鏈上的合作夥伴，一起追求產品與服務品質的持續改善與提升，故如 TQM「全面品質管理」一般的稱為「品質管理」。

本節介紹目前在業界廣為採用的「品質管理系統」如 ISO 國際標準、各國的國家品質獎、六標準差專案 … 等，其中任何一個系統都內涵甚為豐富，但限於篇幅，本節僅介紹各系統的重點。

10.3.1　國際標準 ISO

ISO「國際標準組織」(The International Organization for Standardization) 於 1987 年首度發布了 ISO 9000:1987 的 QMS「品質管理系統」(Quality Management System)，簡稱 ISO 9000 系列，其中包括下列標準：

- ISO 9000:1987：以組織活動規模區分 3 個模型的架構說明
- ISO 9001:1987：創造新產品的品質保證模型

356

- ISO 9002:1987：不限於新產品創造的品質保證模型
- ISO 9003:1987：成品檢驗與測試的品質保證模型

ISO 9000 系列的 QMS「品質管理系統」旨在澄清企業組織的品質管理的程序及其系統指導原則等，而非特定產品或服務。

ISO 9000:1987 發布後，不定期的數年間，就有改版的出現，1994 年的改版，稱為 ISO 9000:1994 系列，包含與 ISO 9000:1987 一樣的三個模型標準。

2008 年，ISO 9000 系列進行主要的改版，並稱為 ISO 9000:2000 系列，將 ISO 9002 及 9003 整併入 ISO 9001:2000。**2008 當年稍晚**，ISO ISO「國際標準組織」**又對 ISO 9000:2000 系列進行小幅度的改版，並稱為 ISO 9000:2008 系列**，主要是針對標準文件內文法一致性的修改，使能更容易翻譯成各種語言，讓全球各地企業組織順利運用。

2008 年改版後的 ISO 9001:2008，實際上是 ISO 9001:2000 的重新敘述，以改善與 ISO 14001:2004 標準間的一致性。

迄至目前 (2014.6) 為止最新版的 ISO 9001:2008 系列，包含下列標準：

- ISO 9001：下列兩項標準標準族系的直接補充。
- ISO 9000:2005：品質管理系統：基礎與詞彙。
- ISO 9004:2009：組織持續成功的管理：品質管理取向。

其他的標準，也能用於品質系統中的部分如：

- ISO 10000 系列：
  - ISO 10001:2007：顧客滿意度品質管理：組織行為指導
  - ISO 10002:2004：顧客滿意度品質管理：抱怨處理指導
  - ISO 10003:2007：顧客滿意度品質管理：組織外部爭議處理指導
  - ISO 10004:2010：顧客滿意度的監控與衡量程序
  - ISO 10005:2005：品質計畫發展、審查、接受、運用與改版
  - ISO 10006:2003：品質管理運用於專案的指導
  - ISO 10007:2003：型態管理指導
  - ISO 10013:2001：品質管理系統文件化指導
  - ISO 10014:2006：實現財務及經濟效益的指導
  - ISO 10015:1999：品質管理訓練的指導
  - ISO 10017:2003：ISO 9001 的統計技術指導

- ISO 10019:2005：品質顧問的選擇及其服務的運用 Selection of Quality
- ISO 19011:2011 品質管理系統內外稽指導

10.3.2 國家品質獎

在企業推動 TQM「全面品質管理」作為時，世界各國也陸續發展由國家鼓勵企業追求品質的「國家品質獎」，分別簡介如下：

戴明獎

為表彰戴明 (Edward Deming) 對戰後日本產業復興品質管理的貢獻，JUSE「日本科學及技術聯盟」(Japanese Union of Scientists and Engineers) 於 1951 年設立「**戴明獎**」(The Deming Prize)，據信為世界上最早的國家品質獎項，其設置目的在鼓勵日本企業追求品質改善的進步，每年針對「個人」及「企業運用」兩類頒獎。

最初的戴明獎，並未設計任何審查準據，因此，也不適合用來做企業的自我評估。其審查委員會僅針對申請企業所處的環境，品質改善作為的規劃設計，及是否能引導企業朝像未來目標邁進等進行審查。戴明獎審查委員會，視審查程序為「相互發展」的機會而非「審查」。

JQA「日本品質獎」

1995 年，為能與美國 MBNQA 及歐洲 EFQM 等獎項評估準據結合，並維持日本產業長期競爭力的需求下，JPC-SED「日社會經濟發展產能中心」(The Japan Productivity Center for Social-Economic Development) 發起 **JQA「日本品質獎」**計畫 (The Japan Quality Award)。時至今日，JQA「日本品質獎」在日本比「戴明獎」更為普及。

JQA「日本品質獎」的評估準據架構，包含八個評估準據，如圖 10.19 所示。

JQA「日本品質獎」與其他國家品質獎最大的差異，是其由業界所管理而非政府，每年針對製造業、服務業及中小企業等三類，甄選出 2~3 名獲獎者。

MBNQA「美國國家品質獎」

MBNQA「美國國家品質獎」(Malcolm Baldrige National Quality Award) 為美國國會於 1987 年立法創設的獎項，目的在獎勵成功推動品質管理系統的美國公司。因表彰當時美國商務部長波多里奇 (Malcolm Baldrige) 於業界推動品質管理的努力，

第 10 章 品質管理

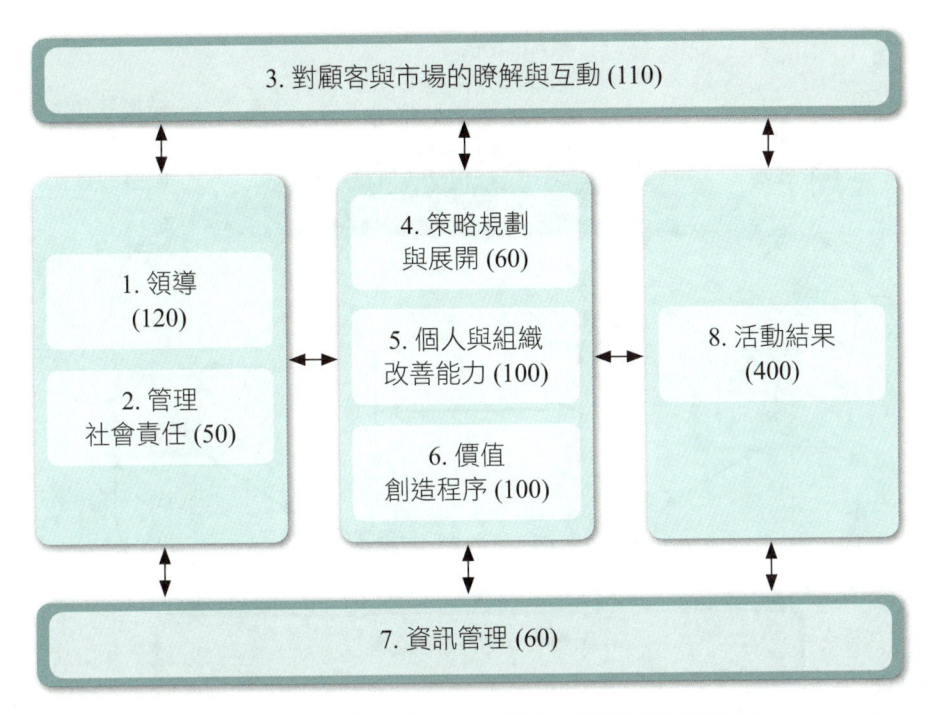

```
           ┌─────────────────────────────────────────┐
           │     3. 對顧客與市場的瞭解與互動 (110)      │
           └─────────────────────────────────────────┘
              ↕                  ↕                ↕
        ┌──────────┐      ┌──────────┐     
        │          │      │ 4. 策略規劃│
        │  1. 領導 │      │ 與展開(60)│
        │  (120)   │      ├──────────┤     ┌──────────┐
        │          │      │5.個人與組織│     │          │
        ├──────────┤  ↔   │改善能力(100)│ ↔  │8. 活動結果│
        │  2. 管理 │      ├──────────┤     │   (400)  │
        │社會責任(50)│    │ 6. 價值   │     │          │
        │          │      │創造程序(100)│   │          │
        └──────────┘      └──────────┘     └──────────┘
              ↕                  ↕                ↕
           ┌─────────────────────────────────────────┐
           │          7. 資訊管理 (60)                │
           └─────────────────────────────────────────┘
```

🎧 圖 10.19　JQA「日本品質獎」評估準據架構圖

此獎項以其姓名命名，故又稱為 BNQA「波多里奇國家品質獎」(Baldrige National Quality Award)。

MBNQA「美國國家品質獎」每年針對製造業、服務業、小企業、教育、健保及非營利等六個類別進行獎項的申請與甄選。此獎項由 ASQ「美國品質學會」(American Society for Quality) 管理，而由美國商務部的 NIST「國家標準技術局」(National Institute of Standards and Technology) 負責獎勵。每年可從六個類別中各選出三名獲獎者，由美國總統頒獎，以表彰這些獲獎者在追求品質與績效卓越上的努力。

MBNQA「美國國家品質獎」的甄選，為依據所謂「波多里奇績效卓越準據」(Baldrige Criteria for Performance Excellence) 而由獨立委員會進行審查。「波多里奇績效卓越準據」共區分七個準據，其架構如圖 10.20 所示。

EFQM 歐洲品質獎

EFQM「歐洲品質管理基金會」(the European Foundation for Quality Management) 為由歐洲各國企業家，於 1989 年成立的非營利基金會，其目的在因應日本及美國推動 TQM「全面品質管理」，以提升歐洲經濟體的競爭力。

管理101 領域篇

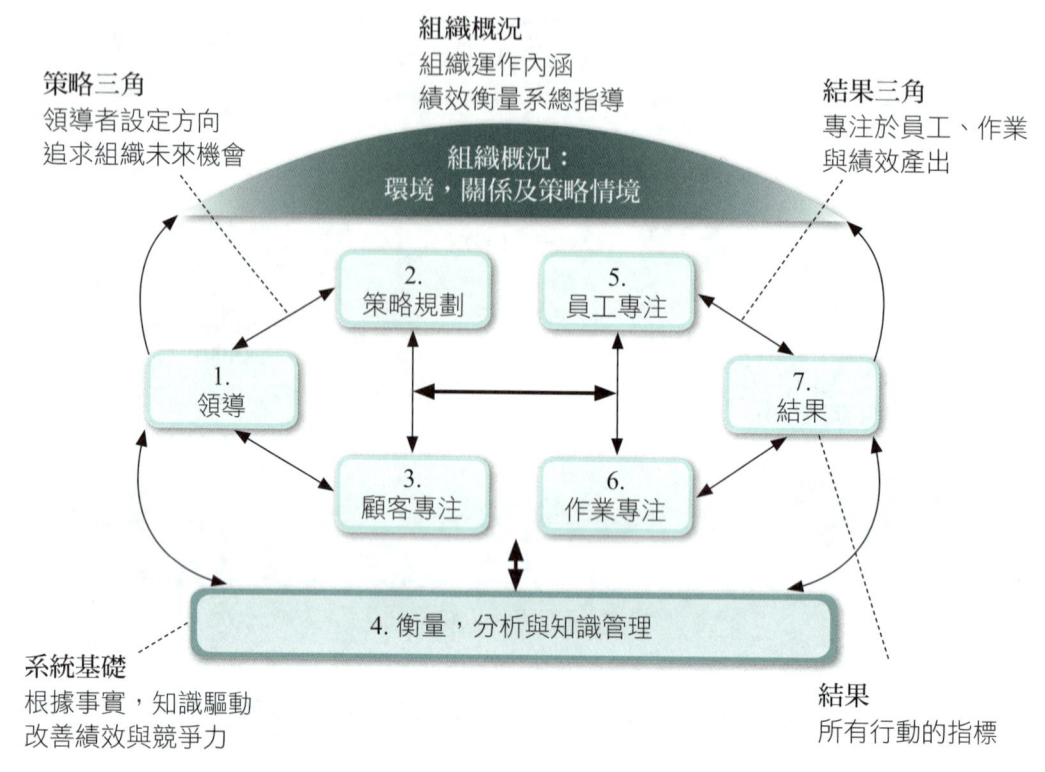

```
策略三角                組織概況                     結果三角
領導者設定方向         組織運作內涵                專注於員工、作業
追求組織未來機會      績效衡量系總指導           與績效產出

                   組織概況：
                環境，關係及策略情境

              2.            5.
           策略規劃      員工專注

    1.                                    7.
   領導                                  結果

              3.            6.
           顧客專注      作業專注

          4. 衡量，分析與知識管理

系統基礎                                   結果
根據事實，知識驅動                      所有行動的指標
改善績效與競爭力
```

▶ 圖 10.20　MBNQA「美國國家品質獎」評估準據架構圖

EFQM「歐洲品質管理基金會」發展品質獎項的基本概念，RADAR「邏輯」及評估準據模型等（2012 年版），分別如圖 10.21~23 所示：

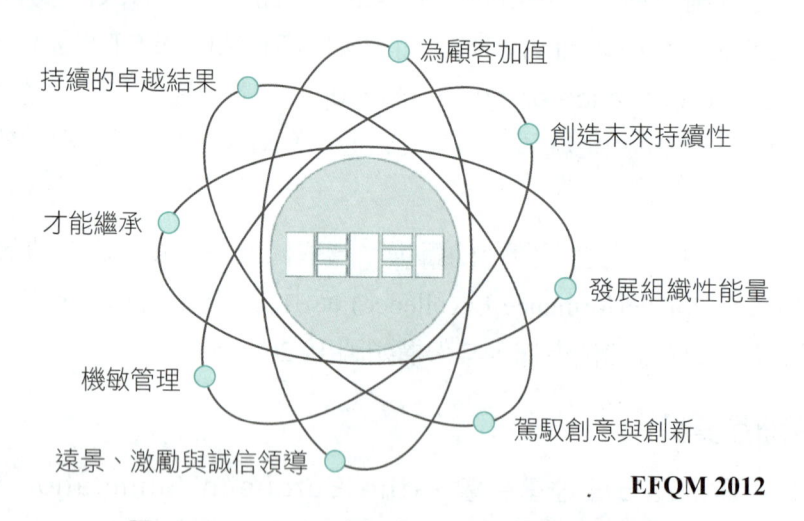

```
持續的卓越結果          為顧客加值

才能繼承                           創造未來持續性

                                     發展組織性能量
機敏管理
                                     駕馭創意與創新
遠景、激勵與誠信領導
                              EFQM 2012
```

▶ 圖 10.21　EFQM 歐洲品質獎模型發展基本概念

圖片取自 http://www.afnor.org/var/afnor/storage/images/media/images/efqm/efqm-les-concepts3/465600-1-fre-FR/efqm-les-concepts_reference.jpg 而重製

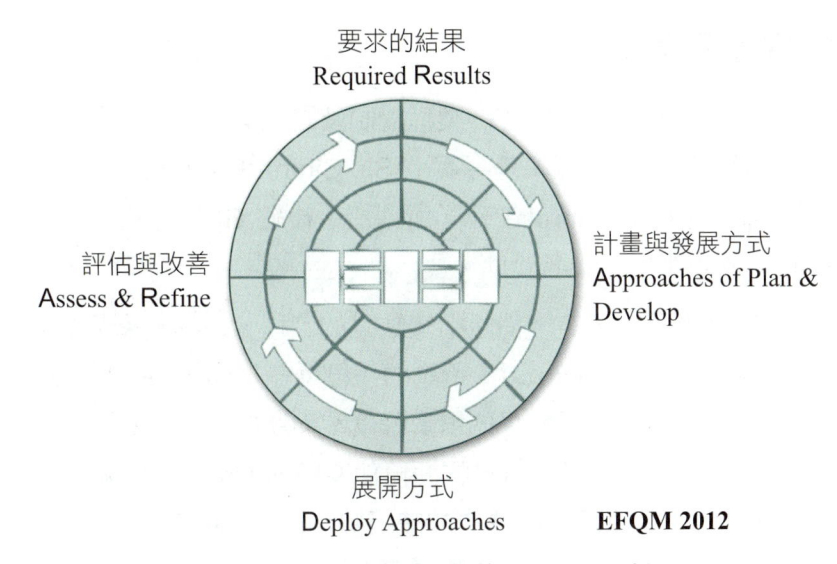

◑ 圖 10.22　EFQM 歐洲品質獎 RADAR 邏輯

圖片取自 http://www.efqm.org/sites/default/files/styles/full_width/public/
images/ page/radar.fw_.png?itok=lDueHuLc 而重製

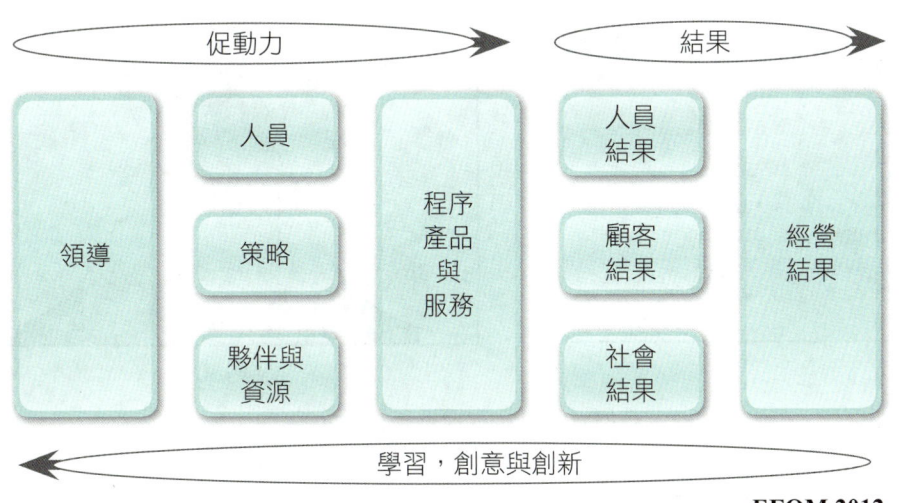

◑ 圖 10.23　EFQM 歐洲品質獎評估準據架構圖

　　包含我國的世界其他國家，也各自發展出其國家品質獎項，而其評估準據大多參照 MBNQA「美國國家品質獎」或 EFQM 歐洲品質獎之架構，略加修改而成。有關亞洲各國的國家品質獎項評估準據架構，讀者可參照 APO「亞洲生產力組織」(Asia Productivity Organization) 的 COE「卓越中心」(Center of Excellence) 網站介紹[註解 2]。

10.3.3 六標準差專案

六標準差 (6 Sigma) 為運用統計製程管制及其他品質管理作為,逐步改善產品品質的專案,故通常稱為「六標準差專案」(Six Sigma Project)。六標準差專案,最初於 1986 年由摩托羅拉 (Motorola) 公司所創造。後經 GE「通用電氣」執行長威爾許 (Jack Welch) 的成功運用而聞名於世。

六標準差專案是藉由確定、消除引起缺陷的流程,來提高產品品質,降低生產程序與服務流程中的變異 (variances)。所謂的「標準差」(standard deviation or sigma),在統計學上,是用來表示衡量結果的變異程度。而所謂的「六標準差」在統計學上的意義,是指樣本常態分配涵蓋 ± 6σ 的面積占 99.999996 %(如圖 10.24),換個實務講法,就是 DPMO「每百萬次機會中的缺陷數」(Defects Per Million Opportunities) 只有 3.4 次(統計數值)或 4 次(實際意義)缺陷、不良品產生的機會,而這是相當優越的品質表現。

Sigma 水準	涵蓋
1	68.26
2	95.46
3	99.73
4	99.9937
5	99.999943
6	99.9999998

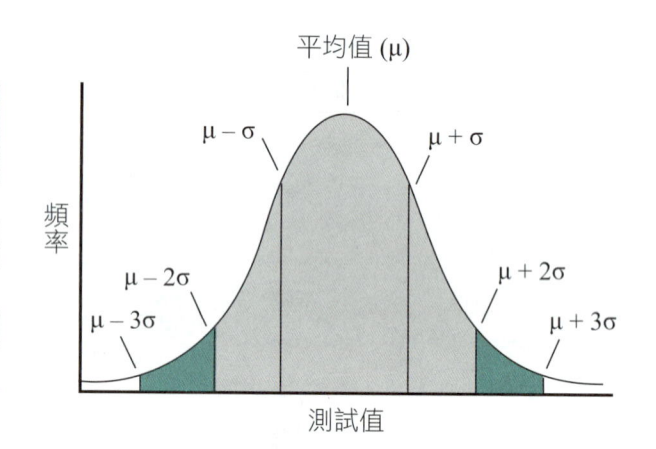

圖 10.24 六標準差統計示意圖

業界實施「六標準差專案」,有下列兩種模型可供依循如:

- DMAIC 模型:適用於改善現有的流程
- DMADV 模型:適用於建立新的產品或設計流程

六標準差專案的「DMAIC 模型」,已於 9.1.2 小節介紹過,而「DMADV 模型」實際上就是 DfSS「六標準設計」(Design for Six Sigma),現將「DMADV 模型」各步驟的意義說明如下:

- *D*efine 定義
  - 辨識與分析新產品的可行性
  - 發起產品專案
- *M*easure 衡量
  - VOC「顧客心聲」資料的蒐集與分析
  - 確認顧客關注關鍵產品屬性
- *A*nalyze 分析
  - 探索與評估可能的設計方案
  - 選擇最適合設計方案
- *D*esign 設計
  - 執行能符合顧客需求的詳細設計
  - 最終設計的問題防制與最佳化
- *V*erify 驗證
  - 構建產品原型 (prototype) 並確認產品績效
  - 驗證產品可靠度及零組件生產能力

至於「六標準差專案」程序模型的選擇與其可運用的工具，則整理如圖 10.25 所示。

10.3.4 方針管理

方針管理 (Hoshin Kanri) 因日本教授赤尾洋二 (Yogi Akao) 於 1950 年代中的倡導而流行。"Hoshin Kanri" 的英譯即為 "Direction Management"。根據洋二的說法，方針管理的基本原則是：「每個人都是他自己工作的專家，而日本的 TQC『全面品質管制』就是設計用來發揮整體員工思考力，使組織在業界中成為最好。」從以上說明可知，方針管理是一尊重人性的管理哲學，也是一套能使全員參與的管理系統，而在此管理系統下，員工的尊嚴得以被充分尊重。

在運作上，方針管理類似於現代的「策略管理」(Strategy Management)，著重於對未來有見識的眼光（遠景），掌握與落實策略性目標，並發展使遠景與策略性目標實踐的方法。先談其管理哲學的紀律為：

- 專注於共同目標 (shared goal)
- 在領導階層中充分溝通此目標

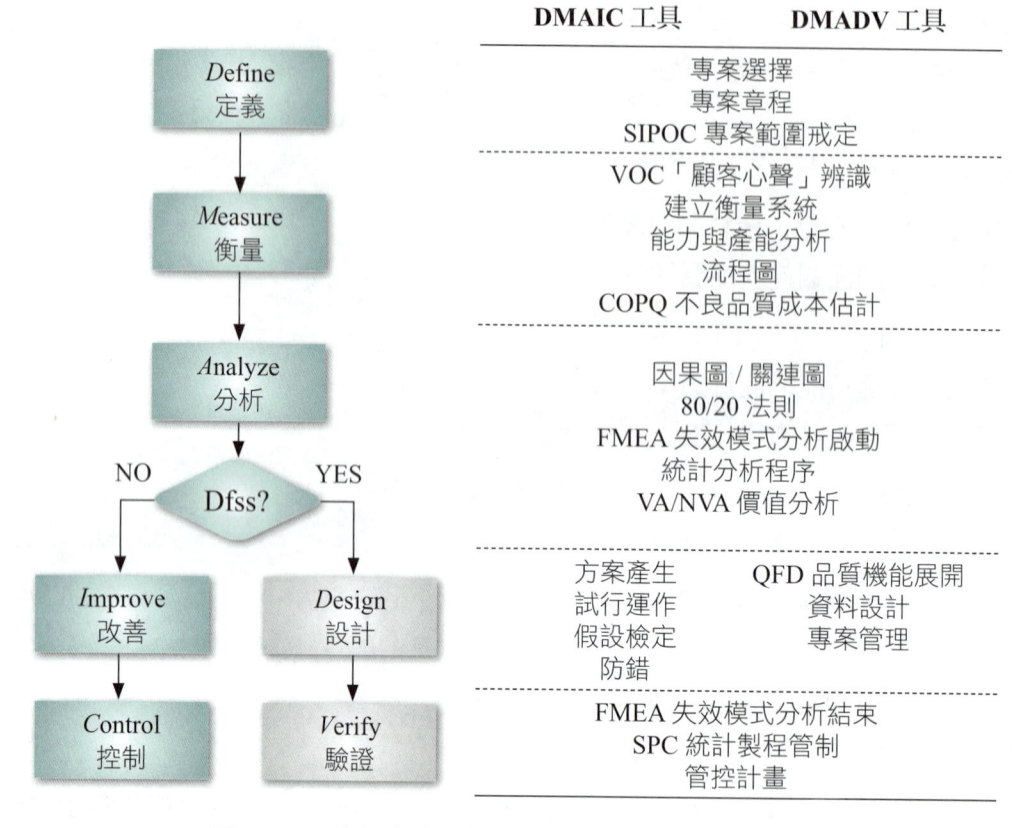

流程	DMAIC 工具	DMADV 工具
Define 定義	專案選擇 專案章程 SIPOC 專案範圍戒定	
Measure 衡量	VOC「顧客心聲」辨識 建立衡量系統 能力與產能分析 流程圖 COPQ 不良品質成本估計	
Analyze 分析	因果圖／關連圖 80/20 法則 FMEA 失效模式分析啟動 統計分析程序 VA/NVA 價值分析	
Dfss? → NO: Improve 改善 / YES: Design 設計	方案產生 試行運作 假設檢定 防錯	QFD 品質機能展開 資料設計 專案管理
Control 控制 / **Verify** 驗證	FMEA 失效模式分析結束 SPC 統計製程管制 管控計畫	

圖 10.25　六標準差專案程序模型選擇及工具運用示意圖

- 達成目標的規劃作為，所有領導階層皆應參與
- 讓每個領導者「能擔當」(accountable) 其所負責的部分

　　方針管理的規劃作為，計有七個步驟，其中涉及到「**傳接球**」(Catch ball) 及運用 PDCA 循環的部分，如圖 10.26 所示。

　　方針規劃程序步驟中所謂的「**傳接球**」(Catch ball)，實際上即是目標發展過程中，組織上下階層的來回不斷溝通，直到確認目標為止。而在實踐目標與每月審查之間，則運用 PDCA 循環，不斷的對原規劃目標及作為實施檢討與修正。年度審查則回溯到是否仍在追求組織設定「遠景」的軌跡上。

　　圖 10.26 所示「方針規劃」步驟 1~5 間，我們可看到都是從組織發展遠景到年度目標之展開作為，而此目標展開作為在方針管理中，也區分組織層級之間的陸續展開，如圖 10.27 所示。方針規劃的目標展開，各管理階層以「矩陣圖」的方式，陸續將組織設定任務（與遠景）(Mission/Vision)，展開成執行策略 (Strategies)，可衡量的

第 10 章　品質管理

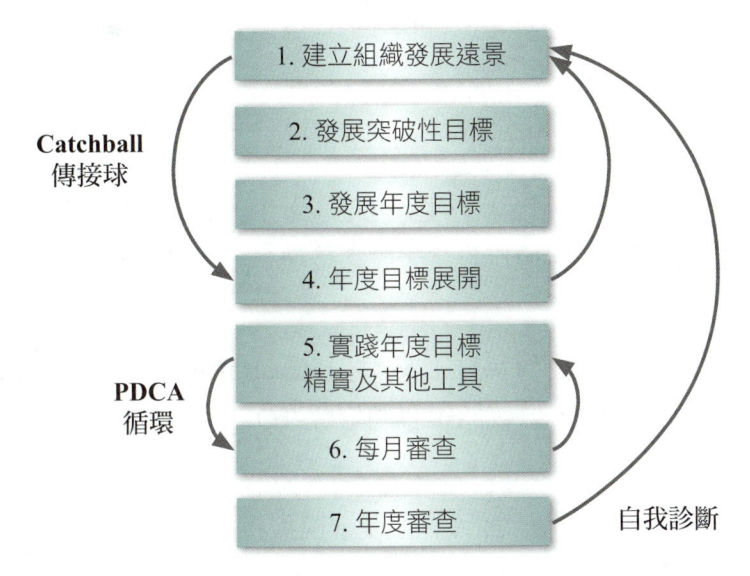

▶ 圖 10.26　Hoshin Planning「方針規劃」七步驟示意圖

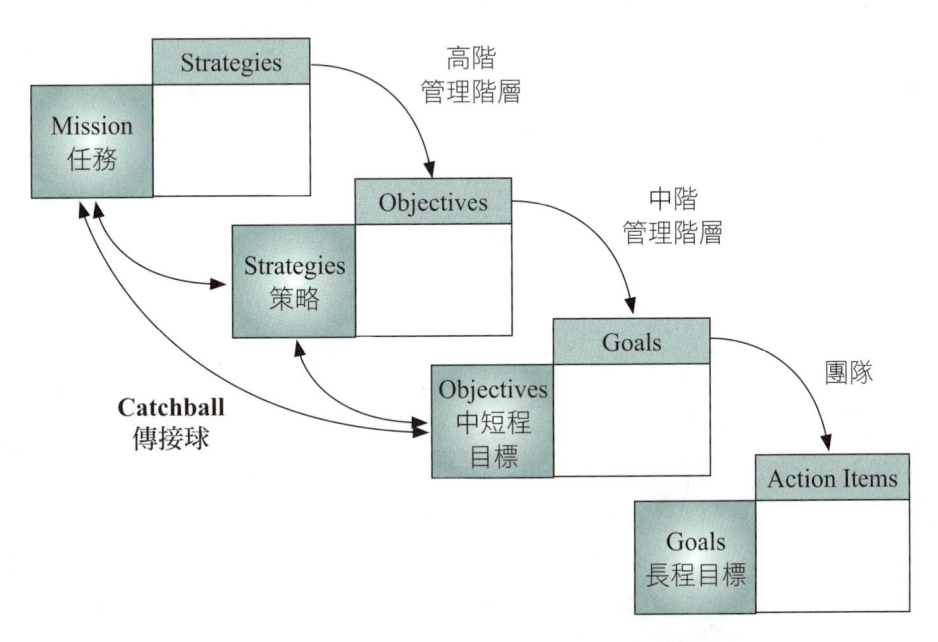

▶ 圖 10.27　Hoshin Planning「方針規劃」目標展開示意圖

「中短程目標」(Objectives)，與執行團隊的「行動項目」(Action Items) 等。

值得注意的是，中階管理階層須將「中短程目標」與「長程目標」(Goals) 再做「校準」(alignment) 的動作，以確定執行團隊所發展的行動項目，都是能支持長程目標 (Goals) 的達成。

365

本章總結

有關品質管理的發展說明至此,已多次提及 TQM「全面品質管理」的管理哲學,但究竟其內涵如何?如何運作等?一般都是理念、原則的說明,而無從瞭解其對品質持續改善的影響?

本章最後,以英國 DTI「貿易暨工業部」(Department of Trade and Industry)所發展模型(圖 10.28)的說明,似較能讓我們瞭解 TQM「全面品質管理」的內涵與運作。

圖 10.28 所示的 TQM「全面品質管理」模型中的核心,是所謂「顧客與供應商」的「品質鏈」(The Quality Chain),而 TQM「全面品質管理」環境的創造,必須依賴領導階層對品質的「承諾」,品質訊息的有效「溝通」,及組織管理「文化」的改變等才能達成。最後,在實施 TQM「全面品質管理」時,則有賴「人員」的主動參與,「系統」與「程序」的有效規劃等關鍵管理作為。上述模型各組成部分,擇要說明其重點如下:

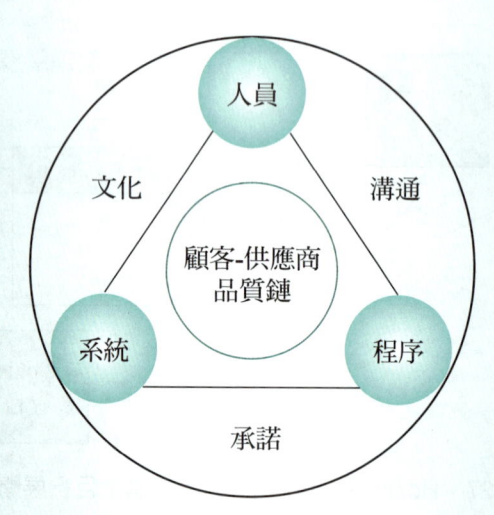

圖 10.28　英國 DTI「貿易暨工業部」TQM 模型示意圖

TQM 核心

是所謂「顧客－供應商品質鏈」,即「供應鏈」上的品質要求。顧客在品質鏈上所扮演的角色,是對產品與服務的需求與預期,也是產品與服務設計或發展的依據。

而顧客則再區分內部與外部顧客。外部顧客的需求與預期，從「市場調查」開始，但須落實在內部顧客（組織內部程序上下游關係）的滿意上。是所謂「有滿意的員工，則必有滿意的顧客」。

供應商在品質鏈上所扮演的角色，則為策略夥伴關係的建立。若供應商的品質管理不良，勢將影響到組織的品質管理作為。因此，若要確實落實 TQM「全面品質管理」，則供應商（與配送商！）的品質管理作為都必須要能充分配合。

TQM 環境

領導承諾：要建立組織整體的 TQM「全面品質管理」，首要條件是組織高階領導階層對品質的承諾及以身作則；否則，TQM「全面品質管理」任何作為，都將淪為口號。

充分溝通：除了高階領導階層的承諾之外，組織上下各階層對追求品質改善的目標，都應以充分溝通的方式，達成上下一心；否則，「上有政策、下有對策」的推動方式，無法達成 TQM「全面品質管理」的任何目標。

變革文化：有了高階領導階層的承諾與組織上下階層的充分溝通，對追求品質持續改善有共識後，在實際執行時，必然會與現行作業方式有所衝突。因此，組織全員必須對 TQM「全面品質管理」所帶來的變革有充分體認與瞭解，才能逐步營造組織追求 TQM「全面品質管理」的良好文化。

TQM 關鍵管理功能

人員的主動參與：應從尊重開始！只有當員工覺得被組織尊重，才會主動參與 TQM「全面品質管理」並敬業貢獻所能。這在職務設計、職權劃分、考評系統設計與規劃等，都有重要的影響。

有效的管理系統：不管採用何種 QMS「品質管理系統」，都必須從核心品質鏈開始，有效解析 VOC「顧客心聲」，有效整合供應鏈資源，並內化到組織內部程序的規劃中，才能獲得好的品質持續改善效果。

策略規劃程序：在追求品質持續改善時，組織必須有良好的策略規劃程序。具體而言，領導階層應先揭櫫品質發展的「遠景」(Vision)，結合中、高階管理階層從目前「任務」(Mission) 開始到發展遠景之間相關目標 (Goal/Objectives)、策略 (Strategies) 的發展與展開，最後，制訂各階層面臨實際狀況時的決策指導原則：「政策」(Policies) 後，再回饋至目標是否達成的 PDCA 循環，即可謂完整、確實的品質策略規劃程序。

關鍵詞

Capability Maturity Model (CMM) 能力成熟度模型：為美國國防部為審查外包商承包軟體發展專案能力所發起的研究計畫，此模型根據 1989 年韓傳利 (Watts Humphrey) 所著〈軟體發展程序的管理〉(Managing the Software) 的架構而成。雖然最初用於軟體的發展，但也可運用在政府組織、產業及一般商業等之運用。

CMM「能力成熟度模型」區分成下列五個循序發展的層級：

1. 初始混亂期（Initial Chaotic）：未文件化的動態程序，傾向由特定事例 (ad hoc) 所驅使、被動反應。
2. 可重複期 (Repeatable)：因產出結果一致，使某些程序能重複執行，但程序原則、紀律尚不嚴謹。
3. 定義期 (Defined)：某些程序可被標準化與文件化，此時的標準化處於「現行」(as-is) 狀態，並用於橫跨組織程序績效評估一致化的建立。
4. 管理期 (Managed)：現行程序可藉程序指標 (process metrics) 有效控制與管理，程序能力由此階段開始建立。
5. 最佳化 (Optimizing)：藉由漸進或創新改善程序，專注於程序績效的持續改進。

圖 10.29　CMM「能力成熟度模型」

Contextual Inquiry 情境調查：情境調查法，是指研究者進入調查對象實際生活或工作的環境，觀察調查對象的活動，並進行實地的半結構式訪談，以對調查對象生活或工作中的行為與動機、遭遇的問題及處理問題的方式有深度的瞭解的一種研究方法。

情境調查法綜合了情境分析 (Contextual Analysis) 與田野調查 (Field Study) 而成。然而，如果要把情境調查法跟純粹的田野調查做比較，二者都是要求研究者到調查對象對產品

的使用場域進行研究。進行田野調查時，研究者是帶著任務去觀察調查對象的，要求調查對象基於這個任務來使用產品。而在情境調查法中，研究者只是去觀察調查對象對產品的使用，而並沒有給任何確定的任務，使用者可以隨心操作產品，研究者只是觀察調查對象對產品的操作，記錄下用戶使用產品中所遇到的困惑和問題。

Critical Paths 要徑：為專案管理 CPM「要徑法」(Critical Path Method) 中，以網路圖找出專案活動之間的關鍵性路徑或稱「要徑」。要徑有下列特性如：
- 聯接所有關鍵活動（「總浮時」= 0）之路徑
- 總工期最長的路徑
- 一專案之要徑可能不止一條

FMEA 失效模式與影響分析 (Failure Mode and Effect Analysis)：又稱失效模式與後果分析、失效模式與效應分析、故障模式與後果分析或故障模式與效應分析等，是一種先期的思惟或測試，旨在對系統範圍內潛在的失效模式加以分析，以便按照嚴重程度加以分類，或者確定失效對於該系統的影響。

從每次的失效或故障中習得經驗和教訓，是一件代價高昂而又耗費時間的事，而FMEA「失效模式與影響分析」則是一種用來研究失效、故障更為系統的方法。同樣，最好首先進行一些先期思惟實驗。

20 世紀 40 年代後期，美國空軍正式採用了 FMEA「失效模式與影響分析」。後來，太空技術與火箭製造領域將 FMEA「失效模式與影響分析」用於在小樣本情況下避免代價高昂的火箭技術發生差錯。阿波羅太空計畫就是最好的例子。60 年代，在開發出將太空人送上月球並安全返回地球方法的同時，FMEA「失效模式與影響分析」得到了初步的推動和發展。20 世紀 70 年代後期，福特汽車公司在平托汽車 (Pinto) 失效事件後，出於安全和法規方面的考慮，在汽車行業採用了 FMEA「失效模式與影響分析」。同時，他們還利用 FMEA 來改進生產和設計工作。

FMEA「失效模式與影響分析」廣泛應用於製造行業產品生命週期的各個階段；而FMEA「失效模式與影響分析」在服務業的應用也日益增多。

Quality Circles 品管圈：或稱 QCC「品質管制圈」(Quality Control Circle)，是同一工作單元或工作性質相關聯的人員自動自發組織起來，藉由運用各種科學工具與手法，持續進行效率提升、降低成本、提高產品品質等的任務小組。

QC「品管圈」為 1960 年石川馨 (Kaoru Ishikawa) 配合著 JUSE「日本科學技術聯盟」的運作，日本產業界引介 QC「品管圈」的概念。不多久，QC「品管圈」即在日本產業界廣為流行。

The Hawthorne Works 霍桑工廠：位於美國伊利諾州西塞羅 (Cicero, Illinois)，由「西方電氣」(Western Electric) 於 1905 年開始構建，但直到 1983 年才開始運作的大型工廠，全盛時期，擁有 45,000 名員工。除電話裝備外，此工廠也生產一般消費電氣產品如冰箱、電風扇等。

霍桑工廠為許多重要品質管理概念的發源地，如知名的「**霍桑效應**」(The Hawthorne

Effect) 就是以於此地進行的實驗而命名，美國品質先驅朱朗 (Joseph Juran) 稱霍桑工廠為「品質革命的溫床」(the Seed Bed of the Quality Revolution)，其他早期的品管大師如休哈特 (Walter Shewhart) 與戴明 (Edward Deming) 等的發跡，都與霍桑工廠的工作或研究有關。

Zero Defects 零缺點：為美國品質管理專家克勞斯比 (Philip B. Crosby) 於 1979 年出版〈免費的品質〉(Quality Is Free) 一書中首先提出的品質管理概念，根據克勞斯比的倡議，零缺點的目標，可藉該書中所提的「品質改善 14 步驟」而達成。

雖然目前一般對「零缺點」的看法，仍認為是追求生產卓越的理想目標，但如「精實生產」(Lean Production)、「六標準差」專案 (Six Sigma Projects) 等實務經驗顯示，只要組織持續追求 TQM「全面品質管理」原則並確實執行，零缺點的目標是確實可以達成的。

自我測試

1. 試繪圖並解說「管制圖」(Control Chart)，及其在 SPC「統計製程管制」的運用方式。
2. 試簡述戴明 (Deming) 對品質概念發展的貢獻。
3. 試簡述朱朗 (Juran) 對品質概念發展的貢獻。
4. 試簡述克勞斯比 (Crosby) 對品質概念發展的貢獻。
5. 試闡釋「七大品管工具」或「七大管理規劃工具」等都是圖或表的意義。
6. 試闡釋戴明所謂「問題，都是出自於管理高層！」對現代品質管理的意義。
7. 試比較克勞斯比所謂 DIRFT「第一次就做對」(Doing It Right the First Time) 與「不二過」(Do It Right the Second Time) 於實務運作上的差異。
8. 試搜尋目前工業設計或商業設計中的 Poka-Yoke「防錯」設計。
9. 試說明「安斯肯四重奏」(Anscombe's Quartet) 對「相關分析」(Correlations Analysis) 的意義。
10. 試搜尋我國與中國大陸的「國家品質獎」評估準據架構，並比較其差異。

11 領域篇─行銷與運籌管理

學習重點提示：

1. 傳統 4P 與其他運用領域的行銷組合
2. 各種行銷類型的意義與內涵
3. 運籌管理與生產、行銷管理的關係
4. 各種運籌知識領域的意義與內涵

　　行銷 (Marketing) 為企業管理五大功能之一，主要是以「行銷組合」(Marketing Mix) 策略，將企業的產品與服務向市場引介，並獲得顧客的青睞與採購，使企業得以獲利並持續經營。如何使市場、顧客接受企業產品與服務的管理作為，稱為「行銷管理」(Marketing Management)。

　　要使顧客接受企業的產品與服務，除了生產品質優良的產品或服務外，生產管理與行銷管理之間的介面：運籌管理 (Logistic Management)，也是重要的配合要素（圖 11.1）。因此，本章介紹兩個管理構面：行銷管理與運籌管理。

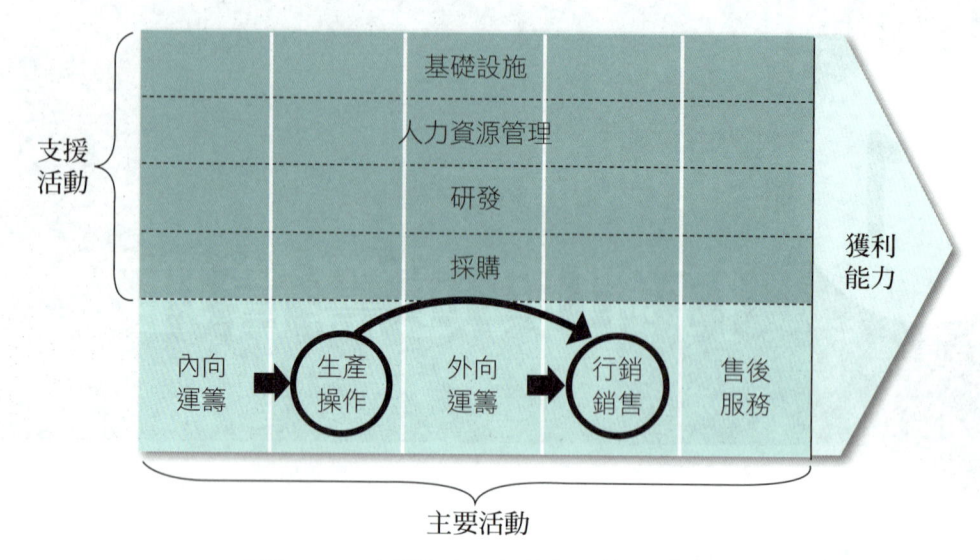

◐ 圖 11.1　企業生產、行銷與運籌關係示意圖

11.1　行銷管理

　　行銷 (Marketing) 的概念，最早應起源於義大利經濟學家帕拉維奇尼 (Giancarlo Pallavicini) 於 1959 年所做的深度市場研究 (In-depth Market Research)，而「市場研究」(Market Research) 也就成為現代行銷領域的第一項工具。帕拉維奇尼對行銷的定義是：「一套藉由創造與交換產品及價值的社會與管理程序，以符合消費者的需求與要求。」

　　AMA「美國行銷學會」(American Marketing Association) 於 2013 年發布行銷之定義：「行銷是創造，遞交與交換對顧客、客戶、夥伴及總體社會有價值事物的活動、機構及程序。」

　　網路「商業辭典」(BusinessDictionary.com) 對行銷的定義則是：產品與服務從概念發想到顧客之間的管理程序，它包含了「4P 行銷組合」(4P Marketing Mix) 之間的協調活動如：

1. 產品 (Product) 的辨識、選擇及發展。
2. 價格 (Price) 的決定。
3. 鄰近顧客所處之地 (Place) 配送管道 (distribution channels) 的選擇。
4. 促銷 (Promotion) 策略的發展與實施。

　　而何謂「行銷管理」(Marketing Management)，根據網路「商業辭典」

(BusinessDictionary.com) 的定義則是：「公司行銷資源與活動的運用，追蹤與審查。」而「企業的行銷管理幅度，則與其運作產業之中的經營規模有關。」「有效的行銷管理，是運用公司的資源，去增加顧客群，改善顧客對公司產品與服務的意見，及增加（顧客）對公司的認知價值。」

根據以上針對「行銷」定義的內涵，大致不脫離公司產品與服務，顧客到整體社會，創造價值的行銷組合等概念。而「行銷管理」則包含產業經營環境，資源管理及顧客認知價值的提升等概念。換句話說，行銷管理應可簡單定義為：「為提升廣義顧客的認知價值，而對公司產品與服務的管理作為。」而「管理作為」亦可以規劃、組織、領導、溝通與管控等，運用於行銷規劃，行銷策略的發展，及行銷績效的評估與管控等。

11.1.1 行銷管理概述

行銷管理的環境分析，包括各種產業經濟與競爭策略分析工具的運用，包括如波特的「五力分析」(Porter's 5 Forces Model)「策略群聚分析」(Analysis of Strategic Groups)、VCA「價值鏈分析」(Value Chain Analysis) 等。另根據產業類型的不同，有時法規也是必須要謹慎審查的重要項目。

在產業競爭分析時，行銷經理必須詳細檢視所有競爭對手的成本架構、獲利基礎、擁有資源與能力、市場競爭定位、產品差異化、垂直整合程度及過去針對產業變化的反應等詳細資訊，以勾勒出所有競爭對手的優勢與劣勢。

由於競爭對手內部資訊的難以獲得，行銷經理在執行產業競爭分析時，通常會發現必須投入資源在「市場研究」上，始能獲得**「行銷規劃」(Marketing Planning)** 所需的精確資訊。一般市場研究採用的方法可概分如下：

- **質性市場研究**：如「聚焦群體」(Focus Group) 或「面談」(Interviews) 等。
- **量化市場研究**：運用統計分析技術的各種量化研究方法如問卷調查、資料探勘等。
- **實驗**：如市場測試等實驗設計方法。
- **觀察**：如民族誌 (ethnographic)，現場觀察等

11.1.2 行銷概念的演進

在丹尼斯 (Dennis) 與科特勒 (Kotler) 等學者的歸納下，行銷概念的演進，可區分如生產導向、產品導向、銷售導向、行銷導向及整體行銷導向等階段劃

分 ^(註解1)，分別說明如下：

生產導向 (Production Orientation)：～1950 年代前，獲利基礎在生產方法，公司行銷的目的，在追求「**規模經濟**」(Economics of Scale)，此生產導向適用於對產品與服務有高度需求，且大致能確定消費者的口味不會變化太快的情境。

產品導向 (Product Orientation)：～1960 年代前，獲利基礎在產品的品質，公司行銷的哲學，是只要產品品質夠好，消費者會持續購買與消費產品。

銷售導向 (Selling Orientation)：1950～60 年代，獲利基礎在銷售方法，公司行銷的目的，適用促銷的方式，將既有或庫存產品盡可能的銷售出去。適用的情境，約與生產導向的行銷類似，即市場對產品或服務仍有高度需求，且消費者口味變化不大等。

行銷導向 (Marketing Orientation)：1970 年～現代，獲利基礎在顧客的需求 (needs) 與想要 (wants)，這種又稱為「**顧客導向**」(Customer Orientation) 的行銷哲學，是目前行銷的主流。行銷導向的公司，著重於市場研究，確實掌握顧客的欲望 (desires)，並藉此研發、生產產品或服務，以達成「**最大客製化**」(Customization Maximization)。

顧客導向行銷的重點，在確實瞭解顧客的「需要」(need)、「想要」(want) 與「欲望」(desire)，此三種人類心理需求層級的差異如圖 11.2 所示：

欲望 (Desire)
個人興趣與期望
如汽車速度

想要 (Want)
非絕對必須的
如汽車外部塗裝

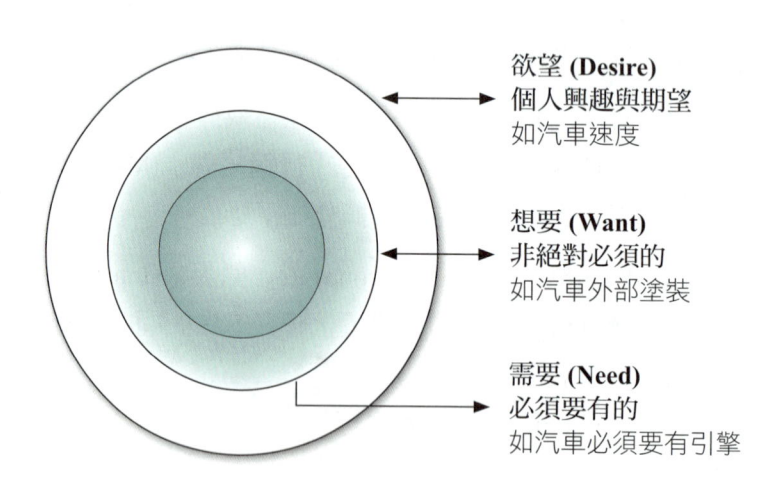

需要 (Need)
必須要有的
如汽車必須要有引擎

圖 11.2　需要、想要與欲望示意圖

顧客導向或**顧客專注 (customer-focused) 行銷**，也將傳統 4P 行銷組合改成所謂 "SIVA" 模型，亦即：

Product 產品 → Solution 解決方案
Promotion 促銷 → Information 顧客資訊
Price 價格 → Value 以價值取代定價
Place 地點（通路）→ Access 可及性

整體行銷導向 (Holistic Marketing Orientation)：由科特勒 (Kotler) 所提出的現代行銷觀念，所有公司的活動都與行銷有關，這是一種行銷計畫與活動發展、設計與實施的廣泛整合。整體行銷導向的特性，由下列四個行銷方式（策略）組成如：

1. **關係行銷** (Relationship Marketing)：強調構建並維持好的顧客關係。關係行銷所謂的顧客，強調供應鏈上所有的顧客，包括供應商、配送商、客戶、終端顧客等。目的在提供好的顧客服務，以構建、強化顧客忠誠度。
2. **內部行銷** (Internal Marketing)：1981 年由瑞典經濟學者格羅路斯 (Christian Gronroos) 首先提出「內部行銷」的概念，與外部行銷 (External Marketing) 的概念相對應，意思是使員工熱愛公司的產品，然後才能讓員工去說服客戶熱愛公司的產品。內部行銷常運用於**「直銷」** (Direct Sales) 領域。

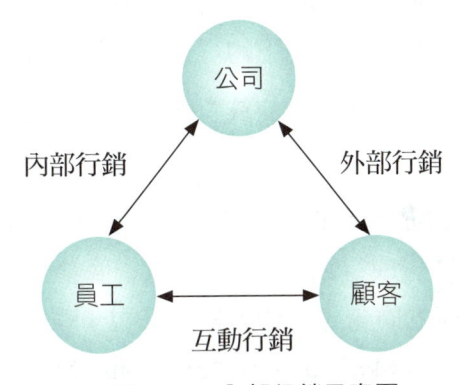

🎧 圖 11.3　內部行銷示意圖

3. **整合行銷** (Integrated Marketing)：顧名思義，整合行銷是將不同的行銷方式如「廣泛行銷」(Mass Marketing)，「一對一行銷」(One-to-One Marketing) 及「直銷」(Direct Marketing) 等整合起來，其目的在互補各種行銷策略的缺點，並發揮各種行銷策略整合的綜效。
4. **社會責任行銷** (Socially Responsible Marketing)：在現代對 CSR「企業社會責任」的要求下，企業考量現在至未來社會整體利益的行銷哲學。根據瓦倫德 (Vaaland) 等學者的分類，社會責任行銷可包括下列類型如：**「社會行銷」**

(Social Marketing)、「動機關聯行銷」(Cause-related Marketing)、環境或綠色行銷 (Environmental or Green Marketing)、「環境創業行銷」(Enviropreneurial Marketing)、「生活品質行銷」(Quality of Life Marketing) 及「社會責任採購」(Socially Responsible Buying) 等。

丹尼斯等學者也將整體行銷再區分四個導向如：

關係行銷 (Relationship Marketing)：1960 年～現代，獲利基礎為好的顧客關係，其說明已如前述。

企業或產業行銷 (Business/Industrial Marketing)：1980 年～現代，獲利基礎為好的企業關係，在此領域的行銷，發生在產業內的企業之間，其專注重點是產業貨物或資本，而非終端消費性產品。

社會性行銷 (Societal Marketing)：1980 年～現代，獲利基礎為社會利益，在一般行銷導向上，加上生產方式、產品本身及銷售方式等，不對社會造成任何傷害的條件。

品牌化 (Branding)：1980 年～現代，獲利基礎為**品牌價值 (Brand Value)**，品牌化為企業的主要經營哲學，而在品牌化下的行銷，則為此經營哲學的實踐工具。

除了上述以特性分類的行銷外，目前針對網路及通訊技術的發達，行銷又衍生出許多新的行銷概念或方式如下：

- **網際網路行銷 (Internet Marketing)**：或稱「線上行銷」(On-Line Marketing)，是利用網路及電子郵件進行廣告或行銷，以 EC「電子商務」方式驅動直接銷售。網際網路行銷通常配合著傳統的廣告媒介如廣播、電視、報紙及雜誌等而實施。
- **電子行銷 (e-Marketing)**：e-Marketing 為 "Electronic Marketing" 的簡寫，為運用電子媒體（或即網際網路）執行行銷的作為。電子行銷、網際網路行銷及線上行銷三者，通常可視為同義詞而交替使用。其目的在吸引新的市場機會、維持現有市場及發展企業的「**品牌識別**」(Brand Identity) 等。
- **數位行銷 (Digital Marketing)**：藉由電子媒體對產品或品牌的宣傳方式。電子媒體包括網際網路、手機、電子看板、電視或廣播頻道等。由此定義可知，數位行銷與電子行銷亦可視為同義詞。
- **搜尋引擎行銷 (Search Engine Marketing, SEM)**：此專門術語為「搜尋引擎觀察」(Search Engine Watch) 網站創辦人蘇利文 (Danny Sullivan) 於 2001 年所倡議，是一種以透過增加 SERP「搜尋引擎結果頁」(Search Engine Result Pages) 能見度

的方式，或是透過搜尋引擎的內容聯結來推銷網站的網路行銷模式。根據 SEMPO「搜尋引擎行銷專業組織」(Search Engine Marketing Professionals Organization) 的區分，SEM「搜尋引擎行銷」方法包括搜尋引擎最佳化、付費排名及付費收錄等。

- **桌面廣告** (Desktop Advertising)：由電腦作業系統霸主微軟 (Microsoft) 所主導，但 Google, Yahoo 與其他公司也陸續加入競逐的電腦（或行動裝置）桌面上的自動、免費廣告方式。雖然能增加廣告能見度，但過度氾濫的結果，通常導致電腦或行動裝置使用人的困擾與厭惡。在執行此行銷方式時，應特別注意收訊者的意願，否則會遭致反效果。
- **許可行銷** (Permission Marketing)：此行銷方式最早由行銷專家葛丁 (Seth Godin) 在其 1999 年出版的〈許可行銷〉（Permission Marketing）一書中提出系統的研究。簡單的說，許可行銷就是企業在推廣其產品或服務的時候，事先徵得顧客的許可。當潛在顧客許可之後，通過 E-mail 或線上的方式向顧客發送產品或服務訊息。因此，許可行銷也可稱為「許可電子郵件行銷」或「許可線上行銷」等。

11.1.3 行銷類型

在 11.1.2 小節行銷概念的演進當中，我們已介紹了許多行銷類型，另還有些特定的行銷類型，則以英文字母次序排列，彙整如本小節所述。

Affinity Marketing 關聯行銷：相對於「競爭行銷」(Competitive Marketing)，關聯行銷是兩家或多家夥伴企業將其產品或服務結合在一起（或產生關聯）的行銷方式。範例如「聯名信用卡」或電信公司提供「飛行常客」(frequent flyers) 的手機漫遊 (roaming) 折扣服務等。

Alliance Marketing「聯盟行銷」：與聯盟策略一樣，多家企業將其產品、服務或概念結合在一起、且有長期聯盟關係的行銷模式，如「目的地聯盟」(Destination Alliance) 旅遊品牌，是將旅遊景點（目的地！）與旅館、餐飲等結合在一起的聯盟行銷方式。和「聯盟」與「合資」(Joint Venture) 策略一樣，「合資行銷」是臨時的結合關係，並不產生新的品牌、產品或服務。

Buzz Marketing 蜂鳴行銷：蜂鳴行銷比真誠的推銷更能獲得信任。蜂鳴行銷概念創始人羅森 (Emanuel Rosen) 認為：「消費者都有自己的個人圈子。他們基本不聽廠商的推銷，但都聽朋友說的話。」WOM「口耳相傳」(Word of Mouth) 傳播的速度令人稱奇，不需要很長時間，每一個人就會聽到關於某個產品的優點是什麼，這樣會

使用戶得到的訊息變得更加可信，因為「所有人都在談論它」。蜂鳴行銷實際上是讓他人參與了訊息搜集、產品試用並承擔了相應的風險。這種行銷方式節省了時間、減少了資源的損耗、降低了自行運作的風險等。

蜂鳴行銷具有很高的投資報酬率和傳播到達率，它促使人們立即採取行動。大量的研究發現，在同事或朋友之間的閒聊中，某些產品如何如何的 … 常常是熱門話題，因此，WOM「口耳相傳」或蜂鳴行銷，就成為購買行為的觸發器。

Close Range Marketing 「近距離行銷」：「近接行銷」(Proximity Marketing)的一種型式，即利用 FM, WiFi 或 Bluetooth「藍牙」技術等，發送無線廣告訊息到射頻距離內顧客的手機或行動裝置上的行銷方式。

Community Marketing 社群行銷：社群行銷有兩種類型，一種是針對既有「社群」如「發燒友族群」(enthusiast groups)、「臉書族群」(Facebook groups)、「推特族群」(Twitter accounts) 或「線上傳訊廣播族群」(online message boards) 等，故有時亦稱「網路社群行銷」，這些社群上，讓社群成員表達其需求，也讓企業有機會反應此需求，而讓這些社群成員覺得被重視。

另一類的社群行銷，則類似廣告與公共關係行銷，通常專注以既有品牌產品，吸引新的顧客，加入此「品牌社區」。

Content Marketing 內容行銷：內容行銷的作法有很多，廣義的認知只要不是單純透過促銷，而是需要經過一些時間與努力，滿足或刺激顧客需求，進而達到銷售目的，或是建立關係的行銷策略，都可以稱為內容行銷。諸如發表白皮書、部落格、粉絲專頁、線上研討會、講座、出書、影片、活動等，都可以歸納在內容行銷的範疇之中。而在業務的世界裡，內容行銷也跟 "SPIN Selling"「旋轉銷售」的策略很接近。

所謂的 "SPIN" 是英國企業家瑞克漢 (Neil Rackham) 在其 1988 年出版的著作〈旋轉銷售〉(SPIN Selling) 一書中所提出銷售員於銷售時應提出四個問題的縮寫詞如下：

- Situation questions 顧客的採購情境（亦即採購目的）。
- Problem questions 探索顧客採購時待處理的「問題」。
- Implication questions 提出暗示性問題，引導顧客的採購決策。
- Need-payoff questions 需求償付問題，滿足顧客而達成交易。

Cross-Media Marketing 跨媒體行銷：跨媒體行銷與「整合媒體行銷」

(Integrated Media Marketing) 的概念稍有不同，所謂的「整合媒體行銷」是以一套行銷計畫，運用在各種不同媒體之謂。雖然希望能達成「綜效」；但受制於行銷計畫的侷限，無法發揮各種媒體的特性，充其量，僅能達成「加成」的效果而已。

跨媒體行銷，則是以一種媒體為主（通常為電視廣告）的審慎行銷規劃與佈局，在電視廣告曝光後，造成民眾的好奇，因而在網路上搜尋或是在論壇上討論，再被節目製作人員發掘這個題材，然後再上電視節目媒體，甚至上電視新聞。因此，真正的跨媒體行銷，要能創造連鎖效應。而這需要事前對各類媒體瞭若指掌，才能預判其連鎖發酵過程，而事先佈局。

Customer Advocacy Marketing 顧客倡議行銷：所謂的顧客倡議或支持，是公司的產品或服務先讓顧客覺得滿意，並做好「**關係行銷**」(Relationship Marketing)後，才會有顧客倡議或支持的效果，其間的關係，如圖 11.4 所示。倡議或支持企業品牌或產品的顧客，會持續購買企業的產品，也會主動為企業宣傳，帶來新的顧客。

顧客倡議行銷

關係行銷

滿意的顧客

TQM 全面品質管理

圖 11.4　顧客倡議行銷金字塔模型示意圖

Database Marketing 資料庫行銷：即根據企業的 DBMS「**資料庫管理系統**」(Data Base Management System) 執行溝通、推廣及銷售等作為。企業的DBMS「資料庫管理系統」由顧客的人口統計、所處地區及過去購買紀錄等所組成，必須由例行的行銷與銷售作為持續的更新，才能精確的指導行銷作為。

Diversity Marketing 差異化行銷：此處 "Diversity" 是指顧客群體差異，不論是種族、文化、語言、性別、年齡層次、宗教信仰、家庭規模…等都有差異，因此行銷

作為也就必須能與廣泛、潛在的顧客群體進行溝通。

　　差異化行銷又可區分如「文化」(In-Culture)、「語言」(In-Language) 及「人」(In-person) 等三種類型的行銷組成。差異化行銷也將導致行銷的市場定位 (positioning) 與區隔 (segmentation) 等行銷策略規劃的不同。

　　Ethical Marketing 倫理行銷：簡言之，倫理行銷不但是讓行銷作為符合社會倫理預期，包括原料、產品、推廣、定價 … 等，都包含在倫理行銷的概念之內。但因每個人對倫理、價值觀都或有差異，使倫理行銷中對「倫理」的定義相當困難。但若能符合社會大多數消費者的倫理預期，無論短期或長期，對企業經營的持續與獲利，都有相當明顯的助益。

　　Evangelism Marketing 福音式行銷：企業產品與服務的消費者，從滿意到倡議、口耳相傳、再進一步到所謂的「福音」佈道，讓消費者以類似宗教佈道的方式，主動、自發性的為企業產品與服務宣傳。

　　福音式行銷大多是消費者自發性行為，行銷者不一定在幕後推動或策劃，相對行銷者較難掌握成效。

　　另福音式行銷有時會與 WOMM「口碑行銷」(Word of Mouth Marketing) 混淆或混用。但福音式行銷的消費者參與程度較大，且行銷者不見得在幕後策劃；而 WOMM「口碑行銷」的消費者主動參與程度稍遜於福音式行銷，且行銷者可能經由巧妙的佈置、製造議題，成為口碑行銷的催化劑與第一張嘴！

　　Faith-Based Marketing 信仰行銷：信仰，是人類精神生活的重要支柱，因此，將宗教信仰運用到企業的經營行銷上，就稱為「信仰行銷」。對美國的基督徒而言，其每年消費能力達 51,000 億美元以上，更是信仰行銷不容忽視的領域。信仰行銷通常運用在書籍、影音出版及旅遊業等。

　　Freebie Marketing 免費贈品行銷：又稱「餌與鉤經營模式」(razor and blades/ bait and hook business model)，見文生義，就是以免費贈品為餌，實際上是要引起（釣起）消費者對其產品的興趣與需求。範例包括送免費印表機、但賣色匣；免費手機但賣通訊方案等。

　　Global Marketing 全球行銷：企業將產品與服務推向國際市場的行銷策略，若成功運用，能將企業推向國際市場。雖然名之為「全球」行銷，但在各國或不同區域，也須運用不同的策略。如麥當勞在全球各地的行銷模式雖一致，但其菜單 (menu) 卻也因應當地需求而有所變化。一般而言，全球行銷適合運用在有一致需求的產品與服

務，如汽車、食品⋯等。

　　Guerrilla Marketing 游擊行銷：游擊行銷一詞，最初由李文森 (Jay Conrad Levinson) 於 1984 年出版的〈游擊行銷〉(Guerrilla Marketing) 一書的書名所倡議，其概念就是以低成本、非傳統（非常規）的手段，包括塗鴉 (graffiti)、貼紙轟炸 (sticker bombing)、張貼宣傳單 (flyer posting) 等，提醒大家注意一個想法、產品的行銷策略或服務等。目前，游擊行銷還可能以人、群體或網路科技執行這種策略，如快閃族 (flash mobs)、病毒行銷 (Viral Marketing) 或網路行銷 (Internet Marketing) 等。

　　游擊行銷的型式，目前衍生出許多相關的行銷策略如：

- **草根行銷 (Grassroots Marketing)**：是指與大眾廣告和大規模公關贊助活動相對的、低調的、民眾化的營銷宣傳方式，其本質是利用非傳統的行銷手段來達到傳統的行銷目的。
  - 在傳播管道上，不再倚重傳統的大眾傳媒，而是選擇了更為貼近草根的傳播方式，包括小廣告、口碑相傳、大型高參與度的互動活動及網際網路出現後的 BBS、部落格等。
  - 在傳播內容上，不再倚重名人效應，轉而開始講述老百姓身邊的故事。
  - 在語氣上，不再是我來引導教育你，而是轉變成我就是你，我能理解你。

- **炒作行銷 (Astroturfing)**：英文並無 "Astroturfing" 一詞，它源自於人工草皮製造商 "AstroTurf" 的變形，取其人工、虛假；而非自然、真實的草根。簡言之，炒作行銷是隱藏幕後發起者（如企業組織、政治、宗教、公共關係）與行銷的關聯性，而顯現出出自於基層參與者（草根）的支持，故又稱為「人氣炒作行銷」，最常用於網路人氣的炒作。

- **街頭 (Street) 或「小包衛生紙」(Tissue Pack) 行銷**：行銷者在街頭散發以「小包衛生紙」（或其他小贈品）夾帶傳單的「肉搏式行銷」(Hand-to-Hand Marketing)。

- **等待行銷 (Wait Marketing)**：在人們必須等待的場所如醫院看診處、廁所或加油站等，呈現宣傳訊息或直接推銷產品的行銷方式。

- **蜂鳴行銷 (Buzz Marketing)**：在網站上呈現行銷訊息，潛意識的鼓動網路使用者傳播此行銷訊息。因此，結合了「病毒」與「秘密行銷」(Viral/Undercover Marketing) 而創造了「蜂鳴行銷」的新名詞。

　　Inbound Marketing 集客式行銷：集客式行銷是一種主動行銷策略，透過各種不同的網路社群管道，做到精準分眾的網路行銷。這是網路技術發展在行銷領域的影響產物。網路給予了消費者尋找、購買和研究品牌及產品的替代方法，從而使集客式行

銷成為了一個好的行銷模式。

集客式行銷的實際作法，應加強數位資產的優化以及關鍵詞的鎖定，確實的將每個廣告及訊息，都確實的將顧客導入至網站，同時做好 SEO「搜尋引擎優化」(Search Engine Optimization)、SMO「社群媒體優化」(Social Media Optimization)及 UEO「使用者經驗優化」(User Experience Optimization) 等的全網站優化，才是確實的做好集客式行銷。

Influence Marketing 影響行銷：根據 1940 年代「政治溝通」(Political Communication) 領域的研究結果顯示，大多數人會受到二手消息及意見領袖的影響。影響行銷就是這種理論的產物，它聚焦於「影響者」(influencers) 的辨識與運用，而非廣泛消費者市場。

所謂的影響者，包含企業與顧客之外的第三者如供應鏈上的廠商，或「加值型」的影響者如記者、學者、產業分析師、專業顧問等。Brown & Hayes 兩位學者對能影響採購決策的影響者，提出不同階段及參與程度的「影響者角色」模式註解 2，如圖 11.5 所示：

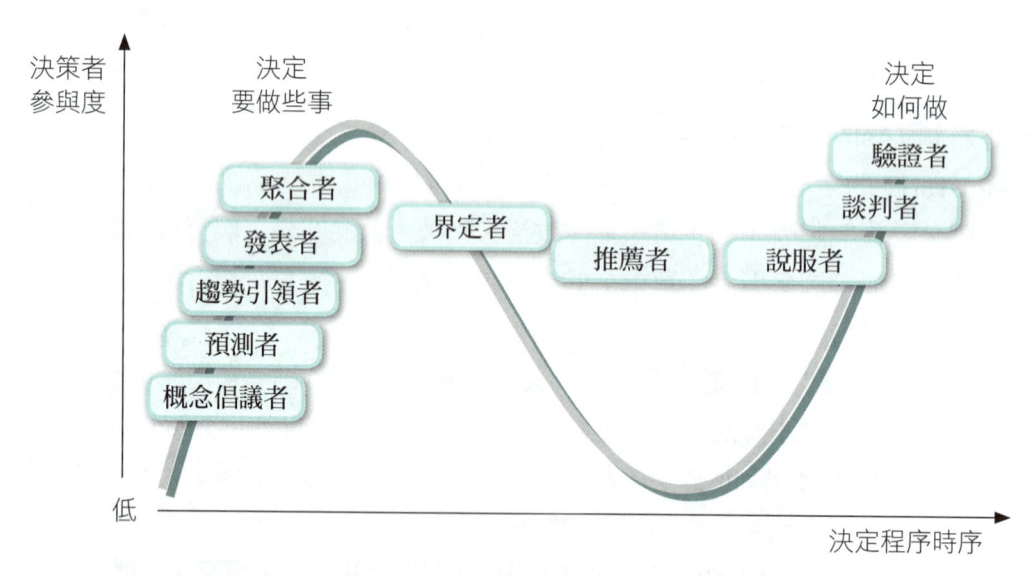

圖 11.5　影響者角色模型示意圖 (Brown & Hayes, 2008)
修改自 Duncanwbrown,
http://en.wikipedia.org/wiki/File:Influencer_Roles.jpg

Loyalty Marketing 忠誠度行銷：即企業「顧客忠誠度計畫」中的行銷策略，其目的在維持並強化既有顧客的忠誠度。許多實務研究顯示，顧客忠誠度與「顧客推薦」(customer referral) 有很強的關聯性。因此，近代也有配合或取代顧客忠誠度行銷

的「**顧客倡議行銷**」(Customer Advocacy Marketing) 概念的興起。

對一般消費者而言，顧客忠誠度行銷的範例包括航空公司的里程累積計畫、旅館的常客優惠計畫及信用卡的優惠行銷計畫等。

Megamarketing 大市場行銷：為美國著名市場行銷大師科特勒 (Philip Kotler)，針對現代世界經濟邁向區域化和全球化，企業之間的競爭範圍早已超越本土，形成了無國界競爭的態勢，提出此「大市場行銷」觀念。

大市場行銷是對傳統市場行銷組合戰略的發展。科特勒指出，企業為了進入特定的市場，並在那裡從事業務經營，在策略上應協調地運用經濟、心理、政治、公共關係等手段，以博得外國或地方的合作與支持，從而達到預期的目的。大市場行銷策略在 4P 行銷組合的基礎上再加上 2P 即權力 (Power) 與公共關係 (Public Relations)（6P 大市場行銷組合）。

Next-Best-Action Marketing 下一步最佳行動行銷：與傳統以產品為中心推廣式的行銷方式不同，「下一步最佳行動行銷」是以顧客為中心的行銷策略。簡單的說，「下一步最佳行動行銷」是以顧客的採購決策過程為基礎，逐步的提供下一步最佳行動建議的行銷方式。

「下一步最佳行動行銷」的概念，源自於美國空軍上校伯依德 (USAF Colonel John Boyd) 所創 OODA「空戰決策循環」模式 (Observe, Orient, Decide, and Act) 如圖 11.6 所示。伯依德以 OODA「空戰決策循環」模式，解析戰機飛行員在與敵機纏鬥時的觀察、定位（機動）、決策及行動的程序，此 OODA「空戰決策模式」據信也影響了後續「即時決策」(Real-Time Decision Making) 或 DDM「動態決策」(Dynamic Decision Making) 理論的發展。

Placement Marketing 置入性行銷：置入性行銷或稱為產品置入 (Product Placement)，是指刻意將行銷事物以巧妙的手法置入媒體，以期藉由媒體的曝光率來達成廣告效果。行銷事物和媒體不一定相關，一般閱聽人也不一定能察覺其為一種行銷手段。

根據 AMA「美國行銷學會」對於廣告的定義，「置入性」具有下列四個條件如：

- 付費購買媒體版面或時間。
- 訊息必須透過媒體擴散來展示與推銷。
- 推銷標的物可為具體商品、服務或抽象觀念。

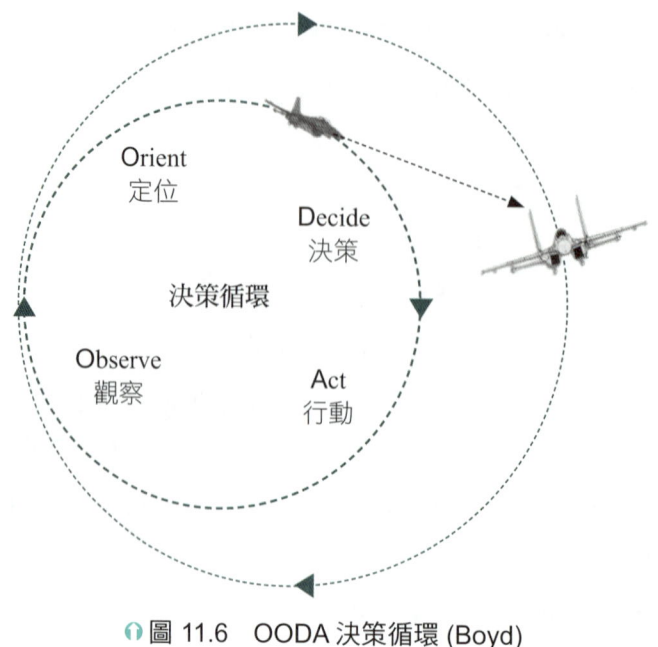

♫ 圖 11.6　OODA 決策循環 (Boyd)

- 明示廣告主。

最常見的置入性行銷為於電影或電視節目畫面中刻意置入特定靜態擺設道具或演員所用的商品，而要置入的商品必須付費給電影或電視節目製作單位；例如「007」系列電影中，男主角的手錶、汽車。置入性行銷試圖在觀眾不經意、低涉入的情況下，減低觀眾對廣告的抗拒心理。不過行銷的太過火、太浮濫、太誇張的情形，會出現廣告化的歪曲現象。

Proximity Marketing 近接行銷：為在特定地點，以區域無線傳輸訊息，當攜帶有手機或其他通訊裝置的人接近該區域，即會收到廣告訊息的行銷方式。近接行銷的裝置與傳輸區域分類如下：

- 在特殊處室內的手機傳訊。
- 在傳訊範圍內的藍牙或 WiFi 裝置。
- 含 GPS「全球定位系統」(Global Positioning System) 的網際網路裝置（平版、筆電等），主動要求當地的傳訊內容。
- 有 NFC「近場通訊」(Near Field Communication) 功能的手機，能在網際網路特定程式上，主動讀到 RFID「無線射頻識別」(Radio Frequency Identification) 晶片所含的產品或媒體訊息。

近接行銷的通訊可針對特定位置的特定群體，如博物館或景點事前登錄的傳訊機

或轉譯機等。也可同時在特定時間與地點的限制上執行訊息的傳輸，如研討會或重要會議的傳訊或轉譯機等。

Shopper Marketing 購物者行銷：根據美國 GMA「食品雜貨製造商協會」(Grocery Manufacturers Association) 的定義，所謂購物者行銷，就是奠基於對購物者購物行為 (Shopper Behavior) 的瞭解，將來店顧客 (customers) 轉變成購物者 (shopper)，或藉以建構品牌資產 (Brand Equity) 的行銷方式，就叫做購物者行銷。

上述對「購物者行銷」的定義看似籠統，好像跟任何**「店內行銷」(In-Store Marketing)** 的定義差不多，但購物者行銷，強調兩個特點如：

1. 購物者行銷強調透過對購物行為 (Shopper Behavior) 的瞭解，來擬定通路行銷策略；跟一般行銷策略奠基於對消費者的瞭解 (Consumer Insights，指消費者對產品、品牌的認知、態度、使用等) 不太一樣。
2. 購物者行銷將賣場視為行銷媒介，與傳統將賣場視為通路的概念不同。藉由賣場媒體，去影響消費者的購買決定，或建構零售通路的品牌形象。

Social Pull Marketing 社會拉動行銷：或「拉式行銷」(Pull Marketing)，是以最終消費者為主要促銷對象，透過廣告、營業推廣、公共關係等社會性促銷手段，向消費者展開促銷，使產生強烈的興趣和購買欲望，紛紛向經銷商詢購這種商品，而中間商看到這種商品需求量大，就會向製造商進貨。

Undercover Marketing 秘密行銷：秘密行銷 (Undercover or Stealth Marketing) 是透過偽裝，在使消費者難以察覺的狀況下執行的行銷手法。

秘密行銷的手法可能為法，如「三星寫手事件」，企業透過收買評論網站或部落客，喬裝成不相關的第三者對特定企業或產品做出誇讚的評價。這類造假行為在日本、美國、歐洲有一些相關的法令予以禁止。然而在台灣及中國大陸，政府與政黨單位購買媒體版面暗地宣傳（參照：置入性行銷）或明顯控制第四權的行為仍時有所聞。

Viral Marketing 病毒行銷：又稱基因行銷或核爆式行銷，是一種常用的網路行銷方法，常用於進行網站推廣、品牌推廣等。其訊息傳遞策略是通過公眾將訊息廉價複製，告訴給其他受眾，從而迅速擴大自己的影響。

病毒行銷利用 WOM「口碑傳播」的原理。在網路上，這種口碑傳播更為方便，可以像病毒一樣迅速蔓延，因此病毒式行銷成為一種高效的訊息傳播方式，而且，由於這種傳播是用戶之間自發進行的，因此幾乎是不需要費用的網路行銷手段。和傳統

行銷相比，受眾自願接受的特點使得成本更少，收益更多更加明顯。

病毒行銷最好的例子就是**電子郵件行銷 (Email Marketing)**。電子郵件行銷除了成本低廉的優點之外，更大的好處其實是能夠發揮病毒行銷的威力，利用網友「好康道相報」的心理，輕鬆按個轉寄鍵就化身為廣告主的行銷助理，一傳十、十傳百，甚至能夠接觸到原本公司企業行銷範圍之外的潛在消費者。

WOMM 口碑行銷 (Word of Mouth Marketing)：口碑行銷為企業藉由顧客關係管理，使顧客滿意後，願意在親朋好友間主動宣傳該企業產品與服務之謂。好的口碑，自然在口碑行銷的推動下，會有相當的成效。

但須注意 "Word of Mouth" 一詞的原意為「口說」，而說的人本身的誠信與可信度，會明顯影響「口碑行銷」的效果。另口碑行銷的宣傳者，是否有接受企業的金錢或餽贈而影響「口碑」的可信度？都是消費者對「口碑行銷」應謹慎判斷的應有態度。

11.1.4 行銷規劃

行銷規劃，是企業策略規劃程序的一部分。行銷規劃作為仍依循一般策略規劃程序，先行檢視行銷領域將面臨的環境，制訂行銷目標與施行策略後，制訂行銷行動所依據的行銷計畫與政策等。因行銷規劃與策略規劃程序大致相同，其可用的規劃與分析工具，將在第 14 章「策略管理」中詳細說明，此處僅針對行銷於策略規劃中的特性部分說明如下。

行銷環境分析

行銷環境的分析，依據策略規劃程序中第一個模組「環境分析」(Environmental Scanning) 的區分，可分為宏觀環境、產業環境及組織內部環境的分析層次，分別簡述如下：

行銷的宏觀環境分析：行銷所面臨的宏觀環境，通常涉及到不同地域、甚至不同國家、地區的「**全球行銷**」(Global Marketing) 的重大行銷決策，亦即是否要在不同國家、地區投入資源，推動行銷之謂。宏觀環境分析考量的因素，也就是所謂的 PEST 分析如：

- Political 政治因素
- Economic 經濟因素
- Sociocultural 社會文化因素

- Technology 技術因素

由於近代企業經營越來越重視法規、環境保護與企業倫理責任等,因此,PEST 分析也進一步衍生成 **STEEPLE** 分析,從原來 PEST 多出來的一個 "L" 與兩個 "E" 則分別代表:

- Law 特定經營法規(從原政治因素獨立出)
- Environment (Protection) 環境保護(內容超出環保法規而涉及社會責任)
- Ethics 經營倫理(社會責任考量)

宏觀環境 (Macro-environment),通常不是某些企業所能主導或控制 註解3。因此,在決定投入資源前,應詳盡的比較不同國家或地區的政、經、文化與技術層面等,對未來行銷管理的可能影響。

行銷的產業環境分析:產業環境,指的是公司產品與服務所涉及的產業類型,而影響產業環境的主要因素,是產業內的同行競爭 (rivals competition),除此之外,還有產業供應鏈 (supply chain),潛在產業進入者 (potential entries),與替代性行業 (substitutions) 等的威脅等,請參照圖 1.4 波特產業分析「五力分析」模型。

行銷的產業環境分析,除了「波特五力分析」模型外,另還須分析市場與顧客(群體)如:

市場分析 (Market Analysis):分析下列要項如:

- 產業架構與策略群聚
- 市場規模
- 市場定義(定位 Positioning)
- 市場區隔 (Segmentation)
- 市場競爭市佔率
- 市場發展趨勢

顧客分析 (Customer Analysis):分析下列要項如:

- 購買決策本質
- 參與者
- 口統計學 (demographics)
- 消費心理學 (psychographics)
- 購買者動機與期望
- 顧客忠誠度

產業環境分析運用於行銷時，也如策略規劃一樣，分析者須能辨識出在市場上的 CSF/KSF「關鍵成功要素」(Critical/Key Success Factors) 與其相對應的行銷管理作為。

行銷的組織內部分析：分析組織可運用於行銷的資源如人力、財務、時間、技能等。組織內部分析運用於行銷時，也與策略規劃一樣，須能辨識出由資源組成的「**核心能力**」(Core Competencies) 與其相對應的行銷管理作為。

從市場上的 CSF/KSF「關鍵成功要素」與組織內部的「核心能力」中，分析者須再整合成**行銷策略因素 (Marketing Strategic Factors)** 與其相對應的行銷管理作為。至此，行銷的環境分析才算完成。接下來，是行銷目標的確認與策略規劃，繼續解說如後。

行銷目標制訂

行銷目標，也可區分策略性目標 (Strategic Goals) 與戰術性目標 (Tactical Objectives) 兩大類，戰術性目標配合行銷戰術的運用可彈性調整，但終究必須支持戰略性目標的達成。

根據教科書的制式定義，目標可區分為：

- Goal：質性描述的遠程目標。
- Objectives：為達成遠程目標，於短、中程規劃的可量化衡量目標。
- Milestones：用於檢核計畫進度的重要目標，一般稱為「里程碑」。
- Targets：可量化衡量目標所設定的績效標準。

無論何種目標，都必須符合所謂 "SMART" 或 "SMARTER" 目標設定原則 (Goal Setting Principles) 如：

- Specific 具體：目標陳述應避免流於口號，其內容應能讓組織各階層確實瞭解，並作為溝通的依據。
- Measurable 可衡量：通常設定 KPI「關鍵績效指標」(Key Performance Indicators) 來衡量目標是否達成；另即便長程質性目標 (Goal) 也應設定是否達成的評估準據。
- Achievable 能達成：目標設定不可過高或「眼高手低」，須評估組織目前的能力，設定於未來可達成、或須付出額外努力方能達成的目標。
- Realistic 符合實際需求：目標不宜「陳義過高」，須符合組織追求的根本、重要目標如獲利、成長等。
- Time-bounded 有時限：各層級目標須以專案管理手法，設定起始、結束及各階段

檢核用的里程碑等,才能在追求目標過程中,持續驅動成員。
- Expandable 可擴充:目標設定後並非絕對不能調整,須在評估與管控階段,適時調整目標的適宜性。
- Rewarding 具激勵性:目標的追求,絕非領導或管理階層一人或少數人能達成,故須能對組織成員具有激勵性,才能促成「全員參與」、群策群力的有效達成目標。

除上述一般所知的 "SMARTER" 目標設定原則外,近代策略管理大師柯林斯 (James Collins) 所提出的 "BHAG"「果敢的目標」(Big Hairy Audacious Goals),對行銷的目標設定也頗具啟發的意義。根據柯林斯的說法,所謂的 "BHAG"「果敢的目標」要目標設定者(通常即領導者)自問下列三個問題如:

1. 你的強項是甚麼?(What can you be the best in world at)
2. 是甚麼驅動你的經濟引擎?(What drives your economic engine)
3. 你深切熱情執著於甚麼?(What are you deeply passionate about)

若以專長、資源及熱情代表上述三個問題的內涵,其交集之處即為 "BHAG"「果敢的目標」。柯林斯也稱此 "BHAG"「果敢的目標」為組織的「核心能力」(Core Competencies)。

"BHAG"「果敢的目標」,實際上在鼓勵企業以組織核心能力,果敢的對中、長程目標提出遠見,故也類似策略規劃中的「遠景陳述」(Vision Statement)。之所以以如此聳動的名詞(BHAG 英文原意為「大的、令人毛骨悚然、大膽的目標」)形

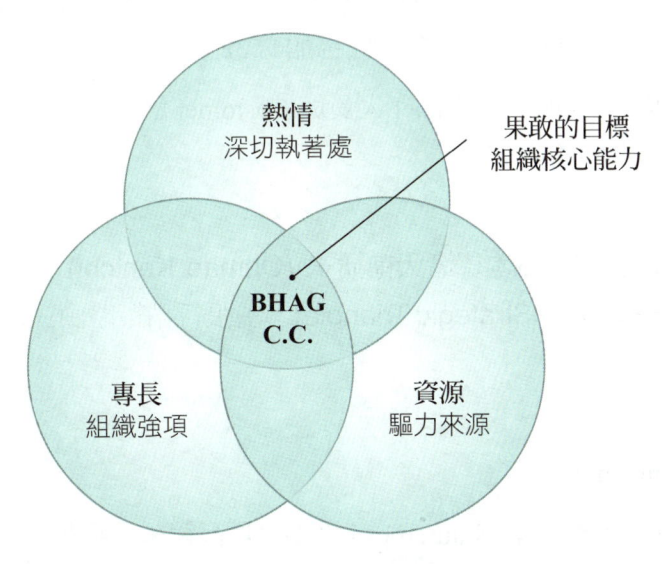

🎧 圖 11.7　BHAG「果敢目標」模型示意圖 (Collins)

容中、長程目標的重要，是在提醒企業應將遠光放遠，而非只在中、短期目標的追逐與達成上。因此，"BHAG"「果敢的目標」是策略性的、能鼓舞士氣的遠見目標 (Visionary Goals)。

11.1.5 行銷策略

行銷策略 (Marketing Strategy)，根據行銷領域大師艾卡 (David Aaker) 的定義，是「使組織專注運用資源於市場最佳機會，以達成增加銷售及維持持續競爭優勢等目標的程序。」上述定義包含「達成增加銷售及維持持續競爭優勢等」的「目標」與「專注運用資源於市場最佳機會」的「環境分析」結果 (SWOT 分析結果)，沒有明講的是，環境分析結果如何與目標達成之間的連接！因此，我們可以將行銷策略簡單定義為「環境分析後，對『達成行銷目標的方法與途徑』的規劃」。

「行銷組合」(Marketing Mix) 的概念，據信最早源自於美國哈佛大學教授波登 (Borden, N. H.) 於 1960 年代初的相關論文。緊接著，美國行銷學者麥卡錫 (Jerome E. McCarthy) 提出目前熟知的「4P 行銷組合」，再接下來，許多學者對 4P 行銷組合提出許多組成變化的主張，馬來西亞學者 Chai Lee Goi 2009 年於〈國際行銷研究期刊〉(International Journal of Marketing Studies) 發表一篇有關「行銷組合」的文獻整理，能使讀者對「行銷組合」的各種變型，有一綜括性的瞭解。此處以年代進程，選擇要點說明如下：

納入服務考量的 7P 模型：Booms and Bitner 認為，應在 4P 行銷組合的基礎上，再加上另三個 P，使其適用於服務業，此另加的 3P 為：

- Participants 參與者（包含 Personnel 人員與 Customer 顧客）
- Physical Evidence 實體證據
- Process 程序

行銷策略 3C 模型：日本學者大前研一 (Ohmae Kenichi) 於1982 年所提出，又稱為「3C 策略三角」(3C Strategic Triangle)，主張行銷策略由三個構面組成如：

- Customers 顧客
- Competitors 競爭者
- Corporation/Company 公司

顧客導向 4C 行銷組合：Lauterborn 認為 4P 行銷組合只是產品導向，若行銷計畫要成功，必須要將顧客納入行銷規劃考量中。因此提出顧客導向的 4C 行銷組合

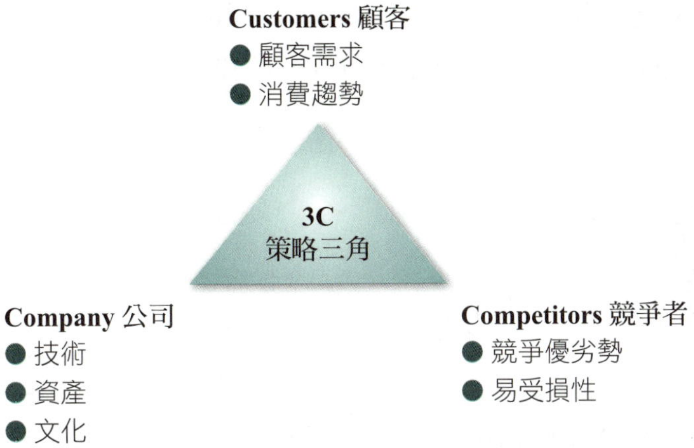

```
                    Customers 顧客
                    ● 顧客需求
                    ● 消費趨勢

                         3C
                       策略三角

Company 公司                      Competitors 競爭者
● 技術                            ● 競爭優劣勢
● 資產                            ● 易受損性
● 文化
```

圖 11.8　3C 策略三角模型 (Ohmae)

如：

- Customers Needs 顧客需求
- Convenience 方便性
- Cost (customers') 顧客的成本
- Communication 溝通

　　外部導向 4C 行銷組合：Robins 認為傳統的 4P 行銷組合過於內部導向，因而提出外部導向的 4C 行銷組合如：

- Customers 顧客
- Competitors 競爭者
- Capabilities 能力
- Company 公司

　　服務導向的 5P 行銷組合：荷蘭學者 Heuvel (1993) 年出版的〈服務行銷〉一書，認為服務業應著重「人員」(Personnel) 的訓練，才會有好的服務品質。因此，在既有的 4P 行銷組合上，再加上「人員」成為服務業的 5P 行銷組合如：

- Personnel 人員
- Product 產品
- Place 地點
- Price 價格
- Promotion 促銷

顧客支配 5V 行銷組合：Bennett 認為傳統的 4P 行銷組合僅為組織內部因素，未能考量**顧客習性** (Customer Disposition) 於購物時的影響。因而提出以「顧客習性」為評估準據的 5V 行銷組合如：

- Value 價值
- Viability 可行性
- Variety 多樣性
- Volume 量
- Virtue 屬性

網路 5W 行銷組合：Mosley-Matchett 認為網路時代來臨時，行銷應根據下列 5W 而規劃如：

- Who 誰：目標顧客與市場
- What 甚麼：行銷內容
- When 何時：時間與更新
- Where 何處：可檢索性 (findability)
- Why 理由：USP「獨特賣點」(Unique Selling Proposition)

個性化的 8P 行銷組合：Goldsmith 認為服務業逐漸重要時，應在傳統 4P 行銷組合上，再加上另外四個有關「個性化」(Personalization) 的因素如：

- Personalization 個性化
- Personnel 人員
- Physical Assets 實體資產
- Procedures （服務）程序

健保服務的 4R 行銷組合：English 認為傳統的 4P 行銷組合無法適用於健保服務領域。因此，提出健保服務的 4R 行銷組合如：

- Relevance 相關性
- Response 反應性
- Relationships 關聯性
- Results 結果性

資訊策略導向的 4C 行銷組合：Patterson and Ward 於 2000 年出版的〈關係行銷與管理〉一書，認為傳統的 4P 行銷組合偏向功能與產出導向；但在現代強調以資訊策略 (information-intensive strategies) 執行 CRM「顧客關係管理」時，應以 "4C" 取代

傳統的 "4P" 行銷組合如：

- Communication 溝通
- Customization 客製化
- Collaboration 合作
- Clairvoyance 透視能力

　　EC「電子商務」的「新 5P」或「9P」行銷組合：Lawrence 等人於 2000 年出版的〈網路商務〉(Internet Commerce) 一書中，對 EC「電子商務」時代的行銷策略，除傳統的 4P 行銷組合外，應再加上其他所謂「新 5P」（故也稱為 "9P"）如：

- Paradox 悖論：看似衝突、但卻為真的陳述
- Perspective 透視
- Paradigm 典範
- Persuasion 說服
- Passion 熱情

　　EC「電子商務」的 4S 行銷組合：Constantinides 認為傳統的 4P 行銷組合，不適合 EC「電子商務」時代的線上行銷。因而，提出能提升線上能見度 (online presence) 的 4S 行銷組合的整合式管理作為如下：

- Scope 範圍：策略問題
- Site 網址：作業問題
- Synergy 綜效：組織性問題
- System 系統：技術問題

　　前述說明中，我們可發現管理學領域的「自然趨勢」與「根本性問題」，當一種簡易的理論模型提出後，後續學者會根據其適用領域的不同、而提出許多不同的主張。雖然都看似有理，但把一簡單概念變得複雜，本就是學術界的擅長與令人著惱之處！無論如何，一般在談到行銷組合時，通常仍以 4P 行銷組合為主。若有不同的運用需求，讀者可自行參照相關領域的特定主張。

　　至於如何運用「行銷組合」於行銷策略規劃？一般常用的工具，是所謂 MMM「行銷組合模型」(Marketing Mix Modeling) 分析。一般會以為「行銷組合模型」就是所謂「4P 行銷組合」，但實際沒那麼簡單！MMM「行銷組合模型」分析，是運用如「多變量迴歸」(Multivariate Regressions)、「時序分析」(Time Series Analysis) 等統計分析手法，估計各種行銷戰術（即行銷組合）對銷售量的影響。

除了上述對行銷策略的量化分析外,另一般常見的質性分析,則多以其專注領域或類型劃分,分別簡述如下:

安索夫矩陣 (Ansoff Matgrix) 模型:相信最早將組織策略定位運用於行銷策略規劃的,可能是俄裔美國學者安索夫 (Igor H. Ansoff) 於 1957 年所提出的「**產品與市場成長矩陣**」(Product-Market Growth Matrix)。安索夫以這個矩陣來說明企業藉由從既有產品到新產品開發,或從既有市場到新市場開發等策略,來達成成長的目的,如圖 11.9 所示:

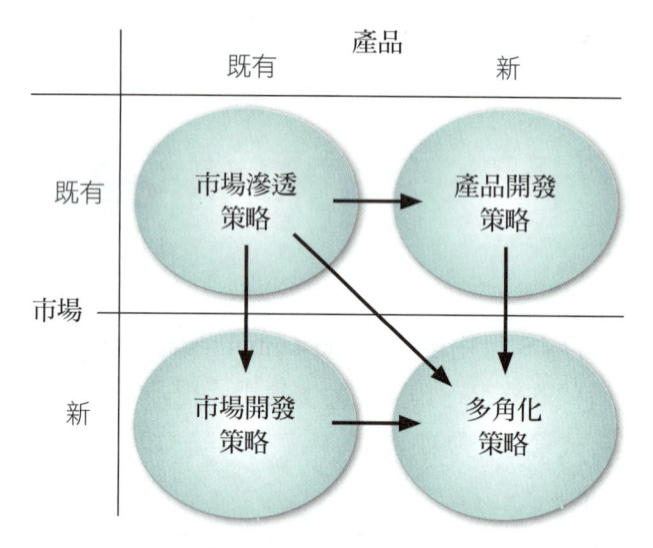

◐圖 11.9　產品與市場成長矩陣 (Ansoff Matrix)

市場主導分類:所謂的「市場主導」(market dominance),指的是在某特定區域中,有關公司、品牌、產品與服務與競爭對手的相對強度衡量。以市場主導區分的行銷策略有四種類型如:

- 領導者 (Leader):市佔率最大者,市場定位包含市佔率、獲利及聲譽,策略取向為「全向」(Omni-directionality) 策略。
- 挑戰者 (Challenger):市佔率緊隨並持續威脅領導者的挑戰者,市場定位著重於市佔率的提升,策略取向為「差異化」(Differentiation) 策略。
- 追隨者 (Follower):對領導者不構成威脅、也無防禦策略的中、小市佔率者,市場定位著重於獲利,策略取向為「模仿」(Imitation) 策略。
- 利基者 (Nicher):或稱「市場填補者」,市佔率小或其他中大市佔率者未曾考量(或不想)市場利基的掌握者。市場定位著重於獲利及聲譽,策略取向為「集中化」(Centralization) 策略。

市場生命週期階段分類：市場、與產品或產業一樣，也可以所謂的「生命週期」階段來區分行銷策略運用的不同。根據蕭 (Eric H. Shaw) 2012 年於〈行銷歷史研究期刊〉(Journal of Historical Research in Marketing) 發表「行銷策略」一文中，將**不同市場生命週期階段適合採用的行銷策略**區分如下：

- 引入階段：滲透 (penetration) 或利基 (niche) 策略。
- 成長階段：市場「區隔擴張」(segment expansion) 或「品牌擴張」(brand expansion) 策略。
- 成熟階段：維持 (maintenance) 或「BCG 組合分析」(Boston Consulting Group's Portfolio Analysis) 策略。因執行「BCG 組合分析」，故為一種企業集團內的資源調配 (resource allocation) 策略。
- 衰降階段：當銷售的成本超過獲利時，一般採取收穫 (harvesting) 或轉投資 (divesting) 策略。

上述所謂的「BCG 組合分析」為美國 BCG「波士頓顧問群」(Boston Consulting Group) 的前執行長韓德森 (Bruce D. Henderson) 於 1968 年所創的組合分析 (Portfolio Analysis) 方法。而所謂的「組合分析」，適用於有多樣產品的公司或涉及多產業的企業集團，根據其產品線或 SBU「策略事業單元」(Strategic Business Unit) 於各自產業領域的市佔率與成長率為軸，區分出疑慮 (Doubt 前景不明)、金星（Golden Star 新興明星產業）、金牛（Cow 穩定持續獲利產業）及餓狗（Black Dog 前景黯淡的產業）等四個象限中的所處位置，判斷應採投資、獲利、收穫或轉投資等策略，如圖 11.10 所示。

CLV「顧客終身週期價值」模型：在行銷策略規劃領域，還有所謂的 CLV「顧客終身價值」(Customer Lifetime Value) 評估模型，其要點是不僅把顧客看成一次交易對象，而是藉 CRM「顧客關係管理」維持與顧客間長期、未來的良好關係，當然，就能使企業評估此顧客（或群體）的整個生命週期價值。CLV「顧客終身價值」模型根據其運用領域及考慮參數，可以是簡單、概念性的架構，或是多維度、多構面的複雜分析模型。

CLV「顧客終身價值」的重要性，是鼓勵企業從短期獲利的角度、移向與顧客長期、良好的關係；另它也代表爭取一名新顧客所須花費成本的上限。因此，CLV「顧客終身價值」在評估 MMM「行銷組合模型」的廣告花費報償時，也是一項重要的參數。

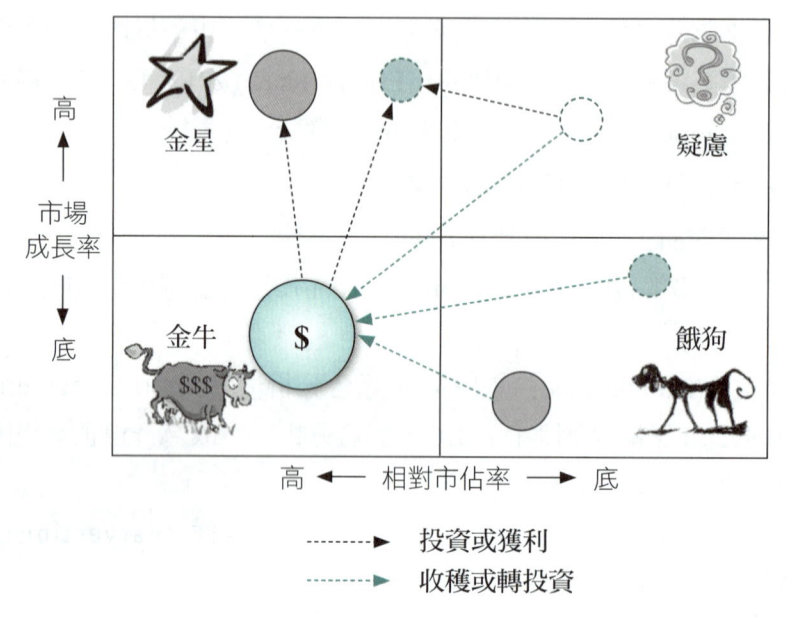

🎧 圖 11.10　市場成熟期 BCG 組合分析行銷策略示意圖

　　行銷規劃與決策一樣，應在企業的例行運作中，持續蒐集、更新、分析與運用市場與顧客資料，作為行銷策略規劃的依據。盡量不要做不確定性高、反應時間緊迫、缺乏資料，而必須依賴行銷經理或人員的經驗或直覺來做行銷決策，這種「直覺反應」或「**粗糙行銷**」(Coarse Marketing)，長久以來，會降低企業的行銷品質。

　　此外，因可供運用的策略類型甚多，且其適用性各有差異，行銷策略規劃時，都應詳細評估、考量所有可能行銷策略與行銷組合可能產生的效益與結果。如此，才能為企業帶來最好的效益。行銷策略規劃完成後，行銷計畫也已完成了大半！

11.2　運籌管理

　　軍方稱為「**後勤**」而民間稱為「**運籌**」(Logistics) 一詞的意義，是「在某種要求下，從物資的起源到物資的消耗整個流程的管理。」所謂的某種要求，可能來自於顧客或組織本身所提的要求，如「**七適**」(7 Rights)：「適項、適量、適況、適值、適時、適地、適客」，串起來說，則是「將適當的產品或服務之品項、數量、以適合的狀況及價格，適時、適地的遞交給適當的顧客。」而所謂的「物資」則包含有形及無形兩類，有形物資包括如物料、裝備、甚至人畜、飲食輜重（尤指軍事運用）等，而無形物資則可能包括有時間、資訊、能量等。而物資的緣起到消耗整個流程的管理，一般則習稱為 SCM「供應鏈管理」。

運籌管理與供應鏈管理的區別

運籌管理 (Logistics Management) 一詞常與 SCM「供應鏈管理」混用，但實際上兩者還是有些許差異。一般認為 SCM「供應鏈管理」包含企業組織的五個關鍵功能如採購 (Procure)、製造 (Make)、運輸 (Move)、儲存 (Store) 及服務 (Service) 等，而運籌管理則為 SCM「供應鏈管理」的次群組，運籌管理負責的部分，是製造與服務之外的採購、運輸、儲存等「整備」(Readiness) 功能。

若參照圖 11.1 所示波特的企業 VCA「價值鏈分析」模型則較容易瞭解，波特的 VCA「價值鏈分析」模型中，運籌管理區分為**「內向運籌」**(Inbound Logistics) 與**「外向運籌」**(Outbound Logistics) 兩類，內向運籌為製造前的所有整備活動，而外向運籌則為製造與銷售之間的介面整備活動，內向與外向運籌兩者，皆包含資訊溝通、物料處理、包裝、倉儲、運輸⋯等所有整備活動。

若以實際產品的生產為例，所謂的內向運籌，是指產品生產或服務規劃之前的物料採購、檢驗、運輸、入庫、生產前檢整等；而外向運籌則指成品的檢驗、包裝、運輸、入庫、運輸（至物流或直接至終端顧客）等生產後的整備活動。內向與外向運籌，橫跨整個供應鏈的介面，對企業組織順利運作的重要性不言而喻。在重視運籌管理的企業組織內，則有所謂的 **CLO「運籌長」**(Chief Logistics Officer) 或 **COO「營運長」**(Chief Operation Officer) 等職位的設置，這些重要職位承擔者所需具備的專業領域知識包括（但不限於）如：

- 生產規劃 (Production Planning)
- 採購管理 (Purchase/Procurement Management)
- 談判 (Negotiation)
- 物料管理 (Materials Management)
- 通路（渠道）管理 (Channel Management)
- 物流（分銷）管理 (Distribution Management)
- SCM「供應鏈管理」(Supply Chain Management)

11.2.1 運籌知識領域

由於運籌管理所涉及的專業領域知識既多且雜，為使讀者對運籌管理能有較深入內涵的認識，本小節區分運籌相關知識領域說明要點如下：

採購運籌 (Procurement logistics)：包括市場研究、MRP「物料需求規劃」、自

製或外購決策 (Make-or-Buy Decision)、供應商管理、下訂 (ordering) 與訂單管理等有關活動。採購運籌的目的，看起來似乎有點矛盾，那就是專注於核心能力的最大效益發揮、無關核心能力的活動外包 (Outsourcing) 的同時，仍維持公司的自主性；另在維持供應程序的最大保全性 (security) 的同時，盡量降低採購成本。

生產運籌 (Production logistics)：聯結著採購運籌與物流運籌，其主要功能是運用可用的生產能量，以產出物流運籌所需的產品，其主要活動包括如「佈局規劃」(layout planning)、生產規劃與管控 (production planning and control) 等。

物流運籌 (Distribution logistics)：由於生產與（顧客）消耗的時間、地點與數量都有差異，因此，物流運籌的主要功能，就是在將完工產品遞交到顧客之間所有活動的平衡，包括訂單處理 (order processing)、倉儲 (warehousing) 及運輸 (transportation) 等。

售後運籌 (After-sales logistics)：售後運籌是支援「售後服務」(After-sales Service) 的相關運籌作為，如在產品保證期內與超出保證期後，定期或根據顧客要求對售出產品（尤其指裝備而言）的維護與維修工作。

廢棄運籌 (Disposal logistics)：主要是指生產過程中對廢料、廢水及垃圾等的處理活動，其目的在降低運籌成本及避免對環境造成污染。

逆向運籌 (Reverse logistics)：顧名思義，逆向運籌的方向與傳統「正向運籌」(Forward Logistics) 相反，是指從顧客到生產源頭的運籌活動。逆向運籌有廣、狹義之分。狹義的**回收運籌** (Returned Logistics) 是指對有環保問題或過時的產品、零組件或物料回收的過程。它是將有再利用價值的部分加以分揀、加工、分解，使其成為有用的資源重新進入生產和消費領域。廣義的逆向運籌除包含狹義的回收運籌的定義外，還包括「廢棄運籌」的內容，其目標是藉減少資源使用，並達到廢棄物減少的目標，同時使正向以及回收的物流更有效率。

以上可由企業活動流程區分各種運籌領域之間的關係，如圖 11.11 所示。

綠色運籌 (Green logistics)：指的是將企業活動對環境、生態、社會衝擊影響盡可能的降低或友善化的運籌活動。範例包括「**貨物聯運**」(Intermodal Freight Transport)、**路徑最佳化** (Path Optimization)、「**城市運籌**」(City Logistics) 等。

全球運籌 (Global logistics)：相對於「本地運籌」(Domestic Logistics) 專注於某一地區、國家的運籌規劃與管理，全球運籌須考量不同國家與區域間的差異（政、經、社會文化、尤其是技術層次）與整合。

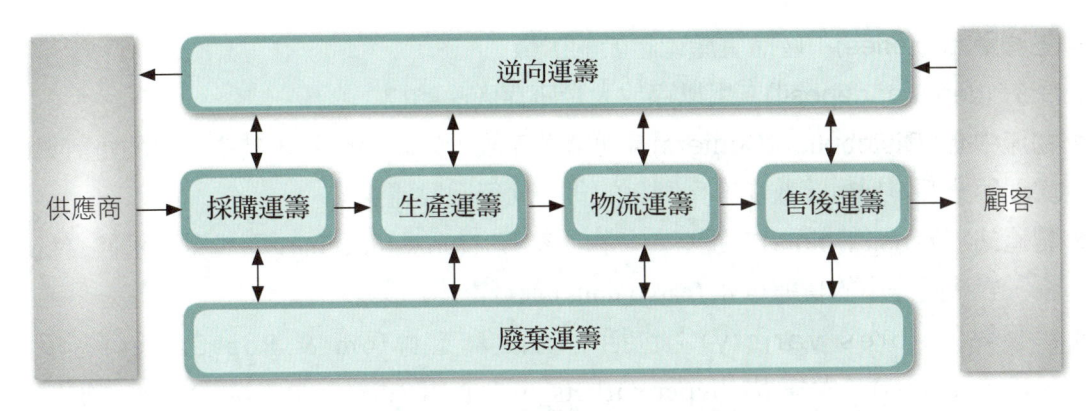

◐ 圖 11.11　各類型運籌關係示意圖

RAM 運籌 (RAM Logistics)：或稱「**運籌工程**」(Logistics Engineering)，通常運用在如電訊通訊系統、軍事用超級電腦等有高度複雜技術性系統，而可靠度 (Reliability)、可用性 (Availability) 及維護性 (Maintainability) 為系統必要因素。

應急運籌 (Emergency logistics)：近代戰爭與災難援助，或重大系統失效（如戰機因失事而停飛檢修）等經驗顯示，平時的運籌系統可能無法應付緊急狀況，而時間為關鍵因素的貨物運輸。應急運籌是針對可能突發事件事先做好預備方案，並在事件發生時，能夠敏捷付諸實行的運籌規劃。

初步介紹運籌相關的知識領域後，我們從運籌系統的重要組成區分如物流網、訂單處理、運輸、型態管理、倉儲管理、生產運籌、運籌之外包與自動化等，分別簡單介紹如以下各小節。

11.2.2　物流網

運籌系統中的核心，是由**運輸網路** (transport links) 及**儲貨節點** (storage nodes) 所構成的「**物流網**」(Distribution Network) 所構成，物流網對運籌而言有兩大功能，一為維持物料在物流網中的穩定流通，另則是運籌資源的協調，以達成運籌專案。

物流網的運輸網路，就是各種運輸管道如航運、海（河）運、鐵路運輸、公路運輸等。以跨州或跨洋運籌而言，有時限壓力的貨物，通常以航運運輸，但成本甚高；沒有時限壓力、大量貨物的運輸，則通常採取海運。但無論航運或海運，到目的地後，仍須配合其他運輸管道如鐵運、陸運等的「聯運」(Intermodal Transportation) 方式實施。

至於物流網中的儲貨節點則有很多類型如下：

- 生產廠 (factories)：產品生產或組裝的工廠。
- 庫房 (depot or deposit)：用以存放大量庫存商品的標準倉庫。
- 物流中心 (Distribution Centers)：通常僅存放少量庫存商品，其主要目的是訂單的處理與分派，另也接收從客戶回送的貨物執行回收運籌。
- 轉運站 (Transit Points)：通常為貨物「交接」(cross docking) 而設置，根據交貨時程，對移動途中的貨運單元 (cargo units) 進行重組作業。
- 售貨點 (stores variety)：包括傳統雜貨店 (Mom & Pop Stores)、超商 (supermarkets)、大賣場 (hypermarkets)、量販店 (discount stores)、連鎖加盟店 (voluntary chains)、消費合作社 (consumer cooperatives) 等。這些售貨點可能使用其他公司品牌，但 POS「售貨點」(Point of Sale) 的實際運作，通常仍由貨物生產公司掌握。
- 代理商或經銷商 (agents or brokers)：在上述節點之間，可能還有中介 (intermediaries) 的代理商 (agents) 或經銷商 (brokers) 等。

11.2.3 貨物與訂單處理

在物流網中的倉儲與轉運過程中，須有配合訂單處理的適合貨物處理系統，重要的組成如：

訂單處理系統：為一系列的處理程序包括如**提貨單 (withdrawal list) 處理**，從 LU「負載單元」(Loaded Units) 中揀出貨物的揀貨 (picking)，按揀出貨物運輸目的地的排序 (sorting)、秤重、貼標籤與「分包」(package formation)，將分包再集合成 LU「負載單元」、印製「提貨單」(Bill of Landing) 等訂單合併 (order consolidation) 等。

UL 單元負載 (Unit Loads)：是將個別或單一品項貨物結合成「單元」包裝，以便於處理系統如貨架棧板 (pallet jack)、叉動車 (forklifter) 移動，並裝進庫房貨架、聯運貨櫃 (intermodal containers)、卡車 (trucks) 及貨車 (boxcars) 等集中處理，又在物流節點上，可容易分解的負載型式。

大多數的工業或消費性產品，在其物流週期中，大多會以 UL「單元負載」的型式通過其供應鏈。UL「單元負載」能使物流的處理與儲存更有效率，降低處理成本及處理過程中對貨物損傷的機率。

處理系統 (Handling System)：主要是指倉庫或轉運站上，用來處理 UL「單元負載」的裝置，如棧板轉移叉動車 (trans-pallet handlers)、配重平衡吊掛 (counterweight handler)、雙架或三架吊掛 (bilateral/trilateral handlers)、**AGV「自動導引載具」**

(Automatic Guided Vehicle)、堆疊機具 (stacker handlers) 等。

儲存系統 (Storage System)：包括堆疊儲放 (pile stocking)、靜止或可移動單元貨架 (cell racks)、懸樑式貨架 (cantilever racks) 及重力式貨架 (gravity racks) 等。

揀貨與排序 (Picking & Sorting)：可區分成人工及自動化揀貨裝置。人工揀貨又可區分「人至貨」（揀貨員使用推車或輸送帶）或「貨至人」（由 ASRS「自動儲存與揀貨系統」(Automatic Storage and Retrieval System) 或 AVSS「自動垂直儲存系統」(Automatic Vertical Storage System) 等，將貨物帶向揀貨員）兩種型式。自動揀貨則可由自動分發器 (automated dispensers) 或拆貨機器人 (depalleting robots) 執行。

11.2.4 運輸

運輸 (transportation)，除前以提及的航運、海運、鐵運、陸運等運輸方式的區分外，也涉及聯運、貨運商 (operators)，運輸的貨物 (cargo) 及國際貿易所共用有關運輸的商務標準用語等，分別簡述如下：

聯運：若是長途跨州尤其跨洋的貨物運輸，通常採取兩種以上運輸方式的，稱為「聯運」，而聯運在國際標準術語中，又再細分「**多式聯運**」(Multimodal Transport)、「**式間聯運**」（或即一般所稱之「聯運」 (Intermodal Transport)）及「**混合運輸**」(Combined Transport) 等，其中主要的差別是，「多式聯運」可能採取散裝集貨方式，而「式間聯運」通常貨物以 ISO「國際標準」集貨箱 (ISO Containers) 標準化裝載，而在轉換運輸模式時，無須對「貨物」再行處理；而「混合運輸」則強調有最低的陸運需求。

貨運商：即為公司處理貨物運輸業務的代理商，如快遞 (couriers)、貨運代理人 (Freight Forwarders) 及 MTO「聯運模式貨運商」 (Multimodal Transport Operators) 等。

貨物：即指被運輸的商品，通常被安排成幾種不同的貨運類型，如將 UL「單元負載」安排成高度標準化的運輸單位如 ISO「國際標準」集貨箱 (ISO Containers)、轉換體 (swap bodies) 或半拖車 (semi-trailers) 等型式。ISO「國際標準集貨箱」再區分航運、海運、鐵路或公路運輸等許多型式，一般海運熟知的 20 呎或 40 呎貨櫃，即屬海運的 ISO「國際標準」集貨箱中的兩種（見圖 11.12）。

國際貿易術語標準 (Incoterms Standards)：為 ICC「國際商會」(International

○圖 11.12　海運用 ISO「國際標準」集貨箱（貨櫃）尺寸比較圖
圖片取自公開授權網站 http://en.wikipedia.org/wiki/Intermodal_container#mediaviewer/File:Container_Stacking.jpg

Chamber of Commerce) 發布國際貿易通用的貿易術語標準。國際貿易術語標準制訂的目的，在使國際貿易合約上使大家都處於一共同的認識上，以免造成不必要而耗費溝通及運輸資源的誤解。最新發布的版別為 2011.1.1 生效的 Incoterms® 2010 標準（另參照關鍵詞說明）。

11.2.5　型態管理

如同生產系統一樣，運籌系統也必須有適當的構型與管理機制。事實上，運籌系統的型態管理方法與工具，許多是直接從生產的型態管理借用而來，如管理物流網中各節點庫存的 EOQ「經濟訂購量」模型，與 MRP「物料需求規劃」系統類似的 DRP「物流資源規劃」(Distribution Resource Planning) 系統等。DRP「物流資源規劃」系統的重點，不在節點的內部活動，而是專注在物流網運輸網路 (transport links) 中貨物移動的規劃。

傳統上，對運籌型管可劃分庫房（節點）或物流系統（網路）兩個層級。庫房層級的運籌型管，除了庫房的設計與構建外，運籌型管主要在處理一些有相互影響關係的技術與經濟問題，如貨架單元 (rack cells) 的尺寸設計、數量、棧板堆放與移動的方式（人工或機器人）、檢索系統 (retrieval systems) 的類型與數量等。某些庫房的安全限制也必須考量如：叉動車與負載樑的抗彎能力，消防灑水器的位置與數量等。

在庫房階層的運籌型管，主要是考量貨品在貨架上的堆放方式，主要有三種傳統

的考量如：

- **分享儲放 (shared storage)**：所有貨品只考量儲放空間，而不考量分類、專屬的儲放方式。這種分享儲放的型管壓力最大。
- **分類儲放 (class based storage)**：貨品按其擷取索引，分別儲放在不同區域的貨架上。大部分型管採取此種、方式。
- **專屬儲放 (dedicated storage)**：貨架空間保留給特殊商品，這種儲放方式需要的儲放空間最大。

雖然揀貨 (picking) 與排序 (sorting) 在運籌型管中，屬於層次較低的技術考量，但在庫房型管的設計與規劃時，應該將揀貨與排序的執行方式、空間與工具需求等，一併納入考量。否則，在庫房完成並運作時，因揀貨與排序的限制，將導致庫房運作的不順暢與困難。

揀貨的效率依情境而變。對「人到貨」揀貨情境而言，貨物是否利用垂直重力協助方式，會顯著影響揀貨效率。在揀貨規劃上，通常須考量下列因素如：

- **路徑選擇 (routing)**：包括橫向路徑 (transversal routing)、返回路徑 (return routing)、中點路徑 (midpoint routing) 及最大差異返回路徑 (largest gap return routing) 等。
- **補充方式 (replenishment method)**：相等空間供應 (equal space supply) 或相等時間供應 (equal time supply) 等。
- **揀貨邏輯 (picking logic)**：依序 (order) 或批次 (batch) 揀貨等。

至於在物流網路的運籌型管，主要考量的是在地理位置上節點的配置（設施位置）與各節點的處理能量規劃（能量配置）等。外包與否的考量，通常發生在此層級的運籌型管。通常供應鏈上的所有運籌節點，很少是由單一公司所掌控的。因此，物流網路可從供應商到顧客之間「中介節點」(intermediary nodes) 的數量，區分為下列幾種階層如（圖 11.13）：

1. 零階網路：直接交運
2. 一階網路：中央庫房
3. 二階網路：中央與外圍（區域）庫房

物流網路的階層劃分，除模型規劃設計外，主要是安全庫存量的考量。若安全庫存儲放在外圍區域庫房，則此網路系統稱為「相依」系統 (dependent system)，若中央與外圍區域庫房都有安全庫存量，則稱為「獨立」系統 (independent system)。從生產者到二階網路（外圍區域庫房）的運輸稱為「主要」運輸 (primary transportation)；從

二階區域庫房到顧客的運輸,則稱為「次級」運輸 (secondary transportation)。此外,運籌管理者也須留意在「正向運籌」的同時,逆向運籌的流向規劃,也必須納入網路的運籌型管考量當中。

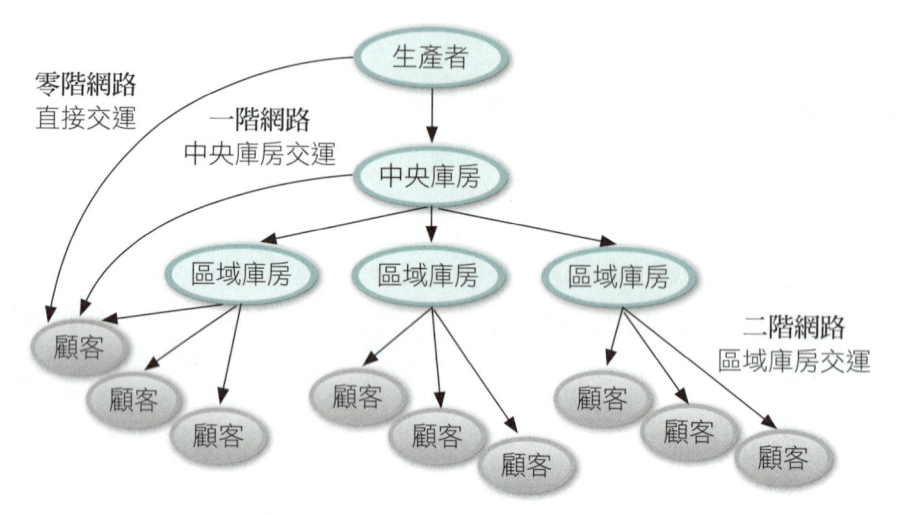

▶ 圖 11.13　運籌網路階層劃分示意圖

雖然在理論上,直接交運式的零階網路有可能實現,但運籌管理者必須處理許多能使既有運籌網路重新構型的因素如顧客需求變更,產品或處理程序的創新,外包的機會,針對貿易障礙的政府政策變化,運輸方式的創新,防治污染法規條例的實施,ICT「資訊與通訊技術」(Information and Communications Technologies, 如 ERP「企業資源規劃」或 EC「電子商務」等系統的支援) 等。

11.2.6　倉儲管理

倉儲管理有兩個功能部分重疊,但運用特性截然不同的系統如:

WMS「庫房管理系統」(Warehouse Management System):以統計量及趨勢為預測基準,並對每週的管理作為做出規劃。

WCS「庫房管制系統」(Warehouse Control System):如同現場領班的責任一樣,在現場及時、有效的達成任務。

舉例說明,WMS「庫房管理系統」能對某個時間點,預先提出需要多少不同類型的 SKU「庫存單位」(Stock-Keeping Unit)。但當那特定時間點來臨前,可能因為輸送帶上的擁塞,無法依照 WMS「庫房管理系統」的計畫實施。此時,須由 WCS

「庫房管制系統」根據當時的狀況，及時做出解決問題的最終決策。因此，WMS「庫房管理系統」及WCS「庫房管制系統」的協力運作，才能使倉儲管理有效的運作。

11.2.7　生產運籌

生產運籌 (Production Logistics) 一詞的意義，是指在一如生產工廠加值系統 (Value Adding System) 中的運籌作為，其目的在確保每部機具或工作站，都能適時、適質、適量的接收到生產所需物料（與其他生產所需資源）。

生產運籌關切的並不在物料的運輸，而是加值程序的流程精簡與管控。良好的生產運籌，除能達成資本運用的有效性外，另也有助於顧客需求的快速反應。

現代的生產運籌，越來越重視生產批量減少所帶來的問題。在許多如頂級高價手機、遊艇等高價客製化產業上，短期、專案的批次數量可能只有 "1"，生產運籌也必須有效的滿足此單一顧客的要求。另對汽車與藥品產業上，對產品安全性與可靠度的持續追蹤，也是生產運籌的必要考量因素。

11.2.8　運籌外包

運籌外包 (Logistics Outsourcing) 為公司與 LSP「運籌服務商」(Logistic Service Provider) 之間關係的建立，讓 LSP「運籌服務商」負責提供公司客製化的運籌服務。運籌外包（及其他組織功能的外包）通常具備長期夥伴關係的策略聯盟特性；但也有部分、臨時性的外包型式如：

- 以單一合約方式要求提供某些特定運籌服務。
- **內部分拆** (Internal Spin-off)，由分拆單位承擔運籌業務，分拆為一種內部創業模式。
- 與其他公司 JV「合資」(Joint Venture) 運作，這是一種臨時性的合作關係。

3PL「第三方物流」(Third-Party Logistics)：將原先由公司自己執行的運籌業務的部分或全部，委由外部組織執行的方式。所以，3PL「第三方物流」也是一種運籌外包的型式。

4PL「第四方物流」(Fourth-Party Logistics)：4PL「第四方物流」的概念，最先由「安德森諮詢」公司 (Anderson Consulting, 現為 Accenture「埃森哲」諮詢) 所定義，其定義為：「4PL 第四方物流，為整合各組織間的資源、規劃能力與技術等，以

提供全面供應鏈解決方案的設計、構建與實施的整合者」。當 3PL「第三方物流」通常僅針對單一運籌功能時，4PL「第四方物流」則針對所有運籌程序的管理。簡單的講，4PL「第四方物流」通常就可視為所有 3PL「第三方物流」的統包商。

11.2.9 運籌自動化

運籌自動化是利用電腦軟體及自動化機具等，以改善運籌作業效率之謂。通常運籌自動化是指庫房及物流中心內的自動化作業，而更廣泛的自動化則由供應鏈管理系統或 ERP「企業資源規劃系統」等負責處理。

一般在庫房或物流中心內的運籌自動化系統有：

- WMS「庫房管理系統」(Warehouse Management System) 與 WCS「庫房控制系統」(Warehouse Control System)。
- 訂單揀貨與補充系統 (Order Picking/Fulfilment System)
- AS/RS「自動儲存與擷取系統」(Automated Storage/Retrieval System)
- 分揀系統 (Sortation System)
- 輸送系統 (Conveyor Systems) 及
- 內部運輸系統 (Internal Transport Systems) 等

在工業自動化系統中，讓自動化機具能辨識貨物的方式，則有傳統的條碼 (Bar Code) 或較先進的 RFID「無線射頻識別」(Radio Frequency Identification) 技術等。

本章總結

行銷管理為現代管理領域中的「顯學」，也是企業直接面對顧客的重要功能。要使行銷能夠有效、成功，必須確實掌握顧客的需要、想要與欲望之間的差別，只有在確實掌握顧客的實際需求後，才能設計出適當的「行銷組合」，滿足顧客的需求，並持續留住顧客，進一步吸引新的客群。

運籌管理，為生產管理與行銷管理的重要聯結介面功能，主要服務企業的「內部顧客」如生產與行銷部門，管理專家常說「只有內部顧客的滿意，才有外部顧客的滿意」。因此，運籌管理以「七適」滿足內部顧客的需求如：適項、適量、適況、適值、適時、適地與適客。

關鍵詞

Brand Identity 品牌識別：指品牌的視覺設計如顏色、設計、標識、名稱、符號等，使品牌在顧客心中留下印象、並與其他品牌加以區別。

品牌管理學者艾卡 (David A. Aaker) 將品牌識別區分四個構面、12 項構成要素如圖 11.14 所示：

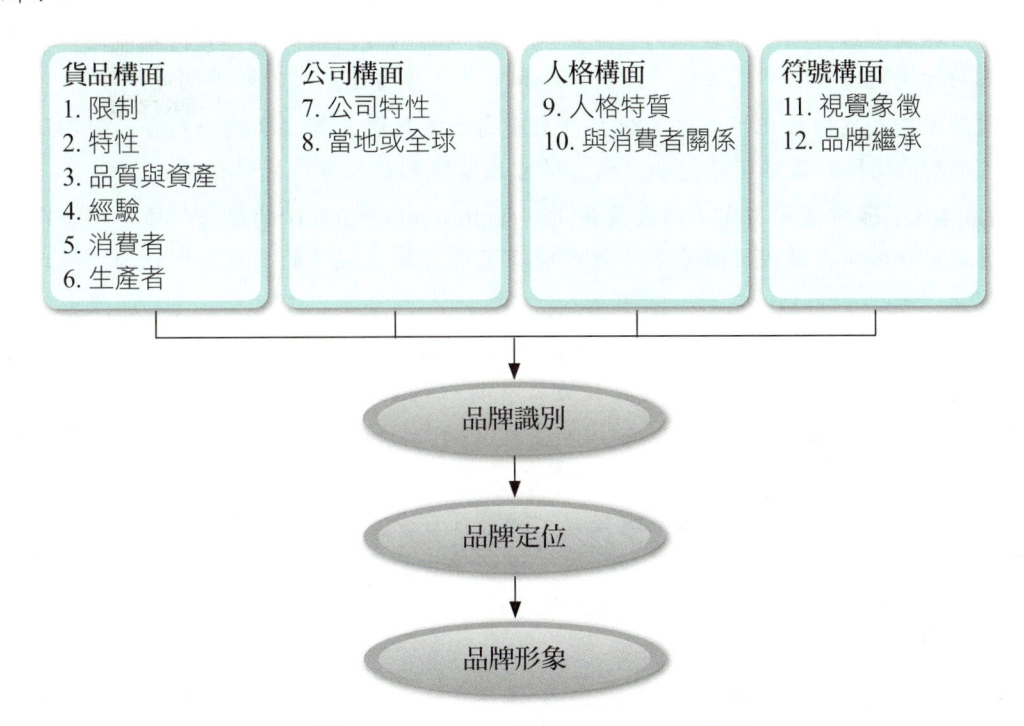

```
貨品構面              公司構面           人格構面              符號構面
1. 限制               7. 公司特性         9. 人格特質           11. 視覺象徵
2. 特性               8. 當地或全球       10. 與消費者關係      12. 品牌繼承
3. 品質與資產
4. 經驗
5. 消費者
6. 生產者
                          ↓
                       品牌識別
                          ↓
                       品牌定位
                          ↓
                       品牌形象
```

圖 11.14　Aaker 品牌識別模型示意圖

Brand Value 品牌價值：根據新古典主義價值理論，品牌價值是人們是否繼續購買某一品牌的意願，可由顧客忠誠度以及市場區隔等指標預測，此一定義側重於顧客的認知價值來評價品牌價值。由此可以看出，品牌作為一種無形資產之所以有價值，不僅在於品牌形成與發展過程中蘊涵的沈沒成本，而且在於它是否能為企業帶來更高的溢價以及未來穩定的收益，是否能滿足顧客及使用群體一系列情感和功能效用等。

世界最有價值品牌評價公式可以簡單表示（細節忽略）如：

（營業利潤 – 資本 × 5 %）× 強度倍數

品牌價值的決定，強度倍數的確定非常重要。這個倍數一般從 6~20，是由專家根據某些資料或印象估計的。同樣 10 億（美元）的利潤額，強度倍數若為 6，品牌價值是 60 億，強度倍數若為 20，品牌價值則提高到 200 億。

至於減掉一個 5％，是考慮沒有品牌的企業也可以獲得 5％ 的資本收益。通常是 4 美元的收益來自 60 美分的資本。大約相當於銷售利潤的 3％ 是來自於社會平均利潤，因此要減掉銷售利潤的 3％ 或總資本的 5％。就是說，一般產品即使沒有品牌，也會獲得 3％ 的銷售利潤，或者 5％ 的資本收益。

Cause (-related) Marketing 動機（關聯）行銷：或稱「善因行銷」或高尚目標市場推廣運動。它是企業在承擔一定社會責任（如為慈善機構捐款、保護環境、建立希望小學、扶貧）的同時，藉助新聞輿論影響和廣告宣傳，來提高企業形象、提升品牌知名度、增加顧客忠誠度，最終增加銷售額的行銷形式。動機關聯行銷體現了社會行銷觀念，是最高層次的行銷觀念，它不僅注重行銷的效率和效果，還考慮社會與道德問題。

事業關聯行銷在國外已很普遍，現在許多廠商已直接將慈善事業與公司發展目標聯繫起來，使利他捐贈和策略捐贈更加平衡，既考慮社會利益又考慮公司利益。

City Logistics 城市運籌：與「路徑最佳化」(Path Optimization) 的概念一樣。城市運籌指的是城市與城市之間或大城市內，為達成綠色運籌節能減廢的要求所實施的運輸運籌規劃。

Direct Sale 直銷：為跳過零售據點而由銷售者將產品或服務直接提供給顧客的銷售方式。「兜售」(peddling) 是最古老的直銷方式，現代的直銷已不限於一對一展示（隨後銷售）、聚會行銷 (party plan) 等必須由銷售者直接面對顧客的銷售方式，網路銷售，也是直銷可選擇的方式。

人對人的兜售方式是最古老的商業模式，隨著社會分工逐漸細緻化，兜售由於成本過高而逐漸被淘汰。但是，在工業革命之後，由於銷售管道費用不斷上升，許多公司開始尋求直接接觸消費者的方法。於是，直銷便重獲重視。

直銷可區分成下列兩種類型如：

- **多層次直銷 (Multi-level Direct Sale)**：銷售者的獲利來自他本身的銷售，以及他所徵募到的「下線」銷售額的部分比例獎勵。

  多層次傳銷經營手法備受爭議，多年來受到不少批評。批評集中於傳銷模式與金字塔式銷售類似、傳銷經營行為與邪教類似、傳銷商不可改變銷售產品的價格、入會費高昂、過於強調招募人員多於銷售、著重於利用人際網路進行銷售和招募人員、複雜和誇張的市場計劃、產品效能被誇大、傳銷公司投入過多金錢於培訓材料等。

  因為多層次傳銷模式與金字塔式銷售類似，同樣著重招募人員和發展銷售組織，所以不少人誤以為多層次傳銷等同於金字塔式銷售。

- **單層次直銷 (Single-level Direct Sale)**：與多層次傳銷不同之處，在單層次直銷不涉及人員的招募，以及只能從直接跟顧客交易之中獲得獎金。銷售者的獲利僅來自他本身的銷售。

Economies of scale 規模經濟：量產導致的經濟效益，是指在一定的產量範圍內，隨著產量的增加，平均成本不斷降低的事實。

規模經濟可區分三種類型如下：

- **內部規模經濟**：指一經濟實體在規模變化時，由自己內部所引起的收益增加。
- **外部規模經濟**：指整個行業規模變化而使個別經濟實體的收益增加。行業規模擴大後，可降低整個行業內各企業的生產成本，使之獲得相應收益。
- **結構規模經濟**：各種不同規模經濟實體之間的聯繫和配比，形成一定的規模結構經濟如企業規模結構、經濟聯合體規模結構、城鄉規模結構等。

Environmental Scanning 環境分析：通常指對組織內、外部環境的審慎監控 (Monitoring) 作為，其目的在早期偵測到外部環境可能帶來威脅或機會的微兆，並藉此調整目前的計畫或規劃未來的計畫。相對而言，「環境監測」(Environmental Surveillance) 則是限定在某特定目標或某特定環境因素的持續性監控作為。

Enviropreneurial Marketing 環境創業行銷：強調以企業家精神取向，在生態關懷中制訂行銷目標。它與「生態行銷」(Ecological Marketing) 及「綠色行銷」(Green Marketing) 應屬同一範疇，而「環境創業行銷」更重視價值觀和人文關懷。

Green Marketing 綠色行銷：目前對綠色行銷的定義尚無一致性看法，但較趨近的解釋，是對產品或服務的行銷，符合其他關係人對環境的要求。綠色行銷整合許多相關的活動如產品的修改，生產程序的變更，可持續包裝 (sustainable packaging)，及廣告型式的修改等。與綠色行銷相似的概念則還有如「環境行銷」(Environmental Marketing) 及「生態行銷」(Ecological Marketing) 等。總言之，綠色行銷可視為保護環境，注重生態持續的行銷策略。

綠色行銷也有所謂「4P 綠色行銷組合」(4P Green Marketing Mix)，但與傳統「4P 行銷組合」有不同的意義如：

- **Product 產品**：除不能污染環境外，綠色產品的特質還應積極的減緩已存在的環境傷害。
- **Price 價格**：綠色產品可能比傳統對應產品有較高的價格，但因其環境與生態保育的產品努力，能獲得如「樂活族」(LOHAS) 等願意付較高的價格，以支持綠色產品的發展。
- **Place 地點**：主要重點在「生態包裝」(Ecological Packing) 及當地、季節性產品的推廣等，如當地的季節蔬果，比進口冷凍產品較能符合「綠色」的概念。
- **Promotion 促銷**：注重環保與生態的企業，應積極向社會傳遞環境與生態保護的努力，如企業經過 CP「潔淨生產」(Cleaner Production) 驗證或 ISO 14000 環境保護管理認證等。

Incoterms® 2010 標準：Incoterms 為「國際商業名詞」(International Commercial Terms) 的縮寫，是「國際商會」(International Council of Commerce) 制訂國際貿易用語的國際慣例，它的副題為〈貿易條件的國際解釋通則〉（International Rules for the Interpretation of Trade Terms）。第一版制訂於 1936 年，多次修訂至今最新版本為 2010 年 9 月 27 日公布，並於 2011 年 1 月 1 日開始全球實施的〈Incoterms 2010〉。

〈Incoterms 2010〉最新版中包含了 11 種貿易術語，按照其國際代碼的第一個字母的不

同，這 11 種術語可分為四組：C 組、D 組、E 組和 F 組如：

E 組：起運，包括 EX WORKS，指賣方僅在自己的地點為買方備妥貨物。
- EXW工廠交貨：EX works（…指定地點）

F 組：主要運費未付，包括 FCA、FAS 和 FOB，指賣方需將貨物交至買方指定的承運人。
- FCA 交至承運人：Free Carrier（…指定地點）
- FAS 船邊交貨：Free Alongside Ship（…指定裝運港）
- FOB 船上交貨：Free On Board（…指定裝運港）

C 組：主要運費已付，包括 CFR, CIF, CPT 和 CIP，指賣方須訂立運輸合同，但對貨物滅失或損壞的風險以及裝船和啟運後發生意外所發生的額外費用，賣方不承擔責任。
- CFR 成本加運費：Cost and Freight（…指定目的港）
- CIF 成本、保險加運費付至：Cost, Insurance and Freight（…指定目的港）
- CPT 運費付至：Carriage Paid to（…指定目的地）
- CIP 運費、保險費付至：Carriage and Insurance Paid to（…指定目的地）

D 組：到達，包括 DAT, DAPDDU 和 DDP，指賣方須承擔把貨物交至目的地國所需的全部費用和風險。
- DAT 終點站交貨：Delivered At Terminal（…目的地或目地港之指定終點站）
- DAP 目的地交貨：Delivered At Place（…指定目的地）
- DDU 未稅前交貨：Delivered Duty Unpaid（…指定目的地）
- DDP 完稅後交貨：Delivered Duty Paid（…指定目的地）

Intermodal Freight Transport 貨物聯運：指的是以標準化的貨櫃或運輸載具，在如海運、鐵運、陸運等不同運輸模式間 (Intermodal) 無須對貨櫃或運輸載具再做任何處理的運輸模式，通常適用於較不具時限壓力的長程運輸。貨物聯運方式能降低運輸成本，對環境較為友善（碳排放量較少），減少貨物（於運輸轉換途中）損壞，及較易實施保全等。

LOHAS 樂活族：LOHAS 為「健康且永續的生活方式」(Lifestyles of Health and Sustainability) 的縮寫，一般稱為「樂活族」，是指一群有高知識且有較高消費水準的顧客群體，他們要求企業的綠色生態作為如：
- 當地生產的有機食物
- 自然、人性關懷的有機產品
- 電動或油電混合車及城市自行車等
- 綠色與永續建築
- 生態永續旅遊
- 能源效率電器與電子設備
- 社會責任投資
- 自然家用產品
- 互補、替代與預防醫學（如物理療法，中醫…等）

- 心靈文學，全人健康與新時代潮流

另與 LOHAS「樂活族」有類似意義的 LOVOS「自願簡單生活型態」(Lifestyles of Voluntary Simplicity)，一般稱為「簡單生活族」。

Market Research 市場研究：或稱「市場調查」，是行銷學、傳播學、廣告學或統計學當中一門重要的科目。著重在於市場顧客與其消費資料的取得、分析與預測。常見的市場研究方式計有如：

- 市場測試 (Test Marketing)：在產品上市前，提供一定量的試用品給特定消費者，透過他們的反應來研究此產品未來市場的走向。
- 概念測試 (Concept Testing)：針對特定消費者，利用問卷或電話訪談等方式，測試新的銷售創意是否有其市場。
- 神秘購物 (Mystery Shopping)：安排隱藏身分的研究員購買特定產品或消費特定的服務，並完整記錄整個購物流程，以此測試產品、服務態度等。又被稱做「神秘客」或「神秘客購物」。
- 零售店審查 (Store Audits)：用以判斷連鎖店或零售店是否提供妥當的服務。
- 需求評估 (Demand Estimation)：用以判斷產品最大的需求層面，以找到主要客戶。
- 銷售預測 (Sales Estimation)：找到最大需求層面後，判斷能夠銷售多少產品或服務。
- 滿意度調查 (Satisfaction Survey)：利用問卷或訪談來量化客戶 (clints/customers) 對產品的滿意程度。
- 通路審查 (Distribution Channel Audits)：用以判斷可能的零售商、批發業者對產品、品牌和公司的態度。
- 價格調整測試 (Price Elasticity Testing)：用來找出當價格改變時，最先受影響的消費者。
- 市場區隔研究 (Segmentation Research)：將潛在消費者的消費行為，心理思考等用人口統計和心理變數的方法做市場區隔研究。
- 消費者購買決定過程研究 (consumer decision process research)：針對容易改變心意的消費者去分析，什麼因素影響他買此產品，以及他改變購買決定時的行為模式。
- 定位預測 (Positioning Research)：研究此產品在競爭對手與主要消費者、品牌間的定位如何，並以此塑造或修正產品形象。
- 品牌命名測試 (Brand Name Testing)：研究消費者對新產品名的感覺。
- 品牌喜好度研究 (Brand Equity)：量化消費者對不同品牌的喜好度。
- 廣告和促銷活動研究 (Advertising/Promotion Activities Research)：調查所做的銷售手法，如廣告是否有達到預期的效益？看廣告的人真的理解其中的訊息嗎？他們真的因為廣告而去購買嗎？等。

Marketing Mix 行銷組合：行銷管理領域中為人所熟知的「4P 行銷組合」(4P Marketing Mix)，首度由麥卡錫 (E. Jerome McCarthy) 於 1960 年代區分為產品 (Product)、價格 (Price)、地點 (Place) 及促銷 (Promotion) 四種變項的組合策略。其目的在使行銷經理人判斷並決定滿足目標市場顧客需求的同時，將組織（獲利）績效最大化。

4P 行銷組合中四種變項的考量與選擇如下：

1. **產品 (Product)**：廣義的產品包括有形產品與無形的服務，產品或服務為 4P 或 7P 行銷組合的首要考量因素如組織是否能提供顧客需要的產品（與服務）？顧客需要產品與服務的特性如功能、品質、外觀、包裝、品牌、服務支援及保證等。

2. **價格 (Price)**：顧客願意對產品與服務付出多少的定價策略？現代顧客對折扣與特價仍相當敏感。在定價時可考量的選擇如定價、折扣、租賃、付款方式與減價方式等。

3. **地點 (Place)**：產品或服務在適當地點、適當時間遞交適當數量等之考量。有關地點可選擇的考量包括銷售地點、運籌規劃、通路規劃、市場涵蓋性、服務水準、網際網路與行動通訊技術的運用等。

4. **促銷 (Promotion)**：當其他三項行銷組合不能有效吸引顧客時，促銷可能成為 4P 行銷組合中最重要的變項，其意義為如何讓目標群體顧客知道或教育顧客公司的產品與服務。促銷可選擇的考量，包括如廣告、公共關係營造、直銷模式、媒體運用等。

此後，行銷專業人員與學者將行銷組合數量擴充至 5P 或 7P。在 5P 行銷組合中，最常增加的變數為 People 或 Personnel（人員）如：

5. **人員 (People)**：通常指第一線客服人員的素質。因客服人員與顧客接觸瞬間的「真實時刻」(The True Moment) 即決定顧客對公司產品、服務與形象的滿意與否；另公司其他員工對產品與服務的顧客滿意，都有直接或間接的影響。故公司應著重員工的教育訓練、獎勵與激勵措施等。

布恩與比特勒 (Booms, Bernard H. and Bitner, Mary Jo) 另針對服務產業，提出 7P 的「擴充式行銷組合」(Extended Marketing Mix)，除了前述 5P 變項考量外，另加上下列兩個行銷變項如：

6. **程序 (Process)**：即顧客消費服務時的程序、機制與活動流程設計等。

7. **實體形象 (Physical Evidence)**：公司提供服務的有形設施環境或無形的體驗經驗等。

4P 與 7P 行銷組合的關係，如圖 11.15 所示。

除在服務產業加上人員、程序與實體程序等三項行銷變項外；布恩與比特勒另強調在服務為重心的公司裡，「地點」(Place) 行銷變項內應考量服務的「可及性」(Accessibility)，另在「促銷」(Promotion) 行銷變項內，則應包含與考量第一線行銷人員的意見。

Mass Marketing 廣泛行銷：又稱「大量市場行銷」，是指行銷者以相同的方式向市場上所有的消費者提供相同的產品和進行資訊溝通，即大量生產、大量分銷和大量促銷。例如，福特向市場上推出著名的 T 型車時，就採用統一的設計和唯一的黑色款式。同樣，可口可樂一度只向整個市場供應一種可樂，以求吸引所有的消費者。

廣泛市場行銷以市場的共性為基礎，忽略市場需求的差異，以標準化的產品和分銷影響最廣泛的市場範圍，從而獲得最低的生產和行銷成本，得到較低的價格，或者較高的利潤。在商品需求大、產品需求同質性高的情況下，廣泛行銷能夠有效的實現規模經濟。

One-to-One Marketing 一對一行銷：是一種 CRM「客戶關係管理」策略，它是公司和顧

第 11 章　行銷與運籌管理

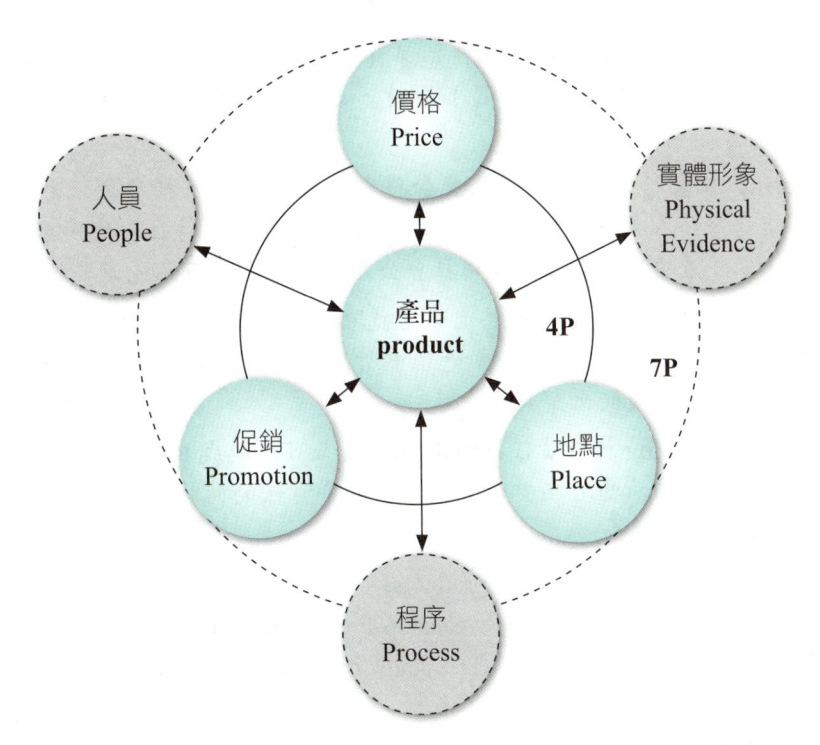

▲ 圖 11.15　4P/7P 行銷組合關係示意圖

客個人間的互動溝通，提供具有針對性的個性化方案。一對一行銷的目標是提高短期商業推廣活動及終身客戶關係的ROI「投資回報率」。最終目標就是提升整體的客戶忠誠度，並使客戶的終生價值達到最大化。

一對一行銷針對每個客戶創建個性化的行銷溝通。該過程的首要關鍵步驟是進行客戶分類（例如根據需要，基於以往行為等），從而建立互動式、個性化溝通的業務流程。記錄響應（或互動），使未來的溝通更顯個性化。優化行銷和溝通的成本，從而搭配或提供最符合需要或行為的產品或服務。

90 年代，佩伯 (Don Peppers) 與羅傑斯 (Martha Rogers) 所開創的客戶關係管理業已成了互動時代的商業規則，其所著的〈一對一未來〉(The One to One Future)、〈顧客關係管理〉(Managing Customer Relationships) 等書，在全球各地以各種語言出版，成了 21 世紀商界人士的聖經。其「一對一策略」受到全球商界的推崇，影響力遍及汽車、零售、金融保險、醫療保健、電信和網際網路等各行各業。他們的 17 個諮詢服務機構 (Pepper&Rogers Group) 分布在全球各地。

就本質而言，一對一行銷是「忠誠度行銷」的一種別稱，旨在藉由影響獲利行為、樹立客戶忠誠度，實現客戶終生價值的最大化。

Path Optimization 路徑最佳化：指在某個區域內針對不同運輸目的地之間途徑與時間（運輸成本）最佳化的規劃。路徑最佳化可由各種及時定位系統與邏輯運算軟體而達成，並符合結能減廢的綠色運籌要求。

QOL Marketing 生活品質行銷：QOL「生活品質」行銷 (Quality of Life Marketing) 的簡單定義，是強化顧客的福祉（生活品質）同時，也兼顧公司其他關係人的福祉的行銷實務。

Social Marketing 社會行銷：企圖平衡經營獲利、顧客期望及社會最佳利益等之行銷作為。社會行銷是基於人具有「經濟人」和「社會人」的雙重特性，運用類似商業上的行銷手段達到社會公益的目的；或者運用社會公益價值推廣其商品或商業服務一種手段。

與一般行銷一樣，社會行銷的目的也是有意識地改變目標人群（消費者）行為。但是，與一般商業行銷模式不同的是，社會行銷中所追求的行為改變動力更多來自非商業動力，或者將非商業行為模擬出商業性賣點。

Socially Responsible Buying 社會責任採購：Buying 又可置換成 Purchasing/Shopping 等，簡言之，社會責任採購即消費者在要求企業善盡社會責任的同時，消費者自己也應該要有善盡社會責任的購物行為如：

- 盡量採購公平交易產品 (Fair Trade Products)
- 不採購血汗工廠生產的產品 (Buy Sweatshop-Free Products)
- 要求「企業擔當」或「企業課責」(Demand Corporate Accountability)
- 支持要求「企業社會責任」與「企業擔當」的議員立法

SBU「策略事業單元」(Strategic Business Unit)：是在依企業組織架構下的自主性部門或單位，此單位小到可以彈性應變環境的需求變化，但又大到足以控制其長期運作績效的影響因素。

因 SBU「策略事業單元」的機敏性，所以她可能擁有與組織不同的經營任務與目標，使其與整個組織的配合運作，能收到多角化經營的綜效。

USP「獨特賣點」(Unique Selling Proposition)：Proposition 主張又可換成 Point 賣點、Product 產品、Price 價格等，此行銷概念為美國廣告企業家里夫斯 (Rosser Reeves) 在 50 年代首創，並在 1961 年出版的〈廣告的現實〉(Reality in Advertising) 一書中進行了系統的闡述。

USP「獨特賣點」是廣告發展史上最早提出、具有深遠影響的廣告創意理論，它的意思是說：一個廣告中，必須包含一個向消費者提出的獨特銷售主張，這個主張要具備下列三個要點如：

1. **利益主張**：每個廣告都必須對顧客提出所謂的「利益主張」如「要獲得此特殊利益，就只能買這產品」，強調產品有哪些具體、特殊功效，能提供消費者哪些實際利益等。
2. **獨特性**：此「獨特賣點」是競爭對手無法或沒有提出的主張。
3. **強而有力**：此「獨特賣點」必須能達到吸引潛在顧客購買產品的目的。

自我測試

1. 試舉例說明何謂顧客的需要 (Need)，想要 (Want) 及欲望 (Desire)，這三種與「顧客滿意」有何關係？
2. 試說明「4P 行銷組合」中，各個 "P" 可能有哪些屬性可供行銷組合策略發展的參考？
3. 試說明服務業強調的「7P 行銷組合」中，比傳統「4P 行銷組合」多出來的 "Ps" 各代表的意義為何？
4. 試說明 EC「電子商務」時代強調「4S 行銷組合」中，各個 "Ss" 的意義與內涵為何？
5. 試比較「顧客倡議行銷」(Customer Advocacy Marketing)、「蜂鳴行銷」(Buzz Marketing) 與 WOMM「口碑行銷」(Word of Mouth Marketing) 之間的異同。
6. 試從波特的企業價值鏈分析 (Porter's VCA) 模型，說明「運籌管理」與「生產管理」與「行銷管理」之間的關係。
7. 試說明運籌管理與 SCM「供應鏈管理」(Supply Chain Management) 之間的關係。
8. 試說明運籌管理的「七適」(7 Rights) 對企業經營的意義。
9. 試說明現代「運籌管理」涉及的活動有哪些？
10. 試蒐集近代「應急運籌」(Emergency Logistics) 成功與失敗的個案實例，並說明其成敗的關鍵為何？

12 領域篇一
人力資源管理

學習重點提示：

1. 傳統人力資源管理的主要程序內涵
2. 策略性人力資源管理的意義
3. 才能管理與接班管理

　　即便全自動運作的系統，也需要有人來監控、維護系統的正常運作。企業組織有人出資、有人負責管理，也必須有人來執行工作。凡此種種，都說明「人」在系統或組織中的必要與重要性。如何讓人在系統與組織內發揮效能，包括個人績效的發揮與團隊運作的綜效，就是HRM「人力資源管理」(Human Resource Management) 的要點（本章以下，除須標明避免誤解外，均以「人資管理」簡稱之）。

　　又知識經濟來臨後，知識工作者對組織的貢獻與其招募、發展、運用、績效考核等，都跟傳統人資管理有所差異。所謂「人力資產」(Human Asset or Capital) 的管理，「才能管理」(Talent Management)，及為確保組織長久、持續運作的「接班管理」(Succession Management) 等，都是近代人資管理必須瞭解的議題。

12.1 人資管理概論

HRM「人力資源管理」(Human Resource Management) 為企業組織的「五管」功能之一，簡單的講，其目的就是「為組織找到適合的人！」較複雜的人資管理任務則是「在正確時間，正確職位，找到有正確能力、正確的人。」其所涉及的人資管理任務有：

- **正確的時間** (at the right time)：是預測未來人力需求（與目前擁有人力之間的缺額）的用人時間點。
- **正確職位** (in the right place)：關係到職能規劃 (Competency Planning) 的「職務分析」(Job Analysis)、「職務設計」(Job Design) 與「職務說明」(Job Description) 及人員的指派與運用 (Assignment & Utilization)。
- **有正確能力** (having the right ability)：涉及人員的甄選 (Recruiting & Selection)、教育與訓練 (Education & Training)、人資發展 (Human Resource Development) 及「才能管理」(Talent Management) 等。
- **正確的人** (having the right people)：則涉及人員的甄選、評估與考核 (Evaluation & Appraisal) 等。

換一種角度說，上述人資管理的任務可簡稱為傳統的「選、訓、用、考、發」，若再加上策略人資規劃與才能管理等任務，則可稱為 SHRM「**策略性人力資源管理**」(Strategic Human Resource Management)。

以上人資管理的任務類型，彙整如圖 12.1 所示。

在進入人資管理各任務的說明前，本節先行簡介現代人資管理領域中專有名詞之釋義如下。

12.1.1 人資管理名詞釋義

現代人資管理的目的，簡單的講，就是對組織人力資源的有效管理，使員工能滿意其工作及發展機會，讓員工能在職位上發揮技能，為組織創造價值，並達成組織設定的整體目標。為使讀者對人資管理的內涵有一充分的瞭解，本小節先針對人資管理的專有名詞，分別說明其意涵如下：

策略性人資規劃 (Strategic Human Resource Planning)：為達成組織整體目標，對目前與未來人資需求的辨識、分析與作為（填補或削減）規劃，也是人資管理與組織整體策略計畫的連接。其目的在創造企業品牌、員工保留、缺額補足、員工的彈性

圖 12.1 人資管理任務示意圖

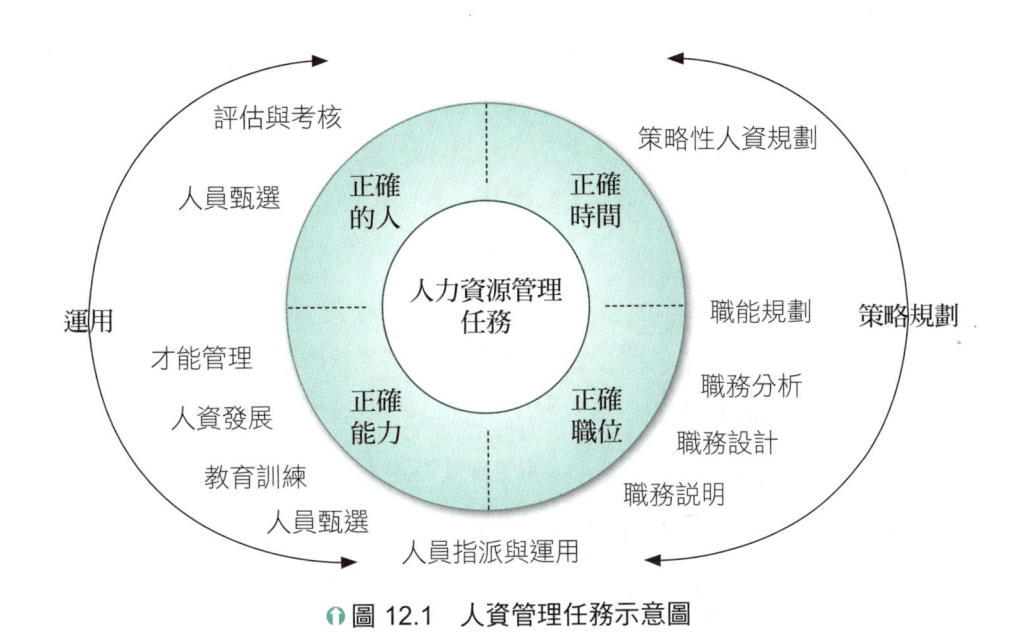

(圖說內容：人力資源管理任務 — 正確的人、正確時間、正確職位、正確能力；外圈：評估與考核、人員甄選、運用、才能管理、人資發展、教育訓練、人員甄選、人員指派與運用、職務說明、職務設計、職務分析、職能規劃、策略規劃、策略性人資規劃)

運用、才能管理與運用等。策略性人資規劃與經營策略規劃之間的關係如圖 12.2 所示：

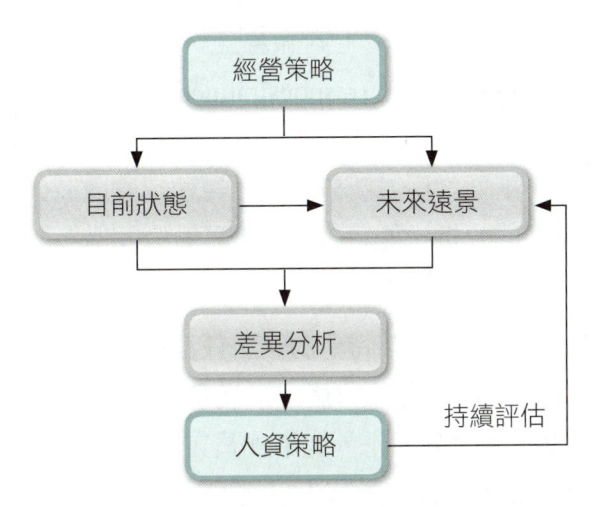

圖 12.2 人資與經營策略規劃關係示意圖

(流程：經營策略 → 目前狀態、未來遠景 → 差異分析 → 人資策略 → 持續評估)

職能規劃 (Competency Planning)：或稱 CBM「能力基礎管理」(Competency-Based Management)，藉由整合人力資源規劃 (Human Resource Planning) 與組織的經營規劃 (Business Planning)，使組織得以評估目前人力資源的能力與達成組織設定遠景，經營目標等未來需求之間的差異。其規劃內涵包括職務設計與說明、報酬與福利設計、員工教育訓練、績效回饋與管理、接班管理 (succession management)、職涯

發展 (career development)、人力的甄選與運用 (selection & staffing) … 等,如圖 12.3 所示:

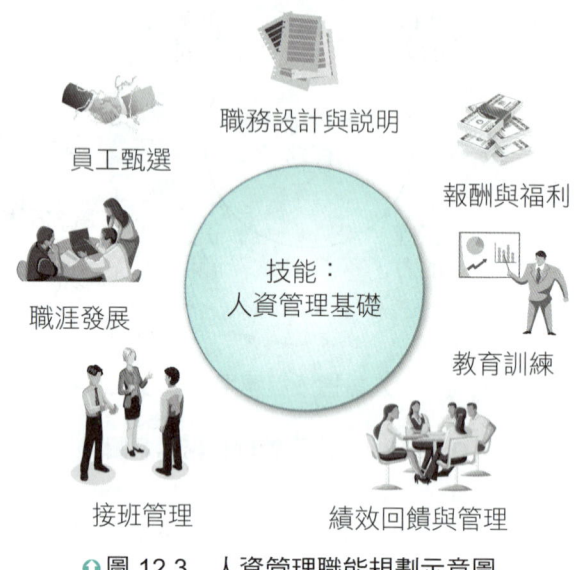

圖 12.3　人資管理職能規劃示意圖

　　職務分析 (Job Analysis):學術上對職務分析的定義,一般指蒐集一特定「職務」(Job) 上有關職責 (duties)、責任 (responsibilities)、需要技能、預期產出及其工作環境等資訊,以便進行「職務設計」(Job Design) 與「職務說明」(Job Description) 的調製等。在實務運用上,則通常用於新設組織、單位或團隊時,以預期產能對所需承擔的「職務」數量與類型的分析。如新增設一地區分公司時,除總經理外,須設置多少副總經理協助總經理的指揮運作等。

　　職務設計 (Job Design):指對某特定職務上任務與工作的安排(或再安排),以降低職務上重複、機械式任務所導致的員工不滿意 註解1。好的職務設計,在任務與工作設計上,藉由增加挑戰性與責任,能增加員工對其職務的擁有性與成就感等。職務擴大化 (Job Enlargement)、職務豐富化 (Job Enrichment)、職務輪調 (Job Rotation) 及職務簡化 (Job Simplification) 等,都是職務設計可用的技術,其意義分別簡述如下:

● **職務擴大化 (Job Enlargement)**:與專業分工 (specialization/division of labor) 的概念相反,是將某一職務的職責 (responsibility) 擴大,增加任務與工作(須提供必要的訓練)及其多樣性,以降低職務的單調感。職務擴大化屬於一種水平式的組織重整方法,能增加工作人力的運用彈性。

第 12 章　人力資源管理

- **職務豐富化 (Job Enrichment)**：為職務擴大化的變形，職務豐富化藉由增加某一職務的職權 (authority)、自主性 (autonomy) 及對如何達成任務與工作的控制權等，以提升員工對職務的滿意度。相對於職務擴大為水平式的組織重整方法；職務豐富化屬於一種垂直式的組織重整方法，故又稱為「垂直式職務擴張」(vertical job expansion)。

- **職務輪調 (Job Rotation)**：為在既定規劃下，讓員工在多個（水平）職務上歷練，其目的在增加員工可擁有的技能類型。在實務作法上，若組織上下游各部門的主管們不能協同運作、甚至彼此指責時，則適合用職務輪調的方式，讓部門主管實際體會運作上所需的投入與產出及限制等，因此，能提升組織部門之間的合作性。另在發展、晉升管理人員時，同階層職務的輪調與歷練，對高一階管理職務的順利執行，也是有必要的。

- **職務簡化 (Job Simplification)**：與職務擴大化相反，職務簡化符合專業分工的原則，將某一特定職務上所須執行的任務與工作類型與數量簡化，藉由降低員工的心智或體力負荷，以提升該職務的產能 (productivity)。

- **職務說明 (Job Description)**：根據職務分析的結果，對某一特定職務職稱、職責、設置目的、任務範圍、工作條件及向誰報告（上下指揮鏈）等之廣泛、一般性的書面陳述。如對職務承擔者的資格、特性，合格及滿意績效標準等有具體陳述，則稱為「**職務規範**」(Job Specification)。

以上所述職務分析與職務設計關係，及職務設計各種技術運用之目的等，彙整如圖 12.4 所示：

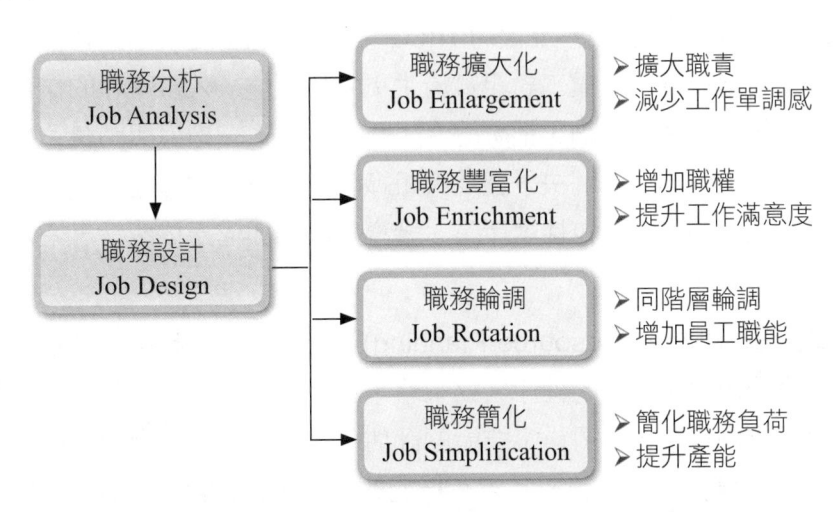

⊙ 圖 12.4　職務分析與職務設計技術目的示意圖

在介紹圖 12.1 中所示右半邊各項人資管理的策略規劃作為後，左半邊有關人資運用的「選、訓、用、考、發」等任務或功能，將另以 12.2 節分別解說。但人資管理領域中涉及的概念，也摘要簡述其意涵如下：

人力資源 (Human Resource)：存在於員工之內與之間的知識、技能與動機等資源，是四種生產要素 [註解2] 中，最不易變動的，並隨著時間與經驗累積，人力資源會逐漸改善與提升（其他傳統生產要素如土地、資金、創業精神等則不！）因此，人力資源被視為能為組織持續創造優勢、最珍稀、最重要的資產。

人資會計 (Human Resource Accounting)：分配、預算編制和報告組織中因人資運作而發生的成本，包括工資、薪金及訓練花費等。

HRD「人力資源發展」(Human Resource Development)：HRM「人力資源管理」中專責處理員工訓練與發展的部分，包括新進員工的指導與訓練 (orientation & training)、提供學習新技能的機會、分配有利於員工執行任務所需的資源、職涯發展諮詢等。

HRIS「人力資源資訊系統」(Human Resource Information System)：或稱 HRMS「人力資源管理系統」(Human Resource Management System)，是藉由現代 ERP「企業資源規劃」(Enterprise Resource Planning) 系統，將人資管理的功能，整併進組織資訊系統的資料庫中，以執行如薪資、勞動力產出及福利管理 (Benefit Management) 等活動。

HRM「人力資源管理」(Human Resource Management)：以前稱為「人事管理」(Personnel Management)。現代的 HRM「人力資源管理」則包含從甄選到發展員工的所有程序管理作為，使員工對組織產生更大的價值。人資管理的作為包括職務分析與職務設計、人力需求規劃、招募適合（職務）的人、指導與訓練、薪資、福利與誘因管理、人員績效評估、解決爭議及與組織各階層員工的溝通等。現代人資管理（與管理者）的核心品質，則包括對產業、領導、談判與溝通技能等專業知識的掌握與運用。

人力資源規劃 (Human Resource Planning)：將組織人資政策、系統等，與組織整體策略及人資需求連接起來的程序。對策略、目標的連接而言，除了傳統的人資功能外，人力資源規劃還包含了對員工技能的評估，及是否能在符合企業目標設定的狀況下，將員工擺在適當位置，發揮其擁有技能的效用，即所謂的「適人適所」(Right Man, Right Place)。

對人資需求的連接而言，在確保組織各部門都有足夠、合格及有能力達成組織目標所需的用人 (staffing)。人力資源規劃的良窳，是組織維持競爭優勢與降低員工離職 (Employee Turnover) 的關鍵要素。

人力資源評價 (Human Resource Valuation)：以員工未來某一時段，繼續留在組織中服務可能產生的預期經濟效益為基礎，對員工執行「價值評估」(Valuation)。

管理接班計畫 (Management Succession Plan)：人力資源規劃中的一份正式文件，用以辨識不同管理職位的所需技能，及目前管理者對接任這些職位備便性 (readiness) 的符合程度等。

高階接班計畫 (Executive Succession Plan)：為組織「**持續經營計畫**」(Business Continuity Plan) 中的一部分，除評估目前中階管理者接任高階職位所需技能的評估外，也決定各高階管理職位的代理權限等。

策略性人資管理 (Strategic HRM)：在人資管理前面加上「策略」一詞，當然是把人資管理視為達成組織策略性目標的支持性管理作為。其任務、功能與一般的人資管理無甚差別，只是多了個「主動管理」(proactive management) 的心態，人資管理者與員工合作，以提振員工工作意願、改善工作經驗品質，並增進勞資就業關係的最大相互利益等。

持續經營計畫 (Business Continuity Plan/Program)：亦稱為「經營恢復計畫」(Business Resumption Plan)、**災難恢復計畫 (Disaster Recovery Plan)** 或簡稱「恢復計畫」(Recovery Plan) 等，是一套在意外重大事件、天然或人為災害、或面臨重大威脅時，確保組織關鍵活動正常運作的文件、指令與程序。恢復計畫通常包括下列分析規劃的產出如：

1. 事件發生的機率與可能影響分析（風險分析）。
2. 恢復策略與計畫的發展等（因應計畫）。
3. 藉由人員訓練與計畫（適用性）測試等，持續維持恢復計畫的「備便性」。

BCP「經營持續規劃」(Business Continuity Planning)：在組織面臨意外重大事件、天然或人為災害或重大威脅時，確保組織關鍵活動正常運作所需程序與資源的辨識、發展、獲得及程序測試記錄等。通常，一 BCP「持續經營規劃」包含下列二個主要的規劃作為如：

1. **風險處置規劃 (Risk Mitigation Planning)**：降低負面事件發生的機率與其影響程度的規劃。

2. 經營恢復規劃 (Business Recovery Planning)：確保組織在遭受重大意外、災害後的持續運作規劃。

12.1.2 現代人資管理的策略性任務

現代的人資管理，除圖 12.1 所示的策略規劃任務外，也越來越重視與經營策略 (Business Strategies)、變革管理 (Change Management) 等之結合，另也強調對員工提供必要資源與協助，以促使員工對組織做出有價值的貢獻，是所謂的「員工貢獻管理」(Employee Contribution Management)，這些都是現代人資管理（者）的策略性任務，如圖 12.5 所示，並分別簡述如下：

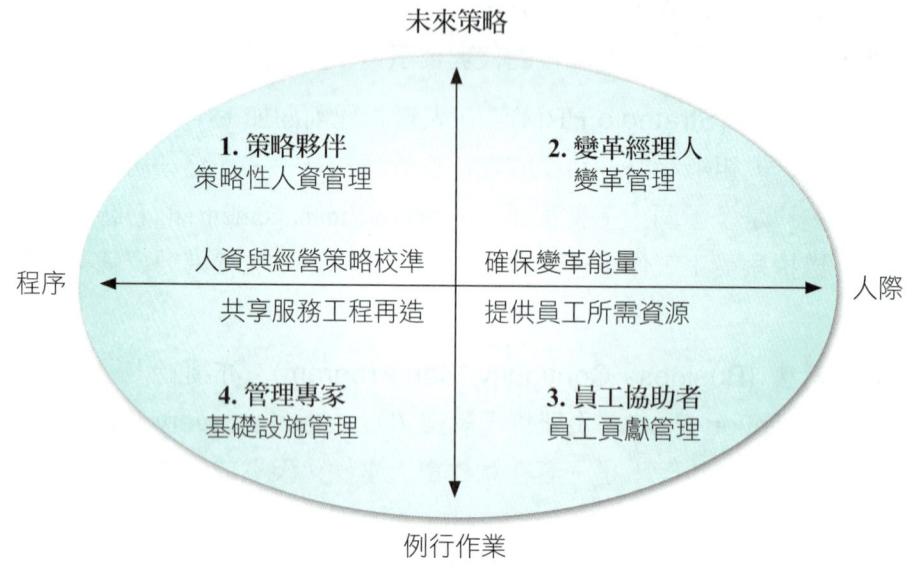

```
                        未來策略
                           │
       1. 策略夥伴          │      2. 變革經理人
       策略性人資管理       │      變革管理
                           │
       人資與經營策略校準   │   確保變革能量
程序 ───────────────────────┼─────────────────────── 人際
       共享服務工程再造     │   提供員工所需資源
                           │
       4. 管理專家          │      3. 員工協助者
       基礎設施管理         │      員工貢獻管理
                           │
                        例行作業
```

圖 12.5　人資管理的策略性任務

1. **策略夥伴 (Strategic Partner)**：是即所謂的 SHRM「策略性人資管理」，其目的在專注組織相關經營程序與未來策略目標的結合，也就是人資與經營策略的校準 (alignment)。

   策略夥伴任務，對人資管理的影響包括如職務的設計、人員的聘用、人員的獎勵、表彰及策略性報酬、人員與團隊績效的發展與評估系統、職涯與組織接班規劃及員工的發展等。當人資專業能與經營目標結合在一起時，才能可以被視為經營成功的策略性貢獻者。要能成為成功的策略夥伴，人資管理者必須有與其他經營管理者一樣的思惟、瞭解財務與會計，並承擔人資計畫成本效益的責任與擔當等。

2. **變革經理人 (Change Agent)**：專注於組織推動變革 (Change & Innovation) 時的人員溝通與疏導，其目的在確保組織推動變革所需的能量。

   因環境與技術快速的轉變，現代組織必須面臨不斷的變革挑戰，而變革又與一般員工習於安定的心態相反，因此，現代的人資管理任務之一，也就是以對組織運作績效的持續衡量作為，協助組織推動變革。

   組織的擴充發展，也給人資管理帶來新的挑戰。人資的專業經理人，必須協助組織創造適合的組織文化，持續評估員工對工作的滿意與否，及衡量組織各項計畫的成敗等。這種任務，也與「員工協助者」的角色（如下述）部分重疊。

3. **員工協助者 (Employee Champion)**：雖然是針對員工例行作業性的任務，但人資管理者負責提供員工執行任務所需的資源與協助，使員工能對組織價值做出貢獻，也就是所謂的「員工貢獻管理」(Employee Contribution Management)。

   要扮演好員工協助者或贊助者的角色，人資管理者必須能徹底瞭解員工的需求後，才能創造出員工能被激勵、願意貢獻與快樂的工作環境與氛圍。在員工協助者的角色上，人資管理者的任務包含才能管理策略的規劃、員工發展的規劃與提供機會、成果與利益分享計畫的規劃、員工協助計畫的規劃、員工抱怨與問題的處理及與員工定期的溝通規劃等。

12.1.3　人資管理績效的衡量

任何管理作為，都必須有管理績效的衡量 (Performance Metrics and Measurement)，以作為目標更改或持續改進的依據。這說明了兩項人資管理績效衡量的重點，一是協助組織達成重要的管理目標，另一則是協助人資部門的持續改進。

一般組織通常會誤將人資管理績效的指標設定如教育、訓練課程舉辦的次數、參加教育訓練員工的人數 …等，這犯了績效衡量系統設計的典型錯誤，衡量行動 (actions) 而非結果 (results)；衡量量化指標而忽略質性指標 … 等。更重要的，人資管理者必須要瞭解人資管理績效的衡量，也是一種須持續改善的管理作為，必須依據組織追求的目標，持續進行調整與改進。

對人資績效衡量的衝擊因素

衡量方法不對或執行不確實：導致人資部門績效不彰的部分原因，是人資部門忙碌但盲目的提供人資服務（或達成人資績效衡量指標！）如各式各樣、定期的員工滿意度調查，蒐集了大量的資料，卻沒能對資料進行分析並做出改善建議。再者，員工對組織或工作滿意與否，通常不是僅能反應「淺薄」資料的問卷調查所能得知的。

著重程序而非結果：即便標誌著人資管理績效衡量的持續改進，但卻未能定義持續改進的預期結果或可交付成果 (desired outcomes or deliverables)。缺乏明確目標的持續改進程序作為，充其量只是額外的人資管理負荷，與對員工的行政干擾。

重視量化指標而忽略質性指標：如持續改進作為精簡了多少人員招募程序的步驟，節約了多少時間與成本等，固然都是可予衡量的量化指標；但步驟、時間或成本的節約，是否真正達成人員招募的目標：「找到適合的人」，卻鮮少出現在人員招募績效的衡量指標中。

未能充分授權：人資部門經理通常也是組織的高階管理人員，必須參與高階管理階層的會議、討論與決策等，對支援組織各部門的人資管理作為如人員招募、訓練計畫的規劃、人員指派與運用、員工績效的考核、員工的發展計畫規劃 ... 等作業性工作，通常無法實際督導與參與。若凡事都須人資部門經理的簽署核准後才能進行，則必然導致人資管理功能的延誤。

如何決定人資管理績效的衡量

因現代組織人資部門任務與功能的複雜性，不太可能對所有執行的人資工作執行衡量。因此，選擇重要的衡量指標與衡量方法，是人資管理績效衡量的首要考量。但何謂人資部門績效衡量的「重要」指標？從基層員工、同位階同僚、及高階主管（通常即為 CEO「執行長」）認為重要的指標，是通常不會錯的選擇。

第二個選擇考量，是審視人資功能，如何能協助組織邁向成功的關鍵程序為何？第三個考量，是人資運作的最低成本。第四個考量，則是何種人資作為能發展員工的技能，並對組織做出有價值的貢獻等。

不管選擇的績效衡量指標與準據為何？首先專注於少數一、兩個，發展一可行的人資「計分卡」(scorecard) 或 KPI「關鍵績效指標」(Key Performance Indicators)，持續、一致的做好一、兩個重要人資程序的績效衡量，也比同時兼顧許多個程序指標，但因負荷過大而都沒能做好的要好。

人資績效衡量範例

以下所列，為一般人資部門可嘗試採用下列幾項人資運作績效衡量指標如：

- 每次聘雇程序所花費成本 (cost per hire)
- 每次聘雇程序所耗用的時間 (time per hire)
- 員工離職率 (employee turnover rate)

- 員工離職所導致的成本 (employee turnover cost)
- 可預防員工離職的案例數 (preventable employee tirnover)
- 績效發展計畫與目前績效衡量計畫所佔百分比
- 對組織目標達成，於訓練及發展活動所耗費的成本
- 員工滿意度
- 在職期程 (length of employment)
- 員工補償系統的成效，如每名員工福利所導致的成本

以上所列，僅為部分可參考運用有關人資部門績效的衡量指標。但最關鍵的，還是要看人資部門如何能明確的定義出，能配合與協助組織達成目標的指標。越能符合組織目標的指標，越能確實衡量人資部門運作的真正績效。

12.2 人資管理功能

在 12.1 節介紹完現代人資管理的「策略」性任務、人資領域相關概念及人資部門的績效衡量後，本節開始介紹人資管理任務或稱「選、訓、用、考、發」等執行功能，使讀者瞭解傳統人資管理相關作為的內涵。

12.2.1 人員招募

當組織有職缺開放且需人力填補時，人資部門就應及時啟動人員招募程序，希望能招募到最好的候選者，以滿足用人單位的需求。

招募程序的設計可以簡單或複雜，其目的都是在為組織找到最合適的人選。簡單的程序設計，多用於基層員工的招募；當職位越高時，其招募程序相對的也愈趨複雜與審慎，以免發生「請神容易、送神難」的困境。本小節以一「通用」的人員招募循環程序（如圖 12.6 所示），說明一般人員招募程序的考量。

前提：必須有職缺開放，人事凍結、遇缺不補等情形不適用。

1. **人力庫搜尋**：在組織既有的人力庫中，搜尋是否有可用的人力，其技能與經驗，適合擔任該開放的職缺（通常為上層職缺）；若有，則晉用目前已有的人力，有助於提升組織內員工的士氣；若無，則開放向外招募。

2. **決定選擇準據**：因組織對外部申請職缺人員的知識、技能、經驗、個人特質等都不瞭解，故通常以"KSAP"所謂的「知識」(Knowledge)、「技能」(Skills)、「能力」(Ability 即「經驗」) 及「人格特質」(Personality) 等為人員篩選準據。因用人

```
                        職缺開放
            職缺填補
                                    1. 人力庫搜尋
     6. 試用或錄用

                       人員招募
                        循環              2. 決定選擇準據
       5. 候選人測試


               4. 資格篩選      3. 啟動招募程序
```

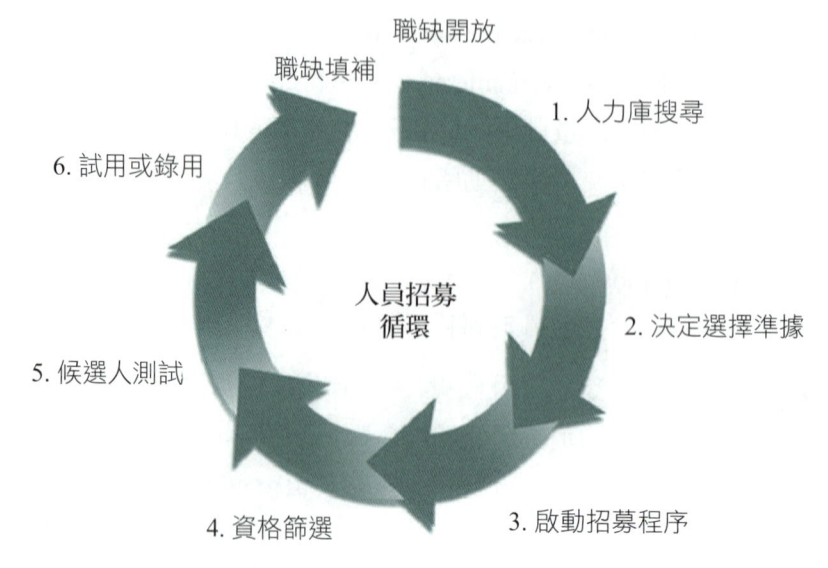

🎧 圖 12.6　人員招募循環程序示意圖

單位對上述準據的要求與配重不見得相同，因此，必須在招募程序啟動前，由人資部門與用人部門確實討論訂定之。

另招募程序啟動前先確定選擇準據的作法，有助於避免進入篩選程序與面試等程序時，因個人偏好或關說等，導致招募到「非最佳」的人選。

3. **啟動招募程序**：正式以各種媒介（人力銀行、電視、報紙、產業網絡 … 等）公開徵人需求，此徵人需求至少應包括徵人的職位（職務說明書）、需求人數、擔任職位條件（職務規範）、甄選準據及待遇福利等必要資訊。

   擔任職位條件、甄選準據及待遇福利等資訊，應於徵人需求說明中就提及，以「吸引」合格的人提出申請，另也可「非誠勿擾」的排除不合格的人提出申請。

4. **初步篩選**：根據甄選準據，對職位申請人提出「職務申請書」的內容，進行書面審查，排除不符合的申請人後，由人資管理人員根據甄選準據的「得分」進行優序排序，並準備職缺需求人數 2~3 倍的「候選人」，進入下一階段篩選程序。

   在進入候選人測試階段前，通常也會針對初步篩選書面審查通過的候選人進行電話訪談。電話訪談的目的，在確實瞭解候選人提出申請書內各項說明的正確性與內涵，候選人的表達能力與談吐等。

5. **候選人測試**：包括面試、能力檢測、人格特質測試等，各項測試都必須計分，並與初步篩選的書面審查成績的配重，整合成最終候選人的甄試總成績，挑選得分最高的候選人為招募對象。

有特殊職位考量如安全性、保密性 … 等，可能還必須在各項測試合格後，針對過去就職主管的評價、身家背景、交友狀況、特殊不良習性、甚至犯罪紀錄等進行調查。未能通過特殊職位考量檢測的候選人，通常也會遭到排除。

6. **試用或錄用**：試用，為正式錄用前的最後一道測試作為，於事前約定的期程內，進行全部或部分酬勞、或部分工作時間的試用。若試用不合格，仍可解除雇用關係；若試用合格，則全職、全薪的正式錄用。

上述人員招募循環程序若進行得順利，則職缺獲得填補；若進行得不順利，則進行另一循環的招募，故稱為「招募循環」(The Recruitment Cycle) 程序模式。人資部門應致力於以最少的成本、最快的時效，為用人單位找到合適的員工。

若成功的招募到用人單位所需的人力後，人資部門還要對新進人員進行「組織簡介」(orientation)，使新進人員能快速的融入組織運作文化與管理風格等。

12.2.2 員工訓練

人資管理功能中，常把員工的教育 (education)、訓練 (training) 與發展 (development) 擺在一起講。實際上，發展是教育、訓練的目的，而教育與訓練的目的，又各自有不同的目的意涵。教育的目的在發展員工未來所需的知識 (knowledge)；而訓練則較專注於目前職務工作上所需的技能 (skills)。另教育與訓練都有培養員工態度 (attitude) 的作用。

企業組織的教育訓練與員工發展計畫，其目的都在將技能不足的員工，發展成有高度工作動機且技能純熟的員工。若以 IPO「輸入、程序、輸出」系統觀來看組織教育訓練與發展計畫的程序，則如圖 12.7 所示：

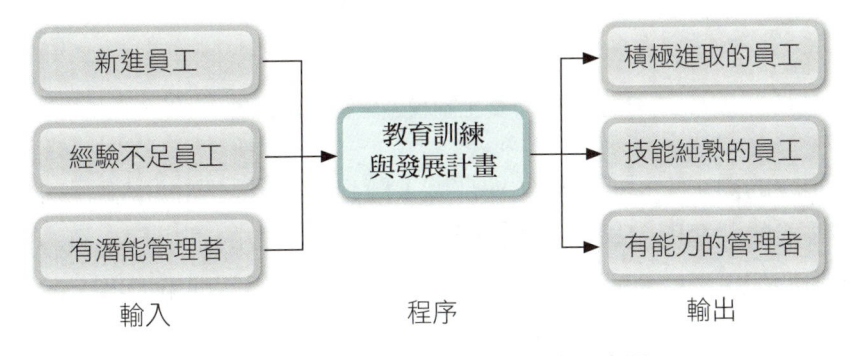

🎧 圖 12.7　員工訓練 IPO 程序示意圖

一般而言，企業組織較為專注在員工的 OJT「在職訓練」(On-Job Training) 與

內部培訓 (In-House Training)，而由（技職）學校或其他專業教育訓練機構負責專業知能的培訓。OJT「在職訓練」與內部培訓的意義是：

- OJT「在職訓練」：員工在其實際執行工作的地方所執行的訓練。通常由一專業人員（或有經驗的員工）擔任訓練者，訓練方式通常是以正式的課堂訓練後，再執行實際的「**操作訓練**」(Hands-On Training)。與 OJT「在職訓練」相對應的，是所謂的「**職外訓練**」(Off the Job Training)。職外訓練就是在實際工作以外的地方（與時間）所執行的訓練，包括講課 (lectures)、個案研討 (Case Studies)、角色扮演 (Role Playing)、模擬 (simulation) 等。
- **內部培訓**：為組織對某些特定內部員工所設計與執行的所有訓練方式，而並不意味著一定要在組織內部場所，組織外部場所如飯店、休憩場所的企業內部培訓也很常見。

不管教育或訓練，企業組織執行員工的訓練程序，通常可以圖 12.8 循環程序模型表示，各程序的意義與內涵則分別簡述如下：

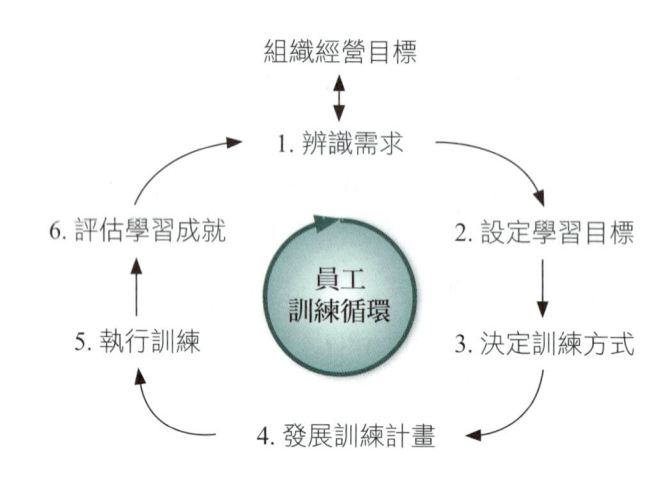

▶ 圖 12.8　員工訓練循環程序示意圖

1. **辨識教育訓練的需求**：根據組織（與部門）設定的經營目標，辨識目前員工對達成目標所需技能的種類與差異。一般而言，基層員工需要的是執行工作的特定、專業訓練，中階幹部需要的是團隊運作與管理技能，高階幹部則是領導、溝通相關的訓練。
2. **設定學習目標**：如同任何管理作為一樣，教育訓練也須設定學習目標，如技術訓練通過專業證照的測試，教育課程的測試合格分數等。另學習目標的設定，最好也能

跟組織的績效與獎懲系統結合，以激勵員工追求學習目標的達成。

3. **決定訓練方式**：教育訓練可用的方式很多，包括如課堂講解、實際操作訓練、CBT「電腦輔助訓練」(Computer-based Training)、網路上或電子學習 (e-Learning) …等。通常，採取多樣、互動的教育訓練方式會有較佳的成效。但仍須考量影響教育訓練方式選擇的因素如訓練主題、學員組成、預算考量、空間限制及法規規定等。

4. **發展訓練計畫**：訓練計畫設計與發展的目的，不但在使管理與訓練者有所依循，同樣也能讓學員參考並依循。一個好的訓練計畫，通常應包括：

    (1) 組織任務、需求與目標的說明

    (2) 以結果為導向的課程計畫 (outcome-focused curriculums)

    (3) 訓練完成後的「可交付成果」(deliverables)

    (4) 持續改進的進階規劃

5. **執行訓練**：當訓練計畫已有妥善規劃，訓練的執行只是 "Just Do It"「做就對了」的自然延續。但因教育訓練必須以結果及可交付成果等來衡量成效，又訓練的執行通常會演變成組織內的固定、持續性作為。因此，訓練的執行，通常應考量下列因素如：

    (1) 在組織行事曆上列為優先，定期、固定期程的舉辦。

    (2) 執行期間應排除其他行政與作業干擾，以確保學員的全程參加。

    (3) 要求訓練品質（課程、訓練者與成效）的一致性。

6. **評估學習成效**：是否達成學習目標與訓練成效的評估。理想的訓練成果，是學員在訓練完成並合格後，能立即運用於工作上。學習成效的評估，也須針對訓練品質的良窳，對課程規劃、訓練者的品質及學員學習回饋等，對下一階段的訓練程序，提供回饋、修改建議。

至於一般企業組織常用的內部培訓計畫則有如：

- **特定職務訓練 (Job-specific Training)**：針對特定職務所需專業工作知能的獲得與訓練。

- **核心議題訓練 (Core Issues Training)**：以因應或解決企業經營時，可能遇到的「核心議題」如人員外派訓練、職場無歧視訓練、女性主管的領導訓練等。

- **職涯發展輔助訓練 (Career Development Support Training)**：鼓勵員工自我成長與累積能量，對組織職涯發展機會的教育或訓練，如職涯規劃、QWL「職涯品質」(Quality of Work Life) 之規劃訓練等。

- **評估訓練 (Assessment Training)**：現代企業組織常須符合許多法規上的規定或限制，另也須持續監控與確保各部門的正常運作，因此，有許多針對「內部稽核」(internal audit) 的訓練要求，如 ISO 程序的內稽，財務、法律內稽以及專案管理的內稽訓練計畫等。
- **特定角色訓練 (Role-specific Training)**：對某項特定任務承擔者所須扮演角色所需知能的訓練，如新進員工監督者、員工績效評估者、人際衝突協調者等任務的角色訓練等。
- **特定階層訓練 (Rank-specific Training)**：以 MBO「目標管理」(Management by Objectives) 為基礎，對組織各階層任務與角色變換所需知能的訓練，如初階管理者的人員管理訓練，中階管理者的團隊運作與專案訓練，高階管理者的領導與溝通協調訓練等。
- **管理訓練 (Management Training)**：通常針對中、高階管理者所需具備的職能訓練如：
  - 職務輪調 (Job Rotation)：使管理者瞭解進階職位所需具備的職能與溝通協調及整合能力等。
  - 管理面談 (special interviews)：主要在瞭解管理者對於承擔進階職務的意願與能力。
  - 管理競賽 (Management Games)：由兩個或多個團隊對解決問題或發展創意方案的競賽訓練，主要在評估團隊領導者的規劃、整合與執行能力。
  - 實例演練 (In-basket Exercises)：高階管理者將目前的管理任務，授權次階管理者執行，並從而觀察其執行能力。
  - 個案分析 (Case Analyses)：以既有或虛擬的個案，讓管理者演練個案分析，主要在評估管理者的分析能力。
  - 決策演練 (Decision-making Exercises)：通常以虛擬的決策情境，讓管理者執行決策分析與制訂決策的演練，以評估管理者的決策能力。
  - 口頭展演 (Oral Presentation)：所有的管理者，都必須具備有好的口頭展演能力，故在各種聚會或會議中，評估管理者的表達能力。
- **未來領導者訓練 (Next-Generation Leader Training)**：針對組織未來高階接班計畫而對有潛能的中、高階管理者所實施的領導能力訓練，主要針對區域性與全球運作觀點所實施。

12.2.3　人力運用

人力指派與運用 (Assignment and Utilization)，或稱為「用人」(Staffing)，為是否能發揮人力資產效能最重要的步驟。未能運用有能力的員工，或將員工指派到無法發揮其知能的職位或工作等，都是對組織人力資產運用的重大浪費。

人力運用的最高原則，是「適才適所」(Right Talent for the Right Place)；但因絕大多數組織（包含企業也一樣）幾乎都是階層式的架構，位階越高職位就越少，因此，才能晉升所需的「所」，幾乎都會有「僧多粥少」的現象，必須從有潛能、有意願的次階人力中，挑選「最適合」的人來承擔高階職位的任務與工作；但那些有潛能但未獲晉升的人力又如何處理？是人力運用的一大挑戰。

組織未能妥善運用人力的狀況，擇要來說包括如：

1. **久居高位**：這又有兩種狀況如：
   (1) 連任：成功的領導者與管理者自信其過去成功經驗、久居高位而不傳承交棒，阻礙了組織正常晉升管道，而使組織人力庫呈現停滯狀態。一般理論的連任以兩任為限，使工作效能得以發揮，經驗得以傳承 … 等；但兩任實務的第一任通常僅在鞏固權威與人際關係、只有第二任才真正的發揮效能！
   (2) 承擔職務年限過久：使組織才能晉用流轉率過低，導致才能因久候接替不成而流失（離職或轉為競爭對手所用！）目前一般職位的承擔年限約 1~3 年。理論上，職位越高的承擔年限應越低，使晉升管道得以暢通流動；但一般實務運作狀況卻剛好相反！老帥領著老臣們，用既定的思惟，規劃著同樣的競爭場域，等到他們真正做不動時，留下來的臣民們也變成老臣民，除意興闌珊外、也了無新意。

2. **尸位素餐**：承擔一重要職務而不發揮功能，空佔職位而不做事，這會嚴重影響士氣，甚至阻礙組織的運作。因此，組織應避免「職務酬庸」，每個職務都應該有其重要性與擔當性，否則，該職務即應裁撤。

3. **疏處不當**：有潛能、有意願但尚未獲得晉用人力的疏處（如職務輪調、持續教育訓練、累計年資的額外加給等）不當，使才能久候不耐而流失。另才能流失，通常是流向相同產業環境的競爭對手處，對組織而言，當然是一不利的影響。

4. **精簡政策**：**組織裁撤 (Downsizing)** 或 **重整 (Rightsizing)** 等精簡政策的推動，若事前未能做好充分溝通，通常會引發組織人心的浮動，而產生「**劣幣逐良幣**」效應 註解 3 。

當然，組織獎懲制度的不公、同工不同酬、裙帶關係、政治權力鬥爭、不當的領導與管理風格⋯等，都無法留住有能力的員工。

組織未能妥善運用人力造成的才能流失，不但削弱了員工對組織的向心力，流失人員甚至產生對組織的怨懟，若才能轉為競爭對手所用，更會對組織持續經營的聲譽與績效，造成不良的影響 註解4。但若能妥善運用人力，則不但能持續運用人力的知能貢獻（退休轉為顧問）外，另能讓在職與離職員工，都對組織維持高度的向心力與凝聚力，提升組織的聲譽。

作者整合美國軍方的人力運用方式如圖 12.9 所示，並重點說明此最佳實務的運用方式如下：

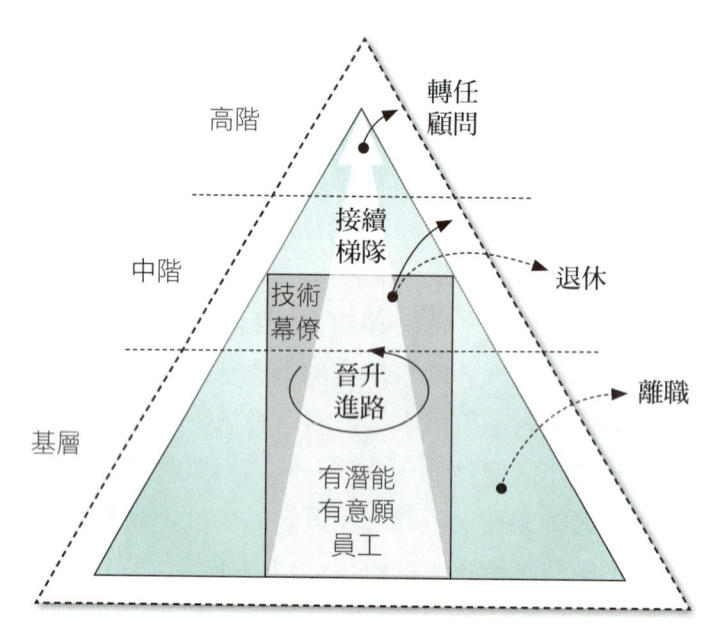

圖 12.9 美國軍方人力運用示意圖

美國軍方的軍士官，其晉升都有一定的進路規劃，任何一階的晉升，都必須通過某些特定教育或訓練的認證。在晉升進路上若不欲晉升，則可轉任技術幕僚或離職，而技術幕僚通常會有額外的技術加給。各階幹部，循著職涯的發展經歷，逐步在「接班梯隊」中依序遞補晉升，若服役年限已到而仍未能晉升，則可選擇退休或轉任顧問。上述美國軍方人力運用中，晉升進路的條件與限制都公開、透明，任何晉升、離職、退休或轉任顧問等決定也都是自願。人員進路公開、通暢，也能發揮人力運用的最大價值。

美國軍方人力的有效運用，也反應與驗證學理上對有效人力運用所建議的活動如：

- **教育訓練**：改善員工的技能與知識
- **時間管理**：對員工任務、工作等的有效規劃與時間配置
- **授權**：增加任務指派的有效性
- **增加報酬**：提升員工留任與工作的意願
- **表彰和獎勵**：使員工體認其重要性與在任務成功後獲得獎勵
- **激勵與領導**：所有人員都被適當的激勵與領導

至於在組織人力運用效能的評估上，有些組織會用「**人力運用率**」(Manpower Utilization) 作為評估指標；人力運用率的計算方式，是「無產出時間」除以「產出時間」的比例。像人力運用率這類指標，以「時間」做為評估人力運用效能的準據，在運用時必須非常小心。對基層作業性勞工或以「工時」計價的工作而言，人力運用率或許可以運用；但針對「知識工作者」(Knowledge Workers) 而言，這類指標則不適用！

另一種稱為「**能力運用率**」(Capacity Utilization Rate) 的指標，應該較為適宜用來評估「人力」(Human Capacity) 的運用效能。能力運用率是實際產出相對於潛能產出 (potential output) 的比率。而此「產出」則不限於時間、利潤、價值…等，都可做為能力運用率的衡量基礎。能力運用率的計算公式如下所示：

$$能力運用率 (\%) = [（實際產出 - 潛能產出）/ 潛能產出] \times 100$$

能力運用率也又有運用上的缺點與限制，那就是如何定義「潛能產出」？若是預期或規劃產出，還算符合邏輯。但潛能是否發揮得出來？還要看其他因素如員工動機、敬業性等的影響，有潛能若未能發揮，則能力運用率的計算就顯得毫無意義。

另無論「人力運用率」或「能力運用率」，都只能衡量「量化」的指標，缺乏質性指標如員工士氣、敬業度、對組織的向心力、凝聚力等的衡量。因此，在人力運用階段，通常不對人力運用的效能執行評估，而是在「**績效考核**」(Performance Appraisal) 階段，以結果導向 (result-oriented) 對人員或單位進行績效的考評與管理。

12.2.4 績效考核

所謂「**績效考核**」(Performance Appraisal) 決定誰需要進一步訓練，誰應獲得晉升 (promoted)、留用 (retained)、降職 (demoted) 或解雇 (fired) 等之程序管理。績效考

核的主要程序說明如下：

1. 以事前設定的標準（MBO「目標管理」）審查與評估員工的工作表現。
2. 將員工的工作表現與行為、態度等，以書面型式正式記載。
3. 以上述程序所得結果，對員工提出回饋，以顯示何處應改進及其理由。

若以目標為導向的績效考核，其程序一般可表示如圖 12.10 所示：

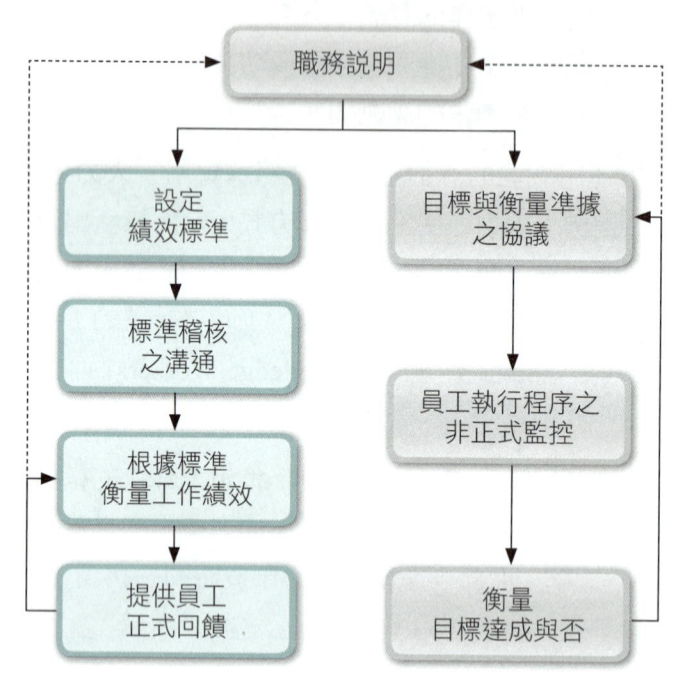

圖 12.10　MBO「目標管理」導向績效考核程序示意圖

圖 12.10 中顯示各程序步驟的意涵，大多能望而生義，值得進一步闡釋的是：

1. **職務說明書為績效考核的基礎**：「績效標準」的設定與「目標與衡量準據」的協議（管理者與員工之間），都必須源自於員工的「職務說明」，職務說明書中未記載的任務或工作項目，則不適合用來要求員工執行，這說明了「職務說明書」對員工「績效考核」的重要性。
2. **非正式監控的績效管理**：「非正式監控」(Informal Monitor) 或「非正式考核」(Informal Appraisal)，是在員工執行任務與工作中，就對其工作行為與表現，進行持續性的監控或考核。為與年度執行的「績效考核」區分，定期、持續性的「非正式考核」可另稱為對員工的「績效管理」(Performance Management)。
3. **績效考核為一持續改進的循環**：績效衡量後「提供員工正式回饋」與「目標達成與

否」的步驟，都將「回饋」至「職務說明」，以做為「職務說明」修改的基礎。這也顯示了員工的績效考核，是一反覆、循環的程序。不但可做為員工績效持續改進的基礎，同時也對績效考核制度進行持續改進。

若將績效考核做為員工的「績效管理」、甚至進一步的「**績效發展**」(Performance Development) 與**職涯發展** (Career Development)，則其關係可如圖 12.11 所示：

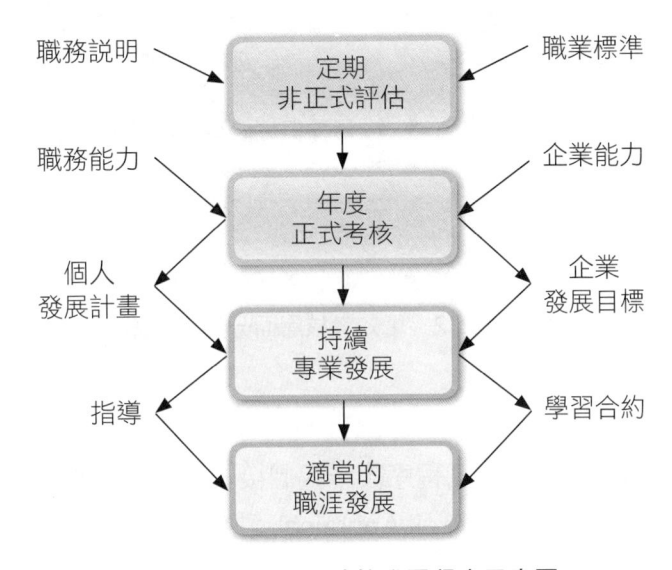

○ 圖 12.11　員工績效發展程序示意圖

根據上述績效考核的操作性定義，我們可知績效考核具備下列作用如：

1. 提供員工績效改進的回饋意見。
2. 辨識員工訓練需求。
3. 工作表現的紀錄，做為組織分配獎勵的基礎。
4. 為加薪、晉升、懲處、分紅、獎金等決策基礎。
5. 提供組織性對話與發展的機會。
6. 促進員工與管理者之間的溝通。
7. 人員甄選技術的驗證。
8. 符合法規要求的人資政策發展依據。
9. 藉由顧問、教練、輔導與發展等作為，提升員工績效。
10. 藉由表彰、支持等，激勵員工的持續發展。

至於員工的績效考核，一般針對員工的行為面 (behaviors)、產出 (Results) 面及

「主要成就」(major achievements) 等層面進行評估，如圖 12.12 所示。「目標（達成率）與主要產出」或許可以用一些量化指標來衡量；但「組織能力」、「職務能力」、「關鍵職責」及「主要成就」等「構面」(constructs)，大多是質性的列舉與描述，只能以質性分析或質性轉量化的分析方式來處理 註解 5，始能用於表達員工績效考核的「得分」。

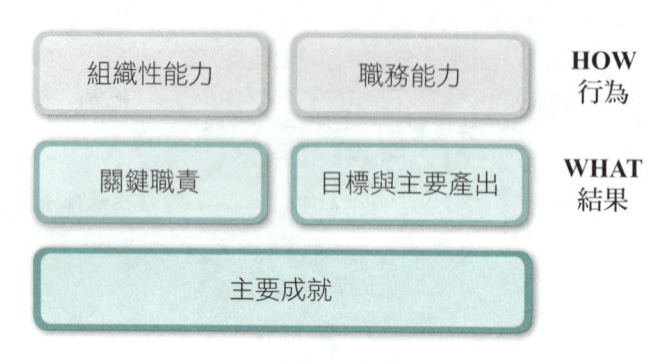

```
┌──────────┐  ┌──────────┐   HOW
│ 組織性能力 │  │  職務能力  │   行為
└──────────┘  └──────────┘

┌──────────┐  ┌──────────┐   WHAT
│  關鍵職責  │  │目標與主要產出│  結果
└──────────┘  └──────────┘

         ┌──────────┐
         │  主要成就  │
         └──────────┘
```

圖 12.12　績效考核層面分類示意圖

績效考核方法

在介紹了員工績效考核的相關程序後，我們接著介紹一些常用的績效考核方法。首先是所謂傳統的**「特質評估」**(Trait Appraisal) 法如：

1. **排名法 (Ranking)**：將員工由特質表現出來的行為與態度等績效的「總得分」加以排名，又可區分為：
   (1) **直接排名法 (Straight Ranking)**：將所有員工績效從最佳依序排到最差的排名法，傳統但簡單，常用於比較式績效評估。
   (2) **成對比較法 (Paired Comparison)**：每一名員工都與（團隊）其他員執行一對一的績效比較後，然後排名。
   (3) **強迫分配法 (Forced Distribution)**：以事前律定的等級分配比率，對員工執行績效等第的分類排序，常用於公家機關的績效考評，如「優等」5 %、「甲等」25 %、「乙等」50 %，… 等。

2. **圖形尺度評比法 (Graphic Rating Scale Method)**：對員工多項工作表現如行為、特質，… 等，以 1~5 尺度（或其他尺度）分別代表表現極差、不佳、平均、平均以上、極為優異等類別或間隔尺度，並繪製如雷達圖來表示員工量化（評比尺度）與質性（工作表現評估項目）績效的方法。而工作表現項目的選擇，則依據組織的需求而自訂。

3. **關鍵事件法 (Critical Incidents Methods)**：在評估者對被評估對象在一「關鍵事件」如線上問題解決、顧客抱怨處理、危機處理等之行為表現，執行正向或負向的評估。負向的評估範例如未能依循標準作業程序而損壞機具，正向的評估範例如明快的處置，使顧客由抱怨轉而滿意等。這種方法的缺點是評估者必須在被評估者行為發生的相同與地點執行記錄；另還記得「霍桑效應」(The Hawthorne Effect)？被觀察的員工，通常會「異於常態」的刻意表現！

4. **檢核表方法 (Checklist Method)**：在一預先發展好的員工行為表現的檢核表上，由評估者對每項評估項目執行檢核，如評估者認為員工確實表現出評估項目描述的行為，則在檢核表上標示「正向」，若未能表現出行為，則不予標示，顯示不具備或未表現出該項行為。檢核表還可發展成較複雜的「加權式檢核表」(Weighted Checklist) 或「強迫（分配）檢核表」(Forced Checklist) 等。

5. **述評法 (Essay Appraisal Method)**：又稱「自由型式評估法」(Free Form Appraisal)，由評估者在「廣泛」的績效評估準據中，對員工的行為表現，以「事實」為基礎，另以「範例」及「證據」等支持的績效描述。這種方法的缺點，是很難避免評估者的主觀偏見。

6. **現場審查法 (Field Review Method)**：由人資部門代表或訓練主管等，到各單位、部門的主管處，討論與評估其所屬員工績效的方法。這種方法的好處是經由主管們之間的討論，應能降低主管評估的誤差（或不能！），缺點則是非常耗費時日。

以上列舉的，都是屬於「特質評估」法。必須注意特質評估法的缺點，一是員工的特質與好的績效間，可能並無直接關聯性；另則是一個人可能改變行為、表現，但人格特質卻很難改變；最後，特質評估法很容易被「辦公室政治」(Office Politics) 所影響而較不可靠[註解6]。

接著，我們再介紹一些現代組織常用的績效評估方法，為能與傳統特質評估法有所區分，此處稱之為「現代績效評估法」(Modern Appraisal Methods) 如：

1. **MBO「目標管理」**：藉組織整體目標隨著組織層級逐次展開到單位與個人，經上下階層充分討論、溝通並協議確定後，單位或個人的目標，就成為績效考核的依據。MBO「目標管理」將目標與績效考核的結合，能有效消除主管或考核者的個人偏見，辦公室政治效應等不良影響；但也有目標溝通程序的曠日廢時，及人性因素可能限縮個人目標、甚至整體目標的達成等缺點。

2. **360°回饋評估 (360 Degree Feedback Appraisal Method)**：或稱「**多評估者回饋評估法**」(Multi-rater Feedback Appraisal)，是對一員工表現的綜合評估法，由多

個評估者個別對其工作表現執行評估與意見回饋。評估者群通常包括主管、同僚、僚屬、團隊成員、顧客等（如圖 12.13），不同的評估者所評估的項目也各自不同（通常不設限、也可能重疊），如同僚或團隊成員比較重視被評估者的團隊合作能力、合作性與人際關係等；僚屬的評估則偏重溝通能力、激勵他人能力、是否能授權、領導與管理品質等；顧客的評估則偏重於服務的品質、溝通與表達能力等。

3. BARS「行為錨定尺度評分法」(Behaviorally Anchored Rating Scales)：基本上是「關鍵事件法」與「圖形尺度評比法」的結合，以預定的關鍵事件如客訴處理、團隊會議 … 等，或對職務表現而言有重要意涵的行為陳述如人際關係，調適性、可靠性等，以七點或九點尺度分別執行評比。

   BARS「行為錨定尺度評分法」通常在每個評估項目有「預期」(desired) 與「實際」(actual) 兩個尺度評比，並以各項目的「差異」(gap) 來評估該名員工的職務行為表現。

4. 評估中心 (Assessment Centers) 評估法：評估中心 (Assessment Centers) 的概念，為德國人所創。評估中心同樣可用於人員的徵選與績效評估，其特色為包括了許多的「多」如：

(1) 多重能力 (Multiple Competencies)：對被評估者執行多重能力的評估。
(2) 多位觀察者 (Multiple Observers)：避免個人的主觀偏見。
(3) 多位參與者 (Multiple Participants)：多人參與計畫或專案的評估。
(4) 多重演練 (Multiple Exercises)：評估方法的多重性。
(5) 多重模擬 (Multiple Simulations)：可用於創新、危機等之探索模擬。
(6) 多重觀察 (Multiple Observations)：所有項目至少觀察兩次等。

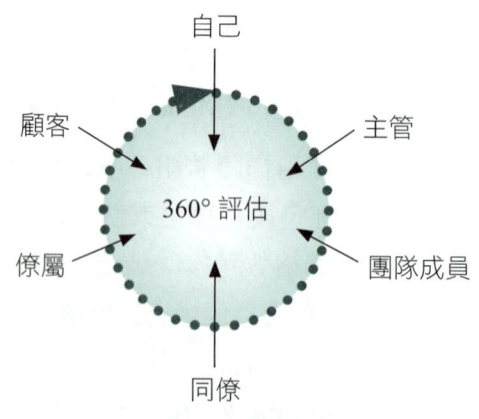

圖 12.13　360° 回饋評估群示意圖

5. **人資會計法 (Human Resource Accounting Method)**：以「錢」來評估人力資產的價值性，計算方式為「人資成本」（招募、訓練、薪資、福利…等）除以其貢獻的總價值（獲利、成長、顧客滿意…等）。
6. **BSC「平衡計分卡」**：以多重構面、多項準據的方式，「平衡」的評估員工的總體表現。BSC「平衡計分卡」的相關解說，請參考 1.5 節所述。此處要提醒的是，BSC「平衡計分卡」運用於員工的績效評估時，其構面、準據的選擇，仍應「視組織需求而訂」。

12.2.5 人力發展

每個人都希望在組織內有發展機會，從基層到組織最高位階的發展，一般可概分為下列兩類發展模型：

- **員工發展 (Employee Development)**：主要是提供技術導向員工遂行任務與工作所需知能的教育訓練與資源等。員工發展也可稱為「專業發展」(Professional Development)。
- **管理發展 (Management Development)**：主要是指對組織管理階層所需管理與領導能力的培養。管理發展所需的能力則通常區分為認知 (cognitive)、行為 (behavioral) 與環境 (Environmental) 等三個領域的知能。

專業與專案區分

上述對人力發展的描述可知，有些人傾向技術專業導向，而不喜好人際溝通。這類型的人適合專業發展而非管理發展，是所謂的「專業型人力」。

相對於「專業型人力」的，另有些人則傾向新任務與工作的挑戰，樂於人際交流與溝通等。這類型的人則適合管理發展，或稱為「專案型人力」。

組織的人力發展規劃，必須先瞭解員工的個人意向與意願。對專業型人力提供專業發展的教育訓練，使其專業技能快速趨於成熟，這是組織的技能基礎，也是研發的源頭。專案型人力不適合過多、過快的職務輪調或晉升，以免其技能無法持續累積與發展。

對專案型人力，則適合提供不同層級的管理與領導培訓，使組織能順利、有效的運作，高階領導階層則必須能有遠見，領導組織朝向正確的方向發展。各階管理與領導者所需的知能則如下所述：

- **基礎管理能力**：人際關係，口頭溝通，持續學習，文書撰述能力，公共關係，誠實、正直…等。
- **初階管理、領導者**：問題解決，彈性，課責擔當性[註解7]，創意創新，團隊構建，顧客服務，技術可信度[註解8]…等。
- **中階管理、領導者**：團隊構建，創意創新，問題解決、課責擔當性，合作性，衝突管理，技術可信度…等。
- **高階領導階層**：決斷能力，合作性，擔當性，影響力，談判力，對外境變化的察覺能力，策略思惟，發展他人…等。
- **執行領導者**：遠景，策略思惟，決斷力，發展他人，擔當性，影響力，談判力，政治頭腦 (political savvy)[註解9]…等。

領導能力發展模型

在管理（與領導）能力的發展上，美國芝加哥州立大學曾提出一所謂「領導能力發展模型」(Leadership Competency Development Model)，說明組織管理與領導能力的發展，區分以解決問題為主要目的的「自我管理」、結果導向的「管理專案」、發展他人的「人員管理」及揭櫫遠景的「領導組織」等四個發展層級與其階段性程序，各層級所需之領導能力，則彙整如圖 12.14 所示：

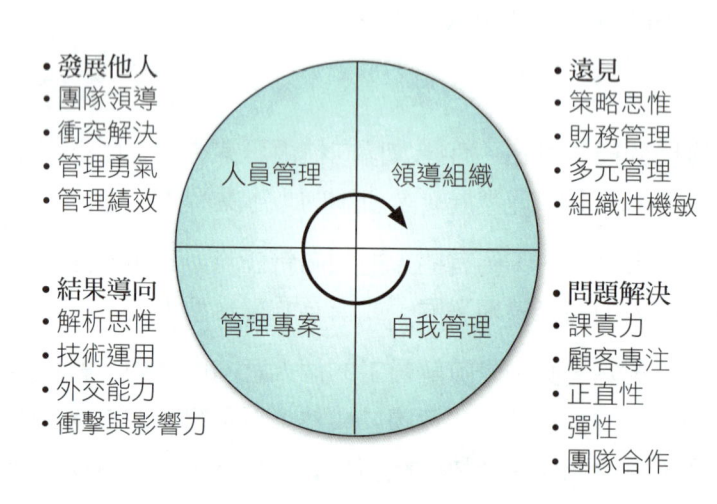

- 發展他人
- 團隊領導
- 衝突解決
- 管理勇氣
- 管理績效

人員管理　領導組織

- 遠見
- 策略思惟
- 財務管理
- 多元管理
- 組織性機敏

- 結果導向
- 解析思惟
- 技術運用
- 外交能力
- 衝擊與影響力

管理專案　自我管理

- 問題解決
- 課責力
- 顧客專注
- 正直性
- 彈性
- 團隊合作

🎧 圖 12.14　芝加哥州立大學「領導能力發展模型」

12.3　才能管理

才能管理 (Talent Management) 這一領域的研究，據信為美國麥卡錫 (McKinsey)

顧問公司於 1997 年的研究最先開始，到了 2001 年「才能之戰」(The War for Talent) 一書的出版，才開始引起管理學界與業界的重視[註解10]。

目前對才能管理的一般定義，是組織對「有才能」員工的招募、留任與發展管理。與人資管理不同之處，是才能管理較專注於（各階）管理者應扮演的角色，而非人資部門的專責任務；另則是才能管理也重視才能於組織內生命週期的規劃與管理。

才能管理，也是一個組織的經營策略，必須與所有的員工管理相關程序（選、訓、用、考、發）整合起來；但才能管理較為偏重才能的吸引（招募）及保留（運用與發展）。在一規模較大、有 HRIS「人力資源資訊系統」的組織內，才能管理的策略，可藉由 HRIS「人力資源資訊系統」的資訊分享，讓所有部門主管都能追蹤組織內有才幹人力的職涯進程 (career paths)，以辨識何時及如何能運用這些人力。

才能管理組成

才能管理的主要重點，在才能的吸引 (attract)、發展 (develop)、激勵 (motivate) 與保留 (retain)，並由所有相關人資管理的程序支援，如圖 12.15 所示：

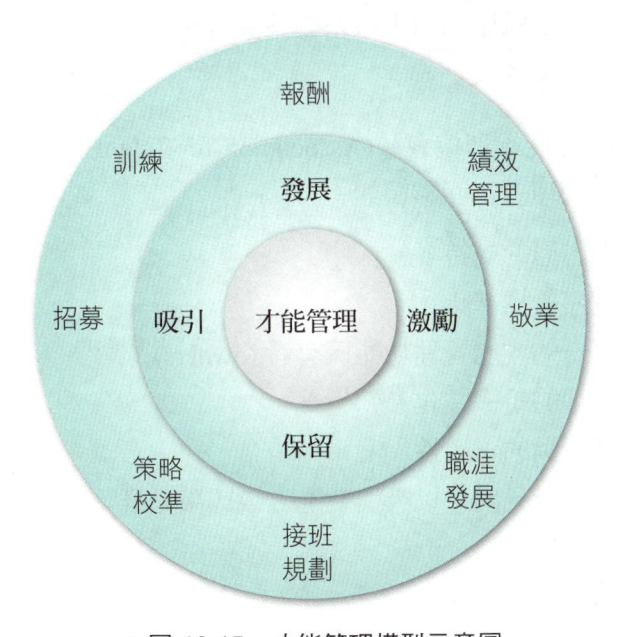

◯ 圖 12.15　才能管理模型示意圖

取材自 SmartGrowth 網站而修改重製 www.smartgrowthinc.com/capabilities/SmartTalent.aspx

值得一提的是，才能管理的「保留」並非留任或閒置，而是更為積極的「接班規劃」(Success Planning)，另才能是否接任高階職務，則另須以「策略校準」(Strategic

Alignment) 評估。

具體而言，才能管理包括下列的程序、活動如：

- 發展明確的「職務說明書」，使各階管理人員都明瞭新進員工所需的技能、能力與經驗等。
- 選擇能與組織文化適配、且有優異潛能的員工，進入組織的甄選程序。
- 與候選人協商以成就為基礎 (accomplishment-based) 的績效標準，預期產出及衡量方式等。
- 提供能同時反應員工與組織需求的在職訓練發展機會。
- 持續的提供教練、輔導與意見回饋，使員工感覺對組織有價值且具重要性。
- 專注於員工的職涯發展興趣，每季執行績效發展規劃討論。
- 設計有效的報酬與表彰、獎勵系統，對有才能的員工，以高於市場平均的報酬，以激勵員工的貢獻。
- 在組織系統內，提供晉升機會及職涯發展進路，接班規劃等之建議。
- 即便有離職的狀況，執行「**離職面談**」(Exit Interview)，確實瞭解有才能員工為何離開組織的原因。若離職原因對組織系統確實有改善效用，及時做此改變，使組織能更有效的留駐有才能的人。

根據美國 ATD「才能管理協會」(Association for Talent Management) 的研究，下列實務對成功的才能管理有正面影響如：

- 必須獲得高階管理階層的支持。
- 才能評估與回饋程序的標準化。
- 在組織內部指定單一的才能管理功能擁有者 (owners) [註解 11]。
- 發展能支持才能管理的組織文化 [註解 12]。
- 確保各項才能管理活動的一致性。
- 提升才能管理計畫的能見度，以吸引新進人員或激勵既有人力。

12.4 接班管理

前一節「才能管理」的描述中，曾提及才能保留的積極意義，是所謂的「**接班管理**」(Succession Management)。因任何重要職務的任期有限，為能有效活絡組織「才能庫」的流動與運用，另在重要職務管理或領導人的無法「任事」情況（包括重病、猝逝、意外傷亡 … 等）下仍能確保組織的正常運作，有長久、持續經營企圖的

企業組織,都應該有所謂的「接班計畫」(Succession Plans)。

企業組織的接班規劃與管理程序,如圖 12.16 所示,各程序執行要點則分別說明如下:

<figure>
接班管理模型

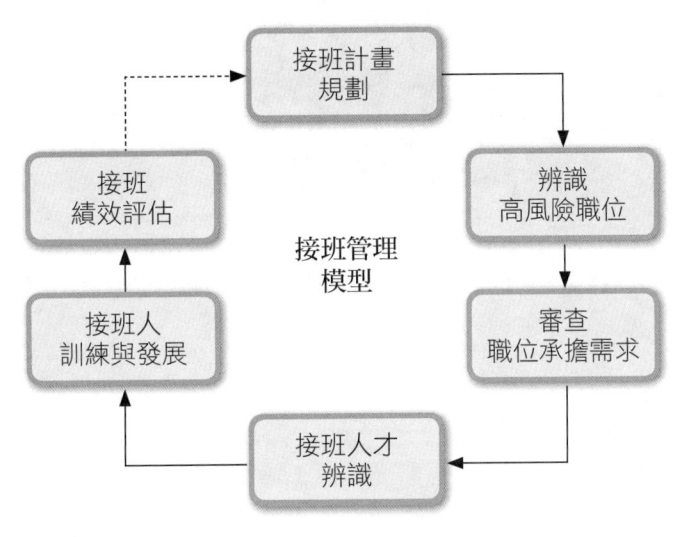

接班計畫規劃 → 辨識高風險職位 → 審查職位承擔需求 → 接班人才辨識 → 接班人訓練與發展 → 接班績效評估 → (回到接班計畫規劃)
</figure>

🎧 圖 12.16　接班管理模型示意圖

- **辨識高風險職位**:即辨識哪些重要職位不能無人承擔之義。
- **審查職位承擔需求**:根據「職務說明書」內特別有關「擔當性」(accountabi-lity) 的需求審查。
- **接班才能辨識**:在組織才能庫中,搜尋有接班潛能的幹部。
- **接班人訓練與發展**:對有潛能的接班候選人執行必要的訓練與發展;另對首位接班候選人則執行伴隨實際領導者的「領導實務」訓練。
- **接班績效評估**:即便有良好的接班規劃與合格的候選人,接班也不見得能順利執行,或實際接班後的表現不如預期。因此,必須對後續的接班計畫執行回饋與修正。

企業接班管理與才能管理有密切的關聯性,才能的發展須與接班需求接軌,才能的運用也必須納入組織的接班規劃中,最後,才能與接班績效管理之間,也必須有關聯性的分析與成效檢討,其結果則各自回饋到未來的才能發展與接班需求分析,如圖 12.17 所示:

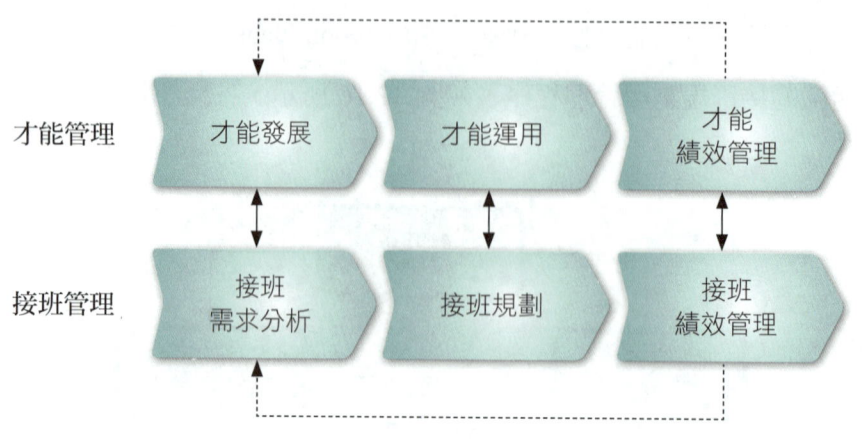

```
才能管理    才能發展  →  才能運用  →  才能績效管理
              ↕           ↕           ↕
接班管理    接班需求分析 → 接班規劃  →  接班績效管理
```

圖 12.17　接班管理與才能管理關聯性示意圖

本章總結

傳統人資管理的狹義目的，在為組織「找到適合（承擔職位）的人」，其程序包括員工的「選、訓、用、考、發」，更廣義或策略性的人資管理，則是依據組織既定策略性目標，讓組織的人力資產發揮效能有效達成目標。

很容易為人忽略的，是人資管理程序必須從「職務說明書」開始，組織必須瞭解有多少職務需要招人，又承擔該職務須具備哪些技術、知能、經驗等。在人資管理「選、訓、用、考、發」各程序有不妥切的狀況，則必須回饋到職務說明或甚至職務設計的修改上。

現代企業組織除對一般員工的人資管理任務外，另對具有管理與領導潛能的才能(talent)，也必須著重才能的吸引、發展、激勵與保留。而才能保留的積極意義，則是所謂的「接班規劃與管理」(Success Planning & Management)。

自我測試

1. 試說明何謂組織的「人力資產」？又人力資產與其他生產要素有何關係？
2. 試說明傳統人資管理的主要程序為何？另試從你過去或現在所參與的組織，其人資管理實務，有哪些問題存在？
3. 試說明組織人資管理者的主要任務為何？其所應扮演的策略性角色又有哪些？
4. 試舉例說明職務 (job)、任務 (tasks) 與工作 (works) 之間的從屬關係。
5. 試說明從「職能規劃」，發展出「職務分析」、「職務設計」與「職務說明」對人資管理的意義為何？
6. 試說明你對「人資管理績效」定義的看法為何？如何衡量人資管理者的工作表現績效等。
7. 對組織內有才幹的人，若你是他或她的直屬主管，你要如何運用與發展？
8. 試說明你對「才能」(talent) 的看法，並請自我檢視你具備哪些企業或組織所需的才能？
9. 試以你所知企業實務運作，辯證一領導職務「一次一任」、「兩任為限」與「得選得連任」的優缺點。
10. 若你是家庭企業的決策者，你如何看待與運用「家族接班」與從外聘請「專業經理人接班」？

13 領域篇—
知識管理

學習重點提示：

1. 知識的定義、內涵與運用
2. 知識管理程序模型各模組的應用
3. 知識管理與研發創新的關聯性

　　知識管理在管理組織的「智性資產」(Intellectual Asserts)，其目的是希望能將存在於個人、團隊與組織的「隱性知識」(Tacit Knowledge)，轉換成能用於組織成員教育、訓練的「顯性知識」(Explicit Knowledge)，並促進組織的研發、創新能力。

　　本章以知識管理的程序模型，分別介紹知識管理的目標設定，知識的辨識、獲得、發展、傳播、運用、保存及知識管理績效的衡量等。

13.1　知識管理概論

學界對知識 (Knowledge) 的定義很多，各自有其專注重點；但大致對知識來自於資訊 (information) 的聯接 (networking)，而產生處理事務的「智能」(intelligence) 與智慧 (wisdom) 此一定義多有共識。然而，資訊又來自於資料 (data) 之間的關聯 (context)，使資訊成為「有用」的訊息。又資料來自於人類對符號 (symbols) 的架構或句構 (syntax)，如以阿拉伯數字及十進位制度等，將符號句構成可用於溝通的資料等。以上對於知識發展層級的說明，如圖 13.1 所示：

```
智能或智慧
Wisdom
Intelligence
                              市場匯率操作
知識                              ↑
Knowledge
              聯接
              Networking
資訊                            匯率
Information                   $ 1 = NT 30.28
              關聯                ↑
              Context
資料                            30.28
Data                              ↑
              句構
              Syntax
符號                           0, 2, 3, 8, and "."
Symbols
```

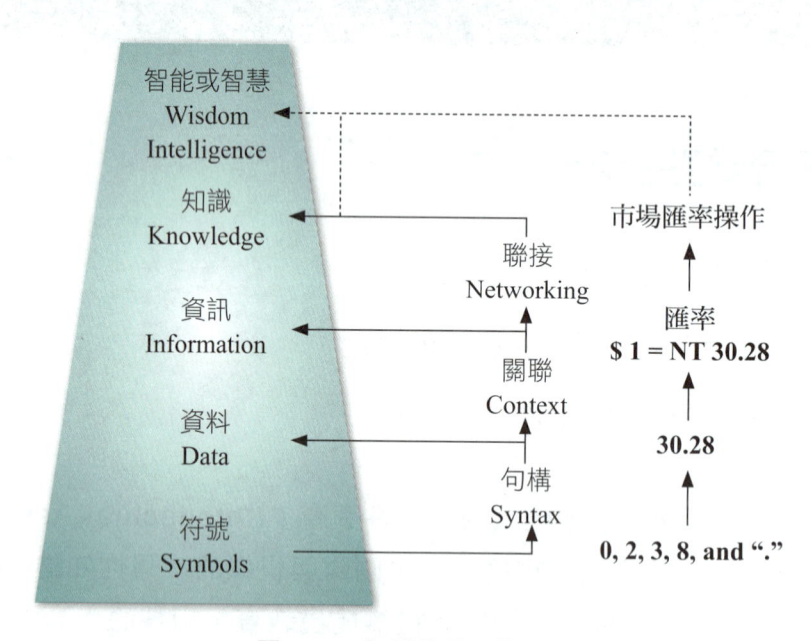

圖 13.1　知識發展層級示意圖

知識管理 (Knowledge Management)，根據網路「商業辭典」(Business Dictionary.com) 的定義 [註解1]，是「用於辨識、獲取、組織、評價、運用及分享組織智性資產的策略與程序設計，其目的在強化組織的運作績效與競爭力」。在此定義中，另強調了「知識管理」的兩個關鍵性活動如下：

1. 獲取 (capture) 與紀錄 (documentation) 個人的顯性與隱性知識 (Individual explicit and tacit knowledge)。
2. 知識在組織內的傳播 (dissemination within the organization)。

上述針對「知識管理」的定義與關鍵性活動中，我們可發現知識管理的核心內涵，為個人**智性資產**在組織內的傳播。個人智性資產，又區分為**顯性知識**與**隱性知**

識，而如何獲得個人智性資產，並將其轉化成組織可用的知識，則有賴於組織對智性資產分享及運用的策略與程序設計等。在說明知識管理的策略與程序設計前，我們先對知識管理定義中所涉及的專有名詞，先行解說如下：

智性資產：又稱**智性資本** (Intellectual Capital)，為組織或社會中個人的「**集成知識**」(Collective Knowledge)。這種個人的集成知識，可能被紀錄下來或未被紀錄。這種集成知識可備用來創造財富、倍增實體資產的產出、增加其他類型資本的價值、獲取競爭優勢等。因獲得個人的智性資產並有效的轉化成組織的可用資產，需要投資（獲得個人的智性資產）與教育訓練（組織成員）等，目前的企業管理，已將個人的智性資產視為「真實」的成本與費用項目。智性資產還包括顧客資本 (Customer Capital)、人力資本 (Human Capital)、智慧財產 (Intellectual Property) 及結構性資本 (Structural Capital) 等。

顯性與隱性知識：將知識區分為顯性與隱性兩大類的概念，首見於匈牙利學者波蘭利 (Michael Polanyi, 1891~1976) 於 1966 年出版的〈隱性向度〉(The Tacit Dimension) 一書。顯性與隱性知識，又或稱正式與非正式知識。非正式的隱性知識，來自於個人的情感、經驗、洞察力、直覺、觀察及內化 (internalized) 等資訊的基礎，並在與他人與情境等的互動中，整合成個人的整體意識。

最常用以比喻顯性與隱性知識差異的，是所謂的「冰山」隱喻，如在海面上能看到的冰山，是所謂可察覺、描述的顯性知識，但只是冰山露出海面的一小部分；但在海面下不可見、無法測知的絕大部分冰山，則是比喻成個人的隱性知識。用冰山模型來描述顯性與隱性知識，是強調隱性知識通常無法描述與轉達、溝通等；但卻是可用於描述、表達顯性知識的構成基礎。

由以上隱喻知識的冰山模型，我們可進一步的定義顯性與隱性知識如下：

顯性知識：可被人類以特定方式編撰 (codified)，並藉由對話、展示、書籍，圖畫及文件等所傳達的知識。簡言之，即可被用來表達、溝通、傳輸及教育等的知識。學校中的教育內涵，絕大部分都是顯性知識。

隱性知識：那些深藏在個人經驗、性向、看法、見解與**竅門** (Know-How)，實際上未表現出來；但為人所知的知識，這種知識可能存在於個人、團隊、與組織文化中。師徒制當中的技能，則屬於隱性知識。

另知識管理與 OL「**組織學習**」(Organizational Learning) 常連接在一起討論，在知識管理領域中，主要探討的是如何將吸收組織外部資訊，轉化成有用的資訊

管理 101 領域篇

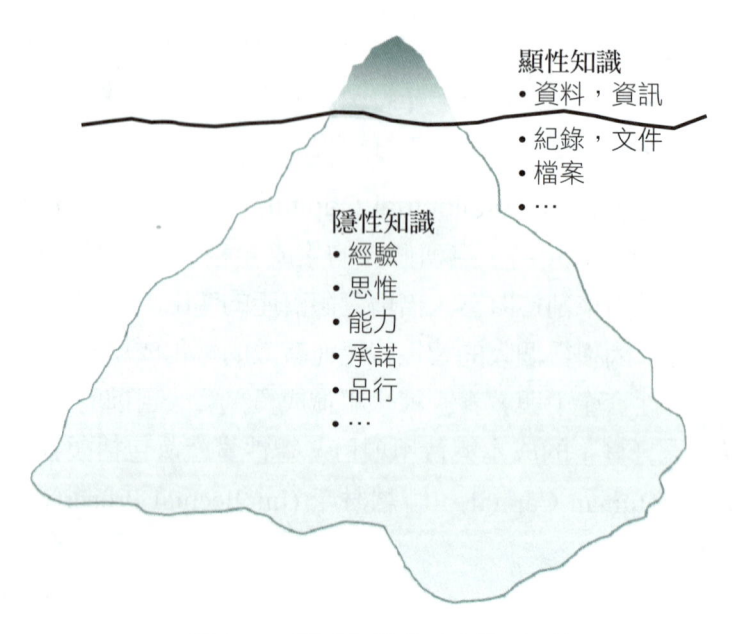

▲ 圖 13.2　隱喻知識的冰山模型示意圖

後，再由個人知識、團隊默契及組織文化等所形成的組織「**知識庫**」(Knowledge Base)，向外運用，就是所謂的「組織學習」，如圖 13.3 所示：

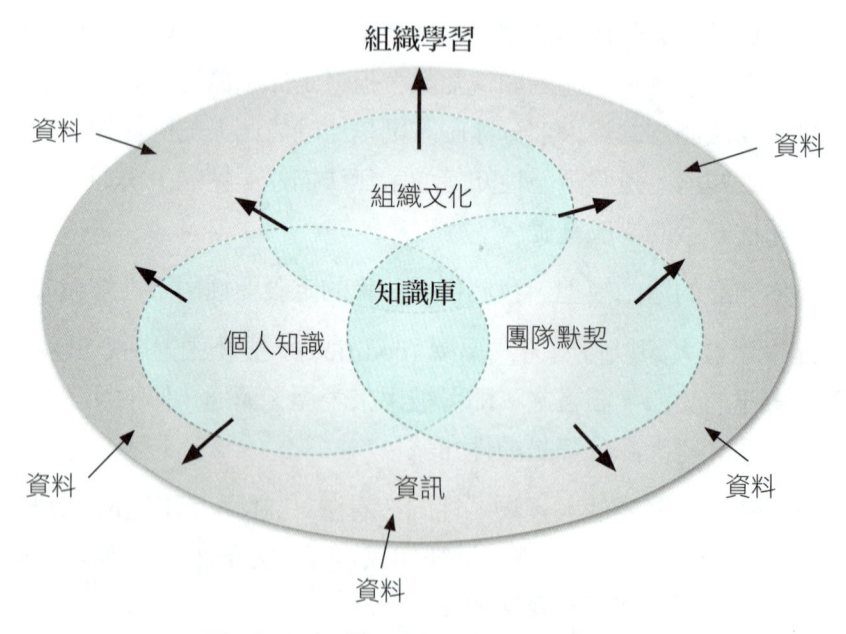

▲ 圖 13.3　知識管理與組織學習關係示意圖

454

第 13 章　知識管理

介紹了知識管理中的特定專有名詞後，本節以下即以知識管理模型及模型中各知識管理作為等，分別說明如後。

13.2　知識管理模型

如 3.1 節所述，知識管理可被定義成是「用於辨識、獲取、組織、評價、運用及分享組織智性資產的策略與程序設計」，故涉及知識管理的策略目標設定、管理績效的衡量及各相關程序設計等，如圖 13.4 所示：

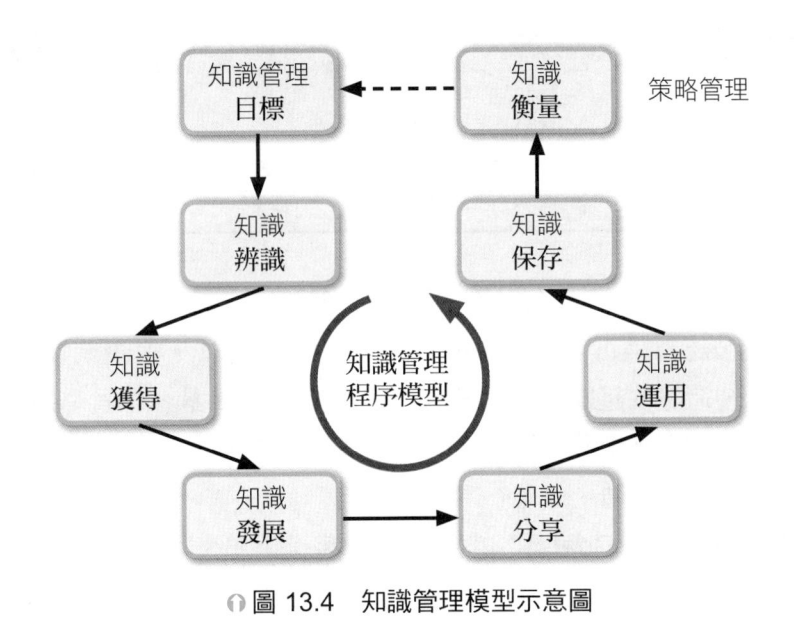

◯圖 13.4　知識管理模型示意圖

知識管理如同其他管理作為一樣，應從策略性目標設定開始，才能決定方向，影響員工的行為，並引導知識管理的程序規劃等，另在整個知識管理的循環（不見得僅在結束），必須要有知識管理績效的衡量、評估與管控作為回饋到目標設定及相對應程序管理作為，才是一個完整的管理系統。

至於知識管理的程序設計，則如定義所述，區分成知識的辨識（有無），獲得組織必要的知識，獲得知識後融入組織既有系統的發展作為，如何在組織內分享及傳播必要的知識，在實際運作上如何運用知識，最後，是如何保存與累積知識等程序管理作為。圖 13.4 所示知識管理模型中個別程序設計及其管理作為，則再分別說明如後。

455

13.3　設定知識管理目標

　　各種管理作為設定目標的意義，在決定組織發展的方向，並藉由目標的設定，來影響員工的行為（目標管理！）並引導相關（策略、程序）規劃作為等。而目標的層級，一般可區分為典範性、策略性及作業性等三層目標，其範例如表 13.1 所示，而各層級目標的特性，則分別列舉說明如下：

▲表 13.1　組織目標的層級與範例

階層	架構	活動	行為
典範性	組織宣言（遠景、任務陳述）	政策	文化
策略性	管理系統	計畫	方法與途徑
作業性	各種程序	任務	績效

1. **典範性目標 (Normative Goals)**：所謂的「典範性」(normative)，是一般認為的標準或模型，或被認為是正常 (normal) 與正確的行事方式。對企業管理而言，典範性目標可能是塑造好的組織文化、任務與遠景陳述的揭露 … 等。要達成規範性目標，必須要有高階的承諾與支持與，若高階能以身作則，則典範性目標具備管理有效性，並能激勵員工依循。

2. **策略性目標 (Strategic Goals)**：其意義在定義組織未來所需的能力（通常目前不具備），協助組織發展其核心能力架構 … 等。由於「策略性」(Strategic) 一詞，具有「長期」、「方向」等意涵，故策略性目標的發展必須審慎為之，一旦決定後，就必須全力以赴，未有明確證據顯示方向錯誤前，不能隨意更改或「迴旋」(turnaround)。

至於在策略性目標設定下，對組織既有能力的運用策略，則如圖 13.5 所示：

	未運用的能力 ⇩ 運用	優勢（槓桿）能力 ⇩ 展開
領先		
追隨	沒價值的能力 ⇩ 外包	基礎能力 ⇩ 保存、增值化

運用性

▲圖 13.5　組織既有能力運用策略矩陣圖

3. **作業性目標 (Operational Goals)**：即在實際管理程序或作為時，可實施的目標，一般藉由 MBO「目標管理」(Management by Objective) 或 MbKO「知識目標管理」(Management by Knowledge Objective) 等方式展開，如圖 13.6 所示：

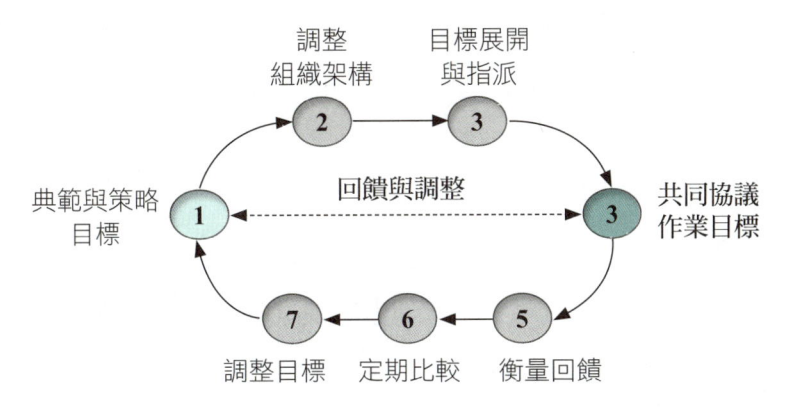

▲ 圖 13.6　MbKO「知識目標管理」展開示意圖

上述三個層級的目標設定與展開，都須符合 SMART/SMARTER 目標設定原則（請參閱 5.2.2 小節所述），除此之外，MbKO「知識目標管理」還有些特定的要求與限制如：

MbKO「知識目標管理」要求：既然是目標管理的一種類型，因此，MbKO「知識目標管理」是目標導向而非程序導向，這再度說明了知識管理程序發起前，設定知識管理目標的重要性。另管理的是人的知識，故著重在組織全員的參與。此外，與所有管理程序一樣，在知識管理程序中，須對知識目標執行例行檢核與調整，以確保知識目標的有效達成。

MbKO「知識目標管理」限制：亦如 MBO「目標管理」一樣，在展開知識管理目標時，須確保目標對組織各級成員的激勵性，以免耗費時日的溝通與協調，另因知識主要存在於個人中，要組織成員貢獻其所具備的知識，知識管理目標必須對其具備有激勵性與誘因。最後，知識管理目標應能與組織發展的整體使命、遠景等配合，以免一昧的追求新知識的獲得，而忽略或甚至排擠組織的主要目標：獲利、成長與持續經營等。

13.4　知識的辨識

包括個人、團隊與組織的內部知識通常是內隱而不彰顯的隱性知識，因此，如欲構建組織的集成知識，填補目前所缺的知識，縱使困難，也必須要能辨識組織內的知

識種類、擁有者及其含量等。

辨識組織內的知識，其目的在構建組織知識傳遞的「通透性」(transparen-cy)，而此知識傳遞的通透性，包含員工及組織兩個層面考量如：

- 員工：瞭解組織員工具備的知能與潛能。
- 組織：使組織集成式知識通透化。而使組織具備知識傳遞通透性的機制設計，又包括如：
  - 作業、程序與規則
  - 內部交換資訊網絡

但在構建組織知識傳遞通透性前，管理者必須瞭解知識通透性的障礙如：

- 人對事物的看法通常根據過去所學
- 人不願意承認「無知」
- 沒人負責（人人有責？）
- 員工流動性太高等

13.4.1 辨識知識的方法

在知識管理模型中，一般用於辨識組織內隱知識的方法包括如人名錄、知識地圖與知識圖誌等，分別簡述如下：

人名錄 (Who is Who Directories)：即一般人事資料中，對組織成員學歷、專長、經驗 … 等之紀錄。人名錄要能有效運用，必須根據組織成員的發展歷程而隨時更新。另對人名錄紀錄項目的選擇，則須視組織對知識目標的定義而決定。但一般原則是盡可能詳盡，以免需要時卻無法提供資料。

知識地圖 (Knowledge Map)：通常為 2~3 個向度的知識辨識圖示法，如將向度區分成學歷、經歷、專長 … 等，然後將組織成員按照向度區分的象限與所處位置標示於「地圖」上，如圖 13.7 所示。

知識圖誌 (Knowledge Topography)：為三個向度的知識辨識圖示法，而此三向度通常設定為「誰」、「有甚麼」、「程度」的表示，如圖 13.8 所示。

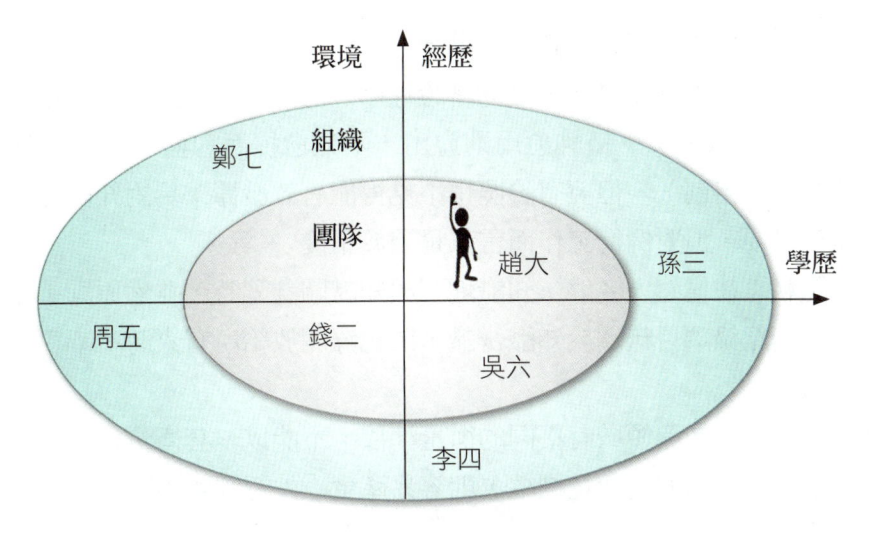

▶ 圖 13.7　知識地圖示意圖

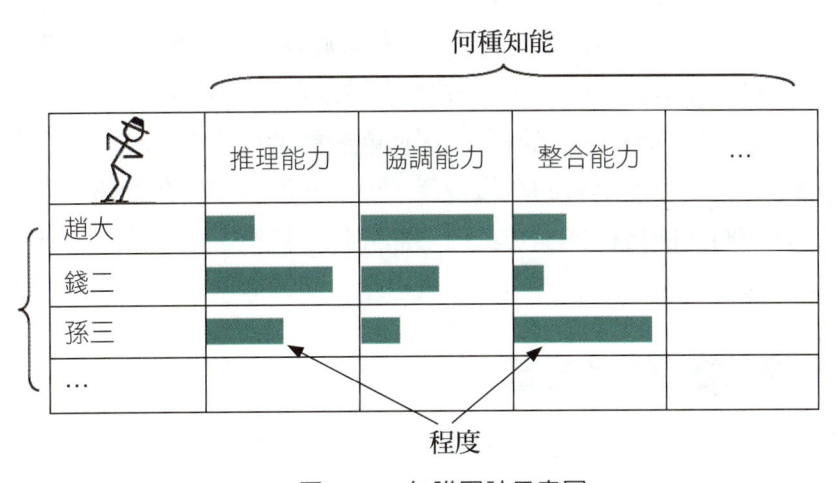

▶ 圖 13.8　知識圖誌示意圖

13.4.2　辨識知識的人性考量

在辨識組織內部是否有未來所需知識時，組織成員的人性考量，可能會影響辨識知識的精確與否，因此，在設計知識辨識機制時，須考量下列人性限制因素如：

- **扭曲組織內部的權力結構與關係**：當發現組織所需未來知識都在被管理的基層時，管理階層就顯得無能或多餘；同儕於知識辨識時出現落差，會影響到彼此關係…等。
- **選擇性認知**：與所有的考評制度一樣，組織對未來所需知識的辨識，關係到資源的投入，這會造成個人權利與單位之間的資源競奪；另人（尤其是管理階層）都有根

據自己的意見而選擇偏好的知識辨識標準 … 等。

- **不必要的程序干擾**：主要是指知識的辯證程序。雖然「知識愈用則愈出」（出自清曾國藩〈治兵語錄〉：「精神愈用則愈出，陽氣愈提而愈盛，…，智慧愈苦而愈明。」而由作者自創），但擁有證照也不見得能有效發揮；另對知識擁有程度的辯證程序雖然必要，但對例行工作而言都是屬於干擾 … 等。

- **侵犯個人隱私**：在構建人名錄、知識地圖與知識圖誌等時，雖然原則上希望能愈詳盡愈好，但若紀錄項目無關於知識辨識，或紀錄開放給所有人時，都可能侵犯到個人的隱私權。

- **隔行如隔山**：不同知識領域有不同的衡量準據，不能以一套衡量標準套用到所有所需的知識領域；若拘泥於衡量標準，則容易產生「外行評斷內行」、「外行領導內行」等謬誤。

- **有德者謙**：真正有知能實力的人，通常不太會炫耀，也不太願意接受他人與衡量標準的評斷，而有「待價而沽」的心態。只有當此存在於人的「智性資產」被組織「珍視」，這些真正有能力的人，才會願意貢獻其所具備知能。

- **親遠疏近**：人通常會忽略目前已擁有、卻珍視未能獲得的！這在知識管理上特別重要。若組織不能善用目前已有的知識資產，而一昧的追尋外在知識，甚至忽視既有知識資產的價值時，除獲得外部知識仍須額外付出轉換、內化的努力外，不受重視的既有知識資產，也會「隱而不出」甚至退化、轉為他用等。

13.4.3　外部知識的處理考量

　　知識也可能來自於組織外部，在吸納組織外部資訊時，也有一些處理考量如下：

- **NIH「非此地發明」徵候群 (Not Invented Here Syndrome)**：組織一如人體，在異物入侵時，人體免疫系統會攻擊並試圖消滅侵入異物。外來知識也一樣，對組織既有的知識體系與運用文化等都會造成衝擊。故在引進外來知識前，必須先行評估組織成員對外來知識的抗拒程度，並採取必要措施消弭此種 NIH「非此地發明」徵候群的抗拒。

- **怪罪顧問 (Trapping Consultants)**：當組織想接觸不瞭解的新知識領域時，多半會聘請外部顧問以為諮詢。但當吸納外部知識或在實際運作中碰到困難時，容易有怪罪顧問的傾向。顧問非組織內部成員，將罪究推給顧問，對顧問而言，只是一次諮詢專案的失敗，不足為奇；但組織不思考自己的缺失以求改進，卻是未來成長的最

大的隱憂。

- **專家網絡、論壇 (Expert Networks/Blog)**：拜今日網際網路發達所賜，組織可以網際網路或人際網絡等，將組織內外的專家整合起來，針對知識管理的任何議題執行討論或溝通，使知識管理更能有效的運作。但運用專家網絡或論壇時，須注意專家群體的專業性與異質性。專業性固然可在幾次運作後即見真章；但專家之間的異質性通常是必要的，以免流於「一言堂」或「群體迷思」效應等，但若專家們對議題若有南轅北轍的看法，就需要決策者有自行決斷的能力，以免猶豫不決。

13.4.4　彌合知識差距的缺口

辨識知識後，組織應能發覺組織既有的知識、需要但僅存在於外部的知識、及需要但目前並不存在的知識等差距。為發展組織未來所需的知識，必須彌合上述知識差距的缺口，如對既有知識的鞏固以免流失；對組織未來需要但僅存於外部的知識，則以外購方式獲得；對未來需要但目前不存在的知識，則以自行發展或與其他組織的 JV「合作投資」等方式發展，如圖 13.9 所示：

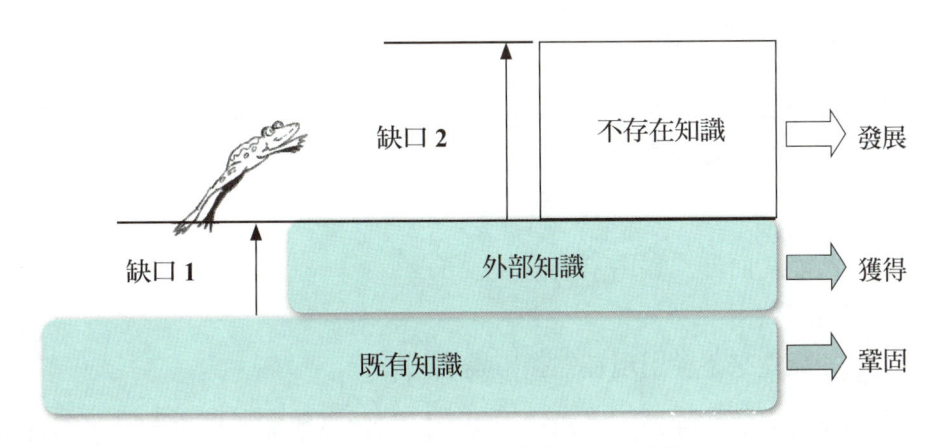

○ 圖 13.9　彌合知識差距缺口示意圖

13.5　知識的獲得

當完成組織知識的辨識，瞭解需要獲得哪些組織不具備的外部知識，或發展目前不存在的知識後，知識管理的下一程序，就是知識的獲得。此處所謂的「獲得」(acquire)，廣義上也包含了 R&D「自行研發」(Research and Development) 的努力，但一般所稱的獲得，通常就是指對外採購。

知識與其他組織所需資產一樣，在自行研發與對外採購兩個主要獲得途徑的考量，是策略或經濟意涵的差異。自行研發通常是策略意涵，必須要掌握此資產而不計研發可能耗費大量資源與失敗的代價；對外採購則是經濟意涵，當市場可獲得且具備成本效益時，通常即採取對外採購的獲得途徑。

一般企業管理者常會對知識的獲得，有下列抱怨如：

- 我們招募不到最好的人手？注意！這種心態，會挫折既有人力的士氣。
- 當顧問一走，專案推動的動力就熄火了！顧問始終是外部專家（外人），問題，還是要靠吸納外部專業意見或知識後，由組織成員自行解決。
- 大家都對 JV「合作投資」存有疑心，因此，都採取防禦的態勢。這種心態，顯然不適合合作！

對外採購知識，必須先瞭解知識市場的特性、採購知識的途徑、採購知識的限制及吸收採購知識的困難等後，才能有效的獲得組織未來所需的知識。以下即分別簡述對外採購所須考量的事項如後。

13.5.1 知識市場的特性

所謂「知識市場」(Knowledge Market) 公開銷售的知識，絕大部分屬於尚未經實用驗證，或須投入大量資本以驗證其成本效益的嶄新發明。因此，知識市場的特性包括如：

- 通常只是「潛能」而非「實用」
- 買方無從評估其效用
- 真正實用的知識從來不曾出現在知識市場上

除上述知識市場的特性外，從知識市場上採購組織所需的未來知識，還有下列兩項限制或不利因素如：

- 競爭者也能從知識市場獲得同樣的知識！誰能有效的運用，就要看誰的吸納能力較強了。
- 若組織的獲得資源有限，對外採購會排擠 R&D「自行研發」所需的資源，進一步限縮組織未來的自我研發能量 ^{註解 2}。

13.5.2 採購知識的途徑

採購外部知識，通常可區分有併購其他組織、向其他組織挖角、聘用顧問、或從

顧客端採購知識等。

併購 (M&A) 其他組織：直接以 M&A「併購」方式，將有優異表現的外部公司，納入自己的掌控，是近代企業常用獲得智性資產的方式。但因被併購的公司有不同的文化與管理風格，併購也常會有所謂的**「併購徵候群」**(Merger Syndrome) 如：

- 併購後通常緊隨著組織內部權力的重整與競奪。
- 因忽略既有人才而造成人才流失，甚至摧毀既有的知識架構（知識庫）。
- 因知識的排擠或吸收困難，稀釋既有的知識庫而非產生綜效。
- 摧毀市場的競爭價值，因此，也摧毀了未來的競爭能力。

挖角 (Headhunting)：以更優渥的薪資、待遇，向競爭對手挖角其重要人力。雖然在人力市場上，能改善人力運用的透明性及提升人力市場的運用效力。但挖角有下列負面效應如：

- 挖角屬侵略式的招募動作，會讓企業之間的競爭更加白熱化。
- 對既有的人才保留，產生負面效應（如薪資待遇差異等）。

聘用外部顧問 (External Consultancy)：以專案方式聘請外部顧問擔任採購外部知識的諮詢工作，雖然**聘用外部顧問有「外包」式的成本效益**^{註解 3}，但外部顧問的聘用，有下列考量如：

- 真正優秀的專家，通常僅對長久的合作合約有興趣，或在目前合作上留一手，以促成後續的合作合約。
- 組織要謹慎思考為何要聘用外部顧客，而非自己內部的研究。過度依賴外部顧問，會讓組織內部成員失去鍛鍊、成長的機會。
- 組織也要問自己聘用外部顧問的真正目的！若是借用顧問之手、行組織重整解雇人力之實，非但是「怪罪顧問」的轉移目標，另也無助於獲得有效的外部知識。
- 排斥外部專業心態（NIH「非此地發明」徵候群）如：
    - 排斥空降或女性管理者
    - 顧問意見與內部研究結果產生衝突時
    - 摧毀內部工作機會與內部人力的功勞 (credits)

以採購方式獲得顧客端的知識 (Acquiring customers' knowledge)：終端顧客的意見，始終是企業經營與市場競爭成敗的關鍵。因此，用採購（給付酬勞）的方式，獲得終端顧客的知識，包括如：

- **瞭解顧客需求 (Knowing customer's requirement)**：如一般企業執行的市場研究 (Market Research) 或 VOC「顧客心聲」(Voice of Customer) 的調查等。但這不是件容易做得好的工作！顧客或許不能清楚表達其真正的需求；若有心且專業的顧客或許真的能清楚表達其需求，但「言者諄諄，聽者渺渺」，能聽得懂或聽得進的調查者又有多少呢？
- **關鍵顧客的運用 (Use of key customer)**：對「死忠」的顧客群，執行「顧客工作坊」(Customer Workshops) 或「聚焦群體」(Focus Groups) 等的深入調查。這或許能獲得較為深入的顧客意見與知識，然經營者須注意，留住死忠的顧客容易得多，但那些「不死忠」、「非粉絲」的顧客群體更大！若能獲得中立或對立顧客的知識，才是開拓市場機會的真正本事。
- **參與顧客的活動 (Involving in customer activities)**：藉實際參與顧客運用產品或服務的活動，有助於透徹瞭解顧客的真正需求。如美國國防部的 ACTD「先進概念技術展示」(Advanced Concept Technology Demonstration) 專案[註解4] 就是研發者將新的概念技術發展成的「原型」(prototype)，提供給裝備使用單位，並實際參與其運用過程，在實際運用過程中，再對原型持續進行研發修改。

13.5.3 吸納知識的困難

即便順利獲得外部的知識，但因知識的產生，都有其固有的文化與風格，如何轉換、內化，與組織現有知識庫整合、產生綜效，卻也不是件容易的事。

組織吸納採購所得的知識，有下列主要困難如：

- NIH「非此地發明」徵候群的排斥外來知識。
- 專注於短期、立即見效的效果，通常容易導致獲得的知識迅速落伍。
- 納入組織既有知識庫的標準程序，通常會摧毀外來知識的特性與價值。

13.6　知識的發展

前一節描述了知識的外購與自行研發兩種主要獲得途徑之間考量的差異，其實，無論自行研發或對外採購的知識，在組織內仍須進一步的「發展」，才能讓獲得的知識，真正融入組織的架構與系統中。因此，這一小節針對知識的發展、或即稱為知識的（持續）研發創新，將研發創新所須考量的要點，分別說明如下：

研發創新類型：對企業經營而言，研發創新的類型計有如產品研發 (Product

R&D)、程序研發 (Process R&D) 及組織性（或社會性）研發 (Organizational/ Social R&D)。產品的研發針對未來產品或服務的創新研發，程序研發則針對未來產品或服務產生過程效率與成本效益的提升，組織性研發則包括所有的知識管理系統、架構、模型與心態、文化等的創新與塑造，以支持產品與程序的研發。

　　創新的障礙：創新，雖然是目前所有國家、社會及組織都努力追求的目標之一。但要能將創意 (creativity) 轉化成真正能為組織帶來經濟與策略效益的創新 (innovation)，卻沒有那麼簡單。在組織能營造支持創新研發的環境前，必須先瞭解創新的障礙如：

- **動搖既有的規範與信仰**：所謂「破舊立新」，總是給人的心理帶來莫大的震撼。一般人習於安定，故要在既有的系統中添加改變的因素，逐步實施要比劇烈變動要好；但若組織積弊已深，有時大刀闊斧的斷然改變才能生效。
- **改變權力結構或「部門主義」(Department Egotism) 作祟**：無論漸進或劇烈的創新變革，都會有所謂的組織裁併與裁員動作。這會引起基層員工及管理階層的不安與抗拒。因此，創新變革必要性的事前溝通與人員的疏導等，就顯得相當重要。
- **與既有系統不適配**：既然是創新，就超脫於既有系統效能之外，否則就是系統「性能提升」或「改善」！技術系統的不適配，還可以教育訓練加以調適；但成員心理與組織文化的不適配，就有賴於事前溝通與疏導了。
- **環境的障礙**：如產業環境與整體宏觀環境對創新研發的障礙，如多國仍禁止基因研究的法規與倫理限制，產業的既有標準通常也是對創新研發成果的主要障礙之一。宏觀環境的障礙，通常甚難突破。但產業環境的障礙，則可以利基市場直接挑戰大眾市場來突破。總言之，環境的障礙通常是「形勢比人強」而撼動不了。這是在創新研發前，不得不思考的議題。

　　知識發展的困難：對知識的創新研發，相對於產品、程序及組織的研發，又多了些考量如：

- **創新無法事前規劃**：雖然「創新管理」(Innovation Management) 著重的就是如何管理好創新的作為，但其管理作為較偏重於情境、環境的營造，使創意較能有效的轉化成創新。但無論如何，沒有創意前，根本無從規劃；有了創意後，通常在傳統的規劃系統中「損耗率」過高。因此，發展知識的創新研發，必須要有一套有別於傳統規劃系統的思惟。
- **創新過程甚難描述，因此也無從創新**：要原創者描述創意的發想與形成過程，使其他人能從而協助發展，是一件相當困難的事。人的思惟一瞬間即跨越時空，並超脫

現實環境的限制。要想邏輯、條理、清晰的描述，幾乎是不可能的任務。因此，研發創新多是「且戰且走」、「試誤」(Try-&-Error) 的結果。

- **知識的發展通常是自我組織與形成的**：如前所述，知識通常存在於個人，但團隊的運作或組織文化的影響等，也會塑造或產生新的「集成知識」。但這種集成知識的形成過程也甚難描述與紀錄，因此，知識的創新研發必須著重於「經驗教訓」(Lesson Learned) 的回溯討論與紀錄 註解5，以（試圖）掌握知識發展過程中的機制。

- **知識的發展甚難保持領先態勢**：現代人的知能已甚為開化，當別人有新的研發創新公布後，抄襲 (copy)、逆向工程 (Reverse Engineering) 等手法，就能迅速掌握創新的機制。因此，除 IPR「智慧財產權」(Intellectual Property Right) 的法律保護外，組織也必須留意關鍵與核心知識的「保密」。但最好的方法，是「超競爭」(Hypercompetition) 的持續投入研發創新的努力，在成員心態與組織文化上，都保持自我超越的領先態勢。

13.6.1　營造支持創新的情境

如前所述，知識發展所著重的，不是程序的規劃，而是適合創新情境與環境的營造。通常而言，營造支持創新的情境，有下列考量如：

- **以塑造取代管控**：管控要有標準，而創新卻無標準可言。因此，塑造能激發成員創意，能平順將創意轉化成創新的氛圍、機制與環境，是營造支持創新情境的最主要考量。

- **將創新作為與例行活動區隔開**：例行性的活動，通常有標準作業程序且佔據大部分成員的工作時間。因此，要在組織內塑造創新的環境與氛圍，就必須有鼓勵成員提出創意，並可免除其例行工作負荷的機制設計。

- **允許犯錯但僅止一次**：研發創新多是「試誤」的結果。因此，管理階層應有容忍員工首次犯錯的心量！但不是各種過錯都能犯錯一次，而是，同樣的錯誤僅允許初犯，但絕不允許再犯，其目的在使犯錯的員工（及其他成員）記取此次錯誤的經驗教訓，這也是所謂的「第二次就做對」(Second Time Right) 的人性化管理原則 註解6。

13.6.2　創新的輔助措施

除了創新情境與環境的營造外，另有一些創新的輔助措施，可協助激發組織創新

研發的動力如下：

- 創意激發 (Stimulating Creativity) 方法
    - 德菲法 (Delphi Method)
    - 腦力激盪 (Brainstorming)
    - 型態法 (Morphological Method)
    - 搜尋與篩選 (Search and Screening)
    - 關聯樹、關聯圖 (Relevance Tree/Affiliation Methods)
    - 因果分析 (Cause-and-Effect Analysis)
    - 力場分析 (Force Field Analysis)
    - 流程圖 (Flow Charts)

- 以創意管理取代建議系統 (Innovation Management vs. Suggestion System)：創意管理與傳統建議特性系統的差異，比較如表 13.2 所示：

表 13.2　創新管理與傳統建議系統特性差異比較表

傳統建議系統	創新管理
不信任基礎	信任基礎
關切他人的工作	關切自己的工作
例外管理	規範管理
說教	激勵
程序導向	顧客導向
競爭	合作
書面文件	行動

- 整合式問題解決技術 (Integrated Problem Solving)：簡言之，即由團隊執行問題解決，其程序如：

    1. 辨識真正問題 (identify the real problem)：真正的問題肇因通常不存在於表象，因此，可用如「五問法」或「因果圖」等，窮究問題的真正肇因。
    2. 瞭解問題本質 (understand problem context)：問題肇因常也是各種因素的複雜關聯，因此，可用「關聯圖」、「關聯樹」等技術，瞭解問題發生的本質。
    3. 思考解決方案 (work out ways)：針對真正的問題肇因，以腦力激盪或「六項思考帽」(6 Thinking Hats) 等方式，發展各種問題解決方案。
    4. 評估各方案的可行性 (assess solutions)：從政治、經濟、技術 … 等角度，評估

各種方案的可行性，並排定優先執行次序。
5. **施行與嵌入 (implement and embed)**：選擇方案後，隨即執行。成功執行後的成果，則嵌入（內化）進組織的既有系統與架構中。

- **經驗教訓累積 (Integrated Lessons Learned)**：組織累積經驗教訓的程序如下：
  1. **允許有足夠的記錄時間**：經驗教訓在事後的討論中，其討論過程與發現、建議等，必須詳盡的記錄，才能在日後作為其他專案參考之用。不是開完會，發份會議紀錄即了事；經驗教訓討論的紀錄，通常就是供可日後運用的一本「行動指導」(Action Guidance)。
  2. **優先處理經驗教訓**：經驗教訓討論，是使組織成員學習、成長的機會，因此，必須視為「事後」的優先處理項目。
  3. **開放性的氛圍**：經驗教訓討論會議，必須坦誠面對失敗的教訓與問題本質，發展解決方案時，也必須有開放的氛圍，才能激發出真正有效的問題解決方案。

13.7 知識的傳播

在組織擁有未來發展所需的知識後，接下來的考量，就是在組織中如何分享與傳播知識，換言之，就是「誰需要知道？瞭解到何種程度？及如何實施」的問題。

在「誰需要知道？」這問題上，基本上是在「需要知道」的基礎上運作，並不是組織所有成員都需要知道。因此，知識傳播的一般原則就是：

- 先決定哪些知識可以傳播，哪些不能傳播。
- 繼而決定知識傳播是集權或分權管控。
- 有限的提供或分享知識。

要做好組織內的知識傳播前，必須先瞭解傳播知識的限制性因素如：

- 天然限制
  - 經濟考量
  - 保密與機密性考量
  - 組織架構的限制
  - 人性的障礙等

- 複製知識 (Knowledge Replication) 的考量
  - 通常為集中控制 (Centrally controlled) 與推式導向 (Push approach)：即高層集中管

制哪些知識可傳播，哪些人需要接收此知識等。
- 對成員的教育訓練如：
  - ◆ 正式的訓練計畫 (Training programs)
  - ◆ 種子訓練 (Train-the-Trainer/Snow Balling Training)
  - ◆ 自我學習的程序協助 (Self-learning procedures)
- 成員之間的互動如：
  - ◆ 個人接觸
  - ◆ 非正式的資訊交換
  - ◆ 研討會 (seminars)
  - ◆ **私密聚會** (retreats) 註解 7

● 構建知識網絡 (Knowledge Networks) 的考量：與複製知識的考量相反，知識網絡通常是分權 (Decentralized) 與拉式原則 (Pull principle)，即根據知識使用者的需求，由管理階層分層負責審查其知識授與權限。

● 人為與文化障礙 (Individual & Cultural Barriers)
- **人為障礙 (Individual Barriers)**：主要是人員能力與意願的考量如：
  - ◆ 能力 (the ability)：個人的才能與社會行為等。
  - ◆ 意願 (The willingness)：
    - ✓ 個人是否願意分享其擁有的專業知識
    - ✓ 額外或過重的負荷
    - ✓ 對危及其職權的畏懼 … 等
- **組織文化障礙 (Cultural Barriers)**
  - ◆ 公司定位 (Company orientation)
  - ◆ 政治權力 (Politic power)
  - ◆ 互信的氛圍 (The atmosphere of trust)
  - ◆ 管理風格 (The management style)

13.7.1　傳播知識的適合情境與方法

除了在組織內設定「需要知道」的知識傳播原則外，另也必須營造適合傳播知識的情境，並瞭解適用於傳播知識的方法如：

- 適合情境
  - 符合經濟上的必要性
  - 團隊運作或構建虛擬團隊
- 適合方法
  - 平行的組織架構 (Parallel organizational structure)：在組織架構內有兩個類似，但各自獨立運作的功能或單位。這種組織架構設計，比傳統階層架構較能促成內部良性競爭與標竿學習效果。對知識傳播而言，可收互補、互利之功效。
  - 公用軟體技術 (Groupware technology)：能在相同資訊平台上分享與傳播資訊。
  - 智能式空間管理 (Intelligence space management)：不拘泥於固定的工作空間佈置，也就是辦公或工作裝備，能依需求隨意的調整。

13.7.2 分享知識的功效

若能做好組織內的知識傳播與分享，可收下列功效如（圖 13.10）：

- 促進「時間管理」(To facilitate **"Time Management"**)
  - 因有較佳的協調，能加速內部程序的績效提升。
  - 相對於「工程再造」(re-engineering)，能較為平和的解決問題。

- 改善「品質管理」(To improve **"Quality Management"**)
  - 系統性的紀錄與傳播「經驗教訓」，提升組織整體運作品質。
  - 不但分享成功經驗，另也傳播如何避免錯誤的知識。

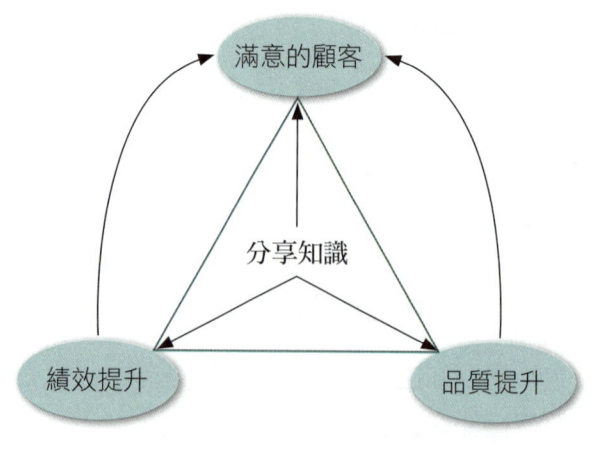

圖 13.10　分享知識功效示意圖

- 提升「顧客滿意度」(To enhance **"Customer Satisfaction"**)
  - 現場快速、有效回應顧客需求的知識,能有效提升顧客滿意度。
  - 一致、有效經營的企業形象。

13.7.3　最佳實務移轉技術

若在組織內有其他單位或個人在解決問題或創意發想上,有獨特貢獻。此「**最佳實務**」(Best Practices) 也可藉由下列方式移轉到組織各個單位或個人如:

- 標竿學習 (Benchmarking)
- 參觀學習 (Information trips)
- 管理者輪調 (Managers transfer)
- 構建「最佳實務網絡」(Best Practice Networks)
- 內部稽核 (Internal Audits)

13.8　知識的運用

組織內已發展未來所需的知識,並做好知識的分享與傳播後,接下來,就要看個人與單位如何運用所需的知識了。本節說明運用知識的理由、障礙及如何在組織內運用知識等之考量如後。

13.8.1　運用知識的理由

所謂「知識愈用則愈出」,因此 …

- 若不運用或不知如何運用,則知識毫無價值可言。
- 「知行合一」:知是一回事,行卻是另一回事。知而不行,猶如不知;不知而行,沿途顛簸;只有知行合一,才是真正的「知道」:知而行道!
- 行動中的知識 (knowledge in action),是展現成果的唯一途徑。

13.8.2　運用知識的障礙

如同前數知識管理作為一樣,要成功的運用知識前,必須先瞭解運用知識所可能面臨的障礙如下:

- 成員心理障礙
  - NIH「非此地發明」徵候群

- 抗拒改變

● 組織性盲點與組織文化障礙
  - **目標錯置** (Goal Displacement)：簡言之，即偏離原設定目標，去追求其他短期、具吸引性的目標，如此會轉移組織資源的運用，並延誤或甚至障礙了原定目標的達成。
  - **策略短視** (Strategic Myopia)：即著重於短期目標、而忽略長期遠景目標的近利、短視現象。長久如此，會使個人或組織喪失快速變動環境的應變能力。

● 領導與管理風格的影響
  - 成員對「挑戰權威」的態度 (權力距離)：所謂「知識就是力量」，若管理階層無法以專業服眾，則其成員會挑戰其權威；另也涉及**「權力距離」**(Power Distance) 文化對權威的態度，一般而言，西方文化的權力距離東方文化為短。
  - **「玻璃天花板」**(Glass Ceiling) **效應**：原指一般組織對女性管理人員升遷的限制，即不喜歡女性當老闆，使女性管理者在職涯發展上，有「看得到但上不去」的歧視現象。此效應亦可運用於描述現代職場上所有的歧視現象。

13.8.3　視知識使用者為顧客

知識能否被知識使用者所喜好、並經常運用，發揮「知識愈用則愈出」的效益，就必須著重於**「使用者親和」**(User Friendly) 的設計。另如何在職務上讓員工樂於使用其所需知識 ⋯ 等，分別簡述如下：

● 使用者親和設計的挑戰
  - **使用簡單** (Simplicity to use)：知識使用程序、步驟、方法等越簡單，用的人就越多。
  - **時機要對** (Good timing to support)：當需要時能快速擷取與運用；當錯過需要時機時，知識即無用！
  - **適配性** (Compatibility)：能與既有系統方便、容易的連接；繁複的轉換，也會使人們不願意使用。

● 使用者親和設計原則
  - **方便性** (Convenience) 為首要考量
  - 讓使用者能獲得好處而使用

- 在職務工作上發展知識：或稱為「**行動學習**」(Action Learning)
  - 只有在職務工作上，知識才能直接的運用。
  - 職務工作上的情境模擬或兵棋推演，有助於發展未來所需知識。
  - 在職學習到的知識，較易深刻記憶。

- 適宜知識運用的工作環境
  - 知識的使用者親和設計
  - 工作站位的適合安排
  - 機敏式的空間管理等

13.9 知識的保存

知識演化的速度與科技一樣，一日千里。因此，若未能妥善保存 (preserve) 組織既有的知識，則可能在需要運用知識時，才發現既有知識已流失或落伍。本小節介紹組織保存知識的理由與程序步驟，分如以下各要點所述。

13.9.1 保存知識的理由

組織的知識，或稱「**組織性記憶**」(Organizational Memory)，可能因下列因素暫時或永久的喪失如下：

- 組織的「**工程再造**」(Re-engineering)、「**精簡政策**」(Lean Policy) 等：低估了組織「集成知識」對未來運作的重要性，因組織重整或人員調動等，破壞了「組織性記憶」。

- 任務、工作的「**外包**」(Outsourcing)：雖然外包的任務或工作，一般而言都非關鍵性；但也是組織順利運作的一部分。因此，若外包太久，組織成員已不熟悉外包的任務或工作。這種現象或稱為「**集體阿茲海默症**」(The Collective Alzheimer Syndrome)。

以上破壞「組織性記憶」的因素，若工程再造或精簡政策涉及到人員的裁撤，則會像外包的「集體阿茲海默症」一樣，是屬於一種「不可逆」(irrever-sible) 的損失。管理階層決定推動工程再造、精簡政策或外包時，必須審慎的考量。

13.9.2　保存或捨棄知識

在保存知識的探討時，我們也必須瞭解「**捨棄**」(unlearning) 與「**保存**」(preserving) 之間的差異如：

- **捨棄**：清除舊的知識，以容納新的知識，這通常對電子儲存而言。若是個人知識或團隊默契等，則是指「更新」或「改正」(unlearning 原文的意涵) 舊有的知識。

- **保存**
  - 知識是否值得保存的判斷關鍵，是「未來是否仍有需求？」
  - 保存期程多長？則端視是否有更新的知識可以取代。若有，則可汰舊換新；否則，持續保存是較為保險的作法。畢竟，舊有的知識，也是組織耗費資源獲得、發展而來，不宜輕言捨棄。
  - 經驗與舊規則可能也是未來需要的可能選項。至少，在複雜的競爭環境下，可增加行動方案的選擇性。

13.9.3　保存知識程序

一般而言，既有知識的保存程序，區分篩選、儲存與更新三個主要步驟，如圖 13.11 所示：

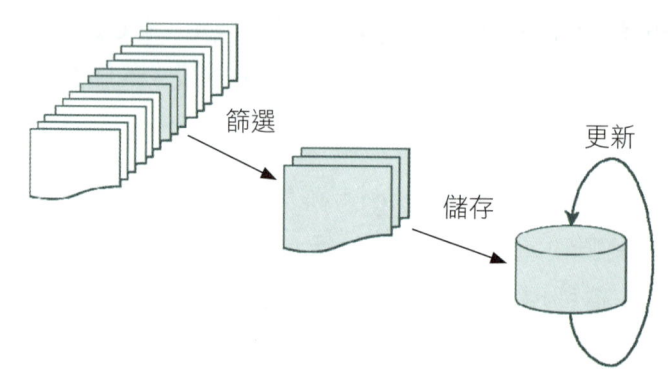

圖 13.11　知識保存程序示意圖

- **保存知識的篩選 (select)：決定哪些知識資產值得保存**
  - 決定哪些知識對其他人未來有用？
  - 須考量突然某些人離開或損失後，會發生甚麼情形？
  - 專注關鍵員工的保留，尤其是那些過去負責架構組織系統的員工。

- 盡可能登錄或文件化 (documentation) 知識並瞭解其重要性，尤其當法律有要求時。
- 知識的儲存 (store)：以適合的組織「知識庫」(Knowledge Bases) 型式儲存。這包括了個人、群體與電腦化等三個層次的考量如：
  - 個人：知識工作者 (The Knowledge Workers)
    - 瞭解誰專精於何事？
    - 瞭解激勵因素（促使貢獻）與反激勵因素（促使離開）的影響。
    - 彈性的工作配置 (Flexible attachment mechanism)。
    - 保留「元老重臣」(the "Elder Statesman")：大部分的組織記憶都存在於元老重臣經驗裡；但這不意味著讓元老重臣久居要職，而是在卸下職務或退休後，繼續以顧問的方式尊崇其對組織的繼續貢獻。
    - 系統化的轉移知識與技能。
  - 群體：集成記憶 (Collective Memory)
    - 以平行組織架構「記憶」集成知識
    - 文件化紀錄重要的程序
    - 瞭解共同語言與群體操作性定義的重要性
    - 設計經驗分享的機制
  - 電腦：電子式記憶 (Electronic Memory)（圖 13.12）

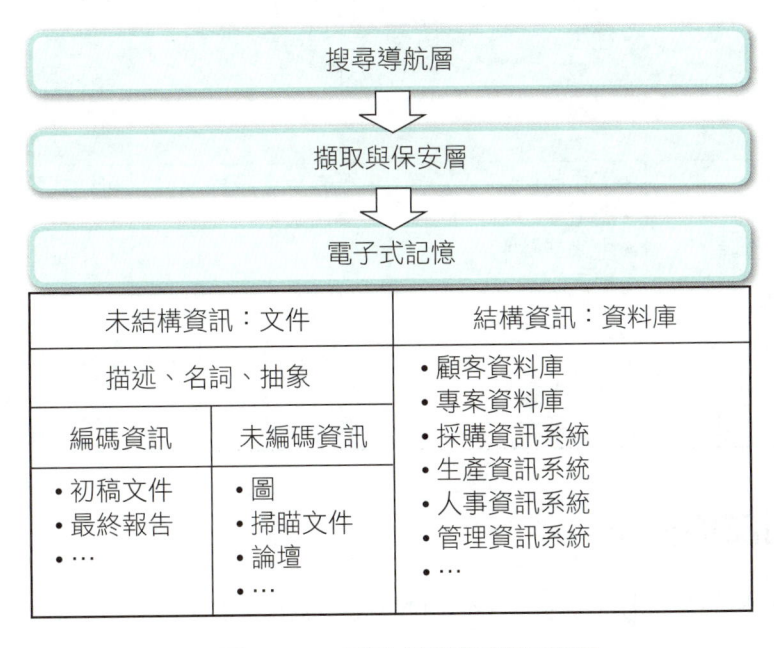

```
搜尋導航層
   ⇩
擷取與保安層
   ⇩
電子式記憶
```

未結構資訊：文件		結構資訊：資料庫
描述、名詞、抽象		• 顧客資料庫 • 專案資料庫 • 採購資訊系統 • 生產資訊系統 • 人事資訊系統 • 管理資訊系統
編碼資訊	未編碼資訊	
• 初稿文件 • 最終報告 • …	• 圖 • 掃瞄文件 • 論壇 • …	

圖 13.12　電子式記憶層級示意圖

- ◆ 可無限擴充、幾近不限制的儲存能力
- ◆ 知識的數位化轉換
- ◆ 詞彙與關鍵詞的管控（以便於搜尋索引與連接）
- ◆ 注意可能損失未架構化的資訊（無法索引或連接）

● 知識的更新 (update)：執行知識保存的主要功能：更新與記憶
  ■ 組織的記憶，只有在需要時能被容易擷取，及資訊有可接受以上的品質才算有效。
  ■ 在知識庫的知識擷取上，必須投入足夠的資源，才能避免知識管理的「下沈漩渦」(downward spiral)。亦即若擷取知識的品質不佳，使用者對知識庫的效用就會失去信心，進一步減少使用知識庫的頻率。最後，知識庫因運用性不佳而被捨棄。
  ■ 在獲得及訓練後立即運用於工作上，知識最能發揮效用（在職訓練）。

若未能做好組織知識的保存，則可能發生「組織性遺忘」(Organizational Forgetting)，其型式及模式分類如表 13.3 所示：

表 13.3 組織性遺忘分類表

模式 \ 型式	個人	集體	電子
刪除記憶內容	• 辭職 • 往生 • 失憶 • 早退	• 團隊解散 • 工程再造 • 外包	不可逆資料損失 • 病毒 • 硬體損壞 • 系統毀損 • 缺乏備份
無法擷取（暫時）	• 工作超載 • 調職 • 生病或休假 • 缺乏訓練 • 照章工作	• 既有程序禁忌 • 集體破壞	可逆式資料損失 • 暫時超載 • 介面問題
無法擷取（永久）	• 過勞 • 缺乏警覺 • 自我退縮	• 公司部分出售 • 團隊移轉 • 掩飾	• 系統不匹配 • 長期超載 • 不正確索引

13.10 知識的衡量

本章所述知識管理模型（圖 13.4）的最後一個程序模組，是知識目標達成與否與

知識管理績效的衡量 (Measuring Knowledge)。在此小節中，我們將介紹衡量知識的困難與相關問題，及目前已有的幾種知識衡量機制等。

13.10.1　知識衡量的困難與阻力

首先，我們先探討知識這種「智性資產」，因不具備有金錢的衡量向度，故難以評估其價值，難以評估投入與成效之間的因果關係，及組織成員對衡量其績效這件事的抗拒等困難。事實上，目前在自由市場運作機制下，許多專業評價機構對智性資產的估價，已有相當的公信度。我們僅就因果關係的評估與人員的抗拒，進一步解說如下：

難以建立因果預測模式：雖然因果理論已可運用在特定實務的驗證上；但因知識管理的投入與研發類似，風險甚高、見效期程甚長、也不見得能有預期的產出。最好的例子，就是組織為推動知識管理，而對其資訊系統基礎設施 (IT infrastructure) 投入大量的資金後，通常不會在短期內得到預期的成效。但當組織稍具規模（人員、部門增加，任務、工作趨於複雜等）後，為健全組織未來的知識管理，並協助組織策略管理、變革管理等，對知識管理系統的投資，仍然是必要的。

衡量知識績效的阻力：與所有的績效衡量系統一樣，都會遭致組織成員程度不同的抗拒，如績效衡量很容易形成組織內的「政治化」如：

- 衡量機制與準據、指標等由誰規劃設計？誰掌握了衡量系統的設計，通常就成為組織合法的「法官」（並不限於一人，也可能是團隊）！
- 用甚麼來來衡量這「法官」的公正性？
- 知識的多樣性與專業性，通常無法以單一準據或指標衡量。因此，許多情形就必須依賴此「法官」的自由心證。而自由心證就難免有偏誤的判斷。
- 績效衡量準據或指標等若未能與組織的獎懲系統有效的連接，則容易產生「目標錯置」的現象。

衡量知識可能遭遇的問題：除了組織成員對績效衡量的抗拒阻力外，在規劃知識績效衡量系統前，管理者也必須瞭解衡量知識可能遭遇的問題如：

- 沒人知道為何要衡量知識績效
  - 衡量系統的公正、公平性本身就容易遭致質疑
  - 沒人知道如何詮釋衡量的結果
  - 沒人知道為何與如何運用知識績效衡量的結果

- 知識向度甚難衡量
  - 知識雖為智性資產，但此智性資產不定型、缺乏財務特性，故難以納入組織的會計系統內評價。
  - 重要的知識，本就難以辨識，因此，甚難定義與追求知識的管理目標。
  - 知識甚難描述，因此，難予衡量。

- 衡量錯誤
  - 知名的衡量格言 "You get what you measure!"「你量測什麼就得到什麼」告訴我們量錯了指標，就產生錯誤的員工行為。
  - 忽略「**集成式衡量**」(Collective Measurement) 的重要性：這有幾個層面考量，一是單一指標無法衡量多向度的知識；二則是建議應盡量採取多向度的衡量方式；再者則是採取群體式的衡量等。

- 使用錯誤的衡量方法
  - 忽略質性資訊：一般衡量系統通常偏好採取量化的衡量系統，以方便數值的統計分析或模擬；但質性的資訊，對未來的發展可能更有助益。
  - 未採取能用於比較的方法：如衡量方法與產業標竿或競爭對手不同，所得結果則無法比較等。

最後，我們還是要瞭解一些知識衡量的原則，分別說明如下：

13.10.2　知識的衡量指標：BSC「平衡計分卡」

本書第 1 章最後，完整介紹過 BSC「平衡計分卡」(Balanced Scorecard) 的運用（請參照 1.5 節），BSC「平衡計分卡」屬於一種多構面（向度）、多指標的衡量系統，如運用於知識的衡量，則其向度與指標設定可如表 13.4 所示（仍視組織需求而定）。

如同 BSC「平衡計分卡」的運用一樣，多構面向度的衡量系統設計，須考量下列因素如：

- **無所謂的「標準」指標**：多構面向度衡量系統的構面與指標選擇，須由組織視其適用狀況而選擇，並無所謂的標準。但若要與其他組織比較，則須選用一樣的指標。
- **須注意指標之間的相互作用效果**：指標之間若有相互作用，則其效果甚難解釋。如市佔率提升的經營成效，第一線員工改善建議的轉移效果，及經驗教訓工作組所形成的組織性學習可能都有影響與交互作用，各自的影響效果還好解釋，但其交互作

▶ 表 13.4　知識衡量指標分類範例

分類	定義	範例
組織性知識庫	在某一時點對組織知識庫內容的質性與量化描述	• 員工技能組合 • 外部知識連接的數量與品質 • 內部技能中心，專利等的數量與品質 註解 8
干預	改變組織知識庫程序與輸入的描述	• 經驗教訓工作組的數量 • 專家側描 (profiles) 的生成 • 行動訓練的實施
中間產出與轉移效果	干預產出的衡量	• 員工改善建議的發佈 • 顧客查詢的反應時間 • 內部網路的運用度 • 透明度
經營結果	知識管理週期結束的產出	• 現金流量 • 市佔率 • 投資報酬率

用則甚難解釋與運用。

- **瞭解知識衡量模型的演化程序**：知識衡量系統是否成熟，也是從模型的發展與改進，逐步演化成符合實際可用的系統。故知識衡量系統的規劃設計者，需瞭解知識衡量模型的演化程序，如圖 13.13 示意。

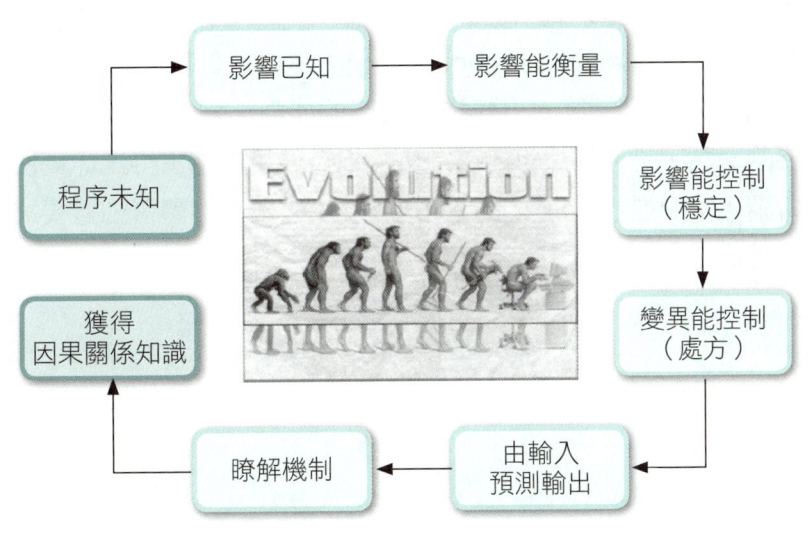

▶ 圖 13.13　知識衡量演化模型示意圖

- **知識目標達成與否的衡量**：知識管理衡量系統，除了構面、指標等「微觀」(micro-view) 績效外，仍須針對知識管理目標之「宏觀」(macro-view) 績效執行描述，其範例如表 13.5 所示。

表 13.5 知識目標衡量範例表

	知識目標	衡量
典範性	・知識導向目標 ・知識察覺的公司文化 ・高階承諾	・文化的分析 ・管理行為的觀察（行程分析） ・可信度分析（現況與理想的差異分析）
策略性	・決定組織核心知識 ・定義期望的技能組合 ・建立構建技能的主要機制	・多向度衡量 ・組合分析 ・重要專案的管控 ・BSC「平衡計分卡」
作業性	・上層目標轉換成實際操作定義 ・確保適當的處置	・訓練與學習的管控 ・系統運用度的衡量 ・創造個人技能描述

- **教練與輔導**：教練 (coaching)，是讓學員瞭解「為什麼」(know why)，並發展其本身的自信。教練通常設定目標與協助學員發展達成目標與實施的方法；輔導 (mentoring)，則是提供適當的人際網絡，並觀察「門生」(protégé) 職涯的發展歷程，指出門生自己未能觀察到自己的優、缺點等。

- **策略性標竿學習 (Strategic Benchmarking)**：主要是針對產業龍頭與主要競爭者（優點與長處）的標竿學習，不斷提升自己的能力。標竿學習（與其他任何的學習）最重要的一點，是你固然可能有進步；但若競爭者進步得比你更快，則你還是退步！是所謂「學如逆水行舟，不進則退！」本書作者的體悟則還要加上「進步比別人慢，也是退！」

本章總結

如同本章最初的說法，知識管理的主要目的，是希望能將個人的內隱知識如知能、經驗、技巧、訣竅等，經由組織與外顯化的轉化如專案或團隊運作、文件化、經驗教訓與最佳實務累積等，成為組織所有成員可運用的外顯知識如操作手冊、標準作業程序等，如圖 13.14 所示：

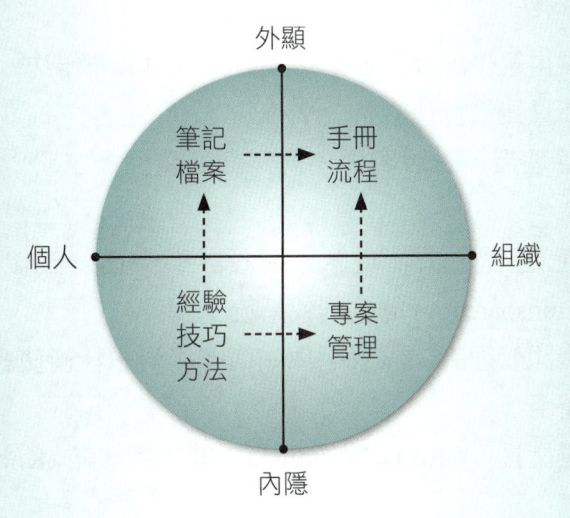

圖 13.14　知識管理目的示意圖

但知識存在於員工（知識工作者）的腦袋或經驗裡，如何讓員工願意將其所知所能貢獻出來，才是知識管理的真正挑戰。讀者亦可參照 12.3 節「才能管理」(Talent Management) 的相關說明。

自我測試

1. 試澄清並舉例說明何謂組織的「資產」(Assets) 與「智性資產」(Intellectual Assets)？
2. 試定義並舉例說明何謂組織或個人的「核心能力」(Core Competence)？
3. 若您是組織的知識管理者 (CKO)，試說明你要如何管理已獲得與待獲得的知識？
4. 試說明如何獲得組織內專家專業知識的可行與實際作法。
5. 試說明如何衡量知識管理的績效？
6. 若你是一名管理者，試說明你如何辨識與發展員工的「隱性知識」(Tactics Knowledge)？
7. 若你是一名管理者，試說明你如何設計與架構一套使組織知識能透明化 (Knowledge Transparency) 的機制或系統？
8. 若你是一名資訊管理者，試說明你如何運用資訊技術使組織內、外部知識得以被辨識與運用？
9. 試說明你對研發投資 (R&D Investment) 與採購知識 (Knowledge Acquisition) 的看法。
10. 你如何看待全球化對招募專業人員的影響？

14 領域篇—
策略管理

學習重點提示：

1. 策略規劃與管理對組織領導與發展的關係
2. 策略與遠景、任務、目標、政策之間的關係
3. 企業組織策略層級的劃分與意義

　　對企業組織的經營而言，**策略 (strategies)** 一詞兼具方向效果 **(effectiveness)** 與效率 **(efficiency)** 的考量。效果是方向性策略的（預測性）結果，而效率則是策略行動的展開結果。策略若沒有目標 (goal/objectives)，猶如射箭後劃靶，只是自欺欺人。目標若缺乏具激勵性的遠景 (vision)，也只是陳腔濫調的虛應口號。另在執行策略時，對所有管理階層提供決策參考原則的政策 (policies)，若其概念超越或違背了遠景、目標、策略的一貫脈絡，則更是隨興、缺乏一致性的拼湊。以上種種，在面臨實力強勁對手的競爭時，經常是潰不成軍而歸咎於時運不佳或時不我與等，這些問題都說明策略管理在規劃階段的一般缺失。規劃即已失據，若祈求執行的善果則更不可得。

　　本章以策略管理程序模型說明策略管理的環境分析、策略規劃、策略施行及策略管理績效的評估與管控等要點，讓讀者對策略管理有一完整的瞭解。但誠如兵法一樣，運用之妙僅存於一心。此「一心」則包含著深心與細心，深心是透徹明瞭自己在競爭環境中所處的態勢，而細心則是指規劃與執行策略的審慎態度，讀者應深自體會。

14.1 策略管理基本概念與模型

本章一開始，我們就從「策略管理」與「經營政策」兩個詞義操作性定義的分辨，來確切掌握策略管理的精義如：

策略管理 (Strategic Management)：經環境與組織分析 (SWOT 分析) 後，決定企業組織長程績效發展的決策與管理作為。

經營政策 (Business Policy)：著眼於組織內部功能性活動整合的管理方針 (orientation)。

從以上操作性定義，我們應知策略管理著重於未來、長程績效的發展；而經營政策則是短期、例行的內部活動的管理指導原則。

策略管理類型區分

在企業一般運作上，下列活動或都可視為策略管理的類型，但其中仍有主要特性上的不同：

- **財務規劃 (Financial Planning)**：通常指下年度預算規劃。雖然僅是企業可運用的資源之一，但卻是最常運用的資源規劃類型。
- **預測 (Forecasting)**：對 3~5 年後經營環境變化的預判，以作為策略規劃或重要資源調配運用等之參考。
- **策略規劃 (Strategic Planning)**：3~5 年以上經營方向之制訂 [註解1]。為策略管理程序中最重要的一部分，主要包括經營遠景的揭示，目標設定，策略規劃，政策制訂，計畫、專案與預算制訂等。
- **策略管理 (Strategic Management)**：全員參與的策略規劃、執行、評估與管控作為。

對企業組織的貢獻

良好的策略規劃作為，對組織有下列貢獻如：

- **掌握情境 (Situation Awareness and Change Management)**：藉由環境分析，使組織成員瞭解目前所處競爭態勢。
- **澄清經營方向 (Mission/Vision Statement)**：從目前到未來的目標設定與途徑規劃。
- **聚焦於策略要素 (Strategic Factors = CC + KSF)**：將組織重要但有限的資源（CC

「核心能力」），聚焦於 KSF「關鍵成功要素」上。

策略管理模型

管理學界對策略管理也曾提出一些分析模型，如日本學者大前研一 (Ohmae Kenichi) 於 1982 年提出的「3C 策略三角」(3C Strategic Triangle) 模型（參照圖 11.9）；1987 年，明茲伯格 (Henry Mintzberg) 提出「策略 5P」(the 5Ps of Strategy) 對策略意涵的說明如：

1. Plan 計畫：策略必須藉由良好的規劃與制訂計畫而實施，這也是一般對策略自動、預設的定義；另策略如同計畫一樣，必須在事前、有目的性的發展。但僅有規劃與計畫尚不足以完整描述策略。因而仍須有下列四個 P 的補充說明。
2. Ploy 謀略：策略之於謀略，是比對手更聰明而勝過對手的方法。要比對手更聰明意味著更能掌握情境並知己知彼。
3. Pattern 模式：策略計畫與謀略，都需要持續、謹慎的演練，但有時過去成功的經驗模式，會在不經意過程中，自然浮現成可行的策略。故策略管理也應著重於過去經驗教訓的累積（知識管理）。
4. Position 態勢：在市場上，你想處於何種地位的決定。在此態勢的考量上，策略有助於探索組織於環境中的適配位置，並協助發展持續競爭優勢。
5. Perspective 展望：正如同過去的經驗模式可能形成策略一樣，組織內的思惟模式（組織文化）也可能塑造組織對未來的展望，進而影響選擇策略的決策模式。

普賴爾、懷特及圖姆斯 (Pryor, White, and Toombs) 於 1998 年也提出一「策略 5P 程序模型」如圖 14.1 所示 註解 2：

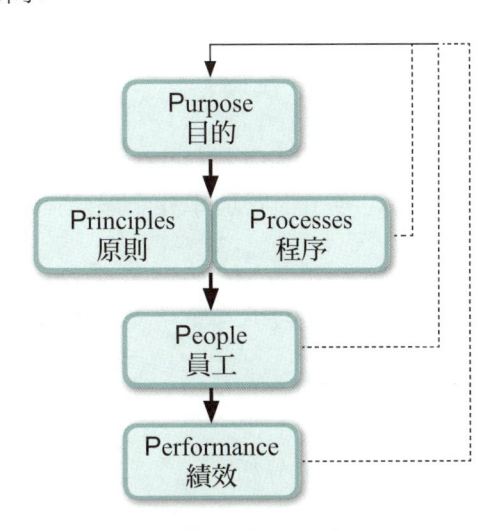

▶ 圖 14.1　策略 5P 程序模型圖 (Pryor, White, & Toombs, 1999)

圖 14.1 中實線箭頭連接著策略（即目的），組織架構（原則為內部架構而程序則為外部架構），對員工行為的影響，及最終所產生或導致的結果（績效）。策略驅動著架構，架構驅動著員工行為，員工行為則導致結果。圖中所有的虛線都是策略性品質管理的必要回饋機制，以修正組織策略與目的。

策略 5P 程序模型中各個 P 的意義說明如下：

- Purpose 目的
  - 辨識環境的威脅、機會，組織自己的優勢、劣勢 (SWOT 分析)
  - 辨識組織任務、遠景、目標、策略（策略規劃）
  - 辨識核心領導能力

- Principles 原則：運用團隊發展核心價值

- Processes 程序
  - 列出所有程序
  - 以流程圖、程序圖或檢核表等將所有程序文件化
  - 指派程序擁有者負責程序的改善與文件化

- People 員工
  - 決定對團隊與員工的授權程度
  - 瞭解團隊自我管理的能力
  - 判斷訓練的需求

- Performance 績效
  - 辨識應建立的績效衡量系統
  - 建立 KPI「關鍵績效指標」及其基準
  - 建立有改善目標的指標系統
  - 追蹤 KPI「關鍵績效指標」

最後，雖然最初創始者已不可考，但管理學界一般認同的策略管理程序模型如圖 14.2 所示。

策略管理程序模型中四個主要程序的主要作為，分別列舉如下：

1. 環境分析 (Environmental Scanning)
   - 宏觀環境 PEST/STEEPLE 分析
   - 產業、任務、競爭、關係人 SWOT 分析
   - 組織內部結構、資源、文化分析

```
        ┌─────────────────┐         ┌─────────────────┐
        │        1        │         │        2        │
        │    環境分析     │         │    策略規劃     │
        │Environmental    │         │Strategy         │
        │ Scanning        │         │ Formulation     │
        └─────────────────┘         └─────────────────┘
                       策略管理
                         模型
        ┌─────────────────┐         ┌─────────────────┐
        │        4        │         │        3        │
        │   評估與管控    │         │    策略施行     │
        │Evaluation &     │         │Strategy         │
        │ Control         │         │ Implementation  │
        └─────────────────┘         └─────────────────┘
```

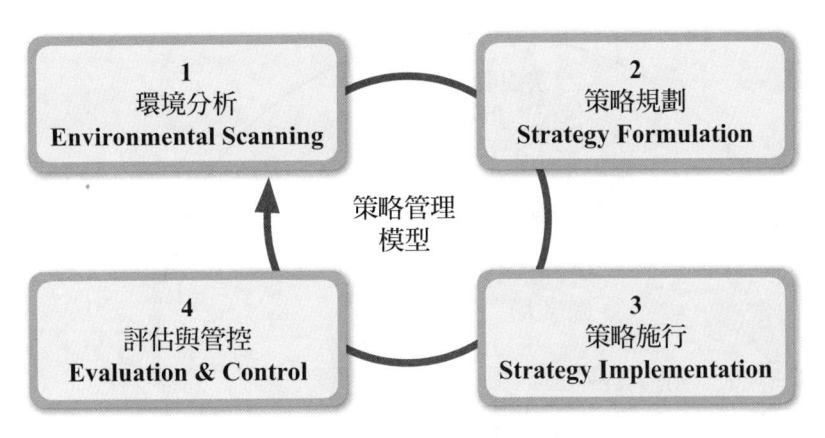

圖14.2　策略管理程序模型圖

2. **策略規劃 (Strategy Formulation)**
   - 任務遠景陳述 (Mission/Vision Statement)
   - 目標設定 (SMART/SMARTER Goals Setting)
   - 策略方案 (Strategy Alternatives)
   - 指導政策 (Policy Guidelines)

3. **策略施行 (Strategy Implementation)**
   - PPBS「規劃預算制度」(Programmed Program Budgeting System)
   - 制訂計畫與專案 (Programs & Projects)
   - 制訂預算 (Budgeting)
   - 制訂 SOP「標準作業程序」(Standard Operating Procedures)

4. **評估與管控 (Evaluation and Control)**
   - 標竿學習 (Benchmarking)
   - 績效評估 (Performance Appraisals)
   - 操控性管控 (Steering Control)
   - 策略校準 (Strategy Alignment)
   - 策略迴旋 (Strategy Turnaround)

14.2　環境分析

　　環境分析的目的，在察覺情境的演化或變化趨勢，以便對可能的變化預做準備。對策略管理而言，環境分析可區分為一般環境、產業環境及組織內部分析等三個層次，如圖 14.3 所示：

管理101 領域篇

```
宏觀環境分析
    PEST
    STEEPLE
        產業環境分析
            任務
            競爭
            關係人
                組織分析
                資源
                架構    SWOT
                文化
                    → KSF 關鍵成功因素 ┐
                    → CC 核心能力    ┴→ 策略因素
```

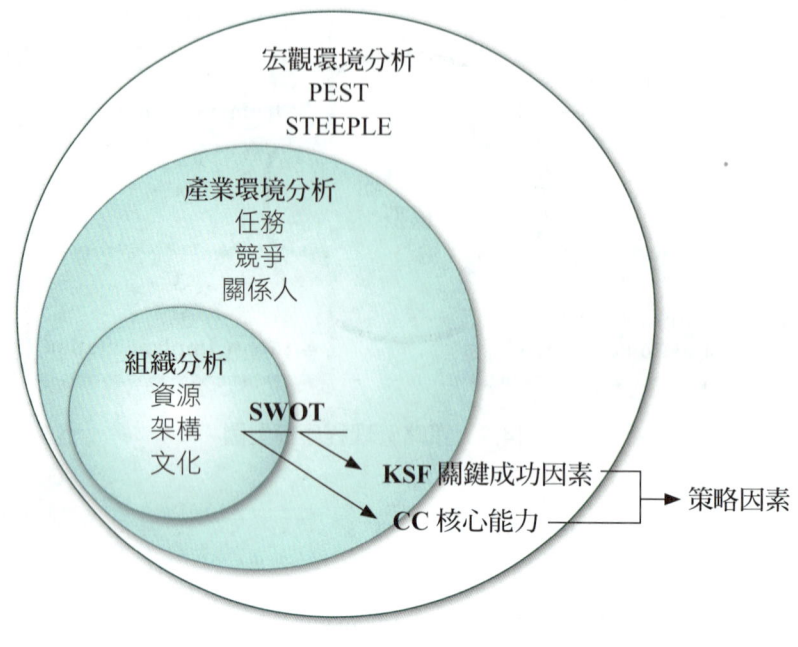

🎧 圖 14.3　環境分析層次示意圖

14.2.1　宏觀環境分析

所謂的**宏觀環境** (Macro-environment)，是指企業經營所處的一般環境，通常不是企業組織所能主導或改變，故通常只能調適或配合。

企業經營的宏觀環境分析，即所謂 PEST 分析「政、經、社會文化與技術」等層面的考量，後來又演化成 STEEPLE 分析如 [註解3]：

- Political 政治：政治穩定度，政府清廉度，反對黨（群體）力量，保護主義，法律系統，恐怖活動，…
- Economic 經濟：金融與財務政策，經濟成長率，國內生產毛額 (GDP) 趨勢，國民個人收入，失業率、工資水準，區域性經濟協議狀況，…
- Social-culture 社會文化：風俗、規範、價值觀，人口變動趨勢，生活水準，宗教信仰，教育水準，人權狀況，環保狀況，…
- Technologies 技術：人力技能素質，技術移轉規定，可用能源、資源與成本，運輸網絡，專利與商標保護，電信基礎設施，網路聯通性，…
- Law 法律：從 Political 政治層面單獨抽離出來，尤其涉及國際或多國企業經營時的法規考量。
- Environment 環境：一般指對環境與生態保護的要求，雖然不見得形之於法律，但

卻與 CSR「企業社會責任」(Corporate Social Responsibility) 或企業課責 (Corporate Accountability) 等之社會期待有關。
- Ethics 倫理：即企業經營的倫理觀，一般指的是符合社會預期的誠信、正當經營等，也包括對環境、生態的經營倫理觀等。

宏觀環境分析，通常運用於企業有重大投資決策時，如企業打算在國外直接投資或設廠，而有數個國家或地區可供選擇時，則可執行 PEST 或 STEEPLE 的比較分析。

14.2.2　產業環境分析

產業環境分析，或簡稱「**產業分析**」(Industry Analysis)，是指企業在其經營產業內，與利害關係人互動，決定市場定位態勢，期能獲得市場競爭優勢的分析手法，故又稱為「**任務分析**」(Task Analysis)、「**關係人分析**」(Stakeholders Analysis) 或「**競爭分析**」(Competitive Analysis) 等。

一般執行產業分析時，有多種分析方法如波特五力分析模型、產業演化分析、產業矩陣分析 … 等可供選擇，分別簡述如下：

波特五力分析模式 (Porter's five-forces model)

此為策略管理大師麥可波特 1979 年於哈佛商學院所發展的產業分析與經營策略發展模式。根據波特的主張，每個產業各自有其特性，因此，每個公司或企業集團的 SBU「策略性事業單位」都應該在其經營範疇內，執行產業分析。波特主張在執行產業分析時，應評估五種力量的影響，這五種力量及其可能的影響因素包括如（請參照圖 1.4）：

產業內競爭強度 (Intensity of competitive rivalry)

- 競爭優勢是否因創新而持續
- 網路與實體公司間的競爭
- 廣告花費程度
- 是否具有強而有力的競爭策略
- 公司集中程度
- 透明度

供應商議價能力 (Bargaining power of suppliers)

- 供應商相對於公司的轉換成本
- 資源輸入差異化程度
- 資源輸入對成本或差異化的衝擊程度
- 是否有替代性輸入
- 供應商相對於公司的集中程度
- 員工團結程度（如是否成立工會）
- 供應商之間的競爭

客戶（買方）的議價能力 [Bargaining power of customers (buyers)]

- 客戶相對於公司的集中程度
- 對既有配送管道的依賴程度
- 議價能力 (Bargaining Leverage)，尤其對高固定成本產業而言
- 客戶相對於公司的轉換成本
- 客戶資料可得性
- 壓價、殺價
- 替代性產品的可得性
- 客戶對價格的敏感性
- 產品的差異化優勢（獨特性）
- 顧客價值分析（RFM 分析）註解 4
- 交易總量

替代性產品或服務的威脅 (Threat of substitute products or services)

- 買方是否傾向於替代品
- 替代品的相對價格表現
- 買方的轉換成本
- 買方對產品差異化的認知程度
- 市場上替代品的可用數量
- 替代難易程度
- 不合格產品
- 劣質產品

新進者的威脅 (Threat of new entrants)

- 政府政策
- 資金需求
- 絕對成本
- 規模經濟
- 產品差異化經濟效益
- 品牌資產
- 轉換成本或沈沒成本
- 可預期的報復
- 通路可及性
- 顧客對已建立品牌的忠誠度
- 產業獲利率（獲利越豐，越容易吸引新的競爭者）

波特的五力分析模型，跟大部分多向度或多構面模型一樣，須對各個向度或構面賦予權重與評比值後，才能進行量化的比較分析。故一般在運用波特的五力分析模型時，通常僅作為產業環境的一般性分析或檢核表式的分析而已。

產業價值鏈分析

產業價值鏈分析 (Industry Value Chain Analysis) 為在產業環境中，辨識與企業有關的供應鏈或類似（可替代）行業中價值的整合。產業價值鏈分析與其整合作為可區分為：

- **垂直整合 (Vertical Integration)**：為供應鏈上下游的整合作為。將供應商整合進企業內部控制的，稱為「後向整合」(Backward Integration)；將配送、物流商整合進企業內部控制的，稱為「前向整合」(Forward Integration)，整個供應鏈上下游都納入企業內部控制的，則稱為「完全垂直整合」(Full Vertical Integration)（請參照圖 9.15）。我國台塑集團為垂直整合的範例之一。

- **水平整合 (Horizontal Integration)**：或稱「產業重心分析」(Industry Center of Gravity Analysis)，是指相同產業但不同行業的整合之謂。這些相同產業但不同行業之間，一般具有可替代性，如運輸產業中的航運、海運、鐵運、陸運等。我國的長榮集團為水平整合的範例之一。

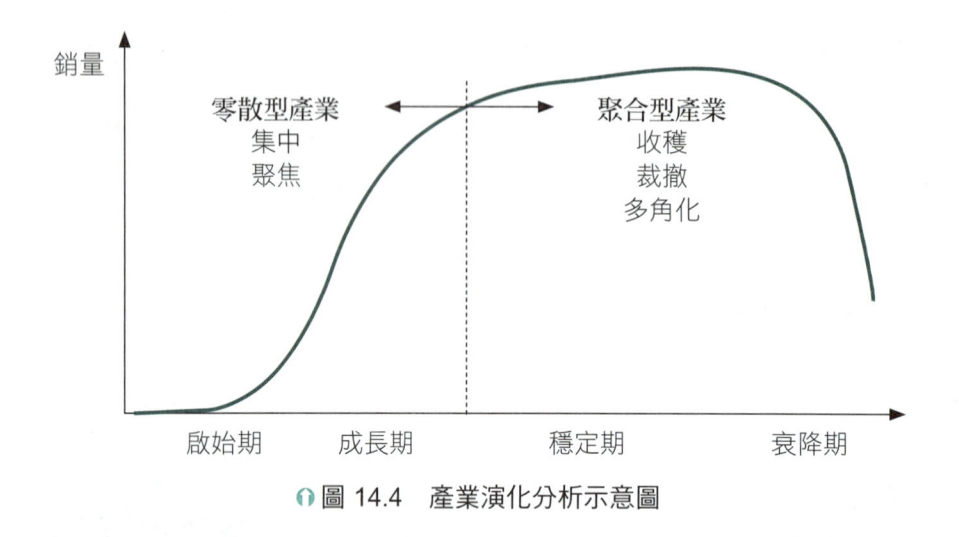

◐ 圖 14.4　產業演化分析示意圖

產業演化分析 (Industry Revolution Analysis)

產業演化分析，是指依據產業所處不同的生命週期階段而採取不同因應策略如：

- **零散型產業 (Fragmented Industry)**：啟始及快速成長期，一般採取集中 (concentration) 或聚焦 (focusing) 策略。
- **聚合型產業 (Consolidated Industry)**：高原穩定期及衰降期，一般採用收穫 (harvest) 或多角化 (diversification) 策略；當然，當產業明顯進入衰降期時，企業考量的則應是裁撤 (retrenchment) 策略了。

超競爭 (Hypercompetition)

雖然管理學界對企業競爭策略有許多論述，但美國學者達文尼 (Richard A. D'aveni) 卻認為，沒有單一的競爭策略可永保不敗。達文尼於 1994 年出版的〈超競爭〉(Hypercompetition) 一書，以四個超競爭演化階段，顯示現代經營環境競爭態勢的快速腐蝕現象如：

1. **差異化（品質）優勢**：當品質差異性不再吸引顧客時，競爭回到價格戰。而價格戰的結果通常是兩敗俱傷。
2. **構築進入障礙優勢**：產業領導者通常以為先行者優勢所構築的進入障礙優勢，可持續保持競爭優勢；但許多案例顯示，進入障礙通常會被較具應變彈性競爭者的利基優勢 (niche) 輕易摧毀與擊垮。
3. **知識竅門 (Know-How) 優勢**：知識、技巧的竅門，終將隨著技術的演進而失去優勢。

4. **財力 (Deep-pockets) 優勢**：即便不斷併購擴大市場力量，但在迎戰競爭者的不斷挑戰下，財力優勢亦終將耗竭。

為使企業能運用超競爭的概念，達文尼提出所謂「**超競爭四情境分析**」模式 (4 Arenas Analysis of Hypercompetition)：

1. CQ「成本品質」情境：以成本 (Cost) 與品質 (Quality) 評估自己在產業中處於領導者或追隨者的位置。
2. TK「時機竅門」情境：以時機 (Timing) 與知識竅門 (Know-How) 評估自己在（產業）價值鏈中的效率。
3. S「戰略要點」情境：評估以自己核心能力 (Core Competencies) 構建戰略要點 (Strongholds) 的能力。
4. D「財力」情境：評估自己的財務能力。

達文尼在提出四種競爭分析情境的同時，另以「**7S 超競爭架構**」（7S Framework of Hypercompetition, 如下圖）指導企業評估所謂「市場擾動」(Market Disruption) 其及維持競爭動力的能力。7S 架構的評估要項分別說明如圖 14.5：

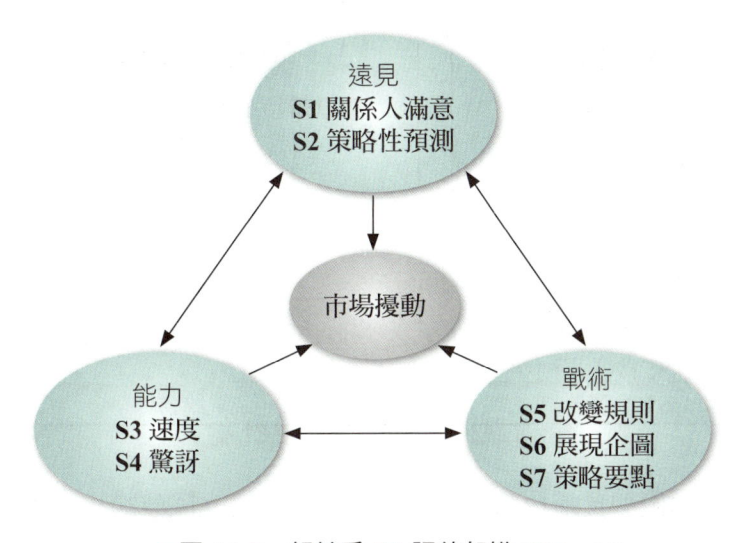

🔊 圖 14.5　超競爭 7S 評估架構 (D'Aveni)

對市場擾動的遠見 (Vision for Disruption)：藉由瞭解利害關係人的需求辨識與策略性預測能力，創造暫時性的競爭優勢。此構面包含下列兩項評估要項：

S1：利害關係人滿意 (Stakeholder Satisfaction)
S2：策略性預測能力 (Strategic Soothsaying)

擾動市場的能力 (Capability for Disruption)：藉由反應速度與創造（利害關係人）驚奇的能力，持續並擴張暫時性的競爭優勢。此構面包含下列兩項評估要項：

S3：反應速度 (Positioning for Speed)
S4：驚訝能力 (Positioning for Surprise)

擾動市場的戰術 (Tactics for Disruption)：藉由各種戰術運用，保持競爭優勢。此構面包含下列三項評估要項：

S5：改變規則 (Shifting the rules of the game)
S6：展現企圖 (Signaling the strategic intent)
S7：策略要點 (Simultaneous and sequential strategic thrust)

達文尼四種超競爭情境與 7S 評估架構及 KSF「關鍵成功要素」(Key Success Factors) 的關係則整理如表 14.1 所示：

表 14.1　超競爭分析情境與評估要項對照表

情境	評估要項	關鍵成功要素 (KSF)
CQ「成本品質」	S1 關係人滿意 S3 反應速度	1. 瞭解關係人需求 2. 降低成本
TK「時機竅門」	S2 策略性預測能力 S3 反應速度 S4 驚訝能力	1. 強化創新能力 2. 市場快速滲透能力
S「戰略要點」	S6 展現企圖 S7 策略要點	1. 嚇阻能力 2. 攻擊能力
D「財力」	S5 改變規則 S7 策略要點	1. 實力 2. 謀略致勝

在沒有任何一項優勢具備持續競爭力的主張下，達文尼建議企業應不斷檢視競爭環境，在主要競爭對手尚未能追上前，眼光應放遠，跟自己競爭。即便目前擁有競爭優勢，但在發現未來競爭利基或要素時，應果決轉換，甚至放棄目前優勢亦在所不惜，此即所謂超競爭之意涵。

產業矩陣分析 (Industry Matrix Analysis)

產業矩陣分析，就是利用矩陣圖來比較兩個或多個策略方案的圖示法。在產業

分析時,可配合 SWOT 分析對產業環境所帶來的機會 (Opportunities) 或威脅 (Threats) 之 OT 分析、整理出所謂的 EFAS「外部因素分析彙整表」(External Factors Analysis Summary Table) 如表 14.2 所示。

表 14.2　EFAS 外部因素分析彙整表

外部影響因素	權重 0.0~1.0	評值 1~5	權重評值乘積	管理因應作為
機會 1：				
機會 2：				
威脅 1：				
威脅 2：				

或

KSF 關鍵成功因素	權重 0.0~1.0	評值 1~5	權重評值乘積	管理因應作為
KSF1：				
KSF2：				
KSF3：				
計分	總和 = 1.0		平均值 = 3.0	

表 14.2 中「外部影響因素」欄位,可如表 14.2 一樣的區分機會或威脅,但一般較常見的作法是直接合併成 KSF「關鍵成功要素」(Key Success Factors),然後將各項 KSF「關鍵成功要素」賦予權重與評比值,以方便實施量化比較。

在調製如表 14.2 的分析表時,分析者應特別重視「管理因應作為」的研擬,向決策者提出每項外部影響因素或 KSF「關鍵成功要素」的管理因應作為。

若以此 KSF「關鍵成功要素」來比較公司與主要競爭對手的差異,則稱為 KSF 產業矩陣分析表,如表 14.3 所示:

表 14.3　KSF 產業矩陣分析表

KSF 關鍵成功要素	權重 0.0~1.0	公司 A 評值	公司 A 權評乘積	公司 B 評值	公司 B 權評乘積
1. 政商關係良好	0.5	4	2.0	5	2.5
2. 資金雄厚	0.3	3	0.9	2	0.6
3. 技術成熟	0.2	4	0.8	3	0.6
合計	1.0		3.7		3.7

14.2.3　組織核心能力

一如 SWOT 分析中，對產業環境的 OT「機會、威脅」分析的主要產出是 KSF「關鍵成功因素」，對組織自己的 SW「優勢、劣勢」分析，則須分析出組織本身所具有的 CC「核心能力」(Core Competencies)。

同樣的，在對組織內部核心能力的辨識、分析時，也可調製 IFAS「內部因素分析彙整表」(Internal Factors Analysis Summary) 如表 14.4 所示：

表 14.4　IFAS 內部因素分析彙整表

內部影響因素	權重 0.0~1.0	評值 1~5	權重評值乘積	管理因應作為
優勢 1： 優勢 2：				
劣勢 1： 劣勢 2：				

或

C.C. 核心能力	權重 0.0~1.0	評值 1~5	權重評值乘積	管理因應作為
CC1： CC2： CC3：				
計分	總和 = 1.0		平均值 = 3.0	

組織的 CC「核心能力」通常不是單一品項的資源，而是多種資源結合而能發揮綜效的能力，通常與人員素質有關。在分析組織是否具備某些 CC「核心能力」時，通常以所謂「VRIO 架構」來執行「以資源為基礎的組織分析」(Resource-based Organizational Analysis)：

- **Value 有價值的**：核心能力必須對組織的發展而言，是有價值的。分析者須留意此「價值性」不見得要在當前實現；未來價值的可開發性，或許對組織的持續與永續發展更為重要。

- **Rareness 稀有的**：核心能力或資源，不是伏仰皆拾、隨處可得的。大家都有的資源，不能被視為組織的核心能力。核心能力的稀有、難得，更能突顯出核心能力的價值性。

- **Imitability 不易被模仿性**：好的核心能力或資源，必須在組織內經過醞釀、磨合與整合等過程而形成。即便明示於競爭對手，然因人員素質、管理風格與組織文化等之不同，也甚難被模仿。

- **Organized 組織運用能力**：一如不易被模仿性一樣，組織若非自行發展出核心能力，而是從外部獲得（外購），則在組織內是否能發揮核心能力的實際效能，還要看組織的吸納與運用能力。

組織內一旦形成核心能力後，能不能發揮效益，還要看核心能力是否具備持續性 (sustainability) 而定。而核心能力的持續性，一般以其「失效速率」(durability) 及「不易被模仿性」(imitability) 來評量。不易被模仿性已於前面說明過，而失效速率則為衡量核心能力是否能持續貢獻價值效益的能力。若失效速率甚快，則持續性甚差。一般要稱為組織內部核心能力的資產，必須要有較持久的持續性。

企業價值鏈分析

除了以 VRIO 模型，配合 SWOT 分析中的 SW「優勢與劣勢」分析來辨識組織擁有的核心能力外，麥可波特也提出所謂的**「企業價值鏈」**(Corporate Value Chain Analysis) 分析模型。企業價值鏈分析模型也已於第 11 章開始就介紹過，相對於組織核心能力的辨識，較偏向「智性資產」(Intellectual Property) 而言；波特的企業價值鏈分析，則較偏向程序綜效的價值創造。

有關企業價值鏈分析的重要性，我們也曾以圖 1.5 舉例說明日本的 JIT「及時系統」，實際上就是連接「內向運籌」與「生產」兩個主要程序間的「介面」。JIT「及時系統」的管理概念，就使得日本的汽車製造業在品質管理績效上，大幅超越美國的同行。

14.2.4 預測方法

執行環境分析最大的問題，是環境具有**「不確定性」**(uncertainty)，因此，環境分析所參考的情境、文件、資料等，都因不確定而具有運用的風險 (risk)，而此不確定性或風險的構成要素可能如下式所示：

不確定性（風險）= 複雜性 x 發生機率 x 嚴重性 (x 偵知性)

因環境的不確定性並非人所能掌控，因而使得較長程的計畫不易規劃與制訂；但這種不確定性同時也對策略規劃者，提供了創意、創新的發揮場域與機會。另若

不確定性導致的後果可能很嚴重、或甚至造成致命的影響時，嚴謹的策略規劃則希望能強化對環境的可偵知性 (detectability)，進而降低不確定性。而這就是「預測」(prediction) 的功能。

管理領域常用的預測技術，計有量化資料的趨勢分析、時序分析、統計分析、模式模擬等，而偏向質性的預測分析技術，則有腦力激盪、專家訪談、德菲法、情境扮演與兵棋推演等，分別簡述如下：

趨勢分析

趨勢分析又稱「**趨勢外推**」(trend extrapolate) 法，是根據事件近期已發生的歷史資料，以某種演算規則如「指數平滑法」(exponential smoothing) 或「移動平均法」(moving averages) 對下一階段未來事件的可能情形，做出預測的方法。

時序分析

TSA「時序分析」(Time Series Analysis)，實際上，就是一種趨勢外推的預測技術，與趨勢外推法一樣，僅適合做短程的預測。TSA「時序分析」還有一些必須符合的前提條件如下：

1. 須有足夠的（過去）時序資料。
2. 探討變數間的影響及其趨勢等，相對穩定且易掌握。

統計分析

統計分析是資料分析技術的一種，是從樣本中蒐集資料，並從這些資料的表現做出推論。一般統計分析，包括下列五個可相互獨立的步驟如：

1. 資料特性之描述（描述性統計量）
2. 樣本資料適配性分析（信、效度分析，模型適配性分析等）
3. 樣本資料差異分析（樣本分群差異檢定）
4. 模型驗證分析（因子分析、SEM「結構方程模式」分析…等）
5. 建立預測模型（廻歸分析）

統計分析對預測的效用，是確認各主要影響變數之間的變異及相互影響關係後，以廻歸分析建立的預測模型，對分析者感興趣的變數執行預測。

模式模擬

商業經營若要有效運用「模擬」(simulation)，對可能的情境結果做出有效的預

測，就必須在「模式」(modelling) 的建立上，做好紮實的基本功。而所謂的建立模式的基本功，首先就是要建立真實、詳盡的資料庫 (data bases)，並對資料庫中的資料，持續進行蒐集、整理、分析與更新等動作，以確保資料庫中的資料，始終保持在最新的狀態。

接著，是建立資料庫中資料之間的互動、邏輯、歸納預測等演算法 (algorithms)，這些演算法在後續的模擬驗證中，將持續進行驗證與修改。最後，是利用現代電腦高速的演算能力，將各種可能發生情境變數間互動情形的結果，以大量、重複執行的演算，得出最可能的統計結果。

在企業管理實務中，未來狀況的不確定性，除發生機率外，還包含事件發生的複雜性、影響衝擊性及事件可被偵測性等複雜因素，很難以一精確的模式來表達，更何況模擬了。但管理學界仍積極發展管理領域的模式模擬預測技術，如邏輯類比 (Logical Analog)、情境扮演 (Role Playing)、兵棋推演 (War Gaming) 等。

腦力激盪

腦力激盪 (Brainstorming 或 Brainstorm) 為一發揮集體創意的技巧，其目的在為解決一特定問題而產生大量（解決方案）的主意、想法等，因此，也可運用於對未來可能發生情境的預測。此技巧為奧斯朋 (Alex Faickney Osborn) 於 1963 年〈應用想像力〉(Applied Imagination) 一書中首次提出。

雖然腦力激盪已成為常用的**群體集思 (Groupthink)** 方法，但許多研究都顯示，因問題的多變性，現實利益不同，理解力不同及模組化思考模式等，都使得腦力激盪產生想法的質與量不如一般預期。即便如此，學者認為腦力激盪仍不失為短時間內蒐集大量意見、評估目前問題解決方案、提升群體工作愉悅性與士氣的好方法，另也有助於團隊之建構 (Team Building)。

德菲法

德菲法 (Delphi Method) 的緣起，可追溯至古希臘賢哲討論立法或決策的運作模式。現代最早實際運用的案例，為 50 年代美國空軍支助藍德公司 (RAND) 所執行的「德菲專案」(Project Delphi) 研究，其目的在探究專家意見是否能有效整合與運用在決策支援上。簡單的講，藍德公司所謂的德菲法為：

>「藉由一系列控制回饋的問卷調查，獲得一群專家的最可靠共識。」

德菲法執行的方式，由一主持者將決策議題以問卷方式交給參與的專家，在專家

們並不溝通、討論的狀況下（避免群體效應）提供意見、回收問卷並統計結果。若無法獲得「共識決」(consensus)，則將第一輪統計狀況再發回專家，請其參酌第一輪狀況、再提供修改意見。如此反覆執行，直到獲得共識決為止。德菲法若能獲得共識，則此決策品質甚佳，執行起來幾乎不會遭遇任何阻力。

由上述德菲法的執行程序，不難看出德菲法的缺點。除非決策議題相當單純且有一般共識，在現代民主體系下要獲得共識決，幾乎是不可能的事。相同道理，如議題單純、簡單，就無須動用到專家了！而所謂的專家，通常會有其獨到、特定的看法，通常也相當堅持己見，難以達成共識。故現代執行德菲法時，可將共識決改成絕大多數決，或在規定輪次後，以多數決為決策基準。

德菲法可運用於下列情境如：
1. 單一、明確未來方案的預測。
2. 構建團隊共識。
3. 避免「團隊迷思」(Groupthink) 與「沈默螺旋」(Spiral of Silence)。
4. 創意發想。

情境規劃

情境規劃 (Scenario Planning) 是探索與學習不確定未來可能帶來的挑戰，並提早制訂因應策略的規劃方法。

情境規劃最早出現在二次大戰後，美國空軍假想未來可能競爭對手（蘇俄）可能會採取哪些戰略，從而準備對應的戰略。及至 60 年代，蘭德公司 (RAND) 和曾經任職美國空軍的軍事策略與系統理論學者赫爾曼卡恩 (Herman Kahn)，將此種軍事規劃方法運用為一商業預測工具。作為管理工具，情境規劃因荷蘭皇家殼牌石油 (Royal Dutch Shell) 之運用，成功的預測到 1973 年的石油危機，情境規劃技術才獲得世人的重視。

在商業預測運用上，情境規劃對組織管理者可產生兩種效用，一為增進對經營環境的瞭解，其次則為擴展對未來情境的認知。

兵棋推演

兵棋 (War Game) 是模擬戰爭對抗的各方人員，使用代表戰場及其軍事力量的棋盤和棋子，依據從戰爭經驗中歸納的規則，對戰爭過程進行邏輯推演研究和評估的軍事科學工具。

兵棋通常由地圖（棋盤）、參演棋子（運算元）和裁決規則（推演規則）三個部分組成，從形式上看類似傳統的沙盤推演。但**兵棋推演 (War Gaming)** 不同於沙盤推演之處，在於它須設置實際的資料，如地形、地貌對於行軍的限制和火力打擊效果的影響等。這些資料類似於軍事運籌中的模型資料，但資料只是兵棋推演的規則，兵棋推演的作用是推演雙方藉由佈陣，對戰場資源的利用，進行戰爭結果的模擬，而後對推演過程中指揮官決策的分析，找出適合這場戰爭的最佳策略。因此，兵棋推演是作戰模擬不可缺少的一個重要部分，也是軍隊作戰前評估戰術可行性、勝敗、人員及裝備損害程度的重要手段。

企業經營的競爭，一如戰場上的爭戰一樣，只是兵棋推演中的地圖、棋子與規則等，分別被情境、參與者及商業法規等所取代。企業所設的「戰情室」(War Room) 要能發揮作用，與軍事兵棋推演的要求一樣：盡可能擬真！

在結束環境分析的說明，開始要進入策略規劃階段前，必須對所有策略分析者（與會影響分析者的領導者）強調應避免的態度，或即稱為「**策略短視**」(Strategic Myopia) 的現象。一般來說，策略短視最簡單的解釋是：人們僅著重在眼前目標的達成、而有意或無意識的忽略無法有效掌握的未來、長遠目標。另對策略短視較學術性的定義，是在說明人們傾向拒斥不熟悉或負面的訊息；若僅以自己熟悉或正面的訊息來處理決策分析的結果，顯然會有偏誤。其他會造成策略短視的因素還包括如：

● **個人價值觀的影響**：對環境的分析必須根據事實、真相；切不可因個人的喜好或價值觀而左右分析結果的詮釋，如此所得的分析結果才能為後續的策略規劃提供客觀、正確的依據。

● **過去經驗的影響**：尤其對領導者而言尤為重要，過去的經驗固然可貴與值得參考；但與上述態度一樣，分析時不可強調過去的經驗而忽略事實或證據。

● **沒問題就繼續 (Don't break it as it still work) 的心態**：策略管理強調的是追求卓越的未來遠景，不宜因循目前暫時沒問題的方案或策略。策略決策分析者應有的心態是：「如果必要，即便目前沒問題，也要改」。

再回到圖 14.3 所示的環境分析示意圖上，前已說過，如一國或一地區有關政治、經濟、社會文化與科技水準等宏觀大環境，通常不是企業所能影響與操控的；至於產業分析，則無論用何種方法執行產業競爭分析，都必須從產業環境帶來的機會與威脅等外部環境，得出所謂的 KSF「關鍵成功因素」。組織分析則必須從自己組織的可用資源、組織架構及組織文化等內部環境，得出所謂的 CC「核心能力」。最

後，再從 KSF「關鍵成功因素」與 CC「核心能力」組合而成「策略因素」(Strategic Factors)，進而成為組織策略規劃的依據。

14.3　策略規劃

在初步完成環境分析後，策略分析者的下一步，就是根據環境分析的結果，來執行所謂的「**策略規劃**」(Strategy Formulation)。

此處所說的「初步」環境分析結果，是強調分析是反覆、持續性的作為。因此，後續的規劃作為、與規劃的結果「計畫」等，都必須維持在最新的狀態。環境分析的結果，如 14.2 節所述，有宏觀環境的 PEST/STEEPLE 分析結果，另產業環境分析的 EFAS「外部因素分析彙整表」與組織分析的 IFAS「內部因素分析彙整表」（SWOT 分析），可綜合成 SFAS「策略性因素分析彙整表」(Strategic Factors Analysis Summary) 如表 14.5 所示：

▶ 表 14.5　SFAS 策略性因素分析彙整表

策略性因素	權重 0.0~1.0	評值 1~5	權重評值 乘積	管理 因應作為
因素1： 因素2： 因素3：				
計分	總和 = 1.0		平均值 = 3.0	

在確實掌握了市場競爭的策略性因素後，管理因應作為應著重於如何從現在的狀態（任務），經由設定階段性目標與施行策略，以達成未來希望達成的狀態（遠景）。有關任務、遠景、目標及策略等策略規劃要素之間的關係，可以圖 14.6 表示。

圖 14.6 中，只有任務是目前已知的，其他諸如遠景、目標及策略等，都是「規劃」(planning) 中的要素，故皆以虛線表示。策略規劃中各個要素則分別簡述如下：

任務與遠景陳述

「任務陳述」或稱「使命陳述」(Mission Statement) 的主要意義，是在向組織關係人說明組織存在的理由，是所謂的「師出有名」，如軍人的使命是「保家衛國」，而企業的任務則可能是「為股東與顧客創造最大價值」…等。

未來遠景 (Vision, Goal)

策略方案 (Strategies)

中程目標 (Objectives)

短程目標 (Targets)

目前狀態 (Mission)

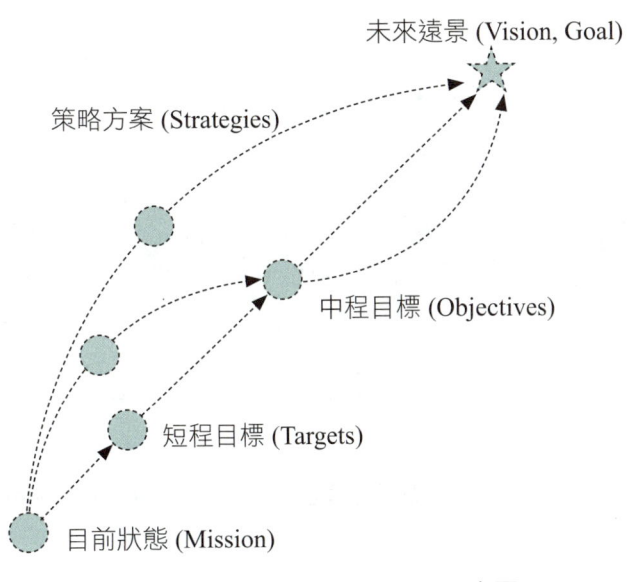

▲ 圖 14.6　策略規劃要素關係示意圖

　　根據英國「艾許瑞奇策略管理中心」(Ashridge Strategic Management Center) 創辦人坎培爾 (Andrew Campbell) 的看法，大多數企業的任務陳述對組織造成的傷害大於好處，其原因不外乎任務陳述表達方式的不良，使應表達經營方向與理念的任務陳述，流於不可能達成的口號或標語。

　　為評估企業組織任務陳述的有效性，坎培爾研究 53 家大企業後，開發出一分析使命宣言或任務陳述的模型，稱為**艾許瑞奇使命模型 (Ashridge Mission Model)** 註解 5，此模型從兩個觀點來定義一企業組織的使命、任務如下：

1. 策略學派 (The Strategic School)：使命為策略規劃的啟始點，定義企業的經營理念與目標市場。
2. 文化、哲學與倫理學派 (The Cultural/Philosophy/Ethics School)：使命被視為確保員工合作的聲明，是一種組織文化接合劑，使組織能統一運作。

　　艾許瑞奇使命模型中的評估構面如圖 14.7 所示；各構面有效性之評估問項則說明如後：

目的 (Purpose)：

Q1: 任務陳述是否能無私、無偏的激起關係人關切。
Q2: 是否清楚陳述對關係人的責任。

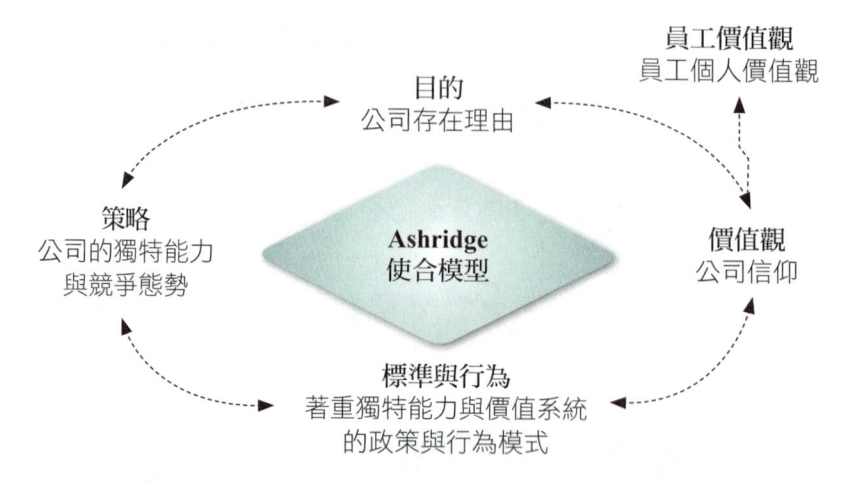

圖 14.7 艾許瑞奇使命模型 (Ashridge Mission Model)

策略 (Strategy)：

Q3: 是否定義了具備吸引力的經營範疇。
Q4: 是否描述了尋求競爭優勢的策略定位。

員工價值觀 (Employees Value)：

Q5: 是否定義了使經營目的得以連接、足以使員工驕傲的經營價值。
Q6: 是否能調和與強化經營策略。

標準與行為 (Behavioral Standards)：

Q7: 是否描述了符合經營價值觀與策略的重要行為標準。
Q8: 行為標準是否能由員工清楚的判斷而無混淆。

組織文化與價值觀 (Corporate Culture and Values)：

Q9: 是否能攫取並清晰描繪組織的經營文化。
Q10: 任務陳述是否容易閱讀。

「**遠景陳述**」(Vision Statement)，是企業領導人向組織成員及關係人揭櫫未來希望達成的遠程目標 (goal)、營運的方向、未來企圖達成的狀態及夢想等。

遠景陳述應包含下列內涵特質如：

1. 長程導向、專注於未來。
2. 明確、不含糊的詞句。

3. 務實、可達成。
4. 容易並值得記憶。
5. 具備激勵性、展望性。
6. 提供決策準據。
7. 適配組織文化與價值觀等。

領導者對遠景陳述,應採取下列作為如:

1. 以身作則。
2. 例行的宣示與溝通企業經營遠景。
3. 創造能展現策略遠景的經營事例、故事。
4. 指導能匹配經營遠景的中、短程經營目標。
5. 鼓勵員工規劃能與組織遠景配合的個人發展遠景等。

綜合以上對任務及遠景陳述的說明,若是把它們想成正式、書面的官方聲明,因失去任務與遠景陳述所具備激勵人心的根本特性。因此,任務及遠景陳述應簡明、扼要、好記並能振奮人心。讀者可自行參照國際大型企業與組織的網站首頁,多瞭解一些任務與遠景陳述的方式,自然會有各自的體悟。

目標設定

目標設定 (Goal Setting) 是聯接目前任務 (Mission) 與未來展望 (Vision),並為策略發展的依據。在當前任務到未來展望(長程目標)之間,必須設置一些短、中程階段性的目標,一則能評估、衡量階段性的進度,另則預留調整目標與策略的彈性。

無論長程或短、中程目標,都必須符合 SMART/SMARTER 的目標設定原則(Goal Setting Principle, 請參照 11.1.4 小節的說明)。

策略方案

在策略管理領域中,策略一詞的定義,可以簡單說成是達成下一階段性目標的方法或途徑,若比擬成軍事作戰,則為操作階層的「戰術」!若此方法或途徑是為了下兩、三階段性目標或甚至最終目標而設,則可視為運籌層級的「戰略」。無論戰術或戰略屬性,策略都是達成目標的方法學與途徑學。

從圖 14.6 顯示的策略規劃要素關係圖中,我們可知達成下一階段目標的途徑可能不只一條!因此,在策略規劃時,應考量與制訂各種可行的**策略方案** (strategy alternatives),供決策者選擇或臨機應變之用。

政策指導

策略規劃在完成任務、遠景陳述、目標設定與策略方案的發展後，最後一步動作，則是制訂連接規劃與執行模型階段的「政策」(Policies)。所謂的政策，是對各階層在面臨實際情境時，對行動與決策的「原則性指導」，使各階層在實際執行工作與任務時，不必因回報、等待指示而延誤時機，這對服務業而言相當重要。

政策若經長久實施，容易形成所謂「公司行事風格」(The Company's Way of Doing Thing) 的「**組織文化**」(Organizational Culture) 註解6。若一旦形成組織文化，即便在組織策略已大幅修改或轉向時，政策卻仍不易修改。因此，在制訂或檢討政策時，應特別注意政策對策略的持續支持性。

說明至此，我們可賦予策略規劃之操作性定義如：「為有效管理環境提供之機會與組織競爭優勢而發展之長程計畫。」由此定義可知，策略規劃必須根據環境分析的結果，進一步設定目標、制訂策略方案、執行政策後，編制成計畫書，以供策略執行時的參考與依據。

但在說明策略施行之前，我們仍應對策略的層級劃分與規劃選擇，略加討論與說明，使大家瞭解不同組織層級於規劃策略時的不同選擇。一般在區分企業管理的策略層級時，可區分如「企業策略」(Corporate Strategy)，「經營策略」(Business Strategy) 及「功能性策略」(Functional Strategy) 等三個層級，分別隸屬於企業高層或集團總部，SBU「策略性事業單元」或集團內負責某特定產業經營任務的公司及實際運作的功能部門等。

14.3.1　企業策略

如同前述，**企業策略** (Corporate Strategy) 為企業高層或集團總部所制訂（與執行）的策略，其意涵包括如：

- 以宏觀角度來規劃企業的整體運作
- 決定企業經營方向，
- 企業整體績效之規劃與管理決策
- 多用於多角化、組織再造等重大經營決策

而企業策略的一般類型，則可區分如**方向性 (directional) 策略**，**組合性 (portfolio) 策略**及**撫育性 (nursling) 策略**等三大類型，各類型之細分則分別說明如下：

方向性策略

方向性策略以成長或萎縮單向度兩個極向，區分成長 (growth)，穩定 (stabilization) 與裁撤 (retrenchment) 等三種次類型，各自又可細分為：

- **成長策略 (Growth Strategies)**：通常又區分**集中成長 (Concentration Growth)** 與**多角化成長 (Diversification Growth)** 如：
  - **集中成長**：集中運用資源於具成長潛力的產業
    - 垂直整合 (Vertical Growth/Integration of Supply Chains)
    - 水平整合 (Horizontal Growth/Integration)
  - **多角化成長**：資源的分散配置，以分散風險
    - 同心式多角化 (Concentric Diversification)：相關產業或經營方式的合作或投資，目的在尋求綜效。
    - 聚合式多角化 (Conglomerate Diversification)：通常為無關產業或經營方式，主要是關切現金流量或分散風險。
  - **國際化 (Internationalize)**：若產品可標準化，則進軍國際化市場，也是（市場）成長策略之一。國際化的程度由淺至深說明如下：
    - 出口 (Exporting)：企業僅設置出口部門，負責產品的出口，而國外銷售由外國企業負責。
    - 授權 (Licensing)：通常指產品或配方的授權國外廠家，以收取授權金的國際經營方式。
    - 加盟 (Franchising)：除產品、配方外，通常還包括品牌、經營模式等的授權。
    - 合作投資 (Joint Ventures, JV)：兩家或多家企業為執行特定專案（通常資金需求與風險均高）而組成的團隊或設立新公司。
    - 併購 (Merge and Acquisitions, M&A)：實際為「合併」(merge) 與「購併」(acquisition) 兩詞的組合。合併指兩家公司合併成為第三家公司之謂，表示如 A + B = C；購併則為一家公司買下另一家公司，買的公司存續而被買的公司則終止營運。若以 A 買下 B 為例，則表示如 A + B = A。
    - 綠地開發 (Greenfield Development)：所謂的「綠地」(Greenfield) 註解7，原先是指在未經開發土地上的房地產開發專案，後可引申為全新的開發

計畫或專案。對企業的國際化進程而言，綠地開發是指以本身既有的技術和管理在前無先例的外國中實施而言。

- ◆ **分擔生產 (Production Sharing)**：通常發生在政府與政府，一國政府與他國第一產業（如石油、礦業、林業等）企業間的合作與分擔生產合約方式，允許他國產業在某國內開採原物料、運出、加工、生產後，再將產品免關稅運回於原物料國的生產方式。分擔生產實際上也可視為一國與他國企業的 JV「合作投資」模式。
- ◆ **管理合約 (Management Contracts)**：純粹以合約方式，對外國企業提供技術協助或管理諮詢服務等。
- ◆ **整廠輸出 (Turnkey Operations)**：從設計、製造、測試及試營運等，都由被委託廠商負責，交貨時即可由委託廠商自行運作。常用於國防系統的委託製造（避免機密外洩或流失）。
- ◆ **BOT 計畫 (Build-Operate-Transfer)**：由政府委託、民間出資興建系統後，營運合約年限後，再轉移政府的大型公共建設計畫。
- ◆ **直接投資 (Direct Investment)**：為開發國外市場，在當地國投資與設廠之謂。

● **穩定策略 (Stability Strategies)**：適合在穩定、可預測環境中之成功企業；但穩定過久仍可能會有不想求新、求變的慣性或怠惰等風險。穩定策略的類型則包括如「穩紮穩打」(Pause/Proceed with Caution)、「不變應萬變」(No change) 及「收割」(Profit) 策略等。

● **裁撤策略 (Retrenchment Strategies)**：當企業競爭力不足或績效表現不良時，適合採取的策略，而其類型則包括如「迴旋」(Turnaround)、「轉賣投資」(Sell-out/Divestment)、「破產清算」(Bankruptcy/Liquidation) 策略等。轉賣投資與破產清算如其字面上的詞義較易瞭解；但「迴旋」策略有必要加以解釋。

所謂的迴旋，是指180度的轉向，對企業策略而言，是在發現原先規劃的策略、經實施驗證是方向錯誤的話，企業領導者應能立即體察到錯誤，並做徹底的轉向改變；但這對一般企業領導人而言，要他們承認錯誤並立即轉向，卻沒那麼容易！一般領導人所堅信的信念是：「遇到困難，堅持貫徹，終能成功。」

組合性策略

組合性策略 (Portfolio Strategies)：是指一大型企業或企業集團，在產品、市場或 SBU「策略性事業單元」間的資源調配或資源最佳化利用。在組合性策略的分析

與規劃上,有兩種知名的矩陣分析方式如下:

- BCG 組合分析:或稱「BCG 成長與市佔率矩陣分析」(BCG Growth Share Matrix Analysis),適用於有多樣產品的公司或涉及多產業的企業集團,根據其產品線或 SBU「策略事業單元」於各自產業領域的市佔率與成長率為軸,區分出疑慮 (Doubt 前景不明)、金星(Golden Star 新興明星產業)、金牛(Cow,穩定持續獲利產業)及餓狗(Black Dog,前景黯淡的產業)等四個象限中的所處位置,判斷應採投資、獲利、收穫或轉投資等策略,讀者可參照第 11 章圖 11.11 所示。

- GE 組合分析:或稱「GE/Mckinsey 矩陣分析」(GE/McKinsey Matrix),實際上是 BCG 組合分析的改良進化版。GE 組合分析所謂於 BCG 組合分析的改良,來自於下列三個層面如(圖 14.8):

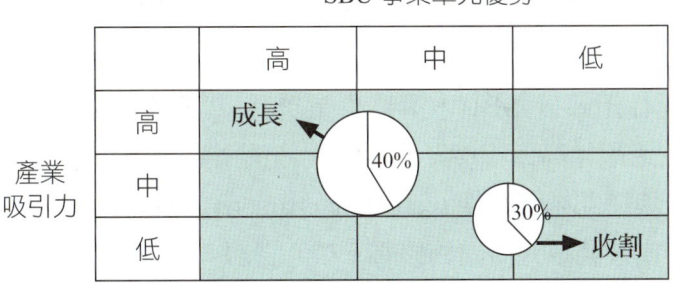

SBU 事業單元優勢

產業吸引力	高	中	低
高	成長 ← 40%		
中			
低		30% → 收割	

圖 14.8　GE/Mckinsey 組合分析矩陣示意圖

1. 分析軸向從 BCG 組合分析的「成長率」及「市佔率」,分別改成涵義較廣的「**產業吸引力**」(Industry Attractiveness) 及「**事業單元優勢**」(Business Unit Strength)。而產業吸引力及事業單元優勢的分析因素及計算方式則如下說明:
   - 產業吸引力:市場成長率、市場規模、需求變異性、產業獲利率、產業競爭狀況、全球機會、宏觀環境影響因素 (PEST) 等,各因素乘上權重後相加,即可作為產業吸引力的量化評估數據。
   - 事業單元優勢:市佔率、市佔率成長趨勢、品牌資產、通路可及性、生產能力、相對獲利率等、計算方式與產業吸引力相同。

2. 從 BCG 組合分析的 2×2 矩陣,進一步擴充區分高、中、低三個分析層次的 3×3 矩陣,分析區分較為細緻。

3. 從 BCG 組合分析代表 SBU「策略事業單元」所處產業位置的圓圈,發展到以圓

圈大小代表產業規模，而圓圈內扇形面積代表事業單元於該產業內的市佔率。

GE 組合分析矩陣圖中，各事業單元的箭頭，則代表了三個策略運用意涵如：

1. **成長策略 (Grow)**：優勢及一般事業單元於具有吸引力產業及優勢事業單元處於一般吸引力產業時採用。
2. **穩定策略 (Hold)**：一般事業單元處於一般吸引力產業、優勢事業單元處於弱吸引力產業及弱勢事業單元處於強吸引力產業等情況時採用。
3. **收割策略 (Harvest)**：弱勢事業單元處於弱吸引力產業、一般事業單元處於弱吸引力產業及弱勢事業單元處於一般吸引力產業等狀況，可考慮採行收割策略等。

撫育性策略

撫育性策略 (Parenting Strategies)，通常指企業集團總部（母公司）對旗下各 SBU「策略性事業單元」（子公司）之間，為達成企業綜效所採行的策略類型。分析時，又可以稱為「**企業撫育適配性矩陣**」(Corporate Parenting Fit Matrix) 如圖 14.9 所示，分析方式說明如下：

企業撫育適配性矩陣以 SBU「策略事業單元」與總部的撫育規劃 (parenting opportunities) 間的適配性高低程度，及 SBU「策略事業單元」自己分析的產業 KSF「關鍵成功機會」與總部撫育特性 (parenting characteristics) 之間的不適配性高低程度為兩個軸向，區分出事業單元所謂的核心、核心邊緣、壓艙、價值陷阱及異地等策略取向，其意義分別說明如下：

- **核心事業 (Heartland)**：事業單元的發展機會與總部相符，因此可得到總部的最大

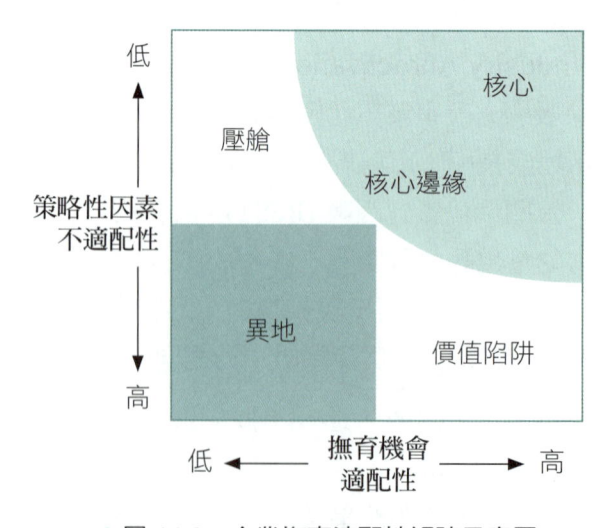

🎧 圖 14.9　企業撫育適配性矩陣示意圖

支援。
- **核心邊緣事業 (Edge-of-Heartland)**：事業單元的發展機會與總部的規劃部分相符、部分不相符，因此，總部無法完全提供事業單位所需的資源。事業單位必須致力校準發展機會，獲取總部的注意而轉向核心事業。
- **壓艙事業 (Ballast)**：事業單元所處的產業位置約與總部相同；但發展機會卻不適配。在此情況下，總部通常會對事業單元進行「清算」(liquidate) 策略，以獲得總部所期望的更高預期價值。
- **價值陷阱事業 (Value Trap)**：事業單位發展機會與總部的撫育特性相符；但總部並不瞭解事業單位的 KSF「關鍵成功機會」。在此狀況下，事業單元必須致力於讓總部瞭解並同意事業單元的產業發展策略性因素規劃，才能轉向核心邊緣甚至核心事業。
- **異地事業 (Alien Territory)**：事業單位與總部之間的發展不適配，另總部也不認同事業單元的產業發展策略規劃。即便事業單位仍可能有存在價值，但總部極可能結束 (shutdown) 此事業單元。

14.3.2 經營策略

上一小節介紹完企業的方向性、組合性與撫育性「企業策略」後，本小節著重在單一產業內企業，或企業集團於某一產業的 SBU「策略事業單元」或子公司於該產業內的「**經營策略**」(Business Strategies)。經營策略的主要意涵是尋找組織核心能力與產業環境（威脅與機會）間之適配策略。綜括來說，企業策略與經營策略的主要差異在於：

- **企業策略 (Corporate Strategies)**：決定企業應投入哪一類型產業之策略分析
- **經營策略 (Business Strategies)**：特定產業中之競爭或合作（競合）策略分析

有關企業執行經營策略的分析，通常就是所謂的「產業分析」(Industry Analysis)，有關產業分析的內涵及分析工具等，已於 14.2 節中完整介紹。此處針對經營策略在尋找組織核心能力與產業環境間之適配策略意涵，進一步闡釋如下。

所謂的「**適配策略**」(Strategic Fit)，其意義是在尋找一合適的「利基」(Niche)。而在產業競爭環境下，要尋找利基適配策略，必須先瞭解所謂的：

- **利基 (Niche)**：目前市場上尚未滿足的需求。
- **合適利基 (Propitious Niche)**：僅容許本企業技術與能力能滿足的市場利基。

- **策略時機 (Strategic Window)**：適合利基發揮效益的時機。

由以上對「適配策略」的內涵解釋，我們可以知道，要尋找市場上的合適利基、且時機也要恰好的機會，通常不多；有此機會的話，通常競爭者也多。因此，對企業最好的規劃作為，就是隨時準備好，當利基呈現時，就能迅速掌握。而所謂的準備好，又可區分任務與目標再審查，替選方案發展，及 USP「致勝想法」(Unique Selling Proposition) 的分析與發展等。

任務與目標再審查

在從企業策略展開到經營策略層級（及後續的展開）時，下級策略規劃者始終要不斷、反覆檢視接下來的替選方案發展，是否能支持企業策略所擬定的任務及目標，才不會造成下層策略無法支持上層策略的衝突現象。任務與目標的再審查，其實是一應持續執行的動作，這是因為：

- 一般人習於先射箭、後劃靶。
- 先前任務與目標的陳述與溝通不明確。
- 組織內部通常有競奪資源的現象。
- 規劃與實際執行間會有差異⋯等。

任務與目標再審查，確定經營策略層級的規劃確實能支持企業策略所欲達成的目標後，接著，就是策略替選方案的發展。

替選方案發展

沒有一種策略能適應所有狀況，因此，各級策略規劃者在發展策略時，應規劃各種可行的**替選方案 (alternatives)**。若依循 SWOT 分析的精神，可藉 SWOT 替選方案矩陣發展可行的策略替選方案，如表 14.6 所示：

表 14.6　SWOT 策略替選方案發展矩陣

EFAS \ IFAS	優勢 (S)	劣勢 (W)
機會 (O)	**SO 策略** 利用優勢創造機會	**WO 策略** 把握機會扭轉劣勢
威脅 (T)	**ST 策略** 利用優勢消弭機會	**WT 策略** 隱藏劣勢規避威脅

USP「致勝想法」的分析與發展

至於 USP「致勝想法」，其實就是企業於產業**競爭優勢** (Competitive Advantages) 的辨識。而所謂的競爭優勢，是結合 SWOT 分析在產業分析所得 KSF「關鍵成功要素」，及組織分析所得 CC「核心能力」的策略性整合（亦即「策略性要素」）。USP「致勝想法」實際的分析步驟如下：

1. 從顧客角度，列舉顧客端的採購決策準據。
2. 將自己與競爭對手於各項評估準據評分。
3. 從自己表現較佳處塑造 USP「致勝想法」。
4. 發展並防護 USP「致勝想法」。

USP「致勝想法」的分析與發展範例，如圖 14.10 所示。圖 14.10 中，企業 D 以產品價格、產品品質、產品設計，型錄完整性、網站、訂貨方便性、交貨速度與可靠性等競爭「策略性因素」，與其他 A, B, C 三家競爭對手比較。各家企業於上述策略性因素的比較上各有優、劣勢。如企業 A 表現平平；企業 B 在產品價格上最具競爭優勢；企業 C 則在交貨速度上最具競爭優勢 … 等。

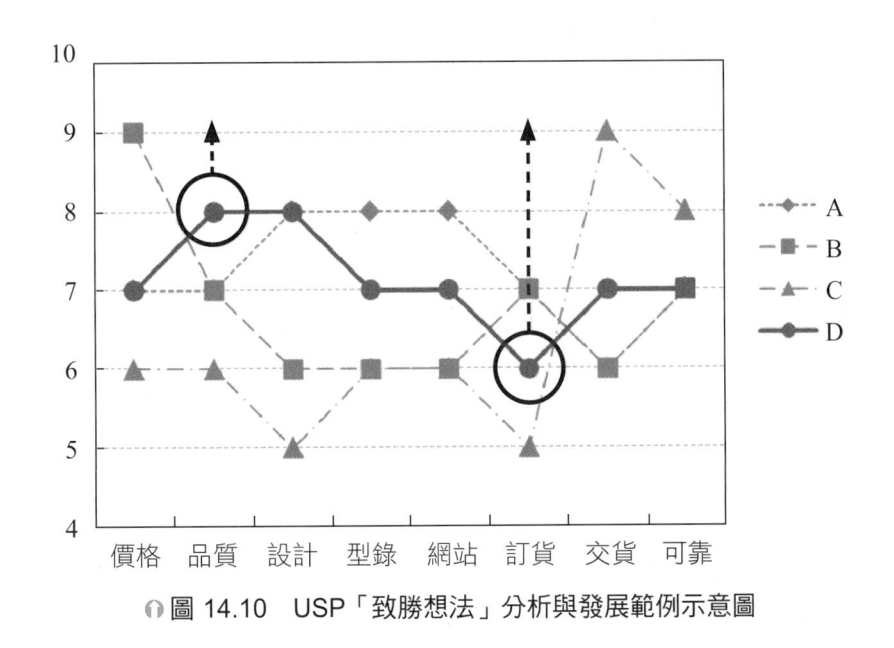

◉ 圖 14.10　USP「致勝想法」分析與發展範例示意圖

企業 D 在「目前」的表現上若與其他競爭對手比較而言，沒有特別突出的優點！僅在產品品質上表現相對「較好」，另在訂貨方便性的表現屬中等 … 等。企業 D 的策略規劃者，可從繼續精進產品品質著手，以大幅領先競爭對手，或從改進訂貨

513

方便性上著手，以提升整體競爭力，這都是 USP「致勝想法」的可能選擇。

競爭戰術

對企業策略規劃而言，所謂的「戰術」(Tactics) 是說明何時、何處執行策略的行動計畫，故又區分為時間與市場定位兩種戰術。

先前提過的「策略時機」雖指掌握利基的時機點，但同樣也適用於策略運用的時間戰術，也就是所謂的「**先行者**」(First Mover or Pioneer) 或「**後繼者**」(Late Mover or Followers) 優勢：

- 先行者優勢 (First Mover Advantages)
    - 建立產業領先聲譽。
    - 較易達成「成本領導」優勢。
    - 可以新產品「**撇脂定價**」（Skimming Price，即對新產品的高定價策略。在競爭者推出類似產品之前，儘快的收回投資並取得相當的利潤。）獲得高利潤。
    - 建立產業標準（相對的，設立進入障礙）。

- 後繼者優勢 (Late Mover Advantages)
    - 藉著模仿、逆向工程 … 等，降低研發成本與風險。
    - 較低的市場開發風險。
    - 填補先行者遺漏的市場機會（利基）。

至於在何處執行策略的市場定位戰術，也可區分為攻、防兩種態勢，市場領先者通常採取守勢，而市場中的其他競爭者，則通常採取攻勢。在市場定位攻勢戰術上，一如軍事作戰一樣，可區分如正面攻擊、側翼攻擊、迂迴攻擊、包圍、游擊戰術 … 等；對市場領先者而言，則通常採取的守勢戰術如建構結構性障礙，明示報復強度，以降低對手攻擊意圖 … 等。

合作策略

最後，在經營策略的規劃上，除了「競爭」外，一般還有「合作」策略，誠如「商（戰）場上沒有永恆的朋友或敵人」的說法，今日的敵人，在面臨更強大的對手時，可能變成明日的合作夥伴。因此，策略規劃者也必須瞭解如何發展合作策略。

商場上的合作策略，一般可區分如共謀、JV「合資」與「策略聯盟」等三種：

- 共謀 (Collusion)：或稱「勾串」，為兩家或多家廠商之間為降低競爭損耗的秘密

協議。因為秘密、不能公開,因此,通常也是違法的。常見的共謀包括分割市場、制訂共同價格、限制生產或限制市場機會等。即便法律未能規範,但企業之間的共謀,其目的始終是欺騙顧客、獲取不當利益的陰謀。因此,共謀是不良、應予禁制的合作策略。

- **JV「合資」**:通常為兩家以上廠家,為追求一高報酬,但也具高風險的投資專案,所形成的臨時性合作。當目標達成或失敗後,合作關係即可能隨即終止。

- **策略聯盟 (Strategic Alliance)**:通常是兩家或多家廠商,為彼此長遠利益而形成的長久合作夥伴關係,常見於供應鏈整合或異業整合上。不同廠商、企業形成策略聯盟的原因,通常見於:
  - 為獲得彼此獨特的技術與製造能力
  - 為獲得彼此的市場與顧客群
  - 降低政治風險
  - 降低財務風險
  - 確保維持彼此不相抵觸的競爭優勢

14.3.3　功能策略

策略規劃中最底層的策略類型,是**「功能性策略」(Functional Strategies)**。所謂的功能性策略,是企業組織內以功能專業區分的策略類型,通常也就是如研發、生產、行銷、服務等部門所須考慮的策略。

功能性策略規劃的意義有兩個意涵,一為產能的最大化,另則為達成整體企業經營層級的「綜效」(synergy)。產能最大化,是指在獲得企業的資源分配後,以分配的資源投入、期能獲得最大的產出。換句話說,也就是(資源運用)「效率」的最大化。另各專業部門制訂其功能策略時,也應考慮組織內其他專業部門的需求與限制。如此,才能制訂出適合執行、且能達成組織經營綜效的功能性策略。

企業組織的功能性策略,若按功能專業區分,可有核心能量的籌建、籌資決策等兩項,須由高階領導與管理團隊共同決定外,其他諸如採購、運籌、生產、行銷、人資、研發、財務及資訊策略等,則由各部門主管協同其部門或團隊成員共同擬定。

因每一種功能策略的制訂與管理,都是管理學程內的一門學科,除本書所涉及企業功能領域的各專章說明外,不太可能全部解說。因此,本小節僅專注在各功能性策略的制訂要點,分項簡述如後。

核心能量的籌建

所謂的「核心能量」(Core Capability/Capacity)，也就是先前 SWOT 分析中組織分析的必要產出：CC「核心能力」(Core Competencies)。核心能量是：

- 企業重要的無形資產
- 企業得以經營與持續的能力與技術
- 如「知識」一樣的「愈用則愈出」^{註解 8}
- 如超越競爭對手，則稱「獨特能量」

因為核心能量通常來自於無形的資產，如企業優良傳統文化領導效能、管理風格、團隊默契及人力素質等，故籌建核心能量，必須從領導、管理及人資的運用著手，如企業具有激勵人心的遠見與目標，創新、尊重人性的管理文化，及夠好的人力運用及發展計畫等。

當然，在組織分析時若發現組織不具有能達成遠景目標的核心能量，優渥待遇招募人員與培訓，併購其他公司，或甚至採購必要的技術與裝備、設施等，都是核心能量籌建的起步。但若要發揮預期的功效，則有待組織吸納新人與技術知能的能力及時間的考驗。

籌資決策

此處的「**籌資決策**」(Sourcing Decision)，指的是籌募資源的決策考量，也與核心能量的籌建有關。當組織分析發現組織不具備達成遠景目標的核心能量或資源時，則必須考量兩種獲得 (acquire) 資源的途徑，一是自行籌建，另則是向外採購，所以又稱為「**自製或外購決策**」(Make-or-Buy Decision)。

自製或外購決策的參考依據，通常是：

- **外購 (buy)**：適用於市場上有充分可用資源可供選擇，別人做的更有效率，採購較為節約成本時，通常採用外購決策。但須注意，市場上有且可輕易購得的資源，通常也不是「核心能量」！
- **自製 (make)**：當此所需獲得核心能量具備關鍵價值，賣方市場（專利、壟斷市場）上即便有錢也不見得買得到時，通常組織就必須考量「不計任何代價」的自行研發自製並掌控此核心能量的「自製」。

籌資決策另可以圖 14.11 所示的分析矩陣，決定自製或外購的型式如：

	附加價值	
	低　　　　　高	

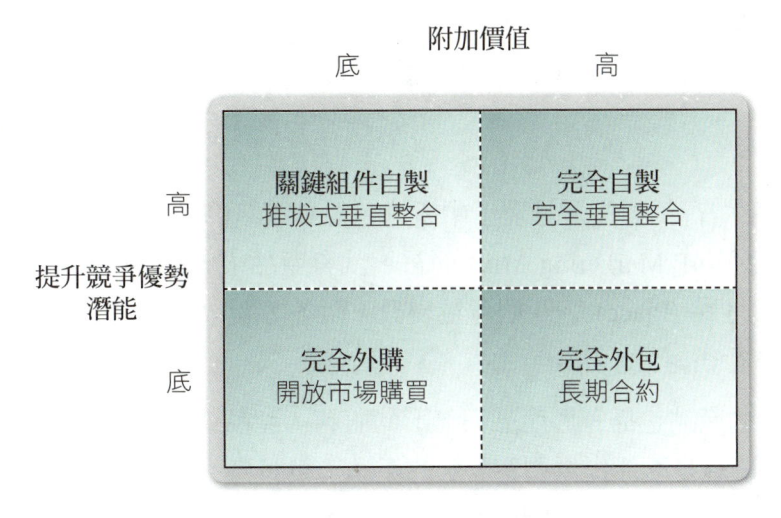

	關鍵組件自製 推拔式垂直整合	完全自製 完全垂直整合
提升競爭優勢 潛能 高 　　　　　底	完全外購 開放市場購買	完全外包 長期合約

◯ 圖 14.11　籌資決策分析矩陣示意圖

生產策略

生產策略，關注的是生產地點、方式與產能的規劃等，分別簡單敘述其考量要點如下：

- **生產地點**：即本國集中生產、國際化銷售或當地國生產、在地化銷售的考量。本國生產重視的是生產效率；而在地化生產則為因應當地需求的彈性考量。
- **生產方式**：即從個人的工藝生產，發展到以機器取代人力的量產，再繼而發展到組織性的、結合生產與服務的營運管理（請參照第 9 章）。
- **產能規劃**：依據企業擁有資源如設施、裝備、工具及整體勞動力等，所形成總體生產能力，從而支持企業長期競爭策略的規劃作為。產能規劃所確定的生產能力對企業的市場反應速度、成本結構、庫存策略以及企業管理和員工制度都將產生重大影響。產能規劃具有時間性和層次性如下所述：
  - 長期、高層的企業層級：通常是 CEO「執行長」須關切、要實現這些整體生產力而須投入多少資源與資金。
  - 中期、中階的工廠層級：公司的廠長 (Plant Manager) 或生產經理 (Production Manager) 工廠的經理（Plant manager, PM）則更關切工廠的生產能力，他們必須決定如何最優化利用工廠的生產能力，以滿足預期的需求量。由於一年中需求高峰時的短期需求可能會遠遠大於規劃產量，因此經理必須預測可能出現的需求高峰，並且安排好在什麼時候儲存多少產品以備急需。
  - 短期、低階的生產線層級：生產線主管最為關心的是，在本部門或生產線的生產

基礎上，機器設備與與人力資源如何配合，生產線主管須作出詳盡具體的工作調度（排程）計畫，以滿足每天的生產量。

行銷策略

如第 11 章「行銷與運籌管理」中所述，行銷策略的類型甚多，若僅以最常用的「4P 行銷組合」(4P Marketing Mix) 而言，就有產品 (Product)、價格 (Pricie)、促銷 (Promotion) 及地點 (Place) 等四個考量變數，而各個變數內仍有不同的選擇，如此構成所謂的「4P 行銷組合」如：

1. **產品**：廣義的產品包括有形產品與無形的服務，產品或服務為 4P 行銷組合的首要考量因素如組織是否能提供顧客需要的產品（與服務），顧客需要產品與服務的特性如功能、品質、外觀、包裝、品牌、服務支援及保證等。
2. **價格**：顧客願意對產品與服務付出多少的定價策略，現代顧客對折扣與特價仍相當敏感。在定價時可考量的選擇如定價、折扣、租賃、付款方式與減價方式等。
3. **地點**：產品或服務在適當地點、適當時間遞交適當數量等之考量。有關地點可選擇的考量包括銷售地點、運籌規劃、通路規劃、市場涵蓋性、服務水準、網際網路與行動通訊技術的運用等。
4. **促銷**：當其他三項行銷組合不能有效吸引顧客時，促銷可能成為 4P 行銷組合中最重要的變項，其意義為如何讓目標群體顧客知道或教育顧客公司的產品與服務。促銷可選擇的考量，包括如廣告、公共關係營造、直銷模式、媒體運用等。

其他各類型的行銷組合，則請參照本書第 11 章「行銷與運籌管理」中的詳細解說。

人資策略

人資與專業部門經理須共同考量，對員工與工作團隊的管理與規劃。簡單的說，為因應現代人力市場與工作效能的快速變化，人資運用策略應考量下列影響因素如：

- **兼職工作 (Part-time Job)**：兼職，又稱計時人員，是一種勞工的類型，意指有全職者或學生於工餘或課餘時間另找一份或多份工作，另外，一些人於工餘或課餘時間以自雇方式工作，亦是兼職的一種形式。這類兼職常見的有家庭教師、電腦維修、程式設計、鐘點家務助理、業餘模特兒等。一般而言，兼職的工作時間會少於正常工時的職員，且工資亦較正職人員略低。依工作性質的不同，工時和工資不一定會比正職人員來得低，一般來說，持續性、定期的兼職工時一般較長，工資亦較低，而短期、臨時或非定期的兼職則工資較高。

- **人力派遣 (Dispatching)**：人力派遣是近代新興的一種勞工雇用方式，此類勞工名義上是屬於人力派遣公司，有人力需求的企業則與派遣公司簽約，從中選用自己要的人才到自己公司上班，等工作結束或是沒有需求時再把勞工送還派遣公司，派遣公司會再視職缺將勞工派往其他公司，薪水則以時薪計算，但也有以約聘契約的金額計算。等於一種比較有組織化管理的臨時工。人力派遣對於需求企業而言，省下了提撥退休金、保險等費用，可降低成本；部分淡旺季人力需求差距較大的行業則藉此避免人力不足或浪費。
- **人力多元化 (Workforce Diversity)**：現代企業招募的員工（包括高階經理人），可能來自不同文化、民族或國家，其各自的信仰、語言、習慣等通常也有差異。因此，在員工的管理上，必須重視對「多元性」的重視與尊重，才能使企業正常運作。通常尊重人力多元化的企業，其國際化的程度也較高。
- **員工的發展 (Employee & Management Development)**：人，是企業經營最重要的無形、智性資產與核心能力的基礎。企業如須長久、持續經營，除了要能招募到好的員工外，更重要的是要能留得住好的員工，而是否留得住員工的影響因素中，是否有發展機會變得越來越重要。員工的發展，主要是企業要能提供學習與訓練的設施、機會等，並鼓勵員工獲得新的知識、技術與觀點；另當員工真的提出新的觀點時，也必須讓這些新觀點有運用、實踐的途徑等。
- **QWL「工作生活品質」(Quality of Work Life)**：大部分人的工作時間佔其一生的大部分時間。因此，所謂的 QWL「工作生活品質」概念的推廣，對一個公司（甚至對社會、國家亦然）的持續與健全發展，就顯得相當重要。QWL「工作生活品質」的內容包括如：
  - 工作報酬的充分性和公平性
  - 保障員工在組織內的權利
  - 安全和有利於健康的工作條件
  - 工作組織中良好的人際關係
  - 員工對工作本身的滿意度
  - 員工生涯發展的機會
  - 員工能參與決策
  - 工作具有社會意義
  - 工作以外的家庭生活和其他業餘活動等

人資部門經理或主管，絕非公司老闆用來監控員工、考評員工表現的工具，如讓

員工有此印象,則人資管理(與領導)徹底失敗,員工對公司絕對沒有凝聚力與向心力。一有機會,有能力的員工就會跳槽,甚至跳槽到競爭對手處,反過來與公司競爭⋯。好的人資經理,應發揮人資專業,幫公司找到並留住好的人才,並讓公司各種人資制度符合人性化,具激勵性等,最終的目的,是讓員工「樂於」為公司主動貢獻心力。

研發策略

R&D 研發 (Research and Development),通常需要投入大量資源、耗時甚長,且不一定保證成功;但一旦研發成功,就能為組織帶來巨大的技術領先優勢與獲利能力。研發所涉及的核心能量構建與籌資決策,都是「自製」的策略性傾向;但研發也不一定非得採取「技術領先者」的態勢,「技術追隨者」的策略運用,經常也能獲得好的結果。

若以波特的成本領導、差異化及聚焦等原生性競爭策略,與技術領導或追隨兩個軸向區分,則可有不同的研發策略運用,如表 14.7 所示:

表 14.7　研發策略矩陣表

研發策略 競爭策略	技術領導	技術追隨
成本領導	・因較快的學習曲線而獲得生產低成本優勢 ・領先於低成本的生產設計	・藉模仿而降低研發成本 ・以領先者的經驗降低生產成本
差異化	・領先於產品的獨特設計,以增加顧客的購買價值 ・領先於增加顧客價值活動的創新	・以領先者的經驗採取更接近顧客需求的產品與服務系統
聚焦		**擇優發展 (Pocket of Excellence)**

讀者在表 14.7 中可發現技術追隨運用於聚焦的「**擇優發展**」(Pocket of Excellence) 策略,這是技術追隨者比技術領導者所「獨具」的優勢。技術領導者因要保持在未知、未開發領域的持續領先或競爭優勢,不得不在所有可能的領域投入研發資源,耗用的研發資源可能會拖垮組織,冷戰拖垮蘇聯的經濟即為一明例!

擇優發展可讓技術追隨者在特定領域的專注研發成果,也能獲得同樣或類似的競爭優勢即可,而不必投諸大量研發成本於「全面對抗」的競爭中,中共於 60 年代中致力推動的「兩彈一星」計畫(兩彈:導彈、原子彈,一星:人造衛星)使中共在

70 年代後,即在國際政軍舞台上成為「重要有影響力的大國」,即為「擇優發展」的最佳例證。

財務策略

財務管理 (Financial Management) 是在公司既定的整體目標下,關於資產的購置(投資)資本的融通(籌資)和經營中營運資金(現金流量),以及利潤分配(股息)的管理等。財務策略規劃,則是根據企業與經營策略對財務的衝擊影響後,辨識最佳的財務運作方案。此處僅列舉一些財務規劃的重要考量因素如下:

● 現金流管理 (Cash Flow Management):任何企業主或顧問都會說「現金就是王道」。長期而言,企業會因無法獲利而失敗;但短期而言,企業卻會因缺乏足夠的現金來支付債務而失敗。因此,現金流是企業經營的生命線,現金流管理不當,是企業面臨最多、也是最大的問題。好的現金流管理原則很簡單:確保流入現金始終大於流出,但要注意現金流入的「及時性」。現金流管理得好,除能償付債務外,也能讓企業有更好的議價與投資能力。

● 債務權益比 (Debt-to-Equity Ratio):或稱「債務股本比」為負債對所有者權益的比率,是衡量公司財務槓桿的指標,即顯示公司建立資產的資金來源中股本與債務的比例,可用來顯示在與股東權益相比時,一家公司的借貸是否過高。
債權人和投資者都很緊密關注債務權益比,因為它顯露出公司管理者是用自有股本或舉債經營的傾向。貸方如銀行對此比率尤為敏感,因為過高的債務權益比將使他們面臨貸款無法回收的風險。對此風險,銀行往往會以限制性合約,要求公司用現金償付債務,同樣還可以要求投資者自身投入更多股本。

● 股息的管理 (The Management of Dividends):股息是每股稅後的淨利,按照股票類型與數量而發放。股息發放的時間與數量,通常由公司董事會決定。優先股 (Preferred Stock) 通常最先以固定利率發放股息,而一般股 (Ordinary Shares) 則在公司經營決策有變化,如保留現金用於擴張或其他用途或即發放現金股息等,有權在任何時點上要求其應得股息。因此,股息的管理,也跟企業經營所需現金流管理息息相關。

● TS「追蹤股票」(Tracking Stock Strategy):或稱「目標股票」(Targeted Stock) 或「限制股票」(Letter Stock) 註解9 等。追蹤股票是一公司用以追蹤公司內部特定部分或特定附屬子公司的經營績效而公開發行的一種特殊股票。追蹤股票最初設計的目的,是作為避免企業分拆 (Demergers) 的一種替代形式,由於它具有一些獨特

的優良屬性，現在已經成為一種重要的創新型金融工具，特別是作為一種全新的企業股權重組工具，受到許多大型企業的青睞。

- LBO「融資收購」(Leveraged Buy Out)：融資收購又稱「槓桿收購」。是由收購者以目標公司未來現金流量作為依據，向金融機構取得貸款，而據以向目標公司股東收購全數或部分的股權，再將目標公司合併。此收購方式係透過槓桿，以小搏大進行企業購併的投資方式。

- MBO「管理收購」(Management Buy-Out)：是被收購目標公司的管理者與經理層以融資購買公司的股份，以實現對公司所有權結構、控制權結構和資產結構的改變，實現管理者以所有者和經營者合一的身分主導公司，進而獲得產權預期收益的一種收購行為。由於管理層收購在激勵內部人員積極性、降低代理成本、改善企業經營狀況等方面有積極的作用，因而成為 70~80 年代流行於歐美的一種企業收購方式。

採購策略

在獲得企業所需資源所考量的，除了自製或外購的籌資決策外，還有所謂的「採購獲得策略」(Purchasing/Acquisition Strategies) 考量。此處所謂的「採購獲得」雖著重於「外購」，但也並未排斥「自製」的獲得所需資源。無論如何，對外採購通常有三種途徑可供選擇如：

1. **多重商源 (Multiple Sourcing)**：即一般熟知的公開招標，只要符合資格的廠商都可以參與競標。多重商源採購策略的目的，是要在最低的採購成本下、獲得最佳的採購產品與服務品質。但實際運作的情形卻恰好相反！得標廠家為獲得競標，通常會以低價搶標，獲得競標後，或以偷工減料或以增加預算等方式，彌補低價搶標的損失。多重商源採購的實際結果，通常是成本超支、品質不良或期程拖延等不良結果。

2. **單一商源 (Sole Sourcing)**：這是日本廠家為確保供應鏈品質通常所採取的採購模式。在幾家候選供應商中，經過嚴密的檢驗、評審、協調與談判後，通常擇定單一廠商為「主動供應商」（亦即由供應商執行供應產品的檢驗、包裝、倉儲、運輸等「內向運籌」），並與此供應商結合成供應鏈策略聯盟夥伴關係。這種夥伴關係通常很緊密，使企業本身節約了大量內向運籌的成本，另也能提升產品的品質。但單一商源有一致命性的缺點，那就是如單一供應商若發生意外而失敗，也會連帶影響企業本身正常的運作。

3. **平行選商 (Parallel Sourcing)**：這是美國國防部通常採用的研發採購選商模式。因

選商的競爭，得標廠家因有大訂單而存活，未得標廠家則因無訂單而無法續存！這會損及該國的工業與經濟基礎及創意活力。平行選商是在兩個競爭團隊中，擇優賦予生產訂單，而對未得標的廠家則賦予（繼續）研發訂單。美國防部獲得價值系統的同時，也兼顧了國防工業基礎的健全發展。

平行選商的最好範例，是美國空軍於 1960 年代發起的 LWF「輕型戰機計畫」(Lightweight Fighter Program)，當時，由通用動力 (General Dynamic) 領導的 YF-16 團隊與由諾斯諾普 (Northrope) 領導的 YF-17 參加研發競標，到 1974 年，生產合約由通用動力的 YF-16 獲得，其型號改為正式生產部署於美國空軍的 F-16「戰隼」(Fighting Falcon)。但美國海軍因 YF-17 設計的優越性，繼續賦予 YF-17 的研改經費，成為現代美國海軍採用的 F/A-18「大黃蜂」(Hornet) 艦載多用途戰機。

4. ACTD「先進概念技術展示」(Advanced Concept Technology Demonstration/ Demonstrator) 計畫：因現代大型、複雜系統的研發成本過高，另因研發期程甚長，導致系統部署後當時研發的技術即已顯得落伍；要對系統進行工程修改，又是一大筆費用！因此，傳統的研發採購模式，已無法因應快速演進的技術。因此，美國國防部發展了一套嶄新的 ACTD「先進概念技術展示」計畫，只要模型 (prototypes) 展示了先進概念技術的可行性後，即賦予「少量」的生產經費，並在生產過程中，持續融入測試後的工程改進。如此，可避免傳統大量採購所須大量投入研發生產成本、研發生產期程過長及工程研改不易的缺點，同時又可獲得技術不斷提升的系統。

ACTD「先進概念技術展示」的範例包括 RQ-4/MQ-4「全球鷹」(Global Hawk)、RQ-3A「黑星」(DarkStar) 等 UAV「無人空中載具」(Unmanned Aerial Vehicle)、高空無人偵察機、JPADS「聯合精準空投系統」(Joint Precision Airdrop System) 等。

讀者可能發現到作者舉出甚多軍方例證，但不要忘記，現代的管理概念技術發展，許多是從軍方而來。如現在的網際網路 (Internet) 技術，就是從美國軍方的 ARPAnet 發展而來 註解10。

運籌策略

運籌管理，實際上包含生產前至銷售後的所有「整備」活動（請參照 11.2 節說明），其任務與工作甚為繁雜，因此，在規劃支持經營策略目標時，通常考量的是運籌決策的集中 (Centralization) 或授權 (Decentralization)，運籌任務是否外包，或採取 EC「電子商務」(Electric Commerce) 的運籌模式，其考量分別簡述如下：

- **運籌決策的集中或授權**：要看任務複雜度與運籌效率的預期，任務越複雜越適合授權；但運籌效率的掌控度則不足；相對而言，運籌決策的集中，效率最高，但較適合任務較不複雜的情境。

- **運籌任務是否外包**：這是典型的是否外包考量。因運籌任務包括採購、檢驗、運輸、倉儲、檢整等繁瑣工作，若不涉及企業本身的「核心能力」，而其他合作企業又可做得更有效率、更符合成本效益的話，就可考慮將部分運籌任務外包。

- **是否採取網路 EC「電子商務」運籌模式**：這需要資訊部門與合作廠商的充分配合。當然，能採取網路 EC「電子商務」模式，較傳統運籌模式的效率更佳，但須考量採取網路 EC「電子商務」模式，造成短期運籌成本的突增與轉換不便性等。

資訊策略

企業的資訊部門，是企業資訊現代化的骨幹、核心，企業任何的資訊系統及網路作業的運作，都有賴資訊部門的建置與維護。但資訊部門若僅以此為任務、使命，則漠視了資訊作業對企業經營的策略性價值。

所謂資訊策略，是 CIO「資訊長」(Chief Information Officer) 所須思考如何協助企業各部門與員工，始能充分的運用資訊系統帶來的便利性與效率等考量，考量要點包括如：

- **及時性**：資訊系統的運作，應能符合及時性的要求。若因網路壅塞或傳輸速度緩慢，會導致組織成員不願意使用資訊系統。另及時性還包括資訊系統內資料或資訊等，均應保持在最新更新的狀態，使任何組織成員擷取資料時，都能獲得最新的資料。

- **正確性**：相較於及時性，資訊的正確性則是第二重要的考量。資訊系統內的資料或資訊，都應確保在輸入或饋入系統時的正確性，以免造成 GIGO「垃圾進、垃圾出」(Garbage In, Garbage Out) 的謬誤。

- **使用親和性**：資訊系統的使用，必須考量使用者不見得具備資訊專長。故資訊系統設計時，應從使用者的角度出發，著重「使用者親和」(User Friendly) 的設計。最好的範例是不可因資訊保防為藉口，讓使用者要記得、輸入多組密碼，才能進入系統的限制。畢竟，機密、重要的企業經營資訊，通常也不應該能從網路擷取而得之。

- **協助企業善用資訊優勢**：資訊系統的發展一日千里，資訊部門的專業人員，應適時引進有助於提升企業經營效率與效能的系統，如「網路追蹤」(Web Track) 系統、多國語言即時翻譯系統 … 等，即便目的不在國際化，但同步運用先進資訊系統，亦有助於與其他合作夥伴之間的協調與溝通。

14.3.4　行動的校準

當各層級策略規劃與方案制訂大致底定後，在實際施行策略前，還有一重要的動作須考量，那就是「行動規劃」(Action Planning) 與 COA「行動方案」(Course of Action) 的校準。

行動規劃

行動規劃，簡單的講，就是「誰執行策略？」(Who)、「要完成何事？」(What) 及「如何執行？」(How) 等之細部行動規劃。

誰執行策略：策略通常是組織高層的規劃，但實際的工作與任務，卻是第一線員工負責執行。因此，組織上下對策略方案的明確溝通，讓所有員工都能支持策略方案，這是行動規劃的首要考量。其次，要注意「全員參與」的詭辯，若對主要策略方案沒有指定「負責人」，則通常就會演變成「沒人負責！」因此，在激勵組織全員參與時，仍須對策略的推動、執行等，指定專人負責，而此「專人」，通常可由中、高階管理幹部擔任。

要完成何事：策略，只是達成（階段性）目標所採行的方法或途徑；真正執行策略時，還是需要對相關步驟、程序、所需預算（資源）等，執行專案 (project) 或計畫 (program) 等之規劃，然後，完成專案或計畫的計畫書 (plans)，做為所有組織成員執行策略時的參考依據。

如何執行：在組織中如何執行策略，可能就涉及組織架構與策略的校準、職務的分析與設計及用人指導等。組織架構與策略的校準，主要是檢視目前的組織架構，是否能有效的配合規劃的策略；若不適配，則進行組織工程再造 (Re-engineering)，使組織架構能有效支持策略的運作。職務的分析與設計，則是重新檢視目前的職務是否能與策略配合，若有需要，則執行職務的再分析與再設計等。至於用人與指導，則執行 HRM「人力資源管理」、甚至「才能管理」與「接班管理」即可。

上述行動規劃有關「誰執行？」、「要做何事？」及「如何執行？」等的規劃，最終目的除有效的執行規劃的策略外，另還希望能促成所謂的「綜效」(synergy)。

行動校準

任何管理作為，規劃的良窳影響最大。規劃不盡理想，在實際執行時還可以調整目標；但若方向錯誤，即便採取一般領導人不願意的「迴旋」策略，也不見得挽回得了頹勢。因此，行動的校準雖名之為行動方案，須與既定策略有一致性；但真正的意義是：再度檢視目標與策略的可行性與正確性。

- **策略選擇影響因素 (Influencing Factors of Strategic Choice)**
  - 管理者風險因應態度：尤其在推動創新策略時，若關鍵管理人對風險的態度過於保守，則容易選擇較「保險」的策略，而喪失了創新革新的精神。
  - 關係人壓力與組織文化影響：組織主要關係人對自身利益與風險的考量，一如主要管理者。因此，在規劃與發展策略時，最好能將關鍵關係人納入，並做好「關係人管理」。
  - 關鍵經理人之需求：關鍵經理人的利益若與組織整體利益的方向不符，即所謂的「代理人問題」(Agency Problems)，這要以構建好的「公司治理」制度，確保關鍵經理人為組織的整體利益而努力。

- **計畫性衝突管理 (Programmed Conflicts)**：為避免策略規劃時的「集體迷思效應」(Group Thinking) 或「一言堂」現象，策略規劃者應以不同角度檢視規劃策略方案的適宜性如下：
  - 魔鬼倡議 (Devil's Advocate)：指定專人蒐集與分析大致規劃完成策略方案的負面效應，然後在後續討論時，重新檢視替選方案的適宜性。指定專人這個動作的必要性是⋯沒人想當壞人（魔鬼）。
  - 辯證 (Dialectical Inquiry)：簡單的講，就是「辯論」。讓替選方案支持與反對的兩方，蒐集資訊並提出各自的主張，希望能「以理服人」。但運用辯證法要能有效，必須要看「文化」！「口服而心不服」的文化，不適合執行辯證法。

- **策略性替選方案選擇準據 (Criteria for Strategic Alternatives)**：好的策略性替選方案的評估準據，包括各種方案都有高的成功機率、組織內部運作機制有一致性、規劃完備等外，最好方案之間也要有互斥性，免得方案之間的同質性過高而混淆選擇。

14.4 策略施行

完成策略方案規劃後，接下來就是「策略施行」(Strategy Implementation) 的執行

階段了。若規劃程序考量得夠周詳、仔細，策略執行通常可以是「按表操課」的；但實際運作狀況卻不然，許多組織在執行策略時，因實際發生的狀況與預測的不同，因此，策略執行階段仍需要視狀況而調整行動方案、步驟、程序、甚至計畫等。

策略施行階段的主要考量，包括執行品質的確保、資訊的有效傳遞、問題解決、風險管理、績效監督及計畫修正的型態管理等，分如以下各小節所述。

14.4.1 品質確保

所謂的策略施行品質確保，是確保所有活動按照均能按照「品質管理計畫」之規定實施，而品質管理計畫是計畫或專案計畫書中的一部分組成。

一般在業界中執行的品質確保，是採取 FMEA「失效模式與效應分析」(Failure Mode and Effects Analysis) 模式；但策略施行的品質確保，也可運用 FMEA「失效模式與效應分析」的精神如：

- 預測潛在品質失效的模式 (Failure Mode)
- 評估品質失效問題的發生機率 (Probability)
- 評估品質問題發生後的嚴重性分析 (Severity)
- 評估品質問題發生時的可被偵測性 (Detactability)
- 計算 RPN「風險優先指數」(Risk Priority Number) 以量化失效的效應如：

$$RPN 風險優先指數 = P（機率）\times S（嚴重性）\times D（偵知性）$$

- 採取預防措施

14.4.2 資訊傳遞

資訊傳遞或即稱為「溝通」，是組織「**溝通管理**」(Communication Management) 的一部分，也是查核組織是否能發揮集體力量的關鍵。

溝通管理是確認誰、在何時、需要何種資訊及以何種方式提供資訊的管理，其執行要點如下：

- Who：確認誰（關係人分析）
- When：在何時（溝通時機）
- What：需要何種資訊（績效報表）
- How：以何種方式提供（書面、口頭；正式、非正式；…）

組織的溝通方式，可區分如下：

- 正式或非正式：記錄與否的區別，通常有記錄的為正式；不記錄的則為非正式溝通。
- 對上或對下：由下而上溝通，須注意有訊息過濾、報喜不報憂的問題。
- 對內或對外：對外溝通通常為正式溝通。
- 垂直或水平：組織內上下階層或同儕之間的溝通。
- 口頭或書面：口頭溝通，有所謂的「7-38-55 溝通原理」(7-38-55 Communication Principle)，說明了溝通內容、聲音與肢體語言重要性各約佔溝通效益的 7/38/55 %，顯示溝通時表情、手勢及肢體動作等的重要性。另口頭或書面溝通都有正式與非正式的溝通情境，如表 14.8 所示：

表 14.8　組織溝通情境分類表

	口頭	書面	
正式	• 演說 • 講演	• 授權書 • 計畫書 • 遠距溝通 • 複雜問題	• 語言差異 • 合約 • 備忘錄 • 電子簽章
非正式	• 會議討論 • 聊天	• 便條 • 電子郵件	

另在組織內常以「開會」方式來執行溝通或資訊的傳遞，須知會議越多的組織，其績效通常越差！原因很簡單，有決策權的人，時間幾乎都花在開會，使組織的實際運作，通常都花在等待（決策）而反應遲緩。組織管理者必須瞭解會議的目的在於：

- 決策：必須跨領域專業共同決策時。
- 解決問題：須有領域專家列席提供意見。
- 蒐集資料：主席應少說話，讓參與者提供意見。
- 發布重要訊息：不重要的例行業務訊息，則應以公布、E-mail 等方式發布。

除了上述目的外，都應該以開會之外的溝通方式來傳遞資訊。

14.4.3　問題解決

策略施行階段，難免遭遇到事前未能預期的問題，而在管理的角度來看，問題與議題、風險及危機等，有時序延續性及嚴重影響程度上的差異。在說明問題解決的步

驟前,最好能先行瞭解上述專有名詞的定義如:

- **議題 (Issue)**:管理者事前可預知的潛在問題。「**議題管理**」(Issue Mana-gement) 與「風險管理」(Risk Management) 的精神類似,都是「事前即將潛在問題消弭於無形」。
- **問題 (Problem)**:管理者可事前預知(或未能預知)而在執行過程中發生,通常會對策略的執行產生負面影響的問題。
- **風險 (Risk)**:問題發生的機率、嚴重性等的量化指標,而「**風險管理**」(Risk Management) 是將問題發生的機率、嚴重性及問題發生時的可偵測機率等加以量化,並組成 RPN「**風險優先指數**」(Risk Priority Number) 後的管理作為。
- **危機 (Crisis)**:嚴重的問題若處置不當,會對組織運作帶來「致命性」的打擊事件。**危機管理 (Crisis Management)** 則是以事前規劃好的程序、步驟,對突發緊急事件的處置、抑制與解決。

從以上的名詞解說中,我們可知若能事前即將潛在問題消弭於無形,是最好的問題管理方式。當問題實際發生時,應即啟動「**問題解決**」(Problem Solving) 程序步驟(圖 14.12),將問題解決,以免問題繼續發展成風險或甚至危機等。

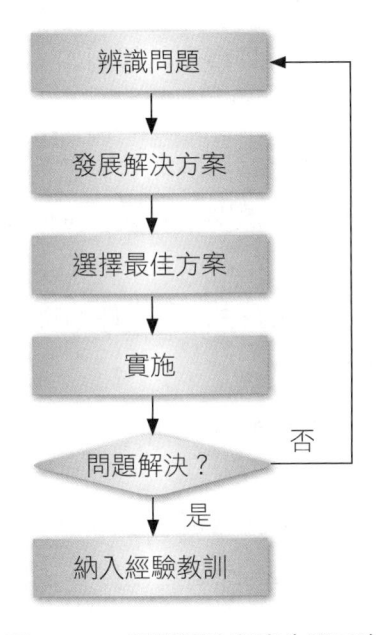

◉ 圖 14.12　問題解決程序步驟示意圖

14.4.4 風險管理

風險 (Risk)，是指會影響計畫執行而使計畫不能成功完成的潛在干擾因素，風險又可區分為下列幾種如：

- 外部風險：法規改變，合約爭議，不可抗力…
- 內部風險：政策改變，資源衝突，預算中斷…
- 管理風險：資源分配不當、缺乏管理方法，規劃品質不良…
- 技術風險：不實際績效目標，新技術成熟度，工業標準變更…
- 純風險：可藉保險轉移之風險；經營風險：無法以保險移轉的風險…
- …

風險管理 (Risk Management)，除以 RPN「風險優先指數」來量化管理風險外，也要看主要經理人或關鍵關係人對「**風險承受程度**」(Risk Tolerance)，而有不同的管理作為如：

- 風險規避 (averse)：選擇低風險，要求明確資訊，…
- 風險中立 (neutral)：看情況而定，權變主義，…
- 風險追求 (seeking)：探勘，願意全有或全無，…

風險管理的規劃作為，主要是下列事項的規劃如：

- 風險如何追蹤：
    - **風險登錄表** (Risk Register)：登載風險編號、名稱、風險徵候、發生機率、衝擊（以金錢表示）、如何因應、「風險所有人」(Risk Owner) 及「風險儲備」(Cost Reserve) 等之表格。
    - **風險徵候** (Risk Triggers)：可能發生風險事件的特徵。
- 風險儲備運用時機：
    - **緊急儲備** (Contingency Reserve)：針對「可預知的風險」(Known Unknown) 的風險儲備，通常由專案經理掌控。
    - **管理儲備** (Management Reserve)：針對「未能預知的風險」(Unknown Unknown) 的風險儲備，通常由高階管理階層掌控（專案經理須經核准後才能動用）。
- 備案如何執行：或稱為「風險因應」措施，包括風險因應的正面與負面態度如（圖 14.13）：
    - **風險因應正面態度**：包括探索機會 (exploit)：提高成功機會，尋求協助 (share)：

第三者協助促使發生及強化 (enhance)：加強、擴大效果等。
- **風險因應負面態度**：如規避 (avoid)：消除風險事件的過程；移轉(transfer)：透過委外、保險等方式，以補償風險發生的損失；及處置 (mitigation)：採取使風險最小化的策略（外包、預防措施）；及接受 (acceptance)：積極接受：擬妥備案；消極接受：直接接受等。

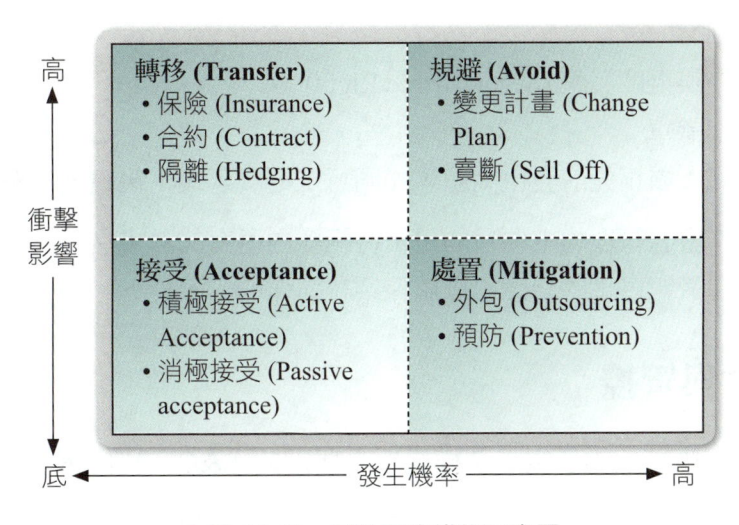

```
           轉移 (Transfer)            規避 (Avoid)
高          • 保險 (Insurance)         • 變更計畫 (Change
            • 合約 (Contract)            Plan)
            • 隔離 (Hedging)           • 賣斷 (Sell Off)
衝擊
影響
           接受 (Acceptance)          處置 (Mitigation)
            • 積極接受 (Active          • 外包 (Outsourcing)
              Acceptance)             • 預防 (Prevention)
            • 消極接受 (Passive
              acceptance)
底 ←──────── 發生機率 ────────→ 高
```

◐ 圖 14.13　風險因應措施示意圖

14.4.5　績效監督

策略執行時的績效監督，除了執行程序過程中的 E＆C「評估與管控」(Evaluation and Control) 外，主要是指以六種報告，來執行績效的監督如：

1. 狀態報告 (Status Report)：專案到分析時點為止的狀態。
2. 進度報告 (Progress Report)：自上一報告週期以來被完成的活動狀態。
3. 變異分析 (Variance Analysis)：實際狀態與計畫間的差異狀態。
4. 趨勢分析 (Trend Analysis)：預測變異未來演變。
5. 實獲值分析 (Earn Value Analysis)：分析時點的時程、預算及範疇狀態。
6. 預測分析 (Prediction Analysis)：專案執行期間預期會發生事項的資訊。

14.4.6　計畫修正

績效監督階段，發現有不能突破的問題或障礙（問題），或發現有更好的工作方式（機會）時，就必須對現有的計畫執行修正作為。

正式的計畫修正，須由組織內設立的「變更管理委員會」(Committee of Change Management) 審查通過後，才能執行計畫變更與相對應的「**型態管理**」(Configuration Management) 作為。

計畫變更：除修正相關計畫文件、知會分計畫負責人及關係人之外，還須注意下列要點如：

- 累積經驗教訓
  - 避免相同錯誤再度發生 (Second Time Right)
  - 納入組織知識庫
- 採取糾正措施：矯正先前發生問題，如同意工期展延後，後續則須有趕工規劃等。

型態管理：型態管理的主要目的是維持組織內所有的計畫文件、軟體、硬體及程序等，都保持在最新更正的狀態，以確保系統運作的一致性。

14.5　評估與管控

策略管理程序模型的最後一個模組，是所謂的 E&C「評估與管控」(Evaluation and Control)，也是六大管理功能中的「管控」(Controlling) 功能，讀者可參考 5.6 節的說明。此處僅對評估管控要點及適當的管控等，擇要說明如下。

14.5.1　評估與管控要點

無論採取何種管控類型與其績效評估方法，策略管理的 E&C「評估與管控」要點如：

1. **專注於組織運作要點**：如最低績效要求標準，組織的長期、持續經營…等。若管控項目過於微觀或專注於不重要項目，則容易發生「微管理」(Micromanagement)、目標錯置 (Goal Displacement) 等缺失。
2. **盡量使管控程序簡單及容易管理**：複雜的管控程序，只會增加策略執行的干擾、甚至阻礙了策略的順利執行。因此，組織應設計一簡單、容易管理的評估與管控機制，使組織所有成員樂於接受。

14.5.2　適當的管控

除管控要點外，所謂「適當的管控」必須符合下列原則如：

- **專注於「80/20 法則」**：將組織有限的管控資源，運用於少數、關鍵性的管控項目。
- **僅針對有意義的活動與結果**：即專注於組織運作要點。
- **及時的管控作為**：對偏誤的行為或結果採取立即的更正、糾正作為，避免偏誤的擴大現象。
- **長期與短期管控併用**：即運用 BSC「平衡計分卡」的長期、短期目標管控的平衡，以確保短期目標的管控，符合長期目標的追尋。
- **例外管理 (Exceptional Management)**：與「80/20 法則」的精神一致，將有限的管控資源，運用於非例行性的潛在問題或突發事件的管控。
- **超越標準的獎勵**：對表現超出預期的個人或單位，應能立即的表彰與獎勵，正面鼓舞員工的士氣與促進組織內部的良性競爭。

本章總結

本章以環境分析、策略規劃、策略施行、評估與管控等四大模組，說明策略管理的相關規劃與管理作為。

環境分析的重點，一如孫子兵法〈謀攻篇〉中所說的：「知己知彼，百戰不殆；」要在競爭環境中保持領先或超越對手，知己知彼的環境分析相當重要，也是後續策略規劃的依據。環境分析中的宏觀環境如政治、經濟、社會文化及技術層次等 PEST/STEEPLE 分析，並非特定企業組織所能影響，但它卻會影響企業的重大投資決策。產業環境分析又稱任務分析、競爭分析或關係人分析等，是企業組織投入產業類型的分析，分析者應從產業環境所提供的機會與威脅，瞭解要在此產業環境中勝出的 KSF「關鍵成功要素」。上述兩種分析屬於「知彼」的分析，至於「知己」的分析，則是對自己組織有關可用資源、組織架構及組織文化等的內部分析，分析者應從組織的優勢與劣勢，得出所謂的 CC「核心能力」。產業環境分析結合組織內部分析，也就是所謂的 SWOT 分析，而 SWOT 分析應從 KSF「關鍵成功因素」與 CC「核心能力」的組合，得出競爭的「策略性因素」。

策略規劃的目的，在發揮「策略性因素」的效用，使組織能從目前的狀態（任務陳述），發展到未來希望達成的狀態（遠景陳述）。從目前任務到未來遠景之

間，應設定階段性的目標，以為績效評估與管控的基礎。階段性目標應符合 SMART/SMATER 目標設定原則。任務、遠景、目標等訂定後，接下來就是發展各種可行的策略。所謂的策略，簡言之，就是達成下一階段目標採行的方法或途徑。各種策略方案制訂後，接著制訂各管理階層於實際執行策略時，對處理問題「決策指導」的「政策」。長久施行的政策，通常會演變成組織文化。但讀者須謹記，沒有遠景、目標的政策，通常是缺乏策略管理概念者的口號，不但無法實施，也會造成前後不一的政策搖擺現象，無助、甚至阻礙了組織的正常發展。

策略規劃完成，制訂各種計畫書後，接著就是策略的施行。所謂「計畫趕不上變化！」沒有一種計畫是恆持不變的。組織管理階層須在實際執行策略階段，不斷實施品質確保、溝通管理、解決問題、風險管理、績效監督及計畫修正等作為，以確保組織作為是在正確的方向。

策略管理程序模組的最後一個模組，也就是管控功能的評估與管控，其目的也在確保組織的運作，能符合達成遠景目標的途徑上。管控的要點有二，一是專注於組織運作要點，其二則是盡量使管控機制簡單與容易管理。最後，不管採取何種管控機制，能隨著實際狀況的「操控式管控」(Steering Control) 是最適當的管控方式。

自我測試

1. 試繪圖解釋任務、遠景、目標、策略與政策之間的關係。
2. 試搜尋國內企業網站,蒐集一或數個知名企業網站首頁中的「任務陳述」、「遠景陳述」與「價值陳述」等,並以您對該企業的實際體會,檢驗上述陳述說明的確實性。
3. 請說明何謂 SMARTER 及 BHAG 目標設定原則?
4. 試解說 SWOT 分析所涉及的環境分析層級,其分析程序及分析後的主要產出為何等。
5. 試比較各種可用的產業環境預測方法,說明各種預測方法的運用限制及其運用價值等。
6. 試說明企業策略、經營策略與功能性策略的層級區分目的,並說明其間的關聯性。
7. 試繪圖解說 BCG 組合分析的目的、分析要項及分析後的決策結果。
8. 試說明策略施行前的「行動規劃」(Action Planning) 在規劃些甚麼?
9. 試舉例說明何謂「型態管理」(Configuration Management),並思考如何編制系統型態變更的「型號」?
10. 策略是達成目標的方法或途徑,試說明如何「管控」策略的執行?

管理101 領域篇

註解

第一章

1. **戰略與策略 (strategy)**：如用於軍事則習稱「戰略」；若用於商業，則稱為「策略」。
2. **國富論**：全名為〈國民財富的本質和原因的研究〉（An Inquiry into the Nature and Causes of the Wealth of Nations）。
3. **差別計件工資制度**：有說為泰勒所創。但一般相信泰勒創立的是「計件工資制度」，而經吉爾伯斯夫婦在動作研究後，才衍生出「差別計件工資制度」。
4. **「前50大管理大師」(Thinkers 50) 網址**：http://www.thinkers50.com/
5. **JIT「及時系統」**：此處 JIT「及時系統」的操作性定義，為本書作者自訂。

第二章

1. **高階執行團隊 (The Executive Level)**：通常指的是配合 CEO「執行長」並負責組織重要功能運作的高階管理人員，如 COO「營運長」(Operation)、CFO「財務長」(Financial)、CLO「運籌長」(Logistics)、CIO「資訊長」(Information) … 等。高階執行團隊，通常由 CEO「執行長」聘任，或亦可由董事會直接聘任。
2. **經驗教訓 (Lesson Learned)**：與最佳實務 (Best Practices) 兩詞通常會併用，經驗教訓一般指過去行動所得的「錯誤」經驗與教訓；而最佳實務則指經過驗證比其他行動方案更好的實務，並可設定為後續行動方案規劃的「標竿」，但仍不意味著最佳實務沒修改、進步的空間。
3. **持續改善 (Continuous Improvement)**：即歐美 TQM「全面品質管理」或日式 Kaizen「改善」，三者可視為同義詞。

第三章

1. **管理理論叢林**：見 Koonz, Hanold (1961) 於 Journal of the Academic of Management 發表論文的主題："The Management Theory Jungle."。孔茲自己也是「人群關係」學派的倡議者之一，他對管理最著名的註解是 "manage-men-t"，"t" 代表 "tactfully"「婉轉」，"manage-men-t" 的意思則成為「婉轉的管理人」！

2. **霍桑實驗 (The Hawthorne Studies)**：另有兩名重要的共同研究者，分別是 Fritz Jules Roethlisberger 及 William J. Dickson，兩位當時都是哈佛大學的教授。

3. **二次世界大戰 (World War II, WW II)**：二次世界大戰的時間看法，一般認為戰爭是於 1939 年 9 月 1 日爆發，這樣的論點是以德國入侵波蘭做為起點，有些人認為實際上戰爭早在 1937 年 7 月 7 日七七盧溝橋事變發生，中國抗日戰爭爆發之後便已經開始。英國歷史學家畢佛（Antony Beevor）等人則認為第二次世界大戰的起源，應該從 1931 年 9 月日軍侵略滿州開始計算。對於戰爭結束的確切日期，在學界同樣也沒有達成一致的意見，有些人認為應該要參考如歐洲的第二次世界大戰歐戰勝利紀念日（1945 年 5 月 8 日）作法，以納粹德國政府於柏林正式簽訂投降書的當天作為基準，從而將第二次世界大戰的結束日期訂在 1945 年 9 月 2 日日本簽署停戰協定那天。也有些人認為在二戰結束應是 1945 年 8 月 14 日，因為那天日本便表示願意投降，而不是日本參與投降儀式正式投降的 1945 年 9 月 2 日那天。後者也認為前一種說法反而會使戰爭結束於 1951 年，因為直到那年日本才與世界各國簽署了對日和平條約，而德國甚至因為分裂的緣故，一直到 1990 年才簽署和平條約。

第四章

1. **綜效 (synergy)**：即整體所能達成的績效，大於所有個體績效的總和之謂。以數學式譬喻的說，就是 1＋1＞2 的效果。

2. **「放任」(Laissez- Faire)**：原文為法語，其詞義為「讓他們做他們會做的」。

3. **賦權 (empower)**：與授權 (delegate) 有重要差異，授權是把部分權限下授給下級，但當狀況失控或結果失敗時，授權者仍負成敗責任；但賦權則將權限「完全下授」，也包括了成敗責任的承擔。

第五章

1. 法文原名：Administration Industrielle et Generale--Prevoyance, Organisation, Commandement, Controle，英譯General and industrial management–planning, organization, command and control.

2. **規劃 (Planning)**：是有動作的作為、程序，而計畫 (plans) 是靜態的文件。因此，為正名起見，吾人應避免使用有動作意涵「帶刀的」「劃」而成「計劃書」，正確的說法是「計畫書」而非「計劃書」或「企劃書」等。

3. **遠景 (Vision)**：對一般企業而言，通常 3~5 年即可稱為長程規劃；但美國國防部的建軍遠景投射到未來 20 年之久，如美國「聯合建軍展望 2020」(Joint Vision 2020) 即在 2000 年發布。

4. 規劃作為事涉繁複，非管理者一人所能勝任，故通常應由部門或團隊成員一起參與。

5. 原為五種，但 Raven 於 1965 年將「資訊權力」(Informational Power) 自「專家權力」(Expert Power) 中抽離而獨立成第六種權力基礎。

註　解

第七章

1. **亞洲金融風暴**：亞洲金融風暴發生於 1997 年 7 月至 10 月，由泰國開始，之後進一步影響了鄰近亞洲國家的貨幣、股票市場和其他的資產價值。印尼、南韓和泰國是受此金融風暴波及最嚴重的國家。香港、寮國、馬來西亞和菲律賓也波及。而中國大陸、臺灣、新加坡受影響程度相對較輕（中國大陸在此次金融風暴前實行宏觀調控，並因市場尚未完全開放，使損失得到減少）。日本則處在泡沫經濟崩潰後自身的長期經濟困境中，受到此金融風暴的影響並不大。

2. **SA 8000** 所謂的 "Social Accountability" 中 "Accountability" 一詞，與 "Responsibility"「責任」在意義上應有所區分，責任是指在一職務的職務說明中，明確訂定的「責任」與「義務」；而擔當一詞，則是該職務的承擔者（擔當者），是否有能力承擔職務履行所造成後果之謂。

第八章

1. 聯合國「企業經營與人權指導原則」(2011) 文件下載網址：http://www.ohchr.org/Documents/Publications/GuidingPrinciplesBusinessHR_EN.pdf.

2. 全國法規資料庫網站：http://law.moj.gov.tw/LawClass/LawAll.aspx?PCode= J0170001.

3. **蓋亞 (Gaia)**：又譯蓋婭、該亞，是希臘神話中的大地女神，非常顯赫且德高望重。她是最古老的創世神之一，也是能創造生命的原始自然力之一。

4. 參照 Carroll, A. (1998). The Four Faces of Corporate Citizenship. Business and Society Review. September, vol. 100, no. 1, pp. 1–7.

第九章

1. **Operation Management**：注意「營運管理」與「作業管理」的英文都是 "Operations Management"，現代多以「營運管理」取代「作業管理」的稱呼。

2. 參照 Harris, F. W. (1990) [Reprint from 1913]. How Many Parts to Make at Once. Operations Research 38 (6): 947–950. JSTOR 170962. Retrieved Nov 21, 2012.

3. **TQM「全面品質管理」**：為源自於美國的管理概念，在戴明、朱朗等管理學者的引進日本後，日本改稱為「改善」(Kaizen)。

4. **OEE**：的英文雖是 Overall Equipment Effectiveness，但意指企業所有生產裝備的整體生產效率，故可譯為「設施」與「效率」（而非效益！）或 OEE 最後的 "E" 也可改成 "Efficiency"，以符合其真實意涵。

第十章

1. **武藏坊弁慶（Musashibō Benkei, 1155~1189）**：平安時代末期的僧兵，他的經歷經常被當做日本神話、傳奇、小說等的素材，為武士道精神的傳統代表人物之一。弁慶所使用的七種兵器，包括薙刀、鐵之熊手（草耙）、大槌、刺又、大鋸、鉞和鐵棒等。

註解

2. **APO**「亞洲生產力組織」COE「卓越中心」網站 http://www.apo-tokyo.org/ coe_excellence.html

第十一章

1. 讀者可參照 Adcock, Dennis; Al Halborg, Caroline Ross (2001). Introduction. in Marketing: principles and practice (4th ed.). Xavier thomas. p. 15. ISBN 9780273646778. Retrieved 2009-10-23. 及 Kotler, Philip & Keller, L. Kevin (2012). Marketing Management 14e. Pearson Education Limited. 等文獻的說明。

2. 參照 Duncan, B., and Nick, H. (2008). Influencer Marketing: Who really influences your customers? Butterworth-Heinemann.

3. 但現代藉由影響立法的「政治遊說」，構建良好「政商關係」或甚至不良的「政商勾結」等，而營造對企業經營有利環境等情形除外。

第十二章

1. **職務設計 (Job Design)**：國內坊間許多中譯書籍及期刊、論文等，多將 "Job Design" 翻譯成「工作設計」。但根據英文原意，一個 "Job" 中，包含多重 "tasks" 與 "Works"，其意涵為一「職務」中包括多重「任務」與「工作」。因此，"Job Design" 應翻譯成「職務設計」較為適宜。同樣的，"Job Analysis" 與 "Job Description"…，應翻譯成「職務分析」與「職務說明」…等。

2. 一般對**四種生產要素 (4 Factors of Production)** 的分類是：
   (1) 土地（泛指所有自然資源）。
   (2) 人力（泛指所有人力資源）。
   (3) 資金（包括所有人為資源），上述三項或稱「傳統生產要素」。
   (4) 創業精神（將上述三項整合運用的能力）

   當「資訊時代」(1971~)，「知識時代」(1991~2002) 及「無形經濟」(Intangible Economy, 2002~) 等來臨後，許多學者認為傳統生產要素的重要性已式微，而將現代生產要素區分成知識 (knowledge)、合作 (collaboration)、程序參與 (process-engagement) 及時間 (time) 等之品質。

3. **劣幣逐良幣效應**：即便組織重整 (rightsizing) 是組織內「適才適所」的調整作為，不像裁撤 (downsizing) 的劇烈變革作為，但若未能做好事前的充分溝通與疏處，會使有能力的員工，覺得組織缺乏長久發展機會而提前跳槽；而「無處可去」的員工，只能留下來等候組織精簡作為的處置。雖然將留下來的員工形容為「劣幣」是過分了些，劣幣也不見得有驅逐良幣的效果，但也不失此效應所形容的神韻！

4. **組織未能妥善運用人力的影響**：我國向來有「好男不當兵」的說法，視軍旅為畏途。近代歷次戰爭以後的草率裁軍，徒然形成軍閥割據與民間的流氓、盜寇。長久以來厭兵怯戰的文化，使我民族因不重視國防整建而近百年來遭受外侮欺凌；但反觀歐美先進國家

註 解

的建軍制度與尊重軍人文化，如「榮譽第一」、「戰場上不放棄任何一位弟兄」等，使國防武力強盛而能支持其他國力的行使與發揮。

另我國 IDF「經國號」戰機計畫，因遭受國內政客無法堅持「國防自主」政策的影響，使歷經艱困發展出來的戰機系統研發與生產才能，轉為他用（美國與韓國等）！為其他國家培訓重要才能，是我國運用人力不當的最好例證與寫照。

5. 社會科學研究中，常以「**構面**」(construct) 來表達一個無法確切以單一指標衡量的抽象概念如聰明、期望、滿意度、忠誠度等，為使構面也能得以探討，故常以幾個 (通常 3~5 個) 能以「評分」(scale rating) 表達「程度」的問項來蒐集資料，用來代表構面屬性程度，並以 SEM「**結構方程模型**」(Structural Equations Modeling) 統計分析軟體來執行多構面之間結構因果關係的驗證。

6. **辦公室政治 (Office Politics)**：或稱「工作場所政治」或「組織性政治」等，是出現於辦公室、工作場所或職場內的人事及利益的競奪。其主要肇因是組織內的資源始終有限，而個人的野心卻無限，始終希望能獨占資源而自利，有時甚至犧牲他人或組織的整體利益。辦公室政治是眾人之事，是無法避免的。負面的辦公室政治會內耗組織的整體績效；但若適當的運用，辦公室政治仍可發揮積極、正向力量如刺激組織成員成長，促進組織內部良性競爭等。

7. **擔當性 (Accountability)**：或稱「**課責性**」，是緣起於「**職責**」(Responsibility) 並有額外意涵的形容詞。職責是承擔某項職務的責任，是「職務說明書」中對職務所須承擔責任的陳述；若職務承擔者未能有效執行職責，是為「未善盡職責」，撤換職務後，其後果卻沒能有效解決與處理。因此，職責的「擔當性」或「課責性」因運而生，指當有嚴重問題或危機事件產生後，仍有職務承擔者出面處理與解決問題。

根據「韋伯」英文字典 (Webster's Dictionary) 的解釋，擔當性由下列四個支柱組成如：
1. Responsibility 職責：結合在 COA「行動方案」(Course of Action) 的責任 (duty)。
2. Answerability 回應能力：對重大問題的回應能力。
3. Trustworthiness 誠信度：自信與能被人信任的特質。
4. Liability 義務責任：與法律結合的債信與義務。

8. **技術可信度 (Technical Credibility)**：為領導的基本知能之一，其定義為：「在某一職位上，展現出對承擔該職務所需之判斷力、知識及技術技能深度。」雖然管理者較擅長管理、領導；而非技術專業，但至少仍應對其職務所掌管的工作技能，有一定程度的瞭解，以免受到技術專業的蒙蔽或形成「外行領導內行」的現象。

9. **政治頭腦 (political savvy)**：政治為管理眾人之事。即便我們談到「政治」時，多半有陰謀、鬥爭等負面印象。但領導一組織的領導人，必須有好的政治素養，如能洞察情勢、揭櫫能激發人心的遠景；查納雅言、兼容並蓄，使組織能多元運作；果敢決斷、熄滅紛爭，將衝突管理轉化成組織內部良性競爭與成長…等。

10. 參照 The War for Talent (1998). *McKinsey Quarterly*. Retrieved 2014/8/15 from http://www.executivesondemand.net/managementsourcing/images/stories/ artigos_pdf/gestao/The_war_

541

for_talent.pdf. 及 Ed, M., Helen, H. J., Beth, A. (2001). The War for Talent. *Harvard Business Press*. ISBN 9781578514595. 等。

11. **功能擁有者 (Functional Owner)**：在現代管理實務中，組織內重要的功能程序，都必須要有專門指定人員（通常是高階管理者）負責該功能的正常運作與維護，這稱為「功能擁有者」。

12. **能支持才能管理的組織文化**：組織文化通常是組織創辦人最初設定的經營風格 (The Company's Way of Doing Thing)，一旦形成「組織文化」後，即便領導階層的更替，在短時間內也很難改變此文化。因此，與其要「發展」能支持才能管理的組織文化，不如說成是組織「已有」能支持才能管理的組織文化似較為妥適。

第十三章

1. 參照「商業辭典」(BusinessDictionary.com) 網站 http://www.businessdictionary.com/definition/knowledge-management.html.

2. 最好的例子，就是我國的 IDF「經國號」(Indigenous Defense Fighter) 戰機研發計畫。IDF「經國號」戰機研發計畫，是因多年來我國向美國爭取採購 F-16 型戰機而不果，在前總統經國先生的堅持下，開始我國首度自製戰機的大型研發計畫，雖有美方飛機及引擎製造廠商的顧問支援，總體而言，IDF「經國號」戰機全系統的自製率甚高，且在 8 年內，由概念設計到原型機首飛成功，創下研發時程最短、全新引擎與全新機體首度整合等世界紀錄。但研發成功後，國內決策階層卻未能堅持「國防自主」政策，轉而推動所謂的「二代戰機」計畫，向美、法兩國分別採購 F-16 A/B 及 Mirage-2000 等戰機系統，嚴重排擠 IDF「經國號」戰機的生產計畫，並進一步的扼殺我國製造戰機系統的能量。

時至今日，當 IDF「經國號」F-16 A/B 及 Mirage-2000 等均已屆臨服役年限，且不足以承擔我國空防任務時，我國仍向美爭取新型戰機、仍然不果！回頭想重建二代 IDF 計畫，但能量早已流失！真讓有心之士徒呼負負啊！

3. **外包 (Outsourcing)**：通常是外部組織或個人能做得更好，更符合成本效益的考量，使組織能專注於其「核心能力」的發展。因此，組織自己不專精的、外部市場有更符合成本效益的任務都適合外包；唯一不能外包的，是組織的「核心」能力或作業。

4. **ACTD「先進概念技術展示」(Advanced Concept Technology Demonstration) 專案**：為美國國防部體察到重要裝備研發時程過長，裝備部署後又因技術落伍而進行的工程修改費用過高等缺點，所實施的一種「機敏」(agile) 式的裝備採購方式。以先進概念研發而成的原型，隨即提供給使用單位運用，研發單位也配合著實際運用過程中的工程修改。如此，軍方能獲得最新技術、且實用的裝備，國防部也能節約大量研發與工程修改所需投入的資源。

5. 研發創新多是「且戰且走」、「試誤」(Try-&-Error) 的結果，因此，在研發創新成功後，針對試誤過程中的「經驗教訓」(Lesson Learned) 的回溯討論與紀錄，是提供未來研發創新最好的參考依據。

6. 「第二次就做對」 (Second Time Right)：相對於日式的「第一次就做對」(First Time Right) 的管理原則。第二次就做對的管理原則，允許員工首度犯錯，並要求在犯錯後檢討改進，使其不致於再犯同樣的錯誤，是比較符合人性化的管理原則。日式的「第一次就做對」管理原則，要求員工凡事執行前須審慎的規劃所有可能性，並在執行過程中審慎的管控，務使錯誤不致於發生 (Error-Free 防錯)；這種「第一次就做對」的管理原則，固然使日本產品的品質提升，但對企業員工而言，則過於「緊繃」！
7. 英文 "retreats" 一字，通常翻譯為軍事上的撤退、心靈團契或靜謐處所等，在不同領域有不同意涵。對知識傳播的方法而言，應可指非公開的「私密」聚會。
8. 此處所謂專利、內部技能中心的數量與品質等，數量是量化資訊；但品質通常屬於見仁見智的質性判斷。擁有許多專利與內部技能中心，數字上看起來很有成績；但如未能為組織帶來真正、大量的獲利，也不能算是好的品質。

第十四章

1. 策略規劃通常指 3~5 年後的目標追求；但這也要看組織領導階層的野心與企圖心！如美國國防部在 1990 年代末期即開始規劃所謂 JV 2020「2020 年聯合建軍展望」(Joint Vision 2020)，其「展望」(vision) 推向未來 20 年以上，其雄心與企圖心昭然若揭。
2. Pryor, M. G., White, J. C., and Toombs, L. A. (1998). *Strategic Quality Management: A Strategic, Systems Approach to Quality*, Thomson Learning. 較近的版本可參照 Pryor, M. G., Anderson, D., Toombs, L. A., Humphreys, J. H. (2007). Strategic implementation as a core competency: The 5P's model. *Journal of Management Research*, 7(1), 3-17.
3. Pest 一字的意義為「害蟲」；而 Steeple 一字的意義為基督教教堂上用於安裝十字架、且呈尖塔狀的塔樓而言。管理學中有許多字首縮寫詞通常刻意安排成一既有字詞，以方便記憶。
4. RFM 分析，為一種分析顧客價值的方法，通常用在資料庫行銷 (Database Marketing) 或直銷 (Direct Marketing) 領域。RFM 為三個英文的字首縮寫詞，各自代表著：
   Recency：顧客最近一次採購日期為何？
   Frequency：顧客的採購頻率（多久採購一次）為何？
   Monetary Value：顧客花了多少錢？
5. Andrew Campbell, & Laura L. Nash (1992). *A sense of mission: Defining direction for the large corporation* (International Management Series), Addison Wesley Publishing Company.
6. 組織文化：根據美國社會心理學者夏因 (Edgard H. Schein) 的說法，文化雖遍佈吾人周遭，但卻是深藏而複雜的。如果不能瞭解組織文化的內涵；於推動組織學習、規劃變革等，都將不可避免的遭遇員工的抗拒。每個人都應該對不同文化的衝擊與影響有所瞭解，對組織領導者而言，則更為重要。

   為使人們對組織文化有所瞭解，夏因將組織文化劃分為人為表象、價值信仰及潛在基礎假設等三個層級（如圖 14.14），其內涵則簡述如後。

(1) **人為表象 (artifacts)**：如冰山模式中露出海面的冰山一樣，組織文化顯示在外的組織架構、工作流程、甚至服裝儀式等均屬之。這種層級的組織文化容易辨識，但不容易解譯其內涵。

(2) **價值信仰 (espoused values)**：常見於組織運作哲學（經營理念、遠景陳述等），目標設定及經營策略規劃等文件說明。為組織潛在基礎假設到人為表象間正當化 (justification) 的連接。

(3) **潛在基礎假設 (basic assumptions and values)**：雖然不容易辨識與解譯，但卻是瞭解組織作為及其理由的關鍵。此文化層級深藏在人員的特質，組織人際間的互動中。

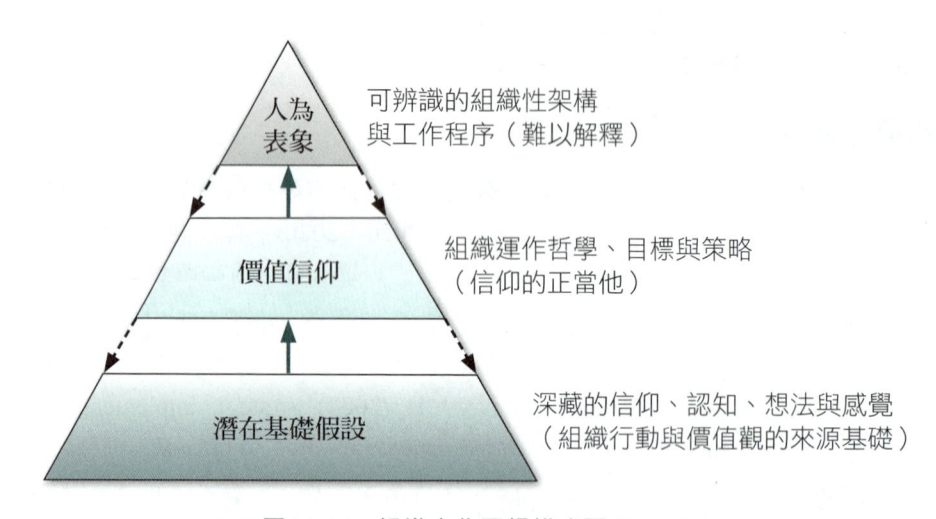

圖14.14　組織文化層級模式圖 (Schein)

7. **綠地 (Greenfield) 與褐地 (Brownfield)**：最初用於房地產建設專案，所謂的綠地專案，是指在未經開發土地上的新建專案；而褐地專案則是指在既有基礎上的擴建專案。隨後此定義，可擴張運用在其他資訊或投資領域，如綠地開發 (Greenfield Development) 指沒有前例的新開發計畫或專案。

8. 出自清曾國藩〈治兵語錄〉云：「精神愈用則愈出，陽氣愈提而愈盛，⋯，智慧愈苦而愈明。」

9. **限制股票 (Letter Stock or Restricted Stock)**：是在滿足某些特定狀況（如持有年限）下，才能轉讓與公開交易的股票類型，通常用於高階管理階層的激勵性報酬。

10. ARPAnet「先進研究專案署網路」(Advanced Research Projects Agency Network)，為美國 DARPA「國防先進研究專案署」(Defense Advanced Research Projects Agency) 所開發的世上第一個營運的封包交換網路，後來移做商業用途，成為全球網際網路 (Internet) 的始祖。

專有名詞與縮寫詞索引

本索引依專有名詞或字首縮寫詞第一個字母為分類，分別列舉其於本書出現章節之處，如 "1-3" 代表 1.3 節；"2K" 則代表第 2 章之「關鍵詞」(Keywords) 列舉；"5E" 則代表第 5 章之註解 (Endnotes) 等。

數字

3-Skill Taxonomy 三技能分類	4-3-4
360 Degree Feedback Appraisal Method 360 度回饋評估	12-2-4
3C Strategic Triangle 3C 策略三角	11-1-5, 14-1
3P 生產整備程序 Production Preparation Process	9-3-1
Third-Party Logistics 3PL 第三方物流	11-2-8
4 Factors of Production 4 種生產要素	12E
4 Absolutes of Quality Management 品質管理四要項 (Crosby)	10-1-4
4 Arenas Analysis of Hypercompetition 超競爭四情境分析模式	14-2-2
4P Green Marketing Mix 4P 綠色行銷組合	11K
4P Marketing Mix 4P 行銷組合	1K, 11-1
Fourth-Party Logistics 4PL 第四方物流	11-2-8
4 Primary Traits of Leaders 四項主要領導特質	4-3-4
5 Disciplines of Learning Organizations 五項紀律修煉	5-3-4
5 Forces Analysis Model 五力分析 (波特)	1-5, 14-2-2
5Ps of Strategy 策略 5P	14-1
5P Process Model of Strategy 策略 5P 程序模型	14-1
5S 現場管理（五常法）	9-3-1
5 Why 五問法	9-3-1, 9K
6 Bases of Power 六項權力基礎	5-4
6 Management Functions 六種管理功能	1-4
6M 生產要素	1K
6P Megamarketing Mix 6P 大市場行銷組合	11-1-3
6 Sigma 六標準差	10-3-3
6 Sigma Project 六標準差專案	10-3-3
7-38-55 Communication Principle 7-38-55 溝通原理	14-4-2
7/8 Muda 七或八種浪費	2K, 9-3-1
7 Deadly Diseases 七種致命疾病	10-1-2
7P Marketing Mix 7P 行銷組合	1K, 11K
7Ps Planning 規劃 7P 格言	6-5, 6K
7 Points Rule (Control Chart) 七點定律	10-2-1
7 Management and Planning Tools	

545

專有名詞與縮寫詞索引

七大管理規劃工具	10-2
7 Rights 運籌之「七適」	11-2
7S Framework of Hypercompetition 超競爭 7S 評估架構	14-2-2
7 Basic Tools for Quality Control 七大品管工具	2-4, 2K, 10-2
7 Management and Planning Tools 七大管理規劃工具	10-2
7S Framework of Hypercompetition 7S 超競爭架構	14-2-2
8 Category of Obstacles 八種障礙	10-1
80/20 Rule 80/20 法則	2K, 9-2-2
10 Traits of Dynamic Leaders 動態領導者的十項特質	4-3-4
12 Efficiency Principles 12 項效率原則	3-2-1
14 Points/Principles of Management 管理 14 要項（原則）	1-4, 10-1-2

A 字首

AA 1000 (2008) 企業擔當確保標準	7-3-3, 7K
ABC 作業基礎成本法 Activity-Based Costing	5K
ABC Analysis ABC 分類法	9-2-2
Accountability 承擔、擔當	2-4, 12E
Accountability for Quality 品質擔當 (Feigenbaum)	10-1-5
Advanced Concept Technology Demonstration ACTD 先進概念技術展示	13-5-2, 13E, 14-3-3, 14E
Action Learning 行動學習	13-8-3
Action Planning 行動規劃	14-3-4
Action Research 行動研究	3-3-2, 3K
Action Science 行動科學	3-3-2
Active Leadership 主動式領導	4-1-1
Activity Network Diagram 活動網路圖	10-2-2
Administration 行政	2-1, 2K
Administration Management 行政管理	2-1, 2K
Adverse Selection 逆向選擇	7-3-5, 7K
Affiliative Leadership 親和型領導	4-1-1
Affinity Diagram 親和圖	9-3-2, 10-2-2
Affinity Marketing 關聯行銷	11-1-3
After-Sales Logistics 售後運籌	11-2-1
Age of Enlightenment 啟蒙運動	1K, 8K
Age of Reason 理性時代	1K, 8K
Agency Dilemma 代理兩難	7-2-1
Agency Theory 代理理論	7-2-1
Automatic Guided Vehicle AGV 自動導引載具	11-2-3
Analytic Hierarchy Process AHP 層級分析法	9-3-2
Artificial Intelligence AI 人工智慧	2-4, 2K
A Lesser 8 Category of Obstacles 8 種障礙	10-1-2
Alien Territory 異地事業	14-3-1
Alliance Marketing 聯盟行銷	11-1-3
Alternatives 替選方案	14-3-2
American Marketing Association AMA 美國行銷學會	11-1
Analysis of Strategic Groups 策略群聚分析	11-1-1
Artificial Neural Networks ANN 人工神經網路	5-1-3
Anscombe's quartet (Scatter Plot) 安斯肯四重奏	10-2-1
Ansoff Matrix 安索夫矩陣	11-1-5
Antitrust Law 反托拉斯法	7K
Asia Productivity Organization APO 亞洲生產力組織	10-3-2, 10E
Applied Motion Study 應用動作研究	1-4
Arthashastra 政事論	1K
Ashridge Mission Model. 艾許瑞奇使命模型	14-3, 14E
Asia Paternalistic Leadership 亞洲式家長領導	4-1-1
American Society for Quality ASQ 美國品質學會	10-3-2
Automatic Storage and Retrieval System ASRS 自動儲存與檢貨系統	11-2-3
Assessment Centers 評估中心	12-2-4

Assessment Training 評估訓練		12-2-2
Astroturfing 炒作行銷		11-1-3
Assemble to Order ATO 接單裝配		9-2-1
Attention Economy 注意力經濟		3-4-1, 3K
Atypical workers 非典型勞工		8-3-1, 8K
Authentic Leadership 真實領導		4-1-2
Authoritative Leadership 權威式領導		4-1-1
Autocratic Management 集權式管理		2-4, 2K
Autonomous Units 自主單位		5-3-4
Automatic Vertical Storage System AVSS 自動垂直儲存系統		11-2-3

B 字首

Back flush 倒沖法		9-2-1
Backward Integration 後向整合		14-2-2
Bait and Hook Business Model 餌與鉤經營模式		11-1-3
Ballast Business 壓艙事業		14-3-1
Bankruptcy/Liquidation 破產清算		14-3-1
Behaviorally Anchored Rating Scales BARS 行為錨定尺度評分法		12-2-4
Batch Production 批量生產		1K, 9-2-1
BCG Growth Share Matrix BCG 成長與市佔率矩陣分析		14-3-1
BCG Portfolio Analysis BCG 組合分析		11-1-5
Business Continuity Planning BCP 經營持續規劃		12-1-1
Behavior Science 行為科學		2-1, 2K, 3-4-2
Behavior Substitution 行為取代		5-6-3
Benkei 弁慶武增		10E
Best Practice 最佳實務		2-4, 2E, 4K, 13-7-3
Big Hairy Audacious Goals BHAG 果敢的目標		11-1-4
Big Mac index 大麥克指數		1K
Baldrige National Quality Award BNQA 波多里奇國家品質獎		10-3-2
Board of Directors 董事會		7-1
Bill of Material BOM 物料清單		9-2-1, 9K
Blue Ocean Strategy BOS 藍海策略		1-5
Build-Operate-Transfer BOT 計畫		8-3-1, 8K, 14-3-1
Boundaryless Organization 無邊界組織		5-3-4
Bounded Rationality 有限理性		3-4-1, 3K
Bounded Rationality Decision making 有限理性決策		8-6
Business Process Re-engineering BPR 企業流程再造		9-1-2
Brand Identity 品牌識別		11-1-2, 11K
Branding 品牌化		11-1-2
Brand Value 品牌價值		11-1-2, 11K
Brainstorming 腦力激盪		2-4, 2K, 14-2-4
Brownfield 褐地		14E
Brownfield Development 擴建		14E
Balanced Scorecard BSC 平衡計分卡		1-5, 13-10-2
Bureaucratization 科層化		3-2-3, 3K
Business/Industrial Marketing 企業或產業行銷		11-1-2
Business Continuity Plan 持續經營計畫		12-1-1
Business Policy 經營政策		14-1
Business Resumption Plan 經營恢復計畫		12-1-1
Business Strategies 經營策略		14-3-2
Business Strategy Planning 經營策略規劃		5-2-3
Business Unit Strength 事業單元優勢		14-3-1
Buzz Marketing 蜂鳴行銷 (Rosen)		11-1-3

C 字首

C&E (Cause-and-Effect) Diagram 因果圖		2K, 10-1-6, 10-2-1
Capacity Utilization Rate 能力運用率		12-2-3
Capital Budgeting 資本預算法		5K
Career Development 職涯發展		12-2-4
Career Development Support Training 職涯發展輔助訓練		12-2-2
Cartel 卡特爾		7-3-2, 7K
Cause (-related) Marketing 動機行銷		11-1-2, 11K
Cause Effect Method 因果關係法		9-3-2
Case Analysis 個案分析		2-4
Cash Flow Management 現金流管理		14-3-3
Catch Ball 傳接球（方針管理）		10-3-4

Categorical Imperative 絕對義務論	8-2-2	Collective Measurement 集成式衡量	13-10-1
Cause Effect Method 因果關係法	9-3-2	Collective Memory 集成記憶	13-9-3
Competency-Based Management		Collusion 共謀、勾串	14-3-2
CBM 能力基礎管理	12-1-1	Combined Transport 混合運輸	11-2-4
Core Competencies CC 核心能力	14-2-3	Commanding 指揮	5-4
Cell Production 單元生產	9-3-2, 9K	Communication Authority 溝通權限	3-2-2
Chief Executive Officer CEO 執行長	2-2	Communication Management 溝通管理	14-4-2
Chaebol 財閥（韓）	7-3-2	Communication Skills 溝通技能	6-6
Chain of Command 指揮鏈	6-1, 6K	Community Care 社區照顧	8-3-3
Chaotic Leadership 混亂式領導	4-1-1	Community Empowering 社區營造	8-3-3
Change Agent 變革經理人	12-1-2	Community Marketing 社區行銷	11-1-3
Charismatic Leadership 魅力型領導	4-1-1	Company 公司	7-1, 7K
Check List/Sheet 檢核表	2K, 10-2-1	Compensatory Justice 補償正義	8-2-2
Checklist Method 檢核表方法	12-2-4	Competency Planning 職能規劃	12-1-1
Chunking 分段	6-5	Competing Values Framework	
Consumer International		競爭價值架構	4-3-5
CI 國際消費者非營利組織	8-3-2	Competitive Advantages 競爭優勢	14-3-2
Continuous Improvement CI 持續改善	2E, 9K	Competitive Analysis 競爭分析	14-2-2
Chief Information Officer CIO 資訊長	14-3-3	Competitive Edge or Advantage 競爭優勢	2-4
City Logistics 城市運籌	11-2-1, 11K	Competitive Marketing 競爭行銷	11-1-3
Chief Logistics Officer CLO 運籌長	11-2	Complex Employee 複雜人	3-4
Close Range Marketing 近距離行銷	11-1-3	Concentration Growth 集中成長	14-3-1
Customer Lifetime Value		Concentric Diversification 同心式多角化	14-3-1
CLV 顧客終身價值	11-1-5	Conceptual Skills 概念技能	6-2
Capability Maturity Model		Configuration Management 型態管理	14-4-6
CMM 能力成熟度模型	10-1-4, 10K	Conglomerate Diversification	
Computer Numerical Control		聚合式多角化	14-3-1
CNC 電腦數值控制	9-1-2	Consideration Leadership 關懷型領導	3-4-2
Course of Action COA 行動方案	3-4-2, 14-3-4	Consolidated industry 聚合型產業	14-2-2
Coaching 教練	13-10-2	Conspicuous Consumption	
Coaching Leadership 教練式領導	4-1-1	炫耀式消費	8-3-2, 8K
Coarse Marketing 粗糙行銷	11-1-5	Construct 構面	12E
Codetermination 勞資協同制度	7-3-1	Consubstantial Stakeholders 同質關係人	7-2-2
Coercive Power 強制權	5-4	Consultative Leadership 諮詢式領導	4-1-1
Customer Order Decoupling Points		Consumer's Bill of Rights	
CODP 顧客訂單解耦點	9-2-1, 9K	消費者基本權利法（美）	8-3-2
Collaborative Leadership 共同領導	4-1-1	Content Analysis 內容分析	5-1-1, 5K
Collaboration Skills 合作技能	6-6	Content Marketing 內容行銷	11-1-3
Collective Knowledge 集成知識	13-1	Control Chart 管制圖	2K, 10-2-1

專有名詞與縮寫詞索引

Contextual Inquiry 情境調查	10-2-2, 10K
Contextual Stakeholders 脈絡關係人	7-2-2
Contingency Leadership Theory 權變領導理論	3-4-2
Contingency Reserve 緊急儲備	14-4-4
Contingency Theory 權變理論	2-4, 3-4-2
Continuous Production 連續生產	9-2-1
Contingent workers 臨時性工作者	8-3-1, 8K
Contractual Stakeholders 合約關係人	7-2-2
Control Chart 管制圖	2K, 9K, 10-2-1
Controlling 管控	5-6
Chief Operation Officer COO 營運長	11-2
Cooptation Theory 吸納理論	3-4-1
Coordinate 協調	1K
Coordinating 協調	5-5
Core Competence 核心能力	2K
Core Capability/Capacity 核心能量	14-3-3
Core Issues Training 核心議題訓練	12-2-2
Corporate Citizenship 企業公民	8-4
Corporate Culture 企業文化	8-1, 8K
Corporate Ethics 企業倫理	8-1, 8K
Corporate Governance 公司治理	2-2, 2K, 7
Corporate Parenting Fit Matrix 企業撫育適配性矩陣	14-3-1
Corporate Strategy 企業策略	14-3-1
Corporate Strategy Planning 企業策略規劃	5-2-3
Corporate Sustainability 企業永續發展	8-3-3
Corporate Value Chain Analysis (VCA) 企業價值鏈分析	14-2-3
Cost Accounting 成本會計	1K
Cost of Poor Quality 不良品質成本	10-1-3
Critical Path Method CPM 要徑法	1K
Craft guilds 工廠手工業	9-1-1, 9K
Craftsmanship 工藝	1K
Crisis 危機	14-4-3
Crisis Management 危機管理	14-4-3
Critical Incidents Methods 關鍵事件法	12-2-4
Critical Thinking Skills 批判性思考能力	6-6
Critical Paths 要徑	10-2-2, 10K
Cross-Media Marketing 跨媒體行銷	11-1-3
Cross Training 跨領域訓練	6-5
Core Self-evaluations CSE 核心自我評估	8K
Critical /Key Success Factors CSF/KSF 關鍵成功要素	2-4, 2K, 11-1-4
Corporate Social Responsibility CSR 企業社會責任	7-2-5, 8-4, 8K
Customer Advocacy Marketing 顧客倡議行銷	11-1-3
Customer Analysis 顧客分析	11-1-4
Customer Disposition 顧客習性	11-1-5
Customer-focused Marketing 顧客專注行銷	11-1-2
Customer Orientation 顧客導向	11-1-2
Customization 客製化	9K
Customization Maximization 最大客製化	11-1-2
Company Wide Quality Control CWQC 全公司品質管制	10-1
Cycle Times 生產週期	9-2-2

D 字首

Database Marketing 資料庫行銷	11-1-3
Data Management 資料管理	2-4, 2K
Data Base Management System DBMS 資料庫管理系統	11-1-3
Drum-Buffer-Rope DBR 鼓-緩衝-繩法	9-3-2
Data Mining 資料探勘	5-1-3
Dynamic Decision Making DDM 動態決策	11-1-3
Debt-to-Equity Ratio 債務權益比	14-3-3
Decision-making Exercise 決策演練	2-4
Decision-making Skills 決策技能	6-6
Decisional Roles 決策角色	6-3
Decision Tree Diagram 決策樹狀圖	10-2-2
Deductive Reasoning 演繹推理	1K, 3-2-4, 3K
Deep Ecology 深層生態	8-3-3
Delegate 授權	4-1
Delphi Method 德菲法	5-1-1, 14-2-4

549

De-motivation 反激勵	6-5, 6K	DMAIC 模型 (6 Sigma)	10-3-3
Democratic Leadership 民主式領導	4-1-1	DMADV 模型 (6 Sigma)	10-3-3
Democratic Management 民主式管理	2K	Design of Experiment DOE 實驗設計	9K
Deontological Imperative 實踐義務論	8-2-2	Domestic Logistics 本地運籌	11-2-1
Deontological Theories 義務論	8-2-2	Domestic System 家庭手工業	9-1-1, 9K
Department Egotism 部門主義	13-6	Dominance Theory 支配理論	8-2-2
Department Heads 部門管理者	6-1	Double Loop Learning 雙迴圈學習	3-3-2, 3K
Depot/Deposit 庫房	11-2-2	Downsizing 組織裁撤	12-2-3
Descriptive Ethics 描述性倫理	8-1	Downstream Pull 下游拉式生產	9-3-1
Desktop Advertising 桌面廣告	11-1-2	DOWNTIME 八種浪費口訣	2K
Devil's Advocate 魔鬼倡議	14-3-4	Defects Per Million Opportunities	
Design for Six Sigma		DPMO 每百萬次機會中的缺陷數	10-3-3
DfSS 六標準差設計	9-1-2, 10-3-2	Decision Support System	
Dialectical Inquiry 辯證	14-3-4	DSS 決策支援系統	2-4, 2K
Digital Marketing 數位行銷	11-1-2	Distribution Resource Planning	
Direct Investment 直接投資	14-3-1	DRP 物流資源規劃	11-2-5
Directive Leadership 指揮型領導	4-1-1	**E 字首**	
Direct Marketing 直銷	11K	e-Marketing 電子行銷	11-1-2
Direct Sale 直銷	11-1-2, 11K	Evaluation and Control	
Doing It Right the First Time		E&C 評估與管控	5-6, 14-1, 14-4-5
DIRFT 第一次就做對	10-1-4	Earn Value Analysis 實獲值分析	14-4-5
Disaster Recovery Plan 災難恢復計畫	12-1-1	Electric Commerce EC 電子商務	5-1-3, 5K
DISC 心理行為模型	4-3-2	Eco-Efficiency 生態效益	8-3-3
DISC Theory DISC 理論	4-3-2	Ecological (Green) Marketing 生態行銷	11K
Dispatching 人力派遣	14-3-3	Ecological Packing 生態包裝	11K
Disposal Logistics 廢棄運籌	11-2-1	Economic Man 經濟人	3-2-1, 3K
Disruptive Innovation 顛覆式創新	1-5	Economic Rationality 經濟理性	3-2, 3K
Distribution Centers 物流中心	11-2-2	Economic Rational Person 經濟理性人	3-3-1
Distribution Logistics 物流運籌	11-2-1	Economic Responsibility (CSR) 經濟責任	8-4
Distribution Network 物流網	11-2-2	Economies of Scale 規模經濟	11-2, 11K
Distributive Justice 分配正義	8-2-2	Early Detection and Early Resolution	
Diversification Growth 多角化成長	14-3-1	EDER 早期發現，早期改善	9-3-2
Diversity Marketing 差異化行銷	11-1-3	Edge-of-Heartland Business	
Divine Right of Kings 君權神授說	1K	核心邊緣事業	14-3-1
Division of Labor 分工	1-3, 1K	External Factors Analysis Summary Table	
Divisional Structure 部門架構	5-3-4	EFAS 外部因素分析彙整表	14-2-2
Dow Jones Sustainability Indexes		Effectiveness Metrics 效益指標	9-2-2
DJSI 道瓊持續發展指數	7-3-3, 7K	European Foundation for Quality Management	
Distributed Knowledge Management		EFQM 歐洲品質管理基金會	10-3-2
DKM 分布式知識管理	5-3-1		

英文	頁碼
Executive Information Systems EIS 執行資訊系統	2-4, 2K
Electronic Memory 電子式記憶	13-9-3
Email Marketing 電子郵件行銷	11-1-3
Emergency Logistics 應急運籌	11-2-1
Efficient Market Hypothesis EMH 有效市場假說	7-3-5, 7K
Empiricism 經驗主義	1K
Empirical 實證	5-1-1, 5K
Employability 就業力	8-3-1, 8K
Employee 員工	1K
Empower 賦權	4-1-1, 4E
Employee Champion 員工協助者	12-1-2
Employee Development 員工發展	12-2-5
Engaging Leadership 共同領導	4-1-1
Enlightened Self-interest 合意式自利	8-4
Entitlement Theory 權利理論	8-2-3
Environmental Scanning 環境分析	11K
Environmental Ethics 環境倫理	8-3-3
Environmental (Green) Marketing 環境行銷	11-1-2, 11K
Environmental Scanning 環境分析	11K, 14-1
Enviropreneurial Marketing 環境創業行銷	11-1-2, 11K
Economic Order Quantity EOQ 經濟訂購量	9-1-2, 9K
Enterprise Resource Planning ERP 企業資源規劃	2-4, 5K, 9-1-2
Error-proved Design 防錯設計	1K
Expert System ES 專家系統	2-4, 2K
Employee Stock Ownership Plan ESOP 員工認股計畫	7-3-1
Essay Appraisal Method 述評法	12-2-4
Ethic 倫理	8-1
Ethical Marketing 倫理行銷	11-1-3
Ethical Reasoning 倫理推理	8-2-2
Ethical Responsibility 倫理責任	8-4
Engineer to Order ETO 接單設計	9-2-1
Engineer to Project ETP 接案設計	9-2-1
Evangelism Marketing 福音式行銷	11-1-3
Evaporation Cloud Method 驅散迷霧法	9-3-2
Executive Officers 經營階層	7-1
Executive Succession Plan 高階接班計畫	12-1-1
Exit Interview 離職面談	12-3
Experience Machine 經驗機器	8-2-3
Expert Power 專家權	5-4
Experts Interview 專家訪談	5-1-1
Explicit Knowledge 顯性知識	13
Exporting 出口	14-3-1

F 字首

英文	頁碼
Faith-Based Marketing 信仰行銷	11-1-3
Facilitating Payments 疏通費	7-3-3
Fayolism 費堯主義	1K
Foreign Corrupt Practices Act FCPA 美〈海外反腐敗法〉	7-3-3
Fiedler Contingency Model of Leadership 費德勒領導權變模型	4-3-9
Field Review Method 現場審查法	12-2-4
Financial Management 財務管理	14-3-3
Financial Planning 財務規劃	14-1
Financial Skills 財務能力	6-6
First Mover Advantage 先行者優勢	14-3-2
First Time Right 第一次就做對	13E
Fish-bone Diagram 魚骨圖	2K, 10-2-1
Flat Management 平面管理	4-1-1, 4K
Flow Chart 流程圖	2K, 10-2-1
Failure Mode and Effect Analysis FMEA 失效模式和效果分析	10-2-2, 10K, 14-4-1
Flexible Manufacturing Systems FMS 彈性製造系統	9-1-2, 9K
Focus Groups 聚焦群體	5-1-1, 5K
Fool-proved Design 防呆設計	1K
Force Field Analysis 力場分析	3-3-2, 3K
Forecasting 預測	5-1, 14-1
Forward Integration 前向整合	14-2-2
Forward Logistics 正向運籌	11-2-1
Franchising 加盟	14-3-1
Fragmented Industry 零散型產業	14-2-2

Fraud Detection 詐欺偵察	5-1-3
Freebie Marketing 免費贈品行銷	11-1-3
Free-rein Leadership 自由發揮（放任）型領導	4-1-1
Free Trade Agreement/Area FTA自由貿易協議（區）	5-3-1, 5K
Full Vertical Integration 完全垂直整合	14-2-2
Functional Managers 功能管理者	6-1
Functional Owner 功能擁有者	12E
Functional Strategies 功能性策略	14-3-3
Functional Structure 功能架構	5-3-4

G 字首

Generally Accepted Accounting Principles GAAP 公認會計原則	1K
Gaia Hypothesis 蓋亞假說	8-3-3, 8E
Gemba 現地、現場	9-3-2, 9K
Gemba-cho/Leading Hand 現場領班 (Ishikawa)	10-1-6
Gantt Chart 甘特圖	1-4, 1K
GE/McKinsey Matrix GE/Mckinsey 矩陣分析	14-3-1
Genchi Genbutsu 現地現物	9-3-2, 9K
General Manager 總經理	6-1
General Partnership 無限公司	7K
Generic competition strategies 基本競爭策略（波特）	1-5
Glass Ceiling 玻璃天花板效應	13-8-2
Glocalisation 全球在地化	3K
Globalization 全球化	1K, 3K
Globalization Corporate 全球化企業	5-3-1
Global Compact 全球契約	7-3-3, 7K
Global Competition 全球性競爭	5-3-1
Global Logistics 全球運籌	11-2-1
Global Marketing 全球行銷	11-1-3
Global Village 地球村	3K
Goal 長程目標	5-2-1
Goal Displacement 目標錯置	5-6-3, 13-8-2
Goal Setting Principles 目標設定原則	5-2-2, 14-3

Governance 治理	2-2
Graphic Rating Scale Method 圖形尺度評比法	12-2-4
Grassroots Marketing 草根行銷	11-1-3
Green Marketing 綠色行銷	11K
GRI Sustainability Reporting Guidelines 永續性報告指引	7K
Great Man Theory 偉人理論	4-3-4, 4K
Greenfield 綠地	14E
Greenfield Development 綠地開發	14-3-1
Green Logistics 綠色運籌	11-2-1
Group Dynamics 群體動力學	3-3-2, 3K, 4-3-1, 4K
Group Polarization 群體極化效應	5-1-1, 5K
Groupthink 群體集思或迷思效應	5-1-1, 5K, 8-6, 14-2-4
Growth Strategies 成長策略	14-3-1
Guerrilla Marketing 游擊行銷	11-1-3
Guiding Principles on Business and Human Rights 企業經營與人權指導原則	8-2-2

H 字首

Hands-On Training 操作訓練	12-2-2
Hand-to-Hand Marketing 肉搏式（街頭）行銷	11-1-3
Hawthorne Effect 霍桑效應	3-3-1
Hayes-Wheelwright Matrix 產品程序矩陣	9-2-3
Headhunting 挖角	13-5-2,
Heartland Business 核心事業	14-3-1
Hedonism 享樂主義	8-2-3
Heijunka 平準化	9-3-1
Hermes 諸神信差理論	5-1-3, 5K
Hidden Plant 隱藏工廠 (Feigenbaum)	10-1-5
Hierarchy of Needs 需求層級理論（馬斯洛）	2-4, 2K, 3-3-2
Histogram 直方圖	2-4, 10-2-1
Holding Company 控股公司	7-3-2, 7K
Holistic Marketing Orientation 整體行銷導向	11-1-2

552

專有名詞與縮寫詞索引

House of Quality HOQ 品質屋	9-3-2
Horizontal Growth 水平整合	14-3-1
Horizontal Integration 水平整合	14-2-2
Horse Power hp 馬力	1K
Hoshin Kanri 方針管理	10-3-4
Human Resource Development HRD 人力資源發展	12-1-1
Human Resource Information System HRIS 人力資源資訊系統	12-1-1
Human Resource Management HRM 人力資源管理	12-1-1
Human Resource Management System HRMS 人力資源管理系統	12-1-1
Human Resource 人力資源	12-1-1
Human Resource Accounting 人資會計	12-1-1
Human Resource Planning 人力資源規劃	12-1-1
Human Resource Valuation 人力資源評價	12-1-1
Human Skills 人際技能	6-2
Hypercompetition 超競爭	14-2-2

I 字首

IPMA Competence Baseline ICB 國際專案管理學會職能基準	6-2
International Chamber of Commerce ICC 國際商會	11-2-4
Information and Communications Technologies ICT 資訊與通訊技術	11-2-5
Ideal Model of Bureaucracy 官僚體制理想模式	3-2-3, 3K
Internal Factors Analysis Summary Table IFAS 內部因素分析彙整表	14-2-3
International Labor Organization ILO 國際勞工組織	7K
In-basket Exercise 實務演練	2-4
Inbound Marketing 集客式行銷	11-1-3
In-House Training 內部培訓	12-2-2
Inbound Logistics 內向運籌	11-2
Incoterms® 2010 國際貿易術語標準	11-2-4, 11K
Inductive Reasoning 歸納推理	3-2-4, 3K
Industrial Revolution 工業革命	1K
Industry Analysis 產業分析	14-2-2
Industry Attractiveness 產業吸引力	14-3-1
Industry Center of Gravity Analysis 產業重心分析	14-2-2
Industry Conglomerate 產業聚合	7-3-2
Industry Group 產業集團	7-3-2
Industry Matrix Analysis 產業矩陣分析	14-2-2
Industry Revolution Analysis 產業演化分析	14-2-2
Industry Value Chain Analysis (VCA) 產業價值鏈分析	14-2-2
Influence Marketing 影響行銷	11-1-3, 11E
Information Power 資訊權	5-4
Informational Roles 資訊角色	6-3
Initiating Structure Leadership 結構發起型領導	3-4-2
Innovation Management 創新管理	13-6
In-Store Marketing 店內行銷	11-1-3
Integrate 整合	1K
Integrated Marketing 整合行銷	11-1-2
Intellectual Assets 智性資產	13
Intellectual Capital 智性資產	5-3-1, 5K, 13-1
Interactive Marketing 互動式行銷	5-1-3
Interchangeability of parts 零件互換性	1K
Interlocking Directorates 連鎖董事	7-3-2
Intermodal Freight Transport 貨物聯運	11-2-1
Intermodal Transport 聯運	11-2-4
Internal Marketing 內部行銷	11-1-2
Internal Spin-off 內部分拆	11-2-8
Internationalize 國際化	14-3-1
Internet Marketing 網際網路行銷	11-1-2
Interpersonal Roles 人際角色	6-3
Interpersonal Skills 人際技能	6-6
Interrelationship Digraph 關聯圖	10-2-2
Interview 訪談	5-1-1
Intrinsic Ethical Values 內在倫理價值觀	8-2-2
Inventory Turnover 庫存周轉率	9-2-2, 9K
Intellectual Property Right IPR 智慧財產權	13-6
Ishikawa Diagram 石川馨圖	2K, 10-2-1

553

名詞	頁碼
ISO 9000 系列	10-3-1
ISO 9000:2000 系列	10-3-1
ISO 9000:2008 系列	10-3-1
ISO 10000 系列	10-3-1
ISO 14001 環境管理標準	7-3-3, 7K
ISO Containers 國際標準集貨箱	11-2-4
Issue 議題	14-4-3
Issue Management 議題管理	14-4-3

J 字首

名詞	頁碼
Just-In-Case JIC 確保萬一	9-3-1, 9K
Jidoka 自働化	9-1-2, 9-3-1
Just-In-Time JIT 及時系統	1K/E, 9K,
JIT II 及時系統 II	9-3-2, 9K
The Japan Quality Award JQA 日本品質獎計畫	9-3-1, 10-3-2
Job-specific Training 特定職務訓練	12-2-2
Job Analysis 職務分析	12-1-1
Job Description 職務說明	12-1-1
Job Design 職務設計	12-1-1, 12E
Job Enlargement 職務擴大化	3K, 12-1-1
Job Enrichment 職務豐富化	3K, 12-1-1
Job Rotation 職務輪調	2-4, 3K, 12-1-1
Job Simplification 職務簡化	12-1-1
Job Specification 職務規範	12-1-1
Johari Window 喬哈里之窗	4-3-1
The Japan Productivity Center for Social-Economic Development JPC-SED「日社會經濟發展產能中心」	10-3-2
Justice as Fairness 公平正義法則	8-2-3
Justice as Property Rights 私產正義	8-2-3
Justice Principles 正義原則	8-2-2, 8-2-3
Joint Venture JV 合資	14-3-1, 14-3-2

K 字首

名詞	頁碼
Kaizen 改善	9-3-1
Kanban 看板	9-3-1
Kantian 康德哲學	8-2-2
Knowledge-Discovery in Databases KDD 資料庫知識發現	5-1-3
Keiretsu 經連會（日）	7-3-2
Know-How 訣竅，竅門	1K, 13-1
Knowledge Base 知識庫	13-1
Knowledge Economy 知識經濟	1-4, 1K, 2-2, 2K
Knowledge Management 知識管理	13-1, 13E
Knowledge Map 知識地圖	13-4-1
Knowledge Market 知識市場	13-5-1
Knowledge Topography 知識圖誌	13-4-1
Knowledge Worker 知識工作者	1-4, 1K, 2-2, 2K
Known Unknown 可預知的風險	14-4-4
Key Performance Indicators KPI 關鍵績效指標	2-4, 2K
Key Result Areas KRA 關鍵成果領域	2-4, 2K
KSAP 知識、技能、能力與人格	8K, 12-2-1
Key Success Factors KSF 關鍵成功要素	2K, 14-2-2
Konzern 康西恩（德）	7-3-2

L 字首

名詞	頁碼
Ladder of Inference 推理階梯	3-3-2, 3K
Laissez- Faire 放任	4E
Laissez-Faire Leadership 放任型領導	4-1-1
Land Ethics 大地倫理	8-3-3
Late Mover Advantages 後繼者優勢	14-3-2
Law 法律	8-1
Leveraged Buy Out LBO 融資收購	14-3-3
Lead by Example 以身作則	4-1-1
Leadership 領導	2-3
Leadership Climate 領導風格	3-3-2, 3K
Leadership Continuum Model 領導連續帶模型	4-3-6
Leadership Continuum Theory 領導連續帶理論	4-1-1
Leadership Grid 領導方格	4-3-3
Leadership Pipeline Model 領導發展途徑模型	3-4-2, 4-3-7
Leadership Skills 領導技能	6-6
Lead Time 前置時間	9-2-1
Lean 精實	9-3-2
Lean 4P Model 精實 4P 模型	9-3-2
Lean Enterprise 精實企業	9-3-2

專有名詞與縮寫詞索引

Lean Manufacturing/Production		
精實製造或精實生產	2-4, 2K, 9-3-2, 9K	
Lean Policy 精簡政策	13-9-1	
Lean Six Sigma 精實六標準差專案	9-3-2	
Learn at Lunch 餐會學習	6-5	
Learning Curve 學習曲線	2-4, 2K	
Learning Organization 學習型組織	5-3-4	
Legal Person 法人	7-1, 7K	
Legal Responsibility 法律責任	8-4	
Legal Rights 法律權利	8-2-2	
Legitimacy Theory 正當性理論	7-2-6	
Legitimate Power 法制權	5-4	
Lesson Learned 經驗教訓	2-4, 2E, 13-6, 13E	
Letter Stock 限制股票	14-3-3, 14E	
Libertarianism 自由意志主義	8-2-3	
Liberalism 自由主義	1K	
Licensing 授權	14-3-1	
Limited liability 有限責任	7-1	
Line & Staff 主管與幕僚	3-2-1, 3K	
Likert Scale 李克特式量表	3-3-2, 3K	
Line and Staff 主管與幕僚	3K	
Line Managers 管理主官	6-1	
Limited Liability Company		
LLC 有限責任公司	7-1, 7K	
Locus of Control 控制傾向	8-6, 8K	
Lifestyles of Health and Sustainability		
LOHAS 樂活主義	8-3-2, 11K	
Logistics 運籌（後勤）	11-2	
Logistic Engineering 運籌工程	11-2-1	
Logistics Management 運籌管理	11-2	
Logistics Outsourcing 運籌外包	11-2-8	
Lifestyles of Voluntary Simplicity		
LOVOS 自願簡單生活族	11K	
Loyalty Marketing 忠誠度行銷	11-1-3	
Least Preferred Coworker		
LPC 最不受歡迎同事量表	4-3-9	
Logistic Service Provider LSP 運籌服務商	11-2-8	
Loaded Units LU 負載單元	11-2-3	

M字首

Merge & Acquisition M&A 併購	7-3-2, 7K, 14-3-1
Machiavellianism 馬基維利主義	1K
Machine Learning 機器學習	5-1-3
Macro-environment	
宏觀環境	11-1-3, 11E, 14-2-1
Make-or-Buy Decision	
自製或外購決策	14-3-3
Management 管理	2-1
Management/Leadership Wheel	
管理領導輪	6-4
Management and Leadership Skills	
管理與領導技能	6-6
Management Contracts 管理合約	14-3-1
Management Development	
管理發展	2-4, 12-2-5
Management Functions 管理功能	1-4
Management Game 管理競賽	2-4
Management Science 管理科學	3-4-4
Management Skills Pyramid	
管理技能金字塔模型	6-5
Management Succession Plan	
管理接班計畫	12-1-1
Management Training 管理訓練	12-2-2
Manager 管理者	1K
Managerial Competency Traits	
管理能力特質	4-3-4
Managerial Grid 管理方格	4-3-3
Manpower Utilization 人力運用率	12-2-3
Market Analysis 市場分析	11-1-4
Market Basket Analysis 購物籃分析	5-1-3
Market Research 市場研究	11K
Market Segmentation 市場區隔	5-1-3
Marketing 行銷	11-1
Marketing Management 行銷管理	11-1
Marketing Mix 行銷組合	11-1-4, 11K
Marketing Planning 行銷規劃	11-1-1
Marketing Research 行銷研究	5-1-1, 5K, 11-1

555

Marketing Strategic Factors 行銷策略因素		11-1-4
Marketing Management 行銷管理		11K
Marketing Mix 行銷組合		11-1-5, 11K
Mass Marketing 廣泛行銷		11-1-2, 11K
Matrix Diagram 矩陣圖		10-2-2
Mass Customization 大量客製化		9-3-2, 9K
Mass Production 量產		9K
Matrix Management 矩陣管理		2-4
Management by Consensus or Consensus Management MBC 共識管理		2-4
Management by Coaching and Development MBCD 教練暨發展管理		2-4
Management by Competitive Edge MBCE 競爭優勢管理		2-4
Management by Decision Models MBDM 決策模式管理		2-4
Management by Exception MBE 例外管理		2-4, 4K
Management by Interaction MBI 互動管理		2-4
Management by Information System MBIS 資訊系統管理		2-4
Management by Knowledge Objective MbKO 知識目標管理		13-3
Management Buy-Out MBO 管理收購		14-3-3
Management by Objective MBO 目標管理		1-4, 1K, 2-4
Management by OD MBOD 組織發展管理		2-4
Management by Matrices MBM 準據管理		2-4
Malcolm Baldrige National Quality Award MBNQA 美國國家品質獎		10-3-2
Management by Performance MBP 績效管理		2-4
Management by Results MBR 結果管理		1K
Management by Styles MBS 風格管理		2-4
Management by Walking Around MBWA 走動管理		2-4
Management by Work Simplification MBWS 簡化工作管理		2-4
Management Reserve 管理儲備		14-4-4
Managerial Grid 管理方格		4-3-3
Managerial Competency Traits 管理能力特質		4-3-4
Matrix Structure 矩陣架構		5-3-4
Maximin Rule 最少受惠者最大保障原則		8-2-3
Megamarketing 大市場行銷		11-1-3
Mentoring 輔導		13-10-2
Merger Syndrome 併購徵候群		13-5-2,
Metacognition 超認知		6-6, 6K
Micromanagement 微管理		6-5, 6K
Milestone 里程碑		5-2-1
Management Information System MIS 管理資訊系統		2-4, 2K
Mission 使命、任務		1K
Mission Statement 任務陳述		14-3
Marketing Mix Modeling MMM 行銷組合模型		11-1-5
Multinational Corporation MNC 跨國企業		5-3-1, 5K
Multinational Enterprise MNE 跨國企業		5K
Modeling and Simulation 模式模擬		2K, 14-2-4
Modern Humanism Theory 現代人本理論		3-3-2
Monopoly 壟斷		7K
Moral Hazard 道德風險		7-3-5, 7K
Moral Rights 道德權利		8-2-2
Morality 道德		8-1
Moral Relativism 道德相對主義		8-3-1, 8K
Motion Study 動作研究		1-4, 1K
Motivator-Hygiene Theory 激勵保健理論		3-3-2
Material Requirement Planning MRP 物料需求規劃		5K, 9-1-2
Manufacturing Resource Planning MRP II 製造資源規劃		5K, 9-1-2
Management Science MS 管理科學		1-4K
Methods-Time Measurement MTM 方法時間衡量法		9-1-2
Make to Order MTO 接單製造		9-2-1

專有名詞與縮寫詞索引

Multimodal Transport Operators MTO 聯運模式貨運商	11-2-4
Make to Stock MTS 庫存生產	9-2-1
Multi-level Direct Sale 多層次直銷	11K
Multi-rater Feedback Appraisal 多評估者回饋評估法	12-2-4
Multimodal Transport 多式聯運	11-2-4
Multiple Regression 複迴歸	5-1-2
Multiple Sourcing 多重商源	14-3-3

N 字首

Natural Person 自然人	7-1, 7K
Natural Rights 自然權利	8-2-3
Negative Right 消極權利	8-2-2
Narcissistic Leadership 自戀型領導	4-1-1
New Employee Training NET 新進員工訓練	6-5, 6K
Next-Best-Action Marketing 下一步最佳行動行銷	11-1-3
Next-Generation Leader Training 未來領導者訓練	12-2-2
Near Field Communication NFC 近場通訊	11-1-3
Niche 利基	14-3-2
Nicher 利基者	1-1-4
Not Invented Here Syndrome NIH 非此地發明徵候群	13-4-3
National Institute of Standards and Technology NIST 美國「國家標準技術局」	10-3-2
Normative Ethics 規範性倫理	8-1
Normative Goals 規範性目標	13-3
Norms 規範	8-1
NOW TIME 七種浪費口訣	2K
Non-Profit Organization NPO 非營利組織	1K, 5-3-2

O 字首

Office Automation Systems OAS 辦公室自動化系統	2-4
Objective 目標	1K, 5-2-1
Observation 觀察法	5-1-1
Objective 目標	1K, 5-2-1

Organizational Development OD組織發展	2K, 3K
The Organization for Economic Cooperation and Development OECD 經濟合作暨發展組織	2K, 7-1
Overall Equipment Effectiveness OEE 整體設施效率	9-2-2, 9E
Office Politics 辦公室政治	12E
Offshoring Outsourcing 離岸外包	1K
Off the Job Training 職外訓練	12-2-2
On-Job Training OJT 在職訓練	12-2-2
Organizational Learning OL 組織學習	13-1
One-Piece Flow 整件流程	9-3-1
One-tier Board 單層董事會	7-3-1
One-to-One Marketing 一對一行銷	11-1-2, 11K
On-Line Marketing 線上行銷	11-1-2
Observe, Orient, Decide, and Act OODA 空戰決策循環模式	11-1-3
Operation Management 作業管理	9E
Operational Goals 作業性目標	13-3
Operations Research OR 作業研究	1K, 3-4-4
Oral Presentation 口頭展演	2-4
Order Qualifiers 訂單資格	9-2-2
Order Winner 訂單贏家	9-2-2
Organizational Culture 組織文化	8K, 14E
Organization 組織	1K
Organizational Forgetting 組織性遺忘	13-9-3
Organizational Memory 組織性記憶	13-9-1
Organizational Metaphor 組織隱喻	3-4-2
Organize/Organizing 組織	5-3
Original Position 啟始狀態	8-2-3
Outbound Logistics 外向運籌	11-2
Outsourcing 外包	1K, 13-9-1

P 字首

Pacesetting Leadership 設定步調式領導	4-1-1
Parallel Sourcing 平行選商	14-3-3
Paradigm Shifts 典範轉移	4-2, 4K
Paradox of Deontology 義務悖論	8-2-3
Parenting Strategies 撫育性策略	14-3-1
Pareto Chart 柏拉圖	2K, 9-2-2, 10-2-1

557

英文	中文	頁碼
Pareto Principle 柏拉圖法則		2k, 6-5, 6K, 9-2-2, 10-2-1
Program Assessment Rating Tool PART 計畫評核工具		5K
Part Production 零件生產		9-2-1
Participatory Leadership 參與式領導		4-1-1
Participative Management 參與式管理		2-4
Part-Time Job 兼職工作		14-3-3
Partnership Company 合夥公司		7-1, 7K
Paternalistic Leadership 家長式領導		4-1-1
Paternalistic Style 家長式管理		2-4,
Path-Goal Theory 路徑目標理論		4-3-8
Path Optimization 路徑最佳化		11-2-1, 11K
Pattern Recognition 模型辨識		5-1-3
PDCA 循環（螺旋）		8K
Process Decision Program Chart PDPC 程序決策程式圖		10-2-2
Process Decision Program Diagrams PDPD 流程決策程序圖		9-3-2
Performance Appraisal 績效評估		2-4, 12-2-4
Performance Development 績效發展		12-2-4
Permission Marketing 許可行銷		11-1-2
Personnel Management 人事管理		12-1-1
Persuasive Leadership 說服式領導		4-1-1
Program Evaluation and Review Technique PERT 計畫評核術		1K
PEST Analysis PEST 分析		11-1-4, 14-2-1
Philanthropic Responsibility 慈善責任		8-4
Piece-rate differential system 差別計件工資制度		1K
Placement Marketing 置入性行銷		11-1-3
Plan		5-2-1, 5E, 14E
Planning 規劃		5-2, 5E, 14E
Product Life Cycle PLC 產品生命週期		8-3-3, 8K
Pocket of Excellence 擇優發展策略		14-3-3
Poka-Yoke (mistake-proofing) 防錯設計 (Shigeo Shingo)		9K, 10-1-8
Poker Analogy 賭徒類比論		8-2-2
Political Savvy 政治頭腦		12E
Political Theory 政治理論		7-2-7
Production and Operations Management POM 生產與作業管理		9K
Portfolio Strategies 組合性策略		14-3-1
POS 售貨點 (Point of Sales)		11-2-2
POSDCORB 組織管理原則		3-2-2
Positive Right 積極權利		8-2-2
Power Distance 權力距離		13-8-2
Planning, Programming, & Budgeting System PPBS 計畫預算制度		5K
Program & Project Management PPM 計畫與專案管理		1K
Purchasing Power Parity PPP 購買力指標		1-5, 1K
Pragmatism 實用主義		1K, 8-2-2
Practical Imperative 實踐義務論		8-2-2
Prediction 預測		5-1
Prediction Analysis 預測分析		14-4-5
Preserving 保存（知識）		13-9-2
Programmed Conflicts 計畫性衝突管理		14-3-4
Piece-rate differential system 差別計件工資制度		1E/K
Pricing 定價		1K
Principles of Management 管理原則		1-4
Principles of Motion Economy 動作經濟原則		1K
Principles of Scientific Management 科學管理原則		1-4
Prioritization Matrix 優先矩陣		10-2-2
Problem Solving 問題解決		14-4-3
Procedural Justice 程序正義		8-2-2
Process Production 程序生產		9-2-1
Procurement Logistics 採購運籌		11-2-1
Product Life Cycle 產品生命週期		8-3-3, 8K
Product-Market Growth Matrix 產品與市場成長矩陣		11-1-5
Product-Process Matrix 產品程序矩陣		9-2-3
Production Logistics 生產運籌		11-2-1, 11-2-7
Production Management 生產管理		1-4, 1K, 9-1-2
Production Sharing 分擔生產		14-3-1
Productivity 生產效率		9-2-2

專有名詞與縮寫詞索引

Project 專案		4K
Project Management Skills 專案管理能力		6-6
Project Structure 專案架構		5-3-4
Program 計畫		5-2-3
Progress Report 進度報告		14-4-5
Propitious Niche 合適利基		14-3-2
Proximity Marketing 近接行銷		11-1-3
Pull Marketing 拉式行銷		11-1-3
Putting-Out System 散工系統		9K
Public Administration 公共行政		2-1
Public Limited Company 公共有限責任公司		7-1, 7K
Public Reason 公共理性		8-2-3

Q 字首

Quality Assurance QA品質保證		1K, 10-1
Quality Control QC 品質管制		1K, 10-1
Quality Circles QC 品管圈		10-1-6
Quality Control Circle QCC 品質管制圈		10K
Quality Function Deployment QFD 品質機能展開		9-3-2
Quality of Life Marketing QOL 生活品質行銷		11K
Quality Management Maturity Grid QMMG 品質管理成熟度		10-1-4
Qualitative Marketing Research 定性市場研究		5-1-1
Quality Control & Management 品質管制與管理（日）		10-1
Quality Management 品質管理		1K
Quality of Life Marketing 生活品質行銷		11-1-2
Quality of Work Life (QWL) 工作生活品質		8-3-1, 8K, 14-3-3
Quantitative Marketing Research 定量市場研究		5-1-1
Questionnaire Survey 問卷調查		5-1-1, 5K
Quid pro quo 交換		4-2-2, 4K

R 字首

Research and Development R&D 研發		14-3-3
Reliability, Availability, Maintainability RAM Logistics 運籌工程		11-2-1
Rank-specific Training 特定階層訓練		12-2-2
Ranking 排名法		12-2-4
Rational Decision Making 理性決策		8-6
Rationalism 理性主義		1K
Razor and Blades Business Model 餌與鉤經營模式		11-1-3
Resource Dependency Theory RDT 資源依賴理論		7-2-3
Real-Time Decision Making 即時決策		11-1-3
Reasoning Cycle 推理循環		3K
Re-engineering 工程再造		13-9-1
Reference Power 參考權		5-4
Relations Diagram 關聯圖		9-3-2, 10-2-2
Relationship Marketing 關係行銷		11-1-2, 11-1-3
Regression Analysis 迴歸分析		5-1-2
Repetitive Production 重覆生產		9-2-1
Residuals Analysis 殘差分析		5-1-2
Resource 資源		1K, 5-2-1
Resource Allocation 資源分配		1K
Responsibility Centers 責任中心		5-6-3, 5K
Retrenchment Strategies 裁撤策略		14-3-1
Retributive Justice 報復正義		8-2-2
Returned Logistics 回收運籌		11-2-1
Reverse Logistic 逆向運籌		11-2-1
Reward Power 獎賞權		5-4
Radio Frequency Identification RFID 無線射頻識別		11-1-3
Rights Principle 權利原則		8-2-2
Rightsizing 組織重整		12-2-3
Risk 風險		5-1, 5K, 14-4-3
Risk Management 風險管理		14-4-4
Risk Triggers 風險徵候		14-4-4
Risk Register 風險登錄表		14-4-4
Reconfigurable Manufacturing System RMS 可重構製造系統		9-1-2
Reconfigurable Machine Tool RMT 可重構機具		9-1-2

559

英文/縮寫	中文	頁碼
Role-specific Training	特定角色訓練	12-2-2
Rolling Wave Planning	滾浪式規劃	5-2-1, 5K
Risk Priority Number RPN	風險優先指數	14-4-1
Rule of Seven	七點定律（管制圖）	2K

S 字首

英文/縮寫	中文	頁碼
Sales and Operations Planning S&OP	銷售與營運規劃	9-1-2, 9K
SA 8000	社會擔當國際標準體系	7-3-3, 7E/K
Sandwich Effect	三明治效應	4-2
Sarbanes-Oxley Act	美〈沙賓法案〉	7-3-3
Satisficing	滿意標準	3K
Strategic Business Unit SBU	策略事業單元	5-2-3, 5K, 11-1-5, 11K
Scatter Plot	散佈圖	2K, 10-2-1
Scenario Playing	情境演練	2K, 14-2-4
Science of Management	管理科學	1-4, 1K
Scientific Management	科學管理	1K, 3-4-4
Supply Chain Management SCM	供應鏈管理	9-1-2
Second Time Right	第二次就做對	13-6, 13E
Service Process Matrix	服務程序矩陣	9-2-1
SDCA	迴圈	9-3-1
Sell-out/Divestment	轉賣投資	14-3-1
Search Engine Marketing SEM	搜尋引擎行銷	11-1-2
Search Engine Marketing Professionals Organization SEMPO	搜尋引擎行銷專業組織	11-1-2
Search Engine Optimization SEO	搜尋引擎優化	11-1-3
Search Engine Marketing SEM	搜尋引擎行銷	11-1-2
Structural Equations Modeling SEM	結構方程模型	12E
Search Engine Result Pages SERP	搜尋引擎結果頁	11-1-2
Servant Leadership	服務型領導	4-1-1, 4-3-4
Service Process Matrix	服務程序矩陣	9-2-1
Strategic Factors Analysis SFAS	策略性因素分析彙整表	14-3
Shewhart Cycle	舒瓦特循環 (PDSA)	8K
Single-level Direct Sale	單層次直銷	11K
Shewhart Chart	休哈特圖	10-2-1
Shopper Marketing	購物者行銷	11-1-3
Short-term Orientation	短視傾向	5-6-3
Strategic Human Resource Management SHRM	「策略性人力資源管理」	12-1
Simple Linear Regression	簡單線性迴歸	5-1-2
Simple Living Movement	簡單生活運動	8-3-2
Simple Structure	簡單架構	5-3-4
Situational Leadership Theory	情境領導理論	3-4-2, 4-3-9
Situational Theory	情境理論	2-4
Six Sigma	六標準差專案	9-1-2
Six Sigma Project	六標準差專案	10-3-2
Special Interview	管理面談	2-4
Situational Leadership Theory	情境領導理論	4-3-9
Situational Theory	情境理論	2-4
SIVA Model (4P)	顧客專注行銷	11-1-2
Stock-Keeping Unit SKU	庫存單位	11-2-6
SMART/SMARTER Goal Setting Principle	目標設定原則	11-1-4
Small and Medium sized Enterprises SME	中小企業	7K
Single Minute Exchange of Die SMED	快速換模 (Shigeo Shingo)	9-3-1, 10-1-8
Social Media Optimization SMO	社群媒體優化	11-1-3
Social Contract	社會契約	8-2-3
Social Contract Theory	社會契約理論	7-2-5
Social Enterprise	社會企業	1-5, 1K, 5-3-2, 5K, 8-4
Social Exchange Theory	社會交換理論	3-3-2
Social Marketing	社會行銷	11-1-2, 11K
Social Person	社會人	3-3-1
Social Pull Marketing	社會拉式行銷	11-1-3
Social System Theory	社會系統理論	3-3-2
Social Responsibility	社會責任	5-3-1

Socially Responsible Marketing 社會責任行銷		11-1-2
Socially Responsible Buying 社會責任採購		11K
Societal Marketing 社會性行銷		11-1-2
Socratic Method 蘇格拉底法		9-3-2
Sole Proprietorship Company 獨資公司		7-1, 7K
Sole Sourcing 單一商源		14-3-3
Sourcing Decision 籌資決策		14-3-3
Span of Control 管控幅度		3-2-2, 3K
Statistical Process Control SPC 統計製程管制		1K, 9-1-2, 9K, 10-1
Special Interview 管理面談		2-4
Span of Control 管控幅度		3K
SPIN Selling 旋轉銷售		11-1-3
Spiral of Silence 沈默螺旋		5-1-1, 5K, 14-2-4
Spirituality Management 靈性管理		2-4, 2K
Statistical Quality Control SQC 統計品質管制		10-1
Stability Strategies 穩定策略		14-3-1
Staffing 用人		12-2-3
Staff Managers 管理主管		6-1
Stakeholder 利害關係人		2-2, 2K
Stakeholder Analysis 關係人分析		2K, 14-2-2
Stakeholder Theory 利害關係人理論		7-2-2, 8-2-2
Standards 標準		8-1
Standard Work 標準工作		9-3-1
Standardization 標準化		1K
Status Report 狀態報告		14-4-5
Stealth (Undercover) Marketing 秘密行銷		11-1-3
STEEPLE 分析		11-1-4, 14-2-1, 14E
Stewardship Theory 執事理論		7-2-3
Stores Variety 售貨點		11-2-2
Strategic Alliance 策略聯盟		7-3-2, 7K, 14-3-2
Strategic Benchmarking 策略性標竿學習		13-10-2
Strategic Factors 策略要素		14-1
Strategic Fit 適配策略		14-3-2
Strategic Goals 策略性目標		13-3
Strategic Human Resource Planning 策略性人資規劃		12-1
Strategic Management 策略管理		14-1
Strategic Myopia 策略短視		13-8-2, 14-2-4
Strategic Partner 策略夥伴		12-1-2
Strategic Philanthropy 策略性慈善		8-4
Strategic Planning 策略規劃		14-1, 14E
Strategic Window 策略時機		14-3-2
Strategies 策略		5-2-1
Strategy 戰略、策略		1E
Strategy Alternatives 策略方案		14-3
Strategy Formulation 策略規劃		14-1, 14-3
Strategy Implementation 策略施行		14-1
Strategy Management 策略管理		1K, 14-1
Street Marketing 街頭行銷		11-1-3
Succession Management 接班管理		12-4
Sub-optimization 次佳化		5-6-3
Summative Scale 累加型量表		3K
Supervising Mechanism 監督機制		7-1
Supervisory Managers 監督管理者		6-1
Survey Research 調查研究		5-1-1, 5K
SWOT Analysis SWOT 分析		2K
Syndicat 辛迪加		7-3-2, 7K
Synergy 綜效		3-4-1, 4-1-1, 4E
System 系統		3-4-1
System of Efficiency 效率系統		3-2-1

T 字首

Tacit Knowledge 隱性知識		13
Tactics 戰術		5-2-1
Taguchi Loss Function 田口損失函數		10-1-7
Takt-Flow-Pull 及時系統運作		9-3-1
Takt Time 節奏時間		9-3-1
Talent Management 才能管理		12-3
Tally Sheet 理貨單		10-2-1
Target 標準		5-2-1
Target Costing 目標成本法		5K
Targeted Stock 目標股票		14-3-3, 14E

專有名詞與縮寫詞索引

Task 任務	1K
Task-oriented Leadership 任務導向型領導	4-1-1
Task Analysis 任務分析	14-2-2
Taylorism 泰勒理論	1K
Team Managers 團隊管理者	6-1
Team Structure 團隊架構	5-3-4
Technical Credibility 技術可信度	12E
Technical Skills 技術技能	6-2
Technological Singularity 技術奇異點	5-1-3
Technologies Revolution 技術革命	9-1-1
The 80-20 Rule 80-20 法則	6-5
The Age of Machines 機器時代	9-1-1
The Age of Synergy 綜效時代	9-1-1
The Art of War 孫子兵法	1-2-1, 1K
The Bases of Social Power 社會權力基礎	5-4, 5E
The Bribery Act 英〈賄賂法〉	7-3-3
The Collective Alzheimer Syndrome 集體阿茲海默症	13-9-1
The Deming Prize 戴明獎	10-1-2, 10-3-2
The Diamond Model 國家競爭力分析鑽石模型（波特）	1-5
The Elder Statesman 元老重臣	13-9-3
The Executive Level 高階執行團隊	2K
The Eye of Competences 技能之眼	6-2
The Four Asian Dragons 亞洲四小龍	7K
The Greatest Happiness Principle 最大幸福原理	1-3
The Hare Psychopathy Checklist 海爾精神測試量表	4-1-3
The Hawthorne Studies 霍桑研究	3-3-1, 3E
The Hawthorne Works 霍桑工廠	10-1-1, 10K
The Invisible Hand 無形之手	1K
The Juran Trilogy 朱朗三部曲	10-1-3
The Management of Dividends 股息的管理	14-3-3
The Management Theory Jungle 管理理論叢林	3E/K
Theory of Moral Development 道德發展理論	8-6
The Prince 君王論	1-2, 1K
The Principal-Agent Problem 委託代理問題	7-2-1
The Principles of Scientific Management 科學管理原則	1-4
The Quality Chain 品質鏈	10S
The Management Theory Jungle 管理理論叢林	3E
Theory of Leadership Trait 領導特質理論	4K
Theory of Sympathy 同情理論	8-2-3
Therbligs 動素	1-4, 1K
The Seven Seismic Shifts 七項巨變	4-2
The Task and Bonus System 任務獎金制度	1-4
The test of reversibility 反向性檢驗	8-2-2
The test of universalizability 普遍性檢驗	8-2-2
The Theory of Moral Sentiments 道德情操論	8-2-3
The Universal Declaration of Human Rights 聯合國「世界人權宣言」	8-2-2
The Wealth of Nations 國富論	1K
The Seven Habits Model 七種習性模型 (Covey)	4-3-4
The System of ProfoundKnowledge 深刻知識系統	10-1-2
The Task And Bonus System 任務獎金制度	1-4
The Third Sector 第三部門	1K
The Three Levels of Leadership 領導的三層級 (Scouller)	4-3-10
Therbligs 動素	1K
Thinker 50 前 50 大管理大師	1E
Throughput 吞吐量	9-2-2
Time Bank 時間銀行	8-4
Time Management 時間管理	6-5
Time & Motion Study 時間與動作研究	1-4
Time Study 時間研究	1-4, 1K
TIMWOOD 七種浪費口訣	2K
Tissue-Pack (Street) Marketing 街頭行銷	11-1-3

562

專有名詞與縮寫詞索引

Theory of Constraints TOC 限制理論	9-3-2
Top Managers 高階管理者	6-1
Total Quality 全面品質	10-1
Toxic Leadership 毒害型領導	4-1-3
Thinking Processes TP 思惟程序	9-3-2
Total Productive Maintenance	
TPM 全面生產維護	9-2-2, 9-3-1
Toyota Production System	
TPS 豐田生產系統	1K, 2K, 9-1-2, 9-3-1
Total Quality Control TQC 全面品質管制	10-1
Total Quality Management	
TQM 全面品質管理	1K, 9E/K, 10-1
Train-the-trainer/Snow Balling Training	
種子訓練	13-1-6
Trait Appraisal 特質評估	12-2-4
Trait Leadership Theory 領導特質理論	4-3-4
Transactional Leadership 交易型領導	4-1-2
Transformational Leadership	
轉化型領導	3-3-2, 3K, 4-1-2
Transit Points 轉運站	11-2-2
Tree Diagram 樹狀圖	10-2-2
Trend Analysis 趨勢分析	5-1-3, 14-4-5
Trend Extrapolate 趨勢外推	14-2-4
Trust 托拉斯	7-3-2, 7K
Tracking Stock Strategy TS 追蹤股票策略	14-3-3
Time Series Analysis TSA 時序分析	5-1-2, 14-2-4
Turnaround Strategy 迴旋策略	14-3-1
Turnkey Operations 整廠輸出	14-3-1
Tunnel Vision 隧道視野	4K
Two Factor Theory 雙因子理論	3-3-2
Two-tier Board 雙重董事會	7-3-1

U 字首

User Experience Optimization	
UEO 使用者經驗優化	11-1-3
Unit Loads UL單元負載	11-2-3
Uncertainty 不確定性	5-1, 5K, 14-2-4
Undercover Marketing 秘密行銷	11-1-3
UN Human Rights Norms for Business	
聯合國企業人權規範	7-3-3, 7K
UN Guidelines for Consumer Protection	
聯合國消費者保護綱領	8-3-2
Unlearning 捨棄（知識）	13-9-2
Unlimited Liability 無限責任	7K
User Friendly 使用者親和	13-8-3, 14-3-3
Unique Selling Proposition	
USP 獨特賣點、致勝想法	11-1-5, 11K, 14-3-2
Utilitarianism 功利主義	1K, 8-2-2
Utility Monster 效用怪獸	8-2-3
Utopian Socialism 烏托邦社會主義	3-3, 3K

V 字首

Values 價值觀	8-1
Value Trap Business 價值陷阱事業	14-3-1
Variance Analysis 變異分析	14-4-5
Value Chain Analysis VCA 價值鏈分析	1-5, 11-1
Veil of Ignorance 無知面紗	8-2-3
Vertical Growth 垂直整合	14-3-1
Vertical Integration 垂直整合	9K, 14-2-2
Viral Marketing 病毒行銷	11-1-3
Vision 遠景	5-2-1, 5E
Vision Statement 遠景陳述	14-3
Visual Controls 視覺管理	9-3-1
Voice of Customer 顧客心聲	9-3-2
Voluntary simplicity 自求簡樸	8-3-2
VRIO Framework 資源評估架構	14-2-3

W 字首

Wait Marketing 等待行銷	11-1-3
Wargaming 兵棋推演	2K, 14-2-4
Watt 瓦特	1K
Warehouse Control System	
WCS 庫房管制系統	11-2-6
Whistle Blower 弊端揭發者	7-3-5, 7K
Who is Who Directories 人名錄	13-4-1,
Win-Win Negotiation Strategy	
雙贏談判策略	3-3-2, 3K
Work-In-Process WIP 在製品	9-2-1, 9K
Withdrawal List 提貨單	11-2-3

563

Warehouse Management System WMS 庫房管理系統	11-2-6
WOM 口耳相傳 (Word of Mouth)	11-1-3
Word of Mouth Marketing WOMM 口碑行銷	11-1-3
Work Alienation 工作疏離感	8-3-1
Workforce Diversity 人力多元化	14-3-3
Workplace Spirituality 職場靈性	8-4
Work Planning 工作規劃	1K
Workshop System 工作坊系統	9K
World Charter for Nature 聯合國世界自然憲章	8-3-3
World Trade Organization WTO 世界貿易組織	5K
WW II 第二次世界大戰	3E

X 字首

X Theory X 理論	2-4, 2K, 3-3-2

Y 字首

Y Theory Y 理論	2-4, 2K, 3-3-2
Yerkes-Dodson Law 耶道法則	4-3-9, 4K

Z 字首

Zero Defects 零缺點	10-1-4, 10K
Zero Inventory 零庫存	1K, 9K
Zero Loss 零損失 (Taguchi)	10-1-7
Zero Quality Control 零品管 (Shigeo Shingo)	10-1-8